玉米群体生理与调控

刘开昌　张吉旺　李宗新 等　编著

科学出版社

北京

内 容 简 介

本书系统归纳并详细论述了玉米群体生理与调控的理论及技术。玉米群体生理是玉米合理密植的理论基础，提升玉米群体性能是挖掘玉米产量潜力的有效途径。本书阐明了玉米群体生长发育规律及调控措施，揭示了玉米群体高产规律和高产潜力突破途径，可为玉米的高产高效栽培提供参考。

本书内容丰富，并具有很强的实用性，可作为作物栽培生理生态相关领域的科研、教学、技术推广人员和研究生的专业参考书。

图书在版编目（CIP）数据

玉米群体生理与调控/刘开昌等编著. —北京：科学出版社，2022.6
ISBN 978-7-03-071876-1

Ⅰ.①玉⋯ Ⅱ.①刘⋯ Ⅲ.①玉米-栽培技术-研究 Ⅳ.① S513

中国版本图书馆 CIP 数据核字（2022）第 042865 号

责任编辑：李 迪 田明霞/责任校对：郑金红
责任印制：肖 兴/封面设计：无极书装

科 学 出 版 社 出版
北京东黄城根北街 16 号
邮政编码：100717
http://www.sciencep.com

北京汇瑞嘉合文化发展有限公司 印刷
科学出版社发行 各地新华书店经销
*
2022 年 6 月第 一 版 开本：787×1092 1/16
2022 年 6 月第一次印刷 印张：28 1/4
字数：670 000
定价：368.00 元
（如有印装质量问题，我社负责调换）

《玉米群体生理与调控》
编著委员会

刘春晓　山东省农业科学院

刘铁山　山东省农业科学院

刘淑云　山东省农业科学院

孙继颖　内蒙古农业大学

李全起　山东农业大学

李宗新　山东省农业科学院

杨锦忠　青岛农业大学

张　慧　山东省农业科学院

张吉旺　山东农业大学

张晓燕　山东省农业科学院

陈延玲　青岛农业大学

赵　斌　山东农业大学

赵海军　山东省农业科学院

姜　雯　青岛农业大学

钱　欣　山东省农业科学院

高英波　山东省农业科学院

高聚林　内蒙古农业大学

谢瑞芝　中国农业科学院

序

  玉米是全球种植范围最广、产量最大的谷类作物，居三大主要粮食作物（玉米、小麦、水稻）之首。我国是玉米生产和消费大国，种植面积、总产量、消费量仅次于美国，均居世界第二位。近年来，我国玉米产业发展势头良好，总体上保持了产需平衡的格局，但产量年际波动较大。2020 年，我国玉米种植面积 6.19 亿亩（1 亩 $\approx$ 666.7m^2），总产量达到 2.61 亿 t，但是，随着饲料、工业和医药等对玉米需求量的增加，玉米贸易量稳定增长，玉米产业供需将长期处于紧平衡状态。玉米是典型的 C$_4$ 作物，净光合效率高，产量潜力大，最高单产不断刷新，2020 年在新疆创造了 1663.25kg/亩的我国玉米高产新纪录。从未来发展看，玉米将是我国需求增长最快、增产潜力最大的粮食作物。

  我国玉米栽培学经历了由丰产经验的总结推广，到"叶龄模式"和"株型栽培"的生物学与生理学研究，再到器官、个体和群体与环境协调的生理生态机制、玉米群体质量提升与调控研究的发展历程。目前，我国玉米栽培学研究重点围绕合理群体构建栽培学原理及其定向调控技术、冠-根建成及其高效协调机制、资源高效利用生理机制及关键调控技术、非生物逆境致灾机理及其应对技术等，以"高产、优质、高效、生态、安全"为目标，不断推进栽培理论与技术创新，为我国玉米产业竞争力提升提供科技支撑。

  合理密植是玉米产量提高的主要途径，玉米群体生理是玉米合理密植的理论基础，提升玉米群体性能是挖掘玉米产量潜力的有效途径。该书详细阐述了玉米冠层和根系群体结构与功能、源库流特性、光合作用、水分生理、营养生理及其调控途径等内容，这是以该书编著者团队为主体的玉米科技工作者多年来的工作总结与凝练。

李少昆

2020 年 12 月

前　　言

　　玉米是粮食、经济、饲料、能源、果蔬等多元用途作物，被誉为"谷物之王"。1998年全球玉米产量首次突破 6 亿 t，跃居小麦之上成为世界第一大粮食作物；2007 年，我国玉米种植面积超过水稻，2010 年玉米总产量首次超过水稻，成为我国第一大粮食作物。2015 年，我国玉米种植面积 $4.50×10^7 hm^2$，总产量达到 2.65 亿 t，占该年度粮食总产量的40.11%。近两年受种植业结构调整的影响，玉米种植面积略有下降，2020 年全国玉米种植面积 $4.13×10^7 hm^2$，总产量 2.61 亿 t。《全国新增 1000 亿斤粮食生产能力规划（2009—2020 年）》制定了新增 1000 亿斤（1 斤=0.5kg）粮食的目标，其中，玉米承担了 53% 的份额。与此同时，玉米产业面临的需求压力也日益增大。2000 年以来，随着居民生活水平的提高和膳食结构的改善，我国玉米消费结构逐渐由过去的以口粮消费为主向以饲料、工业加工为主的多方向、多领域、多层次消费转变[①]，玉米产业供需将长期处于紧平衡状态。因此，重视和发展玉米生产、提高玉米产量对保障我国粮食安全有重要的作用。

　　玉米是 C_4 高光效作物，以群体进行生产，优化群体结构、改善群体质量、提高单位面积产量是提高玉米总产量、满足玉米需求的根本途径。自 20 世纪 60 年代绿色革命以来，围绕提高玉米产量，世界许多国家和组织开展了大量的高产研究与实践，其核心是通过利用杂种优势和选育耐肥、耐密、抗倒及持绿性好的品种，提高品种群体生产潜力，并通过应用化肥、农药、化控、灌溉及先进的高产栽培管理技术优化群体结构，提高冠层光能利用率和挖掘群体产量潜力，陆续创造出了一批玉米高纪录。

　　2019 年，美国玉米高产竞赛创造了平均单产 $38\ 640kg/hm^2$ 的世界高产纪录（美国先锋品种 P1197YHR，弗吉尼亚州）；在国内，2020 年，中国农业科学院作物科学研究所李少昆研究员在新疆创造了 $24\ 948.75kg/hm^2$ 的玉米高产纪录（品种 MC670，新疆生产建设兵团第六师奇台总场）。然而，在生产实际中玉米群体生产潜力远没有得到充分的挖掘，实际产量与潜在产量之间存在较大的差距。1979 ~ 2020 年，我国玉米高产纪录单产年均增加 $324.27kg/hm^2$，是同期全国玉米实际单产年均增加量（$81.22kg/hm^2$）的 3.99倍。可见，现有生产管理条件下，大田实际产量与潜在产量之间存在较大的差距，这种情况在国内外也是广泛存在的。缩小潜在产量与实际产量之间的差距，一直是农业科研工作者共同努力的方向和目标。因此，研究玉米群体生长发育规律，优化群体结构，提高群体质量，进而挖掘玉米生产潜力，全面提升群体生产能力和生产效率，对确保粮食安全具有重要意义。

　　本书共分十章，比较全面地阐述了玉米群体生理规律及其调控机制。以玉米群体为主体，围绕玉米群体结构与功能、根系结构与功能、源库特性与产量、光合特性、水分生理、营养生理、抗逆生理及其调控、信息技术应用，系统阐述了玉米群体生长发育特征特性和生理机制，以及玉米群体构建和挖掘玉米潜在产量的生理生态途径。全书由刘

[①] 杨红旗 . 2011. 我国粮食补贴政策的实践与思考. 贵州农业科学，39(2): 196-199.

开昌、李宗新、张吉旺统稿，张晓艳、刘淑云、钱欣、高英波、代红翠等做了大量文字修改和图表校正工作。本书汇聚了全国众多玉米专家的智慧，在此对各位专家和研究生的辛勤付出一并表示衷心感谢！

本书得到了"十三五"国家重点研发计划（2017YFD0301000、2018YFD0300602）和山东省现代农业产业技术体系玉米创新团队等项目的支持，在此一并表示感谢！

本书是关于玉米群体建成、发育规律及栽培措施调控等近二十多年研究的系统总结。由于作者水平有限，书中不妥之处在所难免，恳请大家批评指正。同时，希望有更多的人来关心支持玉米科研事业，以促进我国玉米生产和科学的发展。

2020 年 12 月

目　　录

第一章 绪 论[*]

"粮稳天下安",粮食安全是国民经济发展的基石,确保粮食安全是现代农业的永恒主题。党的十八大以来,以习近平同志为核心的党中央始终把粮食安全作为治国理政的头等大事,高屋建瓴地提出了新时期国家粮食安全的新战略,"手中有粮,心中不慌""要依靠自己保口粮,集中国内资源保重点,做到谷物基本自给、口粮绝对安全""中国人的饭碗任何时候都要牢牢端在自己手上""藏粮于民、藏粮于地、藏粮于技",形成了一系列具有重要意义的粮食安全理论创新与实践创新,为提升粮食安全保障能力指明了方向。

玉米作为我国三大粮食作物之首,享有"粮食作物高产之王""饲料用粮之王""谷物之王""铁杆庄稼"和"软黄金"的美誉,既可作为主食、饲料,又可作为工业原料,在农业发展中起着不可替代的作用。2018 年我国玉米消费量达 2.8 亿 t,其中饲料用玉米消费量 1.87 亿 t,占比 67% 左右;以玉米为原料的加工产品达 4000 多种,工业消费量 7300 万 t,占比 26%。玉米通过加工成淀粉糖与糖类产业发生关联,通过加工成燃料乙醇与能源行业发生关联,通过食用加工与粮食安全发生关联,因此,玉米产业既属于资源型产业、食品安全型产业,也属于能源战略型产业。由于玉米产业链条长,涉及主体多,加工产品多,在世界各国的农作物生产和居民日常生活中均具有举足轻重的作用。2018 年世界玉米播种面积为 1.93 亿 hm^2,产量为 11.48 亿 t;2018 年我国玉米播种面积达到了 4213 万 hm^2,占全国粮食总播种面积的 36.0%,产量 2.57 亿 t,占全国粮食总产量的 39.1%,对保障国家粮食安全有重要作用。因此,发展玉米产业对促进种植业由粮经二元结构向粮经饲三元结构优化转变和我国农业生产的可持续发展具有重要的意义。

提高产量是发展玉米生产永恒的主题,而提高产量必须提高玉米群体的生产性能。随着玉米产量水平的不断提高,许多研究者逐渐认识到:获得和创造玉米更高产量的关键是充分发挥玉米群体的生产效率,发掘叶系高光效的潜力,使群体能生产更多的光合产物并高效地转移到籽粒中去。20 世纪 80 年代末,对紧凑型玉米品种及其高产规律研究发现,群体具有较高的最适叶面积指数(leaf area index,LAI),植株在较高密度下有较高的单株生产力,可实现群体光合势尤其是花后光合势和经济系数的显著提高,大幅度增加产量。但为了不断提高作物产量,高产栽培必须建立具有更高光合效能的群体结构,建立高光效的群体结构应从扩库、强源两方面入手,并将库源协调落实到群体的具体性状指标上,凌启鸿等(1993)把这个高光效群体结构指标定名为群体质量指标,揭示了作物高产栽培群体的培育不应单纯追求数量,而应注重提高质量,必须着眼于建立库大、源强、流畅的高光效群体结构,从本质上发掘作物群体的产量潜力。董树亭等(2000)研究探明了紧凑型玉米株型、物质生产和源库特征,明确了紧凑型玉米增产融合了杂种优势和群体光能利用两方面的因素,肯定了紧凑型玉米密植增产的作用,并提出提高和保持花后群体光合速率、延长高值持续期是玉米增加粒重、提高产量的重要途径。

———————
　* 本章由刘开昌、钱欣、代红翠等撰写。

近年来，对玉米群体生长发育规律及其调控措施的研究不断深入，揭示玉米群体高产规律和高产潜力突破途径以提高单产水平成为玉米栽培生理学研究的重要方向。李宗新等（2012）利用大田切片法明确了密植条件下夏玉米高产群体根冠结构及其特征。王晓煜等（2015）运用作物模型和农业区域的方法进一步论证了中国玉米主产区的产量潜力和产量差。王永军等（2019）揭示了玉米高产群体养分"阶段性吸收差异"规律，中国农业科学院作物栽培与生理团队围绕密植增产，初步探明了产量潜力突破最佳群体与区域光辐射量资源的定量匹配关系，提出了"增密增穗、水肥促控与化控两条线、培育高质量抗倒群体和增加花后群体物质生产量与高效分配"的玉米高产突破途径与关键技术（李少昆，2020），并在新疆生产建设兵团第六师奇台总场连续 5 次打破全国玉米高产纪录，2020 年创造了 24 948.75kg/hm^2 的全国新纪录。

第一节　玉米群体生理

提升玉米单产水平是缓解我国玉米供需失衡的重要手段。过去的几十年里，玉米单产的增加主要归功于农艺管理技术的提高和玉米杂种优势的利用（Antonietta et al.，2014），其中密植是提高玉米单产的重要措施之一（Tollenaar and Lee，2002；Tollenaar et al.，2006）。自 20 世纪 60 年代以来，美国玉米种植密度年均增加 1000 株/hm^2，同时籽粒产量增加 110kg/hm^2（Duvick，2005）。当前美国玉米种植密度平均为 85 500～109 500 株/hm^2，我国为 52 500～60 000 株/hm^2（张慧等，2020），相应的单产水平分别为 11 863kg/hm^2、6104kg/hm^2，可见提高种植密度是我国玉米实现高产突破的重要途径。增密一方面直接影响玉米群体的光合能力，改变源库关系，促进玉米产量潜力的充分发挥；另一方面，群体的抗逆能力与群体大小直接相关，直接影响群体产量的稳定性。玉米群体生理是玉米合理密植的理论基础，本书从玉米群体结构与功能、源库特性与产量、群体光合性能、群体水分生理、群体营养生理、群体抗逆生理、群体优化调控关键技术及信息化栽培等方面进行了系统论述，以期为玉米的高产高效栽培提供参考。

一、玉米群体生理的发展历程

我国大规模研究作物群体始于 1958 年，在当时生产水平低下的情况下，适当提高种植密度，扩大群体数量，对增产起到了一定的作用。但 20 世纪 50 年代末，曾一度出现盲目扩大群体数量，追求高密度、高穗数，使生产遭受了巨大损失。因此，作物合理群体问题受到学术界和生产实践主体的高度重视。殷宏章等（1956）首先对作物群体结构开展了研究，提出了作物群体概念、群体结构涉及的内容、群体的发展动态、群体与个体的矛盾，以及群体的一些形态、生理的数量指标。作物群体结构研究涉及的面很广，包括形态、生理、生态方面的许多内容，其核心是如何妥善解决作物产量形成过程中群体的数量和质量的矛盾，具体又反映在作物产量构成因素之间、群体叶面积和光合效率之间以及库与源之间等矛盾上。

进入 20 世纪 60 年代，范福仁等（1963）通过群体动态结构及其与种植密度、水肥关系的研究，提出了作物群体概念，确立了人工调节以自动调节为基础的思想与合理密植原则，建立的群体合理动态指标用于指导各地生产。郑丕尧（1981）对玉米叶片进行了分工分组，结合玉米生育三个阶段的划分，明确了各阶段的生育特点、生长中心，形成了以提高群体叶面积指数（叶面积指数由 50 年代初的 1.2 左右提高到 70 年代初的 3.5～4.0）、增加吐丝后群体干物质积累为代表的技术措施。20 世纪 80～90 年代，随着紧凑型玉米品种的大面积应用，围绕其增产机制和群体光合特性开展了较多研究，李登海等（1992）、徐庆章等（1995）明确了紧凑型玉米增产融合了杂种优势和群体光能利用两方面的因素，胡昌浩等（1993）、董树亭等（1997，2000）提出了提高和保持花后群体光合速率、延长高值持续期是玉米增加粒重、挖掘产量的重要途径，王忠孝等（1993）研究了玉米群体源库关系，陆卫平（1997）提出了群体质量调控理论，明确了玉米群体质量的本质特征及其与高产栽培的关系，促进了玉米栽培由数量栽培向质量栽培转变。该阶段的一系列研究推动了生产中玉米群体最适叶面积指数的提高（最高可达到 6 左右），使玉米产量大幅度增长。

进入 21 世纪以来，高产、高效、抗逆成为玉米生产及科研的主攻方向，玉米群体生理也逐渐确立了群体与外部投入以及环境因子协同研究的方向，以服务于高产高效抗逆的玉米生产需求。山东农业大学在系统分析中国玉米品种更替过程中产量及生理特性演进规律时，在明确了生态因素（光、温、水）对玉米生长发育和产量形成有影响的基础上，构建了以"提高根系活力、延缓根系衰老、平衡氮磷硫营养和延长花后群体光合高值持续期"为核心的玉米高产栽培理论，指导各地通过加强中后期管理，延缓后期叶片衰亡，适期晚收，实现玉米高产。内蒙古农业大学发现了高产玉米地上地下"双提高、双紧凑"特征及其与耕层障碍的矛盾，提出了耕层改良是密植增产与资源高效利用的重要途径（Wang et al.，2014，2015）。中国农业科学院作物栽培与生理团队以产量构成、光合性能、源库理论内在联系为基础，提出了产量性能定量表达关系，确定了主要栽培技术措施对产量性能各参数的调节效应，构建了玉米耕层冠层协同优化理论（赵明等，2000）。围绕密植增产，赵久然等（2011）初步探明了产量潜力突破最佳群体与区域光辐射量资源的定量匹配关系，明确了密植高产群体质量指标与控制倒伏、提高整齐度的调控途径，提出了"增密增穗、水肥促控与化控两条线、培育高质量抗倒群体和增加花后群体物质生产量与高效分配"的玉米高产突破途径与关键技术。河南农业大学研究表明，通过抗性互补、育性互补、当代杂种优势构建不同基因型玉米间混作复合群体，可以显著提高玉米群体的抗逆性和稳产性，提出了构建生态位互补复合抗逆群体的原则与关键技术（赵亚丽等，2013）。在西南玉米区，四川省农业科学院着力解决丘陵山地玉米增密栽培、产量突破、资源挖掘等关键问题，提出了丘陵山地玉米"调叶源、壮茎秆、增粒数（库）、稳粒重"的增密高产综合调控理论；构建了适合丘陵山地玉米的改稀植大穗晚熟品种为耐密中大穗中熟品种、改宽行缩株增密栽培为缩行增密栽培、改露地挖穴点播为地膜覆盖抗逆播栽、改化肥粗放施用为水肥耦合精量深施、改早收为适时晚收的"五改"增密高产关键技术，集成了"西南丘陵山地玉米高产创建技术体系"。

随着社会经济的快速发展，当前我国面临着人增地减、资源紧缺、生态环境恶化、市场竞争激烈等一系列突出问题，玉米供需情况未来将会持续偏紧，玉米栽培正面临着新的历史发展机遇和严峻挑战。高产、优质、高效、生态、安全仍然是未来中长期中国玉米栽培学研究的主要目标。依靠技术进步持续提高单产，保障全球粮食安全，转变生产发展方式，降低成本，提升玉米产品的国际竞争力，是未来中国玉米生产技术研发的基本方向。在此基础上，玉米群体生理的研究重点应服务于玉米高产高效生产、机械化生产、资源高效利用、抗逆减灾栽培、精准栽培等，研究方向侧重于高产群体结构特征及高质量群体调控理论以及群体抗逆理论和调控机制研究（李少昆等，2017）。

二、玉米群体生理的研究内容

1. 玉米群体结构与功能

在一定土地面积上，由一定数量的玉米植株个体所组成的"整体"，称为玉米群体。玉米的群体结构包括冠层及根系结构。对于玉米群体而言，冠层就是一个群落的冠连成的集合体，由于90%以上的干物质生产和储存由地上部分完成，故一般将玉米群体所有地上部分统称为冠层；相对而言，将群体地下部分所有单株根系组成的集合体统称为根层，一般也称为根系。玉米群体的冠层结构包括群体的几何性状、大田切片和数量性状。群体的几何性状主要指茎叶夹角、叶向值、叶方位角。群体大田切片是指玉米光合器官（叶片等）与非光合器官（茎、穗等）的空间配置状况，或者指玉米群体的垂直结构。群体冠层结构的数量性状主要指群体叶面积大小、生育状况和群体生产能力等。群体结构代表群体的基本特性，其功能与产量、品质的关系非常密切。本书将在第二章进行详细阐述。

2. 玉米根系群体结构与功能

根系是固定植株、从土壤中吸收和运输水分与养分的主要器官，是土壤资源的直接利用者和产量的重要贡献者，在玉米的生命进程中处于不可替代的位置。根系的形态、多少及其在土壤中的空间分布以及活力是影响养分吸收的重要因素，直接影响到地上部的生长发育。本书第三章将从玉米根系结构与分布、生理特性以及根冠关系三部分进行阐述。玉米根系结构与分布包括玉米根系生长发育与群体响应、根系的空间分布以及根系生长对耕层调控的响应；根系的生理特性则包括玉米根系的共性生理特性、不同基因型玉米品种间根系生理特性的差异以及环境、栽培措施对玉米根系生理特性的影响；第三部分内容从根冠生长的"数量性平衡"和"功能性平衡"、根冠的竞争互馈以及根冠关系与玉米产量和资源利用效率之间的关系展开论述。

3. 玉米源库特性与产量

"源-库-流"概念是研究和解释作物群体协调状况的常用术语和重要理论工具，这一概念被广泛地用于探索作物产量形成。"源"是指光合产物供给源或代谢源，是制造和提供养料的器官；"库"是指光合产物代谢库或储藏库；"流"是指控制养料运输的器官。源、库、流三类器官的功能不能截然分开，它们可以相互转变或替代。"源"足、"库"大、

"流"畅，以及三者协调作用，是玉米获得高产的基本条件。本书第四章分别从玉米源库（器官）的建成、结构与功能、研究方法以及响应与调节等方面详细阐述了玉米源库特性，并从源库关系的角度系统介绍了二者互作对玉米产量的影响及调节机制。

4. 玉米群体光合特性

叶片是植物光合系统中的主要器官，单叶光合能力的强弱决定植株个体的物质生产能力，若干个体的物质生产则是田间产量形成的基础。玉米群体光合较之单叶光合更为复杂，与物质生产和经济产量的关系更为密切。从大田生产的实际出发，用辩证的、系统的观点，深入研究作物群体光合作用规律，全面准确地分析各因素间的关系，对于提高作物光合效率和产量具有重要意义。本书第五章详细介绍了玉米群体光合特性，分析了玉米群体光合特性与产量潜力以及品种特性的关系，最后阐述了玉米群体光合特性的影响因素及调控途径。

5. 玉米群体水分生理

玉米群体水分生理的研究对于掌握玉米的需水规律及其影响因素、提高玉米的水分利用效率、确保玉米生产的资源可持续性具有重要意义。本书第六章首先介绍了玉米需水量及水分利用效率，并详细阐述了其影响因素；其次介绍了玉米高产与水分高效利用的协调途径；最后阐述了玉米群体对干旱、渍涝等水分胁迫的适应性。

6. 玉米群体营养生理

矿质营养作为玉米的"粮食"，对这个群体有重要作用。在诸多调控玉米生长发育的技术措施中，养分管理是最活跃的技术要素之一。基于个体养分吸收、累积、分配与利用的基本规律而建立的群体营养生理学，是玉米生产，尤其是养分管理的重要理论依据。本书第七章主要以玉米生长发育所需基本矿质营养元素及其生理功能为出发点，重点介绍了玉米群体营养元素的吸收利用规律，并提出了玉米群体养分利用效率及其提高途径。

7. 玉米群体抗逆生理

玉米在一生中会遇到各种逆境，在逆境条件下玉米群体会表现出生理代谢变化，如形态结构变化、生理生化变化等，以提高其对逆境的抵抗和忍耐能力，称为玉米群体抗逆生理，具体的表现方式为避逆性、御逆性和耐逆性三种。本书第八章主要阐述了玉米群体的生态适应性，主要非生物逆境、主要生物逆境响应及其防御，通过驯化、杂交选育出抗逆性强的玉米品种，改进栽培技术措施和调控技术，以提高玉米对不良环境条件的适应能力和抗逆性，为稳产、高产、优质、高效创造条件。

8. 玉米群体优化调控关键技术

针对玉米群体生理的理论基础，本书第九章从品种选择、栽培措施以及化学调控三个角度详细介绍了玉米群体优化调控的关键技术。

9. 玉米信息化栽培

运用农业信息技术，对复杂的作物生产成分进行系统的分析和综合，建立动态的计算机模拟模型和管理决策系统，实现作物生产管理的定量决策，从而促进作物栽培的规范化、信息化、科学化是未来玉米群体生理研究与应用的重要发展方向。本书第十章详细介绍了多种玉米生长模拟模型，以及玉米品种选择、播期确定、肥料运筹、水分管理动态等知识模型，并进一步介绍了基于知识模型的玉米栽培管理决策支持系统；还介绍了玉米长势遥感监测技术及应用实例，最后阐述了玉米精确栽培技术的构建与实现。

三、玉米群体生理的研究方法

1. 玉米群体结构与功能的研究方法

研究玉米的群体结构时，必须了解玉米光合器官（叶片等）与非光合器官（茎、穗等）的空间配置状况，或玉米群体的垂直结构，并对群体内的光照状况加以分析。日本门司正三等（1980）提出了大田切片法，或称分层割取法。用大田切片法研究玉米群体结构，一般是对一定土地面积（$2m^2$）内的玉米群体，在不同的生育期自上而下，分层切割成 30cm 厚度，然后在每 30cm 厚度中把光合器官（主要是叶片）和非光合器官（主要是茎）分开，测定干重和叶面积。分层割取之前，预先测定群体内每层的光照强度，最后将获得的数据归纳整理，绘出群体结构图。大田切片法适用于田间分布较均匀的等行距种植的密植作物，陈冠文（1998）在大田切片法的基础上，设计了能测定各种种植方式的作物群体在任意空间分布状况的新方法——三维切片法。该方法根据作物群体空间分布的不均匀性，采用三维空间坐标法，将作物群体空间分成若干体积单位（即一定体积的立方体），分别测定各立方体的生物学和生态学的有关参数，然后通过科学的数据处理和直观的表达方法，使作物群体结构和群体内生态因子在任意空间都能得到定量和直观表达。

2. 源的研究方法

源是物质生产、产量形成的基础，代表了光合产物供应的能力，玉米植株源的研究主要从改变源面积、光合产物分配、与光合作用相关的酶类入手，研究玉米的源是否限制着产量的提升。减源是在源库关系研究中最为常用的一种手段，即通过人为减小源的面积（减叶），从而改变源库比例。减源的方法大致包括不同程度地去除顶叶、不同程度地剪除中部叶片、不同程度地去除穗下部叶片等，或者选择不同生育期进行减叶处理。在剪除叶片的操作中一般有减全叶、减 1/2 叶等方法。这些处理在很大程度上改变了原有植株的源面积。同时，一些生理指标发生了较大变化，主要包括光合速率、冠层光分布、干物质生产、光合同化物在源和库中的分配、与源有关的酶活性、产量性状等。其研究方法主要包括以下几种。

（1）同位素示踪法

同位素示踪法（isotopic tracer method）是利用放射性核素作为示踪剂对研究对象进

行标记的微量分析方法。同位素示踪所利用的放射性核素与自然界存在的相应普通元素的化学性质和生物学性质相同，但具有不同的核物理性质，用同位素作为一种标记，制成含有同位素的标记化合物代替相应的非标记化合物，利用同位素与普通相应元素的质量差，探测它在体内或体外的位置、数量及其转变等，从而确定源向作物各组织器官的分配。

（2）植物酶类研究方法

在植物生长发育过程中，有六大酶类（氧化还原酶、转移酶、水解酶、裂解酶、异构酶和连接酶）参与其中，这些酶类可影响和有效调控植物的生长发育，包括从细胞生长、分裂，到生根、发芽、开花、结实、成熟和脱落等一系列植物生命全过程。在不同的源库比例条件下，测定玉米植株中相关酶的活性来研究源库关系也是常用的方法之一。比较常见的包括：超氧化物歧化酶（superoxide dismutase，SOD）、过氧化物酶（peroxidase，POD）、过氧化氢酶（catalase，CAT）、多酚氧化酶（polyphenol oxidase，PPO）、核酮糖-1,5-双磷酸羧化酶/加氧酶等与光合作用相关的酶类。前人的研究表明，在适度减源处理下，穗位叶可溶性蛋白含量、超氧化物歧化酶活性、过氧化物酶活性、过氧化氢酶活性均有明显增强的趋势；然而，过度减源会使叶肉细胞膜结构逐渐不完整，基粒逐渐溶解，超氧化物歧化酶活性降低，加速叶片的衰亡。

3. 库的研究方法

疏库是在源库关系研究中最为常用的一种手段，即通过减少库，或同时改变源库大小而改变源库比例，以研究源库关系。常用的方法有不同程度地剪除花丝或者果穗，从而减少籽粒数量。去花丝一般在顶部果穗花丝全部抽出时，将一定比例的花丝剪掉并用羊皮纸与另一部分花丝隔开，只对未剪的花丝进行授粉，达到减库的目的；剪穗一般在抽丝后10d（穗长基本稳定时）隔株剪去穗长的一定比例，用乙醇溶液消毒，套上羊皮纸袋，也能达到缩库的目的，以相邻未剪穗的植株作为对照。研究的内容主要包括干物质生产、光合同化物在源和库中的分配、有关源和库强弱的酶的活性、产量性状等。库的研究内容主要包括以下几个方面。

（1）生长指标

单位面积穗数、单穗粒数、粒重等代表了库的容量与库的活力，在源的研究中主要从改变库容量、人工辅助授粉、光合产物再分配等方面入手。常用的形态指标有总花丝、有效花丝、有效穗数、每亩穗数、穗粒数、千粒重、干重、灌浆速率等；生理指标有籽粒中可溶性总糖、可溶性蛋白、脂肪含量等。

（2）代谢酶类

光合产物在不同器官中的分配以及不同糖类物质之间的平衡对产量有直接的影响，植物光合同化物从"源"到"库"的主要运输形式是蔗糖。蔗糖既是光合作用早期形成的碳水化合物，又是叶片光合产物向各器官运输的主要形式，在植物体内同化物的运输中占有举足轻重的地位（屠乃美和官春云，1995）。因此，蔗糖合成酶、蔗糖转化酶、腺苷二磷酸葡萄糖焦磷酸化酶等与糖类代谢相关的酶被用于研究籽粒穗库的发育。

（3）光合作用

为了探索作物高产的新途径，一些学者相继开展了作物群体光合能力及其与产量关系的研究，并改进、完善了一些行之有效的群体光合能力测定方法。Thomas 和 Hill（1937）首次在封闭系统内用化学吸收法对小麦、苜蓿的群体光合能力进行了测定；董树亭（1991）用改进的密闭式落差测定法研究了高产冬小麦、夏玉米群体光合能力与产量的关系，展示出群体光合能力对提高作物产量具有重要作用。

（4）品种作用

首先基因型奠定品种的产量潜力、抗逆性能和品质基础，然后内在基因响应外部环境，从大分子水平调控单株或群体的生理性能，最后体现为单株和群体的生物学特性、抗逆性和适应性等。优良玉米品种依靠单株或群体的优势，在玉米生产中发挥着多重作用。

现代作物栽培学不仅注重作物高产理论与技术，更加注重作物生产的高效管理及持续发展。一方面，应用植物生理和生态的方法与技术，围绕作物生产上急需解决的关键问题开展应用基础性研究；另一方面，应用系统分析的原理和计算机信息技术，对作物生产系统进行综合的动态模拟、科学决策和优化管理。随着信息技术的发展及农业新科技革命的兴起，计算机信息技术为作物栽培管理提供了新的方法和手段。

第二节　玉米群体质量

长期以来，人们对不断地提高玉米群体的生产效率从多角度多途径开展了深入的研究，相应地形成了以器官建成与调控、株型与高光效、源库流为主的高产栽培理论与技术体系，该体系在不同阶段对玉米生产水平的持续提高发挥了重大作用。陆卫平（1997）围绕器官建成与产量形成及其相互间的关系，并从群体调节的角度开展了大量研究，明确了产量构成因素在生育进程中形成的时间、顺序性，认识到群体的稳定性和个体的变异性及其调节能力与生活力有关，确立了群体人工调节必须以自动调节为基础，提高玉米产量应在增加穗数、粒数的同时努力提高粒重来实现。

一、群体质量指标

玉米群体质量指标是指群体结构中与产量具有密切联系的性状指标。玉米群体质量指标是明确产量构成各因素间以及各因素与产量形成之间的关系，掌握产量提升过程中各因素的变化特点，探索作物产量进一步提高的关键限制性因素，是实现玉米高产突破的理论依据。前人大量研究表明，玉米群体质量指标主要有：干物质积累、群体叶面积指数、群体总结实粒数、粒叶比、叶系组成、茎秆结构质量、群体根系性状等。

作物高产是个体与群体协调、构建高质量群体的共同结果，合理的群体结构有利于缓解个体与群体的矛盾，促进穗数、穗粒数和粒重的协调发展。叶面积指数在一定程度上反映了作物群体光合面积的大小，叶绿素是植物进行光合作用的物质基础（王勇和冯继平，2006）。通过叶绿素荧光可以快速、灵敏和非破坏性地分析环境因子对光合作用的影响。适度的群体密度能够提高产量，但是群体密度过高反而导致群体质量降低、产量下降，可能是因为群体叶面积过大降低了群体的通风透光能力，导致个体间竞争加剧，从而使群体易倒伏及发生病虫害，最终导致产量下降。

二、群体质量与产量的相关性

作物产量定量分析主要有三个理论体系。一是产量构成理论体系（Engledow and Wadham，1924），主要突出了产量形成的最终可观测指标；二是光合性能的分析（Watson，1958；郑广华，1980），主要突出了产量形成的光合物质生产与分配；三是源库分析，主要突出了产量形成的物质生产与存贮关系。纵观三个不同产量分析系统，都有明显的特点和不足，前人在此基础上建立了以源库分析体系为指导，源与光合性能分析体系相联系，库与产量构成分析体系相联系的，作物产量综合分析的"三合模式"（赵明等，1995，2006）。张宾等（2007）基于此模式将产量综合分析划分为不同层次，提出了产量形成层次关系和作物产量生理学研究构架，并进一步对"三合模式"进行定量化与动态化分析，提出了"产量性能"等式，即 $Y=\text{MLAI}\times D\times\text{MNAR}\times\text{HI}=\text{EN}\times\text{GN}\times\text{GW}$（式中，$Y$ 为产量；MLAI 为生育期内平均叶面积指数；D 为光合时间；MNAR 为平均净同化率；HI 为经济系数；EN 为穗数；GN 为穗粒数；GW 为粒重）。赵明等（2006）围绕着产量性能 7 个参数的动态模型、不同产量水平和产量性能的构成特点、不同栽培技术对产量性能的调节效应、作物产量定量化动态监测和分析进行了研究，形成了作物产量性能优化理论与高产技术体系。

在产量构成三要素中，20 世纪 90 年代玉米高产的主要原因首先是群体穗粒数增加从而导致单位面积粒数的增加，其次是千粒重和穗数的增加；高荣岐等（1992）指出玉米粒数提高的主要特征是果穗变长，穗行数增加。作物群体质量是反映作物群体本质特征的数量指标，包括多项群体形态生理指标。叶片是作物光合产物的主要光合供给源，群体产量和开花后的叶面积有密切的关系。凌启鸿等（1993）提出群体质量的本质特征在于抽雄至成熟期的高光合效率和物质生产能力，这一观点在玉米高产研究的产量形成机制及高产途径方面具有借鉴意义。

光合性能理论是在生长分析法基础上发展起来的，在光合性能的诸多因素中，长期以来，关于光合速率与产量的关系及提高光合速率的途径一直是栽培生理和育种学家热衷的论题。1966 年我国学者归纳了光合性能的五要素，郑广华（1980）将其与经济产量的关系定义为：经济产量＝（光合面积×光合时间×净光合速率−呼吸消耗）×收获指数。该理论强调作物产量源自物质的生产及其与环境因素、栽培措施的密切关系，弥补了产量构成理论的不足，但其缺点是把复杂的物质分配问题过于简单化地概括为收获指数，在一定程度上忽视了物质的转运和分配。理论上，光合面积较大、光合能力强、光合时间长、光合产物消耗少且分配利用合理就容易获得高产，但叶面积指数往往与净同化率、光合速率呈负相关关系（Bhagsari and Brown，1986）。

Mason 和 Maskill（1928）首先提出了作物源-库理论来描述作物产量的形成，并且得到学术界一致认同，在之后长期的大量研究中，人们基于此理论形成了多种不同的理论体系。1969 年，日本学者武田友四郎将旨在提高作物产量的育种过程分为三个阶段：第一阶段是扩大单株叶面积，第二阶段是改良株型，第三阶段是提高叶片光合效率。关于作物高产群体的产量构成、源与库关系以及光合产物积累与分配之间的种种关系和矛盾，归根结底是高产群体数量与质量之间的矛盾。作物产量潜力挖掘的层次是由数量性能逐步向着质量性能推进的，在群体结构性增产已经建立的前提下，通过挖掘个体功能潜力，构建高质量群体将是创超高产的必由之路。

三、高产潜力

玉米是 C_4 高光效作物，是世界上产量最高的谷类粮食作物，也是禾谷类作物中增产潜力最大的作物，被誉为 21 世纪的"谷物之王"。世界玉米高产纪录（38 640kg/hm^2）分别是小麦（15 195kg/hm^2，1978 年，中国青海）和水稻（19 305kg/hm^2，2006 年，中国云南）高产纪录的 2.54 倍和 2.00 倍。广义上来说，玉米的高产潜力是指在适宜的外在环境条件下，无水分、养分等的限制且有效控制病虫草害的情况下所获得的最高产量（Cassman et al.，2003），也就是某个地区的玉米光温生产潜力。假如所有栽培措施都能完全满足玉米需求，则玉米的最高产量主要取决于这个地区玉米生长季节内的太阳辐射到地面的光能多少、温度高低、降雨量多少以及空气中二氧化碳的浓度等，这就是仅与当地产区生态条件相关的玉米最高的光温生产潜力。Tollenaar（1986）利用作物模型研究预测，在美国玉米带优越的自然条件下，采用最佳农艺措施，充分利用光热资源，抓好选用新的高产杂交种、增施肥料、适期播种及防治病虫害等技术，玉米的光温生产潜力可以达到 82 429.5kg/hm^2，玉米带地区玉米高产纪录可以达到 30 000kg/hm^2，后者已于 2014 年在美国佐治亚州得以实现。

玉米光温生产潜力的区域变化表现出明显的地带性。不同玉米产区的光照、温度、降雨量等存在差异，导致不同玉米产区的光温生产潜力不尽相同。中国东北玉米产区与黄淮海玉米产区相比，其无霜期较短、气温较低，玉米光温生产潜力也就小一些，平均为 18 384kg/hm^2，且呈现明显的西高东低的空间分布特征（王晓煜等，2015），低于黄淮海地区夏玉米光温生产潜力（37 400kg/hm^2）（王崇桃等，2006）。两个地区的玉米光温生产潜力均远高于当地玉米平均单产水平。可见，在现有生产管理条件下我国玉米的增产潜力还远远没有得到充分发挥。1979 ～ 2020 年，我国玉米高产纪录单产年均增加 324.27kg/hm^2，是同期全国玉米实际单产年均增加量（81.22kg/hm^2）的 3.99 倍。农户实际产量与潜在产量之间存在较大的差距，这种情况在国内外也是广泛存在的。程雅婷等（2021）研究发现，我国北部从东到西 5 个玉米种植区农户玉米实际产量与潜在产量之间的产量差均超过 5800kg/hm^2。如何缩小潜在产量与实际产量之间的差距，一直是农业科研工作者、农技推广部门和新型农业经营主体等共同努力的方向和目标。众所周知，玉米以群体进行生产，"群体结构性获得高产"是主要突破途径（赵明等，2006），而增加种植密度，构建匹配区域光辐射的高光效玉米群体是缩小产量差的有效途径（程雅婷等，2021）。

四、群体质量调控

　　较高的生物产量是作物获得高产稳产的关键，根系的发育状况及时空分布在很大程度上决定了生物产量的高低。一般生产上采取合理密植等措施来保证生育中后期玉米植株对水分和养分的吸收，从而促进植株干物质的积累，对于进一步提高玉米产量具有重要意义。在一定的生态环境下，合理的栽培措施是实现源、库、流协调，提高作物产量的重要途径，而调整种植方式和密度是重要的栽培措施之一。塑造理想株型、优化产量构成是提高作物产量的有效途径（马均等，2003），高密度群体中挖掘"群体结构性获得"和"个体功能性获得"将是高产栽培的主要目标（陈传永等，2010）。

　　在明确群体质量指标的基础上，采取适当的栽培措施进行精确调控，使其在时间和空间结构上相互协调，是建立高产高效玉米群体的主要途径。特别是吐丝期以后的干物质积累、叶面积指数、粒叶比、群体总结实粒数、根系活力和茎系结构的高效协调发展是玉米高产群体建立的重要基础。群体质量优化指标的调控受各种因子制约，如种植密度、水、温度、光照、矿质营养等，且在不同的生态环境条件下主导因子是不同的，因此在不同的生态条件下玉米高产群体的建立所采取的技术是有差异的（陈立军和唐启源，2008）。

　　采用合理的种植方式、密度等，构建高性能群体结构，能充分发挥单株生产力，通过单株源库数量的增加来实现群体源库容量的扩建；另外，合理的种植方式及密度，改善了群体结构，缓解了群体与个体间的矛盾，优化了群体的冠层微环境，延缓了生育后期叶片的衰老，提高了生育后期叶片的光合性能及物质代谢能力，既能保证源的数量，又能够改善源的质量，从而实现源库关系协调发展，达到产量的最大化。

主要参考文献

陈传永, 侯海鹏, 李强, 等. 2010. 种植密度对不同玉米品种叶片光合特性与碳、氮变化的影响. 作物学报, 36(5): 871-878.

陈冠文. 1998. 研究作物群体结构及生态因子时空分布的新方法: 三维切片法. 西北农业学报, 7(4): 10-14.

陈立军, 唐启源. 2008. 玉米高产群体质量指标及其影响因素. 作物研究, 22(S1): 428-434.

程雅婷, 李荣发, 王克如, 等. 2021. 中国春玉米高产纪录的创造与思考. 玉米科学, 29(2): 56-59.

董树亭. 1991. 高产冬小麦群体光合能力与产量关系的研究. 作物学报, 17(6): 461-469.

董树亭, 高荣岐, 胡昌浩, 等. 1997. 玉米花粒期群体光合性能与高产潜力研究. 作物学报, 23(3): 318-325.

董树亭, 王空军, 胡昌浩. 2000. 玉米品种更替过程中群体光合特性的演变. 作物学报, 26(2): 200-204.

范福仁, 莫惠栋, 秦泰辰, 等. 1963. 玉米密植程度研究. 作物学报, 2(4): 381-398.

高荣岐, 董树亭, 胡昌浩, 等. 1992. 高产夏玉米籽粒形态建成和营养物质积累与粒重的关系. 玉米科学, (1): 52-58, 68.

胡昌浩, 董树亭, 岳寿松, 等. 1993. 高产夏玉米群体光合速率与产量关系的研究. 作物学报, 19(1): 63-69.

李登海, 张永慧, 翟延举, 等. 1992. 玉米株型在高产育种中的作用. Ⅰ. 株型的增产作用. 山东农业科学, (3): 4-8.

李少昆. 2020. 东北四省区玉米机械粒收密植高产关键技术创建与应用. 北京: 中国农业科学院作物科学研究所.

李少昆, 王立春, 王璞, 等. 2017. 中国玉米栽培研究进展与展望. 中国农业科学, 50(11): 1941-1959.

李宗新, 陈源泉, 王庆成, 等. 2012. 密植条件下种植方式对夏玉米群体根冠特性及产量的影响. 生态学报, 32(23): 7391-7401.

凌启鸿, 张洪程, 蔡建中, 等. 1993. 水稻高产群体质量及其优化控制探讨. 中国农业科学, 26(6): 1-11.

陆卫平. 1997. 玉米高产群体质量指标及其调控途径. 南京: 南京农业大学博士学位论文.

马均, 朱庆森, 马文波, 等. 2003. 重穗型水稻光合作用、物质积累与运转的研究. 中国农业科学, 36(4): 375-381.

屠乃美, 官春云. 1995. 作物源—库关系研究的现状. 作物研究, 9(2): 44-48.

王崇桃, 李少昆, 韩伯棠. 2006. 玉米高产之路与产量潜力挖掘. 科技导报, 24(4): 8-11.

王晓煜, 杨晓光, 孙爽, 等. 2015. 气候变化背景下东北三省主要粮食作物产量潜力及资源利用效率比较. 应用生态学报, 26(10): 3091-3102.

王永军, 吕艳杰, 刘慧涛, 等. 2019. 东北春玉米高产与养分高效综合管理. 中国农业科学, 52(20): 3533-3535.

王继平, 冯学平. 2006. 抚育间伐对柞树幼龄林光合作用与光能利用率的影响. 林业勘查设计, (4): 62-63.

王忠孝, 徐庆章, 杜成贵, 等. 1993. 玉米群体库源关系的研究. Ⅰ. 不同类型玉米籽粒库充实度与最高产量的关系. 玉米科学, 1(3): 39-42.

徐庆章, 王庆成, 牛玉贞, 等. 1995. 玉米株型与群体光合作用的关系研究. 作物学报, 21(4): 492-496.

殷宏章, 沈允钢, 陈因, 等. 1956. 水稻开花后干物质的累积和运转. 植物学报, 5(2): 177-194.

张宾, 赵明, 董志强, 等. 2007. 作物产量“三合结构”定量表达及高产分析. 作物学报, 33(10): 1674-1681.

张慧, 钱欣, 高英波, 等. 2020. 种植密度对不同株型夏玉米产量和冠层特性的影响. 中国农学通报, 547(4): 29-35.

赵久然, 赵明, 董树亭, 等. 2011. 中国玉米栽培发展三十年: 1981 ~ 2010. 北京: 中国农业科学技术出版社: 71-75.

赵明, 李建国, 张宾, 等. 2006. 论作物高产挖潜的补偿机制. 作物学报, 32(10): 1566-1573.

赵明, 马玮, 周宝元, 等. 2016. 实施玉米推荐清垄精播技术　实现高产高效与环境友好生产. 作物杂志, (3): 1-5.

赵明, 王树安, 李少昆. 1995. 论作物产量研究的“三合结构”模式. 北京农业大学学报, 21(4): 359-363.

赵亚丽, 康杰, 刘天学, 等. 2013. 不同基因型玉米间混作优势带型配置. 生态学报, 33(12): 3855-3864.

郑广华. 1980. 植物栽培生理. 济南: 山东科学技术出版社.

郑丕尧. 1981. 关于玉米叶片分组的初步观察. 中国农业大学学报, 14(1): 101.

Antonietta M, Fanello D D, Acciaresi H A, et al. 2014. Senescence and yield responses to plant density in stay green and earlier-senescing maize hybrids from Argentina. Field Crops Research, 155: 111-119.

Bhagsari A S, Brown R H. 1986. Leaf Photosynthesis and its Correlation with Leaf Area. Crop Science, 26(1): 127-132.

Cassman K G, Dobermann A, Walters D T, et al. 2003. Meeting cereal demand while protecting natural resources and improving environmental quality. Annual Review of Environment and Resources, 28: 315-358.

Duvick D N. 2005. The contribution of breeding to yield advances in maize (*Zea mays* L.). Advances in Agronomy, 86(5): 83-145.

Engledow F L, Wadham S M. 1924. Investigation on yield in the cereals. The Journal of Agricultural Science, 13: 16-18.

Liu G Z, Liu W M, Hou P, et al. 2021. Reducing maize yield gap by matching plant density and solar radiation. Journal of Integrative Agriculture, 20(2): 363-370.

Mason T G, Maskell E J. 1928. Studies on the transport of carbohydrates in the cotton. Ⅱ. The factors determining the rate and the direction of movement of sugars. Annals of Botany, 42(167): 571-636.

Monsi M. 1953. Uber den Lichtfaktor in den Pflanzen-gesellschaften und seine Bedeutung fur die Stoffproduktion. The Journal of Japanese Botany, 14: 22-52.

Thomas M D, Hill G R. 1937. The continuous measurement of photosynthesis, respiration, and transpiration of alfalfa and wheat growing under field condition. Plant Physiology, 12(2): 285-307.

Tollenaar M. 1986. Seeking the upper limit of corn production. Batter Crops, (6): 6-8.

Tollenaar M, Deen W, Echarte L, et al. 2006. Effect of crowding stress on dry matter accumulation and harvest index in maize. Agronomy Journal, 98(4): 930-937.

Tollenaar M, Lee E A. 2002. Yield potential, yield stability and stress tolerance in maize. Field Crops Research, 75(2-3): 161-169.

Wang Z G, Gao J L, Ma B L. 2014. Concurrent improvement in maize yield and nitrogen use efficiency with integrated agronomic management strategies. Agronomy Journal, 106(4): 1243-1250.

Wang Z G, Ma B L, Gao J L. 2015. Effect of different management systems on root distribution of maize. Canadian Journal of Plant Science, 95(1): 21-28.

Watson D J. 1958. The dependence of net assimilation rate on leaf area index. Annals of Botany, 22(85): 37-54.

Yang Y S, Guo X X, Liu H F, et al. 2021. The effect of solar radiation change on the maize yield gap from the perspectives of dry matter accumulation and distribution. Journal of Integrative Agriculture, 20(2): 482-493.

第二章 玉米群体结构与功能[*]

玉米以群体进行生产，其结构与功能是决定群体质量的关键。群体结构组成、群体数量特征、群体整齐度等都是群体质量和群体优化调控的主要内容。玉米群体由个体组成，个体间存在着竞争，群体具有自动调节能力；植株是群体中的个体，个体间植株特性及其分布存在着差异，其大小直接影响到群体的光能利用率和生产力的高低。玉米群体内个体性状间均匀一致性程度称为玉米群体整齐度，其是衡量玉米群体内植株生长发育差异性的指标，主要包括株高、穗位高、穗长、叶面积、穗粒数、粒重等。玉米的群体结构受品种株型、种植密度、肥水运筹等的影响，优化品种、合理增密以及加强养分资源管理，构建高质量的群体结构是玉米获得高产的关键措施（梁志英等，2015）。

第一节 群体结构组成

一、群体结构的概念

在一定土地面积上，由一定数量的玉米植株个体所组成的"整体"，称为玉米群体。通常所说的玉米产量，是指玉米的群体产量，其高低主要取决于群体的最佳结构，所以，高产栽培中非常重视建立一个合理的玉米群体。

玉米的群体结构包括群体的几何性状、大田切片和数量性状。群体的几何性状主要指茎叶夹角、叶向值、叶方位角。群体大田切片是指玉米光合器官（叶片等）与非光合器官（茎、穗等）的空间配置状况，或者指玉米群体的垂直结构。群体的数量性状主要指群体叶面积大小、生育状况和群体生产能力等。群体结构代表群体的基本特性，是产生各种不同影响的主要根源，与产量、品质的关系非常密切。

二、群体的几何性状

玉米群体是由该作物组成的单一种群，其几何性状可用茎叶夹角、叶向值和叶方位角来描述。叶面积指数相同的两个玉米群体，当群体的茎叶夹角和叶向值或叶方位角不同时，叶层内光分布不同，叶片的净同化率不同，单位时间产生的干物质也不同。

（一）茎叶夹角、叶向值和叶方位角

1. 茎叶夹角

茎叶夹角定义为叶片平面与茎秆垂直方向的夹角（图 2-1，角 α），是决定群体透光和受光姿态的重要指标。玉米的茎叶夹角直接影响玉米群体冠层中透射光、间隙光和漏

---

* 本章由刘开昌、谢瑞芝、马达灵等撰写。

射光的合理分布，进而影响玉米冠层光截获能力和群体光能利用率，最终影响产量，是玉米理想株型育种的重要直观形态指标参数。Trenbath和Angus（1975）总结了茎叶夹角与产量关系方面的研究结果，认为上冲叶片对产量是有益的。Austin（1989）等认为，株型增产的主要原因与其群体冠层内光的合理分布有关，特别是玉米干物质积累的主要功能叶片是中部叶片，因而上部叶片上冲，中部叶片可处于较好的光照状态下，从而有利于干物质的生产。茎叶夹角越小，说明叶片坚挺上举，株型越紧凑。玉米是高秆作物，茎叶夹角直接影响到群体内的光分布状况和种植密度大小。茎叶夹角的大小主要取决于品种的遗传特性（路明等，2007），种植密度、株行距等对其影响较小（何冬冬等，2018）。

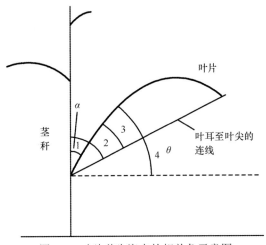

图 2-1　叶片着生姿态的相关角示意图

1 为叶基角，是茎秆与叶片平直部分的夹角，又称茎叶夹角；2 为开张角，是茎秆与叶耳至叶尖连线的夹角；
3 为弯曲度，是开张角与叶基角的差值；4 为仰角，是叶片平直部分和水平面的夹角，即 θ

茎叶夹角和叶面积对玉米的群体生长率［也称作物生长率（crop growth rate，CGR）］影响较大，即在一定范围内，叶面积越大，茎叶夹角越小，群体生长率越高，主要原因是群体的光截获率增加，群体光合速率提高，增加了干物质积累（王庆成等，1996）。此外，茎叶夹角和叶面积对群体光合速率的影响较大。在早晨或傍晚，当太阳射线几乎水平进入玉米群体时，茎叶夹角或叶面积对群体生长率的影响很小，在中午，平展型玉米较小的叶面积指数与紧凑型玉米较大的叶面积指数，二者都有利于提高群体生长率。所以，紧凑型玉米的增产潜力，只有在较高的叶面积指数下才能得以发挥。

目前，对紧凑型玉米的研究表明，植株上部叶片茎叶夹角小，上冲直立；下部叶片茎叶夹角大，叶片较为平展的为"理想型"株型。徐庆章等（1995）提出，玉米整株叶片的平均茎叶夹角最优值为10°，Duncan（1971）则认为美国玉米带的茎叶夹角最优值为20°。李登海育成的紧凑型玉米，有的穗上叶茎叶夹角远小于10°，上部叶片紧贴在茎秆上，但仍能创我国夏玉米高产纪录。王聚辉等（2015）研究了我国1950年以来6个主要推广品种（1950年的白鹤、1967年的吉单101、1972年的中单2号、1998年的掖单13号、2000年的郑单958和2004年的先玉335）的茎叶夹角变化，结果表明，随着品种的不断更替，玉米的叶面积变化不大，但茎叶夹角逐渐缩小，由最大的平均45°降为26°。农艺管理措施对玉米茎叶夹角也有影响，适量减少基肥氮量，可以使穗上叶和整株的茎叶夹角更小，与高氮处理相比分别减少4.33°和4.67°（徐丽娜等，2012）。

2. 叶向值

叶向值（leaf orientation value，LOV）是表示叶片挺拔、上冲和在空间下垂程度的综合指标。叶向值越大，表明叶片挺拔、上冲性越强，株型越紧凑；叶向值越小，表明叶片平展，下垂程度越大，上冲性差，株型越平展松散。从不同部位茎叶夹角和叶向值来看，穗位以上茎叶夹角均小于穗位以下茎叶夹角，穗位以上叶向值均大于穗位以下叶向值。

茎叶夹角和叶向值决定玉米的株型。关于株型的增产作用，徐庆章等（1995）利用同一基因型，在吐丝后测定人工改型后和原型群体的光合速率，结果显示，在低密度条件下，不同株型之间的群体光合速率差别不大，而在高密度条件下，株型越紧凑群体光合速率越高，紧凑型比平展型的平均光合速率高出约1/5。表明玉米同一基因型的不同株型对群体光合速率有显著的影响。王庆成等（1996）在大田条件下，也通过人工改变株型的方法比较了平展型与紧凑型玉米不同种植密度的群体光合速率，结果表明，同一基因型株型紧凑的群体光合速率比平展型平均高17.2%，籽粒产量增加5.3%～8.6%（图2-2）。

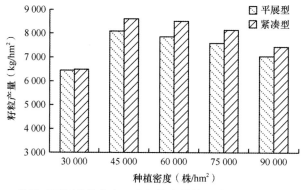

图2-2　株型对不同种植密度玉米籽粒产量的影响（王庆成等，1995）

行距配置方式对叶向值也有较大影响，苌建峰等（2016）研究结果表明，不同株高类型杂交种（中秆品种郑单958、高秆品种先玉335和矮秆品种512-4）在相同种植密度下，随行距扩大（50cm、60cm、70cm、80cm等行距），株型变得松散，穗部叶片叶向值减小，冠层光能截获率降低，产量随之降低，60cm等行距种植条件下显著提高了中下部光能截获率，病虫害和倒伏发生率较低，易获得较高产量。

3. 叶方位角

叶方位角定义为叶平面法线方向的水平投影与正北方向的夹角，从正北开始顺时针划分为8个方位，每个方位45°。叶方位角的变化主要受播种方式的影响，播种方式不同，叶方位角分布不同。冠层内光分布的不均匀性和叶片的趋光运动是叶方位角千差万别的主要原因。

玉米叶方位角分布主要受行向的影响，由于玉米的行间一般大于株间，叶片主要伸向行间，南北行向玉米田的叶片主要伸向东方和西方，而东西行向玉米田的叶片则主要伸向南方和北方（图 2-3）（董振国和刘瑞文，1992）。据调查，东西行向等距离条播玉米田，玉米吐丝期，伸向南方的叶片占 43%，伸向北方的叶片占 41%，伸向东方和西方的叶片各占 8%。南北行向等距离条播的玉米田中，叶方位角的分布与东西行向玉米田相反，伸向东方和西方的叶片各占 42%，伸向南方的叶片占 10%，伸向北方的叶片占 6%。玉米群体密度不同，叶片的大小也不同，叶方位角分布的特点也有差异。

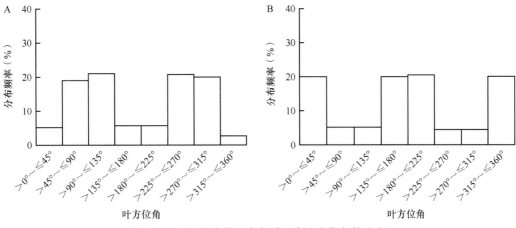

图 2-3　不同行向等距离条播玉米叶方位角的分布

A 为南北行向，B 为东西行向

（二）群体结构分类

根据玉米几何性状的不同，玉米群体结构大体上可分为紧凑型群体结构和平展型群体结构两种类型（王元东等，2008）。根据玉米植株叶片部位和功能的不同，可将株高定型后的玉米群体自上而下垂直划分为三层，即粒叶光合层、穗叶光合层和根叶光合层，各层的叶片数约占 1/3。

由于叶角构成上的不同，两种群体结构中不同叶层的功能特点有所不同。图 2-4 是紧凑型和平展型两种玉米群体的形态比较。从图中可以看出，紧凑型玉米烟单 15 号穗位以上的粒叶光合层叶片，其茎叶夹角为 25°～30°，叶片挺直上冲，构成了透光性良好的光合层。由于该层叶片较直立，增加了群体中下部的受光面积，提高了叶片对光能的利用效率，同时为群体内部创造了优越的光照环境。据散粉期测定，果穗叶部位光强为自然光强的 70%，这是紧凑型群体的果穗能够积累较多的光合产物、促进群体产量提高的重要原因。靠近雌穗的穗位叶构成穗叶光合层，本层叶片由于中脉呈弓形伸出，叶片较为平展，并且其位于透光性良好的粒叶光合层之下，所以层内光强比平展型玉米高 20%～25%。这两个层次所构成的群体受光姿态，在密植的生态环境中，保证了果穗发育所必需的受光条件。在穗叶光合层以下为根叶光合层。抽雄以后，根叶光合层叶片日渐衰亡，在地面附近形成"隧道"结构，这在栽培管理不当的玉米田中尤为明显。高产玉米群体中应防止或延缓这种结构的形成，延长根叶光合层叶片的功能期，以保持根系的正常活力，为玉米中后期的生长发育、籽粒灌浆提供充足的无机营养和水分。

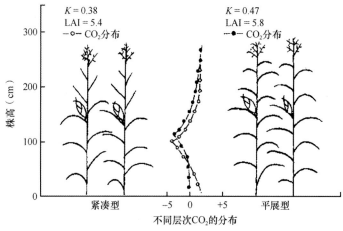

图 2-4　紧凑型与平展型玉米群体的形态比较

K. 消光系数；LAI. 叶面积指数

三、群体结构的大田切片

　　研究玉米的群体结构时，必须了解玉米光合器官（叶片等）与非光合器官（茎、穗等）的空间配置状况，或玉米群体的垂直结构，并对群体内的光照状况加以分析。日本门司正三等提出了大田切片法，或称分层割取法。用大田切片法研究玉米群体结构，一般是对一定土地面积（2m²）内的玉米群体，在不同的生育时期自上而下分层切割成30cm厚度，然后将每30cm厚度内的光合器官（主要是叶片）和非光合器官（主要是茎）分开，测定干重和叶面积。分层割取之前，预先测定群体内每层的光照强度，最后将获得的数据归纳整理，绘出光合器官和非光合器官的垂直分布及群体内部光照分布状况-群体结构图。大田切片法适用于田间分布较均匀的等行距种植的密植作物，陈冠文（1998）在大田切片法的基础上，设计了能测定各种种植方式的作物群体在任意空间分布状况的新方法——三维切片法。该方法根据作物群体空间分布的不均匀性，采用三维空间坐标法，将作物群体空间分成若干体积单位（即一定体积的立方体），分别测定各立方体的生物学和生态学的有关参数，然后通过科学的数据处理和直观的表达方法，使作物群体结构和群体内生态因子在任意空间都能得到定量和直观表达。

　　20 世纪 60 年代初，山东省农业科学院对玉米大田群体结构做了动态的描述，提出高产的若干指标，对当时玉米生产起了指导作用。随着生产的发展，我国玉米平均单产由1500kg/hm² 左右提高到 5892kg/hm²（2015 年，国家统计局），高产田达到了 20 000kg/hm²以上（李少昆等，2017），原来的群体结构指标已不适应当前的玉米生产。王庆成等于1996 ～ 2000 年用大田切片法对登海 1 号等玉米新杂交种的高产群体结构进行了研究（图 2-5），结果表明，各部分干重的空间分布，叶片主要集中在中上部，茎鞘则集中于中下部，在吐丝期种植密度为 7.5 株/m² 的群体中，叶片干重的 67.5% 分布在离地面1.2 ～ 2.7m 的高度内，而茎鞘干重的 82.9% 分布在 1.5m 高度之下，这种自然分布与其功能有着直接的关系。果穗的干重主要集中在离地面 1.2 ～ 1.5m 的高度内。种植密度对干重的空间分配有一定影响，随着种植密度的增加，中上部叶片干重的比例增加，如吐

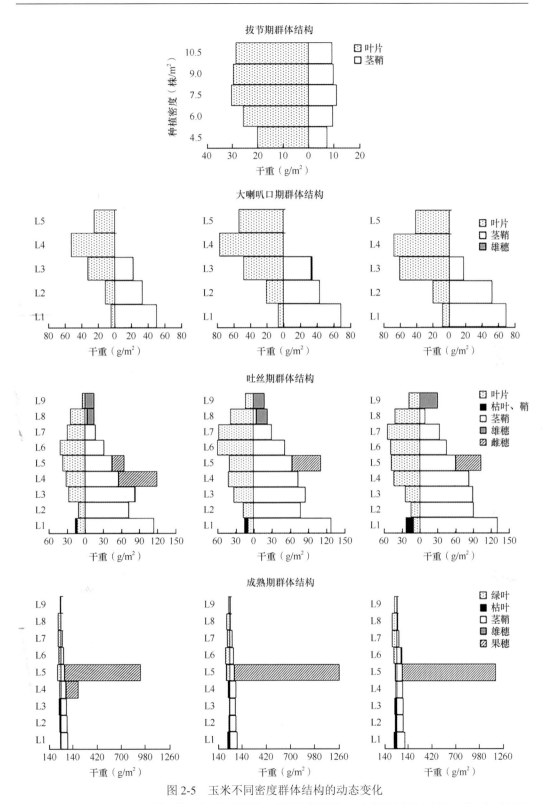

图2-5 玉米不同密度群体结构的动态变化

品种为登海1号，大喇叭口期群体结构、吐丝期群体结构、成熟期群体结构中，左侧图片种植密度为4.5株/m²，中间图片种植密度为7.5株/m²，右侧图片种植密度为10.5株/m²。L代表各层株高，L1. 0～0.3m，L2. 0.3～0.6m，L3. 0.6～0.9m，L4. 0.9～1.2m，L5. 1.2～1.5m，L6. 1.5～1.8m，L7. 1.8～2.1m，L8. 2.1～2.4m，L9. 2.4～2.7m

丝期种植密度为 4.5 株/m² 的群体，叶片干重的 62.0% 分布在离地面 1.2 ～ 2.7m 的高度内，而 9.0 株/m² 的群体，此高度内叶片干重比例上升到 72.1%。茎秆干重的垂直分布也表现出类似的趋势。近期有研究表明，在高密度条件下适当去除玉米顶部 2 片叶可有效调控紧凑型品种郑单 958 及半紧凑型品种金海 5 号生育后期群体光合速率、穗位叶光合特性及活性氧清除能力，能较好地协调高密度群体与个体的关系，获得较高的籽粒产量，其中对半紧凑型品种金海 5 号的调控效果更明显（刘铁宁等，2014）。

从不同生育期不同密度群体干物质的分配来看，苗期主要是叶片干重的增加，到拔节期，叶片干重平均占总干重的 73.5%，茎鞘干重占 26.5%，种植密度每增加 1 株/m²，叶片干重占总干重的比例增加 0.44%，而茎鞘干重占比减少 0.44%；到大喇叭口期，茎鞘干重迅速增加，平均占总干重的 43.6%，叶片干重则减少到占总干重的 56.2%，此时种植密度每增加 1 株/m²，叶片干重占总干重的比例增加 0.77%，茎鞘干重占比则减少 0.76%；吐丝期营养器官干重达到最大值，叶片、枯叶、茎鞘和雌穗干重分别占总干重的 31.5%、0.8%、56.2% 和 8.1%，随着种植密度的增加，叶片和茎鞘干重占总干重的比例都呈增加的趋势；以后，叶片衰老不断加剧，果穗干重逐渐增加，叶片干重所占比例减少，果穗干重占比大幅度提高，到成熟期，叶片、枯叶、茎鞘和果穗干重分别占总干重的 10.2%、3.3%、24.5% 和 61.3%。从供试密度来看，中密度，即 7.5 株/m² 时果穗干重占比高，有利于高产，密度过高或过低时干物质分配都不合理。

四、群体结构的数量性状指标

玉米群体的冠层特性与产量有十分密切的关系。冠层结构特性的数量指标主要有叶面积、叶面积指数、叶面积持续期、净同化率和干物质累积量等。随着生长进程，群体冠层特性不断变化。

（一）群体叶面积发展动态

叶片是玉米截获光能并进行光合作用的主要器官。叶面积的大小和发展动态，是衡量群体结构是否合理的依据之一，也是决定群体产量的重要指标。玉米群体叶面积的发展动态因品种、密度、肥水等因素的不同而不同（图 2-6）。根据叶面积指数变化曲线的特点，可将群体叶面积的发展分为 4 个时期：指数增长期、直线增长期、稳定期和衰亡期。

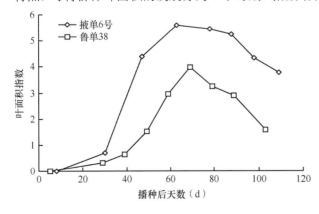

图 2-6　玉米群体叶面积发展动态曲线

掖单 6 号，紧凑型，密度 9 万株/hm²，产量为 14.63t/hm²；鲁单 38，平展型，密度 6.6 万株/hm²，产量为 6.6t/hm²

1. 指数增长期

指数增长期也称缓慢增长期，指出苗之后 4～5 周的一段时间，叶面积的增长与时间成指数规律增加。此期的叶面积指数极小，所以尽管相对生长率很高，但绝对生长率较低。例如，掖单 6 号玉米，出苗—拔节阶段的叶面积相对生长率（leaf area relative growth rate，LRGR）是全生育期中最高的，为 2350cm²/(cm²·d)（图 2-7），此期内叶面积指数低，叶面积增长速度和单株叶面积受密度的影响较小，种植密度是决定群体叶面积大小的基本因素。

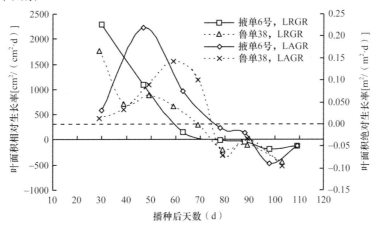

图 2-7　不同玉米品种叶面积相对生长率（LRGR）和叶面积绝对生长率（LAGR）的变化

2. 直线增长期

直线增长期是指小喇叭口期到抽雄期的这一段时间。此期的特点是群体叶面积增长速度很快，与时间成正比，抽雄期叶面积指数达全生育期的最大值。从图 2-6、图 2-7 可以看出，到大喇叭口期，掖单 6 号玉米的叶面积相对生长率已下降到 1090cm²/(cm²·d)，而叶面积绝对生长率却达到全生育期的最高值 0.218m²/(m²·d)。在此期间，群体与个体之间的矛盾日益激化，种植密度对叶面积增长速度影响越来越大，如大喇叭口期 75 000 株/hm²、90 000 株/hm²、105 000 株/hm² 三种密度的叶面积绝对生长率分别为 0.19m²/(m²·d)、0.218m²/(m²·d) 和 0.234m²/(m²·d)，而拔节期三种密度的叶面积绝对生长率相差较小。另外，此阶段良好的肥水管理有利于叶面积的发展，若缺肥少水，就会对叶面积的增长造成严重影响。

3. 稳定期

稳定期是指叶面积达到最大值后保持相对稳定的一段时间，从图 2-7、图 2-8 可以看出，播种后大约 60d，叶面积指数达到最大值，80d 左右时，叶面积相对生长率出现负值，说明植株下部叶片开始出现衰亡，可见，叶面积从最大值到开始出现叶片衰亡，其稳定期有 20d 左右。稳定期是叶面积发展中十分重要的时期，它的长短是衡量一个品种是否具有高产潜力、群体的结构是否合理，以及栽培管理是否恰当及时的重要标志。玉米高产的生产实践证明，高产品种在合理的群体结构条件下，叶面积的稳定期一般较长，而此期内的群体光合速率达到了全生育期的最高值，因此较长的稳定期，有利于延长光合速率高值持续期，提高光能利用率，增加群体光合源强度，促进籽粒灌浆。种植密度和肥水措施对稳定期的长短有较大影响。种植密度过大，叶片相互遮阴，冠层底部光照不足，叶片处于光补偿点以下，致使下部叶片过早衰亡，导致稳定期缩短。在合理的叶面积指数范围内，影响叶面积稳定期长短的主要是肥水条件。由于此期玉米营养生长已经结束，主要进行生殖生长，这期间的光合产物绝大部分用于籽粒形成，所以，叶面积与最终产量关系很大。生产上所谓的攻穗肥，其作用之一在于稳定这一阶段的叶面积，使叶片不至于过早枯黄衰老，延长其功能期。

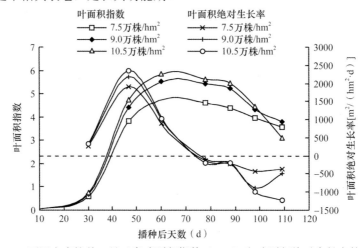

图 2-8　不同密度掖单 6 号玉米叶面积指数（LAI）和叶面积绝对生长率的变化

4. 衰亡期

衰亡期是指叶面积达到最大值后，由于冠层下部叶片的日渐衰亡，叶面积逐渐下降的一段时间，一般是从播种后 75 ～ 80d 到玉米成熟的 4 ～ 5 周。此期开始的标志是叶面积绝对生长率出现负值（图 2-8），通常把出现负值后的叶面积绝对生长率称为叶面积衰亡速率（leaf area dead rate，LDR）。一般来讲，高产品种的叶面积衰亡速率较低，衰亡期短，这种特性称为叶片的持绿性（stay green）。从不同株型玉米来看，紧凑型玉米由于冠层内通风透光比平展型玉米好，叶片功能期长，所以叶片的持绿性较好。从栽培技术上讲，合理密植，增施粒肥，遇旱及时浇水以及防治后期玉米病虫害等，是降低叶面积衰亡速率、推迟衰亡期出现的有效措施。当前生产上仍有忽视玉米后期田间管理的现象，使叶片的衰亡期出现较早，叶面积衰亡速率高，导致后期光合面积不足，群体光合功能减弱，成为某些中低产田获得高产的限制因子。因而加强玉米中后期田间管理，推迟叶片衰亡期的出现，是进一步提高玉米产量的有效途径。

一个理想的玉米高产群体叶面积发展过程应该是"前快、中稳、后衰慢"。要实现这一过程，在育种上，要通过选育紧凑型良种来增加群体叶面积，改善叶片持绿性；在栽培上，要通过合理密植、施肥浇水、防病治虫等措施，增加前期群体光合面积，延长叶面积稳定期，降低后期叶片衰老速度。

（二）叶面积指数

叶片是进行光合作用的主要器官，表示群体的光合规模时，常使用叶面积指数（leaf area index，LAI）。

叶面积指数大小与产量高低的关系非常密切。玉米产量的形成取决于光合面积、光合强度、光合时间、光合产物的消耗及其分配利用，在这5个方面中，光合面积是决定产量高低的主要因子。

叶面积指数受密植程度、株型和施肥等多种因素的影响。从表2-1可以看出，在一定范围内，叶面积指数与种植密度呈正相关关系，超过这个范围，由于群体内个体发育不良，冠层下部叶片过早枯黄，叶面积指数不再随种植密度的提高而增加，而趋向某一稳定值，同时，种植密度对叶面积指数的变化动态有很大影响。种植密度大时，前期群体叶面积增长速度快，中期叶面积指数高，但叶面积指数的稳定时间短，后期衰亡速率快；种植密度小时，前期群体叶面积增长速度慢，中期叶面积指数低，稳定时间长，后期叶面积指数下降少。上述两种情况对玉米群体光合都不利，玉米光能利用率低，产量亦不高。合理密植能使前期叶面积指数增长较快，中期最大叶面积指数较高而稳定时间长，后期叶面积指数下降慢而少。

表 2-1 不同株型玉米品种在不同种植密度下的群体生理参数

品种	种植密度（株/hm²）	最大LAI	总叶面积持续期（km²·d/hm²）	平均净同化率[g/(m²·d)]	产量（t/hm²）
掖单6号（紧凑型）	75 000	4.81	3 115.5	7.69	13.8
	90 000	5.58	3 591.0	7.24	14.6
	105 000	5.93	3 735.0	6.05	12.8
鲁单40（平展型）	37 500	3.50	2 320.5	7.19	9.1
	52 500	4.58	3 018.0	6.89	11.6
	67 500	5.67	3 639.0	5.85	11.5

关于玉米的最适叶面积指数，20世纪50年代，苏联学者尼奇波罗维奇提出小麦、玉米的最适叶面积指数均为4，20世纪50～60年代国内学者的研究表明，玉米最适叶面积指数为3.5～4.0，当叶面积指数在4.0以下时，玉米产量随叶面积指数的增加而增加，超过4.0以后，则产量下降。这一观点一直到20世纪80年代中期都没有大的改动，玉米产量也一直徘徊在7.5t/hm²左右。在此之后，高产玉米的研究结果大大突破了玉米最适叶面积指数4.0的界限。当产量为14.6t/hm²时，玉米的叶面积指数发展动态为：拔节期为0.69，大喇叭口期为4.40，吐丝期为5.58，授粉后15d为5.44、25d为5.23、35d为4.33，成熟时仍有3.78。1989年李登海的玉米高产田平均产量为15.14t/hm²，平均叶面积指数为6.55，其中最高的叶面积指数为7.22，产量为15.47t/hm²。据统计，产量13.5t/hm²以上的玉米，叶面积指数维持在4.0以上的时间达60d左右。靳立斌等（2013）研究发现，高产高效夏玉米叶面积指数从大喇叭口期（V12）到抽雄后6周始终维持在4.40以上，生育后期下降缓慢。叶面积指数大，维持时间长，是玉米高产的重要生理基础。

（三）叶面积持续期

作物群体不但要叶面积指数足够高，而且要维持时间长，群体光合能力才有可能高。为了反映作物群体生产规模的大小和生产时间的长短，尼奇波罗维奇和 Watson 分别提出了光合势和叶面积持续期（leaf area duration，LAD）的概念，两个概念的实质都是表示群体叶面积"工作日"多少，过去多用光合势，近年来则多用叶面积持续期。

玉米群体叶面积持续期的变化过程与叶面积指数的变化趋势是一致的，为单峰曲线，最大值出现在开花至开花后 15～20d，之后，由于下部叶片逐渐衰亡，叶面积持续期下降（表 2-2）。一般来说，玉米营养生长期约占全生育期的 2/3，生殖生长期约占 1/3，在高产栽培条件下叶面积持续期在这两个时期的分配比例却恰恰相反，即营养生长期和生殖生长期的叶面积持续期占总叶面积持续期的比例分别为 1/3 左右和 2/3 左右，后期的比例大，有利于提高产量。

表 2-2　掖单 6 号玉米不同生育阶段 LAD 的分配

生育阶段	密度 75 000 株/hm²	密度 90 000 株/hm²	密度 105 000 株/hm²
出苗至拔节期（m²·d/hm²）	65 283.0	75 556.5	82 351.5
拔节至大喇叭口期（m²·d/hm²）	375 156.0	432 255.0	466 009.5
大喇叭口期至授粉（m²·d/hm²）	690 168.0	798 645.0	852 961.5
授粉至 15DAP（m²·d/hm²）	705 598.5	826 477.5	867 573.0
15～25DAP（m²·d/hm²）	448 878.0	533 308.5	554 305.5
25～35DAP（m²·d/hm²）	416 857.5	478 264.5	495 264.0
35DAP 至成熟（m²·d/hm²）	413 697.0	446 277.0	416 845.5
总 LAD（m²·d/hm²）	3 115 638.0	3 590 784.0	3 735 310.5
授粉前 LAD 占总 LAD 的比例（%）	36.3	36.4	37.5
授粉后 LAD 占总 LAD 的比例（%）	63.7	63.6	62.5
产量（t/hm²）	13.83	14.63	12.80

注：DAP，授粉后天数，本章下同

叶面积持续期的大小及其在不同生育期的分配比例，反映了品种特性和栽培管理水平。叶面积持续期的大小取决于叶面积的大小和叶片功能期的长短，如果叶面积过大，就会导致叶片相互遮阴，下部叶片因受光少而枯黄，功能期缩短，结果叶面积持续期不高，生育后期的比例降低；相反，叶面积过小，虽然叶片功能期较长，但叶面积与叶片功能期的乘积也不大；只有叶面积适宜、叶片功能期较长的田块，叶面积持续期才会长，其在各生育阶段的分配才较合理。

叶面积持续期的高低，反映了玉米的光合规模及时间，因此，它与产量高低的关系极密切，叶面积持续期过大或过小，产量都不会太高，如对产量为 13.83t/hm²、14.63t/hm² 和 12.80t/hm² 玉米地块的调查表明，全生育期总叶面积持续期分别达到了 3.12km²·d/hm²、3.59km²·d/hm² 和 3.74km²·d/hm²。烟台市农业技术推广站根据大田调查数据，提出了玉米产量为 7.5～12.0t/hm² 的叶面积持续期指标（表 2-3）。

表 2-3 叶面积持续期与产量的关系

叶面积持续期（×10⁴m²·d/hm²）	210±30	225±30	255±30	300±30
产量（t/hm²）	7.5	9.0	10.5	12.0

研究表明，玉米产量的高低不仅与叶面积持续期的大小紧密相关，而且与总叶面积持续期在各生育时期的分配比例有很大关系，玉米高产栽培，就是要采取合理的措施，增加总叶面积持续期和开花后叶面积持续期所占比例，使 60% 以上的叶面积持续期用于籽粒生产。

在生产上，提高叶面积持续期的措施主要有三种。一是通过增加种植密度来增加叶面积，这在玉米低、中产田高产开发中尤为奏效。二是选用株型紧凑、生育期较长的中熟或晚熟品种，结合适当的种植方式如套种、育苗移栽等，通过延长生育期增加叶面积持续期。李宗新等（2012）研究结果表明，紧凑型品种鲁单 818 总 LAD 随种植密度递增而升高的幅度较大，在种植密度为 30 000 株/hm² 时，平展型品种鲁单 981 总 LAD 显著高于鲁单 818，当种植密度增至 90 000 株/hm² 时，平展型品种鲁单 981 总 LAD 显著低于鲁单 818；随种植密度递增，鲁单 981 开花后 LAD 所占比例显著降低（$P < 0.05$），鲁单 818 则无显著差异（$P > 0.05$）。因此种植密度过高不利于平展型品种鲁单 981 开花后 LAD 的积累，对其产量的提高不利；适宜密植有利于紧凑型品种鲁单 818 总 LAD 和开花后 LAD 的积累，对其产量的提高有益。三是加强田间管理，特别是中后期的管理，以降低后期叶片死亡速率，延长叶片功能期，玉米超高产栽培中就采用了这项措施。1989 年，山东省莱州市农业科学院李登海同时采用了增加种植密度、选用中晚熟品种、稳定后期叶面积三项措施，使夏玉米产量突破了 16t/hm²，创全国夏玉米高产纪录。

（四）净同化率

净同化率（net assimilation rate，NAR）是指单位叶面积的干物质增加速度，也称光合生产率或净光合生产率。玉米净同化率的高低，取决于干物质积累的多少和叶面积大小两个因素。高产玉米群体的干物质积累和叶面积指数都高。因此，净同化率并不高。过去的研究表明，玉米产量为 6.00t/hm² 左右时，全生育期平均净同化率为 7.1g/(m²·d) 左右；产量为 9.90t/hm² 左右时，净同化率为 7.7g/(m²·d)；产量为 11.25t/hm² 时，净同化率为 7.6g/(m²·d) 左右。对超高产玉米的研究表明，14.628t/hm² 玉米产量的净同化率平均为 7.33g/(m²·d)（表 2-4），和 12.797t/hm² 产量的净同化率没有显著差异，说明净同化率不是玉米高产的主导因素。

表 2-4 掖单 6 号玉米不同生育阶段 NAR 的变化

生育阶段	密度 7.5 万株/hm²	密度 9.0 万株/hm²	密度 10.5 万株/hm²
出苗至拔节期 [g/(m²·d)]	8.81	8.54	8.68
拔节期至大喇叭口期 [g/(m²·d)]	12.00	10.28	9.91
大喇叭口期至授粉 [g/(m²·d)]	7.41	7.23	6.23
授粉至 15DAP [g/(m²·d)]	7.58	7.31	5.00

续表

生育阶段	密度 7.5 万株/hm²	密度 9.0 万株/hm²	密度 10.5 万株/hm²
15～25DAP［g/(m²·d)］	10.13	11.23	6.26
25～35DAP［g/(m²·d)］	4.82	3.44	5.95
35DAP 至成熟［g/(m²·d)］	4.54	3.25	2.84
平均［g/(m²·d)］	7.90	7.33	6.41
产量（t/hm²）	13.827	14.628	12.797

胡昌浩（1993）用沈单 7 号和掖单 4 号两个玉米品种分析了叶面积指数与净同化率之间的相关性，表明二者呈明显的负相关关系，相关系数分别为−0.8539 和−0.8587，而产量却在一定范围内随着叶面积指数的增加而增加，造成净同化率与产量呈明显的负相关关系，掖单 4 号二者的相关性达显著水平（r=0.8836），沈单 7 号二者虽表现出正相关关系，但相关性不显著（r=0.5582）。因此，在玉米高产地块，净同化率的值并不高于一般田。

研究表明，全生育期平均净同化率和种植密度的关系春播与夏播玉米有一定差异（表 2-5），主要表现在夏播玉米净同化率随种植密度增加而降低的幅度大，春播玉米降低的幅度小，种植密度增加 1.5 株/m²，夏玉米净同化率降低 0.870g/(m²·d)，春玉米降低 0.265g/(m²·d)（山东省农业科学院等，2004）。

表 2-5　玉米不同条件下的净同化率差异

种植密度（万株/hm²）	4.80	5.85	6.90	7.95	9.00	平均
夏播（11.25t/hm²）［g/(m²·d)］	8.13	7.57	7.18	6.44	6.05	7.07
春播（11.25t/hm²）［g/(m²·d)］	6.85	6.61	6.42	6.31	6.16	6.47

注：净同化率为全生育期平均值

但 5 个种植密度的平均净同化率夏播玉米高于春播玉米，夏播玉米平均为 7.07g/(m²·d)，春播玉米平均为 6.47g/(m²·d)。从净同化率的变化动态来看，春播玉米第一高峰出现在拔节期至大喇叭口期，夏播玉米第一高峰出现在拔节之前。净同化率与产量的关系春夏播玉米亦有差异（图 2-9），春播玉米产量随净同化率变化增减的幅度大，而夏播玉米增减的幅度小。

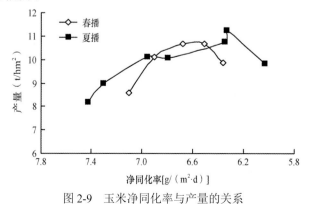

图 2-9　玉米净同化率与产量的关系

（五）干物质积累与分配

干物质是形成产量的物质基础，只有积累较多的干物质，才能形成高的籽粒产量。从山东玉米生产来看，夏玉米的干物质累积量一般是 $18 \sim 20t/hm^2$，籽粒产量为 $6.72 \sim 8.25t/hm^2$，干物质累积量突破 $22.5t/hm^2$ 的很少。进入 20 世纪 80 年代以来，我国玉米生产有了长足的发展，干物质累积量和籽粒产量都有很大突破。单产逐年增加，对 $14.625t/hm^2$ 高产夏玉米研究表明，干物质累积量达 $27.657t/hm^2$（王忠孝等，1988）。出苗至拔节期干物质积累速度为 $28.5kg/(hm^2 \cdot d)$，拔节期至大喇叭口期为 $261.3kg/(hm^2 \cdot d)$，大喇叭口期至吐丝期为 $361.1kg/(hm^2 \cdot d)$，吐丝期至吐丝后 15d 为 $432.9kg/(hm^2 \cdot d)$，吐丝后 $15 \sim 25d$ 为 $599.1kg/(hm^2 \cdot d)$，这是全生育期干物质累积速度最快的时期，吐丝后 $25 \sim 35d$ 为 $164.9kg/(hm^2 \cdot d)$，吐丝后 36d 至成熟为 $145.1kg/(hm^2 \cdot d)$。吐丝期以前积累的干物质占全生育期的 41.79%，58.21% 的干物质是在吐丝后积累的，即近 60% 的干物质是在生殖生长阶段积累的。

玉米高产，不但要干物质积累多，还要分配合理。经济系数或收获指数反映了干物质在经济产量中的分配比例。要将更多的干物质分配到产品器官中去，就要求有较高的经济系数。经济系数受品种特性、生态条件和栽培措施的影响。过去推广的夏玉米品种，其经济系数一般为 $0.33 \sim 0.40$，达到 0.50 的较少。目前，随着育种技术的不断提高和栽培技术的改进，已推广种植的高产品种的经济系数大都超过了 0.50，如产量为 $14\,625kg/hm^2$ 的掖单 6 号，经济系数达到了 0.53，比产量为 $6000 \sim 7500kg/hm^2$ 的玉米高 $0.15 \sim 0.20$。这说明，高产夏玉米不仅干物质积累多，生物产量高，而且干物质的分配合理，经济系数也高。

第二节 个体与群体

在生产中，玉米植株是群体中的个体，个体间植株特性及其分布存在着差异，其大小直接影响到群体的光能利用率和生产力的高低。

一、个体间的差异

（一）根系

根系是玉米吸收水分和矿质营养并固定植株的主要器官。发育良好的根系是玉米获得高产的重要条件。群体中个体间的根数量、根系分布均存在着明显的差异。1981 年，河南农业大学研究表明，随着种植密度的增加，根条数减少，根层数尤其是地上节根的层数降低；根系的分布也发生变化，根向行间分布的比例增加，而株间横向分布比例降低，根与地下茎的夹角变小，有向纵深发展的趋势。罗方等（2017）在春玉米上也发现不同土层单位面积的根干重均随种植密度的增加而增加，单株根干重随种植密度增加而下降。不同玉米品种对种植密度增加的反应存在着显著的差异。王空军等（2000）比较研究了我国 20 世纪 50 年代（50'S）、70 年代（70'S）和 90 年代（90'S）代表品种的根系分布与耐密性，结果发现，在 0 ～ 100cm 的土体内，不同层次（20cm 为 1 层）根系数量均为 90'S ＞ 70'S ＞ 50'S，在 40 ～ 100cm 土层根系数量显著增加，90'S 和 70'S 分别比 1 ～ 40cm 土层高出 75% 和 1060%。在根系的横向分布中，距离植株 0 ～ 10cm 的范围内，根系数量的分布表现为 90'S ＞ 70'S ＞ 50'S，而在距离植株 10 ～ 20cm，根系数量的分布表现为 90'S ＜ 70'S ＜ 50'S，表明当代高产玉米品种根系的横向分布更为集中，呈"横向紧缩，纵向延伸"的特点，这有利于提高单株生产潜力，增强耐密性。陈延玲等（2012）研究了不同耐密性玉米品种的根系差异及其对种植密度的响应，结果表明，目前推广的耐密性品种的根系要小于不耐密的老品种，不同耐密性品种之间的根系差异主要表现在 0 ～ 40cm 土层。随着种植密度的增加，根显著变小、变细。种植密度主要影响 0 ～ 20cm 土层中的根系生长，对深层根系影响较小。

（二）株高、穗位高

株高、穗位高和茎粗是反映玉米个体生长发育的几个重要形态指标。王庆祥（1988）研究表明，玉米群体中，个体株高分布基本呈正态分布，不同生育期基本一致。其不同点为：苗期株高分布较为集中；中期分布相对分散，株间差异较大；后期基本为正态分布或呈负偏态分布，且分布较中期集中，说明群体中多数植株能达到正常高度，但仍有一部分偏离正常高度，最终不能赶上正常植株的高度。增加种植密度后，偏离正常株高个体的数量增多。

种植密度的大小会影响个体株高的分布和增长过程的快慢，但对最终株高影响较小。1990 年河南农业大学研究表明，种植密度加大后，株间的光照减弱，茎秆细胞迅速延伸生长，造成节间加长，株高和穗位高增长快且略有升高，茎粗减小，降低了抗倒伏能力。不同株型玉米品种株高、穗位高受种植密度的影响程度不一。常程等（2014）研究结果表明，随着种植密度的增加，不同玉米品种植株株高、穗位高均有所升高，但矮秆紧凑型品种表现不明显，而中高秆半紧凑型品种株高增高显著。田再民等（2016）发现，浚单 20、先玉 335 和郑单 958 三个紧凑型玉米品种株高、穗位高均随种植密度的增加而上升，且玉米倒伏率与穗位高呈极显著正相关关系。适当减少基肥氮素施用量也可降低玉米穗位高，徐丽娜等（2012）研究结果表明，基肥低氮处理（30kg N/hm²）较高氮处理（120kg N/hm²）穗位高降低 8.5 ～ 11.1cm。

（三）叶面积

单株叶面积是植株的品种特性之一。玉米生长前期，单株叶面积迅速上升，中期最大，后期逐渐下降。群体中个体变异系数前期最大，中期最小，后期又逐渐升高（表 2-6）。这表明在一定种植密度范围内，每一植株的叶面积都能达到相近的值。从不同种植密度来看，提高种植密度虽有增大变异系数的趋势，但增加幅度不大，这说明提高种植密度对所有植株的影响是相同的。在生产上，前期应采取措施抓好玉米苗的整齐一致，中后期要防止植株叶片的早衰，减少个体间差异，保证增加整齐度。

表 2-6　玉米不同密度群体内个体间单株叶面积及其差异

种植密度（株/m²）	出苗后 30d		出苗后 45d		出苗后 60d		出苗后 75d		出苗后 90d		出苗后 105d	
	单株叶面积（dm²）	变异系数 CV（%）	单株叶面积（dm²）	变异系数 CV（%）	单株叶面积（dm²）	变异系数 CV（%）	单株叶面积（dm²）	变异系数 CV（%）	单株叶面积（dm²）	变异系数 CV（%）	单株叶面积（dm²）	变异系数 CV（%）
4.80	8.5	11.4	47.6	10.9	85.5	3.9	76.6	9.0	73.6	10.8	61.4	8.6
5.70	7.9	9.5	45.1	9.5	85.7	6.8	77.4	8.7	77.2	9.4	62.1	14.3
6.60	7.4	20.0	42.2	7.0	80.0	8.6	70.5	10.7	68.7	11.0	59.3	12.7

在种植密度增加时，单株叶面积减小，叶片在植株上的排列和着生角度也产生明显的变化。随着种植密度的增加，茎叶夹角明显变小，上部叶片的变化幅度大于下部叶片。何冬冬等（2018）研究结果表明，紧凑型品种农华 101 和半紧凑型品种伟科 702 的茎叶夹角均随种植密度的增大而减小，农华 101 各层位茎叶夹角均小于伟科 702，群体冠层光能利用条件更为合理；不同层位叶向值则随种植密度的增大而增大，紧凑型品种农华101 各层位叶向值大部分大于伟科 702，说明农华 101 株型更为紧凑。

（四）吐丝时间

群体内植株的吐丝时间也有差异。据王庆祥等（1987）对丹玉 13 号的调查，植株间吐丝时间变异系数为 2.51%，变幅为 8d，表明个体间生育进程差异较大，且随着种植密度的增加，变异系数也提高。种植密度从 3.90 株/m² 增加到 7.50 株/m²，吐丝时间相差近3d。夏玉米在冀中地区 6 月 12 日之前播种，吐丝时间更为集中，播期每推迟 3 天，吐丝时间推后一天；继续推迟播期，吐丝时间推后 4 ～ 5 天（吕丽华等，2015）。

（五）单株籽粒产量及干重

在较低的种植密度范围内，单株籽粒产量呈轻微负偏态分布，随着种植密度增加逐渐趋向正态分布（图 2-10），在高密度下则趋向于正偏态分布。从它的偏斜度来看，种植密度为 4.5 株/m²、7.5 株/m²、10.5 株/m² 的偏斜度分别为 –1.15、–0.33、0.58，其分布峰度分别是 0.89、–0.43、–0.93，逐渐降低。这表明，增加种植密度，单株籽粒产量高的植株越来越少，单株间籽粒产量的差异有增大的趋势。单株干重分布与单株籽粒产量相似。在低密度下呈负偏态分布或近似于正态分布，随种植密度的增加趋向于正态分布，再进一步增加种植密度则明显趋向于正偏态分布（王庆祥，1988）。

在产量构成中，穗粒重变异系数显著高于穗粒数变异系数，二者均随种植密度的增加而增加，表明随着种植密度提高植株间生产力差异有增加的趋势（表 2-7）。而穗粒重、穗粒数均随种植密度增加而降低。可见，在高密度下群体产量之所以不能按等比例增加，其原因不仅在于单株平均产量的降低，还在于单株产量差异幅度的增大和空秆个体的大量出现。因而进一步控制个体间生产力差异亦是提高群体生产力的关键之一。

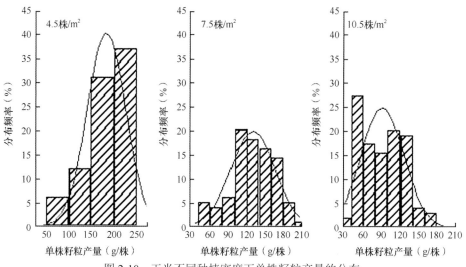

图 2-10　玉米不同种植密度下单株籽粒产量的分布

表 2-7　玉米不同种植密度下产量构成因素及其变异系数

产量构成因素	种植密度				
	4.50 万株/hm²	6.00 万株/hm²	7.50 万株/hm²	9.00 万株/hm²	10.50 万株/hm²
穗粒数（个）	580.2	518.8	453.4	403.8	362.8
穗粒数 CV（%）	16.3	19.6	21.0	23.0	29.5
穗粒重（g）	182.4	153.3	129.4	105.1	90.2
穗粒重 CV（%）	23.4	27.0	28.3	29.8	38.7
每穗败育粒数	24	45.1	56.9	62.3	59.7

二、群体的自动调节

（一）群体自动调节的特点

自动调节是作物群体发展的重要特征之一，最早在稻、麦分蘖成穗规律中发现。殷宏章（1960）根据大量试验结果和生产经验，明确提出了自动调节的概念，即作物群体在一定范围内形成一个自动调节系统，群体发展过程的结果通过"反馈"作用影响群体自身的发展。王庆祥等（1987）试验证实，这种规律在许多作物上都是相同的，并称之为"最终产量衡值规律（law of constant final yield）"。了解和把握作物群体自动调节的规律，有利于采取恰当的措施，构建合理的群体结构。

密度试验证明，在较大的密度范围之内，玉米叶片伸展方向发生适应性变化，叶面积、生物量、群体源库比及产量等数量性状均趋于接近，说明玉米群体存在着明显的自动调节现象，并且通过"反馈"作用实现，尤其在高密度条件下，这种现象和作用更加明显。因此，存在性是玉米自动调节的特点之一。它的另一个特点是在一定密度范围内，群体叶面积、生物量、源库比及产量虽经自动调节趋于接近，但不能使它们完全相等，说明玉米群体自动调节作用是有限的。可见，仅凭玉米的自身调节并不能对任何外界变化都应付自如，形成合理的群体结构主要靠人为控制和调节。

（二）群体自动调节的表现

1. 叶片伸展方向和叶面积的自动调节

玉米种植密度增加后，茎叶夹角变小，叶向值变大，叶片直立性增强、向上伸展（表 2-8）。例如，种植密度由 4.80 株/m² 增至 9.00 株/m² 时，植株茎叶夹角降低了 2.3°，叶向值则增加了 4.9，这说明玉米植株通过自动调节使叶片的伸展角度发生变化，以便减少相互遮光。

表 2-8　玉米不同种植密度对茎叶夹角和叶向值的影响（徐庆章等，1995）

项目	种植密度				
	4.80 株/m²	5.85 株/m²	6.90 株/m²	7.95 株/m²	9.00 株/m²
茎叶夹角（°）	28.2	27.5	27.0	26.9	25.9
叶向值	38.9	43.4	42.9	43.6	43.8

研究表明，玉米能通过茎秆和叶片的扭转使叶片伸向可以获得光照的空间，且边行植株叶向变化程度大，而群体内行植株的变化小。可见，玉米叶片的伸展方向随光照条件的改变而发生变化是一种自动调节现象。

群体叶面积的消长也存在着自动调节。王庆祥（1988）研究表明，生育前期不同密度间叶面积指数相差很大，到中后期其差距逐渐缩小，即不同密度群体的叶面积指数有接近一定值的趋势。但其相互接近的程度是有限的，前期高密度（7.5 株/m²）与低密度（3.9 株/m²）群体的叶面积指数相差 92%，中后期其差距可调节至 35% ～ 57%。

2. 群体干物质生产、分配的自动调节

生育前期，不同密度间群体生物产量差异较大，而到生育中后期差异逐渐减小。据王庆祥（1986）调查，密度为 3.9 株/m² 的群体与密度为 7.5 株/m² 的群体生物产量相差 92%，但其最终生物产量只相差 15% ～ 20%。这说明，群体对生物产量有很强的自动调节能力。

群体在干物质分配上也存在自动调节现象。随着群体密度的提高，茎秆、叶片和叶鞘等器官占单株干重的比例有所上升，而籽粒占单株干重的比例则趋于下降，这是植株内部在干物质分配上的自动调节（表 2-9）。由于叶片、叶鞘和茎秆主要在前期和中期形成，此时群体内部竞争还相对较弱，因而受群体密度的影响相对较小；而生育中后期正值雌穗生长发育阶段，密度越大群体内部竞争越激烈，雌穗生长所受的抑制越大，最终导致随密度提高，雌穗干重的比例趋于下降，而叶片、叶鞘和茎秆干重的比例则相对提高。

表 2-9　玉米不同种植密度下植株各器官占单株干重的百分比（%）（王庆成等，1997）

品种	种植密度（株/m²）	叶片	叶鞘	茎秆	果穗
鲁单961	4.5	12.80	5.44	20.17	60.28
	6.0	14.09	5.73	20.47	56.60
	7.5	14.56	6.03	20.16	58.59
	9.0	14.46	6.65	21.76	56.33
	10.5	17.62	7.08	24.99	49.52
登海1号	4.5	13.44	6.69	20.46	58.22
	6.0	14.32	6.34	19.47	58.87
	7.5	13.90	6.14	18.02	61.30
	9.0	14.89	6.08	20.34	58.17
	10.5	14.92	6.76	23.73	53.89

3. 群体库源容量及其比值的自动调节

群体对各器官的调节作用可归结为对库源容量及其比值的自动调节。由表 2-10 可以看出，在种植密度 4.80～9.00 株/m²，群体库容量随种植密度的增大而增大，群体源供应能力亦随种植密度的增大而提高，但当种植密度超过 6.90 株/m² 后有降低的趋势。种植密度由 4.80 株/m² 到 9.00 株/m² 增加了 87.5%，而其库容量和源供应能力分别增加了 67.67% 和 21.8%（中肥处理下）。这表明，群体在库源容量上存在着自动调节，且对源的调节能力要大于对库的调节能力，最终使库源比值增大，源供应能力成为产量提高的限制因子。同时还可以看出，增施肥料、提高地力水平可以提高群体的自动调节能力。在低密度下增施肥料、提高地力水平促进了群体的自动调节，使群体库容量、源供应能力相对增加；在高密度下增施肥料、提高地力水平缓解了自动调节对群体库源容量的影响，使其比值有降低的趋势。生产中随着种植密度的加大，由于群体自动调节，源供应能力越来越成为玉米产量提高的限制因素。因此，采取适当的措施，降低群体的自动调节能力，提高源供应能力，是高产再高产的关键。

表 2-10　掖单 13 号玉米不同种植密度下群体库源容量及其比值（王忠孝等，1993）

处理	项目	种植密度					平均
		4.80 株/m²	5.85 株/m²	6.90 株/m²	7.95 株/m²	9.00 株/m²	
中肥	库容量（g/m²）	1257.3	1451.7	1705.9	1883.8	2108.1	1681.4
	源供应能力（g/m²）	1012.9	1180.4	1340.3	1257.0	1233.7	1204.9
	库源比值	1.241	1.230	1.273	1.499	1.709	1.395
高肥	库容量（g/m²）	1307.0	1494.4	1793.2	1916.9	2162.9	1734.9
	源供应能力（g/m²）	1079.0	1167.6	1371.8	1337.3	1336.1	1258.4
	库源比值	1.211	1.280	1.307	1.433	1.619	1.379

4. 产量构成因素的自动调节

产量构成因素是群体自动调节的最终结果（表 2-11）。若以低密度（3.90 株/m²）的株数为 100%，那么其他各密度分别递增 23%、19%、16%、14%，假定各密度间单株产量是相同的，那么其他各密度的产量也应该分别递增同样的比例。但实际增产的比例远远小于密度提高的比例，甚至降低。这是因为提高种植密度后，高密度群体中空秆增多，结实率降低，每穗总粒数减少；而低密度时，植株产生双穗，总粒数增多，结实率提高。这样使两者在穗数、总粒数和实粒数上的差距依次缩小，最终不同种植密度间籽粒产量在一定程度上趋于接近。这反映了不同密度群体对产量形成的自动调节过程。从各因子的下降幅度看，以每平方米总粒数下降最多，穗数次之，而百粒重则相对稳定。因此，从产量构成上讲，在保证穗数的基础上主攻粒数，防止空秆和秃顶是玉米高产的关键。

表 2-11　玉米不同种植密度间产量构成因素比值（王庆祥等，1987）

种植密度（株/m²）	不同种植密度间比值（%）				产量构成因素降低值（%）				
	株数	穗数	粒数	产量	穗数	总粒数	实粒数	粒重	总和
3.90	100	100	100	100	0	0	0	0	0
4.80	123	122	109	102	−1	−11	−2	−7	−21
5.70	146	132	115	103	−14	−15	−2	−12	−43
6.60	169	152	123	100	−17	−24	−5	−23	−69
7.50	192	160	104	88	−32	−49	−7	−16	−104

尽管群体对产量形成有较强的自动调节作用，但群体密度过小时，单位面积穗数、粒数和粒重的增产潜力有限，即使具备良好的栽培条件也难以实现玉米的高产；群体密度过大时，由于群体自动调节，群体中空秆率和秃顶率上升，籽粒产量也难以提高。所以，在适宜的密度范围内，选择种植密度的高限，同时注意防止空秆的出现，确保穗数。采取合理的肥水措施促进玉米小穗小花分化，减少籽粒败育，提高结实率，增加粒数和粒重是玉米高产再高产的有效途径。

三、个体间差异的原因及其控制途径

（一）种子纯度低

不同基因型种子长出的植株，其生长发育特性不同，对外界条件的反应也不一样。用纯度不同的种子播种后，幼苗生长速度参差不齐，植株大小、壮弱不同，导致个体间出现差异、群体整齐度下降。据王庆祥（1994）研究，在玉米群体中，随种子纯度的提高，弱苗率明显下降，当种子纯度从 85% 上升到 100% 时，弱苗率从 13.43% 下降到 2.19%，与种子纯度呈极显著负相关关系（$r=-0.4758$）。株高整齐度随种子纯度的提高而明显增加，二者之间的相关性亦达到极显著水平（$r=0.5247$）。因此，提高制种质量，防止种子混杂，是减少株间差异、提高群体整齐度的根本措施。

（二）种子粒度、重量有差异

种子粒度是指种子大小，一般为 5 ~ 10mm，其中 80% ~ 90% 为 8 ~ 9mm，过大或小的种子所占的比例相对较少。品种之间种子的平均粒度存在着明显的差异。王庆祥（1994）调查了 17 个玉米品种或自交系的种子平均粒度，发现大粒品种在 8.5 ~ 9.0mm，小粒品种在 7mm 左右。种子粒度对出苗和幼苗生长均有影响。研究表明，随种子粒度的增加，玉米苗期植株大部分性状指标趋于提高（表 2-12），但并非直线关系。一般，中等粒度（7 ~ 9mm）的种子，植株苗期各性状最好；粒度过大（大于或等于 10mm）或过小（小于 7mm）的种子，其田间出苗率、苗高、苗高整齐度、单株叶面积等指标均低于中等粒度的种子。

表 2-12　玉米种子粒度对苗期植株性状的影响

项目	种子粒度（mm）				
	6	7	8	9	10
田间出苗率（%）	50	58	70	62	58
苗高（cm）	60.8	74.3	82.3	73.8	73.5
苗高整齐度（1/CV）	3.07	4.81	3.95	3.30	2.90
单株叶面积（cm²）	478.4	789.6	850.0	750.7	680.3
单株根系数量	9	12	14	13	12
苗干重（g）	3.90	5.78	6.75	6.23	4.80

种子重量对幼苗生长也有影响。王庆祥（1994）研究表明，种子重量和幼苗重量几乎呈直线关系，种子重量越大，形成的幼苗重量也越大，但是种子重量越大，幼苗达到最大重量的时期越晚，而中等大小的种子活力最高，幼苗达到最大重量的时期最早。

可见，种子粒度及重量的差异，可导致田间出苗及苗期生长不整齐，它们也是群体内个体间差异的重要原因之一。因此，播种前应精选种子，用籽粒饱满、大小均匀一致的种子，可以提高出苗率，减小个体间差异，增加群体整齐度。

（三）播种质量和田间管理质量不高

播种时，土壤墒情不均，播种深浅不一，下种不均，都会造成出苗早晚不齐，幼苗大小不一。王庆祥等（1987）调查了播种深度从 1cm 到 10cm 玉米幼苗的质量，发现，幼苗质量以中等播深（4 ~ 5cm）最高，其次是播种较浅的处理，播种较深的处理最差。这是因为播种过深，造成出苗过程中消耗养分增多，导致幼苗瘦弱。

田间管理质量不高，如施肥、浇水、中耕不匀，治虫不及时等，也会引起植株间生长速度的不同，使群体整齐度降低，产量下降。例如，出苗延迟，单株干重有降低的趋势，延迟天数在 4d 以内，差异较小，基本能赶上正常个体；当延迟超过 4d 后，个体间差异太大，最终赶不上正常植株，成为弱苗。在当前生产的密度条件下，群体内个体间存在着对环境资源的激烈竞争，出苗晚、苗弱的个体在竞争中处于劣势，其生长发育受到限制，最终成为低产个体，甚至是空秆。因此，在栽培上，提高播种和田间管理质量，可以有效地减小个体间差异，提高群体整齐度，增加产量。

第三节　株型与群体

一、株型与群体光能利用

　　株型不同会直接影响群体冠层内的光分布状况和群体的光能利用率。研究和实践证明，紧凑型玉米群体的光合效率高于平展或下垂叶片群体的光合效率，因此我国玉米主推品种逐渐转变为以株型紧凑、耐密植杂交种为主，紧凑型玉米茎叶夹角较小，叶片较直立，较好的株型结构使其接受的光能合理地分配到群体各叶层（薛吉全等，2002）。紧凑型玉米群体内上下层叶片能均匀受光，平展型群体上部叶片则集中受光，而下部叶片光照不足，所以紧凑型群体可较好而经济地利用光能，提高群体光合效率；紧凑型群体对光的反射率较小，可减少光能损失，在白昼的强光下，直立叶叶面的反射光可折向群体内被其他叶片吸收利用，以提高光能利用率；在早晚弱光下，紧凑型群体的叶片与阳光近于垂直，可充分受光进行光合作用，在中午强光下，阳光从上面斜射到叶面，可减少高温和强光对光合作用的不良影响，这就改善了群体内光照条件，增大了透光系数，充分利用了光照，提高了光能利用率，使产量提高。

　　玉米叶片茎叶夹角的大小与遮阴面积有密切的关系，可用下式表示。

$$S = A \cdot \sin \alpha$$

式中，S 为遮阴面积，A 为叶面积，α 为茎叶夹角，由上式可得

$$A = \frac{S}{\sin \alpha}$$

　　假设太阳光线是直射的，根据以上两式，当茎叶夹角为 90° 时，即叶片完全平展时，遮阴面积等于叶片面积，遮阴最重，如果叶片较挺立，则 $\alpha < 90°$，$\sin \alpha < 1$；当叶片近直立，α 近于 0° 时，则 $\sin \alpha$ 也近于 0，说明遮阴程度随叶片挺立程度加大而减轻。另外，从 $1cm^2$ 的直射光能照射的叶面积来看，即 $S=1$，当茎叶夹角为 90° 时，照射到的叶面积为 $1cm^2$；茎叶夹角等于 60° 时，照射到的叶面积为 $1.2cm^2$；茎叶夹角为 30° 时，照射到的叶面积为 $2cm^2$；茎叶夹角为 10° 时，照射到的叶面积为 $5.8cm^2$；茎叶夹角为 5° 时，照射到的叶面积为 $11.5cm^2$，如图 2-11 所示。因此，茎叶夹角越小或叶片越直立，叶片的受光面积越大，当茎叶夹角小于 20° 时，叶片受光面积将急剧增大，同时，叶片上所受到的光照强度随之下降。所以，紧凑型玉米在适宜密植的情况下对光能的截获量大，利用率高，而平展型玉米不耐密植，光能利用率低。

　　紧凑型玉米品种通常要在肥水较好和密度较高的条件下，其增产潜力才能很好地发挥。反之，在肥水较差和密度较低的条件下，平展型品种则往往能够获得较高的产量，也就是说，紧凑型玉米品种的增产潜力，通常是与较好的肥水条件和较高的种植密度相关联的（表 2-13）。

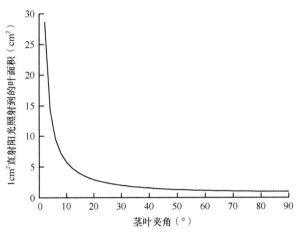

图 2-11　茎叶夹角与叶片受光面积的关系

表 2-13　不同株型玉米群体采光特性（徐庆章等，1992）

类型	品种	密度 （株/m²）	叶面积指数	自然光强 （lx）	群体底部 光强（lx）	消光系数 K	合理密度 （株/m²）
紧凑型	掖单 13 号	8.25	6.00	81 862	1 870	0.62	6.90
	掖单 12 号	8.25	5.40	45 087	2 073	0.56	8.11
	掖单 18 号	9.26	6.20	42 358	1 795	0.51	8.76
平展型	沈单 7 号	4.50	3.80	58 903	3 831	0.72	5.12
	丹玉 11 号	4.50	3.80	63 864	4 683	0.69	5.37
	丹玉 13 号	5.41	4.20	—	—	0.74	5.16

二、株型与群体小气候

玉米群体小气候是指群体小范围内的气候条件，尽管小气候因子受地理位置、当地生产条件等多因素的影响，但在玉米单一群体内其基本规律是相似的。光、热、水、二氧化碳等不仅是玉米光合作用不可缺少的能量和物质，它们构成的小气候环境还对玉米生长发育有显著的影响；反之，玉米的群体构成也影响小气候的分布和利用（刘开昌等，2000）。因此，了解不同玉米株型对群体内光合有效辐射（photosynthetically active radiation，PAR）、温度、湿度、风速、二氧化碳浓度等群体小气候分布规律的影响及其形成特点，采取适当的措施建立良好的群体结构，对充分利用小气候资源、避免和克服其不利因素、提高群体生产能力有重大的指导意义。

（一）光合有效辐射

光合有效辐射是绿色植物在光合作用中只能利用太阳辐射中波长 380 ～ 710nm（也有人认为是 400 ～ 700nm）的可见光部分，它在玉米群体内的分布状况与光能利用率和产量有密切的关系。群体内的光分布越均匀，各层叶片获得的光合光子通量密度（photosynthetic photon flux density，PPFD）越大，整个群体利用光能的效率就越高。因此，改善群体内部的光合有效辐射分布状况是提高光能利用率、增加玉米产量的有效途径。

入射到玉米群体的太阳光在透过叶层的过程中不断地被叶片等器官所截获,所以群体内光合光子通量密度自上而下逐渐减弱。玉米冠层内平均光合有效辐射的垂直分布随着向下累计叶面积指数的增加而呈递减的趋势。在冠层中上部,PAR 透光率较高,递减很明显,冠层下部则维持较低水平,变化不大(王锡平等,2004)。例如,在密度为 60 000 株/hm² 的群体中,光合有效辐射与各层光合有效辐射占自然光合有效辐射的百分比的垂直变化趋势相同,均表现为自群体顶部向下递减。植株顶部至株高 240cm 的层次内光合有效辐射递减 20% 左右,在株高 150 ~ 240cm 的冠层内光合有效辐射递减快,约占自然光合有效辐射的 50%,地面光合有效辐射只有自然光合有效辐射的 7.22%,由此可见,群体冠层的光合有效辐射截获量大,光合有效辐射削弱快(图 2-12)。

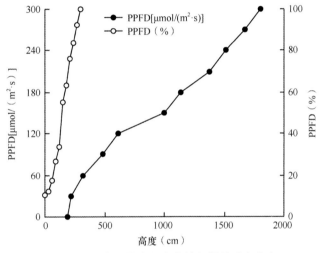

图 2-12 玉米群体中光合有效辐射的垂直分布

光合有效辐射在玉米群体中的削减规律基本符合门司-佐伯公式(Monsi and Saeki,1953):

$$\ln \frac{I_F}{I_O} = -KF \text{ 或 } I_F = I_O e^{-KF}$$

式中,I_F 为群体内某层次的水平 PPFD;I_O 为群体顶部的 PPFD;K 为消光系数;F 为光合有效辐射所通过的叶面积指数;e 为自然对数的底。此式表明,群体内部的 PPFD 与群体顶部的 PPFD 成正比,与光合有效辐射所通过的叶面积指数成反比。由上式,根据叶面积指数可以计算出群体内部不同高度和叶层的 PPFD。此公式的不足之处在于它没有考虑叶片以外其他器官的遮光作用,并且也没有反映出与消光系数有关的因素。

玉米群体的光合有效辐射分布特点受品种株型影响较大。紧凑型玉米植株上部茎叶夹角小,叶片直立,对光的截获率低,照射到中部叶层和基部叶层的光较多;而平展型品种植株上部茎叶夹角大,叶片平展,对光的截获率高,照射到中部叶层和基部叶层的光较少。据山东省农业科学院等(2004)试验,在密度为 60 000 株/hm² 的群体中,紧凑型玉米开花期穗上、穗位和穗下三处的透光率分别比平展型玉米高 3.4%、40.5% 和

80.6%，乳熟期透光率分别比平展型玉米高 5.1%、58.7% 和 54.7%。

消光系数是表示光合有效辐射在群体内垂直方向上衰减特征的参数。消光系数越大，则通过单位叶面积指数后光合有效辐射减弱越显著。在这样的群体中，下部叶片受光不足，光合速率小，群体也不能容纳较多的光合器官，因此，产量潜力小。相反，消光系数越小，则通过单位叶面积指数后光强减弱越慢，群体下部叶片受光越好，可以容纳越多的光合器官，其产量潜力越大。所以，根据一个品种的消光系数可以计算出该品种的合理种植密度。郭春明等（2017）以平展型玉米品种和紧凑型玉米品种为材料，在吉林西部半干旱区开展试验，发现不同类型玉米品种种植密度和消光系数均呈现显著的直线回归关系，并通过回归方程计算出了平展型和紧凑型品种的最佳种植密度分别为 5.4 万株/hm² 和 6.3 万株/hm²。

不同品种的株型，叶片大小、厚薄、色泽深浅均不相同，其消光系数也有明显的差异。特别是叶片在植株上的分布状况和茎叶夹角，对消光系数影响较大。徐庆章等（1992）研究表明，一般平展型玉米的消光系数为 0.7 左右，每通过一个叶面积指数光合有效辐射减弱 50% 左右；而紧凑型玉米的消光系数仅为 0.5 左右，每通过一个叶面积指数光合有效辐射仅减弱 39% 左右。相同株型的植株，叶直立、叶片小而厚更有利于光合有效辐射在群体内的合理分布。平展型玉米品种鲁单 981 随种植密度增加群体消光系数减小，种植密度从 30 000 株/hm² 增加至 60 000 株/hm² 时，群体消光系数差异不显著，当增加至 75 000 株/hm²、90 000 株/hm² 时，群体消光系数显著减小（李宗新等，2007）。

（二）CO_2 浓度

CO_2 浓度对玉米群体光合作用有很大影响，群体中的 CO_2 处于不断消耗和补充之中，它的浓度及其变化受群体结构状况、各层次的光合速率和呼吸速率、土壤呼吸强弱，以及大气 CO_2 浓度、群体通风情况等因素的影响。因此，了解玉米群体 CO_2 浓度变化特点，可以采取合理的措施（如增施有机肥、构建理想群体等），提高群体的生产力。

玉米群体内不同高度的 CO_2 浓度受土壤呼吸和玉米各光合层光合速率的影响。有研究表明，吐丝期地面层 CO_2 浓度较高，地面至株高 150cm，CO_2 浓度逐渐降低，株高 150～240cm 处 CO_2 浓度较低，可能与此处正是玉米群体的旺盛光合层有关，株高 240cm 以上群体内 CO_2 浓度随株高增大逐渐增加，接近大气 CO_2 浓度（图 2-13）。

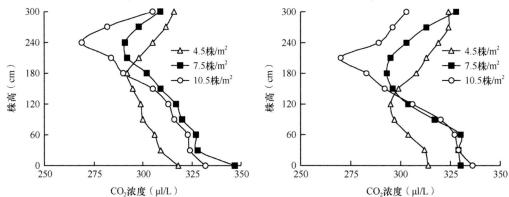

图 2-13　玉米不同密度群体内 CO_2 浓度的垂直分布（刘开昌等，2000）

左图品种为登海 1 号，右图品种为鲁单 961，1997 年 8 月 13 日 11:00 测

品种之间也存在着差异。一般来讲，株型平展、叶片稠密的品种群体通风较差，CO_2 扩散慢，群体内 CO_2 浓度的变化大；紧凑型品种叶片直立，群体内通风较好，CO_2 扩散快，群体内 CO_2 浓度的变化幅度小，分布较均匀。

（三）温度

温度是影响作物生长发育的重要因子。玉米是喜温作物，温度偏高或偏低均会造成减产。由于玉米群体对太阳辐射的吸收量不同以及光能在各部位的分配差异，群体内的气温分布状况较为复杂。一般认为，玉米群体内气温的差异不大。由于太阳辐射从群体顶部向下逐步受到削弱，到达地面的辐射量很小，因此，在垂直方向表现为群体中间层气温高、顶层和地面层较低的趋势。例如，在密度为 75 000 株/hm² 的群体中，吐丝期 12:00 测定地面层气温为 33.6℃，顶部气温为 33.7℃，株高 120 ～ 210cm 处的气温较高，为 33.9℃。

通常情况下，白天群体内的气温高于同样高度的空旷地面，由于群体顶部接收光的直接照射，且与大气热量交换快，其温度较高；地面虽然吸收热量快，但由于群体对辐射热量的截获，温度升高较慢，使近地面层的气温较低；株高 120 ～ 210cm 的冠层内，由于该层叶片、茎秆、果穗较为集中，通透性差，接收太阳辐射多，热交换量相对小，故该层气温最高。

品种的株型不同，群体内的气温亦有差异。在同样的密度和土壤条件下，株型紧凑，热量在群体中的扩散快，群体内平均气温高；株型平展，叶片平伸，相互交错，阻碍热量的扩散，平均气温相对较低。例如，在密度为 75 000 株/hm² 的同一地块中，株型紧凑的登海 1 号群体内气温为 34.10℃，而株型相对平展的鲁单 961 为 33.42℃（图 2-14）。

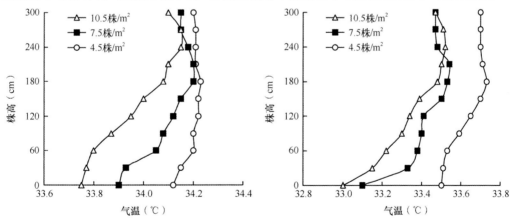

图 2-14　玉米不同密度群体中气温的垂直分布

左图品种为登海 1 号，右图品种为鲁单 961，测定时间为 1997 年 8 月 14 日

（四）风速

通风和透光对于玉米群体具有同等重要的作用，通风使玉米群体内外的二氧化碳、热量和水汽都得到交换，趋于均匀，有利于玉米生长。据 Allen 等（1964）测定，风速从 2m/s 降低到 1.2m/s 时，二氧化碳供应量和光能利用率降低了 50% 左右，Baker 和

Musgrave（1964）发现，无风时，群体出现了光饱和现象；而在风速大时，光强即使达到 107 640lx，也未出现光饱和现象。因此，通风状况良好，对于促进玉米群体充分利用光、热、水、气资源有重要意义。

玉米群体中的风速比空地小得多。由图 2-15 看出，玉米地 2/3 株高处相对风速的水平分布，田边相对风速最高，由边行向里群体内相对风速逐渐减弱，距田边 1 ～ 3m减弱最快。5m 以外变化不大。通常，随着种植密度的增加，群体内平均风速逐渐减小（表 2-14）。例如，当种植密度由 45 000 株/hm² 增加到 105 000 株/hm² 时，风速减小幅度较大，登海 1 号和鲁单 961 两个品种群体内风速平均减小 0.132m/s；密度增加 1.0 株/m²，群体内风速减小 0.022m/s 左右。

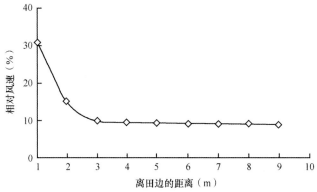

图 2-15　玉米地 2/3 株高处迎风测相对风速的水平分布

表 2-14　玉米不同密度群体内的平均风速（王庆成等，1997）　　　　　（单位：m/s）

品种	种植密度				
	4.5 株/m²	6.0 株/m²	7.5 株/m²	9.0 株/m²	10.5 株/m²
登海 1 号	0.315	0.267	0.258	0.209	0.199
鲁单 961	0.338	0.265	0.250	0.240	0.190

玉米群体内风速和相对风速的垂直变化均呈"S"形（图 2-16）。地面风速较小，随着株高增大，风速逐渐增加，株高 60cm 处达到第一个峰值，而后逐渐降低，株高 150 ～ 180cm 层次最低；随着株高进一步增加，风速逐渐增大，顶部风速最大且相对稳定。上述分布规律是玉米本身的群体结构造成的。在玉米群体中部（株高 150 ～ 180cm），茎、叶片、果穗分布比较稠密，使风速受到较大的削弱，而群体的上部和下部，茎、叶片相对稀疏，风速阻力小，风速比中部大。

不同密度群体内风速的垂直分布为，随着密度的增加，基部、中部风速减小幅度逐渐增大，尤其以中部减小幅度最明显，上部风速差异不大。玉米群体内平均风速随着密度的增大而减小，这可导致乱流交换减弱，影响光热、水汽、二氧化碳等合理分布。选用紧凑型品种，建立合理的群体结构、选用适宜的种植方式均能改善田间的通风透光状况。随着行距扩大和株距的缩小，行间风速和透光率均明显增加（表 2-15）。

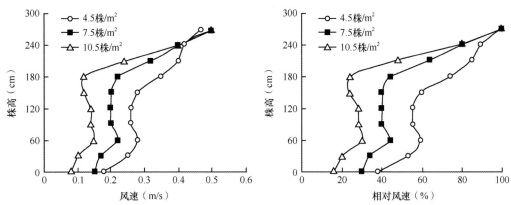

图 2-16　玉米不同密度群体内风速的垂直变化（刘开昌等，2000）

测定时间：1997 年 8 月 13 日 10:00，品种为登海 1 号

表 2-15　不同行株距的玉米群体中行间风速和透光率（翁笃鸣等，1982）

行株距（cm）	行间风速（m/s）	透光率（%）
73.26×28.9	0.39	17
79.92×26.64	0.46	27
86.58×24.31	0.82	35

（五）空气湿度

玉米群体内空气湿度是地面蒸发、植株蒸腾、植株呼吸及热量、水汽交换程度总和的体现。一般，玉米群体边行的空气相对湿度小于群体内部；群体中空气相对湿度的垂直分布状态为：由地面至株高 90cm 处逐渐降低，而后又逐渐升高，株高 210 ~ 240cm 处最大，株高 240cm 以上又迅速降低（图 2-17）。玉米种植密度不同，群体内空气湿度及其分布亦不同。地面、株高 210 ~ 240cm 处空气湿度均随种植密度增加而变大，冠层顶部空气湿度变化幅度不大。

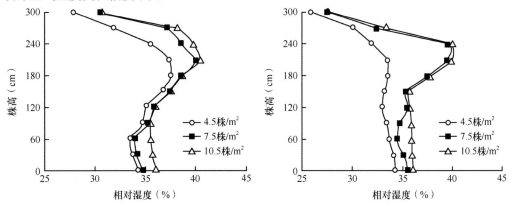

图 2-17　玉米不同密度群体中空气平均相对湿度的垂直分布（刘开昌等，2000）

品种为紧凑型登海 1 号（左）和平展型鲁单 961（右）

群体中空气平均相对湿度随着种植密度的增加而增大（表 2-16），因为种植密度增加，群体的总散失水量（包括植株蒸腾和地面蒸发）增加，同时又因风速降低、乱流减弱，水汽不易扩散出去，所以高密度群体中空气湿度增加。

表 2-16　玉米不同密度群体中空气平均相对湿度（%）（王庆成等，1997）

品种	种植密度				
	4.5 株/m^2	6.0 株/m^2	7.5 株/m^2	9.0 株/m^2	10.5 株/m^2
登海 1 号	34.50	35.80	36.10	36.60	36.70
鲁单 961	32.50	34.40	35.30	35.70	35.90

此外，品种的株型对群体空气相对湿度的分布也有一定影响。在相同密度条件下，株型越紧凑，群体的通风透光状况越好，水汽容易扩散，空气相对湿度低；相反，株型平展，叶片相互交错，群体的通风透光状况差，水汽不易扩散，空气相对湿度高。

三、株型与群体最适密度

（一）玉米种植密度与产量的关系

1. 密度与产量的理论方程

合理的种植密度是提高玉米产量的主要栽培措施之一。对于某一地区，通过玉米栽培试验，探讨密度与产量的理论方程，进行合理密植，对于玉米的高产稳产具有重要意义。玉米适宜的种植密度因品种、地区、生产水平、气候条件及栽培管理水平不同而不同，密度与产量的理论方程也不一样，主要有以下几种模型。

（1）等比型产量-密度模型

等比型产量-密度模型理论方程由莫惠栋（1980）提出。公式如下。

$$y=ax\mathrm{e}^{bx}$$

式中，a、b 为回归统计数，x 为种植密度，y 为单位面积产量。其适用条件：有一个较明显的最高产量密度，密度过高或过低，产量皆明显下降。

（2）等差型产量-密度模型

等差型产量-密度模型公式如下。

$$y=x/(a+bx)$$

式中，a、b 为回归统计数，x 为种植密度，y 为单位面积产量。其适用条件：在低密度下，y 随 x 的增大而迅速增大，在高密度下 y 趋向稳定，只有差异不明显的一些随机波动；相关系数 $r\dfrac{1}{y}\cdot x$ 有极显著的值。

（3）霍利迪产量-密度模型

霍利迪（Holliday）产量-密度模型公式如下。

$$y=x/(a+bx+cx^2)$$

式中，a、b、c 为回归统计数，x 为种植密度，y 为单位面积产量。其适用条件：在密度达到最大理论密度（x_{opt}）前 y 随密度增加而增大，在超过 x_{opt} 时，y 随着 x 的增大而减小；相关系数 $r\frac{1}{y}\cdot x$ 有一个极显著的值。

（4）混合型产量-密度模型

混合型产量-密度模型公式如下。

$$y=x/(a+bx^c)$$

式中，a、b、c 为回归统计数，x 为种植密度，y 为单位面积产量。其适用条件：当 y 随 x 的增加达到最高点附近后，在一个较大的密度范围内保持相对稳定，其最高点不太明显，但当进一步增大密度后，可以看出产量缓缓地逐步下降；相关系数 $r_{\lg y \cdot \lg x}$ 有一个极显著的值。

（5）产量-密度的二次回归方程

产量-密度的二次回归方程如下。

$$y=a+bx+cx^2$$

式中，a、b、c 为回归统计数，x 为种植密度，y 为单位面积产量。使用时应注意：①该方程属于无理经验公式，当 $x=0$ 时，该方程曲线不通过原点，因此，使用时须确定其定义域。②由于试验密度点选择不当、随机误差以及在无竞争密度下外推等，有时会造成 $a < 0$ 而使参数的生物学意义完全丧失，故利用该方程应注意其适用范围。

2. 玉米产量性状与密度的关系

（1）生物产量与密度的关系

A. 单株生物产量与密度

单株生物产量反映了密度对个体干物质积累的影响，一般随着密度的增大，单株干重的倒数 $1/W$ 与密度呈直线相关关系，可用关系式 $1/W=a+bx$ 来表示，式中，W 为单株干重（g/株），x 为密度（株/m²），a、b 为回归统计数（图 2-18）。随着种植密度的增加，

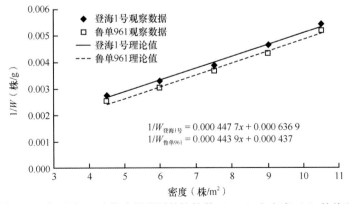

图 2-18　每形成 1g 生物产量所需的植株数（$1/W$）和密度（x）的关系

形成每克生物产量所需的植株数逐渐增加，单株干重不断降低。品种之间的单株干重变化速率存在差异。王庆成等（1998）研究了不同品种单株生物产量的变化，在其试验条件下，紧凑型品种登海 1 号单株干重降低速率高于平展型品种鲁单 961，不论种得多稀，登海 1 号每积累 1kg 干物质至少需要 0.64 株，其平均单株生物产量至多 1.6kg。而鲁单961 在相同的条件下每积累 1kg 干物质至少需要 0.43 株，其平均单株生物产量至多 2.3kg。这表明紧凑型品种登海 1 号的单株生物产量对密度更敏感。

　　B. 群体生物产量与密度

　　玉米群体生物产量与密度呈渐进状曲线关系。群体生物产量与密度的关系可表示为

$$W=x/(a+bx)$$

式中，W 为群体生物产量，x 为密度，a、b 为回归统计数。群体生物产量随着密度的提高开始增长较快，而后增加越来越慢，但是当密度达到一定限度时，群体生物产量趋向一定值（$1/b$），表现为群体生物产量与密度无关。图 2-19 表明，紧凑型品种登海 1 号和平展型品种鲁单 961 的理论群体生物产量最高分别不超过 2.23kg/m^2 和 2.28kg/m^2。

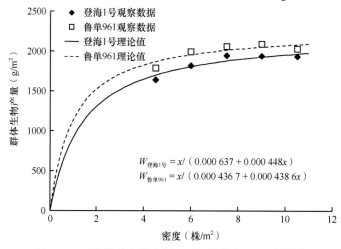

图 2-19　玉米群体生物产量（W）与密度（x）的关系

　　（2）籽粒产量与密度的关系

　　玉米生物产量随着密度的增加按一定的模式变化，但其籽粒产量的变化不同于生物产量。单株籽粒产量随密度的增加逐渐降低，可用曲线方程 $W=ae^{bx}$（$a>0$，$b>0$）来描述，式中，W 为单株籽粒产量，x 为密度，a、b 为回归统计数，其中 a 为单株籽粒产量的最大潜力，b 为密度压力系数。不同品种单株籽粒产量随密度的变化趋势相同，但单株籽粒产量潜力和单株籽粒产量对密度反应的敏感程度均有差异。图 2-20 表明，紧凑型品种登海 1 号和平展型品种鲁单 961 的单株籽粒产量潜力分别约为 323.3g/株 和 307.4g/株，每平方米土地要生产 1kg 籽粒分别至少需要 3.09 株和 3.25 株（由 $1/a$ 求得）。单株籽粒产量的变化反映了品种的耐密性，登海 1 号单株籽粒产量随密度的降低速度高于鲁单 961，对密度反应敏感。

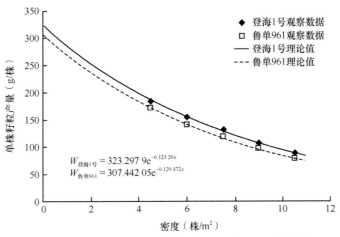

图 2-20　玉米单株籽粒产量（W）与密度（x）的关系

　　玉米群体籽粒产量随着密度的增加按 $W=a+bx+cx^2$ 的曲线模式变化，式中，W 为群体籽粒产量，x 为密度，a、b、c 为回归统计数。从曲线模式的变化中发现，在低密度条件下，随着单位面积株数的增加，群体籽粒产量迅速增加，但其增加的速率越来越低；当增加的速率为零时，群体籽粒产量最高，其对应的密度为最高产量的适宜密度；群体密度再进一步提高，群体籽粒产量逐渐降低，其降低的速度有增大的趋势。如图 2-21 所示，紧凑型品种登海 1 号和平展型品种鲁单 961 两品种密度从 4.5 株/m² 增至 6 株/m² 时，群体籽粒产量迅速增加；从 6 株/m² 增至 8 株/m² 时，增加速率变小，但群体籽粒产量仍缓慢增加；当达到最高群体籽粒产量时，登海 1 号和鲁单 961 对应的种植密度分别为 8.1 株/m² 和 7.7 株/m²，最高期望群体籽粒产量分别为 964.7g/m² 和 873.6g/m²。可见，不同株型的最适密度、群体籽粒产量潜力均存在着差异，紧凑型品种的最适种植密度一般高于平展型品种，生产上要根据品种的特性来确定最适种植密度。

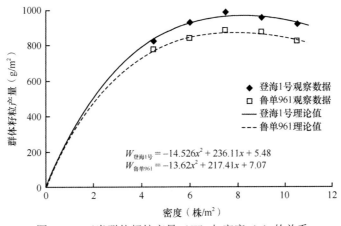

图 2-21　玉米群体籽粒产量（W）与密度（x）的关系

（3）穗部性状与密度的关系

穗部性状如穗长、穗粗、穗行数等是反映果穗大小的重要指标。了解穗部性状与密度的关系，可以借此评价品种对密度的反应。

A. 穗长与密度的关系

种植密度提高，穗长降低。随着密度的增加，穗长按 $y=a+bx$ 直线递减，式中，y 为穗长，x 为密度，a、b 为回归统计数，且 $a>0$，$b<0$。不同品种穗长及其对密度的反应有较大差异。例如，紧凑型品种登海1号和平展型品种鲁单961的穗长表现为鲁单961＞登海1号，当每平方米土地上增加1株玉米时，登海1号的穗长缩短0.965cm，而鲁单961的穗长缩短1.20cm，这说明平展型品种的穗长对密度的增加更敏感（图2-22）。

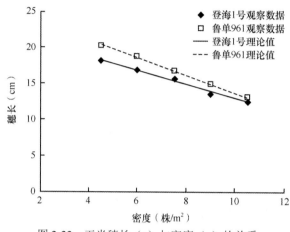

图 2-22　玉米穗长（y）与密度（x）的关系

B. 穗粗与密度的关系

随着密度的增加，穗粗也按 $y=a+bx$ 直线递减，式中，y 为穗粗，x 为密度，a、b 为回归统计数，$a>0$，$b<0$，其减小幅度小于穗长。在密度较小的条件下，紧凑型品种登海1号和平展型品种鲁单961的平均穗粗最大分别为5.7cm和5.3cm，当每平方米土地上增加1株玉米时，登海1号的穗粗减少0.103cm，鲁单961的穗粗减少0.099cm，这说明紧凑型品种的穗粗对密度的增加更敏感。

C. 穗行数与密度的关系

穗行数是穗部性状中较为稳定的因子。随着密度的增加，穗行数按 $y=x/(a+bx)$ 的曲线关系递减，式中，y 为穗行数，x 为密度，a、b 为回归统计数。图2-23表明，登海1号的穗行数远远高于鲁单961，在密度较小、无竞争的群体条件下，登海1号和鲁单961的穗行数最多分别为17.9行和14.7行。

在穗部性状中，穗长和穗粗随密度的变化较大，且穗长的下降幅度高于穗粗。从不同穗形来讲，圆锥形的长果穗其穗长对密度的反应比穗粗更敏感，而圆筒形的短粗果穗，其穗粗对密度的反应相对较强。

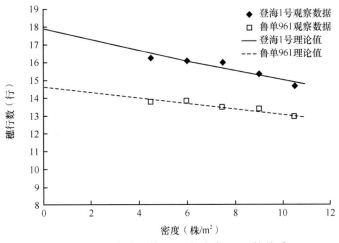

图 2-23　玉米穗行数（y）与密度（x）的关系

（4）经济系数与密度的关系

随着密度的变化，经济系数也发生相应的变化。其变化可用一元二次方程 $y=ax^2+bx+c$ 描述，式中，y 为经济系数，x 为密度，a、b、c 为回归统计数，$a<0$，$b>0$，$c<0$。在低密度条件下，生物产量和经济系数均增加，经济产量则大幅度增加；在品种的最适密度时，经济系数达到最大值；再进一步增加密度，经济产量降低，而生物产量则趋于定值，致使经济系数大幅度降低。

（二）玉米种植密度与产量构成

1. 密度与穗数

穗数是构成产量的重要因素之一。随着种植密度的增加，单位面积穗数也随之增加，但是二者之间的关系是复杂的。目前有两种方程来描述密度与穗数的关系：一是 $y=a+bx$，式中，y 为穗数，x 为密度，a、b 为回归统计数，即穗数与密度呈直线相关关系，但这种关系只在一定密度范围之内适用于某些品种。二是 $y=x/(a+bx)$，式中，y 为穗数，x 为密度，a、b 为回归统计数，即随着密度的增加，穗数的增长率越来越小，最后表现为一定值，呈渐近线。山东省农业科学院等（2004）研究表明，高产条件下（11 250kg/hm²），紧凑型玉米掖单 13 号在 48 000 ～ 90 000 株/hm² 的范围内，穗数（y）与密度（x）之间可表示为 $y=460.4605+0.8543x$（$r=0.9883$）。但在低密度（低于 48 000 株/hm²）或高密度（大于 90 000 株/hm²）下，大多数品种穗数与密度并不是直线关系，而是符合曲线 $y=x/(a+bx)$。

在密度与穗数的关系中，穗数之所以不随密度按等比规律增加，其原因是空秆率和双穗率随密度的增减而有变化。随着种植密度的增加，群体内光照和营养条件等变差，空秆率增加，一般符合指数曲线 $y=ae^{bx}$，式中，y 为空秆率，x 为密度，a、b 为回归统计数（图 2-24）。不同品种的耐密性不同，空秆率亦不同。据 1985 年的山东省莱州市夏玉米高产开发试验，紧凑型玉米密度为 5.25 株/m²、6.00 株/m²、6.75 株/m²、7.50 株/m²、

9.00 株/m², 其空秆率依次为 2.87%、4.60%、6.67%、7.37%、10.77%, 平均为 6.46%, 而在同样密度下平展型玉米品种空秆率平均为 28.06%。表明株型紧凑的品种空秆率低, 耐密性比平展型品种强。

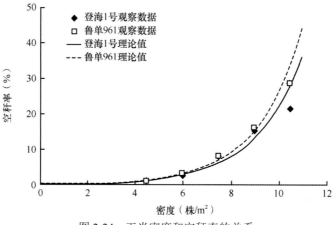

图 2-24　玉米密度和空秆率的关系

双穗率是随着密度的变化而变化的。低密度时, 双穗率提高以补充穗数的不足, 增加密度后, 双穗率逐渐降低, 高密度下甚至出现空秆。据山东省农业科学院等 (2004) 调查, 在密度为 22 500 株/hm² 的群体中, 双穗率为 25%; 密度为 52 500 株/hm² 时, 双穗率为 5%; 密度为 97 500 株/hm², 没有双穗出现。

空秆率和双穗率的变化是玉米对密度合理性的反应。低密度时, 单株营养面积大, 通风透光条件好, 光合产物向果穗供应充足, 群体以提高双穗率弥补株数的不足; 当密度增大时, 单株营养面积减小, 通风透光条件恶化, 个体间矛盾加剧, 光合产物向果穗的供应相对减少, 空秆率增加, 穗数减少。总之, 穗数随密度的变化是玉米群体自动调节的结果之一。

2. 密度与穗粒数

研究表明, 方程 $y=ae^{bx}$ 可较好地描述穗粒数与密度的关系, 式中, y 为每穗粒数, x 为密度, a、b 为回归统计数。该方程不但反映了穗粒数与密度的关系, 还指出了品种的最高穗粒数 (a 值) 和品种穗粒数对密度的敏感程度 (密度效应值 b)。如图 2-25 所示, 不论密度多低, 登海 1 号和鲁单 961 的穗粒数至多分别为 850.7 粒和 834.5 粒。从密度效应值 b 的大小来看, 鲁单 961 的穗粒数对密度的增加更敏感。

耐密性强的紧凑型品种, 其穗粒数随密度增加下降速率比平展型品种缓慢。据 1988 年莱阳农学院密度试验, 紧凑型玉米品种掖单 5 号密度自 4.5 株/m² 增至 10.5 株/m² 时, 穗粒数由 505.7 粒减少到 338 粒, 减少 33%, 平展型玉米品种中单 2 号在该密度变化条件下, 穗粒数自 514.9 粒减少到 311.7 粒, 减少了 39.5%。二者穗粒数的降低相差 6.5 个百分点。

种植密度对雌穗花、籽粒分化有较大影响。增加种植密度后, 穗粒数减少, 主要是成粒率的降低和败育率的增加。1993 年山东省农业科学院玉米研究所研究表明, 种植密

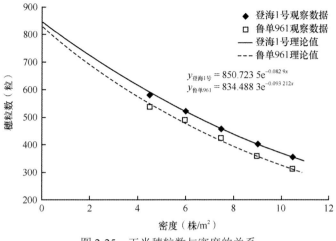

图 2-25　玉米穗粒数与密度的关系

度由 4.80 株/m^2 增加到 9.00 株/m^2 时，花、籽粒总败育率自 22.2% 增至 39.7%（表 2-17），其中籽粒败育率平均约为 26.9%。败育花和未受精花约占 39.7%。相关分析表明，密度与成粒率呈极显著负相关关系（$r=-0.9833$），与总败育率和籽粒败育率呈显著正相关关系（$r=0.9882$，$r=0.9840$）。

表 2-17　不同密度下夏玉米花、籽粒发育状况

密度（株/m^2）	总花数（个/穗）	成粒率（%）	总败育率（%）	籽粒败育率（%）	败育花+未受精花（%）
4.80	786.1	77.8	22.2	18.2	4.0
5.85	792.1	71.2	28.9	24.5	4.4
6.90	769.0	67.2	32.5	26.9	5.3
7.95	785.2	65.4	34.6	30.8	3.8
9.00	788.4	60.2	39.7	34.0	5.7

随着密度的增加，籽粒败育数增加。果穗败育粒数（y）和密度（x）的关系用二次方程 $y=a+bx+cx^2$ 描述较好（式中，$a<0$，$c<0$，$b>0$；图 2-26）。品种间果穗败育粒

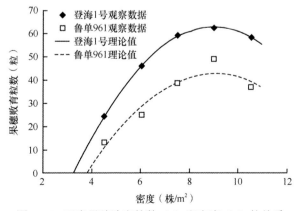

图 2-26　玉米果穗败育粒数（y）和密度（x）的关系

数变化趋势相同，其大小因品种而异。据王庆成等（1997）调查，随着密度的增加，登海1号和鲁单961的果穗败育粒数逐渐增多，密度为9株/m²时达到高峰值，而后随着密度的增加果穗败育粒数又有所下降。这是因为密度增加，玉米群体内部矛盾加剧，个体所承受的压力变大，影响到玉米的穗分化，单个果穗小花发育数逐渐减少，玉米植株的供应能力也逐渐减小，由于植株供应能力减小幅度大于小花发育数的减少幅度，故籽粒败育数增多；当果穗小花发育数减少幅度大于植株供应能力减小幅度时，果穗败育粒数减少。

品种类型之间也有差异，选用耐密性强的紧凑型玉米品种，增加密度后可以减缓成粒率的降低，保证单位面积的粒数。王忠孝等（1993）研究紧凑型和平展型玉米的结实性时发现，当密度由3.75株/m²提高到9.75株/m²时，紧凑型品种成粒率由87.32%降低到57.23%，约降低30.09个百分点，而且最高籽粒产量出现在成粒率64.02%±4.96%范围内；平展型玉米成粒率由73.49%降低到47.98%，其最高籽粒产量出现在成粒率58.79%±6.33%范围内。

3. 密度与千粒重

千粒重是构成产量的又一重要因素。随着密度的增加，千粒重降低，但其降低速率比穗粒数慢得多，它是产量构成中较为稳定的因素。

随着密度（x）的增加，千粒重（y）按y=a+bx直线递减（图2-27），式中，a为密度较小时品种的千粒重，b为密度效应值。品种间千粒重的最大理论值和千粒重对密度的反应均有差异。例如，登海1号和鲁单961的最大理论千粒重分别为365.19g和358.24g；增加密度后，登海1号千粒重下降速率高于鲁单961，说明登海1号的千粒重对密度的增加更敏感，而鲁单961的反应则相对迟缓。

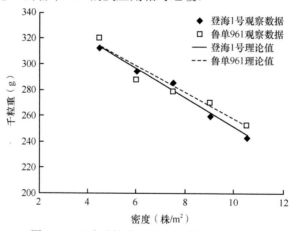

图2-27　玉米千粒重（y）与密度（x）的关系

密度增加后，千粒重逐渐降低的原因主要是高密度下光照变弱，光合源受到的影响大于籽粒库容量，使群体库源比值增大，籽粒灌浆物质相对不足。据1992年山东省农业科学院玉米研究所试验，随着密度的增大，叶片经济生产力呈下降趋势（表2-18），在中肥低密度（4.80株/m²）条件下，从吐丝期到成熟期每平方厘米叶面积生产29.80mg粒重，而在中肥高密度（9.00 株/m²）条件下仅生产 24.11mg 粒重，说明高密度时源供应能力限制了粒重的提高。土壤肥力提高能明显增加叶片经济生产力，减缓粒重的降低。

表 2-18 不同肥力水平下密度对玉米叶片经济生产力的影响

肥力水平	密度（株/m²）	吐丝期叶片经济生产力（mg/cm²）	吐丝期至成熟期叶片经济生产力（mg/cm²）
中肥	4.80	24.3	29.80
	5.85	22.49	28.16
	6.90	21.73	27.44
	7.95	19.99	26.13
	9.00	18.27	24.11
	平均	21.36	27.13
高肥	4.80	27.60	33.03
	5.85	25.67	31.11
	6.90	24.32	29.90
	7.95	24.50	30.52
	9.00	22.49	29.48
	平均	24.92	30.81

另一个重要的原因是在高密度下，叶片衰亡加快，光合面积减小。例如，低密度（4.80 株/m²）时，叶片衰老相对较慢，平均每天每株衰减 86.86cm²，而高密度（9.00 株/m²）时，叶片衰老加快，平均每天每株衰减 90.64cm²，比低密度快 12.78cm²（表 2-19）。伴随着叶片衰亡速率的变化，千粒重也随之降低，二者呈极显著负相关关系。但通过培肥地力、加强管理可以延缓叶片衰老，减缓粒重的降低，特别是在籽粒形成期，保证玉米的水肥供应对于粒重增加有重要作用。

表 2-19 不同产量水平下种植密度对玉米叶片衰亡速率、千粒重和产量的影响

产量水平 (t/hm²)	项目	种植密度					平均
		4.80 株/m²	5.85 株/m²	6.90 株/m²	7.95 株/m²	9.00 株/m²	
11.25	叶衰亡速率 [cm²/(株·d)]	86.86	87.86	89.09	97.42	90.64	90.37
	千粒重（g）	344.1	327.5	325.8	308.3	303.8	321.9
	产量（t/hm²）	9.34	10.37	10.71	11.36	11.12	10.58
13.50	叶衰亡速率 [cm²/(株·d)]	49.75	54.57	54.53	63.75	67.23	57.97
	千粒重（g）	333.6	324.8	321.5	315.7	306.6	320.44
	产量（t/hm²）	9.88	11.16	12.93	14.07	13.35	12.28

4. 三要素在产量构成中的作用

产量是单位面积穗数、穗粒数和千粒重的乘积，增加任何一项要素都能提高产量，但三者之间是矛盾的。找出主要矛盾并抓住矛盾的主要方面，协调其他要素，才能获得高产。

　　玉米产量水平不同，三因素在产量构成中的作用有显著差异（表 2-20）。当产量为 3750 ～ 6000kg/hm² 时，产量与穗数呈极显著正相关关系，表明穗数是限制因素，提高穗数是关键；当产量达 6000 ～ 10 500kg/hm² 时，产量与穗数、穗粒数和千粒重的相关系数分别为 0.9332、0.6049、0.5793，表明穗数仍然是主导因素，但是穗粒数和千粒重的作用明显提高，应在保证单位面积穗数的基础上，主攻穗粒数和千粒重；当产量达 10 500kg/hm² 以上时，其产量三因素的主次关系发生了变化，穗粒数成为主导因素，穗数成了次要因素。每公顷穗数和穗粒数的乘积为公顷粒数，因此，构成产量的三因素又可归结为公顷粒数和千粒重两个因素。在高产条件下，产量与二者的相关系数分别为 0.9889 和 0.6726，可见提高产量的主导因素是增加单位面积粒数。

表 2-20　不同产量水平下产量与其构成因素的相关分析

产量水平（kg/hm²）	穗数	穗粒数	千粒重
3 750 ～ 6 000	0.9781**	0.4317	0.3934
6 000 ～ 10 500	0.9332**	0.6049**	0.5793**
10 500 以上	0.2292	0.8983**	0.6120*

注：* 表示在 P < 0.05 水平上差异显著；** 表示在 P < 0.01 水平上差异显著

　　生产实践证明，低产变中产（产量 3750 ～ 6000kg/hm²）应选择增加穗数来增加公顷粒数提高产量。主要措施有选择紧凑型良种和增加种植密度。中产变高产（产量达 6000 ～ 10 500kg/hm²）应通过同时增加穗数和穗粒数以提高公顷粒数来增加产量。主要措施有建立合理的群体结构，减少空秆，延缓花后叶片的衰老，提高结实率。高产再高产（当产量达 10 500kg/hm² 以上）时，主要是在稳定穗数的基础上，采取综合措施，抓好群体整齐度，以提高穗粒数、增加粒数和千粒重夺取高产。

　　山东省农业科学院等（2004）估算了玉米高产再高产中产量构成因素的作用大小（表 2-21），结果表明，在高密度条件下，千粒重对产量的贡献最大，占总增产部分的 42.52%；穗粒数次之，占总增产部分的 29.42%；穗数贡献最小，仅占总增产部分的 21.78%；三者交互作用的贡献为 6.28%。由此可见，千粒重和穗粒数在高产再高产中的作用大大提高。穗粒数的多少和千粒重的大小取决于最大单株叶面积和后期叶片衰亡速率，采取适当的栽培措施，保证玉米后期的叶面积，延缓叶片衰老是促进粒多、粒重的有效途径。综上所述，要实现玉米高产，三因素的关系可以概括为：穗足是基础，粒多是关键，粒重是保证。

表 2-21　玉米高产再高产中产量构成因素作用大小估算

项目	穗数	穗粒数	千粒重	产量
增产百分数（%）	4.79	6.47	9.35	21.99
占总增产部分的百分数（%）	21.78	29.42	42.52	100.00

（三）玉米株型与适宜密度

　　密度与品种的关系最为密切。在同样条件下，不同玉米品种在株型、生育期、株高和叶片数目等方面差异较大，所以适宜的种植密度也不同。

品种的株型对其适宜密度影响最大，紧凑型品种耐密性强，种植密度宜大，平展型品种耐密性差，种植密度宜小。由于紧凑型品种叶片直立上冲，穗位以上茎叶夹角小，基部叶片相对平展，植株叶片呈塔形分布，这样的群体透光性和叶片受光姿态好，单位土地面积上容纳的叶片多，可以密植。例如，鲁玉 10、掖单 12 号、四密 25、鲁玉 15、豫玉 2 号、聊 93-1、登海 1 号等品种，穗位以上茎叶夹角平均小于 20°，叶向值大于55，每公顷种植 75 000 ～ 90 000 株较为适宜。中等紧凑型玉米品种如掖单 13、烟单 14号、鲁单 50、豫玉 22 号、农大 108 等，穗位以上茎叶夹角平均为 20°，叶向值平均为35 ～ 50，每公顷种植 67 500 ～ 75 000 株较为适宜。平展型玉米品种如沈单 7 号、丹玉13 号、陕单 9 号、吉单 159 等，穗位以上茎叶夹角平均大于 40°，叶向值平均小于 30，种植密度宜小，一般为 45 000 ～ 60 000 株/hm^2。

第四节　群体整齐度

随着玉米种植密度的增加，群体内部单株间的竞争加剧，植株的长势强弱、果穗大小等性状表现出较大差异，使群体整齐度下降，限制了密度增产潜力的充分发挥（王玉贞等，2000）。因此群体整齐度是玉米高产栽培的一项重要群体指标，群体整齐度的高低将决定其群体结构和最终产量，提高群体整齐度是玉米高产再高产的重要措施。

一、群体整齐度的指标

玉米群体整齐度是在田间条件下，群体中植株性状之间的数量差异。这种差异既可以表现在形态（如株高、穗位高、茎粗、叶面积、果穗大小等）上，也可以表现在植株生长量和产量上（Christopherr et al.，2009；Tollenaar，1999）。武恩吉等（1986）研究指出，群体整齐度通常以其性状（如株高、穗位高、穗长等）的变异系数的倒数表示较为合适。群体整齐度的计算公式为

$$\frac{\bar{x}}{s} = \frac{\bar{x}}{\sqrt{\dfrac{\sum x^2 - (\sum x)^2}{n-1}}} = \frac{1}{CV}$$

式中，x 为某一性状的测量值，$\bar{x}$ 为某一性状测量值的平均值，n 为样本数，s 为某一性状的标准差。

变异系数是表示变数（性状）离散状况的相对数值，其倒数则表示变数（性状）的集中程度。变异系数（CV）越大，其倒数 1/CV 越小，群体整齐度越低。玉米群体中个体之间整齐与否将会给群体带来"量"和"质"的差异，个体间差异越大，群体整齐度越低；反之，群体整齐度越高。

群体整齐度受生育期和密度的影响较大。随玉米的生长发育，群体有越来越整齐的趋势（表 2-22）。玉米自出苗到成熟群体整齐度不断提高，但苗期群体整齐度较低的，后期群体整齐度仍然较低。在同一时期内，密度越低群体整齐度越高，密度越高群体整

齐度越低，后期穗粒数群体整齐度也有同样的趋势（Echarte et al.，2000；Pommel and Bonhomme，1998）。这是因为，在密度较大的条件下，单株的营养面积变小，个体间对生育条件需求的矛盾激化，强弱株间差距增加，群体整齐度降低，由此引起产量下降。相反，在密度较低的条件下，单株间对生育条件的需求矛盾相对缓和，群体整齐度提高。因此，越是在大密度、高产条件下越应该注重玉米的群体整齐度。

表 2-22　玉米不同生育时期群体整齐度的变化

年度	密度（株/m²）	苗期	小喇叭口期	大喇叭口期	成熟期
1983	6.75	7.59	9.60	11.51	13.78
	6.00	8.91	12.99	14.87	17.99
1984	4.50	7.86	8.88	10.86	13.98
	3.00	8.20	10.68	12.76	14.86

二、群体整齐度与产量

　　玉米群体整齐度与产量密切相关。常鸿（1984）研究表明，群体内弱苗率是反映群体整齐度高低、衡量群体产量的重要指标，可以用弱苗率表示群体整齐度的大小。弱苗的标准为：定苗时株高仅为壮株的一半，可见叶 3.5 ～ 4.0 片（壮苗 5 ～ 6 片），展开叶 2 ～ 2.5 片（壮苗 3 片），次生根 3 条（壮苗 5 ～ 6 条），随着弱苗率的增加，群体整齐度下降，产量亦随之下降。当田间弱苗率超过 15% 时会明显影响群体产量。1984 年北京市农林科学院调查发现，夏玉米田间小苗率为 8% ～ 10.4% 的地块，这些小苗收获时有 31.8% 变成空秆，结实者单株生物产量也很低（正常者为每株 152.7g，小苗平均为68.4g），千粒重比正常降低 23%。武恩吉等（1986）研究认为，群体整齐度与产量呈显著或极显著的线性关系（表 2-23），随着群体整齐度的提高，产量也随之增加，二者相关系数达 0.8729。

表 2-23　玉米群体整齐度与产量的关系

群体整齐度	0.141	0.166	0.184	0.206	0.239	0.245	0.265
产量（t/hm²）	9.200	9.200	8.867	9.667	9.600	10.067	10.266

　　仅用某一性状指标来衡量玉米群体整齐度与产量的关系往往不够全面，且产量水平不同，群体各性状间差异较大。相关分析表明，玉米产量与株高、穗位高、穗长、穗粗、穗行数、行粒数的整齐度具有明显正相关关系（马达灵等，2017）。王玉贞等（2000）对高产（13.76 ～ 16.06t/hm²）夏玉米群体内各性状的整齐度高低做了分析（表 2-24），各性状整齐度高低表现为：株高＞穗粗＞经济系数＞穗轴粗＞茎粗＞穗行数＞穗位高＞穗长＞千粒重＞行粒数＞穗粒数＞生物产量＞籽粒干重＞秃尖长度（产量为 15.00t/hm² 和13.76t/hm² 时，穗长＞穗位高；产量为 15.00t/hm² 时，生物产量=籽粒干重）。

表 2-24　高产夏玉米群体各性状的整齐度

项目	产量 16.06t/hm^2	产量 15.00t/hm^2	产量 13.76t/hm^2	平均
茎粗	11.92	11.23	12.61	11.92
株高	22.98	24.75	17.53	21.75
穗位高	10.36	9.85	9.76	9.99
穗长	9.99	10.10	9.86	9.98
秃尖长度	1.54	2.34	1.69	1.86
穗粗	21.24	18.82	15.89	18.65
穗行数	10.83	10.49	10.55	10.62
行粒数	7.51	7.84	7.30	7.55
穗粒数	6.63	5.64	5.56	5.94
千粒重	9.12	9.18	8.65	8.98
穗轴粗	16.02	14.70	14.43	15.05
生物产量	5.50	4.66	5.00	5.05
经济系数	20.33	15.87	14.98	17.06
籽粒干重	4.83	4.66	4.34	4.61

从不同产量水平看，产量为 16.06t/hm^2 的群体各性状整齐度（除茎粗、秃尖长度外）均明显高于 13.76t/hm^2 的群体，这表明，提高整齐度对于提高产量有重要作用。

三、提高群体整齐度的措施

一般来说，苗期整齐度高的地块，成熟期玉米的群体整齐度也高。只有苗齐、苗匀、整齐度高的幼苗群体，其成熟期的整齐度才能高。生产实践证明，幼苗整齐度主要是由种子质量、播种过程和苗期管理决定的。因此，提高玉米群体的整齐度须从播种和幼苗抓起。

（一）选择高纯度的杂交种

种子质量是内因，保证种子纯度是抓好整齐度的首要因素。高纯度的杂交种，植株高矮、茎秆粗细、穗位高低和果穗大小等都比较一致，群体整齐度高，产量也高。据王庆祥（1988）调查，种子纯度由 85% 提高到 100%，产量提高了 900kg/hm^2；又如，鲁原单 4 号种子纯度高的产量为 7399.5kg/hm^2，纯度低的仅为 6259.5kg/hm^2，减产 15.4%。马达灵等（2017）选用 1950～2010 年具有代表性的 11 个品种，设置了 4 个种植密度，测定了株高、穗位高、穗长、穗粗、穗行数、行粒数指标的整齐度。结果表明，随着品种的更替，株高、穗位高、穗长、穗粗、穗行数、行粒数的整齐度明显提高，株高整齐度的提升最为突出。

（二）精选种子，分级播种

种子分级不同，幼苗的整齐度也不相同。同一品种，种子大的营养物质丰富，生活力强，发苗快，生长健壮；相反，种子小的，幼苗生长缓慢，植株弱小。据研究，单粒重 200mg 和 300mg 的种子，播种后 14d，幼苗干重分别为 210mg 和 450mg 左右。将大、小种子分开播种，田间管理方便，群体整齐度高，增产效果明显。烟台市农业科学研究所研究表明，精选大粒播种的产量为 10 219.5kg/hm²，比未精选、混粒播种的增产 10.65%；将大、小种子分开播种，平均产量为 9586.5kg/hm²，比混粒播种的增产 364.5kg/hm²。

（三）抓好播种质量和苗期管理

武恩吉等（1986）把播种和管理分解为若干个环节，并调查各环节对玉米群体整齐度和产量的影响（表 2-25）。结果表明，在密度、肥水条件相同的情况下，由于播种的各环节不同，植株整齐度差异很大，产量高低之间相差 37%。缺苗断垄、出苗不齐、管理不及时，幼苗不整齐。在土壤墒情差、浇水不及时的情况下进行播种，种子会在土壤中吸水萌动后，遭遇干旱，出现"回芽"现象，致使出苗不齐，影响群体整齐度（刘合军等，2016）。因此，在玉米高产栽培中，要提高群体整齐度，必须适时造墒，足墒播种，播深一致，覆土均匀，提高播种质量。另外，应加强玉米病虫草害的防治，在出苗后应使用吡虫啉防治粗缩病，小喇叭口期及大喇叭口期注意加强防治玉米螟（田兰荣，2008）。

表 2-25　播种和苗期管理对玉米群体整齐度和产量的影响

处理	群体整齐度	产量（kg/hm²）
足墒播种，一播全苗	19.44	6914.70
株距不等	15.63	5925.00
移苗补栽	15.38	5817.15
补种	14.71	5469.60
覆土不匀	13.32	5451.30
中耕不及时	13.04	4701.30
播深不一致	12.15	4500.00
欠墒播种	12.09	4353.75

（四）严格留苗标准，适当多留苗

间苗、定苗时，拔除过小或过大苗，留高矮、大小、展开叶数基本一致的苗。遇到弱苗或株距不等时，一般去弱苗，留壮苗，株距服从壮苗。高产田可多留出 3%～5% 的苗，在拔节期、大喇叭口期及时拔除群体中的弱株，花后拔除群体中无效株。

（五）加强弱苗管理

定苗后，对弱苗、小株实行偏肥、中耕除草对提高群体整齐度有一定的促进作用。

由于玉米生长期间处于高温多雨季节，生长迅速，一定要早施偏肥、加强管理。

主要参考文献

芶建峰, 张海红, 李鸿萍, 等. 2016. 不同行距配置方式对夏玉米冠层结构和群体抗性的影响. 作物学报, 42(1): 104-112.

常程, 韩雷, 张书萍. 2014. 不同密度对玉米杂交种几个相关性状的影响. 辽宁农业科学, (3): 9-13.

常鸿. 1984. 烟单 14、烟单 15 号玉米的生育特点与高产栽培. 山东农业科学, (4): 17-22.

陈冠文. 1998. 研究作物群体结构及生态因子时空分布的新方法: 三维切片法. 西北农业学报, 7(4): 10-14.

陈延玲, 吴秋平, 陈晓超, 等. 2012. 不同耐密性玉米品种的根系生长及其对种植密度的响应. 植物营养与肥料学报, 18(1): 52-59.

董振国, 刘瑞文. 1992. 黄淮海平原高产田作物群体结构特征. 应用生态学报, 3(3): 240-246.

郭春明, 王雪, 赵鑫, 等. 2017. 密度调控对半干旱区不同株型玉米品种冠层和产量指标的影响. 玉米科学, 25(6): 113-118.

何冬冬, 杨恒山, 张玉芹. 2018. 扩行距、缩株距对春玉米冠层结构及产量的影响. 中国生态农业学报, 26(3): 397-408.

靳立斌, 张吉旺, 李波, 等. 2013. 高产高效夏玉米的冠层结构及其光合特性. 中国农业科学, 46(12): 2430-2439.

李少昆, 赵久然, 董树亭, 等. 2017. 中国玉米栽培研究进展与展望. 中国农业科学, 50(11): 1941-1959.

李宗新, 陈源泉, 王庆成, 等. 2012. 高产栽培条件下种植密度对不同类型玉米品种根系时空分布动态的影响. 作物学报, 38(7): 1286-1294.

李宗新, 王庆成, 刘霞, 等. 2007. 种植密度对鲁单 981 产量及其产量建成的影响. 西北农业学报, 16(6): 80-84.

梁志英, 杨治平, 王永亮, 等. 2015. 不同模式下春玉米物质生产与群体光合性能研究. 中国农学通报, 31(12): 67-71.

刘合军, 洪玮, 张军朝. 2016. 黄淮海地区夏玉米群体整齐度的影响因素及解决措施. 农业科技通讯, (1): 183-185.

刘开昌, 张秀清, 王庆成, 等. 2000. 密度对玉米群体冠层内小气候的影响. 植物生态学报, 24(4): 489-493.

刘铁宁, 徐彩龙, 谷利敏, 等. 2014. 高密度种植条件下去叶对不同株型夏玉米群体及单叶光合性能的调控. 作物学报, 40(1): 143-153.

路明, 周芳, 谢传晓, 等. 2007. 玉米杂交种掖单 13 号的 SSR 连锁图谱构建与叶夹角和叶向值的 QTL 定位与分析. 遗传, 29(9): 1131-1138.

罗方, 杨恒山, 张玉芹, 等. 2017. 春玉米根系特征对种植密度的响应. 内蒙古民族大学学报 (自然科学版), 32(6): 494-498.

吕丽华, 梁双波, 张丽华, 等. 2015. 播期、收获期对玉米生长发育及冠层性状的调控. 玉米科学, 23(6): 76-83.

马达灵, 谢瑞芝, 翟立超, 等. 2017. 玉米品种更替过程中品种群体整齐度的变化. 玉米科学, 25(4): 1-6.

莫惠栋. 1980. 种植密度和作物产量: 产量和密度的数量关系及其分析. 作物学报, 6(2): 65-74.

山东省农业科学院, 郭庆法, 王庆成, 汪黎明. 2004. 中国玉米栽培学. 上海: 上海科学技术出版社.

田兰荣. 2008. 提高玉米群体整齐度的措施. 中国种业, (S1): 120.

田再民, 黄智鸿, 陈建新, 等. 2016. 种植密度对 3 个紧凑型玉米品种抗倒伏性和产量的影响. 玉米科学, 24(5): 83-88.

王聚辉, 程子祥, 修文雯, 等. 2015. 玉米茎叶夹角与根系入土角度相关性研究. 华北农学报, 30(S1): 173-178.

王空军, 董树亭, 胡昌浩, 等. 2000. 玉米根系生理特性及与地上部关系研究. 科技成果.

王庆成, 刘开昌, 张秀清, 等. 1998. 紧凑型玉米新杂交种群体结构特点和变化动态. 山东农业科学, (5): 4-9.

王庆成, 牛玉贞, 王忠孝, 等. 1997. 源-库比改变对玉米群体光合和其它性状的影响. 华北农学报, 12(1): 1-6.

王庆成, 牛玉贞, 徐庆章, 等. 1996. 株型对玉米群体光合速率和产量的影响. 作物学报, (2): 223-227.

王庆成, 王忠孝, 杜成贵, 等. 1995. 玉米光合性能与产量关系的研究. 玉米科学, (1): 66-70.

王庆祥. 1988. 玉米的高产潜力及其限制因素. 黑龙江农业科学, (4): 41-44.

王庆祥. 1994. 玉米种子差异对前期生长及产量的影响. 玉米科学, 2(3): 41-44.

王庆祥, 顾慰连, 戴俊英. 1987. 玉米群体的自动调节与产量. 作物学报, 13(4): 281-287.

王锡平, 李保国, 郭焱, 等. 2004. 玉米冠层内光合有效辐射三维空间分布的测定和分析. 作物学报, 30(6): 568-576.

王玉贞, 刘志全, 王国琴, 等. 2000. 玉米高产与群体整齐度间关系的调查分析. 玉米科学, 8(2): 43-45.

王元东, 段民孝, 邢锦丰, 等. 2008. 玉米理想株型育种的研究进展与展望. 玉米科学, 16(3): 47-50.

王忠孝, 王庆成, 牛玉贞, 等. 1988. 夏玉米高产规律的研究. Ⅰ. 高产玉米的生理指标. 山东农业科学, (5): 8-10.

王忠孝, 徐庆章, 杜成贵, 等. 1993. 玉米群体库源关系的研究. Ⅰ. 不同类型玉米籽粒库充实度与最高产量的关系. 玉米科学, 1(3): 39-42.

翁笃鸣, 沈觉成, 钱林清, 等. 1982. 农田风状况及其模式. 气象学报, 40(3): 335-343.

武恩吉, 高素霞, 李芳贤, 等. 1986. 玉米株高整齐度与产量的关系. 山东农业科学, (3): 8-10.

徐丽娜, 黄收兵, 陶洪斌, 等. 2012. 不同氮肥模式对夏玉米冠层结构及部分生理和农艺性状的影响. 作物学报, 38(2): 301-306.

徐庆章, 黄舜阶, 李登海. 1992. 玉米株型在高产育种中的作用. Ⅱ. 不同株型玉米受光量的比较研究. 山东农业科学, (4): 5-8.

徐庆章, 王庆成, 牛玉贞, 等. 1995. 玉米株型与群体光合作用的关系研究. 作物学报, 21(4): 492-496.

薛吉全, 梁宗锁, 马国胜, 等. 2002. 玉米不同株型耐密性的群体生理指标研究. 应用生态学报, 13(1): 55-59.

殷宏章. 1960. 植物的群体生理研究. 科学通报, (9): 270-278.

Allen L H, Yocum C S, Lemon E R. 1964. Photosynthesis Under Field Conditions. Ⅶ. Radiant Energy Exchanges within a Corn Crop Canopy and Implications in Water Use Efficiency. Agronomy Journal, 56(3): 253-259.

Austin R B. 1989. Genetic variation in photosynthesis. Journal of Agricultural Science, 112(3): 287-294.

Baker D N, Musgrave R B. 1964. Photosynthesis Under Field Conditions. Ⅴ. Further Plant Chamber Studies of the Effect of Light on Corn (*Zea mays* L.). Crop Science, 4(2): 127-131.

Christopherr B, Judithb S, Matthijs T, et al. 2009. Maize morphophysiological responses to intense crowding and low nitrogen availability: an analysis and review. Agronomy Journal, 101(6): 1426-1452.

Duncan N W G. 1971. Leaf angles, leaf area, and canopy photosynthesis. Crop Science, 11(4): 482-485.

Echarte L, Luque S, Andrade F H, et al. 2000. Response of maize kernel number to plant density in Argentinean hybrids released between 1965 and 1993. Field Crops Research, 68(1): 1-8.

Monsi M, Saeki T. 1953. The light factor in plant communities and its significance for dry matter production. Japanese Journal of Botany, (14): 22-52.

Pommel B, Bonhomme R. 1998. Variations in the vegetative and reproductive systems in individual plants of an heterogeneous maize crop. European Journal of Agronomy, 8(1): 39-49.

Tollenaar N. 1999. Yield improvement in temperate maize is attributable to greater stress tolerance. Crop Science, 39(6): 1597-1604.

Trenbath B R, Angus J F. 1975. Leaf inclination and crop production. Field Crop Abstracts, 28: 231-244.

第三章　玉米根系群体结构与功能[*]

　　根系是固定植株、植株从土壤中吸收和运输水分与养分的主要器官，是土壤资源的直接利用者和产量的重要贡献者，在作物的生命进程中处于不可替代的位置。根系的形态、多少及其在土壤中的空间分布是影响养分吸收的重要因素（鄂玉江等，1988），与作物对矿质元素和水分的吸收能力密切相关。根系的生长、代谢和活力变化可直接影响到地上部的生长发育。

　　不同的水肥及栽培措施直接影响到根系的生长、分布及功能，进而影响植株的生长发育，最终影响玉米产量。改善土壤肥力及优化栽培措施，可促进根系生长，增加根毛密度，扩大作物吸取水分及养分的土壤空间，增强根系生理功能，有效防止根系早衰，使得根系形态特性和空间分布得以优化，调节玉米群体的水分和养分利用效率，从而提高玉米产量（吴春胜等，2001；牟金明等，1999）。

第一节　玉米根系结构与分布

一、玉米根系生长发育及群体响应

　　玉米根是须根系，由胚根和节根组成，这两种根系交错分布，共同构成玉米强大而密集的根系，其中节根（地下节根和地上节根，又称次生根和气生根）分枝多、根毛密、根量大、功能期长，是玉米的主要根系。玉米的初生根和 1～4 层节根发生在苗期，主要为种子的出土和苗期生长提供水分和无机营养，拔节后则生长缓慢或基本停止。5～6 层节根发生在拔节期至孕穗期，第 7 层以上一般为气生根，发生在孕穗期至抽雄期（李济生和董淑琴，1981）。在玉米的一生中，均以较上层的、新发生根的吸收作用最大。玉米根系在土壤中的分布包括根的走向、根的水平和垂直方向的伸展范围以及不同土层中的根密度等（戚廷香等，2003）。玉米不同类型的根在土壤中的走向不同，一般初生根长出后，先垂直入土，然后斜向四周生长；第 1～4 层节根与地面呈较小夹角向外伸展，第 5、6 层节根和气生根向下穿过根层，几乎垂直向下生长，使中后期玉米整株根系的外观形状呈"介"字形（李少昆等，1992）。不同生育时期根在土壤中的分布是不同的，苗期根系主要分布在 0～40cm 土层中；至开花期，根系入土深度可达 160cm，0～40cm 土层根量占该期总根量的 80% 左右；至蜡熟期，根系入土深度可达 180cm，0～40cm 土层根量占该期总根量的 55% 左右（于振文，2003；宋海星和李生秀，2003；孙占祥等，1994）。由此可见，玉米的主体根系主要分布在 0～40cm 土层中，随生育期的推迟，后期深层根量增加。

　　玉米种子萌发后先长出种子根，此后随生长时间延长，在不同节位从下至上长出不同轮次节根。可以按照节根发生顺序将不同轮次的节根定义为第 1 层至第 8 层节根。种

---

　　* 本章由高聚林、王志刚、于晓芳、孙继颖等撰写。

子根在总根长中所占比例很小，其余各轮次节根不论发生时间早晚，均在吐丝期达到最大值，之后下降。拔节后发生的4层节根（第4～7层）在总根长中占主要部分。但在高种植密度下这4层节根的根长较短，特别是较晚发生的节层（第6、7层），说明拔节后根长增加受到高种植密度的影响（严云等，2010）。

玉米不同层位根发生的条数，基本上随着根系层位由下而上呈逐渐增多的趋势，越靠近上层的节根根条数增加越明显。具体根系条数发生规律为：初生胚根仅1条；次生胚根2～4条。不同密度处理下，第1～4层节根发生的条数无明显差异，均为4～5条；第5层节根，低密度处理为5～6条，高密度处理为4～5条；第6层节根，低密度处理为7～10条，高密度处理为5～7条；第7层节根，低密度处理为13～16条，高密度处理为12～14条；第8层节根只在低密度处理下发生16～20条（表3-1）。由此可见，拔节期之后产生的上层次生根条数受群体密度影响，随着密度的增加明显减少（管建慧，2007）。

表3-1 不同密度处理下玉米不同层位根条数的差异（管建慧，2007）

根系类型	根条数（条）	
	密度 3.75 万株/hm²	密度 8.25 万株/hm²
初生胚根	1	1
次生胚根	2～4	2～4
第1层节根	4～5	4～5
第2层节根	4～5	4～5
第3层节根	4～5	4～5
第4层节根	4～5	4～5
第5层节根	5～6	4～5
第6层节根	7～10	5～7
第7层节根	13～16	12～14
第8层节根	16～20	—

从时间上来看，随着生育期的推进，玉米总根条数呈增加趋势，到吐丝期达到最大值，吐丝期以后根条数趋于平稳。玉米不同类型根系的根条数在整个生育期内的动态变化为：初生根在各生育期均保持在4条，且不同密度间无差异；地下节根，在小喇叭口期以前根条数迅速增加，小喇叭口期以后根条数随生育时期的变化增加不明显，不同密度处理间在苗期无差异，苗期以后低密度处理较高密度处理多2条；发生于大喇叭口期以后的气生根，在大喇叭口期到吐丝期根条数增长迅速，吐丝期到灌浆期根条数无明显变化，且随密度的增加气生根条数迅速下降，在大喇叭口期高低密度间相差4条，在吐丝期以后低密度处理较高密度处理多16～17条（表3-2）。

表3-2 不同密度处理下玉米不同类型根系的根条数动态变化（管建慧，2007）

密度	根系类型	苗期	拔节期	小喇叭口期	大喇叭口期	吐丝期	灌浆期
3.75 万株/hm²	初生根	4	4	4	4	4	4
	地下节根	4	13	32	33	34	34

续表

密度	根系类型	苗期	拔节期	小喇叭口期	大喇叭口期	吐丝期	灌浆期
3.75 万株/hm²	气生根	—	—	—	13	30	31
	总根数	8	17	36	50	68	69
8.25 万株/hm²	初生根	4	4	4	4	4	4
	地下节根	4	11	30	31	32	32
	气生根	—	—	—	9	14	14
	总根数	8	15	34	44	50	50

二、玉米根系的空间分布

通常用来表示根系生长发育的参数有根条数、根长、根系干重、根表面积、根体积、根系活跃吸收面积等。根系干重可以用来研究根系生长动态及其分布，对评价某一栽培措施及土壤好坏意义重大。有学者指出，根系干重与产量呈显著正相关关系，但根系干重不足以表明根系的吸收功能；而根体积的局限性是不能区别较粗大的根系和纤维根系的数目差异；根长是目前研究中最常用的生理指标。这些参数既相互独立，又有一定的联系（宋海星和王学立，2005；郭相平等，2001）。对根系结构及其分布进行研究，必须综合分析上述指标，才能更好地反映玉米根系的发育和生长状况。

（一）根系干重的分布特性

管建慧等（2007）研究表明，不同密度处理下，玉米单株根系干重在整个生育期均呈单峰曲线变化，根系干重在播种后 26d（拔节期）以前增加缓慢，且两个密度处理间的差异不明显；此后根系干重迅速增加，低密度处理的增加幅度明显大于高密度处理，在播种后 78d 左右（吐丝后 12d）根系干重达到峰值；播种后 78d 开始，两个密度处理的根系干重均较为平缓地下降，到成熟期根系干重仍保持较高水平（图 3-1）。

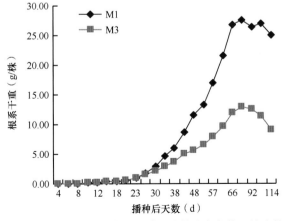

图 3-1　不同密度处理下玉米单株根系干重的动态变化（管建慧，2007）

M1. 3.75 万株/hm²；M3. 8.25 万株/hm²

在拔节期、小喇叭口期和大喇叭口期，根系干重在土壤中的垂直分布基本相似，以 10～20cm 土层内根系干重最大，而后随着土层深度的增加根系干重下降，40cm 以下的土层根系干重较小且土层间差异较小（图 3-2）。在吐丝期、灌浆期和成熟期，根系干重均随土层的加深而下降，0～40cm 土层内根系干重随土层加深下降显著，40cm 以下土层的下降趋势相对较缓，不同密度处理间具有相同的变化趋势（管建慧，2007）。

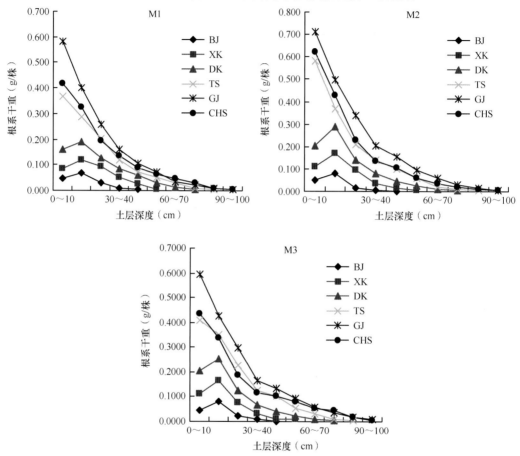

图 3-2 不同生育时期内玉米根系干重在土壤中的垂直分布动态（管建慧，2007）

BJ. 拔节期；XK. 小喇叭口期；DK. 大喇叭口期；TS. 吐丝期；GJ. 灌浆期；CHS. 成熟期

M1. 3.75 万株/hm²；M2. 6.00 万株/hm²；M3. 8.25 万株/hm²

密度对玉米各生育时期根系干重分布有不同影响。大喇叭口期（V12）以前，0～40cm 土层内不同密度之间的根系干重表现为高密度＞中密度＞低密度，40cm 以下土层内的根系干重差异较小。吐丝期（R1）和灌浆期（R3），0～40cm 土层内根系干重在不同密度之间的表现为中密度＞高密度＞低密度，40cm 以下土层内高密度处理的根系干重略大于中密度和低密度处理。成熟期（R6），0～40cm 土层内的根系干重在不同密度之间表现为中密度＞低密度＞高密度，40cm 以下各土层的根系干重仍以高密度处理的最高（表 3-3）。

表 3-3　不同密度处理下不同土层根系干重的变化　　　　　（单位：g/株）

密度（万株/hm²）	土层深度（cm）	拔节期 V6	小喇叭口期 V8	大喇叭口期 V12	吐丝期 R1	灌浆期 R3	成熟期 R6
3.75	0 ~ 10	0.0477	0.0850	0.1603	0.3689	0.6036	0.4688
	10 ~ 20	0.0672	0.1174	0.1914	0.2872	0.4393	0.3668
	20 ~ 30	0.0307	0.0911	0.1253	0.2012	0.3088	0.2337
	30 ~ 40	0.0088	0.0511	0.0861	0.1160	0.1803	0.1338
	40 ~ 50	0.0052	0.0261	0.0573	0.0721	0.1138	0.0902
	50 ~ 60		0.0042	0.0292	0.0491	0.0722	0.0617
	60 ~ 70			0.0123	0.0279	0.0339	0.0479
	70 ~ 80			0.0039	0.0082	0.0200	0.0302
	80 ~ 90				0.0034	0.0105	0.0103
	90 ~ 100					0.0039	0.0029
6.00	0 ~ 10	0.0511	0.1080	0.2021	0.5113	0.6491	0.5653
	10 ~ 20	0.0815	0.1669	0.2859	0.3673	0.4967	0.4270
	20 ~ 30	0.0134	0.0937	0.1391	0.2086	0.3089	0.2276
	30 ~ 40	0.0028	0.0365	0.0808	0.1394	0.2044	0.1363
	40 ~ 50	0.0013	0.0156	0.0437	0.1010	0.1549	0.1135
	50 ~ 60		0.0066	0.0236	0.0621	0.1045	0.0714
	60 ~ 70			0.0095	0.0178	0.0687	0.0462
	70 ~ 80			0.0046	0.0098	0.0298	0.0199
	80 ~ 90				0.0053	0.0151	0.0108
	90 ~ 100					0.0048	0.0035
8.25	0 ~ 10	0.0458	0.1117	0.2031	0.4073	0.5916	0.4329
	10 ~ 20	0.0818	0.1661	0.2505	0.3512	0.4265	0.3376
	20 ~ 30	0.0206	0.0759	0.1241	0.2263	0.2958	0.1864
	30 ~ 40	0.0073	0.0309	0.0664	0.1254	0.1661	0.1167
	40 ~ 50	0.0018	0.0098	0.0395	0.1003	0.1350	0.0998
	50 ~ 60		0.0068	0.0212	0.0551	0.0939	0.0780
	60 ~ 70			0.0101	0.0315	0.0554	0.0532
	70 ~ 80			0.0053	0.0096	0.0333	0.0422
	80 ~ 90				0.0040	0.0179	0.0195
	90 ~ 100					0.0087	0.0060

　　由图 3-3 及表 3-4 可见，不同密度处理下，玉米根系干重水平分布动态为：低密度处理，以行距 1/4 处根系干重最大，株距 1/2 处次之，行距 1/2 处最低；中密度处理，各

生育时期的根系干重以株距 1/2 处最高，行距 1/4 处次之，行距 1/2 处最低；高密度处理的根系干重在株距 1/2 处最大（拔节期除外），行距 1/4 处次之，行距 1/2 处最低，除拔节期外，其在不同生育时期的变化基本相同。可见，随密度的增加根系干重有减小的趋势。

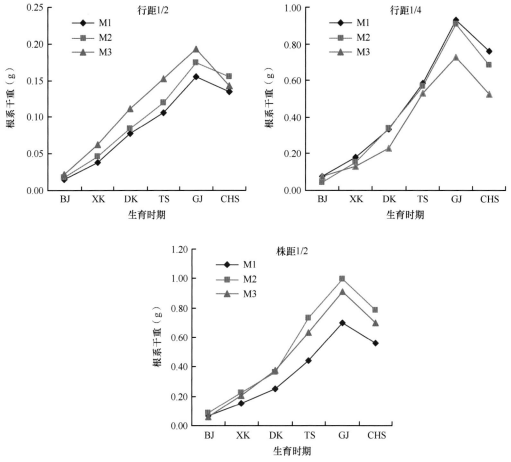

图 3-3　不同密度下玉米根系干重的水平分布（管建慧，2007）

BJ. 拔节期；XK. 小喇叭口期；DK. 大喇叭口期；TS. 吐丝期；GJ. 灌浆期；CHS. 成熟期

M1. 3.75 万株/hm²；M2. 6.00 万株/hm²；M3. 8.25 万株/hm²

表 3-4　不同密度处理各生育时期根系干重变化（管建慧，2007）　　　　（单位：g）

处理	取样点	BJ	XK	DK	TS	GJ	CHS
M1	行距 1/2	0.0155	0.0386	0.0775	0.1053	0.1543	0.1340
	行距 1/4	0.0769	0.1814	0.3353	0.5839	0.9303	0.7600
	株距 1/2	0.0672	0.1548	0.2529	0.4448	0.7017	0.5575
M2	行距 1/2	0.0175	0.0456	0.0848	0.1194	0.1734	0.1547
	行距 1/4	0.0441	0.1549	0.3386	0.5684	0.9051	0.6849
	株距 1/2	0.0885	0.2267	0.3658	0.7347	0.9982	0.7817

处理	取样点	BJ	XK	DK	TS	GJ	CHS
	行距 1/2	0.0212	0.0625	0.1115	0.1522	0.1924	0.1633
M3	行距 1/4	0.0742	0.1312	0.2317	0.5278	0.7248	0.5270
	株距 1/2	0.0619	0.2073	0.3769	0.6305	0.9068	0.7019

注：M1. 3.75 万株/hm²；M2. 6.00 万株/hm²；M3. 8.25 万株/hm²；BJ. 拔节期；XK. 小喇叭口期；DK. 大喇叭口期；TS. 吐丝期；GJ. 灌浆期；CHS. 成熟期

王志刚（2009）在不同产量水平群体间比较了玉米根系干重分布的差异性。由表 3-5 可知，两种不同栽培管理水平下，水平方向上玉米根系干重皆主要集中在距植株 0 ～ 10cm 处，占总根系干重的 90% 以上，其中高产密植的玉米植株在距植株 0 ～ 10cm 处根系干重的分布比例高于农户稀植处理，而距植株 10 ～ 20cm 处根系干重的分布比例低于农户稀植处理。说明高产密植的大群体条件下，玉米根系干重减小，且水平分布相对集中，这是其自动调节适应群体变化的反应。

表 3-5 不同处理下玉米根系干重分布比较（王志刚，2009） （单位：g/株）

处理	土层深度（cm）	距植株距离（cm）					分布比例（%）
		0 ～ 5	5 ～ 10	10 ～ 15	15 ～ 20	0 ～ 20	
农户稀植	0 ～ 10	5.84	0.73	0.42	0.37	7.36	33.68
	10 ～ 20	4.82	0.91	0.39	0.29	6.41	29.34
	20 ～ 30	3.75	0.37	0.28	0.14	4.54	20.78
	30 ～ 40	3.12	0.22	0.15	0.05	3.54	16.20
	0 ～ 40	17.53	2.23	1.24	0.85	21.85	100.00
	分布比例（%）	80.23	10.21	5.68	3.89	100.00	
高产密植	0 ～ 10	5.55	0.68	0.4	0.3	6.93	32.98
	10 ～ 20	4.63	0.87	0.34	0.23	6.07	28.89
	20 ～ 30	3.73	0.39	0.26	0.12	4.5	21.42
	30 ～ 40	3.08	0.24	0.14	0.05	3.51	16.71
	0 ～ 40	16.99	2.18	1.14	0.7	21.01	100.00
	分布比例（%）	80.87	10.38	5.43	3.33	100.00	

从垂直分布来看，在 0 ～ 10cm 和 10 ～ 20cm 土层，高产密植下玉米的根系干重比农户稀植群体分别降低 6.2% 和 5.6%，而 20 ～ 40cm 土层根系干重无明显差异。在 20 ～ 40cm 土层内，高产密植玉米根系干重分布比例比农户稀植处理提高 1.15 个百分点。说明密植条件下玉米植株根系虽然受拥挤效应影响，横向扩展受限，上层根系也有所减少，但与农户稀植群体相比，总体上根系向纵深扩展。虽然高密度使单株根系干重减小，但其群体根系干重显著高于农户稀植群体，根系的垂直分布比例与单株根系垂直分布相同，表现为 0 ～ 20cm 土层根系干重低于农户稀植群体，20 ～ 40cm 土层根系干重高于农户稀植群体（图 3-4）。

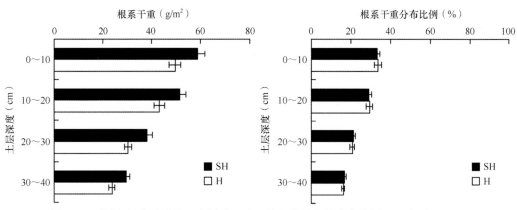

图 3-4　不同产量水平群体玉米根系干重及其在土层中的分布比例（王志刚，2009）

SH. 高产密植；H. 农产稀植

（二）根长的分布特性

由图 3-5 可见，玉米根长随生育进程推进呈单峰曲线变化。播种后 23d（拔节期）以前根长增长缓慢，且不同密度间无明显差异；播种 23d 后根长迅速增加，且低密度处理的增加幅度明显大于高密度处理；播种后 78d（吐丝后 12d）左右根长达到峰值，低密度下的根长峰值为 4863.9cm/株，高密度下最大根长为 3465.0cm/株；之后根长开始下降，低密度处理的下降幅度较为平缓，而高密度处理的下降迅速，到成熟期低密度处理降至 3953.1cm/株，高密度处理降至 2213.7cm/株。

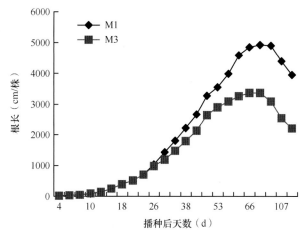

图 3-5　不同密度下玉米单株根长变化（管建慧，2007）

M1. 3.75 万株/hm²；M3. 8.25 万株/hm²

在高密度（10×10⁴ 株/hm²）、高施氮量（450kg N/hm²）、宽窄行种植模式下，生育后期根系在宽窄行中的分布表现为：窄行中相邻两行玉米植株根系之间有交叉，但在宽行中，相邻两行玉米植株根系之间尚有较大的土壤空间，可供根系进一步进行空间拓展。由此可见，在宽窄行种植模式下，应综合考虑窄行之间的根系交叉带来的水肥竞争和宽行之间的土壤空间冗余带来的空间浪费之间的协调统一，寻找一个既可以使窄行之间的根系交叉维持在一个可以接受的水平，也能满足宽行之间的土壤空间冗余合理的利用，（严云等，2010）。玉米植株单株总根长在生育期内的变化趋势表现为：在拔节期前后迅速增长，至吐丝期达到最大值，之后开始直线下降，至成熟期稳定。不同密度及不同施氮量处理的玉米植株单株总根长在拔节期和大喇叭口期差异不显著，之后低密度种植的玉米植株单株总根长显著高于高密度种植，至收获时，各处理玉米植株单株总根长又趋于一致。由此可推断，低密度种植情况下，玉米单株植株拥有较大土壤空间，可以满足单株根系拓展的空间需求，故从大喇叭口期至成熟期，低密度处理的玉米单株总根长高于高密度处理，至成熟期，受品种特性及根毛衰老死亡等因素影响，各处理玉米单株总根长又趋于一致（严云等，2010）。

陈延玲等（2012）研究表明，密度对玉米单株根长、根系干重都有显著影响，其显著影响主要表现在 0～20cm 土层。随着密度的升高，0～20cm 土层根长、根系干重都显著降低。深层根系生长几乎不受密度变化的影响（图 3-6），说明密度的升高可能主要加剧了表层根系的竞争，而对深层根影响不大。在高密度种植条件下，植株降低表层根系的比例，增加深层根系的比例，可能有利于其利用深层的水分和养分，减少株间竞争。

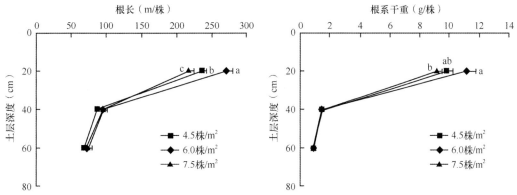

图 3-6　种植密度对玉米单株根长、根系干重的影响（陈延玲等，2012）
不同小写字母表示在 $P < 0.05$ 水平上差异显著

（三）根表面积、活跃吸收面积的分布特性

玉米单株根表面积及活跃吸收面积在整个生育期内呈单峰曲线变化，峰值均出现在播种后 78d（吐丝后 12d）左右。在播种后 26d 以前，根表面积及活跃吸收面积增加缓慢，此后两者迅速增加，至灌浆初期达到峰值，之后开始下降，到成熟期两者仍保持一定值（图 3-7）。

不同密度处理下，玉米单株根表面积及活跃吸收面积的变化趋势一致，但各生育时期它们的大小存在明显差异，在播种后 23d 以前，根表面积及活跃吸收面积，两个密度处理间无明显差异；播种 23d 后，各时期的根表面积及活跃吸收面积均随着密度的增加而减小，且随播种后天数的增加，其两个密度处理间的差异逐渐增大。

不同产量水平下的玉米单株根系活跃吸收面积分布与根系干重分布规律类似（王志刚，2009）。由表 3-6 可见，在水平方向距植株 0～20cm，高产密植玉米的单株根系活跃吸收面积较农户稀植处理提高 24.3%。不同产量水平下，横向上根系的活跃吸收面积

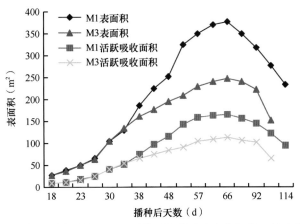

图 3-7　玉米单株根系表面积及活跃吸收面积的动态变化规律（管建慧，2007）

M1. 3.75 万株/hm²；M3. 8.25 万株/hm²

主要集中在距植株 0～10cm 处，分布比例在 70% 左右，高产密植玉米在距植株 0～10cm 的分布比例比农户稀植处理高 3.45 个百分点，而距植株 10～20cm 的分布比例相应降低。垂直方向上，高产密植玉米根系活跃吸收面积在 0～20cm 土层内的分布比例明显低于农户稀植处理，而 30～40cm 土层内则比农户稀植处理提高 2.18 个百分点。

表 3-6　不同处理下玉米单株活跃吸收面积分布的比较（王志刚，2009）　（单位：g/株）

处理	土层深度（cm）	距植株距离（cm）					分布比例（%）
		0～5	5～10	10～15	15～20	0～20	
高产密植	0～10	1.83	1.32	0.66	0.39	4.20	35.12
	10～20	1.66	1.12	0.46	0.43	3.67	30.69
	20～30	0.72	0.90	0.38	0.35	2.35	19.65
	30～40	0.52	0.56	0.36	0.30	1.74	14.55
	0～40	4.73	3.90	1.86	1.47	11.96	100.00
	分布比例（%）	39.55	32.61	15.55	12.29	100.00	
农户稀植	0～10	1.55	1.09	0.62	0.36	3.62	37.63
	10～20	1.44	0.99	0.46	0.33	3.22	33.47
	20～30	0.39	0.56	0.33	0.31	1.59	16.53
	30～40	0.29	0.30	0.32	0.28	1.19	12.37
	0～40	3.67	2.94	1.73	1.28	9.62	100.00
	分布比例（%）	38.15	30.56	17.98	13.31	100.00	

三、玉米根系空间结构特性对耕层调控的响应

根系是土壤和作物间相互作用的纽带，就群落水平而言，作物群体的根系分布直接受土壤物理化学性质的影响。农业生产上耕作和水分管理等耕层调控措施通过改变耕层

或亚耕层的物理化学性质，间接影响作物根系生长和分布状况，进而调控作物群体对水肥资源的获取能力而决定了作物的产量潜力。

（一）深松对玉米根系分布的调控效应

研究表明，深松能在不翻转土层的条件下，破除犁底层，显著降低耕层容重，从而消减根系生长障碍。不同深松深度对春玉米 0 ～ 60cm 土层根系干重、根长和根表面积的影响如图 3-8、图 3-9 和表 3-7 所示。深松 40cm 可较浅旋 15cm（CK）提高根系干重 36.6%、提高根长 18.4%、增加根表面积 15.9%；深松提高了 30cm 以下土层玉米根系干重和根长，提高了 40cm 以下土层玉米根表面积，说明深松去除犁底层障碍后，可明显促进根系生长和下扎，有利于根系对深层土体水分、养分的吸收和利用。

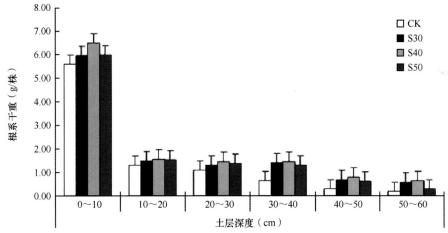

图 3-8　0 ～ 60cm 土层不同深松深度下春玉米根系干重的变化（朱文新，2016）

CK. 浅旋 15cm；S30. 深松 30cm；S40. 深松 40cm；S50. 深松 50cm

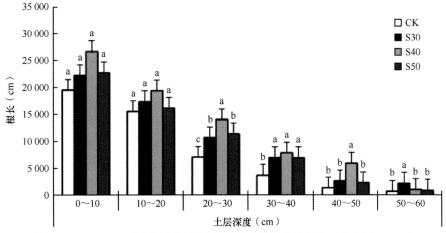

图 3-9　0 ～ 60cm 土层不同深松深度下春玉米根长的变化（朱文新，2016）

CK. 浅旋 15cm；S30. 深松 30cm；S40. 深松 40cm；S50. 深松 50cm。

不同小写字母表示在 $P < 0.05$ 水平上差异显著

表 3-7　0 ～ 60cm 土层不同深松深度下春玉米根表面积的变化（朱文新，2016）（单位：cm²/株）

处理	0 ～ 10cm	10 ～ 20cm	20 ～ 30cm	30 ～ 40cm	40 ～ 50cm	50 ～ 60cm
CK	1955±11bA	1565±17aA	988±54cC	801±22cB	303±11cB	135±5cB
S30	1970±15bA	1580±18aA	834±9bB	689±10bB	497±6aA	302±9aA
S40	2011±6aA	1623±14aA	1075±39aA	853±13aA	505±5aA	283±12bA
S50	1995±12bA	1608±9aA	1016±49cC	789±11cB	461±11bA	261±8bA

注：CK. 浅旋 15cm；S30. 深松 30cm；S40. 深松 40cm；S50. 深松 50cm。不同小写字母表示在 $P < 0.05$ 水平上差异显著，不同大写字母表示在 $P < 0.01$ 水平上差异显著

（二）免耕和施肥对玉米根系分布的调控效应

Ball-Coelho 等（1998）在长期定位试验中比较分析了免耕和常规耕作下玉米根长的分布状况。结果表明，不同降雨年型的水分条件对根长和根干重密度有显著影响，在较为干旱年份，干旱的土壤限制了根系生长。而免耕和常规耕作对玉米根长和根干重密度无显著影响，但两种耕作方式影响根系分布。免耕下玉米根长增加，且主要提高了表层 10cm 内的根长（图 3-10），根干重密度也表现了相同的规律（表 3-8）。从行内和行间的根干重密度与根长来看，免耕条件下，表层 15cm 行间根干重密度和根长高于常规耕作，说明免耕条件下玉米根系趋向于在浅层横向分布，而常规耕作下，玉米根系趋向于纵向生长（图 3-11）。Ball-Coelho 等（1998）认为，免耕下玉米根系的这种分布特征主要与免耕下表层 15cm 土壤紧实度增加、毛管空隙增多和水稳性团聚体增加有关。

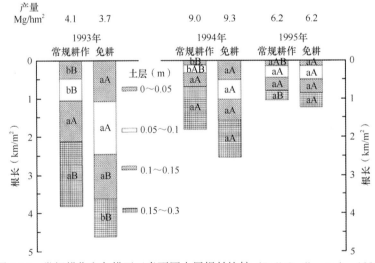

图 3-10　常规耕作和免耕下玉米不同土层根长比较（Ball-Coelho et al., 1998）
同一年份不同小写字母表示在 $P < 0.05$ 水平上差异显著、不同大写字母表示在 $P < 0.01$ 水平上差异显著

另外，施肥对玉米根系分布有显著影响。Chassot 等（2001）研究表明，不论在免耕还是在常规耕作下，施用种肥一侧的玉米根长密度明显提高，且施肥侧根系较不施肥侧分布浅（图 3-12）。

表 3-8　常规耕作和免耕下根干重密度和根长比较（Ball-Coelho et al.，1998）

土层深度（m）	1993 年		1994 年		1995 年			
					常规耕作		免耕	
	常规耕作	免耕	常规耕作	免耕	行内	行间	行内	行间
根干重密度（kg/m³）								
0 ～ 0.05	0.76bB	1.48aA	0.03bB	0.16aB	0.11aAB	0.02bB	0.11aA	0.05abA
0.05 ～ 0.1	1.18aAB	1.25aA	0.10bA	0.20aB	0.31aAB	0.07aAB	0.34aA	0.09aA
0.1 ～ 0.15	1.58aA	1.13aA	0.17bA	0.30aA	0.55aA	0.09bA	0.47aA	0.13abA
0.15 ～ 0.3	0.73aB	0.50aB	0.12aA	0.12aB	0.07aB	0.03aAB	0.15aA	0.06aA
根长（km/m²）								
0 ～ 0.3					2.0a	0.6b	1.6ab	0.9ab

注：同一年份同一行后标相同小写字母表示在 $P < 0.05$ 水平上差异不显著、同一列标相同大写字母表示在 $P < 0.01$ 水平上差异不显著

图 3-11　免耕（左）和常规耕作（右）下玉米根系分布剖面特征比较（Ball-Coelho et al.，1998）

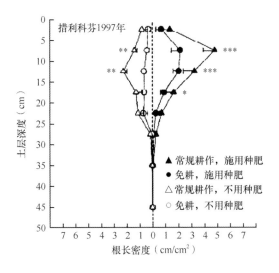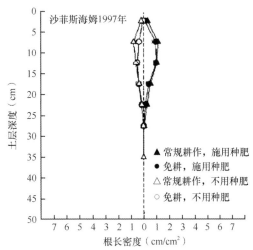

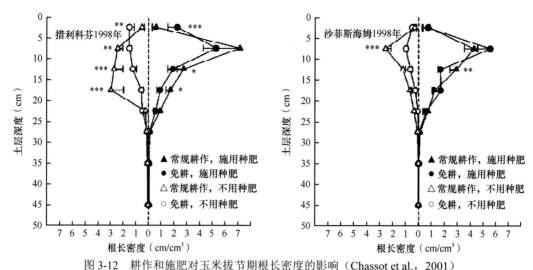

图 3-12　耕作和施肥对玉米拔节期根长密度的影响（Chassot et al.，2001）

*、**、*** 分别表示在 $P < 0.05$、$P < 0.01$、$P < 0.001$ 水平上差异显著；无 * 表示不显著。水平柱为标准差

第二节　玉米根系生理特性

作物根系生理特性是指与根系生长发育、新陈代谢，以及物质同化、转化和合成等相关的特性。这些特性直接关系到作物对地下水分和养分的吸收和利用，根系生理特性的强弱直接影响作物地上部的生长发育、产量和品质的形成。而品种、生长环境和栽培、耕作措施等因素均可通过对玉米根系生理特性的影响和调控而引起产量的变化。因此，为了提高作物的产量，国内外学者非常注重对玉米根系生理特性的研究，相关科研成果为培育玉米新品种及采取适宜的栽培、耕作措施提高产量提供了重要的理论依据和技术支撑。

一、玉米根系的共性生理特性

根系中的养分是作物根系生长发育的生理基础，阐明根系中养分含量的变化，可为高产栽培提供理论依据。李少昆等（1993）对玉米根系中可溶性糖含量、氨基酸含量，以及氮、磷、钾养分百分含量进行了研究，结果表明，玉米根系可溶性糖含量在拔节前和吐丝期出现两个峰值，且第一个峰值大于第二个峰值，吐丝期后又逐渐下降，而玉米地上部各器官可溶性糖含量的变化趋势是小喇叭口期小于大喇叭口期和灌浆期（刘克礼和高聚林，1992；胡昌浩和潘子龙，1982），说明玉米植株根系的发育早于地上部，根系生长是地上部器官生长的前提条件。玉米根系中含量较高的氨基酸是酪氨酸、天冬氨酸、丙氨酸、苏氨酸、谷氨酸、丝氨酸、精氨酸，而甲硫氨酸、甘氨酸、组氨酸、胱氨酸、赖氨酸含量较少，且成熟期游离氨基酸总量大于吐丝期。根系氮、磷、钾养分百分含量从吐丝期至成熟期，随着生育时期的推移均逐渐降低，氮∶磷∶钾为 4.75∶1∶4.51（表 3-9）。

表 3-9　玉米根系中氮、磷、钾养分百分含量（李少昆等，1993）

品种	取样时期	根系干重		根系氮、磷、钾含量（%）			氮：磷：钾	由根系干重折合纯养分量（kg/hm²）		
		g/株	kg/hm²	N	P₂O₅	K₂O		N	P₂O₅	K₂O
Sc704	R1	27.02	1501.2	1.321	0.349	1.640	3.79：1：4.70	19.83	5.25	24.62
	R6	19.28	1071.2	0.876	0.210	0.880	4.17：1：4.19	9.39	2.25	9.42
	R1～R6	7.74	430.0	0.445	0.139	0.760	—	10.44	3.00	15.19
石单旱	R1	9.58	532.2	1.527	0.297	1.230	5.14：1：4.14	8.18	1.58	6.54
	R3	11.68	643.4	1.339	0.227	1.140	5.90：1：5.02	8.61	1.46	7.34
	R6	7.55	419.6	1.185	—	0.860	—	4.97	—	3.62
	R3～R6	4.03	222.8	0.154	—	0.280	—	3.64	—	3.72

注：R1、R3、R6 分别表示吐丝期、灌浆期、成熟期

根系活力是指根系新陈代谢活动的强弱，是反映根系吸收功能的一项综合指标。陆卫平等（1999）对玉米群体根系活力与物质积累及产量关系的研究表明，玉米发育过程中，群体根系伤流量的变化呈单峰曲线。除高密度下中肥和高肥两个处理在 12 叶展开期达峰值外，其他处理均在吐丝期达到峰值，吐丝后的籽粒生长阶段根系活力呈下降趋势。不同处理群体根系伤流量在吐丝期的差异与吐丝后 15～30d 的差异一致，在适宜密度的基础上增加施氮量可提高群体的根系伤流量。

二、不同基因型玉米品种间根系生理特性差异

（一）品种更替与根系生理特性的演变

玉米品种随着年代的更替，产量逐渐增长，同时玉米的根系生理特性也逐渐得到优化。王空军等（2002a，2020b）对我国 20 世纪 50～90 年代（下文用 1950s～1990s 表示）玉米品种更替过程中其根系活力、ATP 酶活性、保护酶活性及膜质过氧化作用变化进行了研究，结果表明，随玉米品种更替根系活力增强，这种变化在 40～100cm 根层和生育后期更为突出。40～100cm 土层根系活力 1990s 品种各生育阶段远高于 1970s 和 1950s 品种，且在抽雄期间这种差别最大（图 3-13）。根系中可溶性蛋白含量、ATP 酶活性随品种更替呈递增趋势（图 3-14，图 3-15），1990s 品种在 10～25cm 的横向空间内 ATP 酶活性具有优势。如图 3-16～图 3-19 所示，随玉米品种更替，根系中 SOD、CAT、POD 等保护酶活性呈提高趋势，膜质过氧化产物丙二醛（MDA）含量降低，说明了玉米品种更替的过程中根系清除活性氧的能力增强、衰老缓慢。在生育后期，1990s 品种根系 SOD、CAT 活性下降缓慢，显著高于 1970s 和 1950s 品种；MDA 含量在生育前期不同年代的品种间差异不显著，生育后期 1950s 品种显著高于 1970s 和 1990s 品种，说明 1990s 品种具有更强的活性氧清除能力，后期膜质过氧化伤害轻，有利于根系在产量形成期维持较强的生理活性。

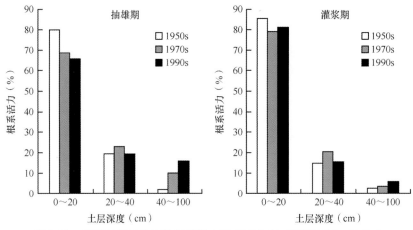

图 3-13　不同年代玉米品种根系活力的垂直分布（王空军等，2002a）

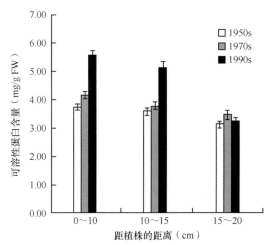

图 3-14　不同年代玉米品种根系可溶性蛋白含量的水平分布（王空军等，2002a）

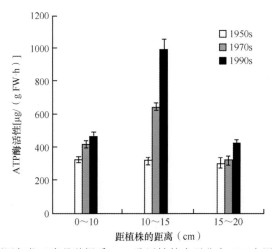

图 3-15　不同年代玉米品种根系 ATP 酶活性的水平分布（王空军等，2002a）

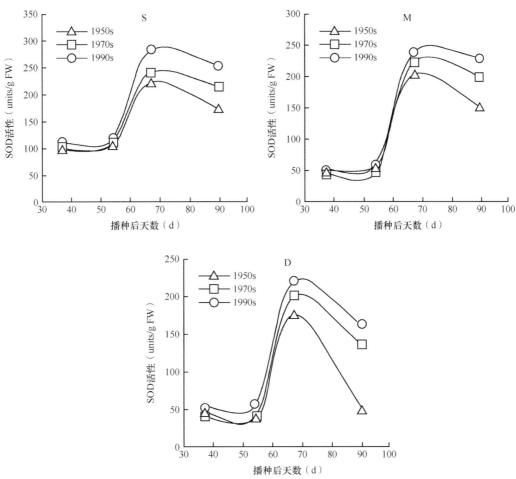

图 3-16 不同年代玉米品种根系 SOD 活性的变化（王空军等，2002b）

S 代表 0～20cm 土层；M 代表 20～40cm 土层；D 代表 40～100cm 土层

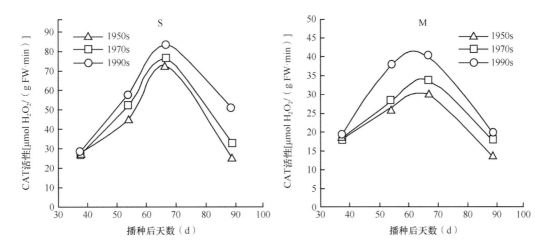

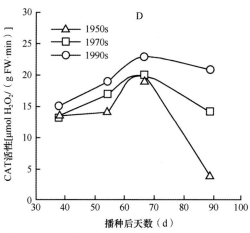

图 3-17　不同年代玉米品种根系 CAT 活性的变化（王空军等，2002b）

S 代表 0～20cm 土层；M 代表 20～40cm 土层；D 代表 40～100cm 土层

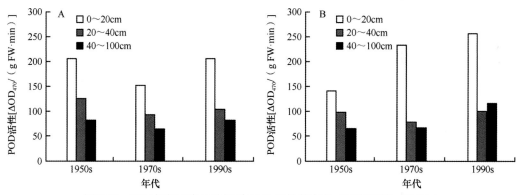

图 3-18　不同年代玉米品种根系 POD 活性的变化（王空军等，2002b）

A. 播种后 67d；B. 播种后 90d

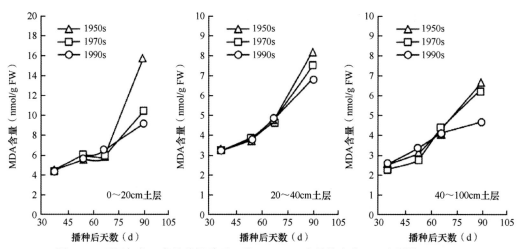

图 3-19　不同年代玉米品种根系丙二醛（MDA）含量的变化（王空军等，2002b）

（二）不同株（穗）型品种间根系生理特性差异

根系活力在作物整个生育期间是不断变化的，其变化趋势与品种和外界环境有关。王海燕（2011）对不同穗型玉米品种间根系生理特性的研究表明，花粒期高秆大穗型品种和中秆中穗型品种根系活力均随生育进程的推进而降低，且在土层垂直分布上均呈现单峰曲线变化，散粉期最大值均出现在 10～20cm 土层，底层根系活力最小；灌浆期高秆大穗型品种根系活力最大值出现在 30～40cm 土层，而中秆中穗型品种最大值出现在 20～30cm 土层；成熟期两种穗型品种根系活力最大值均出现在 30～40cm 土层（图 3-20），可见，随着生育进程的推进，玉米根系活力最大值呈现空间下移的现象。

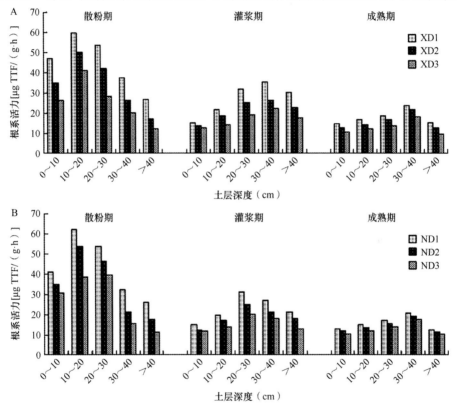

图 3-20　花粒期不同种植密度下两种穗型品种不同土层根系活力（王海燕，2011）

A. 高秆大穗型品种；B. 中秆中穗型品种；XD、ND 分别代表浚单 20、内单 314；

1、2、3 分别代表 7.5 万株/hm²、8.25 万株/hm²、9.0 万株/hm² 种植密度

两种穗型品种根系 POD 活性在花粒期均呈升高的趋势。灌浆期和成熟期，高秆大穗型品种的根系 POD 活性大于中秆中穗型品种；两种穗型品种根系 POD 活性在土层垂直分布上均呈单峰曲线变化趋势，散粉期 POD 活性最大值均出现在 10～20cm 土层，底层最小；灌浆期 POD 活性最大值出现在 20～30cm 土层，成熟期 POD 活性最大值均出现在 30～40cm 土层（图 3-21）。

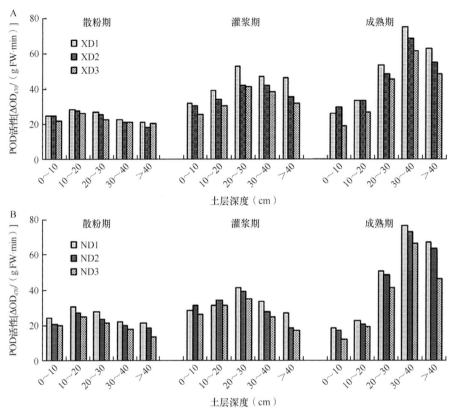

图 3-21 花粒期不同种植密度下两种穗型品种不同土层 POD 活性（王海燕，2011）

A. 高秆大穗型品种；B. 中秆中穗型品种；XD、ND 分别代表浚单 20、内单 314；

1、2、3 分别代表 7.5 万株/hm²、8.25 万株/hm²、9.0 万株/hm² 种植密度

两种穗型品种根系 SOD 活性在花粒期总体呈下降趋势，从灌浆期至成熟期，SOD 活性大幅度下降。在土层垂直分布上均呈单峰曲线变化，散粉期 SOD 活性最大值均出现在 10～20cm 土层，底层最小；灌浆期最大值均出现在 20～30cm 土层，底层最小；成熟期最大值均出现在 30～40cm 土层，0～10cm 土层最小，后期上层根系·O₂⁻清除能力大大降低，而中下层根系仍维持一定的清除能力（图 3-22），也说明上层根系衰老早于中下层根系，中下层根系在延缓整个根系衰老过程中具有重要意义。

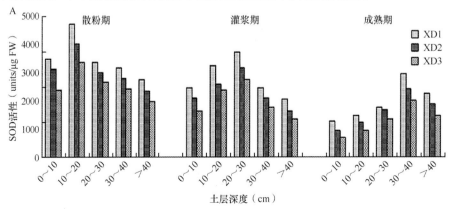

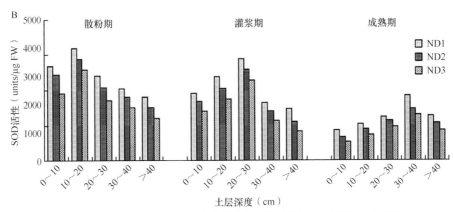

图 3-22　花粒期不同种植密度下两种穗型品种不同土层 SOD 活性（王海燕，2011）

A. 高秆大穗型品种；B. 中秆中穗型品种；XD、ND 分别代表浚单 20、内单 314；

1、2、3 分别代表 7.5 万株/hm²、8.25 万株/hm²、9.0 万株/hm² 种植密度

　　花粒期两种穗型品种的根系 MDA 含量随着生育进程的推进逐渐增加，但增加的幅度不同。散粉期至灌浆期，两种穗型品种根系 MDA 含量上升缓慢，但从灌浆期至成熟期，MDA 含量急剧上升，说明此后根系膜质过氧化作用加剧。在垂直分布上，MDA 含量随着土层的加深而降低，可见上层根系最先衰老（图 3-23）。

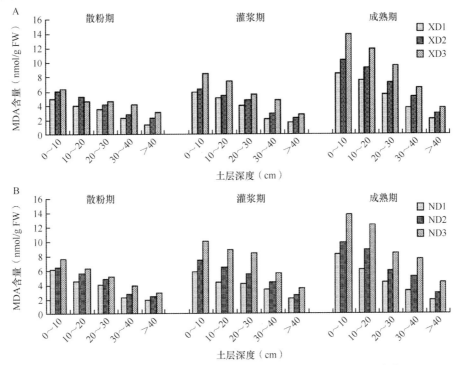

图 3-23　花粒期不同种植密度下两种穗型品种不同土层 MDA 含量（王海燕，2011）

A. 高秆大穗型品种；B. 中秆中穗型品种；XD、ND 分别代表浚单 20、内单 314；

1、2、3 分别代表 7.5 万株/hm²、8.25 万株/hm²、9.0 万株/hm² 种植密度

（三）不同产量水平品种间根系生理特性差异

不同产量水平品种间的根系生理特性存在差异。连艳鲜和李潮海（2008）对不同产量水平的玉米杂交种根系活力和根部形态性状的研究表明，产量在 12 000kg/hm² 以上的杂交种初生胚根的根系活力均高于 10 000～12 000kg/hm² 和 9 000～10 000kg/hm² 产量水平的根系活力，且吐丝后根系活力下降慢，吐丝 30d 后仍有较强的根系活力（表 3-10），保证为地上部分的生长提供充足的水分和养分。吸收能力强是高产品种能获得高产的主要原因。

表 3-10　不同玉米杂交种根系活力（连艳鲜和李潮海，2008）[单位：μg/(g FW·h)]

品种名称	产量（kg/hm²）	初生胚根	拔节期	吐丝期	吐丝后 30d	吐丝后 30d/吐丝期（%）
登海 1 号	13 452	284.29	101.87	236.84	227.49	96.1
豫玉 24 号	12 662	275.93	101.77	242.06	220.32	91.0
豫玉 22 号	12 053	279.14	102.75	227.95	210.48	92.3
登海 2 号	11 582	257.06	101.99	246.74	209.82	85.5
豫玉 18 号	11 446	253.82	102.08	243.48	196.78	80.8
豫单 15 号	11 172	252.61	102.29	250.48	184.22	73.5
掖单 2 号	10 351	243.56	102.74	236.58	165.94	70.1
掖单 13 号	9 971	258.91	101.73	235.62	184.46	78.3
豫玉 5 号	9 682	248.36	101.07	240.97	167.19	69.4

齐文增（2012）对超高产夏玉米的根系生理特性的研究表明，在整个生长发育过程中，超高产夏玉米登海 661 在各土层根系氯化三苯基四氮唑（TTC）还原强度和还原量、根系活跃吸收面积均显著高于郑单 958（$P < 0.05$）（图 3-24，图 3-25）。主要表现为，二者在深层土壤中的根系 TTC 还原强度差异极显著；生育后期 60～200cm 土层中根系 TTC 还原量的差异更明显。登海 661 不仅浅层根系吸收面积大，而且深层土壤中的根系吸收面积、活跃吸收面积仍保持了较高水平。这说明登海 661 在各土层具有较高的根系活力，与土壤接触的有效面积大，有利于根系吸收水分和养分，有利于获得较高的籽粒产量。

同时对两品种的根系抗衰老酶活性与膜质过氧化产物变化的研究表明，整个生育期内，登海 661 的根系 SOD、POD 和 CAT 活性显著高于郑单 958，而 MDA 含量显著低于郑单 958（图 3-26）。这说明超高产夏玉米登海 661 具有较强的抗衰老能力和活性氧清除能力，遭受的细胞膜质过氧化程度低。

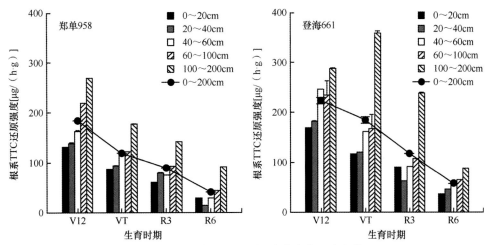

图 3-24　不同土层根系 TTC 还原强度的变化（齐文增，2012）

V12、VT、R3、R6 分别代表玉米大喇叭口期、抽雄期、乳熟期、成熟期

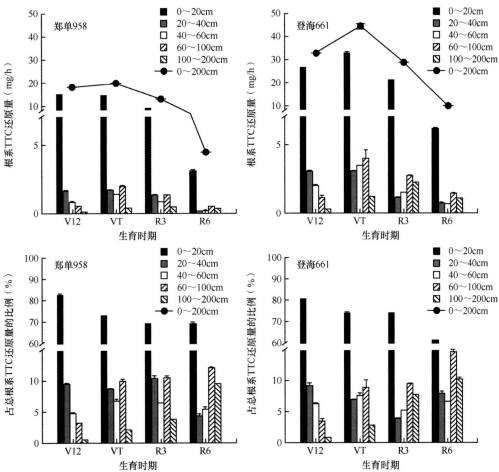

图 3-25　不同土层根系 TTC 还原量的变化（齐文增，2012）

V12、VT、R3、R6 分别代表玉米大喇叭口期、抽雄期、乳熟期、成熟期

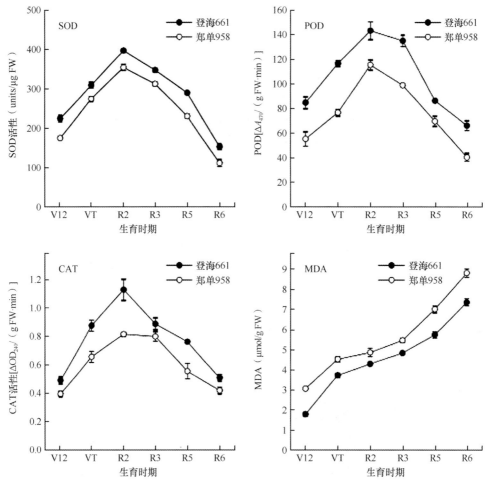

图 3-26　不同玉米品种根系 SOD、POD、CAT 活性及 MDA 含量的变化（齐文增，2012）

V12、VT、R2、R3、R5、R6 分别代表玉米大喇叭口期、抽雄期、籽粒形成期、乳熟期、蜡熟期、成熟期

三、环境对玉米根系生理特性的影响

（一）土壤理化性质对玉米根系生理特性的影响及调控措施

土壤为植物根系提供了生长环境。土壤的质地、温度、通气状况、溶液浓度和酸碱度等因素均会影响根系的生长发育。李潮海等（2004）采用池栽方式对轻壤土、中壤土和轻黏土上的玉米根系状况进行了研究。结果表明，3 种质地土壤对玉米根系的形态、分布、生长具有很大影响。玉米根系弯曲度、平均根径的大小均为轻黏土＞中壤土＞轻壤土，轻壤土中玉米根系上部有更多的支根但下部支根较少；拔节期玉米根系的垂直和水平分布在轻壤土中范围最广，在轻黏土中最窄。轻壤土、中壤土、轻黏土随着土壤中物理性黏粒的增加，根量在上层土壤中所占的比例加大。轻壤土中玉米根系生长表现为"早发早衰"，拔节期前，根系生长速率大于中壤土和轻黏土，吐丝期根量达到最大值，之后开始衰老。轻黏土玉米的根系则呈现出"晚发晚衰"，拔节期前根系生长缓慢，

灌浆期根量才达到最大值，灌浆期至成熟期根系衰老的速率远小于轻壤土和中壤土。中壤土中根系在玉米整个生育期平均生长速率和根量的最大值显著高于轻壤土和轻黏土（图3-27）。

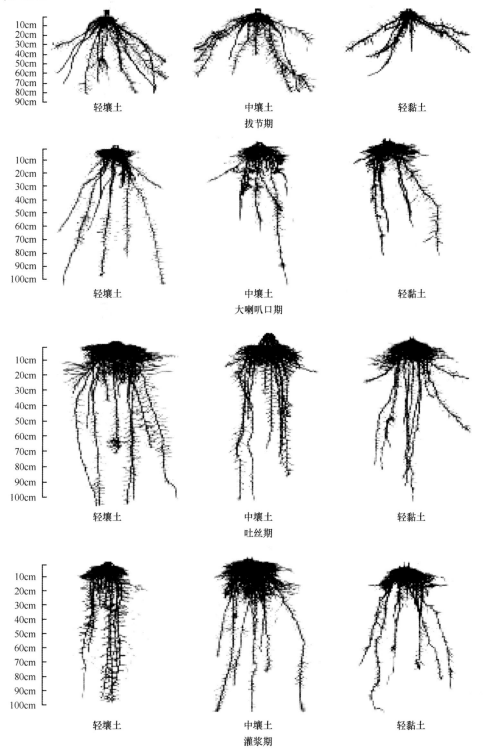

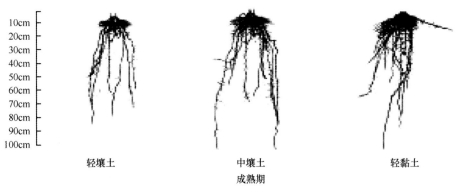

图 3-27　不同生育时期 3 种质地土壤玉米根系剖面图（李潮海等，2004）

　　我国由于长期使用小动力农机具及不合理施用化肥，耕层有效土壤变浅，犁底层深厚，容重增加，通气性差，影响根系的生长发育，根系下扎困难，限制了对深层水分和养分的吸收利用。李潮海等（2005）对下层（20 ～ 60cm 土层）土壤容重与根系活力关系的研究表明，随着土壤容重的增加，玉米根系活力呈现降低的趋势，且容重增加越多，降低的趋势越显著（表 3-11）。

表 3-11　下层土壤不同容重条件下玉米根系活力（李潮海等，2005）

［单位：UTTC/(g FW/h)］

时期	土层深度（cm）	T244	T266	T224	T226	T246
拔节期	0 ～ 20	156.1A	148.3A	163.8A	153.4A	154.0A
	20 ～ 40	178.2A	162.7B	232.0A	224.0A	172.0B
吐丝期	0 ～ 20	208.5B	185.5C	251.9A	212.9B	198.9BC
	20 ～ 40	213.9BC	198.5C	276.3A	256.9A	224.8B
	40 ～ 60	290.7A		312.5A	208.1B	195.1B
成熟期	0 ～ 20	108.6A	75.8C	112.5A	102.4A	76.8B
	20 ～ 40	123.5B		158.2A	114.5C	86.8D
	40 ～ 60	135.8B		168.5A	98.6C	

　　注：表头 T 后面的 3 位数字第 1、2、3 位数分别表示 0 ～ 20cm、20 ～ 40cm、40 ～ 60cm 土层土壤容重；2、4、6 分别表示容重为 1.2g/cm³、1.4g/cm³、1.6g/cm³。不同大写字母表示在 $P < 0.01$ 水平上差异显著

　　王群（2010）对土壤紧实胁迫对玉米根土系统及根系生长发育影响的研究结果表明，高紧实度下根总吸收面积和活跃吸收面积、根系活力和根系 ATP 酶活性下降，单根吸收强度（比吸收表面和比活跃吸收表面）增加，根冠比降低。紧实胁迫下根系基本组织内形成大量溶生型气腔，气腔数量和气腔面积均显著高于正常紧实土壤，紧实胁迫下根的皮层厚度和中柱直径增加，导管数量和导管直径也有不同程度的增加；根系皮层薄壁细胞在紧实胁迫下径向长度和横位直径均受到明显制约，与正常土壤对照差异极显著。紧实胁迫下根系的无氧呼吸代谢功能增强，表现为无氧呼吸关键酶——丙酮酸脱羧酶（pyruvate decarboxylase，PDC）、乳酸脱氢酶（lactate dehydrogenase，LDH）、醇脱氢酶

（alcohol dehydrogenase，ADH）活性显著增加，无氧代谢产物乳酸、乙醛和乙醇含量急剧增加，表现出明显的缺氧胁迫机制。紧实胁迫下根系的内源激素吲哚乙酸（IAA）、赤霉素 3（GA3）、玉米素核苷（ZR）含量呈现明显下降趋势，脱落酸（ABA）含量显著增加，且紧实胁迫下 IAA/ABA、GA3/ABA、ZR/ABA 值低于正常紧实土壤，而 IAA/ZR 则高于正常紧实土壤；受土壤紧实胁迫的影响，根系 SOD 和 POD 活性均呈现不同程度的下降，MDA 含量上升（图 3-28，图 3-29）。

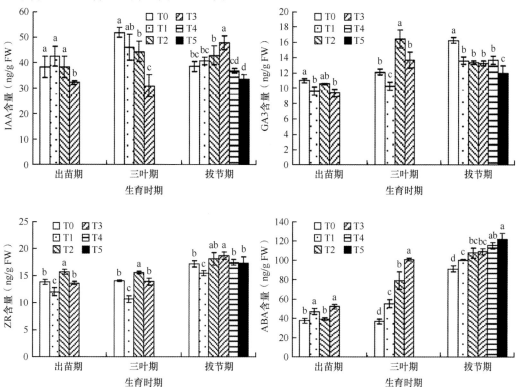

图 3-28　紧实胁迫对玉米苗期根系 IAA、GA3、ZR 和 ABA 含量的影响（王群，2010）

T0. 正常紧实；T1. 紧实胁迫；T2. 正常紧实+淹水 24h；T3. 紧实胁迫+淹水 24h；TT. 正常紧实+淹水 30h；

T5. 紧实胁迫+淹水 30h。不同小写字母表示在 $P < 0.05$ 水平上差异显著

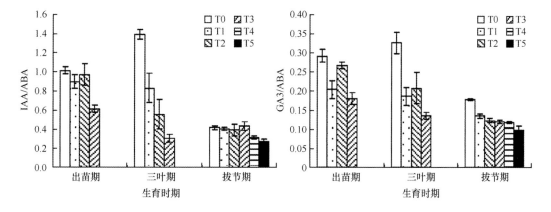

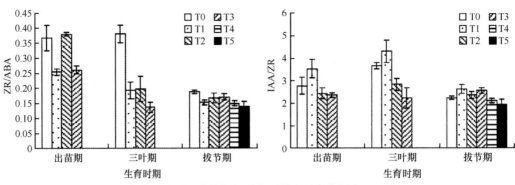

图 3-29　紧实胁迫对玉米苗期根系内源激素平衡的影响（王群，2010）

　　深松可以打破犁底层，改善土壤结构和理化特性，为根系创造良好的生长环境，促进作物对土壤中水分和养分的吸收，有利于作物生长发育，进而提高作物产量。因此，深松已成为农业科学工作者的研究热点，并形成相应技术体系在农业生产中广泛应用。尹斌（2013）开展了不同深松深度对玉米根系影响的研究。结果表明，深松能更好地打破犁底层，降低土壤紧实度、增强后期深层土壤蓄水能力和增大水稳性团聚体粒径，能更好地促进根系生长。深松能提高 0 ～ 60cm 土层根长和根表面积，随深松深度的增加而愈加显著（表 3-12）。李晓龙（2014）开展了条深旋 35cm、深松 35cm、深翻 35cm 三种深耕方式对玉米根系影响的研究，结果表明，深耕提高了玉米根系干重、根长、根表面积，促进根系下扎（表 3-13）。高英波（2011）研究了深松对玉米根系活力的影响，结果表明，对比超高产模式，深松+超高产模式条件下，玉米花粒期根系活力和保护酶活性均有所提高，膜质过氧化物减少，能够有效推迟花粒期根系活力最大值空间下移速度，同时深松明显增加了超高产春玉米根系总表面积、总体积和干重，延缓了花粒期根系衰老（图 3-30 ～图 3-33）。

表 3-12　不同深松深度对单株玉米 0 ～ 60cm 土层内根系干重、根长和根表面积的影响（尹斌，2013）

处理	根系干重（g）	根长（m）	根表面积（m²）
S35	20.70 aA	1091.03 aA	1.16 aA
S25	21.16 aA	950.12 aAB	1.16 aA
CK	21.38 aA	741.84 bB	0.97 bA

注：CK. 常规浅旋；S25. 深松 25cm；S35. 深松 35cm。同一列不同小写字母表示在 $P < 0.05$ 水平上差异显著；同一列不同大写字母表示在 $P < 0.01$ 水平上差异显著

表 3-13　不同深耕措施对单株玉米 0 ～ 60cm 土层内根系干重、根长和根表面积的影响（李晓龙，2014）

处理	根系干重（g）	根长（m）	根表面积（cm²）
CK	12.67±1.07 c	298.05±6.43 d	6412.64±82.93 c
TS	15.22±0.92 b	342.20±2.03 c	6646.91±26.81 bc
SS	17.17±1.05 ab	397.03±11.31 b	6824.02±185.51b
SF	17.69±0.37 a	529.91±6.72 a	7953.46±179.90 a

注：CK. 常规浅旋；TS. 条深旋 35cm；SS. 深松 35cm；SF. 深翻 35cm。同一列不同小写字母表示在 $P < 0.05$ 水平上差异显著

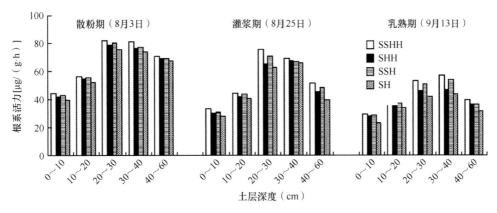

图 3-30　深松对超高产春玉米散粉后根系活力的影响（高英波，2011）

SH. 超高产；SSH. 深松+超高产；SHH. 超高产高效；SSHH. 深松+超高产高效

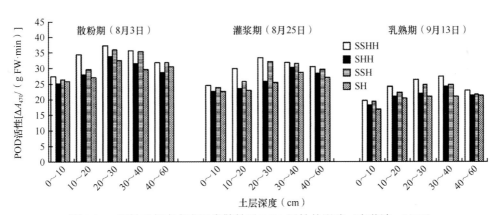

图 3-31　深松对超高产春玉米散粉后 POD 活性的影响（高英波，2011）

SH. 超高产；SSH. 深松+超高产；SHH. 超高产高效；SSHH. 深松+超高产高效

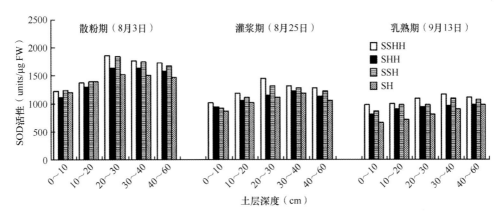

图 3-32　深松对超高产春玉米散粉后 SOD 活性的影响（高英波，2011）

SH. 超高产；SSH. 深松+超高产；SHH. 超高产高效；SSHH. 深松+超高产高效

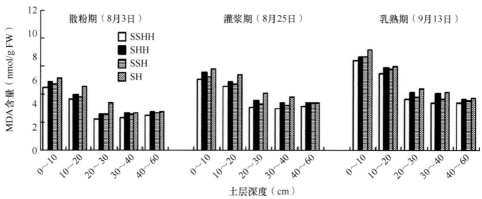

图 3-33　深松对超高产春玉米散粉后 MDA 含量的影响（高英波，2011）

SH. 超高产；SSH. 深松+超高产；SHH. 超高产高效；SSHH. 深松+超高产高效

　　玉米秸秆直接或间接还田已成为改善土壤结构和理化性质、提高土壤有机质含量和蓄水保墒能力、减少环境污染的一项有效措施，秸秆还田技术及应用效果被广泛关注。慕平等（2012）开展了不同还田年限秸秆全量还田对玉米根系影响的研究，结果表明，玉米根重密度、总根长及根系活力等均随着还田年限增加而呈现增加趋势。连续还田 9 年、连续还田 6 年处理的成熟期的根重密度、总根长及 40~60cm 土层根系活力均高于对照，而且秸秆还田处理使成熟期玉米根系衰老延迟，有利于后期作物对养分的吸收和产量的形成（表 3-14，表 3-15）。于寒（2015）对东北地区不同种植模式下秸秆还田对根系生理特性的研究结果表明，玉麦轮作模式下，秸秆还田显著降低了玉米抽雄期的根系活力和硝酸还原酶活性。秸秆还田方式（秸秆覆盖还田和深埋还田）对玉米根系活力、硝酸还原酶活性、可溶性糖和可溶性蛋白含量、SOD 和 POD 活性影响不大；玉米长期连作模式下，秸秆深埋更能显著增强玉米根系活力和生育中后期的硝酸还原酶活性、可溶性糖含量、可溶性蛋白含量及保护酶活性（图 3-34 ～图 3-38）。

表 3-14　不同年限秸秆还田 0 ～ 40cm 土层玉米根重密度及总根长变化（慕平等，2012）

时期	指标	H0	H3	H6	H9
拔节期	根重密度（g/cm³）	2.62b	2.69b	2.89a	2.87a
	总根长（m/m³）	5.24c	5.24c	5.53a	5.59a
吐丝期	根重密度（g/cm³）	19.23c	21.73b	21.65b	23.07a
	总根长（m/m³）	15.74c	17.36b	21.34a	21.42a
成熟期	根重密度（g/cm³）	13.39c	15.91c	17.52b	19.32a
	总根长（m/m³）	9.73d	14.37c	15.46b	17.45a

　　注：H0. 无秸秆还田；H3. 全量玉米秸秆粉碎连续还田 3 年；H6. 全量玉米秸秆粉碎连续还田 6 年；H9. 全量玉米秸秆粉碎连续还田 9 年。同一行不同小写字母表示处理间在 $P < 0.05$ 水平上差异显著

表 3-15 不同年限秸秆还田对 0 ～ 60cm 土层玉米根系活力的影响（慕平等，2012）

[单位：UTTC/(g FW·h)]

时期	土层深度（cm）	H0	H3	H6	H9
拔节期	0 ～ 20	146.2a	147.1a	146.4a	147.2a
	20 ～ 40	162.3b	162.6a	163.2b	168.3a
吐丝期	0 ～ 20	164.7a	164.2a	164.6a	164.4a
	20 ～ 40	213.8b	214.5b	232.1a	232.7a
	40 ～ 60	198.2d	208.7c	214.3b	216.7a
成熟期	0 ～ 20	112.6a	112.3a	112.5a	113.4a
	20 ～ 40	104.8d	113.5c	117.2b	122.6a
	40 ～ 60	98.64c	114.7a	127.3b	152.6a

注：H0. 无秸秆还田；H3. 全量玉米秸秆粉碎连续还田 3 年；H6. 全量玉米秸秆粉碎连续还田 6 年；H9. 全量玉米秸秆粉碎连续还田 9 年。同一行不同小写字母表示处理间在 $P < 0.05$ 水平上差异显著

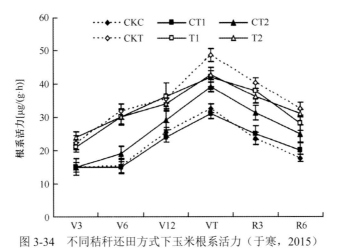

图 3-34 不同秸秆还田方式下玉米根系活力（于寒，2015）

CKC. 不添加秸秆的连作；CT1. 秸秆覆盖于玉米长期连作土壤；CT2. 秸秆深埋于玉米长期连作土壤；
CKT. 轮作土壤；T1. 秸秆覆盖于米麦轮作土壤；T2. 秸秆深埋于米麦轮作土壤

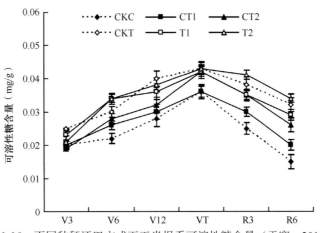

图 3-35 不同秸秆还田方式下玉米根系可溶性糖含量（于寒，2015）

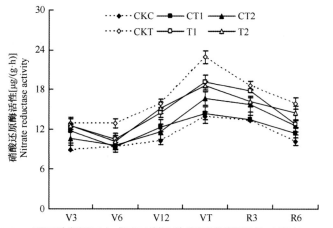

图 3-36　不同秸秆还田方式下玉米根系硝酸还原酶活性（于寒，2015）

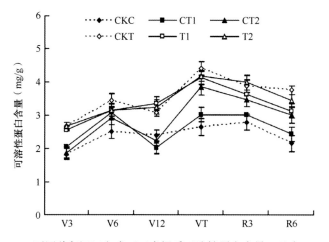

图 3-37　不同秸秆还田方式下玉米根系可溶性蛋白含量（于寒，2015）

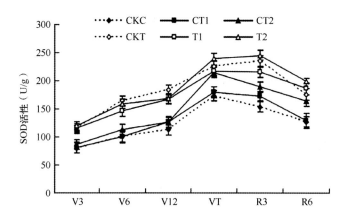

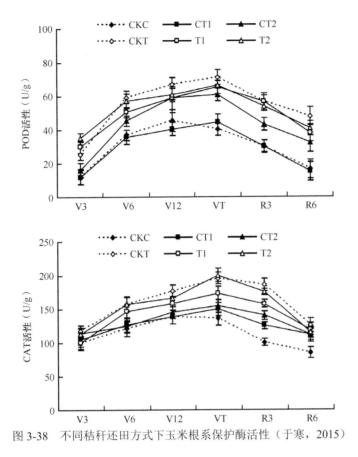

图 3-38　不同秸秆还田方式下玉米根系保护酶活性（于寒，2015）

（二）土壤水分、养分对玉米根系生理特性的影响

土壤水分作为重要的环境因素，对作物根系的生长发育及生理特性有显著的影响。玉米是干旱胁迫敏感性作物，作物的耐旱能力与根系生理性状存在着十分密切的关系，不同耐旱基因型品种间的根系生理特性存在差异，这种生理特性方面的差异可以提高植株对干旱胁迫的忍耐力，进而增强植株在干旱胁迫下的存活能力和对干旱的适应能力。刘海龙等（2002）研究了干旱胁迫下盆栽玉米根系活力和质膜透性的变化，结果表明，干旱胁迫下玉米根系质膜透性上升，根系活力下降，且下部幼根的质膜透性比上部老根上升快，同时，其活力下降也快于上部老根。刘胜群和宋凤斌（2007）对两种耐旱型品种的根系生理特性的研究表明，耐旱基因型玉米不同生育阶段的根失水率均显著高于不耐旱基因型，且六叶期后根系糖含量也表现出基因型差异，这些说明根系所具有的吸水、保水和生物节水能力对玉米耐旱能力的发挥起着重要作用（图 3-39，图 3-40）。齐伟等（2010）通过盆栽人工模拟干旱试验，研究了全生育期中度干旱胁迫对不同耐旱性玉米杂交种（耐旱：京科 628；不耐旱：农大 95）产量及其根系生理特性的影响，结果表明，干旱胁迫下玉米根系生物量降低且最大值出现时间提前，与对照相比，不耐旱玉米根冠比升高，耐旱玉米根冠比前期升高后期降低；根系活力降低，不耐旱玉米根系活力降低幅度大于耐旱玉米；根系超氧化物歧化酶（SOD）活性前期高于对照后期低于对照，耐

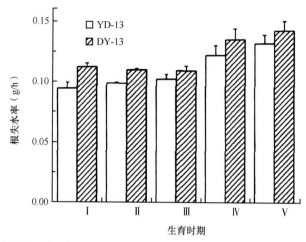

图 3-39　不同耐旱基因型玉米不同生育时期根系失水率动态变化（刘胜群和宋凤斌，2007）

YD-13. 掖单 13 号；DY-13. 丹玉 13 号；Ⅰ、Ⅱ、Ⅲ、Ⅳ、Ⅴ分别代表三叶期、六叶期、拔节期、大喇叭口期、灌浆期

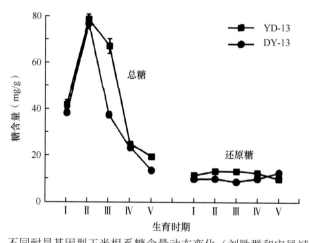

图 3-40　不同耐旱基因型玉米根系糖含量动态变化（刘胜群和宋凤斌，2007）

YD-13. 掖单 13 号；DY-13. 丹玉 13 号；Ⅰ、Ⅱ、Ⅲ、Ⅳ、Ⅴ分别代表三叶期、六叶期、拔节期、大喇叭口期、灌浆期

旱玉米根系 SOD 活性开始低于对照的时间比不耐旱玉米晚；根系丙二醛（MDA）含量升高，随干旱胁迫时间的延长，不耐旱玉米 MDA 含量比对照升高的幅度大于耐旱玉米；根系可溶性蛋白含量降低，不耐旱玉米的降低幅度大于耐旱玉米。干旱胁迫下耐旱玉米杂交种根系活力、根系 SOD 活性及可溶性蛋白含量较高，减缓了根系的衰老进程，延长了根系功能期，这可能是耐旱玉米杂交种在干旱胁迫下仍能获得较高产量的重要原因之一（图 3-41）。

淹水导致根系生长发育受限，根冠生长失调。梁哲军等（2009）在盆栽条件下研究了淹水条件下玉米幼苗根系的生长，结果表明，淹水总体上抑制玉米幼苗根系生长，短期淹水（7d）导致根长、根表面积、根体积均显著降低，随着淹水时间延长（14d）玉米根系产生大量不定根，使得根长、根表面积、根体积极显著升高（$P < 0.01$）。僧珊珊等（2012）以耐涝性较强的品种浚单 20 和耐涝性较弱的品种登海 662 为材料，通过在苗

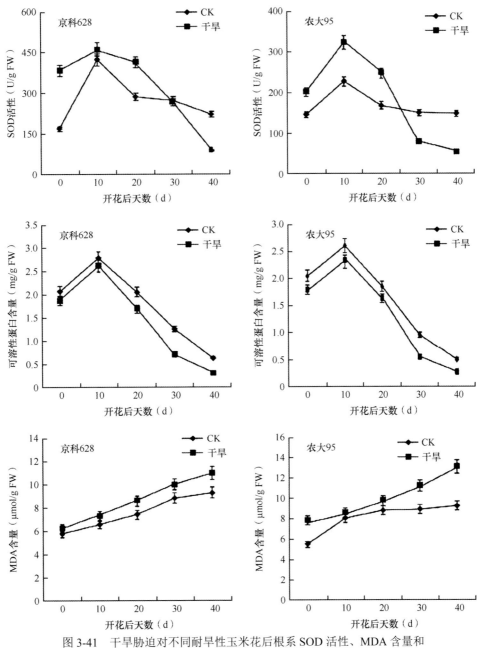

图 3-41　干旱胁迫对不同耐旱性玉米花后根系 SOD 活性、MDA 含量和
可溶性蛋白含量的影响（齐伟等，2010）

期淹水处理，研究了不同玉米品种幼苗根显微结构及其呼吸代谢对淹水胁迫的响应差异，研究结果表明，淹水后，两品种幼苗的根系干重、根长、根系活力均明显下降，随着淹水天数增加，下降幅度增大，两品种间表现为登海 662 各指标下降幅度显著高于浚单 20。其中淹水 8d 时，登海 662 和浚单 20 根系干重分别比对照降低 29.7% 和 12.1%，根系活力分别比对照降低 30.6% 和 8.7%（图 3-42）。淹水增加了两品种玉米根气腔面积和

根孔积率，平均比对照增加 3.9 倍和 2.8 倍，且根气腔面积和根孔积率随着淹水时间延长而增大（图 3-43）。淹水使玉米根系的醇脱氢酶（alcohol dehydrogenase，ADH）、丙酮酸脱羧酶（pyruvate decarboxylase，PDC）和乳酸脱氢酶（lactate dehydrogenase，LDH）活性比对照平均增加 27.7%、55.0% 和 2.6 倍，其中登海 662 的增加幅度大于浚单 20，且品种间增幅差异达显著水平（图 3-44，图 3-45）。这说明不同玉米品种根系对淹水胁迫的响应不同，耐涝品种具有完整根结构、较高的根系活力、大面积较发达的通气组织、适度的无氧呼吸代谢，因而能够更好地适应淹水胁迫，提高干物质生产能力。

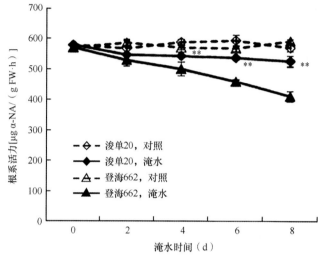

图 3-42　淹水对不同玉米品种根系活力的影响（僧珊珊等，2012）

* 表示在 $P < 0.05$ 水平上差异显著；** 表示在 $P < 0.01$ 水平上差异显著

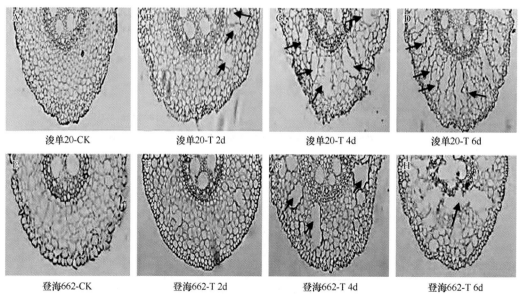

图 3-43　两个玉米品种根中通气组织的形成（20×）（僧珊珊等，2012）

CK 和 T 分别代表对照和淹水处理；箭头指示气腔

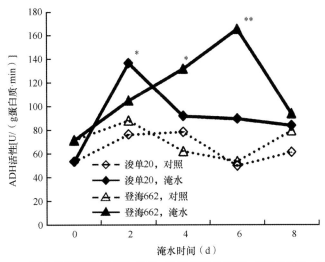

图 3-44 淹水对不同玉米品种根系 ADH 活性的影响（僧珊珊等，2012）

*表示在 $P < 0.05$ 水平上差异显著；**表示在 $P < 0.01$ 水平上差异显著

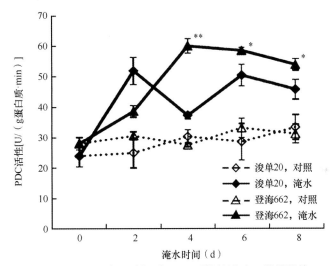

图 3-45 淹水对不同玉米品种根系 PDC 活性的影响（僧珊珊等，2012）

*表示在 $P < 0.05$ 水平上差异显著；**表示在 $P < 0.01$ 水平上差异显著

　　氮、磷、钾是作物需要量最多的营养元素，称为"三要素"。三种元素在土壤中的含量、浓度、状态均会对作物根系的生长和生理活性产生影响。宋海星和李生秀（2003）在不同水、氮供应条件下，研究了限制玉米根系生长空间对玉米根系生理特性、植株养分吸收及产量的影响。结果表明，限制根系生长空间虽然严重影响了根系自身发育，降低了根系吸收总面积和 TTC 还原量，但增加了根系的活跃吸收面积、比吸收表面、比活跃吸收表面，并提高了根系的 TTC 还原强度。这说明在限制根系生长的逆境条件下，作物并不是被动地忍受逆境的胁迫，而是主动地调节生理代谢过程，增强对水分和养分的吸收能力，从而减缓逆境的伤害。水、氮供应促进根系生长，增加根系吸收面积和活力，促进了根系对养分的吸收，从而提高了玉米产量，并减轻了由限制根系生长所引起的不良影响。牛平平等（2015）以不同年代玉米品种为试验材料，在低氮和低氮干旱复合胁迫下，研究了品种更替过程中根系变化特征。结果表明，随年代推进，玉米品种根系干重、根长及根表面积呈先升后降又升的趋势，早期品种中单 2 号、丹玉 13 号、掖单 13 的根系性状值逐渐增加，以获取更多的水分和养分，近代品种农大 108、郑单 958、豫单 606 的根系性状值逐渐减小，以减少冗余器官的消耗，而新品种豫单 606 有所上升，以满足产量持续增长所需水分和养分。在低氮和低氮干旱复合胁迫下，与早期品种相比，现代品种根系干重变化小，但根长和根表面积增加，根系平均直径变小，伤流量减少不显著。说明不同年代玉米品种根系逐渐优化，现代品种根系形态调节能力增强，对低氮和低氮干旱复合胁迫的耐性提高。

谢孟林等（2015）采用水培方法研究了两个低氮胁迫水平（0.05mmol N/L 和 0.5mmol N/L）对不同耐低氮性玉米品种苗期根系形态和伤流量及氮代谢关键酶活性的影响。结果表明，与正常供氮处理相比，在这两个低氮胁迫处理下，玉米幼苗根系伤流量和硝酸还原酶（nitrate reductase，NR）、谷氨酰胺合成酶（glutamine synthetase，GS）、谷氨酸脱氢酶（glutamate dehydrogenase，GDH）活性均下降，耐低氮品种各指标的降幅（29.8% 和 8.7%、46.9% 和 39.6%、7.3% 和 4.4%、31.3% 和 19.8%）均小于不耐低氮品种（37.0% 和 27.5%、68.8% 和 56.6%、24.5% 和 18.7%、60.7% 和 42.7%），且在 0.05mmol N/L 处理下，耐低氮品种根系 NR、GDH 活性分别是不耐低氮品种的 1.4 倍、1.35 倍。

马存金等（2014）研究表明，相较于不施氮处理，施氮肥后玉米抽雄期根系干重、根长密度、根系 TTC 还原量、根系吸收面积分别提高 8.13%、6.12%、18.08%、15.10%，而完熟期分别提高 16.48%、22.43%、19.26%、15.03%。

磷是植物生长发育所必需的最主要的大量元素之一。土壤中磷缺乏对玉米产量和品质都将会产生重大的影响，而根系生理特性的变化是植物适应低磷胁迫的重要机制之一。张永忠（2010）以磷高效利用玉米自交系 178 和磷低效利用玉米自交系 9782 为材料，采用营养液培养和盆栽的方式，研究了低磷胁迫下玉米苗期根系生长和内源激素含量的动态变化。研究表明，随着介质磷水平降低，玉米根长、根冠比及根的 IAA 含量均增加，ZT 含量减小；随着胁迫时间延长，植株根系 IAA 含量增大而 ZT 含量减小，在胁迫初期 GA3 含量增加比较多，ABA 在苗期的变化不明显。在低磷环境中，玉米根长、根冠比明显增加，磷高效利用玉米自交系 178 增加的幅度要大于磷低效利用玉米自交系 9782。

范秀艳（2013）开展了磷肥运筹对超高产春玉米根系生理特性影响的研究，结果表明，根系干重、40 ~ 60cm 土层根幅及根系活力均随施磷量的增加而增加，根系 SOD 和 POD 活性随施磷量的增加而提高，MDA 含量则随施磷量的增加而降低。在同一施磷水平下，分层施磷不仅能促进春玉米根系干重、根冠比的增加和下层土壤中根条数的增多，还能延缓生育后期不同土层中根系活力下降，提高根系 SOD 和 POD 活性，降低 MDA 含量（图 3-46，图 3-47）。

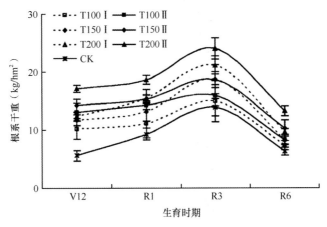

图 3-46　磷肥下移对不同生育时期超高产春玉米 40 ～ 60cm 土层内根系干重的影响（范秀艳，2013）

T100、T150、T200 分别代表施磷量为 100kg/hm²、150kg/hm²、200kg/hm²；Ⅰ、Ⅱ 分别代表传统施磷和分层施磷

CK：不施磷肥

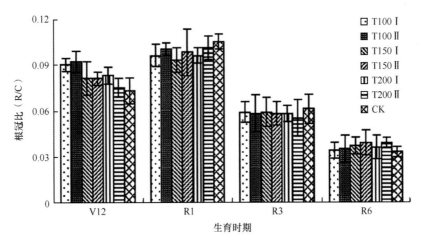

图 3-47　磷肥下移对超高产春玉米不同生育期根冠比的影响（范秀艳，2013）

T100、T150、T200 分别代表施磷量为 100kg/hm²、150kg/hm²、200kg/hm²；Ⅰ、Ⅱ 分别代表传统施磷和分层施磷

V12. 大喇叭口期；R1. 吐丝期；R3. 乳熟期；R6. 成熟期

　　钾是植物生长发育所必需的营养元素，在钾胁迫条件下，作物根系的生理特性会发生变化，且不同品种对钾胁迫的生理反应不同。依兵（2011）研究表明，在低钾胁迫条件下，根表面积、根体积在苗期和孕穗期均表现出减小的趋势，根变得更加纤细。刘延吉等（2007）对不同耐低钾玉米自交系在低钾胁迫条件下根系生长发育及生理特性的研究结果表明，耐低钾品种在低钾胁迫条件下，根毛数量增加，且根毛形成部位距根尖较近；根木质部导管分化能力增强，疏导组织的运输能力改善；根冠比、根系活力显著提高，（图 3-48）。说明耐低钾品种从根形态结构改变及根系活跃吸收能力增强两方面协同作用适应低钾胁迫，提高钾吸收能力。

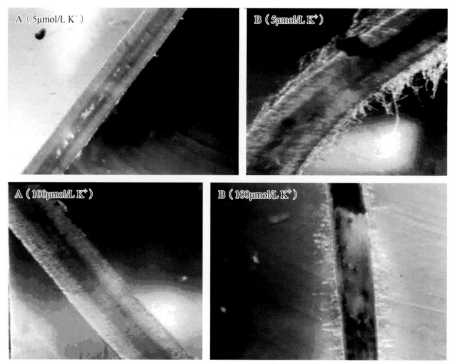

图 3-48　两个玉米品种根毛区整体形态比较（刘延吉等，2007）

A：不耐低钾胁迫品种；B：耐低钾胁迫品种

四、栽培措施对玉米根系生理特性的影响

（一）不同栽培模式对玉米根系生理特性的影响

栽培模式对玉米根系和冠层的结构与功能均产生较大影响，进而影响玉米产量。王志刚（2009）在普通高产栽培和超高产栽培条件下对玉米根系活力的研究表明，超高产栽培玉米根系总活力在横向 0 ～ 20cm 内较普通高产栽培条件高 24.5%。从纵向根系总活力分布比例来看，超高产栽培在 0 ～ 20cm 土层内低于普通高产栽培，而在 20 ～ 40cm 土层内比普通高产栽培提高 5 个百分点（表 3-16）。对根系生物量、活力和活跃吸收面积的分析说明，虽然高密度压力使超高产群体单株根系生物量减小，但其群体根系生物量显著高于普通高产群体，且根系纵向延伸，深层根系的吸收活性明显增强，有利于对深层水分和养分的吸收利用。

张玉芹等（2011）对超高产栽培条件下玉米根系酶活性的研究表明，在乳熟期和吐丝期玉米根系 SOD 和 POD 活性均表现为超高产栽培高于普通高产栽培，表明超高产栽培玉米根系具有更强的抗衰老能力；MDA 在各土层的含量超高产栽培均低于普通高产栽培，表明超高产栽培玉米根系膜质过氧化程度较轻，衰老较慢。

根系伤流量的多少与植株生长、根系发达程度及生命活动强弱有关，伤流液的数量可作为根系活力强弱的指标。张玉芹等（2011）研究表明，超高产栽培与普通高产栽培玉米根系伤流量吐丝后持续下降，超高产栽培玉米根系伤流量吐丝后各时期均大于普通

表 3-16 不同栽培模式下玉米根系活力的比较（王志刚，2009）

[单位：μg/(g FW·h)]

处理	土层深度（cm）	距植株距离（cm）					分布比例（%）
		0～5	5～10	10～15	15～20	0～20	
超高产栽培	0～10	689	575	521	474	2259	32
	10～20	540	480	461	390	1871	27
	20～30	468	388	390	341	1587	23
	30～40	362	342	308	287	1299	19
	0～40	2059	1785	1680	1492	7016	100
	分布比例（%）	29	25	24	21	100	
普通高产栽培	0～10	606	482	470	413	1971	35
	10～20	479	383	388	334	1584	28
	20～30	379	270	303	273	1225	22
	30～40	203	189	262	202	856	15
	0～40	1667	1324	1423	1222	5636	100
	分布比例（%）	30	23	25	22	100	

高产栽培，二者差异先增后又略降，吐丝后 30～40d 差异较大，此时正值玉米灌浆期，根系伤流量多，说明超高产玉米根系活力较强，衰老缓慢（图 3-49）。

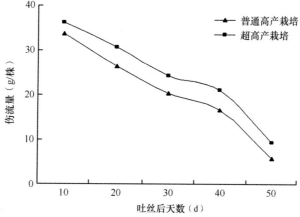

图 3-49 超高产春玉米根系伤流量（张玉芹等，2011）

（二）不同种植方式对玉米根系生理特性的影响

高德军（2008）研究了垄作、平作、沟作三种种植方式下紧凑型和平展型玉米品种郑单 958 和农大 108 的根系生理特性。结果表明，两品种根系活力均呈单峰曲线变化，且根系活力平均值均表现为垄作高于沟作和平作。在低密度种植条件下，两品种在灌浆后期垄作种植方式根系活力下降缓慢，而在高密度种植条件下，农大 108 的垄作根系活力在各生育期都高于平作，而郑单 958 在 20～80cm 土层根系活力在各生育期都高于沟作和平作。

两品种玉米根系的 SOD 活性随玉米生育进程先升高后降低。平作方式下的根系 SOD 活性在开花后高于沟作方式，但与垄作方式差异不明显。两品种玉米的根系 POD 活性在垄作方式下随生育进程一直呈上升趋势。MDA 含量最大值出现在开花前后，变化规律不明显，总体是开花前比较大，开花后开始下降。

高玉红等（2012）研究了常规露地等行距种植、半膜双垄沟播等行距种植、全膜双垄沟播等行距种植、常规地膜覆盖等行距种植、常规地膜覆盖撮苗种植、全膜双垄沟播撮苗种植、半膜双垄沟播撮苗种植 7 种不同种植方式对陇东地区旱地玉米根系的影响。结果表明，不同种植方式下玉米根长和根系干重均随生育期的推进逐渐增加，且随土层的加深呈逐渐下降趋势。其中，全膜双垄沟播等行距种植方式 0 ～ 150cm 土层玉米根长显著大于半膜双垄沟播等行距种植、常规地膜覆盖等行距种植和常规露地等行距种植（$P < 0.05$）；120 ～ 150cm 土层根长百分比表现为全膜双垄沟播撮苗种植方式最大，全膜双垄沟播等行距种植方式次之，常规露地等行距种植方式最小；根系干重主要集中在 0 ～ 30cm 土层，且垄沟＞垄中，全膜双垄沟播＞常规覆膜＞半膜双垄沟播，等行距种植＞撮苗种植（图 3-50）。

王志刚（2009）对行间和行上两种覆膜方式下玉米根系生理特性的研究结果表明，行间覆膜明显提高了玉米植株根系的生物量、总活力和总活跃吸收面积；横向上显著提高了根系在宽行的分布量，扩大了吸收的范围，纵向上提高了根系生物量和总活跃吸收面积在耕层以下的分布比例。

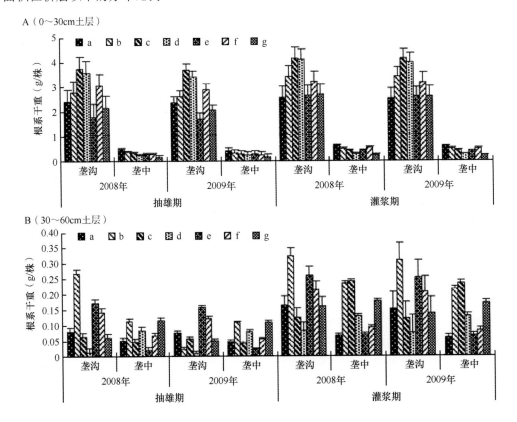

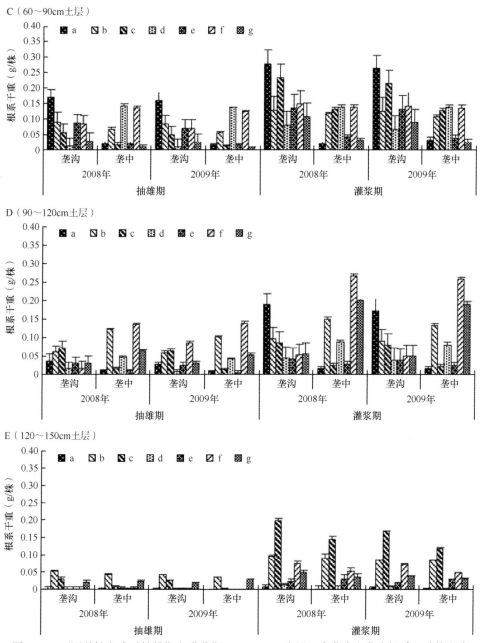

图 3-50　不同种植方式对抽雄期和灌浆期 0 ～ 150cm 土层玉米垄中和垄沟根系干重的影响

（高玉红等，2012）

a、b、c、d、e、f、g 分别代表常规露地等行距种植、半膜双垄沟播等行距种植、全膜双垄沟播等行距种植、常规地膜覆盖等行距种植、常规地膜覆盖撮苗种植、全膜双垄沟播撮苗种植、半膜双垄沟播撮苗种植

（三）施肥措施对玉米根系生理特性的影响

不同施肥方式、施肥时期和施肥量对玉米根系的生长发育都有显著的影响。王启现等（2003）研究了不同施氮时期对吐丝后 17d 玉米单株根系形态、分布及活性的影

响。结果表明，施氮增加了 0 ～ 130cm 土层中根系干重、根长、根长密度、根表面积和根系活力。其中，基施氮+吐丝期追氮单株根系干重、根长、根长密度和根表面积为26.0g、538.6m、0.39cm^2 和 879.6cm^2，比不施氮分别增加 27.5%、6.6%、5.4% 和 9.7%；不施氮根系干重和根表面积在上层土（0 ～ 40cm）中分布比例为 75% 和 87%，施氮提高到 83% 和 90% 以上，均为基施氮+吐丝期追氮＞基施氮+10 叶展追氮＞基施氮＞不施氮；基施氮和 10 叶展追氮提高了表层土（0 ～ 20cm）中根系干重和根表面积的分布比例，降低了其在亚表层土（20 ～ 40cm）中的分布比例，吐丝期追氮提高了其在亚表层土中的分布比例。施氮时期主要影响上层土中根半径和根系活力，推迟施氮时期能提高根系活力和亚表层土中的根长。在 0 ～ 130cm 土层中，基施氮根半径比不施氮（根半径为 0.50mm）增加 22%，追施氮后根半径为 0.30mm，且追氮时期影响不明显。

（四）灌溉模式对玉米根系生理特性的影响

灌溉模式（灌溉方式、时间、数量）影响土壤水分的供应状况，根系是作物吸收水分的重要器官，根系的生长发育及生理活性对土壤中水分的供应状况可产生不同响应，进而影响作物的产量。

隔沟交替灌溉是控制性根系分区灌溉（controlled rootzone alternate irrigation，CRAI）在田间地面灌溉条件下的应用，是根据作物在水分胁迫下产生根源信号来检测土壤中可利用水量，进而调节气孔开度和水分消耗的理论，并改进干旱土壤中植物根源信号传递的分根实验方法而设计的。梁宗锁等（2000）研究了 CRAI 在大田条件下对玉米生长、根系分布和产量的影响及其节水效应，结果表明，隔沟交替灌溉每次干湿交替可刺激根系生长，明显提高根长密度，并使根系在土壤中均匀分布；部分根区干燥形成根源信号控制气孔开度使蒸腾效率大为提高，减少棵间蒸发，节水效果明显。分根交替灌溉也是利用作物水分胁迫时产生的根信号功能，而有效调节气孔关闭，减少无效蒸发损失，降低总灌水量，达到节水而不抑制光合产物积累目的的一种灌溉方式。关军锋等（2004）对分根交替灌溉对玉米根系活力及保护膜结构影响的研究表明，分根交替灌溉在一定程度上维持了玉米根系活力和保护了质膜结构，从而提高了水分利用效率、促进了养分吸收，产生了高效节水效应（图 3-51，图 3-52）。

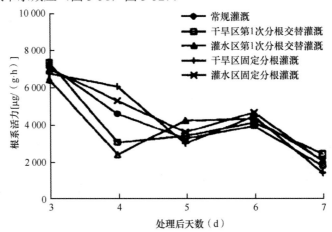

图 3-51　分根灌溉预处理对玉米根系活力的影响（关军锋等，2004）

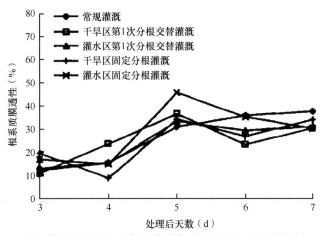

图 3-52　分根灌溉预处理对玉米根系质膜透性的影响（关军锋等，2004）

　　王志刚（2009）研究了调亏灌溉对行间覆膜玉米生长发育及产量的影响，结果表明，调亏灌溉使冠层和根系生长表现为明显的超补偿效应，根系生物量、活力和活跃吸收面积显著增加，且横向分布拓展，深层分布比例增加，复水后，表层根系和正在发育的深层根系同时表现出功能上的超补偿作用（图 3-53，图 3-54）。此外，调亏灌溉能显著降低不同生育阶段玉米群体的耗水量和耗水强度，显著提高超高产春玉米的水分利用效率，

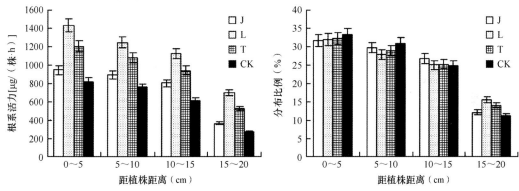

图 3-53　不同时期调亏灌溉下超高产春玉米根系活力的横向分布及分布比例（王志刚，2009）

CK. 正常灌溉；T. 抽雄期调亏；L. 大口期调亏；J. 拔节期调亏

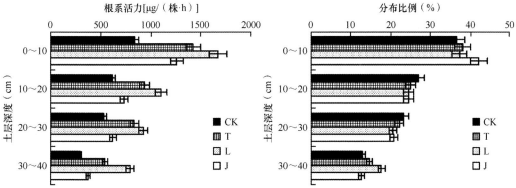

图 3-54　不同时期调亏灌溉下超高产玉米根系活力的垂直分布和分布比例（王志刚，2009）

CK. 正常灌溉；T. 抽雄期调亏；L. 大口期调亏；J. 拔节期调亏

运用行间覆膜和调亏灌溉综合农艺措施，可以实现产量提高 20%～30%、水分利用效率提高 20% 以上的高产高效目标。

第三节　根冠关系

　　根系和冠层是作物群体在地下和地上的两个基本组成单元。对于作物群体而言，冠层就是一个群落的植物冠连成的集合体，由于 90% 以上的干物质生产和储存由地上部分完成，故一般将作物群体所有地上部分统称为冠层；相对而言，将群体地下部分所有单株根系组成的集合体统称为根层，一般也称为根系。作物根系和冠层构成了一个有机整体，互相协调，不可分割。冠层为根系生长提供光合产物，根系则为冠层生长提供从土壤中获取的水分和矿质养分。从根系、冠层与环境关系的角度来看，当共用资源充足时，根系、冠层主要表现为依赖关系；当共用资源短缺时，则表现为竞争关系（Cahill，1999；Peltzer et al.，1998）。只有将根系、冠层的结构与功能调节至平衡状态，二者相互协调，作物产量和资源利用效率才会高。因此，从结构和功能两个角度探讨根系、冠层关系的调节，对构建作物高质量群体尤为重要。

一、根系与冠层生长的"数量性平衡"

　　根系和冠层由于在形态特征、解剖结构、生理和功能上存在巨大差异，常常被作为一个植株的两个系统单独考虑。但是，当根系和冠层在获取环境资源（二氧化碳、光、水和养分）时，两个系统的功能则必须作为一个整体联系在一起。根冠关系的早期理论，一般是基于两个系统的大小或重量建立的。1883 年，Hellriegel 在《农业基本原理》中写道"植物地上部的生长高度依赖于根系的发育，只有根系充分发育时，地上部才会充分发挥生长潜力"，其基本概念是根系、冠层两个系统的大小是相互联系的，简单讲就是较大的地上部植株与其较大的根系有关。也有学者试图明确根系深度与株高的关系，如当粮食作物中引入矮化基因后，有学者提出了其根系可能变浅的假说（Lupton et al.，1974）。但上述对于根冠生长"形态学平衡"（morphological equilibria）假说的阐述过于简单化了，不同作物间可能存在很大差异。近年来，国内外学者对玉米的根冠生长特征进行了大量研究，从不同角度较为详细地阐述了根冠生长的数量性平衡特征。

　　玉米根系、冠层的生长首先受其遗传特性控制。正常条件下，玉米根系的生长速度，特别是垂直向生长速度与冠层生长类似，有较明显的"慢—快—慢"规律，即生长初期和吐丝期后生长速率较低，7 叶到抽雄期之间生长速率较高。但从生长时间来看，根系生长或干物质积累时间明显短于冠层。侯琼和沈建国（2001）在内蒙古东西两个生态区和两种水分胁迫条件下，对玉米根系和冠层生长的关系进行了系统研究。玉米根系生长同冠层生长一样呈现逻辑斯谛（Logistic）单调增值。图 3-55 是巴彦淖尔市临河区和通辽市玉米单株根系垂直向的生长曲线。两地曲线的变化趋势十分相似，最大根深（H_{max}）、主要根深（H_{main}）和根系水平伸展密度（H_{level}）均在出苗后 90d 左右时达到最大值，即根系在开花期伸展到最大深度，并停止生长保持恒定。

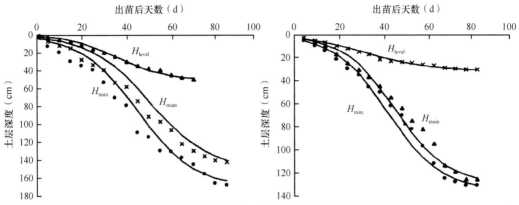

图3-55　巴彦淖尔市临河区（左）和通辽市（右）水分适宜时玉米根系生长进程（侯琼和沈建国，2001）

H_{level}. 根系水平伸展；H_{max}. 最大根深；H_{main}. 主要根深

　　春玉米根系生长过程用逻辑斯谛方程表示：$H=Hc/(1+e^{a+bt})$，式中，H、Hc 分别为根系水平伸展深（宽）度（cm）和最大伸展深（宽）度（cm），t 为出苗后天数，a、b 为方程待定系数。侯琼和沈建国（2001）给出了巴彦淖尔市临河区和通辽市两地玉米单株根系垂直、水平向伸展动态方程的待定系数值（表3-17）。根据这些参数和上述公式，可以模拟计算出玉米生长期间任一时刻根系垂直伸展深度。这不但为根冠关系分析提供了基础依据，还可在农田优化灌溉中参考不同时期根系下扎深度来确定灌水计划湿润层深度，以便有效防止灌水不足影响作物生长或灌水过多造成渗漏损失。

表 3-17　玉米根系生长的逻辑斯谛方程和相关系数表（侯琼和沈建国，2001）

地区	水分条件	方程	a	b	Hc	n	R^2
临河	适宜	H_{max}	3.0667	−0.0698	150	18	0.9871
		H_{main}	3.6030	−0.0822	125	18	0.9875
		H_{level}	3.3454	−0.0940	51	15	0.9867
	胁迫	H_{max}	3.1317	−0.0787	170	18	0.9804
		H_{main}	3.3902	−0.0751	150	18	0.9896
		H_{level}	2.7826	−0.0860	55	14	0.9873
通辽	适宜	H_{max}	3.5621	−0.0820	135	17	0.9889
		H_{main}	3.8849	−0.0830	130	17	0.9874
		H_{level}	2.2784	−0.0671	32	17	0.9919
	胁迫	H_{max}	3.6538	−0.0858	145	17	0.9789
		H_{main}	3.8135	−0.0825	140	17	0.9869
		H_{level}	2.5317	−0.0731	36	15	0.9584

　　管建慧（2007）系统研究了玉米根系、冠层的干物质积累特征。由图3-56可见，在播种后26d（拔节期）之前，两者均以指数形式缓慢增长，拔节时根系干重达到最大根系干重的7%左右，而冠层干重占最大冠层干重的比例则不足1%，表明拔节前根系的相

对增长速率显著快于冠层,说明此阶段玉米以根系生长为主。拔节以后,根系、冠层均线性加速生长,根系一般在吐丝后 12d 左右达到峰值。而冠层干物质则继续积累,直至成熟(管建慧,2007)。不同种植密度比较,玉米植株冠层干重与根系干重均随种植密度的增加而降低,说明根系与冠层的生长发育对群体内个体生长环境变化的反应是同步的。二者的生长发育均随群体的增大而被削弱,且这种个体发育受群体增大所抑制的现象,越到后期越明显,但根系、冠层的削弱程度则存在明显区别。

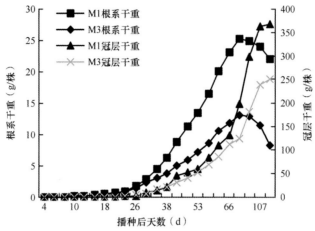

图 3-56　玉米根系与冠层干物质积累及其对种植密度的响应(管建慧,2007)

M1 为低密度;M3 为高密度

种植密度对根冠相对生长的影响直接体现在根冠比上。玉米的根冠比随播种后天数的增加不断减小,但在不同阶段减小幅度不同,呈"慢—快—慢"的变化趋势(管建慧,2007)。从播种到播种后 20d(三叶期)内,根冠比最大,其变化较为平稳,基本保持在 0.7 左右,且两个密度间无明显差异。播种后 20d 到播种后 44d(大喇叭口期)左右,根冠比下降迅速,且高密度处理的下降幅度大于低密度处理,低密度处理的根冠比由播种后 20d 的 0.704 降到 0.217,日降低量在 0.022 左右;高密度处理的根冠比由 0.672 降至 0.152,日降低量在 0.019 左右。播种 44d 后,根冠比的下降趋势又趋于平缓,直到成熟期降到最低,在此阶段仍以低密度处理的根冠比大于高密度处理(图 3-57)。这说明密度越大,根系生长发育较冠层受到的抑制越大,即单位根系干重对冠层的载荷量增加。

春玉米根系生长与株高和冠层干重存在明显的相关关系(侯琼和沈建国,2001)。其中,根深与株高可用一元二次方程或直线方程拟合,冠层干重与根深可用指数方程拟合,决定系数均可达 0.95 以上(表 3-18)。图 3-58 反映了根深与株高的关系。根系随株高增长不断向下延伸,二者表现出较好的同伸关系。在水肥条件较差的通辽市,根深与株高间基本呈直线关系,在水肥条件优越的巴彦淖尔市临河区则呈抛物线形变化。一般根系生长时间比冠层生长时间长,当玉米抽穗后株高达最大,冠层停止生长,但根系仍有 10d 左右的生长时间。在玉米植株停止生长以前,根系和冠层始终保持相同的生长速度。但两个地区充分供水条件下的根冠比均小于水分胁迫条件下的根冠比,说明干旱条件有利于根系生长。

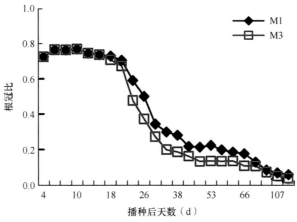

图 3-57　玉米根冠比动态变化及其对密度的响应（管建慧，2007）

M1 为低密度；M3 为高密度

表 3-18　根深与株高和冠层生物量的关系式（侯琼和沈建国，2001）

地区	相关因子	水分条件	关系式	N	R^2
临河	根深（Hr）与株高（h_g）	适宜	$Hr=-0.0005h_g^2+0.4908h_g+7.8857$	14	0.9944
		胁迫	$Hr=-0.0002h_g^2+1.022h_g+10.2380$	14	0.9955
	冠层干重（G）与根深（Hr）	适宜	$G=0.0003Hr^{2.7415}$	9	0.9919
		胁迫	$G=0.0001Hr^{2.8467}$	9	0.9886
通辽	根深（Hr）与株高（h_g）	适宜	$Hr=0.6565h_g-1.3144$	14	0.9937
		胁迫	$Hr=0.7528h_g-0.1544$	14	0.9959
	冠层干重（G）与根深（Hr）	适宜	$G=1.2153e^{0.413Hr}$	9	0.9759
		胁迫	$G=1.2274e^{0.038Hr}$	9	0.9658

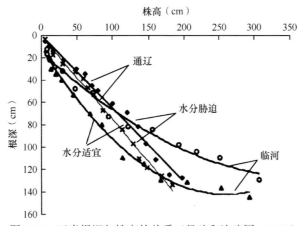

图 3-58　玉米根深与株高的关系（侯琼和沈建国，2001）

　　根系在达到最大深度以前，其生长速度与冠层干重之间遵循指数关系或乘幂关系（表 3-18）。虽然不同生态条件下其曲线拟合方程不同，但变化趋势相近，即玉米生长初期根系生长比冠层生长快，当根系生长到一定深度（50～60cm）时，冠层干重迅速增加，且在根系达到最大深度，停止生长后，冠层干重仍在增加。同时水分条件影响根深与根冠干重的分批比例，相同根深条件下，水分适宜时的冠层干重较水分胁迫时大，表明光合产物分配到冠层的比例较水分胁迫时分配到冠层的比例大。也从侧面反映出，干旱对根系产生胁迫时，反而会促进光合产物向根系更多分配，进而促进根系生长。

Hébert 等（2001）在遮阴和正常光照条件下研究了不同基因型玉米的根冠关系。他们的结果也显示玉米根系和冠层间的干物质积累符合线性正相关关系（图 3-59A）。正常光照条件下，玉米的根冠比随着生育进程（10 叶展至吐丝期）的推进表现相对稳定，在 0.5 左右；而遮阴条件下，玉米根系干重、冠层干重以及总干重皆明显降低，且根系干重降低幅度明显高于冠层，从而根冠比显著降低（图 3-59B）。说明在光胁迫下，光合物质优先向冠层分配，根系生长受到明显抑制。

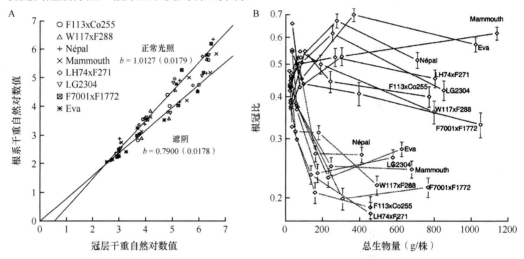

图 3-59　遮阴对玉米根系和冠层异速生长关系（A）及根冠比（B）的影响（Hébert et al.，2001）

除了干重之外，根系和冠层吸收利用资源的面积特征也具有平衡关系。管建慧（2007）研究表明，在玉米整个生育期间，根表面积和叶面积均随播种后天数的增加呈单峰曲线变化，两者峰值均出现在吐丝期前后，因此可以看出两者之间的变化具有同步性。在达到峰值后的下降过程中，根表面积的下降幅度较叶面积的下降幅度大，这表明在后期植株衰老的过程中首先是根系衰老。种植密度对根表面积及叶面积的影响规律基本一致。在拔节期以前，不同种植密度之间的差异较小，拔节期以后，随着种植密度的增大，根表面积和叶面积均下降。随着种植密度增大，根表面积的降低幅度明显大于叶面积的降低幅度（图 3-60）。

根系构型和冠层结构也存在一定的相关性（王志刚，2009）。春玉米根系横向 0～10cm 内分布比例与植株各层叶倾角显著负相关（表 3-19），说明根系分布与叶片的空间姿态存在空间上的同步，根系分布越集中，植株越紧凑。根系垂直 20～40cm 土层内分布比例与棒三叶叶倾角显著负相关，而与穗位层 LAI 极显著正相关，表明根系在土层中扩展越深，玉米株型越紧凑，并且可以明显提高棒三叶叶面积比例，对玉米生育后期光合物质积累和产量提高具有重要意义。

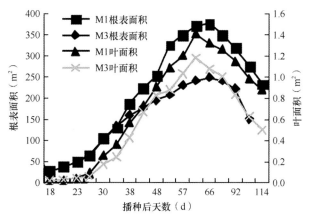

图 3-60 玉米根表面积和叶面积的发展动态及其对密度的响应（管建慧，2007）

M1 为低密度；M3 为高密度

表 3-19 春玉米根系和冠层结构参数的相关分析（王志刚，2009）

	指数	LA_T	LA_E	LA_B	LAI_T	LAI_E	LAI_B	LAD_{VT-R6}	R_{D0-10}	R_{D10-25}	R_{V0-20}
LA_E	Pearson Cor.	0.955**									
	Sig.(2-tailed)	0.000									
LA_B	Pearson Cor.	0.971**	0.939**								
	Sig.(2-tailed)	0.000	0.000								
LAI_T	Pearson Cor.	0.029	−0.172	0.064							
	Sig.(2-tailed)	0.940	0.658	0.871							
LAI_E	Pearson Cor.	−0.274	−0.461	−0.268	0.826**						
	Sig.(2-tailed)	0.475	0.212	0.486	0.006						
LAI_B	Pearson Cor.	0.732*	0.558	0.625	0.305	0.246					
	Sig.(2-tailed)	0.025	0.118	0.072	0.425	0.523					
LAD_{VT-R6}	Pearson Cor.	0.035	−0.037	0.105	0.809**	0.488	0.017				
	Sig.(2-tailed)	0.928	0.924	0.788	0.008	0.183	0.965				
R_{D0-10}	Pearson Cor.	−0.724*	−0.693*	−0.772*	−0.340	0.110	−0.453	−0.598			
	Sig.(2-tailed)	0.027	0.038	0.015	0.370	0.777	0.220	0.089			
R_{D10-25}	Pearson Cor.	0.626	0.588	0.647	0.422	0.040	0.499	0.667*	−0.965**		
	Sig.(2-tailed)	0.071	0.096	0.060	0.258	0.919	0.171	0.050	0.000		
R_{V0-20}	Pearson Cor.	0.573	0.733*	0.521	−0.553	−0.865**	0.065	−0.195	−0.434	0.329	
	Sig.(2-tailed)	0.107	0.025	0.150	0.123	0.003	0.868	0.615	0.243	0.388	
R_{V20-40}	Pearson Cor.	−0.544	−0.704*	−0.497	0.539	0.870**	−0.022	0.171	0.428	−0.319	−0.998**
	Sig.(2-tailed)	0.130	0.034	0.173	0.134	0.002	0.956	0.660	0.250	0.403	0.000

注：LA_T. 棒三叶以上叶片叶倾角；LA_E. 棒三叶叶倾角；LA_B. 棒三叶以下叶片叶倾角；LAI_T. 穗位层以上 LAI；LAI_E. 穗位层 LAI；LAI_B. 穗位层以下 LAI；LAD_{VT-R6}. 花后 LAD 比例；R_{D0-10}. 根系横向 0 ~ 10cm 内分布比例；R_{D10-25}. 根系横向 10 ~ 25cm 内分布比例；R_{V0-20}. 根系垂直 0 ~ 20cm 土层内分布比例；R_{V20-40}. 根系垂直 20 ~ 40cm 土层内分布比例；Pearson Cor. 皮尔逊相关系数；Sig.(2-tailed). 显著性（双尾概率）。* 表示在 $P < 0.05$ 水平上差异显著；** 表示在 $P < 0.01$ 水平上差异显著

二、根系与冠层生长的"功能性平衡"

从上文的相关研究进展可以看出，环境条件对根系和冠层的特征平衡有很大影响，当限制作物生长的环境资源需要通过根系获取时，根系生长会受到促进；相反，当限制作物生长的环境资源需要通过冠层获取时，冠层则会优先生长。Peter（2006）指出：①通过剪根或者去叶改变根冠比后，会改变作物生长模式，使得作物的原始根冠比很快恢复（图3-61）；②将植株移栽到一个新的环境，会导致其根冠间同化物质分配发生变化，从而建立新的根冠比。

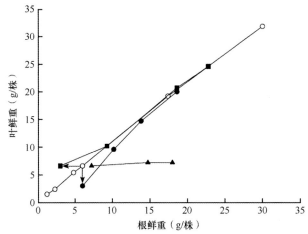

图 3-61　去叶（●）或剪根（■）后作物原始根冠比的恢复（Peter，2006）

（▲）地上部新叶被不断剪掉后，原始比例无法恢复

可见，根冠平衡的恢复以及重建与作物生长和获取资源的活动紧密相关，因此 Peter（2006）提出了"功能性平衡"的概念，即根系和冠层的相互响应与彼此的大小无关，而与其补偿生长部分对环境资源获取的有效性或效率有关。因此，光合产物在根系和冠层中的分配与其获取资源的效率即功能性成反比，Peter（2006）将这一概念建立了定量表达式：根系生物量×根系活性（吸收）=冠层生物量×冠层活性（光合），也就是说，当土壤和大气环境发生改变时，植物根冠比的改变是为了补偿根系或冠层活性，而维持"功能性平衡"。这就是为什么在水分、养分充分供应条件下很小的根系就可以满足作物的最大生长，而在此情况下采取土壤管理措施促进根系生长反而对产量形成不利（van Noordwijk and de Willigen，1987）。

王志刚（2009）分析了高产栽培条件下不同密度群体间玉米根系和冠层功能性参数的相关性（表3-20），结果表明，春玉米根系的总活力和活跃吸收面积与冠层各层次叶片的净光合速率（Pn）和最大光化学效率（Fv/Fm）皆表现为正相关关系。其中，根系的总活跃吸收面积与各层叶片的净光合速率相关关系显著或极显著，说明根系吸收能力和冠层光合活性之间存在一定的对等性，但其根冠数量和质量指标是否符合功能性平衡的定量化关系则未做深入分析。

表 3-20 春玉米根系和冠层功能性参数的相关分析

指数		Pn_T	Pn_E	Pn_B	Fv/Fm_T	Fv/Fm_E	Fv/Fm_B	RTV
Pn_E	Pearson Cor.	0.708*						
	Sig.(2-tailed)	0.033						
Pn_B	Pearson Cor.	0.580	0.640					
	Sig.(2-tailed)	0.102	0.063					
Fv/Fm_T	Pearson Cor.	0.626	0.676*	0.599				
	Sig.(2-tailed)	0.071	0.046	0.088				
Fv/Fm_E	Pearson Cor.	0.512	0.414	0.647	0.744*			
	Sig.(2-tailed)	0.159	0.268	0.060	0.021			
Fv/Fm_B	Pearson Cor.	0.412	0.604	0.282	0.907**	0.603		
	Sig.(2-tailed)	0.271	0.085	0.462	0.001	0.085		
RTV	Pearson Cor.	0.426	0.656	0.156	0.357	0.228	0.386	
	Sig.(2-tailed)	0.253	0.055	0.689	0.345	0.556	0.305	
RTAA	Pearson Cor.	0.819**	0.557*	0.822**	0.551	0.511	0.177	0.270
	Sig.(2-tailed)	0.007	0.019	0.007	0.124	0.159	0.648	0.482

注：Pn_T. 棒三叶上部叶 Pn；Pn_E. 棒三叶 Pn；Pn_B. 棒三叶下部叶 Pn；Fv/Fm_T. 棒三叶上部叶 Fv/Fm；Fv/Fm_E. 棒三叶 Fv/Fm；Fv/Fm_B. 棒三叶下部叶 Fv/Fm；RTV. 根系总活力；RTAA. 根系总活跃吸收面积；Pearson Cor. 皮尔逊相关系数；Sig.(2-tailed). 显著性（双尾概率）。* 表示在 $P < 0.05$ 水平上差异显著；** 表示在 $P < 0.01$ 水平上差异显著

在实际应用中，根冠"功能性平衡"的概念并没有得到进一步发展。原因是，虽然冠层生物量和光合作用相对容易测定，但根系和其在特定时段内对地下资源获取的测定则存在诸多问题：①特定时段内，某一养分的有效性比例很难定量化；②不同土层的养分累积量不易测定；③养分向不同类型根系的转运速率取决于特定根系内外的养分浓度梯度；④群体内不同植株的根系深度和空间分布存在很大变异性（Hunt et al.，1990）。因此，"功能性平衡"假说对于描述环境因子（如光、水、氮、磷）对根冠相对生长的影响非常有用，但很多情况下由于其缺乏生理机制基础，其对资源获取和生长分配的过程很难充分解释。Farrar 和 Jones（2000）指出，根系对碳的获取由同化物质供应和需求共同决定，由此提出了"共享控制"假说，即根系中同化物质的输入受叶片（碳源）和根系（碳库）生长共同控制。这一假说从机制上受糖分和其他化合物在叶片和根系中的韧皮部卸载差异与基因调控差异支持，但目前还没有很好的机制模型对这一假说进行完整表达。

三、根系与冠层的竞争互馈

生态学领域关于资源限制条件下的根冠关系可以用"竞争"理论解析。植物生态学家认为，植物通常扎根于土壤，枝条伸展在空气中，这两种截然不同的介质为植物生长提供了不同的可利用资源。当资源短缺时，植物间发生地上的光竞争和/或地下的水分与矿质营养竞争。这两种竞争过程的作用机制以及竞争能力均存在着差异，一些研究者认

为随着有效资源的增加，个体间的竞争由根部转向茎叶，地下竞争比地上竞争对作物的影响大（Pugnaire and Luque，2001；Belcher et al.，1995）。另一种观点则认为，地上部竞争加剧，使地上部生长受到抑制，从而影响根系生长。同时有研究表明，地上和地下竞争之间可能存在着正/反相互作用（Cahill，2002；McPhee and Aarssen，2001），即竞争状态下植物表现的个体形态、种群数量和群落结构等特征不仅仅是地上和地下竞争结果的简单叠加。Putz 和 Canham（1992）发现只有在冠层未郁闭时，去除根竞争的效果才能显现出来。Dillenburg 等（1993）找到了正向作用存在的直接证据，地下竞争似乎加大了光竞争强度。Riegel 等（1995）发现林下物种对来自上层林光竞争的反应是以其地下竞争强度为条件的。此外，地上和地下竞争相互作用的类型可能会随作物生产力的变化而变化，Snaydon 和 Satorre（1989）认为地上竞争和地下竞争在氮素供给水平低时不发生相互作用，而在较高氮素供应条件下发生正向作用。同样，Cahill（2002）的研究表明，未施肥处理组地上和地下竞争无相互作用，而施肥组出现了正向作用，其认为地下竞争减弱了植物参与非对称性光竞争的能力。"竞争"理论在间/套作领域应用较多，不同作物品种间/套作时，作物群体利用生态位差异而实现地上地下的协同，但对玉米单作群体的研究较少。王小林等（2018）对不同玉米品种的间作群体研究表明，品种间作栽培下，与稀植型品种相比，耐密抗逆品种郑单 958 具有更合理的地上部生物量分配和响应机制，其根系通过减少冗余生长、降低资源消耗来应对土壤干旱，高效的根系自我调节能力和生物量分配机制在间作系统产量形成和水分利用效率提升中起到了关键作用。李宗新等（2012）对玉米的研究表明，密植条件下，平展大穗型品种的冠层对生长空间更为敏感，其根系对生长空间的竞争强于冠层；紧凑中穗型品种根系对生长空间更为敏感，冠层对生长空间的竞争强于根系。低密度及资源相对充足的条件下，平展大穗型品种的群体结构质量和功能较优，双株种植可缓解其冠层竞争，根、冠协调，表现增产；在高密度即资源偏紧的条件下，紧凑中穗型品种的群体结构质量和功能较优，双株种植可缓解其根系竞争，部分改善冠层群体结构质量和功能，根、冠协调，表现增产。

四、根冠关系与玉米产量和资源利用效率

对于大多数作物而言，同化物质向根系的分配比例在整个生育期间是不断变化的，一般生育初期同化物质向根系分配较多，随着生育进程推进，当茎秆伸长、生殖器官发生并逐级占据主导地位之后，同化物质向根系的分配会明显减少。但在不受任何生长限制的条件下，玉米植株的根冠比体现为一个恒定的异速生长系数（图 3-59A），但不同基因型间存在很大差异（Hébert et al.，2001）。

吴秋平等（2011）对我国不同年代品种根冠关系的研究表明，遗传改良导致的品种基因型更替中，其根冠关系发生了很大变化。随品种年代演进，新品种根冠比明显增加；低氮则增加了所有品种的根冠比，低氮下根冠比在各品种间变幅为 0.38 ～ 0.49，正常供氮下变幅为 0.15 ～ 0.25（图 3-62C）。随品种年代演进，冠层相对生长速率表现出显著提高的趋势，低氮和高氮处理下表现一致（图 3-62A）；但根系相对生长速率的表现因氮处理间的不同而有差异。正常供氮处理下，新育成品种根系相对生长速率显著增加，当氮

供应不足时，新老品种的根系相对生长速率差异不明显（图 3-62B）。这意味着在现代玉米育种环境下，随着养分资源投入成本的不断增加，根系性状也在无意识的筛选过程中表现出对土壤高氮投入的适应性改变。在土壤充足氮供应条件下，苗期根系发育速度较快，有利于提高植株氮吸收、减少土壤硝态氮的淋洗损失。而改善根系在低氮胁迫条件下的生长能力可能是实现玉米氮高效利用的途径之一。另外，他们也指出，正常供氮条件下根系干重和根冠比的增加也可能是当代杂交种抗逆性较强、产量增加的重要原因。

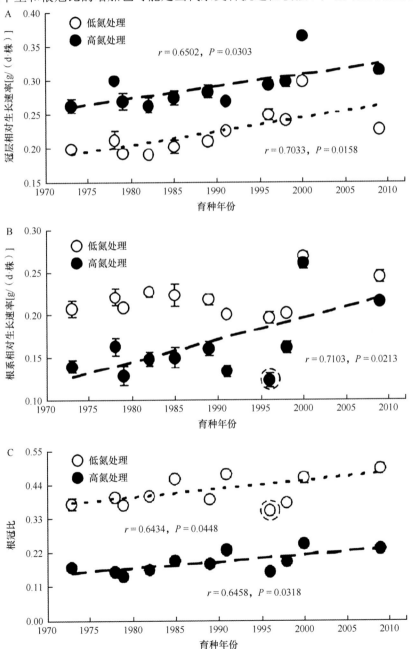

图 3-62　不同氮水平下冠层、根系相对生长速率和根冠比与育种年代的响应关系（吴秋平等，2011）

　　那么改变根冠关系或结构能否提高玉米产量呢？Hammer 等（2009）采用 APSIM 模型模拟和田间实证的方法研究表明，在水分充足年份通过改变根系构型（浅根型变为深根型）可以明显提高高密度群体的产量，但在水分中等年份，改变根系构型则对产量及其对密度的响应无显著影响（图 3-63）。这一结果与新老品种在不同密度下的田间实际表现基本一致，新品种（根系较老品种更深）在高密度下体现了较高产量优势。但是，改变冠层结构（叶倾角由大变小）对产量及其对密度的响应没有影响，只有在最高产量年份，改变冠层结构才对高密度群体的产量产生显著影响（图 3-64）。

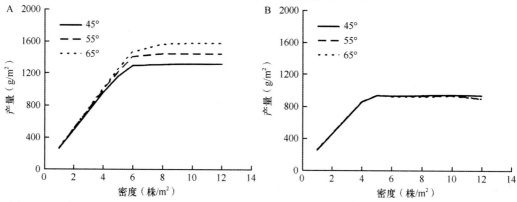

图 3-63　改变根系构型（根系角度 45°、55°、65°）条件下产量对密度的响应模拟（Hammer et al.，2009）

A. 水分充足年份；B. 水分中等年份

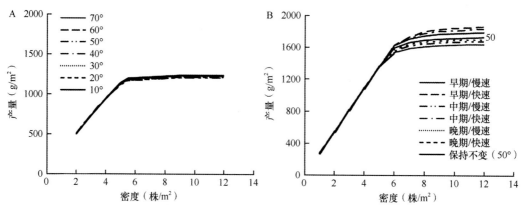

图 3-64　改变冠层结构（叶倾角 10° ~ 70°）条件下产量对密度的响应模拟（Hammer et al.，2009）

A. 正常产量年份；B. 最高产量年份

　　上述结果说明，对于高密度群体而言，根系构型及其主导的对土壤水分的获取能力对于提高产量的作用，比冠层结构及其主导的对光的获取能力更加重要。具有较大根系角度的窄型深根品种，在表层水分耗竭后，可以充分利用深层水分，进而增强作物生长率和干物质积累而获得更高产量；而改变冠层结构通过影响持绿性和碳水化合物向果穗的分配而发挥间接作用。从耐密性和提高产量的角度看，可能根系的耐密性比株型的耐密性更加重要。

　　Yu 等（2015）通过总结 106 篇文献对比了中西方玉米品种的根冠特征，系统分析了根冠关系与氮肥利用效率的关系。玉米根系干重从播种到吐丝期增加，之后降低

（图 3-65A）。在指数增长期（叶期至 8 叶期），中西方玉米品种的根系干重差异不明显；拔节期之后，中西方品种间根系干重差异增加并在吐丝期差异最大；之后根系干重显著降低。与根系干重不同，冠层干重则一直增加至成熟期，西方玉米品种冠层干重也高于中国品种，但差异明显较根系差异小（图 3-65B）。西方玉米品种全生育期特别是拔节之后的根冠比显著高于中国品种，且主要与其较高的根系干重有关（图 3-65C）。西方品种吐丝期和成熟期的平均根系干重（25.3g/株和 23.7g/株）显著高于中国品种（16.3g/株和 13.2g/株）；平均根冠比（0.203 和 0.176）也显著高于中国品种（0.114 和 0.044）。对玉米吐丝期根冠比和氮肥利用效率的相关分析表明，玉米氮肥利用效率与吐丝期根冠比显著正相关。根冠比较小的品种（中国品种）氮肥利用效率也较低，相反，具有较大根冠比的西方品种，其氮肥利用效率也较高（图 3-66）。

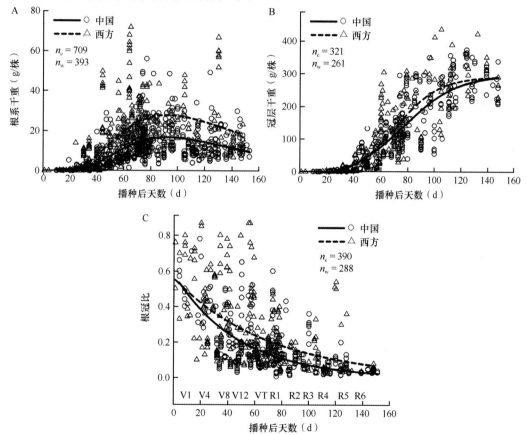

图 3-65　中国和西方玉米品种全生育期根系干重、冠层干重和根冠比的比较（Yu et al.，2015）

V1、V4、V8、V12、VT、R1、R2、R3、R4、R5、R6 分别代表 1 叶期、4 叶期、8 叶期、12 叶期、抽雄期、吐丝期、籽粒形成期、灌浆期、乳熟期、蜡熟期、晚熟期；n_c、n_w 分别代表来自中国、西方国家的样本数

　　Yu 等（2015）统计分析还发现，美国玉米带品种的吐丝期根系干重和根冠比显著高于中国五大玉米种植区域的品种（图 3-67）。对高密度、干旱和低氮胁迫对中美玉米品种的影响进行比较表明，中国品种吐丝期根系干重在高密度和低氮胁迫下降低幅度显著高于美国品种，但在水分胁迫下两国品种根系干重的降低幅度差异不大（图 3-68）。说

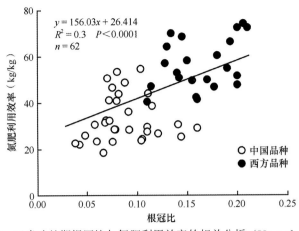

图 3-66 玉米吐丝期根冠比与氮肥利用效率的相关分析（Yu et al., 2015）

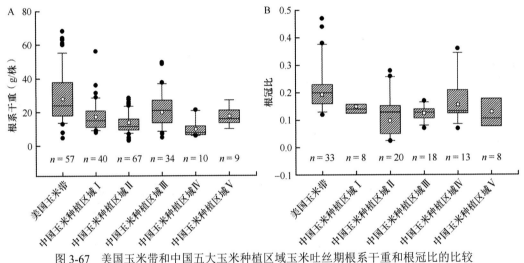

图 3-67 美国玉米带和中国五大玉米种植区域玉米吐丝期根系干重和根冠比的比较

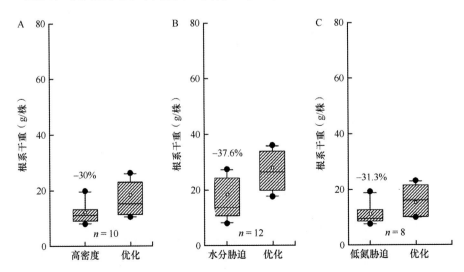

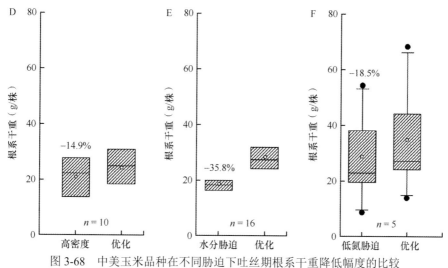

图 3-68　中美玉米品种在不同胁迫下吐丝期根系干重降低幅度的比较

A、B、C 代表中国品种，D、E、F 代表美国品种；图中数字代表降低幅度

明中美品种间根冠关系的差异不受气候、地理和胁迫因素的影响，两种遗传背景下根冠特征的差异是稳定存在的。美国品种的根冠特征对于氮的高效吸收利用是有利的。吐丝期土壤矿质氮和根系的三维分布表明，与中国品种郑单 958 和先玉 335 相比，美国品种 P32D79 在 0 ~ 60cm 土层具有更大的根长密度和较低的硝态氮含量（图 3-69）。

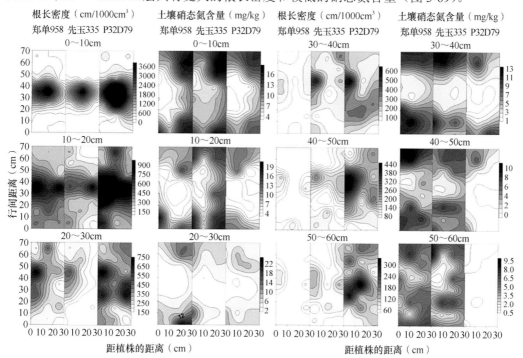

图 3-69　中美玉米品种吐丝期 0 ~ 60cm 土层根长密度和土壤硝态氮含量的等高线图

可见，较大较深的根系、较好的根系构型（分布）和较高的抗逆性，对于提高玉米产量和氮肥利用效率是至关重要的。

主要参考文献

陈磊, 云鹏, 高翔, 等. 2016. 磷肥减施对玉米根系生长及根际土壤磷组分的影响. 植物营养与肥料学报, 22(6): 1548-1557.

陈延玲, 吴秋平, 陈晓超, 等. 2012. 不同耐密性玉米品种的根系生长及其对种植密度的响应. 植物营养与肥料学报, 18(1): 52-59.

程乙, 王洪章. 刘鹏, 等. 2017. 品种和氮素供应对玉米根系特征及氮素吸收利用的影响. 中国农业科学, 50(12): 2259-2269.

鄂玉江, 戴俊英, 顾慰连, 等. 1988. 玉米根系的生长规律及其与产量关系的研究. I. 玉米根系生长和吸收能力与地上部分的关系. 作物学报, 14(2): 149-154.

范秀艳. 2013. 磷肥运筹对超高产春玉米生理特性、物质生产及磷效率的影响. 呼和浩特: 内蒙古农业大学博士学位论文.

冯广龙, 罗远培. 1999. 土壤水分与冬小麦根、冠功能均衡关系的模拟研究. 生态学报, 19(1): 96-103.

冯晔, 张玉霞, 王春雷, 等. 2013. 不同深松深度对玉米根系活性及产量的影响. 内蒙古民族大学学报 (自然科学版), 28(2): 196-199.

高德军. 2008. 种植方式对玉米产量及根系生理特性的影响. 泰安: 山东农业大学硕士学位论文.

高英波. 2011. 不同栽培模式下超高产春玉米根冠衰老特性研究. 呼和浩特: 内蒙古农业大学硕士学位论文.

高玉红, 郭丽琢, 牛俊义, 等. 2012. 栽培方式对玉米根系生长及水分利用效率的影响. 中国生态农业学报, 20(2): 210-216.

关军锋, 刘海龙, 李广敏, 等. 2004. 分根灌水对玉米根系活力及叶片含水量的影响. 中国生态农业学报, 12(1): 133-135.

管建慧. 2007. 玉米根系生长发育特性及与地上部关系的研究. 呼和浩特: 内蒙古农业大学硕士学位论文.

管建慧, 郭新宇, 王纪华, 等. 2007. 玉米不同部位根系生长发育规律的研究. 玉米科学, 15(6): 82-85, 88.

郭相平, 康绍忠, 索丽生. 2001. 苗期调亏处理对玉米根系生长影响的试验研究. 灌溉排水, 20(1): 25-27.

侯琼, 沈建国. 2001. 春玉米根系生育特征与冠层关系的研究. 生态学报, 21(9): 1536-1541.

胡昌浩, 潘子龙. 1982. 夏玉米同化产物积累与养分吸收分配规律的研究. II. 氮、磷、钾的吸收、分配与转移规律. 中国农业科学, 15(2): 38-48.

李潮海, 李胜利, 王群, 等. 2004. 不同质地土壤对玉米根系生长动态的影响. 中国农业科学, 37(9): 1334-1340.

李潮海, 李胜利, 王群, 等. 2005. 下层土壤容重对玉米根系生长及吸收活力的影响. 中国农业科学, 38(8): 1706-1711.

李济生, 董淑琴. 1981. 玉米根系的初步研究. 北京农业科技, (6): 18-22.

李少昆, 涂华玉, 张旺峰. 1993. 玉米根系生长及其所含营养物质成分的研究. 玉米科学, 1(1): 44-47.

李少昆, 涂华玉, 张旺峰, 等. 1992. 玉米根系在土壤中的分布及与地上部分的关系. 新疆农业科学, 2(15): 99-103.

李晓龙. 2014. 深耕方式对土壤物理性状及春玉米根冠特性的影响. 呼和浩特: 内蒙古农业大学硕士学位论文.

李宗新, 陈源泉, 王庆成, 等. 2012. 密植条件下种植方式对夏玉米群体根冠特性及产量的影响. 生态学报, 32(23): 7391-7401.

连艳鲜, 李潮海. 2008. 高产玉米杂交种根系形态生理特性研究. 玉米科学, 16(4): 196-198.

梁明磊. 2017. 氮磷配施对夏玉米根系形态和吸收性能的调控. 呼和浩特: 内蒙古农业大学硕士学位论文.

梁哲军, 陶洪斌, 王璞, 等. 2009. 淹水解除后玉米幼苗形态及光合生理特征恢复. 生态学报, 29(7): 3977-3986.

梁宗锁, 康绍忠, 石培泽, 等. 2000. 隔沟交替灌溉对玉米根系分布和产量的影响及其节水效益. 中国农业科学, 33(6): 26-32.

刘海龙, 郑桂珍, 关军锋, 等. 2002. 干旱胁迫下玉米根系活力和膜透性的变化. 华北农学报, 17(2): 20-22.

刘惠惠. 2012. 超高产夏玉米根系生理特性及其对籽粒发育的调控. 泰安: 山东农业大学硕士学位论文.

刘克礼, 高聚林. 1992. 春玉米还原糖含量变化的研究. 华北农学报, 7(1): 19-24.

刘胜群, 宋凤斌. 2007. 不同耐旱基因型玉米根系生理性状研究. 浙江大学学报(农业与生命科学版), 33(4): 407-412.

刘延吉, 田晓艳, 曹敏建, 等. 2007. 低钾胁迫对玉米苗期根系生长和钾吸收特性的影响. 玉米科学, 15(2): 107-110.

陆卫平, 张其龙, 卢家栋, 等. 1999. 玉米群体根系活力与物质积累及产量的关系. 作物学报, 25(6): 718-722.

马存金, 刘鹏, 赵秉强, 等. 2014. 施氮量对不同氮效率玉米品种根系时空分布及氮素吸收的调控. 植物营养与肥料学报, 20(4): 845-859.

牟金明, 姜亦梅, 王明辉, 等. 1999a. 玉米根茬还田对玉米根系垂直分布的影响. 吉林农业科学, 24(2): 25-27.

牟金明, 李万辉, 迟力加, 等. 1999b. 玉米根茬还田与玉米根的空间分布. 吉林农业大学学报, 21(4): 47-51.

慕平, 张恩和, 王汉宁, 等. 2012. 不同年限全量玉米秸秆还田对玉米生长发育及土壤理化性状的影响. 中国农业生态学报, 20(3): 291-296.

牛平平, 穆心愿, 张星, 等. 2015. 不同年代玉米品种根系对低氮干旱胁迫的响应分析. 作物学报, 41(7): 1112.

戚廷香, 梁文科, 阎肃红, 等. 2003. 玉米不同品种根系分布和干物质积累的动态变化研究. 玉米科学, 11(3): 76-79.

齐伟, 张吉旺, 王空军, 等. 2010. 干旱胁迫对不同耐旱性玉米杂交种产量和根系生理特性的影响. 应用生态学报, 21(1): 48-52.

齐文增. 2012. 超高产夏玉米根系的生理特性及形态特征. 泰安: 山东农业大学硕士学位论文.

屈佳伟, 高聚林, 王志刚, 等. 2016. 不同氮效率玉米根系时空分布与氮素吸收对氮肥的响应. 植物营养与肥料学报, 22(5): 1212-1221.

任昊, 程乙, 刘鹏, 等. 2017. 不同栽培模式对夏玉米根系性能及产量和氮素利用的影响. 中国农业科学, 50(12): 2270-2281.

僧珊珊, 王群, 李潮海, 等. 2012. 淹水胁迫下不同玉米品种根结构及呼吸代谢差异. 中国农业科学, 45(20): 4141-4148.

申胜龙. 2018. 不同覆盖方式与覆盖量对土壤水热氮利用及夏玉米生长发育的影响. 杨凌: 西北农林科技大学硕士学位论文.

宋海星, 李生秀. 2003. 玉米生长空间对根系吸收特性的影响. 中国农业科学, 36(8): 899-904.

宋海星, 王学立. 2005. 玉米根系活力及吸收面积的空间分布变化. 西北农业学报, 14(1): 137-141.

孙洪利. 2018. 高产春玉米品种耐密性对深松再增密响应的生理机制. 呼和浩特: 内蒙古农业大学硕士学位论文.

孙占祥, 魏亚范, 于希臣. 1994. 盆栽条件下玉米根系的研究. 杂粮作物, (4): 28-29.

王海燕. 2011. 超高产春玉米根冠衰老特性及对密度的反应机理. 呼和浩特: 内蒙古农业大学硕士学位论文.

王空军, 董树亭, 胡昌浩, 等. 2002a. 我国玉米品种更替过程中根系生理特性的演进. I. 根系活性与ATPase活性的变化. 作物学报, 28(2): 185-189.

王空军, 董树亭, 胡昌浩, 等. 2002b. 我国玉米品种更替过程中根系生理特性的演进. II. 根系保护酶活性及膜脂过氧化作用的变化. 作物学报, 28(3): 384-388.

王启现, 王璞, 杨相勇, 等. 2003. 不同施氮时期对玉米根系分布及其活性的影响. 中国农业科学, 36(12): 1469-1475.

王群. 2010. 土壤紧实胁迫对玉米根土系统及其生长发育的影响. 郑州: 河南农业大学博士学位论文.

王小林, 徐伟洲, 张雄, 等. 2018. 黄土塬区夏玉米物质生产及水分利用对品种间作竞争的响应. 中国生态农业学报, 26(3): 377-387.

王玥. 2017. 不同年代玉米杂交种耐密性及其对深松增密的响应机制研究. 呼和浩特: 内蒙古农业大学硕士学位论文.

王志刚. 2009. 超高产春玉米根冠结构、功能特性及农艺节水补偿机制研究. 呼和浩特: 内蒙古农业大学博士学位论文.

吴春胜, 宋日, 李健毅, 等. 2001. 栽培措施对玉米根系生长状况影响. 玉米科学, 9(2): 56-58.

吴秋平, 陈范骏, 陈延玲, 等. 2011. 1973～2009 年中国玉米品种演替过程中根系性状及其对氮的响应的变化. 中国科学, 41(6): 472-480.

谢孟林, 李强, 查丽, 等. 2015. 低氮胁迫对不同耐低氮性玉米品种幼苗根系形态和生理特征的影响. 中国生态农业学报, 23(8): 946-953.

严云, 廖成松, 张福锁. 2010. 密植条件下玉米冠根生长抑制的因果关系. 植物营养与肥料学报, 16(2): 257-265.

依兵. 2011. 低钾胁迫下玉米自交系根形态和钾素积累的基因型差异. 沈阳: 沈阳农业大学硕士学位论文.

尹斌. 2013. 深松深度对高产春玉米花粒期根冠特性及产量形成影响的研究. 呼和浩特: 内蒙古农业大学硕士学位论文.

于寒. 2015. 秸秆还田方式对土壤微生物及玉米生长特性的调控效应研究. 长春: 吉林农业大学博士学位论文.

于振文. 2003. 作物栽培学各论 (北方本). 北京: 中国农业出版社.

查丽, 谢孟林, 朱敏, 等. 2016. 垄作与覆膜对川中丘陵春玉米根系分布及产量的影响. 应用生态学报, 27(3): 855-862.

张文可, 苏思慧, 隋鹏祥, 等. 2018. 秸秆还田模式对东北春玉米根系分布和水分利用效率的影响. 生态学杂志, 37(8): 2300-2308.

张永忠. 2010. 低磷胁迫下玉米根系形态学变化和主要内源激素含量的动态分析. 成都: 四川农业大学硕士学位论文.

张玉芹, 杨恒山, 高聚林, 等. 2011. 超高产春玉米冠层结构及其生理特性. 中国农业科学, 44(21): 4367-4376.

张玉芹, 杨恒山, 高聚林, 等. 2015. 施钾方式对春玉米根系特征的影响. 玉米科学, 23(2): 130-136.

朱德峰, 林贤青, 曹卫星. 2001. 水稻深层根系对生长和产量的影响. 中国农业科学, 34(4): 429-432.

朱文新. 2016. 深松和灌水次数对春玉米根系环境及生长发育的影响. 呼和浩特: 内蒙古农业大学硕士学位论文.

Anderson E L. 1987. Corn root growth and distribution as influenced by tillage and nitrogen fertilization. Agronomy Journal, 79(3): 544-549.

Ball-Coelho B R, Roy R C, Swanton C J. 1998. Tillage alters corn root distribution in coarse-textured soil. Soil & Tillage Research, 45: 237-249.

Barber S A. 1971. Effect of tillage practice on corn root distribution and morphology. Agronomy Journal, 3(6): 724-726.

Belcher J W, Keddy P A, Twolan-Strutt L. 1995. Root and shoot competition intensity along a soil depth gradient. Journal of Ecology, 83(4): 673-682.

Cahill J F. 1999. Effect of fertilization on the interaction between above- and below-ground competition in an old field community. Ecology, 80: 446-480.

Cahill J F. 2002. Interactions between root and shoot competition vary among species. Oikos, 99(1): 101-112.

Chassot A, Stamp P, Richner W. 2001. Root distribution and morphology of maize seedlings as affected by tillage and fertilizer placement. Plant and Soil, 231: 123-135.

Davidson R L. 1969. Effect of root/leaf temperature differentials on root/shoot ratios in some pasture grasses and clover. Annals of Botany, 33(3): 561-569.

de Fraitas P L, Zobel R W, Snyder V A . 1999. Corn root growth in soil columns with artificially constructed aggregates. Crop Science, 39(3): 725-730.

Dillenburg L R, Whigham D F, Teramura A H. 1993. Effects of below- and above-ground competition from the vines *Lonicera japonica* and *Parthenocissus quinquefolia* on the growth of the tree host *Liquidambar styraciflua*. Oecologia, 93(1): 48-54.

Farrar J F, Jones D L. 2000. The control of carbon acquisition by roots. New Phytologist, 147(1): 43-53.

Goodman A M, Eends A P. 1999. The effects of soil bulk density on the morphology and anchorage mechanics of the root systems of sunflower and maize. Annals of Botany, 83: 293-302.

Hammer G L, Dong Z, McLean G, et al. 2009. Can changes in canopy and/or root system architecture explain historical maize yield trends in the U. S. corn belt? Crop Science, 49: 299-312.

Hébert Y, Guingo E, Loudet O. 2001. The response of root/shoot partitioning and root morphology to light reduction in maize genotypes. Crop Science, 41: 363-371.

Hunt R, Wilson J W, Hand D W. 1990. Integrated analysis of resource capture and utilization. Annals of Botany, 65: 643-648.

Lupton F G H, Oliver R H, Ellis F B, et al. 1974. Root and shoot growth of semi-dwarf and taller winter wheats. Annals of Applied Biology, 77: 129-144.

Magnani F, Mencuccini M, Grace J. 2000. Age-related decline in stand productivity: the role of structural acclimation under hydraulic constraints. Plant Cell Environ, 23: 251-263.

McPhee C S, Aarssen L W. 2001. The separation of above- and below-ground competition in plants: A review and critique of methodology. Plant Ecology, 152: 119-136.

Paul W U, Thomas C K. 1994. Soil compaction and root growth. A Review. Agronomy Journal, 86: 759-766.

Peltzer D A, Wilson S D, Gerry A K. 1998. Competition intensity along a productivity gradient in a low-diversity grassland. American Naturalist, 151(5): 465-476.

Peter J G. 2006. Plant Roots: Growth, Activity and Interaction with Soils. Oxford: Blackwell Publishing.

Pugnaire F J, Luque M T. 2001. Changes in plant interactions along a gradient of environmental stress. Oikos, 93: 42-49.

Putz E E, Canham C D. 1992. Mechanisms of arrested succession in shrub lands, root and shoot competition between shrubs and tress seedlings. Forest Ecology and Management, 49: 267-275.

Riegel G M, Miller R F, Krueger W C. 1995. The effects of aboveground and belowground competition on understory species composition in a *Pinus ponderosa* forest. Forest Science, 41: 864-889.

Snaydon R W, Satorre E H. 1989. Bivariate diagrams for plant competition data: Modifications and interpretation. The Journal of Applied Ecology, 26: 1043-1057.

Troughton A. 1960. Further studies on the relationship between shoot and root systems of grasses. Journal of the British Grassland Society, 15: 41-47.

van Noordwijk M, de Willigen P. 1987. Agricultural concepts of roots: from morphogenetic to functional equilibrium between root and shoot growth. Netherlands Journal of Agricultural Science, 35: 487-496.

Yu P, Li X, White P J, et al. 2015. A large and deep root system underlies high nitrogen-use efficiency in maize production. PLOS ONE, 10(5): e0126293.

第四章　玉米源库特性与产量[*]

　　农业生产的目标是获得尽可能高的经济产量，作物产量形成一直是农学家的研究热点。"源-库-流"概念是研究和解释作物群体协调状况的常用术语和重要理论工具，这一概念被广泛地用于探索作物产量形成。源-库学说最早由 Mason 和 Maskell 于 1928 年提出，源库的原意是制造光合产物和接纳光合产物的组织和器官，后来这一概念被 Evans 等发展用于作物产量形成分析。

　　从作物生理学观点出发，作物产量的形成必须具备制造产量内容物的工厂、容纳内容物的仓库和物质运转的疏导系统，把具有不同功能和形成产量的器官分别称为源、库、流。源是指光合产物供给源或代谢源，是制造和提供养料的器官，库是指光合产物代谢库或储藏库；流是指控制养料运输的器官。源、库、流三类器官的功能不能截然分开，它们是可以相互转变或替代的（于振文，2013）。源足、库大、流畅，以及三者的协调作用，是作物获得高产的基本条件。

第一节　玉米的源

　　源（source）即代谢源，是产生和输出同化物的器官和组织。源主要包括进行光合作用的功能叶，进行矿物质吸收和氨基酸、激素等物质合成及运转的根系，具有一定光合功能并将开花前的储藏物质输出的茎（鞘），以及其他的非叶器官。作物产量的形成主要是通过叶片的光合作用进行的。可见，源主要是指生产和输出光合产物的叶片。就玉米群体而言，则是指群体的叶面积及其光合能力。玉米生长发育过程中，同化物向各个器官的运输与分配直接关系到植物体的生长和经济产量的高低。"源"的大小对"库"的建成及其潜力的发挥具有明显的作用，"库"的生产潜力能否转化为最终的籽粒产量，取决于同化"源"的供应量。因此，玉米群体和个体的叶面积大、光合效率高，才能保证"源"足，为产量库形成奠定物质基础。

一、玉米源的建成

（一）玉米源的形态与构造

　　光合作用直接生产的同化物占玉米生产的全部干物质的 90% ～ 95%，叶片是进行光合作用、制造有机物、形成产量的场所，是玉米生长过程中主要的源。玉米叶片在茎上呈不规则的互生排列，正常的玉米叶片由叶鞘、叶片、叶舌三部分组成。叶片狭长扁平而无柄，叶尖渐尖，一般长 80 ～ 100cm，宽 6 ～ 8cm，中央纵贯一条主脉。叶片的下方为叶鞘，完全包围着节间，叶鞘质地坚硬，对茎有保护作用。叶鞘于旁侧开缝，其一侧以其边缘覆盖于另一侧之上。叶舌是叶片与叶鞘相连处内侧的无色薄膜，长 0.8 ～ 1cm，

　　* 本章由谢瑞芝、马达灵等撰写。

紧贴茎秆，有防止雨水、病菌、害虫进入叶鞘内部的作用。

玉米叶片最外层为表皮，由近似方形的表皮细胞所组成。叶片上、下表皮均有气孔分布，气孔成行平行排列，下表皮的气孔较上表皮多。上、下表皮的表面都有角质化。表皮以内为叶肉细胞，由不整齐而排列紧密的薄壁细胞所组成，细胞间隙少，有少数气腔。叶内细胞无明显的栅栏组织和海绵组织的区别，除近中肋处的叶肉细胞外，其余均有叶绿体；靠近维管束鞘有一圈毗连着的叶肉细胞，构成了一种"花环型"结构，这是 C_4 植物的特征。

（二）叶片的生长

玉米的叶片由叶原基发育而成，从玉米茎顶端分生组织的旁侧发生。玉米叶片的生长过程可分为分化、伸出、展开和衰老 4 个时期。新种子发育过程中，种子内已分化出 5～6 片叶，其余十几个叶片在播种发芽后拔节前由茎生长点分化形成，到拔节时，所有叶片都已形成，只是没有伸展出来。新叶露出 2～5cm 后叫作可见叶；可见叶逐渐伸长展开，当叶环从下面相邻展开叶的叶鞘中露出后，即为展开叶。

玉米叶片只有伸出才能进行光合作用。新长出的幼叶，其光合速率低，呼吸速率很高，生产出的同化物还不能满足自身的需要，必须从长成的叶片中得到同化物供给，此时的幼叶器官也被称为库；随着叶片的成长，其固定二氧化碳的能力增加，光合速率也逐渐达到最大，成为真正的源。叶片展开后面积达到最大，光合能力最高，制造的营养物质除满足自身需要外，还能向外输送，称为功能叶。叶片功能期越长，对于物质生产的贡献越大，是植株健壮的表现。需要注意的是，即使在同一植株上，源和库的概念也是相对的：成熟的叶片是制造同化物最多的部位，但由于群体郁蔽等，受光不足，呼吸作用大于光合作用，就起不到源的作用了。

玉米营养器官的建成依靠展开叶的光合作用供应同化物。叶片的展开与其他器官的生长存在同伸关系。叶片的生长过程可以分为开始生长、快速生长、缓慢生长和定长 4 个阶段。玉米不同生育时期单株叶片干重的变化则表现为：拔节前为缓慢增长期，拔节期至抽雄期为迅速增长期，抽雄期至乳熟期为稳增长期，乳熟期至收获为下降期。同一时间内几个叶片同时在生长，但处于不同生长阶段。一般当植株展开第 n 片叶时，第 $n+1$ 片叶基本定长，第 $n+2$ 片叶缓慢生长，第 $n+3$～4 片叶快速生长。第 n 片叶展开的同时，第 $n+2$ 个叶鞘和第 $n+1$ 个节间伸长。玉米各叶片面积在植株上的分布呈单峰曲线，第一片完全叶面积最小，雌穗位叶或其下一叶面积最大，顶叶面积居中。丁希泉等（1980）统计分析表明，穗位叶面积与单株叶面积呈极显著正相关关系，两者之间为直线关系，即 $y=a+bx$。因此可由穗位叶面积推算单株叶面积。玉米群体叶面积随生育期进程而变化。从掖单 4 号、掖单 13 号和丹玉 13 号叶面积指数（表 4-1）可以看出，玉米叶面积指数前期小，中期增长快，抽雄期达最大值，后期随叶片枯衰而降低（佟屏亚，1992）。

表 4-1　夏玉米 3 个杂交种叶面积指数（LAI）的变化（佟屏亚，1992）

杂交种	拔节期	孕穗期	抽雄期	受精后 15d	成熟期
掖单 4 号	0.82	4.99	5.65	4.74	3.58

续表

杂交种	拔节期	孕穗期	抽雄期	受精后 15d	成熟期
掖单 13 号	0.50	4.09	4.89	4.20	4.01
丹玉 13 号	0.31	2.63	3.28	2.86	2.37

（三）叶片的分组

玉米全生育期叶片为 20 ～ 22 片，由于叶片形成的时间和部位不同，叶片的功能期不同，光合产物输送途径也不同：基部 1 ～ 6 叶的光合产物主要供给根系，称为根叶组；7 ～ 11 叶为茎叶组，它的光合产物主要供给茎秆，其次是雄穗；12 ～ 16 叶为穗叶组，它的光合产物主要供给雌穗，其次为籽粒；17 ～顶叶为粒叶组，它的光合产物主要供给籽粒。

玉米的穗位叶与上、下各 1 叶组成的棒三叶对籽粒产量的贡献最大，可以达到产量的 40% ～ 50%。也有研究认为，玉米的雌穗和籽粒生长发育所需的碳水化合物 50% ～ 70% 来源于上部叶和中部叶（王永宏等，2013）。棒三叶、上部叶对籽粒产量的贡献较大，原因在于：一是面积大，占单株叶面积的 35% ～ 40%；二是功能期长，且与雌穗和籽粒的生长发育时期同步，雌穗和籽粒生长最快、需要养分最多的时候也是棒三叶和上部叶功能最旺的时期；三是源库距离近，物质运输快，叶片生产的碳水化合物可以很快转运到籽粒中储存起来；四是上部和中部叶片的环境好，光照强，二氧化碳浓度高，有利于光合作用。因此，在玉米栽培中应采取相应措施促进棒三叶和上部叶的生长，防止早衰，以延长功能期和提高光合生产力。

（四）影响叶片生长的环境条件

1. 温度

玉米的出叶速率与温度有着密切的联系。有研究表明：在 8 ～ 34℃的温度范围内，玉米的叶片生长速率随着温度升高而增加，之后随着温度升高叶片生长速率下降，而玉米的出苗率和每天的生长温度则以土壤温度 25℃最为适宜，当温度达到 31℃时玉米的叶片生长速率达最大值。20 片叶左右的中熟品种，从出苗到全部叶片展开，春播地区需要 75 ～ 80d，而夏播地区则仅需 42 ～ 50d。玉米生长点附近的温度对玉米生长发育起控制作用：玉米拔节前生长点位于地面以下地表附近，因此从播种至拔节玉米的生长速率受到地温的控制，地温决定了玉米叶片的伸展速率，玉米拔节以后生长点转移至地面以上，玉米的生长发育速度开始受到近地面空气温度的控制。

玉米叶片的光合能力受温度的影响更大：在 4 ～ 10℃，叶片光合能力很低，超过 10℃以后，叶片光合能力随着温度的升高而提高，至 33℃时，叶片光合能力最强，超过 40℃叶片光合能力又急剧下降。

2. 水分

土壤水分状况对叶面积的大小、叶片功能期的长短都有很大影响。土壤水分适宜时叶片寿命长、功能期长，如对豫玉 2 号进行试验，土壤水分正常，抽雄期平均每株有 16 片绿叶，成熟时仍有 10 片，干旱处理下平均每株分别只有 12.7 片和 4.3 片，比水分正常时分别少 3.3 片和 5.7 片。

水分既是光合作用的原料，又是保持叶片舒展、利于叶片接受阳光的重要条件。水分不足时，叶片光合能力降低。另外，水分还可以通过叶片蒸腾来调节植株的体温。合理灌溉，保持不同生育期的土壤适宜含水量，是促进叶片生长、延长叶片功能期、提高叶片光合作用、增加产量的重要措施。

3. 施肥

玉米是需肥量较大的作物，增施肥料，可明显增加单株叶面积和干物质的积累。例如，不施肥的单株叶面积为 $0.297m^2$，光合生产率（每天每平方米土地上生产的干物质）为 $14.74g/(m^2 \cdot d)$，而施肥的单株叶面积为 $0.407m^2$，光合生产率为 $15.84g/(m^2 \cdot d)$。一般说来，增施基肥或苗期重施肥，可以增加叶面积；大喇叭口期至开花期施肥，可以延长叶片功能期，提高后期叶片的光合能力。玉米合理的肥料运筹遵循基肥为主，追肥为辅；有机肥为主，化肥为辅；氮肥为主，磷、钾肥为辅；穗肥为主，粒肥为辅等基本原则。

4. 光照

玉米是喜光作物，全生育期都要求强烈的光照。光照是光合作用的能量，玉米出苗后在 $8 \sim 12h$ 的光照下，植株发育快，叶片展开速率高，生育期缩短。光照增加，光合作用增强，净光合生产率高，有机物质在体内移动得快，单株叶面积也相应变大；光照减弱，则光合作用降低，生产的干物质减少，单株叶面积也小。由于玉米的光补偿点较低，故不耐阴；但玉米的光饱和点较高，即使在盛夏中午强烈的光照下，也不会出现光饱和状态。因此，要求适宜的密度，避免群体郁蔽造成严重减产。

5. 二氧化碳浓度

二氧化碳是光合作用的原料，它直接影响叶片的光合作用强弱，间接影响叶片的生长。玉米叶片的光合作用随着二氧化碳浓度的增加而增强。一般空气中二氧化碳浓度可以满足玉米光合作用的需要。在良好的水肥条件下，增加玉米冠层二氧化碳的浓度，可降低叶片的蒸腾速率，使叶温增加。同时二氧化碳浓度增加改变了玉米碳、氮分配与再利用方式，使植株生物量与碳、氮积累增强，有助于减轻植株受水分胁迫的影响。对于种植密度较大、通风较差的群体，二氧化碳往往不能满足需要，群体光合性能降低，产量不高。生产上增施有机肥可以补充一部分二氧化碳。

二、玉米源的结构与功能

玉米生产是群体生产力的集中体现，源的结构指的也是群体结构。良好的源结构不仅包括适宜的单株叶片数或叶面积，还包括适宜的空间分布、合理的透光率以保证较高的净光合速率，生产更多的光合产物，为库的扩展提供充足的供应。

（一）源的结构

源的结构是个体和群体的数量与质量的综合体现，包括面积（即光合面积）、空间分布（即相应的冠层透光率）、功能期（即光合时间）等，直接影响着源的效能。

1. 面积

叶面积指数（leaf area index，LAI）表示单位土地面积的绿叶面积，通常用它反映植株的光合面积大小，是构建合理冠层结构的重要调控指标，直接影响与决定群体光能截获量和光合生产力。LAI 的变化过程符合"S"形曲线（图 4-1）：出苗后，叶片新生，LAI 一直持续增加；拔节期是 LAI 增长速率的分水岭，小喇叭口期至抽雄期群体 LAI 进入直线增长期；开花吐丝期 LAI 达到最大值，在随后的生殖生长过程中 LAI 不断衰减。

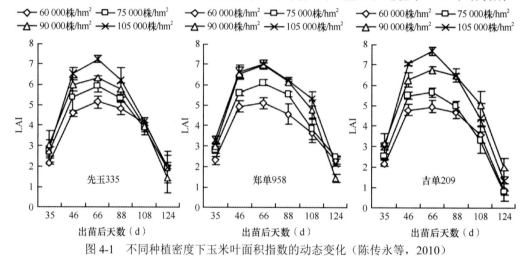

图 4-1　不同种植密度下玉米叶面积指数的动态变化（陈传永等，2010）

光截获率与群体叶面积指数呈指数模型变化，群体叶面积增加，光截获率增加；LAI 太小，光截获率少，会造成漏光损失；LAI 过高使植株下层叶片光照减弱，群体光合同化量减少，导致减产。一般 LAI < 5 时，可通过调控手段增加光合面积、光截获率、群体光合势和经济系数；LAI > 5 时，应尽可能调整冠层的空间光分布，改善冠层的光分布状况。

不同的产量水平，玉米群体的 LAI 差异很大。20 世纪 50～60 年代以来，随着产量水平的不断提升，玉米群体的 LAI 也从 3.0 左右持续增加，目前的高产春玉米吐丝期 LAI 为 6.5～7.0，其全生育期内 LAI 维持在 6.0 以上；高产夏玉米的吐丝期 LAI 达 5.59～6.75，成熟期 LAI 仍然保持在 2.09～3.68。

2. 空间分布

叶片的空间分布主要取决于叶片的生长方向及叶长。叶片与茎秆垂直方向的夹角叫叶倾角，是叶片直立程度的指标之一。一般茎叶夹角越小，叶片越上冲，遮阴越轻；茎叶夹角越大，越趋向于水平，遮阴越重；Pepper 等（1977）提出了叶向值（LOV）的概念，用来表示叶片上举及弯曲程度。叶向值大，群体内透光性好。

以不同年代释放的品种为例，图 4-2 显示了从底部第 4 叶到顶部的每个叶片的茎叶夹角和叶长。图 4-3 显示了不同年代玉米品种从基部第 5 叶到顶叶各单叶的 LOV。各个品种间叶片数没有太大变化，保持在 21～22 片叶；穗位叶大多集中在 14～16 叶位；

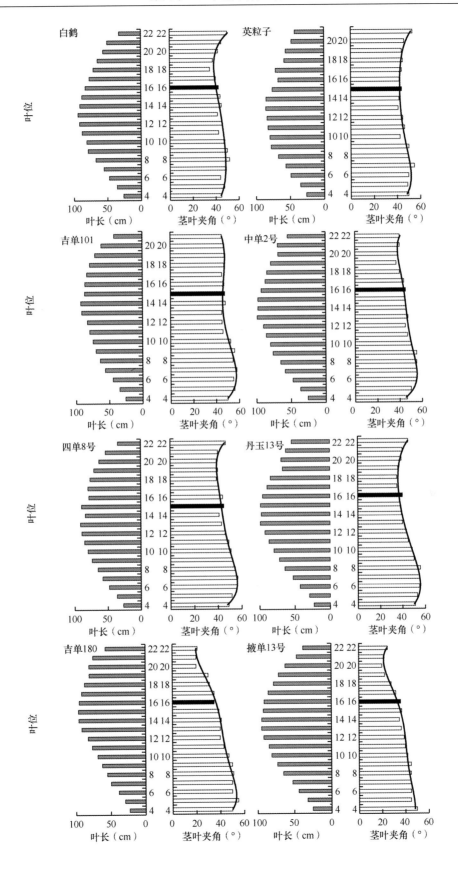

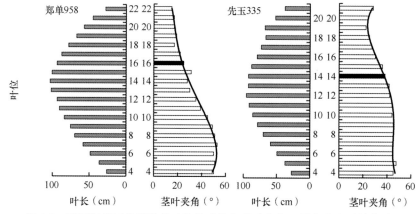

图 4-2　不同年代玉米品种各叶位的叶长和茎叶夹角（黑色条表示穗位叶）

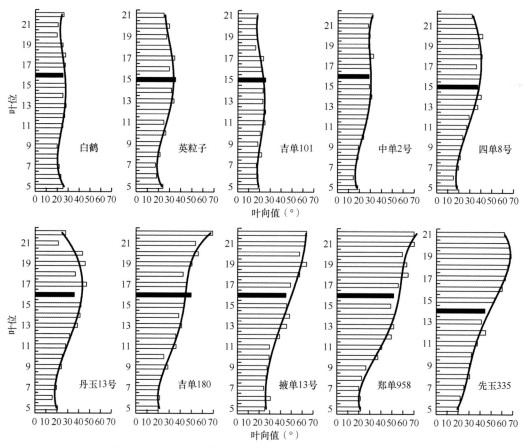

图 4-3　不同年代玉米品种从基部第 5 叶到顶叶各单叶的 LOV（黑色条表示穗位叶）

从第 10 叶开始，品种间的茎叶夹角有显著的差异，如白鹤、英粒子、吉单 101、中单 2
号等的茎叶夹角在 40° 以上，LOV 小于 35°，而郑单 958、先玉 335 等的茎叶夹角，尤
其是上层叶片的茎叶夹角在 20° 左右，LOV 大于 60°（马达灵，2014）。

国内外学者将玉米品种按照茎叶夹角和 LOV 划分为平展型、中间型和紧凑型 3 种株型。Pepper 等（1977）提出了以 LOV > 60° 为紧凑型，LOV=30° ~ 60° 为中间型，LOV < 30° 为平展型的株型划分标准；章履孝和陈静（1991）在 LOV 的基础上提出以穗上叶叶向值（BLOV）为株型划分标准，BLOV > 60° 为紧凑型，BLOV=30° ~ 60° 为中间型，BLOV < 30° 为平展型。

在叶面积相等的情况下，叶片空间排列的方式影响光能利用率。Maddonni 等（2001）报道不同株型的品种由于全株叶片数、叶面积和茎叶夹角的差异，入射的光合有效辐射（photosynthetically active radiation，PAR）不同，茎叶夹角小的品种下部入射的 PAR 较大。薛吉全等（1995）从不同层次的群体透光率研究表明，茎叶夹角小的紧凑型玉米的上层透光率和地面透光率大于茎叶夹角较大的平展型玉米的上层透光率和地面透光率。

3. 功能期

玉米叶片从伸出、展开到死亡的这段时间称为叶片的功能期，也是源的光合时间的衡量尺度。早在 50 年前人们就认为，大多数作物产量存在差异的原因关键在于光合作用的持续时间，而不是光合速率的大小。整个生育期内植株绿叶面积大小对光合能力和经济产量的形成有重要作用，尤其是抽雄期、灌浆期对籽粒产量的贡献最大。维持较高的群体 LAI 是产量提升的基础。

玉米花后叶片功能期与遗传因素有着很大的关系。持绿型玉米品种与早衰型品种相比能够保持较长的绿叶功能期，生成更多的光合产物，在籽粒灌浆期多生成干物质，延长了灌浆期，有利于增加籽粒产量。Ma 等（2017）的研究表明，从 20 世纪 50 年代到 21 世纪初，随着品种的演替，持绿性以每年 0.59% ~ 0.65% 的速率提高，因而花后干物质累积量老品种约为 10t/hm^2，而新品种约为 16t/hm^2。在逆境如干旱、缺乏营养、高密度等条件下，持绿性好的品种更显其优势。

玉米叶片功能期受环境因素影响也较大，温度、水分、光照、施肥、栽培密度等都会对叶片的持绿性产生影响。高温条件下由于叶绿体结构被破坏，叶绿素降解加速，叶绿素合成阻力加大，叶片衰老加速；极端水分供应能明显增加植物内源激素乙烯的含量，加速叶片衰老，还能破坏活性氧清除系统，加速膜质过氧化反应，导致细胞膜系统被破坏，加速植物衰老死亡。

研究者通常采用绿叶面积功能期、健康叶面积功能期、绝对绿叶面积持续期、相对绿叶面积持续期等指标评价源的功能期长短。绝对绿叶面积持续期与单株籽粒产量呈显著正相关关系；相对绿叶面积持续期与单株生物产量呈显著正相关关系。由于整株绿叶面积测量起来工作量大，可以通过测定生育后期棒三叶绿叶面积变化动态简易、快速地分析植株的持绿度。

（二）源的功能

玉米叶片的主要功能是进行光合作用和蒸腾作用，也有一定的吸收功能。叶片发育特征与空间分布不仅影响光能截获率与光合效率，还影响干物质积累。一般从光合势、光合速率、光合产物等角度评价源的光合作用。

1. 光合势

光合势即叶面积持续时间，是衡量叶片光合面积累积的尺度，是表示群体光合性能的重要参数，它反映了光合规模的大小。光合势高，即叶面积持续时间长，是获得高生物产量和籽粒产量的前提，玉米总光合势与经济产量有显著的正相关关系，光合势越高，光能利用率越高，群体干物质积累也就越多。花后光合势反映了玉米群体在开花到成熟期间截获光能的能力大小，对玉米的干物质积累和产量的形成影响更大。产量与吐丝前、吐丝后光合势均呈二次函数关系。在玉米产量提升过程中，群体的光合面积增加，叶片延迟衰老，光合势一直呈上升趋势，吐丝后光合势越高，产量越高。吐丝后保持较高的绿叶面积是高产玉米源的显著特征。

2. 光合速率

玉米群体光合速率的日变化与光照强度的日变化相一致，上午随光照增强而逐渐提高，中午达最大值，下午随光照减弱而逐渐降低。玉米叶片光合速率日变化呈单峰曲线；玉米植株不同叶位叶片的光合速率表现为中位叶＞上位叶＞下位叶。群体光合速率和单叶光合速率日变化的差异表现为单叶测定时光合速率有"午休"现象。由于测定时的环境条件不同，玉米群体全生育期光合速率有单峰型、双峰型、多峰型等变化规律。光合速率与产量的关系及提高光合速率的途径长期以来一直受到关注。光照强度是决定光合速率的主导因素，而叶层中光分布是影响光照强度的主要因素。

玉米光合能力下降表现为叶绿素含量下降、光系统光化学效率减退、核酮糖-1,5-双磷酸羧化酶/加氧酶（Rubisco）含量减少、过氧化物酶活性降低等，光合速率下降也是一个重要的标志。对于高产田而言，玉米灌浆前期净光合速率、磷酸烯醇丙酮酸羧化酶（phosphoenolpyruvate carboxylase，PEPC）活性和核酮糖-1,5-双磷酸羧化酶（RuBPCase）活性较高，后期净光合速率、叶面积指数和可溶性蛋白含量下降缓慢，整个灌浆期间叶绿素 a/b 值始终较高，净光合速率和叶面积的高值持续期长。

国内外研究证实，在玉米产量提升、品种更替过程中，花前光合速率差异不明显，新品种在花后可以维持较高的光合速率并且光合有效期延长。2005 年，山东农业大学研究发现，与老品种相比，新品种生育后期穗位叶同化 CO_2 能力增强，光合速率增加。也有一些学者认为，在良好的生长条件下，品种间光合速率没有明显的差异，但干旱条件下新品种冠层温度较低，光合速率高；另外，当代新品种开花后叶片中的一些光合色素与碳同化关键酶降解缓慢，维持较高生理活性的时间较长。

3. 光合产物

光合作用的强弱最终以光合产物表现，即干物质积累，花前的光合产物主要用于营养器官的建造，为产量的形成奠定基础，而不是直接用于经济产量，花后干物质的积累是产量形成的关键。玉米在个体和群体层次上干物质积累均呈"S"形曲线变化，各器官干物质积累速率呈单峰曲线变化；种植密度与器官、个体干物质累积量呈负相关关系，与群体干物质累积量呈正相关关系。随密度增加，茎鞘中干物质向籽粒的转移率和贡献率增加。

提高干物质的生产能力是提高玉米籽粒产量的根本途径。在玉米产量的提高过程中，花前干物质积累没有明显规律，而花后生物量显著增加，花后干物质的积累速率也呈增加趋势。在一定密度范围内，在生长初期，干物质积累随密度增加而成比例增加，群体与个体表现为直线关系；随着生育进程的推移，群体干物质积累不再与密度增加成正比，而逐渐接近一定值；在生育后期，玉米单株地上部干物质积累呈现下降趋势，而群体的地上部干物质积累继续呈现增加趋势。

4. 蒸腾作用

蒸腾作用是玉米叶片的重要生理功能，植株散失的水分绝大部分是通过叶的蒸腾作用进行的。蒸腾作用对降低株温、促进根系吸收水分和矿质营养都有很大作用。玉米叶片的蒸腾速率变化较大，董树亭等（1993）对各叶片展开的当天测定结果表明，掖单 13 号平均蒸腾速率为 $10.55\mu g/(cm^2 \cdot s)$，鲁玉 5 号平均为 $9.41\mu g/(cm^2 \cdot s)$。各杂交种均以果穗位叶的蒸腾速率最高，顶部倒二叶次之，下部叶最低，如掖单 13 号第 9 叶、果穗位叶、顶部倒二叶的蒸腾速率分别为 $9.30\mu g/(cm^2 \cdot s)$、$11.61\mu g/(cm^2 \cdot s)$ 和 $10.74\mu g/(cm^2 \cdot s)$。

此外，叶片的表皮能吸收溶于水的无机物和有机物。据此，可对玉米进行根外追肥和喷洒内吸杀虫剂。

三、源的研究方法

源是物质生产、产量形成的基础，它代表了光合产物供应的能力，以源的大小（叶面积）、源光合性能与光合时间的乘积表示。主要从改变源面积、光合产物分配、与光合作用相关的酶类入手，研究玉米的源是否限制着产量的提升。

（一）减源

减源是在源库关系研究中最为常用的一种手段，即通过人为减少源的面积（减叶），从而改变源库比例。减源的研究方法大致包括不同程度地去除顶叶、不同程度地剪除中部叶片、不同程度地去除穗下部叶片等处理，或者选择不同生育时期进行剪叶处理。在剪除叶片的操作中一般有减全叶、减 1/2 叶等方法。这些处理在很大程度上改变了原有植株的源面积，与对照植株相比，一些生理指标发生了较大变化，便于测定、比较和分析。研究的主要内容包括光合速率、冠层光分布、干物质生产、光合同化物在源和库中的分配、与源有关的酶活性、产量性状等。

一般情况下，减源处理导致开花期叶面积减小，叶片易早衰，使得成熟期的光合势大幅度降低，因此截获的光能减少，同化的二氧化碳减少，干物质积累数量减少，产量明显降低。有试验表明（崔丽娜，2012；刘铁宁等，2014），玉米 10 叶期、16 叶期和灌浆初期去掉 50% 叶片，分别平均减产 15%、25% 和 20%，去掉全部叶片，则分别平均减产 30%、98% 和 69%。也有研究报道，从抽丝后 10～40d，每 10 天去果穗上叶、果穗下叶和全部叶，干物质积累显著减少，全部去叶减产 6.4%～82%，部分去叶减产

1.5%～32.7%。吴正锋等（2005）通过剪叶剪穗处理，研究了高油玉米与普通玉米的源库特性。结果表明，在 1.5 株/m² 密度下，开花期进行减源和半量不饱和授粉的疏库处理，在减源 1/2 时，高油玉米籽粒重平均减少 27.33mg/粒，减幅 6.73%～8.63%，普通玉米籽粒重减少 23.65mg/粒，减幅 2.66%～8.44%；当果穗半量不饱和授粉时，高油玉米籽粒重平均增加 34.22mg/粒，增幅 6.74%～12.65%，普通玉米籽粒重增加 6.82mg/粒，增幅 0.68%～2.74%（图 4-4）。充分说明高油玉米粒重对叶源相对减少（剪叶）或相对增多（疏库）的反应更为敏感，证实了高油玉米的产量受叶源相对不足的限制。

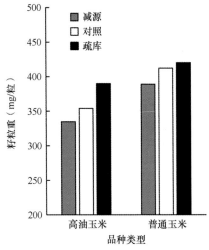

图 4-4　源库改变对玉米籽粒重的影响

在高密度种植条件下，适当减源仍可以保持较高的群体光合速率和较长的 LAI 高值持续期，还可显著改善冠层光照条件，但过度减叶增加了生育后期的漏光损失，不利于光能利用率的提高。适度减源还可改善密植玉米穗位叶叶绿素含量、类胡萝卜素含量、净光合速率（Pn）、气孔导度（Gs）、胞间 CO_2 浓度（Ci），有效调控株型，提高密植玉米的单株生产力，较好地协调群体与个体的关系。此外，在高密度条件下适当减源，实际化学效率（ΦPSII）和最大光化学效率（Fv/Fm）整体上高于对照，产量构成因素中的粒重较不去叶有明显增加，而且成熟期收获穗数亦显著增加（崔丽娜，2012；刘铁宁等，2014）。

减源方法与栽培条件有着密切的关系，设置不同的种植密度、肥水处理，对研究结果有着很大的影响。诸如高密度下合理的减源措施可以增加玉米籽粒产量，而低密度条件下减源，产量会随之降低。生态条件也对减源后的产量产生一定的影响，在光照充足、昼夜温差大的地区，减去 1/2 源只使产量减少 9%～15%，而在阴雨连绵、昼夜温差小的地区，减去 1/2 源则造成 20%～33% 的产量损失。

（二）同位素示踪法

同位素示踪法（isotopic tracer method）是利用放射性核素作为示踪剂对研究对象进行标记的微量分析方法。同位素示踪法所利用的核素与自然界存在的相应普通元素的化学性质和生物学性质相同，但具有不同的核物理性质，用同位素作为一种标记，制成含有同位素的标记化合物代替相应的非标记化合物，利用同位素与普通相应元素的质量之差，探测它在体内或体外的位置、数量及其转变等。

同位素示踪法常用于研究光合产物在植物体各部位的分配或不同部位光合碳的固定能力，常用同位素 ^{13}C、^{14}C 进行标记，在某个生育期进行同位素饲喂标记植株的叶片。方法是将叶片用带盲端乳胶管的塑料袋套住，并将袋口用夹子密封。用注射器取一定剂量的同位素 $^{13}CO_2$ 或 $^{14}CO_2$ 从乳胶管处注入袋内。约 30min 光合作用后，抽出袋内残余的 $^{13}CO_2$ 或 $^{14}CO_2$，用碱液回收，并检查饲喂效果。饲喂后可以根据实验目的利用放射性活度测量仪、质谱仪等对植株进行取样研究。

叶片是固定 CO_2 的主要器官，产生的同化物向正在发育的茎、生殖器官和根部输送。有结果表明，在玉米吐丝后 4d，当籽粒是较弱的库时，^{13}C 同化物主要分配在茎秆中，其次分配在其他叶片和苞叶中，占到总同化物的 50% 左右，在灌浆过程中逐渐运往籽粒。在玉米吐丝期对不同减源疏库处理的植株进行整株标记，测定 ^{13}C 同化物在植株各器官中的分配、运转，发现成熟期去除植株顶部两片叶显著降低了 ^{13}C 同化物在茎秆和其他叶片中的分配比例，促进了其向籽粒的分配。较不去叶而言，去除顶部两片叶处理 ^{13}C 同化物向籽粒的分配比例增加。

（三）测定植物酶类活性及植物激素含量

植物生长发育过程中，有六大酶类（氧化还原酶、转移酶、水解酶、裂解酶、异构酶和连接酶）参与其中，在不同的源库比例条件下，测定玉米植株中相关酶的活性来研究源库关系也是常用的方法之一。比较常见的包括超氧化物歧化酶（superoxide dismutase，SOD）、过氧化物酶（peroxidase，POD）、过氧化氢酶（catalase，CAT）、多酚氧化酶（polyphenol oxidase，PPO）、核酮糖-1,5-双磷酸羧化酶等与光合作用相关的酶类。前人的研究表明，在适度减源处理下，穗位叶可溶性蛋白含量、SOD 活性、POD 活性、CAT 活性均有明显增强的趋势，丙二醛（MDA）含量显著降低；然而，过度减源会使叶肉细胞膜结构逐渐不完整，叶绿体膜结构逐渐不完整，基粒逐渐溶解，SOD 活性降低，而 MDA 含量增加，加速了叶片的衰亡。

植物激素是指植物体内天然存在的对植物生长发育有显著作用的微量有机物质，也被称为植物天然激素或植物内源激素。它的存在可影响和有效调控植物的生长发育，包括从细胞生长、分裂，到生根、发芽、开花、结实、成熟和叶片脱落等一系列植物生命全过程。源库关系研究中经常测定的激素包括吲哚乙酸（indole-3-acetic acid，IAA）、玉米素核苷（zeatin riboside，ZR）、赤霉素（gibberellin，GA）、脱落酸（abscisic acid，ABA）等。研究表明，在不同程度的减源方式下，花后 0 ~ 13d IAA、ZR 含量均增大，26d 后适当减源处理穗位叶在籽粒灌浆中后期维持较高的 IAA、ZR 含量，而过度减源则 IAA、ZR 含量显著降低。适当减源后 ABA 含量增加趋势较缓，在籽粒灌浆期间维持较低的 ABA 含量，延缓了叶片衰老，使叶片维持较长的功能期，有利于其光合性能的改善；而过度减源处理叶片的 ABA 积累进程快而且累积量大，加速了叶片衰老。

（四）其他手段

在源库关系研究中所采用的改变 CO_2 浓度、剪叶、遮阴等措施，只能产生诱导差异，不能揭示内在差异。随着分子生物学的发展，目前有些研究已涉及了源库关系的分子机制及其在分子水平上的调控。有研究者从玉米中克隆了负责合成 6-磷酸蔗糖和蔗糖磷酸合酶的基因，并将其植入马铃薯植株中，导致了马铃薯植株叶片的蔗糖磷酸合酶活性增加了 6 倍，叶片淀粉含量下降而蔗糖含量上升（屠乃美和官春云，1995）。遗传基础相近、库源比不同的水稻品种比较试验表明，库源比高的品系源活性较高，源小的品系比叶重较高；但当以单位叶片重或单位叶片蛋白量表达时，源小的品系则未必能表现出高的源活性，这表明可从遗传上改变库源比（Lafitte and Travis，1984）。也有学者通过改变出苗至花器分化期间的温度，来调节源库的关系，发现不同温度处理可调节油菜花前生长期和主茎总叶数（Tommey and Evans，1992）。

四、玉米源的响应与调节

为了改善源的结构，增强源的功能，科学家曾进行了大量的研究探索。育种上最显著的成就是株型育种，使单位面积内能容纳更大的源面积；在栽培上研究了种植密度、种植方式、水肥供应、生态条件等对源的影响。

（一）品种差异

株型作为评价源结构的一个重要指标，受到国内外众多学者的普遍重视。Donald 早在 1968 年就提出"在作物群体中寻找个体间最小竞争强度的作物理想株型"的设想，从此引发了一系列作物"理想株型"育种的探索，历时近 40 年，株型育种的概念也经历了由几何株型到生理株型再到结合了杂种优势的生理生态株型的演变。

以我国玉米发展为例，从 20 世纪 50 年代到当代，玉米整株的叶片数不断增加，叶面积指数增大；群体最适叶面积指数从 3.0 左右增加到当代的 6～7。随着品种更新，叶片衰老进程延缓，功能期延长。在逆境下新品种叶片功能期延长表现也更明显。株型增产主要与玉米群体内光分布有关。玉米干物质积累的主要功能叶是中部叶片，因而上部叶片上冲，中部叶片可处于较好的光照状态下，从而有利于物质生产。随着品种更替，茎叶夹角不断变小，穗位以上叶片的直立趋势最为明显；茎叶夹角变小，可以使太阳辐射在冠层中均匀分布，对密度的耐受力增大，从而使群体冠层结构比平展型更合理，易于通过合理密植获得高产。对我国自 20 世纪 50 年代到 2010 年释放的品种进行不同密度的试验发现，50 年代、70 年代的品种如白鹤、英粒子、吉单 101、四单 8 号等吐丝期适宜 LAI 在 4.0～4.3，相应种植密度在 45 000～50 000 株/hm²；80 年代品种如中单 2 号、吉单 180 的适宜 LAI 在 4.5 左右，相应种植密度在 53 000～60 000 株/hm²；近当代品种如郑单 958、先玉 335、农华 101 等的适宜 LAI 为 5.5～6.0，相应种植密度在 70 000～80 000 株/hm²（马达灵，2014）。

在品种更替过程中，国内外对玉米株高和穗位高的变化认识有所不同。对美国

1930～2001 年的玉米杂交种及开放授粉种 OPC 进行研究表明，株高没有显著的变化，但穗位高略降低。穗位高的降低，增强了茎秆倒伏的抗性。我国品种更替过程中株高和穗位高则经历了先降后升的变化趋势。总之，不断更新的新品种光合面积增加，冠层内光分布更均匀，光合时间延长，倒伏率降低。由此可见，在品种改良过程中，新品种的株型更趋于通过合理密植构建高产群体源的结构。

美国的品种更替研究表明，1953～2001 年适应艾奥瓦州中部的 18 个商业杂交种中，新品种的叶片功能期长于老品种的叶片功能期。当代杂交种顶部叶片衰老先于中部叶片是新品种的标志，籽粒灌浆到一半时顶部叶片率先衰老，改善了中部叶片的养分供应和光合效率，是产量提高的生理基础。国内外学者对不同年代推广的玉米品种研究认为，当代新品种个体表现出较高的光合速率与光能利用率，开花后叶片光合色素与碳同化关键酶降解缓慢，维持较高生理活性的时间较长。新品种不仅具有良好的形态结构，还具有优化的生理指标，如光合时间、光合势、叶片功能期、光合速率等。随着叶龄的增长，玉米叶片衰老，叶绿体逐渐解体，酶活性逐渐降低，玉米的光合速率也降低。高产品种的 SOD、POD 和 CAT 活性显著高于普通品种，MDA 含量显著低于普通品种，具有较高的清除活性氧的能力，有利于延缓衰老，这是获得高产的重要生理基础（桑丹丹等，2009）。

（二）种植密度

作物生产是田间条件下的群体生产，只要依靠群体才能发挥增产潜力。种植密度对玉米群体内光合有效辐射、二氧化碳、气温、风速、相对湿度的垂直分布有显著影响，最终影响群体的有效贮积能量和产量，通过调节密度建立合理群体结构，才能提高资源利用率，获得较高的有效贮积能量。

种植密度对个体的影响表现在：随种植密度的提高，玉米的植株形态发生变化，叶片变窄，茎叶夹角逐渐缩小，叶向值增大。随着种植密度增加，株高和穗位高升高，穗下各节间呈伸长趋势，而穗上各节间呈缩短趋势，各节间粗度均呈减小趋势，各节间宽窄比无显著变化。种植密度对穗位叶叶绿素含量有较大的影响，种植密度增加，穗位叶叶绿素含量减少，叶片光合能力降低，出现早衰。

种植密度通过对玉米冠层光截获率、光合面积和光合面积持续时间的调控，影响玉米群体的冠层功能及其产量性状。随着种植密度增加，群体内植株个体间光照、水分和养分的竞争加剧，冠层透光率降低，茎叶夹角的自动调节程度远不及种植密度增加对透光率的影响。随种植密度的增加，群体底层和穗位层透光率仍然明显降低，而群体光截获率提高。徐克章等（2001）认为，群体穗位层透光率达 25% 左右、光截获率在 95% 以上是合理的群体冠层，易于获得高产。在 82 500 株/hm² 的种植密度下，春播郑单 958 接受的光能可以合理地分配到群体各叶层，使穗位叶层处于较好的光照状态，维持较高的光截获率，群体光能利用率提高。11 000kg/hm² 产量水平下，郑单 958 适宜种植密度为 75 000 株/hm²，适宜叶面积指数为 5～6。夏玉米中熟品种掖单 22 号在 13 500kg/hm² 产量水平下，适宜的种植密度为 75 000 株/hm² 左右，最大叶面积指数为 5.5 左右。

高密度种植条件下，冠层容易出现郁闭、通风透光性差等现象，通过改变种植方式，构建良好的群体冠层结构，可协调密度与光能利用的矛盾，进而提高作物产量。在株行距配置方式上，总的趋势是缩小行距。缩行种植的主要目的是使作物在田间均匀布局，改善冠层内的光照、温度、湿度和 CO_2 浓度等微环境，提高自然资源利用效率。因地制宜采取大小垄和宽窄行种植，有利于通风透光、田间作业和水肥集中施用等。试验证明，在高密度种植条件下，宽窄行种植的玉米较等行距种植的玉米冠层特性具有明显优势，群体可保持较高的叶面积指数，且中后期叶面积指数衰减较慢，有助于扩大光合面积、增加穗位叶层的光合有效辐射、提高群体光合速率、减少群体呼吸消耗，为高产奠定了基础。

（三）肥料施用

强化肥料运筹是保障个体功能性增产的有效途径。其中，氮是植物体内叶绿素、蛋白质、核酸和部分激素的重要组分，直接或间接影响着作物的光合作用。由于禾本科植物自身不具备固氮能力，其生长发育所需的氮主要依靠根系从土壤中吸收。通常土壤中可利用的氮难以满足其高产的需要，以施肥的方式补充土壤氮是实现作物高产的有效措施之一。肥料的合理施用不仅可以增大作物群体光合面积，还可以延长作物冠层的功能期。

随着施用氮肥量的增加，玉米单株叶面积指数与群体叶面积指数增加，叶片功能期延长，玉米群体光能利用率、产量均相对提升。Vos 等（2005）报道了氮限制了玉米形态建成过程中叶片生长与冠层光合特性，认为叶片氮含量、最大光能利用率比叶面积和光截获对氮素亏缺更敏感。随氮肥用量增加，玉米各层位的叶片净光合速率（Pn）、叶绿素（chlorophyl，Chl）含量、可溶性蛋白（soluble protein，Pro）含量均不断增大，尤其是在花后维持了较高的叶绿素含量和可溶性蛋白含量，延缓了叶片衰老，使得最大灌浆速率的持续时间延长，整个灌浆过程延长。在一定范围内，玉米叶片的叶绿素含量和光合速率与叶片氮含量呈正相关关系。

氮肥用量不足或过量均加速了生长后期叶面积及穗位叶叶绿素含量的下降进程，使叶片提早衰老，冠层结构变差，导致玉米产量降低。有研究表明产量水平 10 688 ～ 11 461kg/hm^2 的夏玉米在施氮量 90 ～ 180kg/hm^2 下构建的冠层较合理，玉米的群体透光率在吐丝期和灌浆中期分别为 12.56% ～ 17.87% 和 13.13% ～ 19.73%；吐丝期最大 LAI 达 5.76 ～ 6.75，成熟期保持在 2.09 ～ 3.68；吐丝期中上层叶片光合速率达 35μmol/(m^2·s) 左右；吐丝后的群体叶面积持续期（leaf area duration，LAD）较高。

其他营养元素的供应也会影响玉米源的发育。玉米苗期磷不足，下部叶片便出现暗绿色，此后从边缘开始出现紫红色；极度缺磷时，叶片边缘从叶尖开始变成褐色，此后叶片生长更加缓慢。钾作为叶绿体中含量最高的金属元素，叶片中 50% 的钾集中在叶绿体上，缺钾时叶绿蛋白降解，叶绿素也遭破坏。玉米幼苗期缺钾生长缓慢，茎秆矮小，嫩叶呈黄色或褐色。较老的植株缺钾时叶脉变黄，节间缩短，根系弱，易倒伏。

当叶片内含有较多的矿质元素时，叶绿素形成量较高，新生成的叶绿素活性强，直接影响碳营养的代谢过程，从而提高光合速率，增加玉米产量。在玉米生育前期适当增加氮、磷、钾肥的用量有助于提高叶面积，在生育后期可有效降低叶面积指数的衰减速率，延缓衰老，保持生育后期较强的光合作用能力，从而有利于叶源光合产物的生产与供应。

（四）水分与灌溉

玉米一生中需水量较大，水分胁迫会抑制玉米的生长发育。在干旱环境下，尤其是在开花期前遇到水分胁迫，玉米的株高和穗位高常常受到严重影响。水分胁迫对叶片影响的明显标志是叶片变黄，内在表现为叶绿素含量下降、光系统光化学效率减退、叶片中氮快速转移、Rubisco 活性降低、光合速率下降以及过氧化物酶活性降低等，且随胁迫程度的加深以上指标下降幅度较大；玉米的叶倾角主要受基因型的影响，与干旱胁迫的关系比较小。

干旱导致了干物质积累的减少，对玉米地上部分首先影响到叶片，即以牺牲叶片来适应干旱环境。水分胁迫抑制了玉米的光合作用、蒸腾作用。正常灌水和轻度水分胁迫下，玉米均具有较高的水分利用效率，随着胁迫的加剧，水分利用效率迅速下降。轻度水分胁迫在节水的同时玉米仍有较高的水分利用效率。正常灌水和轻度水分胁迫下玉米光抑制效应较小，具有较高的光合速率；在中度水分胁迫下，弱光下玉米具有较高的光合速率，强光下玉米表现为严重的光抑制，但光合速率下降幅度较小；严重水分胁迫对光合系统损伤严重。

水分胁迫还加剧了膜质过氧化作用，抑制了保护酶活性。干旱胁迫下可溶性糖、脯氨酸含量总体呈上升趋势。随着胁迫程度的加深，可溶性糖含量呈先降低后增加的趋势，脯氨酸含量呈直线增加趋势。

玉米能够对水分胁迫作出保护性反应，如根系下扎、气孔关闭、光合同化物运输方向改变等，避免因水分胁迫而大幅度减产；水分胁迫下，气孔变小，叶面积减小，导致光合产物减少并很快被利用掉，轻度干旱对叶片光合作用有促进作用。玉米苗期调亏可以显著减少需水量，而光合速率下降并不明显。复水后玉米根系和地上部分的生长速度加快、根系活力和叶片的光合速率提高，表现出明显的有限缺水效应。经过适宜的调亏处理，玉米需水量大幅度降低，干物质积累总量虽然有所下降，但经济产量并未明显降低，水分利用效率高于常规灌溉。

轻度水分胁迫下较大比例有效氮进入根系可提高 CO_2 同化率，增加玉米叶片和茎生物量，提高水分利用效率。研究发现，水分亏缺时，植物体内下层叶片可溶性氮向上端正在生长的新叶转移，氮的重新分配，促进了冠层上部叶片的发育，有利于增强光合作用，对植株经济产量起到补偿作用。另外，水分亏缺时脯氨酸明显增多，参与渗透调节，并作为一种氮源，在复水后可以被直接利用，产生补偿或超补偿效应。植物在水分亏缺下，脱落酸（ABA）含量增加，气孔关闭；细胞分裂素（cytokinin，CTK）总量减少，但叶片中 CTK 含量相对提高，因而光合作用强，衰老延迟，同化物的利用得到促进，于是产生旱后补偿或超补偿反应。

干旱会造成源的性状恶化，而水分太多也会对源的生长发育造成不利影响。拔节期淹水抑制玉米的营养期发育，淹水 1d、2d、3d、5d、7d 的平均株高分别比非渍涝环境下玉米株高（CK）降低 2.26%、2.26%、2.45%、11.36% 和 10.17%；平均叶面积指数（LAI）分别降低 23.79%、18.93%、13.04%、32.74% 和 34.27%。在植株生理反应方面，淹水 1d、2d、3d 的叶绿素含量比 CK 高，根系活力增强，而淹水 5d 和 7d 叶绿素含量和根系活力下降。玉米灌浆期至乳熟期淹水 5d 以上处理的叶绿素含量较 CK 降低 10.87%，并且无法恢复。

在大田条件下研究不同淹水时期（三叶期、拔节期和开花后 10d）对夏玉米叶片衰老特性的影响，淹水胁迫后超氧化物歧化酶、过氧化氢酶和过氧化物酶等保护酶活性以及可溶性蛋白含量较不淹水对照显著下降，而丙二醛含量显著升高。不同生育期中，三叶期淹水造成的影响最大，拔节期次之，开花后 10d 淹水造成的影响较小。

（五）生态条件

Tollenaar 和 Daynard（1982）曾提出产量的源库限制特征因生态条件而异，在高纬度地区通常表现出源限制。在高纬度温带，玉米一般植株矮小，雄穗小，顶端优势不明显，经济系数 > 0.5，对前期积累的干物质能充分利用，灌浆期源不足是限制产量的主要因子。

不同生态条件，尤其是气候条件对玉米源的生长发育具有明显的影响，同时源也进行调节以适应生态条件。由于生态条件的差别，生长在不同区域的玉米最大叶面积指数、绿叶面积保持时间即叶片功能期不同，光能利用率不同，光合产物积累也相差较大（吕新，2002）。有试验表明，除群体叶面积指数的地区间差别外，不同试验点的粒叶比、叶片和茎鞘的可溶性糖含量等也都存在地区间差别（戴明宏等，2011）。

第二节　玉米的库

库（sink）是消耗和储藏同化产物的组织、器官或部位，可以分为代谢库和储藏库。正在迅速生长的器官和组织如分生组织、新根、幼叶、幼茎等都是代谢库，接纳或最后储藏养料的器官如籽粒、花、果实等为储藏库。库的大小直接影响和制约着作物的经济产量，因此培育和构建较大的库容量并提高库的质量是获得作物高产的关键。玉米的库即指籽粒的光合产物贮存能力，即籽粒的大小、多少、代谢活性，决定着籽粒中贮存物质的数量。玉米的籽粒库包括穗和粒，群体库容量的大小则取决于单位面积穗数、穗粒数和粒重。籽粒库的性能在产量形成中起着重要作用。一方面，籽粒库的能力和库强度（籽粒多少、大小和代谢活性）决定着干物质在籽粒中的贮存数量和分配比例；另一方面，籽粒库的性能对光合源也有很大的反馈调节作用，库强度大能促进光合作用的进行，反之则削弱。因此，明确籽粒库性能的变化规律，对提高玉米经济产量有重要意义。

一、玉米库的建成

从植物整体来看，在一个生育期内总有一些器官以制造并输出养料为主，而另一些器官则以接纳养料为主。前者具有源的作用，后者具有库的特征。在玉米生产中，库应该包括果穗形成过程中的花丝、结实粒，以及茎和叶鞘。库包括叶鞘和茎的原因在于不论是开花前的储藏物质还是开花后的储藏物质对产量都有影响。果穗是玉米的主要库，因此库的建成就是产量形成的过程。

（一）库的形态与构造

雌穗是果穗的前身，着生于植株中部的叶腋内，为肉穗花序，雌穗受精结粒后称为果穗。果穗着生在叶腋间的短侧枝上，此短侧枝称为穗柄，长度因品种而异；穗柄各节间着生变态叶，叶片退化，叶鞘发达，称为苞叶，苞叶的长短也因品种而异。果穗的中心部分为穗轴，穗轴颜色是区别品种的重要特征，一般为白色或紫色；穗轴也有粗细之分，穗轴细的品种一般出籽率高。

一般雌穗轴有 50～70 个小节，节上着生小穗，每个雌小穗有 2 朵小花，1 朵结实。结实雌花有内稃、外稃、2 片鳞被和 1 枚雌蕊。花柱和柱头细长，合称花丝，花丝黄色、浅红色或紫红色，其上密生茸毛，能接受花粉。雌穗上的雌小穗成对排列，每个雌小穗只结 1 个籽粒，所以果穗上的籽粒行数都成双。籽粒为颖果，黄色、白色、紫色、红色或呈花斑色等。生产上栽培的以黄色、白色者居多。胚占籽粒重的 10%～15%，胚乳占 80%～85%，果皮占 6%～8%。

玉米雄穗是重要的性器官，雄穗开花一般比雌穗吐丝早 3～5d。雄穗的主轴和分枝上成对排列的每个雄小穗有颖片包住两朵雄小花。每朵雄小花有内稃、外稃和 3 枚雄蕊，花药多为黄色，也有的为紫色、粉红色或绿色，每个花药内约有 2000 个花粉粒。

（二）库的分化过程

玉米雄穗是由茎生长锥分化而来的。拔节时，茎节和叶片已全部分化形成，茎生长锥开始伸长，并逐步分化出雄穗分枝、小穗、小花和雄蕊，最后形成一个完整的雄穗，抽出心叶，开花散粉。雄穗分化的简单过程可划分为生长锥伸长期、穗轴节片分化期、小穗分化期、小花分化期、性器官形成期和抽穗期。雄穗开始分化和结束的时间因品种和环境而异，一般来说，早熟品种比晚熟品种开始分化得早，结束得也早；同一品种夏播比春播雄穗开始分化得早。

雌穗是由茎上腋芽的生长锥分化发育而来的。雌穗开始分化的时间比雄穗约晚 10d。雌穗的分化过程与雄穗大体相似，也可以分为 5 个时期：雌穗生长锥伸长期、小穗分化期、小花分化期、性器官形成期和雌穗封顶期。在雌穗分化的 5 个时期中，雌穗原基伸长期为小穗分化做了准备，其伸长强度决定穗行数的多少；而小穗分化期、小花分化期，直至性器官形成期，则决定每穗可能发育的粒数。当雌穗顶端发育终止，即雌穗封顶期时，雌穗分化结束，小花数不再增加。封顶时间的早晚是决定最终有效小花数的关键。上部第一穗和第二穗的穗分化发育进程基本一致，与其他节位穗分化差距较大。展 15～17 片叶时期（叶龄指数为 75%～85%），上部第一、二穗进入性器官分化前，为穗长、穗鲜重缓慢生长阶段；展 18 片叶（叶龄指数为 90%）时，是穗长、穗鲜重显著变化的转折点，也是决定穗发育同步性和穗是否有潜在育性的关键时期。因此，调节各雌穗间发育同步性，应在叶龄指数为 75% 前进行。

玉米穗分化的过程是在苞叶内进行的，可以通过以下几种方法进行分化时期的判定。

1）镜检法。拔起植株，剥去苞叶，在显微镜下观察生长锥，根据生长锥的形态变化来确认穗分化时期。这是最准确可靠的方法。

2）播种或出苗后的天数推算法。一个品种在一定的环境条件下，从播种或出苗到穗分化的时间比较稳定，但品种生育期不同，或者年际间气候条件发生较大变化时，则穗分化期也发生较大变化。此方法预测的准确度较低。

3）叶龄指数法。叶龄指数是指已展开叶数占主茎总叶数的百分率：叶龄指数（%）=展开叶数/品种主茎总叶数×100。

研究表明，玉米穗分化时期和叶龄指数之间的对应关系是基本一样的，可以根据叶龄指数推断穗分化期。玉米主要生育时期的穗分化期与叶龄指数的对应关系为：拔节期，雄穗生长锥伸长期，叶龄指数为30%左右；小喇叭口期，雄穗小花分化期、雌穗生长锥伸长期，叶龄指数约为拔节期与大喇叭口期叶龄指数之和的平均数，即45%~46%；大喇叭口期，雄穗性器官形成期（四分体期），雌穗为小花分化期，叶龄指数在60%左右；孕穗期，雄穗花粉充实、雌穗性器官开始形成，叶龄指数在77%左右；抽雄期，叶龄指数为88%左右；开花吐丝期，叶龄指数达100%。

4）见展叶差法。见展叶差是指可以看见的叶数与展开叶数之间的差数，即见展叶差=可见叶数−展开叶数。玉米一生中见展叶之间有五大差数期，即2、3、4、5和退差期，其依次对应的穗分化期为：2——苗期（穗未分化）；3——雄穗生长锥伸长并向小穗分化期过渡；4——雌穗生长锥伸长和雌小穗分化期；5——雌穗小花分化期并向性器官形成过渡；退差期（全部叶可见）——雌穗性器官形成期。全部叶伸出可见后，见展叶差数逐渐减少，为退差期；当退到1或0时，为抽雄期和吐丝期。例如，田间调查平均可见叶为8片，展开叶为5片，则见展叶差=8−5=3。此时，多数玉米植株为雌穗生长锥伸长期，即拔节期。

叶龄指数法和见展叶差法虽然较镜检法粗一些，但较简便易行，各地通用，用来指导田间生产、进行肥水管理是可行的。

（三）库的充实过程

库建成后，籽粒生长进入灌浆期，此期主要进行淀粉粒的充实扩大（图4-5）。在发育早期，淀粉粒呈圆球状；随着淀粉的不断积累，淀粉粒增大，至成熟时充满整个细胞。淀粉粒的充实情况因所处位置不同而有很大的差异，处在籽粒中上部边缘的淀粉粒充实

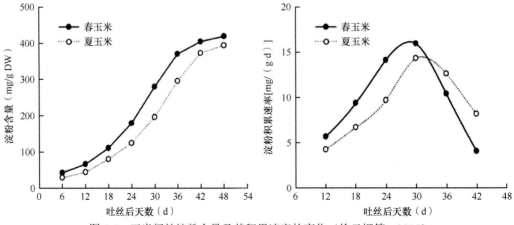

图4-5 玉米籽粒淀粉含量及其积累速率的变化（徐云姬等，2015）

较好，并相互挤压成多面体；处在籽粒中央和顶部的淀粉粒充实较差，在成熟时仍呈卵圆形。随着淀粉粒的充实扩大，粒重相应增加（图 4-6），碳水化合物及其他储藏物质在库细胞中大量积累，此期淀粉合成旺盛，而可溶性糖含量开始下降，与淀粉合成相关的酶类如腺苷二磷酸葡萄糖焦磷酸化酶（ADP-glucose pyrophosphorylase，AGPase）、蔗糖合酶（sucrose synthase，SS）、束缚态淀粉合酶（granule-bound starch synthase，GBSS）、淀粉分支酶（starch branching enzyme，SBE）、脱支酶（debranching enzyme，DBE）等酶活性迅速升高（图 4-7）。此期库的充实程度取决于籽粒有效灌浆期的长短和灌浆速率的高低。

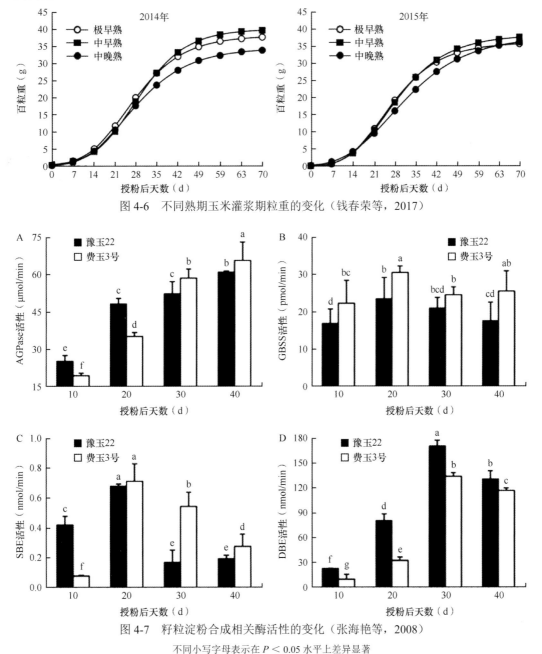

图 4-6　不同熟期玉米灌浆期粒重的变化（钱春荣等，2017）

图 4-7　籽粒淀粉合成相关酶活性的变化（张海艳等，2008）

不同小写字母表示在 $P < 0.05$ 水平上差异显著

（四）影响库建成的环境条件

1. 光照

玉米不同生育时期对光照时间的要求有差异，播种前到乳熟期为 8 ～ 10h，乳熟期至完熟期应大于 9h。雌穗的发育比雄穗对日照更敏感，许多低纬度地区的品种引种到高纬度地区种植能够抽雄，但雌穗不能抽丝。玉米属短日照作物，在短日照条件下生育进程较快，一般在每天 8 ～ 9h 光照条件下，玉米会提前进行雌雄穗的分化，开花、吐丝提前，生育期缩短；在长日照（18h 以上）条件下，玉米抽雄延迟并且增加了叶片数，发育滞后；还有研究表明光周期延长可导致玉米灌浆期缩短。

一般早熟品种对光周期反应较弱，晚期品种反应较强。如果出苗后长期处于短日照条件下，植株就会矮小，抽雄开花提早而产量降低，并常会出现雄穗上长雌花的现象，干旱和短日照共同作用下则更加明显，温带品种引入热带就会表现这种情况；反之，如果出苗后长期处在长日照条件下，则玉米植株高大，茎叶繁茂，叶片数增多，抽雄开花推迟，甚至不能开花，热带品种引入温带种植就会表现出这种情况。

日照强度也影响玉米库的形成：不同生育时期的遮阴会使产量下降，尤其是生育后期的遮阴会降低源的生产力，最终导致灌浆的停止，花粒期遮阴影响最为严重。从抽丝前 12d 雌穗分化期至抽丝后 17d 的籽粒灌浆初期是影响玉米穗粒数的关键时期。

2. 温度

玉米抽雄、吐丝至授粉期，对温度的要求极为敏感。此期最适宜的日平均温度为 25 ～ 27℃，低于 18℃ 和高于 35℃ 雄花不开放。在 28 ～ 30℃ 的温度和 65% ～ 80% 的相对湿度条件下，花粉生命力只能维持 5 ～ 6h，8h 后生命力即明显下降，24h 后完全丧失生命力；温度高于 32 ～ 35℃，相对湿度接近 30% 时，散粉后 1 ～ 2h，花粉即迅速干枯，失去发芽力，花丝也容易枯死而降低活力。当玉米进入灌浆期，最适宜玉米生长的温度为 22 ～ 24℃，当温度大于 25℃ 或出现连续高温时灌浆时间缩短，灌浆不充分，且随着灌浆期温度的增加，灌浆期的长度缩短，从而影响玉米的产量。当日平均温度低于 16℃ 时，玉米基本上停止灌浆。有效灌浆阶段 15 ～ 26℃ 温度范围内每增长 1℃ 玉米籽粒生物量每日增长 0.3mg。

3. 水分

玉米最早起源于热带、亚热带地区，喜温暖潮湿的气候，需水量比较大。拔节以后是玉米性器官发育形成期，孕穗期水分胁迫是影响玉米产量形成的关键因素，此阶段干旱会导致玉米雄穗严重败育，从而影响产量。玉米抽雄前 10d 至抽雄后 20d，是玉米需水的临界期，此期田间持水量一般保持在 75% ～ 80%，低于 60% 就会造成"卡脖旱"，玉米不能正常抽雄散粉或吐丝，造成严重减产；乳熟末期到蜡熟期，田间持水量应保持在 75% 左右；玉米受精后的灌浆期大量物质向籽粒运输，仍然需要较多的水分；蜡熟期到完熟期需水量虽然减少，但为防止植株早衰，田间持水量也应保持在 50% 左右，不能低于 45%。在抽雄吐丝期玉米受水分胁迫减产最严重。另外，水分过多（淹涝胁迫）也影响玉米库发育，且不同阶段玉米对淹涝胁迫的反应不同，玉米在拔节期和雌穗小花分化期淹水 3d，单株玉米籽粒产量分别降低 16.2% 和 27.9%，开花期与乳熟初期淹水 3d 对产量没有显著影响。

二、玉米库的结构与功能

库是储存光合产物的部位，是产量形成最主要的因素，在籽粒产量形成中的主要作用表现在控制灌浆速度，影响干物质的积累，决定干物质的分配。玉米库的结构与功能包括了库的容量、库的活力（竞争力），一般主要有以下几个衡量指标：单位面积穗数、单穗粒数和粒重等。

（一）单位面积穗数

单位面积穗数是库的重要指标，也是最易控制的产量因子：随着种植密度的增加，单位面积穗数也相应增加，但是超过一定范围，继续增加密度，空秆率随之增加，单位面积穗数反而会降低。

果穗一般着生在植株由下往上的第 4～6 个节上，雌穗分化生长的顺序由上往下，上部雌穗对下部雌穗有顶端优势，所以一般只有最上面的一两个腋芽发育成果穗。在拔节之前一直到抽雄期，光合产物的分配动向都是一样的，而到了抽雄期，群体内竞争强度达到最大，光合产物分配到第一雌穗的多于其他雌穗，往往导致第二雌穗的败育。随着种植密度的增加，双穗株率减小。

高密度条件下空秆率的提高可能是雄穗对雌穗产生了抑制作用：玉米的雄穗由顶芽发育而成，生长势强，雄穗分化比雌穗分化早 7～10d，而雌穗由腋芽发育而成，发育较晚，生长势较弱，当外界条件不适合，如营养供应不足时，雄穗就利用顶端优势，将大量养分吸收到顶端，致使雌穗因营养不足而发育不良形成空秆。在同一种植密度条件下，空秆率的高低与品种密切相关，其他的一些栽培措施如施肥、灌溉等也对空秆的形成有一定的影响。

（二）穗粒数

玉米单穗粒数主要由行粒数和穗行数构成，从形态上看，也受穗粗、穗长和秃尖长度的间接影响。一般果穗下部维管束总面积大，顶部维管束少且面积小，这就使得果穗营养优先供应给底部籽粒，其次才是顶部籽粒，所以上部的籽粒容易产生败育。

玉米雌穗由腋芽的生长锥分化而成，小花数是形成穗粒数的基础，主要受基因型制约。总花丝数由基因型决定，而败育花数目和未受精花数目主要受环境条件的影响。花丝抽出数与抽丝时的雌穗长度、雌穗干重、植株干重呈显著正相关关系。抽雄时人工拔去雄穗，可促使花丝伸长生长，有利于抽丝和增加穗粒数。

花丝抽出后 2～4d 受精穗粒数最高，8d 后受精穗粒数明显降低。种植密度过大、土壤水肥不足、开花期干旱以及灌浆期光照不足等逆境，可导致小花分化推迟，小花分化总数、吐出花丝数、受精小花总数均相应减少，吐丝日期推迟等一系列后果，最终导致玉米败育籽粒的增加。

另外，吐丝开花间隔（anthesis silking interval，ASI）天数与败育也有关系。玉米的雄穗分化早于雌穗，干旱、高温、高密度等推迟了吐丝时间，雌穗抽丝时已没有足够有活力的花粉，从而导致秃顶或空株，或者雌穗分化期胚囊已被破坏，受精受阻，以及营养不足而导致籽粒败育。

（三）粒重

粒重的大小取决于灌浆速率和灌浆期持续时间，灌浆速率小和灌浆期持续时间短的品种易发生籽粒败育，选择籽粒灌浆期长的品种能够获得高产。也有研究认为，无论是植物光合速率还是同化物运输分配皆受库活性的调控，调控方式和幅度因品种类型而不同。这可能表明籽粒败育的关键并不是灌浆期持续的时间短和碳水化合物的供应不足，而是碳水化合物不能及时地转化为储藏形式的淀粉。

籽粒灌浆过程可用逻辑斯谛方程模拟。对产量影响最大的是粒重渐增期的籽粒灌浆速率，其次为线性灌浆期的籽粒灌浆速率。因此，提高粒重渐增期的籽粒灌浆速率对提高群体产量尤为重要。

籽粒鲜重变化取决于籽粒含水量和籽粒干物质累积量。玉米籽粒的含水量在籽粒生长前期迅速增加，并在灌浆中后期达到最大值。籽粒的最大含水量是籽粒库容量最好的指示因子，与籽粒的生长速率和最后的粒重密切相关。籽粒的含水量在整个灌浆期都是下降的，它与籽粒干物质积累的百分比有密切的关系。

雌穗上不同部位籽粒的发育存在显著差异，玉米果穗上最先分化的是中下部小花，之后向上向下，顶部小花最迟分化，花丝也最晚抽出；不同粒位的籽粒灌浆速率和有效灌浆期有很大的差异，从而导致最终粒重的不同。穗轴顶部籽粒要比基部籽粒晚开始生长，因而有更大的可能在籽粒灌浆前发生败育。

三、库的研究方法

单位面积穗数、单穗粒数、粒重等代表了库的容量与库的活力，对库的研究主要从改变库容量、人工辅助授粉、光合产物再分配等方面入手。常用的形态指标有总花丝数、有效花丝数、有效穗数、每亩穗数、穗粒数、千粒重、干重、灌浆速率等，生理指标有籽粒中可溶性总糖、蛋白质、脂肪含量等。

（一）缩库

缩库是在源库关系研究中最为常用的一种手段，即通过减少库，或同时改变源库大小而改变源库比例，以研究源库关系。常用的方法有不同程度地剪除花丝或者果穗，从而减少籽粒数量。一般在顶部果穗花丝全部抽出时去花丝，将一定比例的花丝剪掉并用羊皮纸袋与另一部分花丝隔开，只对未剪的花丝进行授粉，达到减库的目的；剪穗一般在抽丝后 10d（穗长基本稳定时）进行，隔株剪去一定比例的穗长，用乙醇消毒，套上羊皮纸袋，也达到了缩库的目的，以相邻未剪穗的植株作为对照。研究的测试内容主要包括干物质生产、光合同化物在源和库中的分配、有关源与库强弱的酶活性、产量性状等。

有试验表明，库容量缩小一半，穗粒数显著减少，但籽粒形成和灌浆阶段光合产物供应充分，不育小花率下降，成粒率相对提高，千粒重也比不剪穗的高，单株产量并不是减产50%；库容量较小的品种的库小源大的矛盾更加突出，源不能被充分利用，减产幅度大；而对于非库限制性品种，缩库会使有限的光合源能满足库的需要，穗粒数和粒重得到充分发育，减产幅度小。

源库比例的改变还可显著调控植株光合作用及衰老进程。去掉全部库，玉米磷酸烯醇酸丙酮酸羧化酶活性比对照高出1.77%～11.79%，相对较大的源库比例延缓了玉米叶片的衰老；也有学者认为去穗较早会加速叶片的衰老。

另外，氮肥供应对缩库试验结果也有影响，当氮肥和可溶性糖供应充足时，籽粒的蛋白质含量随源库比的增加而增加。源库比降到一定限度，籽粒中的粗蛋白含量下降，淀粉含量上升。气候条件对缩库结果也有明显影响，不同地区玉米剪穗后减产幅度不同，这与源的供应水平有关。

（二）人工调节控制授粉

人工调节去顶、分期授粉，可以实现对多个果穗发育的调控，即调节库容量。选择生长发育一致的单株，于抽雄前采取隔行或隔株去雄，缩短了吐丝前第一、二穗间的差异，使潜在可育双穗率增加。在第一穗吐丝前控制授粉，选生长一致的雌穗套袋，待第二穗吐丝后进行人工授粉，使第二穗授粉时间早于第一穗，通过分期授粉，使第二穗优先授粉，改变第一穗对第二穗的优势效应，结果使结实双穗率明显增加，达到增加库容量的目的。

前人研究表明，通过去顶或分期授粉，增加结实率、调节同化物向第二穗分配的同时，也提高了第二穗中的可溶性糖、淀粉含量。同时穗库酶活性、内源激素含量均有变化，在自然生长植株中，第一穗蔗糖磷酸合酶、蔗糖合酶、酸性蔗糖转化酶活性高于第二穗，通过去顶或分期授粉均增加了第二穗中这几种酶的活性，缩小了第一、二穗间酶活性的差距。对不同穗库内源激素的测定，结果表明去顶、分期授粉均缩小了第一、二穗间玉米素核苷、吲哚乙酸含量的差距。

（三）同位素示踪法

用于库研究的同位素示踪法通常与源的研究相结合，用同位素 ^{13}C、^{14}C 进行标记，在某个生育期用同位素饲喂各标记株的叶片，根据实验目的利用放射性活体测量仪、质谱仪等测定饲喂后的库，实现研究目标。

干物质积累和分配受源和库的共同调控，在减源改变源库比例的试验中利用 ^{13}C 作为标记，发现在灌浆期碳从叶片向穗粒中转运，籽粒中碳含量随施氮量升高而升高，随密度增加而降低。而且，不同叶位光合产物的转移速率有差异，下部叶片叶位的光合产物向穗粒的转移速率大于上部叶位的光合产物转移速率。用 ^{14}C 标记也证实水稻的库源比越大，叶片光合产物向穗粒中输送得越多，滞留在茎鞘和叶片中的越少；反之，光合产物在穗粒中的分配比例减小，滞留在茎鞘中的增多。

（四）测定代谢酶类活性

光合产物在不同器官中的分配以及不同糖类物质之间的平衡对产量有直接的影响，植物光合同化物从"源"到"库"的主要运输物质是蔗糖。蔗糖既是光合作用早期形成的碳水化合物，又是叶片光合产物向各器官运输的主要形式，在植物体内同化物的运输中占有举足轻重的地位（屠乃美和官春云，1995）。因此，蔗糖合酶、酸性蔗糖转化酶、腺苷二磷酸葡萄糖焦磷酸化酶等与糖类代谢相关的酶被用于籽粒的发育研究。

试验证实，籽粒中蔗糖转化酶及蔗糖合酶活性的高低反映了籽粒降解利用蔗糖的能力，酶活性高说明籽粒对蔗糖的降解利用能力强，从而为籽粒淀粉的合成提供充足的底物。玉米籽粒腺苷二磷酸葡萄糖焦磷酸化酶的活性与籽粒中蔗糖浓度有关。一些玉米突变体中由于籽粒缺乏腺苷二磷酸葡萄糖焦磷酸化酶或合成支链淀粉的酶而出现皱缩。

有研究表明，玉米籽粒败育的生理生化原因主要是籽粒及穗轴中的GA3与ABA的相对比值升高，引起库端酸性蔗糖转化酶表达量少且活性降低，而导致源端的碳水化合物在穗轴、小穗柄及籽粒中的卸载受阻，并且在籽粒发育中期，淀粉磷酸化酶的活性降低，淀粉合成直接受阻。

四、库的响应与调节

（一）品种差异

在过去的六七十年间，品种的改良对产量增益的贡献率在50%。品种更替对玉米群体库的影响在单位面积穗数、穗粒数和粒重等方面都有体现。

不同株型的玉米适宜种植密度不同，因此单位面积穗数，即库容量的基础不同。一般株型紧凑的玉米适宜密植，而叶片较平展的品种适宜稀植：20世纪50年代的品种如白鹤、英粒子的适宜种植密度为30 000株/hm²左右，70年代和80年代初的品种如吉单101、中单2号、四单8号等适宜种植密度为50 000～60 000株/hm²，当代品种如郑单958、先玉335、农华101等适宜种植密度为70 000～80 000株/hm²，或者更高。

单穗粒数也随着品种的更替而变化。在穗分化时期，由于品种的差异，小穗原基、花丝数明显不同，而同一品种的小花分化数差异极小。充足的花丝数是库容量大的保证，花丝数过少，导致库容量不足，花丝数过多则消耗了过量的养分，适宜的库容量是现代高产品种的必然特征。对中国玉米品种的研究表明，与老品种相比，新品种具有较高的穗行数、行粒数和穗粒数，对阿根廷玉米品种的研究也得出了相同的结果。

粒重随着产量提升和品种的更替而变化。20世纪50年代品种白鹤、英粒子的百粒重在29.0～32.6g，而现代品种先玉335、农华101的百粒重在34.0～35.6g。加拿大圭尔夫大学对1959～1988年的6个玉米杂交种的比较发现，近代品种单穗产量、粒重较高。对20世纪30年代至21世纪初期具有代表性的美国51个杂交种和4个OPC调查结果显示：随品种释放年代推进，每100株玉米的总穗数呈极显著增加趋势（每10年增加3.6穗），百粒重增加，而单穗粒数有微减的趋势。对比20世纪60年代至21世纪初期代表中国的29个杂交种与美国10个Pioneer杂交种发现，单位面积穗数、单穗重、单穗粒数、百粒重等指标随着品种释放年代的递进均有增加趋势（Wang et al.，2011）。

（二）种植密度

在玉米产量构成的三要素中，单位面积穗数可以通过增加种植密度来提高。一般规律是随着种植密度的增加，单位面积穗数增加，达到一定程度后随着空秆比例的增加，单位面积穗数增加速率变小甚至下降。在低密度条件下，多穗型品种由于多育性弥补了低密度条件下单位面积上较少的穗数，产量比较稳定。

种植密度对穗粒数、千粒重也有显著影响。增大种植密度会推迟雌穗的分化进程，生长锥发育成完全小穗的概率变小，且果穗的花丝数随着种植密度的增大而减小；雌穗长度、体积和干重都随着种植密度的增大而显著降低。

随着种植密度的增加，群体压力增大，库的发育受到的不良影响也越来越大。种植密度与有效花丝数有明显的负相关关系；有效花丝数与成粒率间极显著正相关。高密度条件下单株籽粒数和潜在的小花分化数减少，雌雄穗开始吐丝散粉的时间推迟，散粉持续时间缩短，ASI增大，同时群体中雌穗最终未吐丝的植株比例增加。

种植密度对籽粒灌浆进程有显著影响，瞬时灌浆速率随着种植密度的增加而降低。种植密度对最大灌浆速率出现时间的影响不显著，但最大灌浆速率和平均灌浆速率随种植密度的增加而降低，线性灌浆开始的时间也随种植密度的增加而延后。随着种植密度的增加，籽粒体积显著减小，籽粒体积增加的速度减小，达到最大体积的时间提前。玉米的籽粒粗蛋白、粗脂肪及淀粉含量随种植密度的增加而降低，粒重下降。

总之，群体粒数、穗粒数和穗有效粒数随玉米种植密度增加而下降，穗粒数下降较迟缓，而穗有效粒数下降迅速。说明种植随密度增加，植株的库潜力（穗粒数）只是稍有下降，而群体库容量（败粒和穗粒数）大幅度增加，高密度条件下增加植株穗粒数的关键是挖掘现有库潜力，减少籽粒败育率，提高成粒率。

在较高的种植密度下改善植株的种植方式，可以缓解群体的高密度竞争压力，增加穗长、穗粗、穗行数、行粒数，降低秃尖长，可以提高玉米的产量。研究表明，不同行距间、不同密度间及不同行距与密度互作间产量均存在极显著差异，适度增加种植密度可以提高产量，随行距的扩大产量有降低的趋势。在较高的种植密度情况下，缩小行距可以缓解密度压力，在一定程度上能弥补高密度种植对穗粒数和千粒重的负影响。但也有一些研究人员认为种植模式对玉米的产量没有影响（王斌等，2009）。

（三）氮肥

施氮可明显促进夏玉米大喇叭口期至灌浆期叶片的碳代谢，使叶片为雌穗分化、籽粒发育提供充足的光合产物，促进茎秆光合产物的运输，保证"流"的畅通以满足穗粒数对同化物的需求。在大喇叭口期至抽丝期植株体内碳氮代谢能力的增强，促进了花丝、穗的生长发育，有利于花丝的同步授粉，增强顶部籽粒的竞争能力，促进顶部籽粒发育，减少败育。籽粒形成关键期植株体内的碳氮代谢状况影响穗粒数的形成；抽丝前后叶片、茎秆的可溶性糖含量、全氮含量及碳氮比与穗粒数的形成存在一定的相关性；在玉米籽粒形成过程中，氮作为同化物直接参与籽粒蛋白质的合成，同时氮也提高了蔗糖转化酶的活性，减少了还原糖的累积，促进了淀粉粒的形成，从而提高了籽粒库容量，减少了籽粒败育。

作物早期吸收的氮大部分会转化为结构性物质，只有少部分成为储存再分配源，氮在作物营养生长阶段被吸收得越晚，越有可能被再分配给籽粒。在玉米的生育后期施用一定量的氮肥后，可以显著促进玉米干物质累积量的增加，同时还可以有效防止茎叶中的氮向玉米籽粒中转移。穗分化期供氮对穗粒数影响明显，灌浆期供氮可加快籽粒灌浆速率。

籽粒中的氮来源主要有两个途径：一是土壤即时供氮，二是营养器官贮存氮的再分配。当土壤即时供氮水平降低时，营养器官贮存氮的再分配便成为主要供氮源。但作物营养器官贮存氮的再分配能力是有限的，叶片中氮的过度转移会影响光合作用，使同化物向穗部供应量减少而导致籽粒败育。据研究，叶片和茎秆中的氮是籽粒氮的重要来源，输入玉米籽粒的氮有 30% ～ 70% 来自开花前贮存于营养器官中的氮的再利用。而在营养器官中，玉米叶片中氮再利用对籽粒氮含量的贡献最大，可高达 65% ～ 85%。不同的氮肥施用量与施氮时期对产量构成因素的影响有所不同。玉米产量随着氮肥施用量的增加而增加，玉米籽粒的千粒重呈现出一直增加的变化趋势，分析原因，氮肥与玉米籽粒中的蛋白质和淀粉的合成有关；玉米的籽粒粗蛋白、粗脂肪及淀粉含量随氮肥施用量的增加而升高。氮肥除了影响玉米的千粒重之外，还会影响玉米单穗粒数，氮肥施用量增加时，玉米单穗粒数呈现出一直增加的变化趋势，氮肥施用量降低，玉米单穗粒数降低。也有研究认为不同施氮水平主要影响穗粒数，不影响粒重。

（四）水分与灌溉

玉米的穗分化过程以及花丝伸长和花粉活力均受植株水分状况的影响，严重的干旱胁迫使玉米果穗完全败育，空秆率增多。玉米生长后期缺水会造成雌穗变小，穗长缩短，穗粒数减少。干旱胁迫对穗粒数的危害程度为开花期＞孕穗期＞灌浆期。开花期干旱胁迫造成花期不遇或授粉不良而使雌穗籽粒数大大减少；孕穗期干旱胁迫在一定程度上影响了雌穗穗分化而使果穗籽粒数有所减少；灌浆期干旱胁迫严重影响了籽粒的充实程度，使籽粒百粒重大大降低，部分籽粒干瘪败育，引起籽粒充实度不好。干旱胁迫使籽粒线性灌浆速率下降和灌浆持续时间缩短是籽粒粒重下降的主要原因。

水分胁迫对库充实的影响因胁迫发生的时间早晚和长短而不同。水分胁迫敏感期为籽粒发育早期，但短期胁迫下复水后粒重可恢复；长期水分胁迫下，茎秆中蔗糖磷酸合酶、淀粉水解酶活性提高，籽粒中脱落酸含量提高，从而加速茎秆中储藏物质向籽粒中运转，虽然灌浆速率得以维持，但线性灌浆持续期缩短，粒重下降。

淹水条件对玉米产量形成也是不利的。不同生育期（三叶期、拔节期和开花后 10d）淹水均可显著降低夏玉米的干物质积累并对产量造成影响。不同生育期中，三叶期淹水造成的影响最大，拔节期次之，开花后 10d 淹水造成的影响较小。一般淹水 1d 对玉米产量影响甚微，淹水 3d 以上减产率 40% 左右，拔节期淹水 5 ～ 7d，抽雄期淹水 7d 夏玉米基本绝收。玉米淹水 1d、2d 和 3d 与正常条件下玉米籽粒质量接近，淹水历时越长，玉米穗长、穗粒重、穗重和百粒重的减幅就越大，秃尖越长。淹水 1d、2d、3d、5d、7d 的玉米产量分别降低 16.58%、16.65%、26.11%、34.32% 和 39.01%。

（五）生态条件

生态条件尤其是气候因子（温度、光周期、日照时数、光辐射和降雨量）可影响玉米生长发育，造成玉米的产量差异，并直接表现在库的不同指标上。即使同一品种，在不同区域或者不同时间种植，由于生长发育时期环境条件的差别，在收获穗数、穗粒数和粒重上也会存在差异（刘月娥，2013）。

第三节　源库关系及产量形成

玉米源、流、库的形成和功能的发挥不是孤立的，而是相互联系、相互促进的，有时可以相互代替。从源与库的关系看，源是玉米库形成和充实的物质基础。在正常生长情况下，源与库的大小和强度是协调的，否则，若有较多的同化物而无较大的贮存库，或者有较大的贮存库而无较多的同化物，均不能高产。因此，要争取单位面积上的群体有较大的库容量，就必须从强化源的供给能力入手；同样，适当增大库源比对提高源活性、促进干物质积累也具有重要意义。只有当作物群体和个体的发展达到源足、库大、流畅的要求时，才可能获得高产。从玉米产量的演变过程来看，对玉米本身来讲，归根结底都是直接或间接改善了源、库、流，从而达到增产目的的。

一、源库发育进程

（一）玉米的生育阶段

玉米各器官的发生、发育具有稳定的规律性和顺序性，按照根、茎、叶、穗、粒先后发生的主次关系，玉米的生育阶段分为营养生长阶段、生殖生长阶段和营养生长与生殖生长并进阶段（佟屏亚和凌碧莹，1985）。

1. 营养生长阶段

营养生长阶段也称为苗期，即从玉米播后种子萌发出苗，至幼苗开始拔节为止。幼苗阶段玉米植株的生长特点是种子发芽、生根和分化茎叶。这个阶段以出苗为始期，拔节为终期；第一片叶全部展开的时期代表玉米出苗期，拔节期是植株茎秆基部开始伸长 1 ~ 2cm，伸长节位用手可以摸到。此时标志着玉米雌穗开始分化，植株从营养生长阶段转入营养生长与生殖生长并进阶段。

2. 营养生长与生殖生长并进阶段

营养生长与生殖生长并进阶段也称为孕穗期或穗期。对玉米来说，指的是从雌穗原基刚刚开始伸长，直至最后雌穗花丝吐出为止。从外形上看，亦即玉米植株拔节直至雌穗花丝吐出苞叶并接受花粉受精的全过程。始期定为植株拔节，亦即植株茎生长点开始有 1 ~ 2cm 的明显突起，形态上可以展开叶作标志；终期定在植株叶片全部展现（或为雄穗全部抽出）。大喇叭口期以前植株以营养生长为主，其后转为以生殖生长为主。

3. 生殖生长阶段

生殖生长阶段也称为成粒期或粒期，指玉米从雌穗花丝受精（这里以全展叶为起始期）开始，经过籽粒形成、灌浆直至种子发育成熟的全过程。成粒阶段是玉米籽粒充实干物质和具有发芽能力的全部过程，植株营养生长完全停止，进入生殖生长阶段。

生殖生长阶段分为三个时期，即籽粒形成期、灌浆期和成熟期。籽粒形成期从全展叶时起始，大致在雌穗花丝受精后 1 ～ 12d 终止。灌浆期大致为雌穗受精后 13 ～ 36d，此期最大限度地充实籽粒库，增加干物质累积量，是决定粒重的关键时期，故称为"有效灌浆期"。成熟期一般为受精后 37 ～ 48d 或更多，再划分为乳熟期、蜡熟期和完熟期。完熟期籽粒含水量继续下降，基本上停止灌浆，干重不变或略有增加，但有时可能降低，茎秆逐渐变黄，叶片松散。

（二）物质积累与分配

从出苗到拔节，玉米生长缓慢，群体叶面积很小，群体干物质累积量与叶面积成正比，群体干物质累积量缓慢增长，此阶段群体干物质占总生物产量的 2%，平均日增量 10 ～ 15kg/hm²。从拔节到灌浆后期，群体叶面积增加迅速，光合作用旺盛，群体干物质占总生物产量的 70% 以上，平均日增量为 200kg/hm²。从灌浆后期到完熟期大约 1 个月，群体干物质占总生物产量的 25%，平均日增量为 150 ～ 230kg/hm²。

授粉后 40 ～ 45h，受精卵进行第一次分裂，在 8 ～ 10d 内形成原胚并继续分化，经一个月左右形成完全的胚。胚乳在胚前形成，籽粒成为物质的输入、转化中心，初期以氮合成为主，中、后期则碳水化合物合成旺盛，蛋白质、氨基酸、淀粉等品质成分的积累呈"S"形曲线变化，授粉后 20 ～ 30d 为蛋白质、淀粉、赖氨酸、维生素等主要品质成分的关键积累期。

¹⁴C 同位素示踪显示，拔节期功能叶的光合产物有 75% 分配到正在生长的幼叶中，分配到茎秆中的仅占 20%；到大喇叭口期，茎得到 50%，叶片得到 38%，雄穗和雌穗仅能得到 12%；抽雄以后，穗位叶的光合产物有 50% 左右分配给雌穗。玉米乳熟期以后，前期营养器官中积累的干物质开始向籽粒中转移，转移量一般占籽粒产量的 10% ～ 20%，其中茎叶中的干物质对粒重的贡献最大，茎叶干物质转移量可达粒重的 13%。

二、源对产量的影响

作物一生所形成的全部干物质中，光合作用直接生产的有机物质占 90% ～ 95%，从土壤吸收的矿质元素只占 5% ～ 10%，供给矿质元素的目的在于促进作物光合作用和有机物质的积累。20 世纪 60 年代初，作物生理学中提出光合作用与物质生产和产量形成的实质关系，表示为：产量=[（光合面积×光合速率×光合时间）–呼吸消耗]×收获指数。

光合作用的面积、能力、时间和产物消耗均属于产量来源的源，在一般情况下，源大即光合作用面积大、光合能力强、光合时间长、光合产物消耗少，加上光合产物积累和转运至收获产品部分比例高，产量就高。具体来说，源对产量的作用可以归纳为两方面：第一，直接参与库的建成；第二，直接参与库的充实。源为产量形成提供了物质基础。

（一）干物质生产

20 世纪 50 年代以来，玉米品种虽然经历了一系列的变化，收获指数相对有大幅度的提高，但是现代品种产量继续提高的重要途径是提高总生物量。总生物量可表示为光合面积、光合速率和光合时间的乘积再减去呼吸消耗；或表示为绿叶面积持续期与净同化率的乘积。光合速率或净同化率在不同基因型玉米之间存在着显著的差异，但光合速率或净同化率与籽粒产量并不存在稳定的相关性。

大量的实验表明，干物质生产主要取决于叶面积指数和绿叶面积持续期。扩大光合面积，保持叶片稳定和持久的功能是增加总生物量的有效途径。源大并不是单纯指叶片多，还包括适宜叶面积指数，较大的透光率和净光合速率，这样才可能生产较多的光合产物。玉米产量基本上随着源供应能力的增加而提高。

源的供应能力随群体光合势和吐丝后净同化率的增加而提高。因此，提高群体叶面积指数，维持吐丝后较高的净同化率是增强源供应能力的重要途径。叶面积指数过大，造成上部叶片对下部叶片的遮蔽及植株间叶片的相互遮蔽，植株内同化物供应状况相对恶化，净同化率降低，器官间光合产物分配方式也发生变化，导致籽粒产量下降。所以，保持合理的叶面积指数，在一定范围内保持净同化率相对稳定，源供应能力就强。

一般情况下，源供应能力强的群体，生物量大；玉米籽粒产量绝大部分是开花后积累的，从开花到成熟阶段，维持较长时间合理的叶面积指数，可以充分利用生长季节的光热资源，生产出较多的光合产物，获得较高的籽粒产量。

开花前生产的干物质对籽粒产量的贡献表现在两方面。第一是直接贡献，就是将同化物再转移给籽粒，直接贡献的作用相当有限，对籽粒产量的贡献为 10% 左右，但也有一些试验发现，后期茎叶中可溶性糖并没有向籽粒的再转移。第二是间接贡献，即开花前干物质是玉米源库形态建成的物质基础。在开花前，已大体确定了源的大小、株高、根系规模、库容量大小及潜力。

（二）源对果穗和籽粒的影响

在果穗和籽粒形成期间，增加或减少同化物供给，相应地增加或减少了每株穗数、每穗粒数和潜在粒重，也就是增大或减小了库容量。从雌性器官形成期到直线灌浆开始前，库形成处在关键时期，对光合产物供应很敏感。疏苗、加光等增加同化物供应的处理均增加了每株穗数和每穗粒数；而加大种植密度、遮阴、去叶等减少同化物供应的处理均降低了每株穗数和每穗粒数。从雌性器官形成到灌浆前期，库进行诸如雌性器官建成、抽丝、受精以及胚乳细胞形成等各项发育活动，由于库形态建成对光合产物的依赖性和竞争性，那些改变源的各种处理对库发育都有促进或抑制作用。因此，抽丝前后改善同化物的供应，能充分挖掘利用库容的潜力。

籽粒干物质总量的约 80% 是在灌浆中期积累起来的，此时植株生产的光合产物基本上供给了籽粒的生长，源库关系比较简单明确，影响源的因素最终都影响籽粒。研究发现，吐丝后 3d 适当去除植株顶部两片叶后穗粒数明显变化，而粒重显著增加 11.85%（2010 年）、2.95%（2011 年）；在授粉后和乳熟期去掉果穗以上全部叶片，千粒重分别下降 26.4%（2010 年）和 23.9%（2011 年）（崔丽娜，2012；刘铁宁等，2014）。灌浆期进行水分胁迫，可使绿叶面积减少、光合作用受到抑制，尽管运输作用仍在进行，但籽粒最终重量降低（郝卫平，2013）。加光或遮光虽然不影响叶面积指数，但影响了绿叶面积持续期和光合速率，因而分别使粒重增加或降低（张吉旺等，2007）。籽粒灌浆期间在 35℃/25℃（昼/夜）的高温胁迫下，籽粒灌浆速率未受影响，但大大缩短了绿叶面积持续期和灌浆持续期，从而使粒重下降，导致显著减产（张吉旺，2005；赵福成等，2013）。

三、库与产量的关系

库在籽粒产量形成中的意义表现在三方面：首先，库影响干物质生产；其次，库决定干物质分配；最后，库控制籽粒灌浆速率。

（一）库与干物质生产的关系

库影响干物质生产主要表现为，当库受到削弱时，源的光合作用受到负反馈抑制；当库被强化后，光合作用便可增强。在玉米抽丝期，切除果穗或阻止授粉都可使干物质积累总量减少；切除果穗后还发现叶片光合速率比对照明显下降。在抽丝期和抽丝后三周切除果穗，发现在前一种处理下，植株生产的干物质总量比后一种处理下的要少。不结实植株对源的性能有抑制作用，库容量较小，叶片的净同化率会显著下降；库容量较大，叶片的净同化率明显提高。显然，源的净同化率为库所调节。

当源的光合产物过剩时，由于叶片中淀粉积累，叶绿体发生畸形，光合速率下降。库对源的光合性能的影响受源库比制约。去穗后，源库比过大，即源合成的过多的光合产物会对其光合作用产生反馈抑制，同样会加速叶片衰老。在源强度小于库强度时，源的潜在能力可充分表现，去穗后降低了库强度，从而使处于紧张状态的源缓和下来，源的潜力未能充分发挥。

（二）库与干物质分配的关系

光合产物的分配取决于光合产物的供应能力、库的竞争能力和输导系统的运输能力，库的竞争能力在光合产物分配中起着主导作用。

在籽粒形成以前，茎秆是主要的分配中心；开花结实后，产生了新的籽粒库，从而使分配中心转移到果穗和籽粒。同位素示踪实验表明，穗位以上的第三叶和穗位叶生产的同化物，其中的 72.9%～82.0% 供给果穗，4.7%～8.7% 供给根系，5.3%～6.2% 供给茎秆，叶片残留 7.5%～11.0%。而穗下第三叶生产的同化物，则平均供给根系、果穗及茎秆。去穗和阻止授粉，使籽粒库强度降低，光合产物就在茎秆中大量积累，果穗对同化物转运方向具有巨大影响。

库容量是单位面积穗数、每穗粒数和单粒体积的乘积。单位面积穗数在玉米籽粒库的构成中具有十分重要的意义。玉米由低产到高产，必须相应地提高单位面积穗数。提高库强度应将增穗保穗放在首要位置。单位面积穗数取决于种植密度和每株穗数。种植密度的增加伴随着每株穗数的减少，甚至出现空秆。空秆是密植增穗的主要障碍。空秆问题主要通过选育耐密性品种予以解决。

每穗粒数与小花总数和结实率有关。每穗小花总数主要取决于基因型，然而，每穗粒数却是一项很不稳定的产量因子。但籽粒要发育成功，需要经过雌性小花分化、性器官形成、抽丝、受精、籽粒建成和灌浆等生长发育的多个过程，如果植株营养条件不良，大量的小花将发生败育。

玉米的秃尖或籽粒败育主要是由矿质营养缺乏造成的。在籽粒发育过程中由于营养竞争和物质分配不均衡，穗顶部籽粒处于劣势位而败育，并且籽粒败育首先是胚乳发生败育，使胚因失去了物质供应来源而分化发育受阻。

（三）库与籽粒灌浆速率的关系

籽粒灌浆速率和灌浆时间都是库活性的指标，不同基因型品种在籽粒灌浆速率方面差异很大。钱春荣等（2017）发现随着灌浆时间增加，极早熟、中早熟、中晚熟等类型品种籽粒灌浆速率的差异逐渐增大，3种熟期类型品种均在授粉后25d左右达到灌浆高峰，至灌浆高峰时品种间的差异达到最大，中早熟品种籽粒灌浆速率峰值最大，其次是极早熟品种，中晚熟品种峰值最小。灌浆高峰后，各熟期品种籽粒灌浆速率逐渐下降，极早熟品种下降幅度较快，中晚熟品种下降最慢（图4-8）。

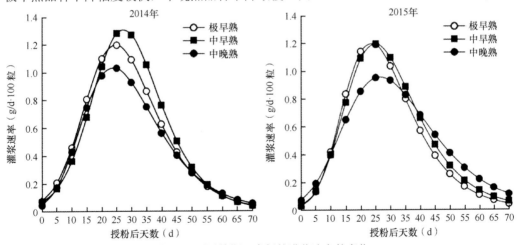

图4-8 不同熟期玉米籽粒灌浆速率的变化

前人研究表明，籽粒灌浆速率与胚乳细胞数目呈高度正相关性，胚乳细胞数目是影响籽粒体积、籽粒灌浆速率和粒重的主要因素。胚乳细胞分裂发生在停滞期，该阶段一旦结束，籽粒重量及体积的潜力便确定。因而在停滞期影响胚乳细胞分裂的因素也成为早期影响籽粒体积和重量的因素。增加种植密度和抽丝期缺水，以减少同化物供应，使得胚乳细胞数目减少，结果导致籽粒变小，灌浆速率降低。在停滞期，植株遇到不利温度时，胚乳细胞数目减少，即使在灌浆阶段维持适宜的温度，也不能挽回停滞期胚乳细胞数目减少带来的影响。

籽粒灌浆速率的高低不但与光合产物的供应量有关，还与库强度有关。在籽粒灌浆阶段停止光合作用，库仍能征调茎秆中可溶性糖，维持一定水平的籽粒灌浆速率。在人工控制条件下，对玉米植株在整个灌浆阶段进行缺水处理，尽管表观光合作用已处于停顿状态，但运输作用仍在进行，籽粒产量可达到对照的 47% ～ 69%。

四、源库关系与调节途径

（一）玉米的源库关系

1928 年，Mason 和 Maskell 通过对棉花植株体内碳水化合物的分配研究提出了源库概念；20 世纪 60 年代后，作物生理学家将源库概念应用于作物产量物质来源和产品器官物质贮积及其相互关系研究，从而形成了作物产量的源库理论。

Warren Wilson 提出了源强度与库强度的概念，并分别以其大小和活力的乘积来表示。源强度可分解为叶面积大小及叶片功能期、光合效率，库强度可分解为库容量（单位面积穗数、单穗粒数和单粒体积的乘积）、库活力（籽粒灌浆速率和灌浆时间）。在作物源库关系分析中，反映库源比的指标比较多：Donald 提出的收获指数概念，从整体上反映了干物质的分配，因而其也是反映作物库源比的适宜指标；日本学者提出，可用粒叶比（单位面积粒数与叶面积之比）来反映作物库源比；张宾等（2007）提出了作物产量"三合结构"，有助于定量研究库源比变化与作物产量形成的关系。其他对作物同化物分配及其调控机制的研究提出了同化物分配的分室模型和代谢控制点假说，还有人运用分子生物学方法研究了作物源库调节机制和源库关系。

从源与库的关系来看，源是库形成和充实的物质基础，库对源具有明显的反馈作用，两者并非独立存在的，而是相互依存和互作的。玉米产量的形成必须具备两个条件：一是要有足够的光合产物，这就要求有足够的光合源叶片，供给正在充实的籽粒；二是要有充足的穗器官来接纳足够多的光合产物。在玉米生产中，由于环境条件、供试品种、产量水平、种植方式等方面的差异，不同研究者对产量的限制因素有不同的看法，形成了源限制学说、库限制学说、源库共同限制学说等。

1. 源限制学说

光合产物是玉米干物质积累和籽粒产量形成的物质基础。玉米籽粒总干重的90% ～ 95% 来源于光合作用产生的碳水化合物。叶片是主要的光合源，要增加产量，必须保持适宜的叶面积指数。玉米从开花到成熟阶段，保持适当的叶面积指数，充分利用生长季节的光热资源，就能生产出较多的光合产物，有望获得高产。

光合源的强度与干物质生产、籽粒产量呈正相关关系，库性能的发挥高度依赖于源的强度，在高纬度温带地区，玉米一般植株矮小，雄穗小，顶端优势低，灌浆期源不足是限制产量的主要因子。在高密度群体下，群体源成为产量的主要限制因子，造成源库比例的严重失调。因此，通过适宜的栽培措施延缓叶片衰老、延长叶片功能期，在收获穗器官的基础上提高籽粒灌浆关键阶段单株及群体源生产能力，维持适宜的源库比例是密植玉米获得高产的有效途径。

王庆成等（1997）在吐丝授粉期对玉米进行了去叶处理，结果表明，改变源库比对玉米群体光合速率、产量及其构成因素及植株内可溶性糖含量均有影响。玉米产量减少的程度与去叶的百分率成正比，并与去叶时期有关。去叶使粒数减少，粒重减轻，籽粒生长速度下降，灌浆时间缩短。这表明玉米库性能的发挥高度依赖于源的强度，库源比在很大程度上决定着同化物的有效性。

2. 库限制学说

库既影响干物质的生产，又决定干物质的分配，还控制籽粒的灌浆速率，并且库的竞争能力对源有反馈作用，在光辐射足够大的情况下，光合源十分充裕，则籽粒库决定着产量，因此库对产量的影响非常大。许多对玉米减源缩库的研究强调库的决定作用，认为扩大库容量能提高产量。低密度下群体库源比较小，较少的库限制了产量潜力的发挥，难以高产。薛吉全等（2002）报道，随密度的增加，群体库源比增加，但是库的增加幅度大于源的增加幅度，但当密度达到一定程度时，库不再是影响玉米产量的主要因素。关义新等（2004）以高密度和高水肥为基础，研究高产和超高产玉米群体时发现，提高群体籽粒数可同时克服库和源对产量的限制，是提高产量的有效途径。

3. 源库共同限制学说

陈国平等（1998）在4种不同生态条件下对玉米进行春播试验，采用多花型和中花型的两个品种，于开花期间分别剪去1/2叶片和1/2果穗，结果表明，减源（剪叶）和减库（剪穗）都使产量有巨大损失，但相比之下，减库对产量的影响比减源更大，减源对产量的影响呈多花型品种＞中花型品种，减库对产量的影响则相反。杨守仁（2003）、张俊国（1997）等认为在不同条件下源库都有可能成为作物产量的限制因素，单方面强调产量的限制因素是源还是库都是不全面的，要获得高产，不仅源库要协调，还要考虑到运转的协调，即源要足，库要大，运转要通畅。

在低密度下源不足是产量的主要限制因子，此时增密能够增产，而增产的主要机制是叶源的增加；高密度下源库同时增加但增加比例不同导致的库相对不足是产量的主要限制因子，此时提高结实率和增加粒重等扩库措施是增产的主要机制。

玉米在生长过程中源库性状不断进化适应，源库具有较强的自我调节能力。当源限制时，通过部分籽粒败育保证剩余部分籽粒充实；当库限制时，发育的籽粒尽可能增加粒重，剩余的光合产物储藏在临时库中。

4. 源库协调

源库平衡是玉米高产群体的重要特征，群体的源和库处于平衡状态时，产量最高，源的生产效率也最高；衡量和反映源库关系是否协调的一个重要指标是库源比，其中最常用粒数/叶面积、粒重/叶面积和库容量/叶面积来表示。杨建昌等（2001）研究认为库源比越大，叶片光合产物向穗粒中输送得越多，滞留在茎鞘和叶片中的越少；反之，光合产物到穗粒中的分配比例减小，则滞留在茎鞘中的增多。源库平衡是一种动态变化的相对平衡，不同生育期的源性状大小对不同库性状如穗粒数、群体粒数、粒重的影响不同，高产的关键是调节两者的关系，使之处于适宜的比例。当产量在极低水平到高产水平之间变化时，群体源库水平提高，其中库的增加幅度超过源的增加幅度，库源比与产量间是正相关关系，但是在高产阶段，产量与库源比的相关性不显著甚至二者是负相关关系。

（二）调节途径

玉米源库关系与基因有着密切的关系。徐庆章等（1994）认为不同株型玉米的最高产量库源比基本在同一范围内（1.55 ~ 1.75）。由于平展型玉米库容量较紧凑型玉米库容量小，源供应能力弱，库源比小，因而产量潜力低，因此，要提高玉米的生产潜力首先必须选择耐密植的优良杂交种，扩大群体库容量。在大田生产中常常采用播期调节、种植密度调节、施肥、灌溉等不同栽培措施进行库源比的调控。

1. 播期调节

播期对作物生长发育有重要的影响，随播期推迟，群体叶源量、叶片功能期、源生产能力和源供应能力逐渐降低。因此早播是增加叶源量、提高源生产能力和源供应能力、延长叶片功能期的有效措施。播期推迟，单株穗粒数和粒重降低，有效库容量下降，早播千粒重、总粒数和有效库容量比晚播分别增加了14% ~ 27%、14% ~ 22% 和25% ~ 36%（江东岭，2009）。

不同播期对玉米的生育期、农艺性状、穗分化时期长短以及产量都有较大的影响，库源比随播期推迟而降低：早播促进了源库的协调发展，减少了籽粒败育，增加了库源量，延缓了叶片衰老，但生育后期源不足，源是限制产量的主要因素；晚播库容量不足，源相对较大，库是限制产量的主要因素。

2. 种植密度

种植密度主要影响群体生长发育中后期的光合面积、光合时间等因素，从而影响群体的光合速率和干物质积累，影响库的建成（结实粒数）和籽粒库的充实（粒重）。源供应能力随种植密度的增加表现为先增加后降低。在一定的种植密度范围内，叶片光合速率、叶绿素含量、可溶性蛋白含量、单株叶面积和单株干重随着种植密度的增加而降低，群体叶面积指数、群体干重、光合势和群体生长率随种植密度增加而增大，生育前期种植密度间指标差异不明显，中后期差异显著。种植密度对群体生长率、最大叶面积指数和光合势的影响较大，而对净同化率的影响较小。

随种植密度的增加，群体叶源量、叶源持续期和源生产能力提高。吐丝后30d高密度群体叶源量下降较快。单株结实粒数和粒重随种植密度增加而降低，有效库容量先增加后降低，单位面积穗数、粒数及最大潜在库容量增加，高密度（9.0万株/hm^2）条件下这三者比其他种植条件分别高出16% ~ 103%、4% ~ 87% 和8% ~ 73%。种植密度对不同穗型玉米品种源库关系的调节作用各不相同，但各穗型品种达到最高群体产量时的库源比却达到了高度的统一。

随种植密度的增加，单株叶面积、干重、穗粒数、千粒重及单株产量降低，群体生物产量和籽粒产量提高，库源比逐渐降低。低密度条件下，扩大群体库容量是增产的关键，库是产量的限制因素；随着种植密度的增加，群体库容量将增大，而群体源供应能力却减弱，表明高密度群体源供应能力成为产量的限制因素。在生产上只有因地制宜、合理密植，实现群体库源关系的协调，方能达到高产和稳产。

3. 施肥

适宜的肥料投入是扩库增源、提高产量的保证。根据源库形成规律和施肥对生长的促进效应，确定合理的肥料运筹原则是基肥为主，追肥为辅；有机肥为主，化肥为辅；氮肥为主，磷、钾肥为辅；穗肥为主，粒肥为辅等。玉米对肥料的吸收主要在开花前后，吸收高峰时期和次数因地域、品种、施肥水平和方式的不同而存在一定差异。

一般来说，产量越高，肥料吸收绝对量越大，相对量越小。研究表明，随施肥量的增加，玉米的叶源量、叶片功能期、源生产能力、源供应能力、群体生长率和净同化率、灌浆期叶绿素含量、干物质累积量等源的指标均增加。施肥对库的影响表现为施氮肥时穗粒数、粒重高，从而最大潜在库容量和有效库容量也较高。施氮肥既可增加群体源数量，也可增加群体库容量，但源增加幅度比库大，前期施肥有利于营养器官源的生长以及库形成，后期施氮则有利于干物质的积累，并促进干物质从营养器官向籽粒的转移。在不施氮肥的条件下源库都是产量的限制因子。

4. 灌溉

土壤水分条件影响玉米生育进程及产量形成。苗期的合理灌溉会使根系深入土壤，茎叶快速生长，源的光合面积、光合能力增强，积累较多的干物质；孕穗期水分的充足供应有助于雄穗和雌穗的正常形成；在玉米抽雄吐丝后，合理的水分条件会延迟叶片衰老，延长叶片的功能期，同时降低空秆率，增加穗粒数，减少秃尖，增加千粒重。总之，合理的灌溉可以挖掘玉米源库的潜能，提高籽粒产量。

源是产量形成的物质基础，库是产量构成因素的组合，因此只有了解源与库形成过程、二者关系及其调控方式，才可以为玉米高产创建提供理论依据与实践支持。

主要参考文献

鲍巨松, 薛吉全, 郝引川, 等. 1993. 玉米不同株型群体库源特征的研究. 西北农业学报, 2(3): 53-57.

陈传永, 侯玉虹, 孙锐, 等. 2010. 密植对不同玉米品种产量性能的影响及其耐密性分析. 作物学报, 36(7): 1153-1160.

陈国平, 郭景伦, 王忠孝, 等. 1998. 玉米库源关系的研究. 玉米科学, 6(4): 36-38, 56.

崔丽娜. 2012. 减源对玉米籽粒产量及其生理机制的影响. 泰安: 山东农业大学博士学位论文.

戴明宏, 赵久然, 杨国航, 等. 2011. 不同生态区和不同品种玉米的源库关系及碳氮代谢. 中国农业科学, 44(8): 1585-1595.

丁希泉, 赵化春, 路琴华, 等. 1980. 在喷灌条件下玉米高产性状的研究. 中国农业科学, (4): 12-18.

董树亭, 胡昌浩, 周关印. 1993. 玉米叶片气孔导度、蒸腾和光合特性研究. 玉米科学, 1(2): 41-44.

关东明. 2000. 玉米穗库发育同步性及其调控机理. 北京: 中国农业大学博士学位论文.

关义新, 马兴林, 凌碧莹. 2004. 种植密度与施氮水平对高淀粉玉米郑单 18 淀粉含量的影响. 玉米科学, 12: 101-103.

管建慧. 2007. 玉米根系生长发育特性及与地上部关系的研究. 呼和浩特: 内蒙古农业大学硕士学位论文.

郝卫平. 2013. 干旱复水对玉米水分利用效率及补偿效应影响研究. 北京: 中国农业科学院博士学位论文.

黄智鸿. 2007. 超高产玉米与普通玉米源库关系及产量的比较研究. 长春: 吉林农业大学硕士学位论文.

江东岭. 2009. 不同栽培措施对夏玉米库源关系影响的研究. 保定: 河北农业大学硕士学位论文.

李明, 李文雄. 2004. 肥料和密度对寒地高产玉米源库性状及产量的调节作用. 中国农业科学, 37(8): 1130-1137.

李明, 李文雄. 2006. 玉米产量形成与源库关系. 玉米科学, 14(2): 67-70.

李绍长, 王荣栋. 1998. 作物源库理论在产量形成中的应用. 新疆农业科学, 3: 106-110.

李叶蓓, 陶洪斌, 王若男, 等. 2015. 干旱对玉米穗发育及产量的影响. 中国生态农业学报, 23(4): 383-391.

刘铁宁, 徐彩龙, 谷利敏, 等. 2014. 高密度种植条件下去叶对不同株型夏玉米群体及单叶光合性能的调控. 作物学报, 40(1): 143-153.

刘月娥. 2013. 玉米对区域光、温、水资源变化的响应研究. 北京: 中国农业科学院博士学位论文.

陆卫平, 陈国平, 郭景伦, 等. 1997. 不同生态条件下玉米产量源库关系的研究. 作物学报, 23(6): 727-733.

陆卫平, 卢家栋, 童长兴, 等. 1996. 玉米灌浆结实期产量源库关系的研究. 江苏农学院学报, 17(4): 23-26.

吕新. 2002. 生态因素对玉米生长发育影响及气候生态模型与评价系统建立的研究. 泰安: 山东农业大学博士学位论文.

马达灵. 2014. 产量提高过程中玉米植株形态特征与产量性状的演变规律. 石河子: 石河子大学博士学位论文.

潘宁宁. 2007. 高产夏玉米库源特征及其群体效应研究. 保定: 河北农业大学硕士学位论文.

钱春荣, 王荣焕, 赵久然, 等. 2017. 不同熟期玉米品种的籽粒灌浆特性及其与温度关系研究. 中国农业科技导报, 19(8): 105-114.

任佰朝, 张吉旺, 李霞, 等. 2014. 大田淹水对夏玉米叶片衰老特性的影响. 应用生态学报, 25(4): 1022-1028.

桑丹丹, 高聚林, 王志刚, 等. 2009. 不同覆膜方式下超高产春玉米花粒期叶片衰老特性研究. 玉米科学, 17(5): 77-81.

佟屏亚. 1992. 高产夏玉米生理指标的研究. 北京农业科学, (5): 1-6.

佟屏亚, 凌碧莹. 1985. 关于统一划分玉米生育期的若干建议. 耕作与栽培, (4): 55-59.

屠乃美, 官春云. 1995. 作物源一库关系研究的现状. 作物研究, 9(2): 44-48.

王斌, 李洪, 李爱军, 等. 2009. 普通株型玉米不同密度下种植模式的研究. 中国农学通报, 25(14): 122-125.

王汉宁, 王晓明. 1992. 从源库观点看玉米籽粒产量的形成. 甘肃农业大学学报, 27(1): 8692.

王俊忠. 2010. 施氮对高产夏玉米源库代谢特征的调控. 兰州: 甘肃农业大学博士学位论文.

王满意, 薛吉全, 梁宗锁, 等. 2004. 源库比改变对玉米生育后期茎鞘贮存物质含量及产量的影响. 西北植物学报, 24(6): 1072-1076.

王楠, 谷岩, 陈喜凤, 等. 2011. 剪源缩库对玉米籽粒产量形成的影响. 吉林农业科学, 36(1): 1-3.

王庆成. 2008. 科学种玉米图解. 北京: 中国农业出版社.

王庆成, 牛玉贞, 王忠孝, 等. 1997. 源库比例改变对玉米群体光合和其他性状的影响. 华北农学报, 12(1): 1-6.

王永宏, 王克如, 赵如浪, 等. 2013. 高产春玉米源库特征及其关系. 中国农业科学, 46(2): 257-269.

魏亚萍, 王璞, 陈才良. 2004. 关于玉米粒重的研究. 植物学通报, 21(1): 37-43.

吴正锋, 王空军, 董树亭, 等. 2005. 高油玉米源库生理特性研究. I. 高油玉米产量受叶源的限制. 作物学报, (3): 283-288.

徐克章, 武志海, 王珍. 2001. 玉米群体冠层内光和 CO_2 分布特性的初步研究. 吉林农业大学学报, 23(3): 9-11.

徐庆章, 王忠孝, 王庆成, 等. 1994. 玉米增库促源及增穗保叶高产栽培理论与实践. 玉米科学, 2(2): 27-29.

徐云姬, 顾道健, 秦昊, 等. 2015. 玉米灌浆期果穗不同部位籽粒碳水化合物积累与淀粉合成相关酶活性变化. 作物学报, 41(2): 297-307.

薛吉全, 鲍巨松, 杨成书. 1995. 玉米不同株型群体冠层特性与光能截获量及产量的关系. 西北农业学报, 4(1): 29-34.

薛吉全, 梁宗锁, 马国胜, 等. 2002. 玉米不同株型耐密性的群体生理指标研究. 应用生态学报, 13(1): 55-59.

杨建昌, 张文虎, 王志琴, 等. 2001. 水稻新株型与粳/籼杂种源库特征与物质转运的研究. 中国农业科学, 34(5): 465-468.

杨守仁. 2003. 再论水稻高产育种的理论与方法. 沈阳农业大学学报, 34(5): 321-323.

于振文. 2013. 作物栽培学各论. 2 版. 北京: 中国农业出版社.

战秀梅, 韩晓日, 杨劲峰, 等. 2007. 不同氮、磷、钾肥用量对玉米源库干物质积累动态变化的影响. 土壤通报, 38(3): 495-499.

张海艳, 董树亭, 高荣岐, 等. 2008. 玉米籽粒淀粉积累及相关酶活性分析. 中国农业科学, 41(7): 2174-2181.

张宾, 赵明, 董志强, 等. 2007. 作物产量 "三合结构" 定量表达及高产分析. 作物学报, 33(10): 1674-1681.

张吉旺. 2005. 光温胁迫对玉米产量和品质及其生理特性的影响. 泰安: 山东农业大学博士学位论文.

张吉旺, 董树亭, 王空军, 等. 2007. 大田遮荫对夏玉米光合特性的影响. 作物学报, 33: 216-222.

张俊国. 1997. 关于我省水稻高产育种目标的讨论和设想. 吉林农业科学, (1): 15-18.

张明. 2015. 种植密度对东北春玉米穗分化和籽粒发育的影响. 北京: 中国农业科学院硕士学位论文.

张旭东, 蔡焕杰, 付玉娟, 等. 2006. 黄土区夏玉米叶面积指数变化规律的研究. 干旱地区农业研究, 24(2): 25-29.

章履孝, 陈静. 1991. 玉米株型的划分标准及其剖析. 江苏农业科学, (5): 30-31.

赵福成, 景立权, 闫发宝, 等. 2013. 灌浆期高温胁迫对甜玉米籽粒糖分积累和蔗糖代谢相关酶活性的影响. 作物学报, 39(9): 1644-1651.

赵明. 2013. 作物产量性能与高产技术. 北京: 中国农业出版社.

赵明, 王树安, 李少昆. 1995. 论作物产量研究的 "三合结构" 模式. 北京农业大学学报, 21(4): 359-363.

朱金城. 2013. 华北平原玉米产量形成对气象条件的响应. 北京: 中国农业大学博士学位论文.

朱永波. 2008. 水分胁迫对不同玉米品种生理生化指标的影响. 杨凌: 西北农林科技大学硕士学位论文.

Donald C M. 1968. The breeding of crop ideotypes. Euphytica, 17: 385-403.

Lafitte H R, Travis R L. 1984. Photosynthesis and assimilate partitioning in closely related lines of rice exhibiting different sink: source relationships. Crop Science, 24: 447-452.

Ma D L, Xie R Z, Zhai L C, et al. 2017. Dry matter accumulation characteristics of maize cultivars released from the 1950s to the 2010s in China. The Philippine Agricultural Scientist, 100(4): 337-346.

Maddonni G A, Otegui M E, Cirilo A G. 2001. Plant population density, row spacing and hybrid effects on maize canopy architecture and light attenuation. Field Crop Res, 70: 183-193.

Mason T G, Maskell E J. 1928. Studies on the transport of carbohydrates. II. The factors determining the rate and the direction of movement of sugars. Ann Bot, 42: 571-636.

Pepper G E, Pearce R B, Mock J J, 1977. Leaf orientation and yield of maize. Crop Sci, 17: 883-886.

Tollenaar M, Daynard T B. 1982. Effect of source-sink ratio on dry matter accumulation and leaf senescence of maize. Canadian Journal of Plant Science, 62(4): 855-860.

Tommey A M, Evans E J. 1992. The influence of pre-floral growth and development on the pathway floral development, dry matter distribution and yield in oil seed rape (*Brassica napes* L.). Annals of Applied Biology, 121(3): 687-696.

Vos J, Putten P E L, van der Birch C J. 2005. Effect of nitrogen supply on leaf appearance, leaf growth, leaf nitrogen economy and photosynthetic capacity in maize (*Zea mays* L.). Field Crops Research, 93: 64-73.

Wang T, Ma X, Yu Y, et al. 2011. Changes in yield and yield components of single-cross maize hybrids released in China between 1964 and 2001. Crop Sc, 51: 512-525.

第五章 玉米群体光合特性[*]

光合作用是作物干物质积累和籽粒产量形成的物质基础。在植株生长所积累的总干物质中，光合作用所形成的有机物约占95%，矿质元素仅占5%左右。因此，光合作用所形成的有机物多少直接决定着作物生物产量的高低。对于以籽粒为收获物的作物，产量的高低还取决于营养物质的分配即物质由植株向籽粒输送并在籽粒中积累，即经济系数。现代农业生产需大幅度提高作物单产，只有提高光合效率，增加光合产物的积累，提高经济系数，正确协调产量形成过程中内外因素的关系，才能达到粮食高产、优质、高效之目的。

叶片是植物光合作用的主要器官，单叶光合能力的强弱决定植株个体的物质生产能力，若干个体的物质生产则是田间产量形成的基础。围绕作物单叶光合能力与产量关系的研究，人们已经做了大量卓有成效的工作（张大鹏等，1991；董树亭，1986；许大全等，1984；焦德茂，1983；马国英和吴源英，1991；朱根海和张荣铣，1985；杨巧凤等，1999）。但作物生产是田间条件下的群体生产。由个体所组成的群体，在新的条件下产生了质的转变，已不再是单纯的个体总和，由全部植株个体的单叶光合作用所构成的群体光合作用也不再是单叶光合作用的累加，形成了自己独特的群体光合作用规律，它较之单叶光合作用更为复杂，与干物质生产和经济产量的关系更为密切。只研究个体光合作用与产量的关系带有局限性和片面性，从大田生产的实际出发，用辩证的、系统的观点深入研究作物群体光合作用规律，全面准确地分析各因素间的关系，对于提高作物光合效率和产量具有重要意义。

为了探索作物高产的新途径，一些学者相继开展了作物群体光合特性及其与产量关系的研究，并改进完善了一些行之有效的群体光合作用测定方法。Thomas 和 Hill（1937）首次在封闭系统内用化学吸收法对小麦、苜蓿的群体光合特性进行了测定；高清吉和玖村郭彦（1978）研究了群体条件下小麦生育期间的光合特性变化；董树亭（1991，1993）用改进的密闭式落差测定法研究了高产冬小麦、夏玉米群体光合特性与产量的关系；其后研究人员相继开展了谷子（管延安等，2001）、大豆（张晓艳等，2010）、水稻（李旭毅等，2011）、棉花（杨成勋等，2016）等多种作物群体光合作用的研究，展示出群体光合作用对提高作物产量具有重要作用。

第一节 玉米群体光合特性的研究现状

玉米单产不管是生物产量还是经济产量的提高，都主要依赖于光合作用尤其是群体光合效率的提高和光合产物的合理分配。对于玉米光合特性的研究，在20世纪80年代以前多集中于单叶（刘祚昌等，1977；吴子恺，1983；Dwyer and Tollenaar，1989；Crosbic et al.，1978；王群瑛和胡昌浩，1988；戴俊英等，1988），而对群体光合特性的

---

* 本章由董树亭、张吉旺、任佰朝等撰写。

研究，由于田间测定难度大，开展得不多。自 20 世纪 80 年代末以来，山东农业大学从玉米群体光合特性测定方法的改进入手，对夏玉米群体光合特性及其与产量的关系、不同年代玉米群体光合特性的演变规律、生态条件对玉米群体光合特性及籽粒产量的影响与调控等进行了深入系统研究，以探讨玉米群体光合作用的规律及其形成机制、影响因素和调控措施，为玉米乃至禾本科作物的高光效育种、高产高效栽培提供了科学的理论依据和可行性技术。

一、玉米群体光合系统

玉米群体光合系统由全部植株的光合器官所构成，但叶片是这一系统中的主要器官，单叶光合作用强弱是决定群体光合作用的基础。玉米光合作用与产量关系的研究，最早就是开始于单叶。衡量单叶光合作用强弱的指标是光合速率，以每平方分米叶面积每小时所同化的二氧化碳毫克数表示，即 $mg\ CO_2/(dm^2 \cdot h)$，或国际上正在推广应用的单位制 $\mu mol\ CO_2/(m^2 \cdot s)$，即每平方米叶面积每秒钟所同化的二氧化碳微摩尔数。测定时直接得到的结果是光合速率与呼吸速率之差，称为净光合速率（又称表观光合速率），真正的光合速率是净光合速率与呼吸速率之和，亦称总光合速率。通常所称的单叶光合速率主要指净光合速率。

一般认为，在叶面积和其他性状相同的情况下，单叶光合速率高的品种表现出较高的产量（吴子恺，1983）。但与此相反的结论也屡见报道（Hanson，1971；Crosbie，1978）。为了进一步说明这一问题，Dwyer 和 Tollenaar（1989）研究了 1959～1988 年连续 30 年在加拿大大面积推广的 8 个玉米杂交种的单叶光合速率与产量的关系后指出，虽然当代品种的产量提高是综合因素的结果，但至少部分归功于单叶光合速率的改良。当代品种具有较高的光合速率，特别是在高密度和非正常的低温条件下比老品种具有明显的优势，指出改善品种光合特性以提高玉米产量的必要性。因此，深入研究单叶的内部结构、光合特性以及环境因素对单叶光合速率的影响，对提高群体光合效率、增加产量具有重要意义。

玉米为 C_4 植物，光合作用是由维管束鞘细胞和叶肉细胞共同进行的。据胡昌浩和王群瑛（1989）报道，玉米叶肉细胞的叶绿素含量较高，占叶片叶绿素总量的 57.1%，维管束鞘细胞所含的叶绿素较少，占叶片叶绿素总量的 42.9%。玉米叶绿素 a/b 值较小麦、水稻等 C_3 植物高，为 4.17，而且随着叶片衰老逐渐降低，但玉米维管束鞘细胞中，叶绿素 a/b 值较叶肉细胞要高 1 倍左右。

玉米叶肉细胞与维管束鞘细胞中的酶系统有差别。叶肉细胞含有大量丙酮酸磷酸双激酶（pyruvate phosphate dikinase，PPDK）和磷酸烯醇丙酮酸羧化酶（phosphoenolpyruvate carboxylase，PEPC），少量的核酮糖-1,5-双磷酸（RuBP）羧化酶和乙醇酸氧化酶，维管束鞘细胞则正相反，说明同时存在两种碳同化途径。

玉米光合作用最突出的特点是净光合速率高，一般为 46～63mg $CO_2/(dm^2 \cdot h)$，适宜条件下可达 80mg $CO_2/(dm^2 \cdot h)$，而小麦、水稻等 C_3 植物一般为 12～30mg $CO_2/(dm^2 \cdot h)$（表 5-1）。这与玉米叶片的结构和光合途径有关。玉米叶肉细胞和维管束鞘细胞都含叶绿体，光合作用是由两种细胞的叶绿体完成的，光合效率较高。另外，玉米的碳同化途径是两条碳同化途径结合完成的，主要存在于叶肉细胞中的 PEPC 活性显著高于 RuBP 羧化酶，对 CO_2 的亲和能力大，捕捉 CO_2 的能力强，有利于将 CO_2 集中到维管束鞘细胞中去。C_4 途径实际上起了一个 CO_2 "泵" 的作用，有助于增加维管束鞘周围的 CO_2 浓度，使 C_3 途径能够顺利进行。玉米光合作用的另一重要特征是光呼吸低，正常情况下难以测出，而小麦等 C_3 植物光呼吸约占光合同化量的 1/3。

表 5-1 C_4 和 C_3 植物的净光合速率和生长速度

	作物种类	净光合速率 [$mg\ CO_2/(dm^2 \cdot h)$]	生长速度 [$kg/(m^2 \cdot d)$]
C_4 植物	玉米	46～63	47
	高粱	55	43
	甘蔗	42～49	50
C_3 植物	菠菜	16	13
	烟草	16～21	25
	水稻	12～30	—

光补偿点低、光饱和点高是玉米光合作用的又一特征。在适宜的温度和自然 CO_2 浓度条件下，玉米的光合作用受光照强度的极大影响，在一定光照强度范围内，随着光照强度增大，光合速率增加。当光照强度增加到一定程度时，光合速率不再增加，此时的光照强度称为光饱和点。在光饱和点以下，随着光照强度的减弱，光合速率下降，当光照强度降低到一定程度时，光合作用吸收的 CO_2 量等于呼吸作用放出的 CO_2 量，此时的光照强度称为光补偿点。光补偿点和光饱和点分别代表光合作用对光照强度要求的低限和高限，表示玉米光合作用对弱光和强光的利用能力。与 C_3 植物中的小麦、水稻相比，玉米的光照强度-光合作用曲线有三个突出特点：一是光补偿点低，仅为 500～1000lx；二是光饱和点高，在适宜条件下的壮龄叶片，即使 100 000lx 光也未见光饱和现象，而小麦、水稻等作物在光照强度为 50 000lx 左右时即达到光饱和点；三是光照强度-光合作用曲线上升快，玉米对光照强度反应敏感，对弱光利用比较经济（图 5-1）。正是由于以上

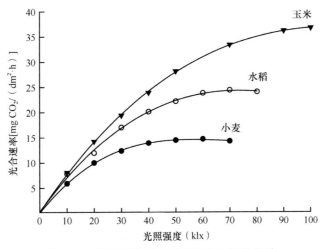

图 5-1 玉米光合速率与光照强度之间的关系

光合特性，故玉米生长迅速，干物质积累速度快，高产稳产。但群体光合系统不是单叶光合作用的累加，而是在新的水平上形成了自己独特的内部环境和规律，它较之单叶光合作用涉及的范围广，更能代表群体生长状况，与产量关系更为密切。群体光合速率通常指单位土地面积（或叶面积）上的全部光合器官，在单位时间内所同化的二氧化碳量，单位用 g CO_2/(m^2·h) 表示。群体光合速率通常用大型同化箱在田间自然状态或控制条件下进行测定。群体光合速率高低受单叶光合能力、叶面积大小、冠层结构及环境因子的综合影响。开花后的群体光合速率与产量显著正相关（董树亭等，1992），促进和提高开花后的群体光合速率，有助于玉米产量的进一步提高。

二、品种类型与光合特性

（一）品种对光合作用的影响

对玉米品种与光合作用关系的研究也是从单叶发展到群体的。Duncan 和 Hesketh（1968）曾指出，玉米常规品种和杂交种的净光合速率存在着明显差异，最高者与最低者相差 50% 左右。Dwyer 和 Tollenaar（1989）发现这种差异也存在于杂交种之间，表现为当代品种单叶光合速率较高，在高密度条件下光合速率下降幅度小。Heichel（1971）研究表明，杂交种内、自交系内以及杂交种与自交系之间光合速率的这种差异，在不同条件下是稳定的，即玉米单叶的光合速率属于遗传性状。

关于玉米品种间单叶光合速率差异的原因，门马荣秀等（1980）在研究了自交系、杂交种和常规品种后指出，单位叶面积的叶绿素含量和含氮量是造成单叶光合速率差异的主要原因。在试验中，凡单位叶面积含氮量和叶绿素含量高的自交系、杂交种和常规品种，其光合速率都高。可见，叶绿素含量和含氮量是高光效育种的重要指标。一般认为，窄而短小的厚叶片比宽大下披的薄叶片，其单位叶面积干重（比叶重）、叶绿素含量、含氮量和光合酶含量高，光合能力强，也有利于密植和 CO_2 的株间扩散。

早在 20 世纪 70 年代人们就确定包括玉米在内的许多作物存在着光合速率的品种间差异（Wallace et al.，1972；Ohno，1976），其后人们对玉米碳代谢进行了研究（高聚林，1991；王空军等，2001；胡昌浩和潘子龙，1982；Maroco et al.，1999），但测定的生理指标大多是 CO_2 固定后可溶性糖、蔗糖等的含量和器官干重等，很少涉及光合碳同化中的酶学领域。光合产物滞留在叶片中抑制叶片的光合作用，主要是因为抑制了蔗糖磷酸磷酸酶（sucrose phosphate phosphatase，SPPase）的活性（Hawker，1967），不利于磷酸丙糖输出叶绿体，造成淀粉合成于叶绿体中（Herold，1979；Walker，1976）。从生化角度讲，叶片的光合能力主要取决于光合羧化酶的活性。玉米作为 C_4 植物，其两次羧化作用先后发生在两种不同的细胞内，首先 CO_2 在叶肉细胞内被磷酸烯醇丙酮酸羧化酶（PEPC）固定为四碳酸，四碳酸进入维管束鞘细胞后放出 CO_2 并形成三碳酸，且其中的 CO_2 再次被 RuBP 羧化酶固定。一般认为 PEPC 是一个胞质酶，C_3 植物组织中 PEPC 活性仅为 C_4 植物中的 2% ～ 5%（Osmond，1981；Oleary and Emilio，1982）。在玉米叶片中，PEPC 催化 CO_2 的原初固定，即使在叶肉细胞内 CO_2 浓度很低的条件下，PEPC 的 CO_2 固定能力仍然很强（Edwards and Huber，1981），PEPC 羧化形成的草酰乙酸很快转化为天冬氨酸，并从叶肉细胞运至维管束鞘细胞，脱羧放出 CO_2 使维管束鞘细胞内局部 CO_2 浓度增大（Hatch and Osmond，1976）。维管束鞘细胞中的高 CO_2 浓度有利于 RuBP 羧化酶的羧化作用，节约了 C_4 植物为制造 C_4 酶（PEPC）所特需的能量和物质。作为 RuBP 羧化酶加氧作用产物的磷酸乙醇酸是光呼吸的底物，高 CO_2 浓度抑制 RuBP 羧化酶加氧作用也就防止了光呼吸引起同化碳的损失（Edwards and Huber，1981），而且即使有光呼吸放出 CO_2，CO_2 也会被 PEPC 再固定而不会逸出叶片，可见 C_4 植物不存在因光呼吸而丢失同化碳的现象；而 C_3 植物呼吸则会耗掉 40% 的同化碳。此外，还有研究表明，PEPC 与细胞伸长生长有关，其是气孔开放时或保卫细胞原生质体膨胀时合成苹果酸的关键酶（Schnabl，1981），在叶绿体氨同化及氨基酸合成中有提供碳架的作用（Platt and Oesch，1977）。由于 RuBP 羧化酶又有加氧酶的作用，C_4 植物固定 CO_2 能力提高的同时，呼吸消耗也增大了（屠曾平和林秀珍，1988）。但也有研究（高煜珠和王忠，1985）表明，光呼吸占总光合作用的比值是比较稳定的，C_4 植物占 1% ～ 7%，且此值几乎不受基因型、生育期的影响，即光呼吸与光合作用相伴而生，低光呼吸速率不是高光合速率品种的特征。

（二）品种的源库关系

以叶片为主的光合器官其光合能力的大小和光合时间的长短决定了生物产量的高低，而干物质的积累和分配又决定了玉米的籽粒产量。籽粒的干物质积累过程符合逻辑斯谛曲线（Hanft et al.，1986；王庆祥等，1987）。籽粒中干物质约有 80% 直接来自生育后期叶片的光合产物，约 20% 来自花前干物质的转移。因此为提高玉米籽粒产量，刘百韬和何福玉（1979）提出延长生育后期缩短前期以增加粒重的观点。抽丝后 10 ～ 35d 为籽粒干重直线增长期，这个时期称为有效灌浆期，多数品种此期积累干物质 70% ～ 80%。籽粒灌浆速率为一单峰曲线，抽丝后 22 ～ 25d 为峰顶。开花授粉后，籽粒是植株的生长中心和物质分配中心，其体积的大小决定着容纳有机物质的能力，也表明品种产量潜力的大小。籽粒体积增长的关键时期是授粉后的一个月内。籽粒鲜重增长动态因品种而异（善信科等，1989），有的品种增重速度一直较快，授粉后一个月左右增重速度才显著下降；有的品种开始增重较快，授粉 20d 左右增重速度突然下降；还有的品种开始时增重很慢，授粉后十余天才迅速增重，由于品种籽粒鲜重增长速度不同，收获时千粒鲜重相差多者达 100g 左右。此外，玉米根系干重也与籽粒干重有显著正相关关系（戴俊英等，1988；鄂玉江等，1988），其中第七层节根系干重对籽粒产量影响最大。

作为库的玉米籽粒，其干重受种植密度、雌穗小花总数、受精后小花成为有效粒的数目、籽粒胚乳细胞数目、灌浆强度、灌浆时间和环境因子影响。就某一品种而言，小花总数为遗传特性。雌穗有效粒数主要取决于品种特性（张秀梅等，1984；尹枝端和李维岳，1986；高学曾和许金芳，1987；高学曾和王忠等 1989；Wilson and Allison，1978）、无机营养状况（田海云等，1981）、肥水情况（王忠孝和李登海，1991），合理密植、肥水充足、叶片有充足的光合产物供给则能增加有效粒数（王汉宁和王晓明，1992；李明启，1980；高聚林，1991）。在适宜种植密度条件下，粒重主要取决于籽粒体积、灌浆速率和灌浆时间，籽粒体积大、灌浆速率大、灌浆时间长则粒重增加。在授粉后 10 ～ 30d

籽粒体积线性增长，籽粒体积大小与胚乳细胞数、胚乳细胞大小有关（崔彦宏和李伯航，1993）。授粉后 6 ～ 11d 胚乳细胞数目快速增长，胚乳细胞数目在授粉后 20d 达最大。在胚乳细胞数目、大小一定的情况下，籽粒灌浆速率和灌浆时间则决定了粒重的大小，在授粉后 12 ～ 35d 最为关键。灌浆期如遇干旱、低温会严重影响粒重增加。

刘绍棣等（1990）对不同株型玉米品种的单叶光合作用进行的研究表明，紧凑型品种的光合速率要大于平展型品种。但玉米单叶光合速率的测定一般是在单株充分照光的自然条件下进行的，掩盖了冠层内叶片实际受光情况的差异，不能真实地反映自然状态下植株的光合速率，这一共识的达成，引发了对不同玉米品种群体光合速率差异的研究（董树亭等，1992，1997；胡昌浩等，1993；李少昆等，1995），研究结果表明，玉米要获得高产，开花后的光合势分配应不低于总光合势的 60%，总光合势必须在20 万 $(m^2d)/hm^2$ 以上，即玉米要获得高产必须要有较高的光合速率、较大的光合面积，且后期叶片不早衰。同时人们对不同株型玉米品种的光合特点也有了一些研究（赵明和李少昆，1998；李少昆等，1995；刘绍棣等，1990；章履孝，1991；王庆成等，1996），研究人员一致认为株型紧凑、穗上叶适当上冲、穗下叶水平伸展的品种，其群体内光的分布更合理，易获得高产。但总的来说，对不同玉米品种群体光合作用的研究，远不如对单叶光合作用研究得深入。

三、生态因素与玉米群体光合特性

大田生产条件下的作物群体，其光合作用无时无刻不处于变化的生态环境下，即生态因素正是通过对光合作用的影响，进而影响作物产量和品质的。我国是玉米生产大国，2016 年我国玉米总产量 2.19 亿 t，玉米播种面积 3675.9 万 hm^2，单产 5.96t/hm^2。随着生产条件的改善和产量水平的提高，生态因素特别是气候因素对其生产的影响愈显重要。金之庆等（1996）研究指出，随着全球 CO_2 浓度的增加，气候变暖，我国玉米带的大多数地点玉米产量大幅度下降，其中以西南玉米区和黄淮海夏玉米区减产幅度较大。对玉米来说，CO_2 浓度的增加不足以补偿增温带来的负效应。面对气候变化，通过提高光合效率来实现玉米的高产稳产，是玉米生产实践中需要认真对待的问题。国内外就生态因素与玉米产量的关系已做了大量研究，为玉米持续高产稳产奠定了理论基础。

（一）光照与玉米群体光合特性

玉米是高光效的 C_4 植物，单叶光饱和点为 10 万 lx，光补偿点为 1000lx。所以在自然光下大田玉米群体达不到光饱和点（胡昌浩，1995）。可见，在其他条件满足的情况下，玉米产量的高低取决于光辐射量的大小。目前我国玉米的最高产量也仅能达到光能生产潜力的低限，光能生产潜力远未挖掘。胡昌浩（1995）提出，玉米叶在展开后数天光合速率较高，随着叶龄增大，光合速率降低，壮龄叶与老龄叶的光合速率在低光照强度下差异较小，在高光照强度下差异较大，老龄叶比壮龄叶光补偿点高，光饱和点低，增加日照时数，延长光合时间，可以提高玉米产量。董树亭等（1992）认为，光照强度与群体光合速率的关系表现为双曲线型，群体条件下叶片相互遮阴严重，群体内的呼吸消耗增强，提高了群体的光补偿点，同时即使上部叶片达到光饱和点而下部叶片也始终处于光饱和点以下，要使整个群体达到光饱和点，需要的光照强度远比单叶高。群体光合作用对光照强度的反应也较单叶敏感。赵久然（1990）提出，从吐丝前12d雄穗分化期至吐丝后30d是影响穗粒数的关键时期，并以吐丝期最为关键。沈秀瑛（1994）认为，玉米群体内的光分布主要取决于群体大小即冠层叶面积的大小，当最大LAI在3.2～4.2时，中部透光率无明显降低趋势，当最大LAI＞4.75时，中部透光率急剧下降。其实，各因素间的相互作用可能更符合大田生产条件。林伟宏等（1999）对水稻的研究表明，提高温度和CO_2浓度对水稻单叶和群体光合作用均有促进作用，然而其对单叶光合作用的促进作用较群体光合作用更大，且其对群体光合作用的促进作用随着时间的推移而减弱。此外，CO_2浓度增加可降低冠层叶片氮含量，导致叶片早衰，进而影响群体光合作用。田慧梅和季尚宁（1997）的研究则表明，玉米间作草木樨可改善玉米群体透光水平，提高光合速率。

（二）温度与玉米群体光合特性

有关气温对玉米生长发育和产量的影响，前人曾做过许多研究。廖宗族和郑俊兰（1980）提出，玉米出苗速度与0～40.9℃土温呈指数回归关系，而出苗率和日生长高度则在土温25℃时最佳。何维勋和曹永华（1990）提出，温度为31℃时玉米的增叶速率达最大值，温度（T）对增叶速率影响的函数可表示为：$f(T)=a\exp[-b(31-T)]$。张廷珠等（1981）提出，玉米灌浆期的最适宜温度为22～24℃，大于25℃或连续高温时灌浆速率明显降低。山东省农业科学院气象站统计表明，当日平均气温低于16℃时，玉米基本停止灌浆。Peters等（1971）认为，夜间温度控制在18.3℃时玉米产量比29.4℃高44%。气温对玉米产量的影响主要发生在生育的中后期，气温过高或过低都将造成不同程度的减产。杨文彬等（1989）提出，玉米产量形成期只有给予最适热量条件，才能大幅度提高单产。宋世娟（1996）认为，玉米生长后期气象条件匹配，将有利于光合产物积累，实现稳产，但积温过高，将加速叶片衰老，引起早衰。

低温有利于延长玉米生育期，所以较冷的生长季节玉米产量增加（郑洪建和董树亭，2000）。北方五省玉米产量受低温影响突出，低温是黑龙江、内蒙古等省区玉米产量低而不稳的关键因素，其他玉米区也存在晚播或晚熟品种生育后期受低温危害而减产的现象。高温是造成南方玉米产量长期徘徊不前的关键。黄淮海与西北玉米区也不同程度地存在高温危害的现象。苏正淑和张毅（1990）研究认为，孕穗期低温胁迫对玉米光合作用和叶面积影响比灌浆期大，对籽粒产量的影响也更显著，主要是减少了穗有效粒数，而灌浆期低温主要是降低了粒重。张毅等（1992，1995）认为，玉米孕穗期遭遇低温光合速率下降，光合有效面积降低，叶片和雌穗超氧化物歧化酶（SOD）活性下降，丙二醛含量剧增和叶片和雌穗泡液的电导率提高，造成低温冷害；灌浆期低温可引起生理代谢紊乱，使可溶性糖和游离氨基酸含量增加，淀粉、蛋白质含量下降，阻碍籽粒灌浆，降低粒重，引起减产。

光合作用是对高温最敏感的代谢过程之一，在其他胁迫症状出现以前，可以完全被抑制。随着高温胁迫的持续，叶绿体弯曲或膨大变形，叶绿体被膜出现不同程度的断裂、解体，类囊体片层松散，并出现断裂，基质片层拉长，基质大量外流，抑制植物光合作用（付景等，2019）。高温主要影响类囊体的物理化学性质和组织结构，导致细胞膜的解体和细胞组分的降解（Blum and Ebercon，1981；Georgieva and Yordanov，1993）。高温降低了穗位叶净光合速率（Pn）、气孔导度（Gs）、最大光化学效率（Fv/Fm）、光量子产量（ΦPSⅡ）、光化学猝灭系数（qP）、磷酸烯醇丙酮酸羧化酶（phosphoenolpyruvate carboxylase，PEPC）和核酮糖-1,5-双磷酸羧化酶（ribulose-1,5-bisphosphate carboxylase，RuBPCase）活性，提高了胞间 CO_2 浓度（Ci）和非光化学猝灭系数（qN）（赵龙飞等，2012）。干旱或高温胁迫通常降低光合效率的原因主要是部分气孔关闭而导致的气孔限制和光合反应位点同化能力的下降所引起的非气孔限制（郑云普等，2015）。高温胁迫对作物光合作用乃至籽粒产量的影响，不同作物不同品种乃至同一品种的不同生育时期都存在差异，而这种差异又可能是不同的形态结构、生理生化特性所造成的。据研究，同一种作物，耐热性不同，其形态结构也存在差异。对萝卜、白菜、甘蓝、玉米、小麦等的研究表明，耐热品种的植株叶片具有较大的气孔密度，较小的气孔体积和开度，叶片厚度大，叶片中细胞排列紧密，维管束发达，细胞器结构比较稳定（韩笑冰等，1997；苗琛和利容千，1994）。

同一种作物，耐热性不同，因高温受到的生理生化伤害也不同。与热敏型玉米品种相比，在高温胁迫下，耐热型玉米品种雄穗和雌穗能够维持较高的抗氧化酶活性、较少的 MDA 累积量、较强的渗透调节能力和较高的花丝水势和 pH（于康珂等，2017）。耐热型作物品种具有较高的叶片伸长速率、较稳定的叶面积和光合作用高值持续期（Mashinigwani and Schweppenhauser，1992），与热敏型品种相比，还具有较高的叶绿素含量（王向阳等，1992；Havaux and Niyogi，1999）、酶活性（Bose，1999）和细胞膜热稳定性（Shanahan et al.，1990），能够减轻高温给作物带来的伤害，获得相对较高的产量。热激蛋白（heat shock protein，HSP）的合成是动物、微生物和植物对热胁迫的一种共同响应，但在高等植物中，低分子量（low molecular weight，LMN）HSP 是 HSP 中最丰富的一类，并且是植物所特有的。Weng 等（1993）研究证实，在热激条件下，耐热型小麦品种的 LMN HSP mRNA 的合成较热敏型品种发生得早，LMN HSP mRNA 的含量也高，而且一些特异性 HSP 只出现于耐热型品种的 HSP 剖面图中。还有研究证明，小麦耐热性水平的提高与热胁迫前 2h 热激基因的表达水平有关（Vierling and Kimpel，1992）。

同一作物不同生育时期耐热性不同，甚至同一器官的不同发育阶段，其耐热性也存在差异。研究表明，在小麦的整个生长发育过程中，以穗发育时期对高温最敏感，籽粒发育期次之，营养生长期最小（Vierling and Kimpel，1992）。玉米的叶片在未充分展开前比充分展开后的耐热性强，主要表现为较高的叶绿素含量、光合特性和细胞膜热稳定性，在充分展开的叶片中，叶黄素代谢的产物——花药黄质和玉米黄质大量积累，且持续的时间较长，而在未展开的叶片中，两种物质的含量很低，且持续的时间较短，说明其电子传递仅受到轻微影响。不同高温时期对玉米产量的影响不同，第一期（出苗后 0～28d）高温对玉米产量没有显著影响，第二期（出苗后 29～62d）和第三期（出苗后 63～96d）高温显著降低了玉米产量，产量分别降低 23.76% 和 17.83%，三个高温时期以第二期对产量的影响最大（张保仁，2003）。

由于叶绿体的结构受热刺激破坏较大（Stone et al., 1995），而线粒体的热稳定性较强（Thebud and Santarius, 1982），因此，在一定温度范围内，植物的光合作用和呼吸作用虽然均随温度的升高而增强，但呼吸作用提高的速度要比光合作用大，并且呼吸作用比光合作用的耐高温性强（Moore et al., 2021），植物的光合系统比呼吸系统更容易受高温的伤害，其中，PSII 又较 PSI 易受高温影响（Santarius, 1975）。如前所述，高温使玉米灌浆速率加快，但灌浆持续期缩短，并且灌浆速率的加快程度要小于灌浆持续期缩短的程度。一个对玉米花后 4 种不同温度处理条件对玉米灌浆速率影响的研究甚至表明，高温对玉米的灌浆速率没有影响（Badu-Apraku et al., 1983），可见灌浆速率受高温的影响要比灌浆持续期小得多。研究还发现，高温对玉米籽粒的蛋白质绝对量影响较小，但是增加其相对含量（Bhullar and Jenner, 1985；Dale and Greg, 1983）。

对降低高温胁迫的调控措施研究表明，选用耐热型品种是减轻作物高温胁迫影响最有效的方法，在高温多发区种植耐热性较强的玉米品种，对于实现减灾保产具有重要意义（于康珂等，2017）。高温胁迫下耐热型玉米叶片中光合机构、类囊体膜上的电子传递活性和传递效率得到较好的维持，从而保持了叶片的光化学能转化效率和光能利用效率，减轻了高温伤害（赵龙飞等，2012）。通过外施植物生长调节剂能够使作物体内激素的平衡关系得到恢复。玉米外施细胞分裂素（kinetin, KT）能够减轻高温造成的伤害（Caers et al., 1985），在小麦上用 Cartoline-2（一种细胞分裂素）浸种或浸苗和在苗期施用外源 ABA 均能提高小麦的抗热性，但两个在菜豆上的研究却表明，外施 GA3、CTK（BA 和 ZR）并不能提高其抗热性，至多能在短期内提高植株叶片的蒸腾作用和减轻其高温伤害的程度（尚庆茂和乔晓军，1998；Udomprasert et al, 1995）。这可能与作物种类及考虑问题的侧重点不同有关。

除植物生长调节剂外，人们还用多种生化物质在不同作物上进行了试验研究，结果表明，脯氨酸对黄瓜（缪旻珉等，2000），多效唑（PP333）对黄瓜（缪旻珉等，2000）和小麦（连恒才等，1994），Ca^{2+} 对辣椒（张宗申等，2000）、小麦（刘富林等，1991；张凤瑞和朱嘉倩，1992），甘露醇对小麦（李亚男和陈大清，1995），谷胱甘肽对玉米（陈大清和王健，1997）的耐热性有一定的提高作用。但这些试验多是在苗期或离体条件下进行的，其结果能否应用于大田生产有待进一步验证。

化控技术能够降低株高、穗位高，增强抗倒伏能力，提高叶片叶绿素含量，延长群体高 LAI 持续时间，增强叶片持绿性，提高光合能力，增加产量（边大红等，2011；孟祥盟等，2014）。

（三）水分与玉米群体光合特性

玉米起源于热带和亚热带区，喜暖湿气候，年降水量 800 ～ 1100mm 并在玉米生长期间每月均匀降水 100mm 最适宜玉米生长。鲍巨松和杨成书（1991）提出，严重水分胁迫影响玉米产量形成的关键时期是孕穗期，此期间干旱导致雄穗严重败育，采用耐旱品种或人工辅助授粉，可减少产量损失。戴俊英（1990）认为，不同生育时期中度水分胁迫对不同玉米品种的生育进程和产量均有影响。玉米有较强的适应干旱的能力，苗期适度干旱可促进根系生长，拔节后抗干旱的能力减弱，尤其在性器官形成期受干旱影响最大，减产最大。淹水显著影响夏玉米的生长发育（Ren et al.，2014，2016b；任佰朝等，2015），三叶期淹水造成的影响最大，拔节期淹水次之，开花后 10d 淹水造成的影响较小，其影响随淹水持续时间的延长而加剧。任佰朝等（2015）研究表明，淹水后夏玉米叶面积指数和叶绿素含量显著下降，净光合速率、PSⅡ 潜在活性及光化学效率降低，产量显著降低。淹水后夏玉米根系体积、比表面、吸收面积和活跃吸收面积等显著下降，根系伤流量显著减少，根系伤流速率显著降低。可见，淹水后夏玉米根系活力显著下降，根系正常生长发育受阻，衰老加速。根冠是相互依存的统一体，淹水胁迫后根系活跃面积的显著减小和根系活力的降低会进一步影响夏玉米地上部分的正常生长发育，导致叶片衰老加速，光合性能降低，最终导致夏玉米产量显著下降（Ren et al.，2016c）。孙占祥等（1996）指出，玉米全生育期耗水 200 ~ 300m³/亩，一般随产量水平提高，用水量相应增加。如果供水不足，则会引起相应减产，而不同生育期缺水程度不同，产量的受影响程度也不同。一般认为花期即抽雄至灌浆始期 15 ~ 20d 是需水的关键时期。Nesmith（1990）认为，玉米籽粒灌浆初期土壤缺水，籽粒产量大幅降低，后期缺水主要是粒重降低，其主要是缩短了线性籽粒灌浆期，而不是降低了线性籽粒灌浆速率，在苗期与成熟期玉米用水量为每天 1 ~ 2mm，以吐丝期至籽粒形成期用水量最大，每天接近 8mm。宋风斌和戴俊英（1995）指出，水分胁迫引起叶片叶绿素和蛋白质含量的迅速下降和脯氨酸含量的增加；随水分胁迫时间增长过氧化氢酶（CAT）活性先增强后下降，SOD 活性迅速增强。沈秀瑛（1994）认为，随干旱加重 SOD、CAT 活性呈下降趋势，酸性磷酸酯酶活性增强。陈军（1994）认为，水分胁迫下膜质过氧化作用增强是造成细胞内膜系统紊乱和损坏的原因，而超微结构的破坏造成光合作用降低是导致玉米减产的生理因素。晏斌和戴秋杰（1995）认为，玉米叶片的涝渍伤害可能是由于 SOD 活性被抑制，导致超氧阴离子过剩。淹水胁迫导致夏玉米叶片的 SOD、POD、CAT 活性降低，保护酶系统被破坏，丙二醛含量增加，加剧了膜质过氧化作用，生物膜结构被破坏，加快了叶片衰老；可溶性蛋白含量降低，影响碳同化；叶绿素被降解，叶片失绿，影响光合同化作用，最终导致夏玉米产量显著下降（任佰朝等，2014）。

（四）CO_2 浓度与玉米群体光合特性

玉米是 C_4 植物，即使外界 CO_2 浓度较低也具有较强的光合能力。Hestch 和 Moss（1963）指出，当空气中的 CO_2 浓度在 0 ~ 330ppm①时，玉米群体光合速率与 CO_2 浓度几乎呈线性关系。石井龙一（1979）指出，当外界 CO_2 浓度超过自然浓度（330ppm）时，玉米群体光合速率增加趋于缓慢，不像 C_3 植物那样对 CO_2 浓度反应敏感。董树亭等（1992）认为，CO_2 浓度升高，碳源充足，有利于玉米群体光合作用的顺利进行，提高 CO_2 浓度可显著提高群体光合速率。CO_2 浓度低于自然浓度，不能满足光合作用所需时，玉米群体光合速率的下降幅度很大，高产玉米田冠层内部的 CO_2 浓度早晚较高，可达 400ppm 以上，中午较低，降到 275ppm 以下，晴朗天气降至 100ppm，严重影响玉米群体光合作用的顺利进行。赵琦等（1993）认为，CO_2 浓度增加，玉米杂交种叶片叶绿

----

① 1ppm=$1×10^{-6}$。

素含量成倍增加，其中叶绿素 a 的含量显著增加。因此，在较强的日光和适宜温度下，玉米光合速率往往受到大气中 CO_2 浓度的限制，适当增加田间 CO_2 浓度，可以提高玉米产量。对于开放系统的大田来说，直接施 CO_2 气体肥料的现实性不大。董树亭等（1992）研究认为，土壤呼吸放出的 CO_2 对玉米光合作用的影响不可忽视，玉米全生育期土壤呼吸放出的 CO_2 的光合同化量占群体光合同化量的 11.68%。因此通过增施有机肥料，加强田间管理增加土壤和根系的呼吸，可缓和高产玉米田 CO_2 的亏缺。

第二节　玉米群体光合特性与产量潜力

　　玉米生产是田间条件下的群体生产，由单叶光合系统所构成的群体光合系统已不再是单叶光合系统的累加，它较之单叶光合系统更为复杂，与干物质生产和经济产量的关系更加密切。玉米群体光合作用与产量之间的关系，受株型、种植密度、生育时期等多方面影响。深入了解玉米生育期群体光合作用规律，以及各影响因素及其与产量的关系，对全面了解玉米群体光合作用与产量的关系、进一步提高玉米产量具有重要意义。

一、不同株型玉米群体光合作用特点

　　紧凑型和平展型两类玉米品种是我国玉米生产上的主栽品种，其群体光合作用特点存在共性又有差异。前人一般认为玉米株高越高，籽粒产量越高，但高秆品种不耐密植、易倒伏、稳产性差。根据株高的高低可分为低、中、高三种不同株高类型玉米品种，其光合作用存在共性又有差异。

（一）不同株型玉米群体光合速率的变化动态

　　对两种株型品种在不同种植密度下的群体光合速率测定结果表明（图 5-2），玉米群体光合速率在一生中的变化动态呈单峰曲线。出苗后随着植株的生长发育，群体光合速率逐渐增强，至开花期达最大值，而后急剧下降。但不同处理存在明显差异。

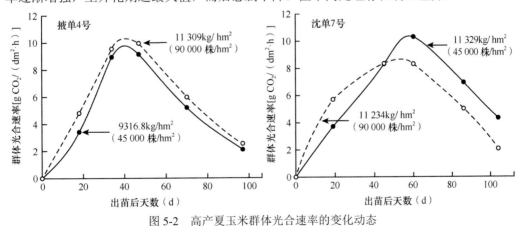

图 5-2　高产夏玉米群体光合速率的变化动态

紧凑型玉米掖单 4 号，在适宜高密度下易获高产。产量水平较高（11 309kg/hm²）的高密度处理（90 000 株/hm²），群体光合速率在一生中始终高于产量水平较低（9316.8kg/hm²）的低密度（45 000 株/hm²）处理。平展型玉米沈单 7 号，在适宜低密度条件下易获高产。产量水平较高（11 329kg/hm²）的低密度处理（45 000 株/hm²），群体光合速率在大喇叭口期以前低于产量水平较低（11 234kg/hm²）的高密度处理（90 000 株/hm²），大喇叭口期以后则明显提高，并一直持续到成熟期。对平展型品种来讲，适当降低密度（45 000 株/hm²）提高和保持后期的群体光合能力，比增加密度（90 000 株/hm²）促进前期的群体光合能力，对提高产量更为有利。综上所述，尽管紧凑型品种增密高产而平展型品种偏稀增收，但高产处理后期具有较高的群体光合速率却是共同的。

（二）不同株高玉米品种的光合特性

随着种植密度的增加，不同株高类型夏玉米品种不同叶位叶片的净光合速率均呈逐渐下降的趋势（图 5-3）。例如，在花后 10d，矮秆品种（登海 661）的第 14 叶（L14）在 6.75 万株/hm² 和 9.0 万株/hm² 种植密度下的净光合速率较 4.50 万株/hm² 时的净光合速率分别下降 3.05% 和 7.87%，中秆品种（超试 3 号）分别降低 3.19% 和 12.23%，高秆品种（先玉 335）分别降低 12.90% 和 28.07%，可见，随着种植密度的增加，中矮秆品种净光合速率的变化幅度小于高秆品种。不同叶位叶片的净光合速率均呈单峰曲线变化，L14 的净光合速率大于第 9 叶（L9）和第 19 叶（L19），各叶位叶片的净光合速率均在开花后 10d 左右达到最大值。在第 9 叶完全展开时，不同类型玉米品种在 4.50 万株/hm² 和 6.75 万株/hm² 种植密度下的净光合速率差异不显著，但均高于 9.00 万株/hm²，且矮秆品种登海 661 的变化幅度最小，高秆品种先玉 335 的变化幅度较大。在穗位叶（第 14 叶）完全展开时，在 4.50 万株/hm² 种植密度下 L9 和 L14 的净光合速率中矮秆品种之间无显

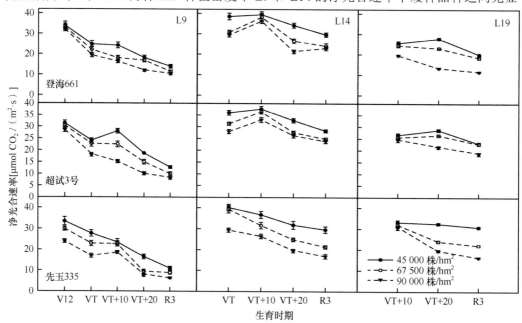

图 5-3　种植密度对不同株高类型玉米品种净光合速率的影响

V12. 大喇叭口期；VT. 开花期；VT+10. 开花后第 10 天；VT+20. 开花后第 20 天；R3. 乳熟期

著差异，随着种植密度的增加，品种间的差异增大；高秆品种 L9 的净光合速率显著低于 L14。在倒三叶（第 19 叶）完全展开时，L14 的净光合速率最高，L9 的最低，高秆品种 L9 与 L14 净光合速率的差值大于中矮秆品种。

（三）玉米群体光合速率的冠层分布

为了解高产夏玉米群体光合速率的冠层分布，将冠层分为上 4 叶（第 17 ~ 20 叶）、中 4 叶（第 13 ~ 16 叶，含果穗叶）、下 6 叶（第 7 ~ 12 叶），于开花期、乳熟期进行冠层光合速率测定。为保持田间冠层自然状态，将植株由下而上进行分层去叶，然后根据前、后两次测定的差值计算各层次的群体光合速率。

1. 不同类型品种群体光合速率的冠层分布

图 5-4 展示了两品种在 11 250kg/hm² 产量水平（沈单 7 号 45 000 株/hm²，掖单 4 号 105 000 株/hm²）的群体光合速率的冠层分布。从各冠层群体光合速率及其占总群体光合速率百分比来看，品种间差异明显。平展型品种沈单 7 号，上 4 叶＞中 4 叶＞下 6 叶，密度越大，这一趋势越明显；紧凑型品种掖单 4 号为中 4 叶＞上 4 叶＞下 6 叶，密度越小，下部叶片光合速率所占比例越大。两品种茎鞘的光合能力都很弱，只占冠层总群体光合速率的 1.73% 和 0.35%。开花期两品种雄穗的呼吸作用都大于光合作用，净光合速率呈负值，所占比例与生育时期、密度有关。表明高产夏玉米群体光合作用强弱主要取决于叶片而不是其他部位。

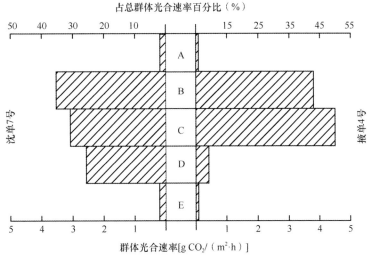

图 5-4 高产夏玉米群体光合速率的冠层分布（开花期）

A. 雄穗；B. 上 4 叶；C. 中 4 叶；D. 下 6 叶；E. 茎鞘

2. 不同生育时期、不同密度的群体光合速率的冠层分布

玉米不同生育时期、不同密度处理群体光合速率的冠层分布结果如表 5-2 所示。从表中可以看出：第一，不同生育时期冠层群体光合速率变化总趋势是开花期＞乳熟期，这与乳熟期下部叶片光合作用减弱和雌穗呼吸作用增强有关。但是，上 4 叶乳熟

期群体光合速率的绝对值反而增加，所占比例也由开花期的 34.36% ～ 43.12%（平均为 38.46%）增加到 42.99% ～ 59.29%（平均为 52.32%），随着密度的增加，所占比例明显增加，这是由于增加密度提高了上部叶片的光截获率。第二，不同密度群体光合速率变化总趋势是 105 000 株/hm² > 75 000 株/hm² > 45 000 株/hm²；但是，下 6 叶与茎鞘是低密度大于高密度。第三，不同叶层群体光合速率变化总趋势是中 4 叶>上 4 叶>下 6 叶，其中，中 4 叶的群体光合速率最为稳定，始终占总群体光合速率的 50% ～ 60%。第四，雌穗的呼吸作用大于光合作用，群体光合速率为负值，乳熟期雌穗呼吸消耗平均占冠层总光合速率的 21.48%，随着密度的增加，雌穗呼吸消耗减少。

表 5-2 玉米不同生育时期、不同密度处理群体光合速率的冠层分布（掖单 4 号）

部位	开花期							
	45 000 株/hm²		75 000 株/hm²		105 000 株/hm²		平均	
	群体光合速率 [g CO₂/(m²·h)]	%	群体光合速率 [g CO₂/(m²·h)]	%	群体光合速率 [g CO₂/(m²·h)]	%	群体光合速率 [g CO₂/(m²·h)]	%
雄穗	−1.25	−22.6	−0.37	−4.82	−0.12	−1.39	−0.58	−7.97
上 4 叶	1.90	34.36	2.78	36.25	3.73	43.12	2.80	38.46
中 4 叶	2.78	50.27	4.28	55.80	4.52	52.25	3.86	53.02
下 6 叶	2.01	36.35	0.92	11.99	0.49	5.66	1.14	15.66
茎鞘	0.09	1.63	0.06	0.78	0.03	0.35	0.06	0.82
雌穗	—		—		—		—	
合计	5.53	100	7.67	100	8.65	100	7.28	100
部位	乳熟期							
	45 000 株/hm²		75 000 株/hm²		10 5000 株/hm²		平均	
	群体光合速率 [g CO₂/(m²·h)]	%	群体光合速率 [g CO₂/(m²·h)]	%	群体光合速率 [g CO₂/(m²·h)]	%	群体光合速率 [g CO₂/(m²·h)]	%
雄穗	−0.26	−4.80	−0.26	−4.63	−0.84	−13.00	−0.45	−7.72
上 4 叶	2.33	42.99	3.00	53.38	3.83	59.29	3.05	52.32
中 4 叶	2.96	54.61	3.02	53.74	3.87	59.91	3.28	56.26
下 6 叶	0.78	14.39	0.42	7.47	0.12	1.86	0.44	7.55
茎鞘	1.28	23.62	0.47	8.36	0.47	7.28	0.74	12.69
雌穗	−1.67	−30.81	−1.03	−18.33	−0.99	−15.33	−1.23	−21.10
合计	5.42	100	5.62	100	6.46	100	5.83	100

注：表头中的"%"表示该冠层群体光合速率占总群体光合速率的百分比

（四）玉米群体光合速率与叶面积指数的关系

1. 玉米不同生育时期群体光合速率与叶面积指数的关系

玉米不同生育时期群体光合速率与叶面积指数、单位叶面积光合速率的相关系数如表 5-3 所示。除成熟期外，紧凑型品种掖单 4 号的不同生育时期群体光合速率与叶面积指数呈极显著正相关关系。在 45 000 ～ 105 000 株/hm²，随着密度的增加，叶面积加大，光截获率增强，群体光合速率提高。除拔节期外，单位叶面积光合速率与群体光合速率负相关，即随着密度的增加，叶片相互遮阴日趋严重，单位叶面积受光少，平均光合速率下降，开花期、乳熟期相关性达极显著水平。

表 5-3　玉米不同生育时期群体光合速率与叶面积指数和单位叶面积光合速率的相关系数（掖单 4 号）

项目	拔节期	大喇叭口期	开花期	乳熟期	成熟期
叶面积指数	0.9200**	0.8788**	0.9533**	0.9779**	0.5439
单位叶面积光合速率	0.5584	−0.7127	−0.9857**	−0.9435**	−0.2026

注：** 表示在 $P < 0.01$ 水平上差异显著

2. 玉米群体光合速率与最适叶面积指数的关系

为了解高产夏玉米群体光合作用所需的最适叶面积指数，选用高密度处理，于开花期用剪株法，由高到低实现不同的叶面积指数，结果如图 5-5 所示，表明二者呈 $y=a+b_1x+b_2x^2$ 的曲线关系。随着叶面积指数（x）的增加，群体光合速率（y）不断提高，当叶面积指数至一定大小时，群体光合速率不再明显增强，此时的叶面积指数称为最适叶面积指数。平展型品种沈单 7 号最适叶面积指数为 4～5，紧凑型品种掖单 4 号最适叶面积指数为 6～7。从图 5-5 还可看出，紧凑型品种只有在叶面积指数达到较高的情况下，群体光合速率才能达到较大值，当叶面积指数在 5 以下时，群体光合速率低于相同叶面积指数的平展型品种。说明生产上利用紧凑型品种夺取高产，必须增加密度，提高叶面积指数。测定中也发现，尽管两类品种达到群体光合速率最大值时的最适叶面积指数不同，但两类品种达到最适叶面积指数时的光截获率却是相同的，都在 95% 左右。

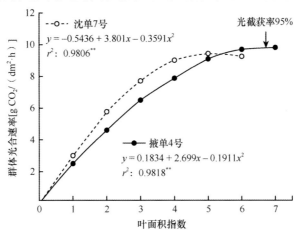

图 5-5　叶面积指数与群体光合速率的关系（开花期）

3. 玉米群体光合速率与产量构成因素的关系

表 5-4 表明，紧凑型品种掖单 4 号，群体光合速率与密度（45 000～105 000 株/hm²）呈正相关关系，开花后达极显著水平，说明密度是决定群体光合速率的主要因素。群体光合速率与穗粒数、千粒重呈负相关关系，开花后达极显著水平，这是增加密度以后，

虽然提高了群体光合速率但阻碍了个体发育所致。群体光合速率与生物产量呈正相关关系，开花后达极显著水平；开花期、乳熟期的群体光合速率与经济产量的相关性达极显著水平，说明开花后的群体光合同化量直接决定着玉米籽粒产量的高低。

表 5-4　玉米群体光合速率与产量及其构成因素的相关系数

项目	拔节期	大喇叭口期	开花期	乳熟期	成熟期
单位面积株数	0.9361*	0.8513	0.9447**	0.9944**	0.9683**
穗粒数	−0.9139*	−0.8674*	−0.8905**	−0.9709**	−0.9645**
千粒重	−0.9214*	−0.7707	−0.9837**	−0.9715**	−0.9166**
生物产量	0.8031	0.7891	0.8750**	0.9800**	0.9797**
经济产量	0.8631	0.6935	0.9914**	0.9577**	0.8932*

注：* 表示在 $P < 0.05$ 水平上差异显著；** 表示在 $P < 0.01$ 水平上差异显著

二、花粒期玉米群体光合特性与高产潜力

玉米籽粒产量主要在花粒期（开花期至成熟期）形成，花粒期的群体光合特性决定着籽粒产量高低。如何提高花粒期的群体光合速率是玉米高产栽培中亟待解决的问题。玉米的干物质积累速度和产量不仅与光合能力有关，还与呼吸消耗有关，但高产夏玉米花粒期的群体呼吸作用特点以及其与干物质积累的关系尚不清楚。气孔是控制叶片内外水蒸气和 CO_2 扩散的门户，影响着蒸腾作用和光合作用等生理过程。本部分主要论述花粒期群体光合速率、群体呼吸速率、冠层气孔导度、蒸腾速率等生理特性的变化规律以及其对籽粒产量的影响，为玉米高产提供依据。

（一）花粒期群体光合速率与产量形成

1. 花粒期群体光合速率与籽粒产量

对两种肥力条件下两个产量潜力不同的品种的测定结果（图 5-6）表明：玉米花粒期群体光合速率呈明显的下降趋势，乳熟前下降慢，其后下降迅速。高产潜力大的掖单

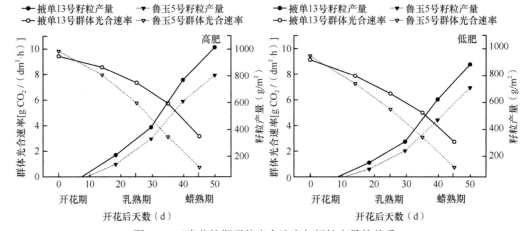

图 5-6　玉米花粒期群体光合速率与籽粒产量的关系

13 号群体光合速率衰减慢，高值持续期（群体光合速率由开花期的最高值降至最高值的 1/2 时经过的天数）长达 38d；高产潜力小的鲁玉 5 号，开花期群体光合速率的最大值并不低于掖单 13 号，但其后迅速下降，高值持续期仅 28d。两品种的群体光合速率均为高肥处理比低肥处理在开花期的绝对值高，开花后下降慢。

两品种籽粒产量都随生育进程而增加，但最终籽粒产量以花粒期群体光合速率下降慢的掖单 13 号最高。同一品种，高肥处理有利于群体光合速率的提高和保持，籽粒产量亦高。统计分析表明，乳熟期、蜡熟期的群体光合速率与籽粒产量正相关，r 为 0.95 和 0.89，相关性分别达极显著和显著水平。说明花粒期的群体光合速率高、高值持续期长是玉米高产的基本保证。

2. 单叶光合速率、LAI 对花粒期群体光合速率的影响

决定花粒期群体光合作用的因素有两个，一是质量因子——单叶光合速率，二是数量因子——叶面积指数（LAI）。玉米花粒期单叶光合速率和 LAI 的变化趋势如表 5-5 所示。从中可以看出：高产潜力大的掖单 13，开花期的单叶光合速率最大值并不高，但是在灌浆以后其单叶光合速率下降慢。高肥处理的单叶光合速率始终高于低肥处理，说明肥力确能提高花粒期的单叶光合速率。花粒期的叶面积指数，灌浆前两品种差异不显著，灌浆后掖单 13 号才明显高于鲁玉 5 号，并一直持续到成熟。高肥处理的叶面积指数一直高于低肥处理。花粒期群体光合速率的下降是单叶光合速率和叶面积指数综合作用的结果。

表 5-5　玉米花粒期单叶光合速率 $[mg\,CO_2/(dm^2 \cdot h)]$ 和 LAI 的变化

品种	项目	高肥				低肥			
		开花期	灌浆期	乳熟期	成熟期	开花期	灌浆期	乳熟期	成熟期
掖单 13 号	单叶光合速率	34.70	34.01	26.28	13.35	33.22	28.98	23.44	12.46
	LAI	6.42	5.80	5.11	3.4	5.87	5.68	5.02	3.17
鲁玉 5 号	单叶光合速率	34.86	30.22	24.80	6.31	29.33	28.63	22.08	5.47
	LAI	6.33	6.24	3.17	2.12	6.19	5.90	2.95	2.00

（二）花粒期群体呼吸速率与呼吸消耗

玉米花粒期的群体呼吸速率变化如图 5-7 所示。玉米花粒期的群体呼吸速率变化与群体光合速率相同，呈明显的下降趋势。不同品种间的群体呼吸速率开花期差异不大，其后掖单 13 号＞鲁玉 5 号，不同肥力处理是高肥＞低肥。群体呼吸速率占总群体光合速率的百分比，随着生育进程逐渐增大，成熟时达最大，这是花粒期群体光合速率的下降幅度大于群体呼吸速率所造成的。群体呼吸速率占总群体光合速率的百分比，品种间是鲁玉 5 号＞掖单 13 号，肥力处理间是高肥＞低肥。

（三）花粒期群体瞬时干物质净积累

以群体光合速率和群体呼吸速率的差值 ΔP 表示大田条件下群体瞬时干物质净积累，其变化如图 5-8 所示。高肥处理下，开花期鲁玉 5 号 ΔP 略高于掖单 13 号，而灌浆后却

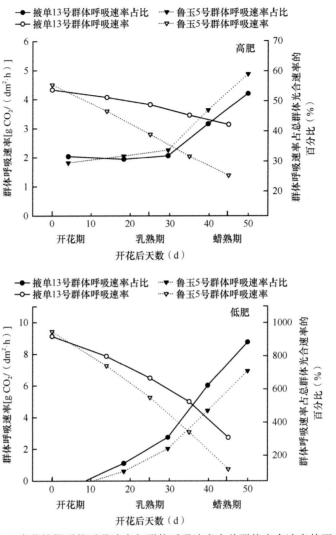

图 5-7　玉米花粒期群体呼吸速率与群体呼吸速率占总群体光合速率的百分比

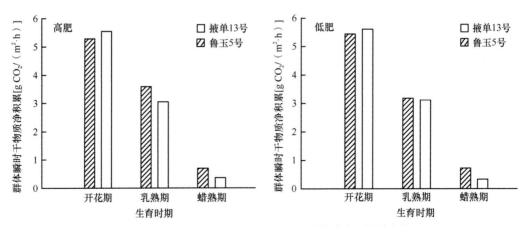

图 5-8　玉米花粒期不同品种不同处理的群体瞬时干物质净积累

显著低于掖单13号。低肥处理的ΔP，亦是开花期略高，随后才明显下降。以上结果说明，高产品种、高肥处理都是在灌浆后才表现出"高效低耗"特点的。

（四）花粒期气孔导度与蒸腾速率

1. 花粒期冠层气孔导度与蒸腾速率

玉米花粒期冠层气孔导度与蒸腾速率的变化如图5-9所示。鲁玉5号开花后冠层气孔导度的下降时间早于掖单13号。从整体上看，冠层气孔导度是掖单13号＞鲁玉5号，高肥处理＞低肥处理。冠层的蒸腾速率也呈明显的下降趋势，掖单13号较鲁玉5号蒸腾速率高且持续时间长，肥力间亦是高肥＞低肥。

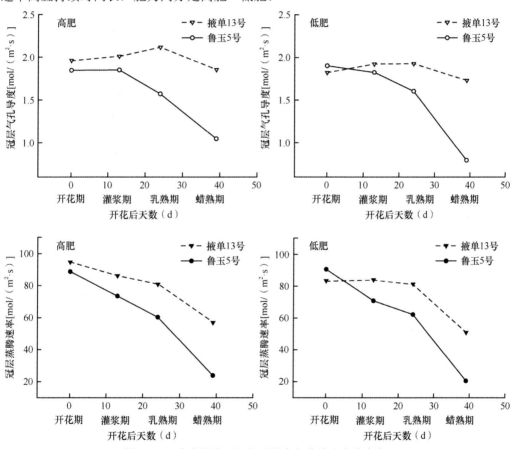

图5-9　玉米花粒期冠层气孔导度与蒸腾速率的变化

2. 花粒期单叶气孔导度与蒸腾速率

玉米不同处理的花粒期单叶气孔导度和蒸腾速率变化如表5-6所示。结果表明，冠层内部不同叶位的单叶气孔导度和蒸腾速率一直维持较高水平，直到成熟才骤然下降。灌浆后中上部叶片的单叶气孔导度和蒸腾速率高于下部叶片，掖单13号高于鲁玉5号，肥力间差异不大。

表 5-6　玉米不同处理的花粒期单叶气孔导度（Gs）和蒸腾速率（Tr）的变化

品种	叶位	项目	高肥					低肥				
			开花期	灌浆期	乳熟期	成熟期	平均	开花期	灌浆期	乳熟期	成熟期	平均
掖单 13 号	9	Gs	0.7	0.82	0.79	0	0.58	0.7	0.8	0.83	0	0.58
		Tr	14.07	14.23	13.22	0	10.38	14.1	14.27	13.41	0	10.45
	12	Gs	0.76	0.83	0.97	0.86	0.86	0.76	0.8	1.01	0.84	0.85
		Tr	14.86	14.76	14.38	12.01	14	14.91	14.6	14.89	10.53	13.73
	19	Gs	0.76	0.93	0.96	0.9	0.89	0.75	0.83	0.95	0.72	0.81
		Tr	14.09	14.27	14.22	11.33	13.48	14.11	14.66	16.53	8.12	13.36
鲁玉 5 号	9	Gs	0.7	0.68	0.56	0	0.49	0.7	0.7	0.61	0	0.5
		Tr	14.45	11.67	9.24	0	8.84	14.57	10.85	9.54	0	8.74
	12	Gs	0.76	0.65	0.6	0.8	0.7	0.76	0.69	0.59	0.8	0.71
		Tr	14.81	10.37	9.28	9.58	11.01	15.03	10.23	9.51	9.59	11.09
	19	Gs	0.72	0.87	0.68	0	0.57	0.73	0.92	0.72	0	0.59
		Tr	14	14.28	14.68	0	10.74	14.06	14.54	10.9	0	9.88

注：气孔导度单位为 $mol/(m^2 \cdot s)$；蒸腾速率单位为 $mol/(m^2 \cdot s)$

（五）花粒期主要生理指标的差异

1. 生育天数与光合势

掖单 13 号总生育天数较鲁玉 5 号长 23d，主要是延长了花粒期的生育天数，而花前的生育天数两品种差异并不大（表 5-7）。花粒期生育天数占总生育天数的比例，掖单 13 号为 51.28%，鲁玉 5 号为 40.43%。掖单 13 号花粒期的总光合势明显高于鲁玉 5 号。延长花粒期的生育天数，增加光合势，是玉米高产的潜力所在。

表 5-7　玉米花粒期生育天数和光合势分配

品种	生育天数				光合势			
	总天数 (d)	花前 (d)	花后 (d)	花后/总 (%)	总光合势 $[(m^2 d)/hm^2]$	花前 $[m^2/(d \cdot hm^2)]$	花后 $[m^2/(d \cdot hm^2)]$	花后/总 (%)
掖单 13 号	117	57	60	51.28	3 460 290	1 201 545	2 258 745	65.28
鲁玉 5 号	94	56	38	40.43	2 748 060	1 226 565	1 521 495	55.37

2. 几项主要生理指标

由表 5-8 可以看出，花粒期的叶绿素含量、根伤流量和叶片干重，整体表现为掖单 13 号＞鲁玉 5 号，高肥＞低肥；而净同化率则在灌浆后表现出上述特点。

表 5-8 玉米花粒期几项主要生理指标的差异

品种	项目	高肥				低肥			
		开花期	灌浆期	乳熟期	成熟期	开花期	灌浆期	乳熟期	成熟期
掖单 13 号	Ch	7.02	7.39	7.06	5.98	6.6	6.95	5.96	5.77
	Rs	5.96	2.85	0.27	0	4.5	2.55	0.32	0
	Lw	43.17	48.18	47.78	46.16	38.03	42.73	44.34	38.35
	NAR		6.02	6.17	3.03		6.67	5.68	2.86
鲁玉 5 号	Ch	5.82	7.08	6.74	5.65	6.09	6.98	6.39	5.47
	Rs	6.21	1.77	0.21	0	3.95	1.78	0.19	0
	Lw	42.19	45.92	45.1	28.6	35.57	37.75	37.16	21.91
	NAR		6.97	5.7	2.64		7.61	3.82	2.4

注:Ch. 叶绿素含量(mg/dm^2);Rs. 根伤流量[g/(株·h)];Lw. 叶片干重(g);NAR. 净同化率[g/(m^2·d)]

(六)籽粒生长速率与产量形成

1. 籽粒干重增长曲线的差异

玉米不同处理的籽粒干重与籽粒生长速率如图 5-10 所示。从中看出,籽粒干重增长曲线两品种都呈"S"形。两品种在不同肥力水平下籽粒干重增长曲线变化趋势一致,鲁玉 5 号开花后 30d 内籽粒干重大于掖单 13,开花后 45d 时增重趋于停止;而掖单 13 籽粒干重增长至开花后 60d,较鲁玉 5 号的有效灌浆期延长 15d。籽粒生长速率呈单峰曲线,其峰值高肥处理在开花后 30d,低肥处理在开花后 20d,高肥水平能推迟灌浆高峰期的出现,延长有效灌浆时间。品种间的籽粒生长速率,开花后 30d 内是鲁玉 5 号>掖单 13 号,其后是掖单 13 号>鲁玉 5 号。

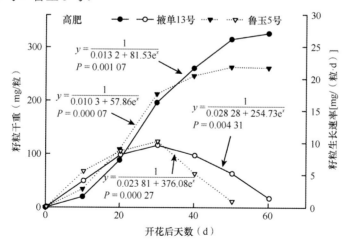

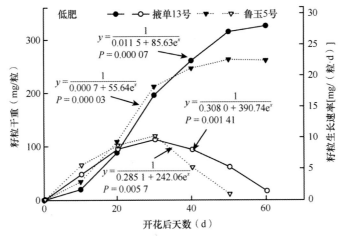

图 5-10　玉米不同处理籽粒干重与籽粒生长速率

2. 产量构成因素

产量结果表明（表 5-9）：高产潜力大的掖单 13 号较高产潜力小的鲁玉 5 号平均增产 32.0%；高肥处理较低肥处理平均增产 10%。增产的原因主要是千粒重的提高和穗粒数的增加。鲁玉 5 号即使在高肥条件下也难以高产，掖单 13 号在高肥条件下更能显出优势。

表 5-9　玉米不同处理的产量构成因素比较

品种	处理	穗数（×10⁴ 穗/hm²）	穗粒数（粒/穗）	千粒重（g）	产量（t/hm²）
掖单 13 号	高肥	7.24aA	507.3aA	337.9aA	11.40aA
	低肥	7.22aA	466.7bB	314.1bB	10.29bB
鲁玉 5 号	高肥	7.35aA	446.3bB	278.4cC	8.569cC
	低肥	7.07aA	465.7bB	274.9cC	7.87cC

注：不同小写字母表示在 $P < 0.05$ 水平上差异显著，不同大写字母表示在 $P < 0.01$ 水平上差异显著

三、玉米群体光合作用、籽粒生长动态与产量潜力

延长花粒期群体光合速率的高值持续期，保证光合源的充分供应是玉米高产挖潜的一个方面；延长籽粒有效灌浆期，提高乳熟后的灌浆速率是玉米高产不可忽视的另一方面。研究表明，开花到成熟的时间长短和籽粒产量呈正相关关系，而有效灌浆期比开花到黑层形成时间与产量的关系更密切。本试验结果表明：延长群体光合速率的高值持续期，以保证源的供应，将籽粒有效灌浆时间由目前的开花后 40d 延长到开花后 50d（并不延长植株总生育期），增加后期的干物质积累，把目前 11.25t/hm² 的产量水平提高到 15t/hm² 还是完全可能的（图 5-11）。

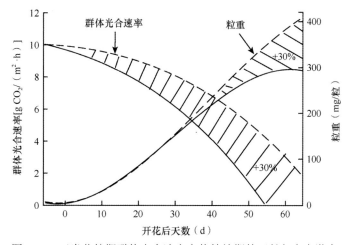

图 5-11　玉米花粒期群体光合速率高值持续期的延长与高产潜力

实线为 11.25t/hm² 产量水平的群体光合速率、粒重的实测值；虚线为改变条件后能达到的群体光合速率、粒重期望值；

阴影部分为群体光合速率、粒重的增产值（+30%）

第三节　玉米群体光合特性与品种特性

玉米品种特性是决定群体光合作用的内在因素。不同类型、不同品种、不同生育时期的群体光合速率存在明显差异。品种间群体光合速率的这种差异，导致玉米品种产量的不同。种植密度、肥水等栽培措施可有效地调控群体光合速率和产量。探明品种间群体光合速率的变化规律及其对栽培措施的响应，对玉米高产育种和栽培具有重要意义。

一、玉米品种间群体光合速率差异

系统比较 20 世纪 50 年代大面积推广品种金皇后、白马牙，70 年代大面积推广品种丹玉 6 号、郑单二号，90 年代大面积推广品种掖单 13 号和农大 60 的群体光合速率与产量构成，可以看出明显的差异。

（一）品种更替过程中群体光合速率与产量构成变化

对 20 世纪 50～90 年代生产上大面积推广的 6 个品种测定结果表明（表 5-10），在群体密度相同的情况下，随着玉米品种的更替，群体光合速率、穗粒数、千粒重和籽粒产量均得到明显改善。90 年代品种与 20 世纪 70 年代、50 年代推广的品种相比，群体光合速率分别提高 38.1% 和 56.6%，这是玉米产量提高的重要原因之一。品种更替后籽粒产量的年增产幅度为 126kg/hm²。

表 5-10　不同年代玉米品种的群体光合速率与产量构成

年代	品种	群体光合速率 $[g\,CO_2/(m^2 \cdot h)]$	穗数 （个/m^2）	穗粒数 （粒/穗）	千粒重 （g）	籽粒产量 （t/hm^2）
50	金皇后	3.96	5.10	394	273.1	5.45Cc
	白马牙	3.50	5.10	312	356.0	5.66Cc
	平均	3.73	5.10	353	314.6	5.56Cc
70	丹玉 6 号	4.11	5.10	618	264.3	8.33Bb
	郑单二号	4.35	5.10	481	323.5	7.94Bb
	平均	4.23	5.10	549.5	293.9	8.14Bb
90	掖单 13 号	5.99	5.25	636	317.4	10.70Aa
	农大 60	5.69	5.25	600	317.3	9.99Aa
	平均	5.84	5.25	618	317.4	10.35Aa

注：不同小写字母表示在 $P < 0.05$ 水平上差异显著，不同大写字母表示在 $P < 0.01$ 水平上差异显著

（二）品种间不同生育时期的群体光合速率与群体呼吸速率

为了进一步分析品种间群体光合速率差异的原因，对掖单 13 号、丹玉 6 号、金皇后 3 个代表品种不同生育时期的群体光合速率和群体呼吸速率进行了测定（图 5-12）。结果表明，在开花后产量形成的 4 个关键时期，群体光合速率均是掖单 13 号＞丹玉 6 号＞金皇后；而开花后的群体光合衰减率则是金皇后＞丹玉 6 号＞掖单 13 号。不同品种的群体呼吸速率同群体光合速率变化趋势一致，也是掖单 13 号＞丹玉 6 号＞金皇后，但品种间差异较小；群体呼吸速率随生育进程而逐渐下降，下降幅度小于群体光合速率。从不同品种群体呼吸速率占总群体光合速率的百分比来看，金皇后＞丹玉 6 号＞掖单 13 号，生育后期明显高于前期，说明 90 年代品种呼吸消耗少，光合效率高。

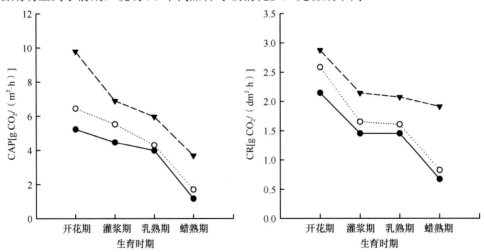

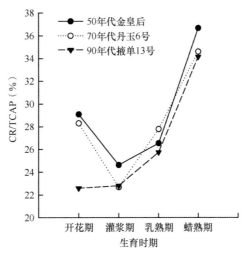

图 5-12　玉米品种间不同生育时期的 CAP、CR 和 CR/TCAP

CAP. 群体光合速率；CR. 群体呼吸速率；TCAP. 总群体光合速率；CR/TCAP. 群体呼吸速率占总群体光合速率的百分比

二、不同玉米品种群体光合速率的冠层分布

在玉米灌浆期，将 3 个品种的绿色叶片分为上、中、下 3 层，进行不同层次的群体光合速率（CAP）测定（图 5-13）。结果表明，上、中、下 3 层群体光合速率的绝对值都是掖单 13 号＞丹玉 6 号＞金皇后（图 5-13A）；从上、中部群体光合速率占总群体光合速率的百分比来看，金皇后＞丹玉 6 号＞掖单 13 号，而下部叶片则是掖单 13 号＞丹玉 6 号＞金皇后（图 5-13B）。说明当代品种除提高了冠层群体光合速率外，还增强了下部叶片的群体光合速率。

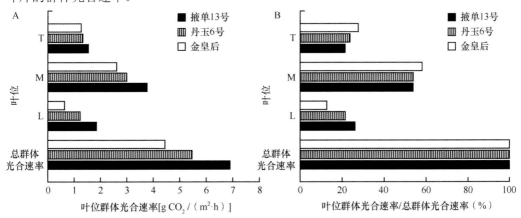

图 5-13　玉米灌浆期不同品种各叶位的群体光合速率分布

T. 上部 5 叶；M. 中部 5 叶；L. 下部 5 叶；A. 群体光合速率；B. 不同叶位群体光合速率占总群体光合速率的百分比

三、玉米品种间群体光合速率对种植密度的反应

不同年代玉米品种的群体光合速率对种植密度的反应（表 5-11）为：①三个品种的群体光合速率均随种植密度的增加而呈增加趋势，说明种植密度是影响玉米群体光合速率的重要因素；②在三种种植密度条件下，不同品种的群体光合速率均表现为掖单 13 号＞丹玉 6 号＞金皇后，说明 90 年代品种在任一种植密度下都具有较高的群体光合速率；③三个品种群体光合速率从抽丝期到灌浆期都有增加趋势，灌浆后逐渐下降；④群体光合衰减率为金皇后＞丹玉 6 号＞掖单 13 号；⑤种植密度对群体光合衰减率影响不大，高密度下（7.5 株/m²）群体光合衰减率并不增高。

表 5-11　玉米不同品种群体光合速率对种植密度的反应

品种	生育时期	3.0 株/m²		5.25 株/m²		7.5 株/m²	
		群体光合速率 CAP $[g\ CO_2/(m^2 \cdot h)]$	群体光合衰减率（%）	群体光合速率 CAP $[g\ CO_2/(m^2 \cdot h)]$	群体光合衰减率（%）	群体光合速率 CAP $[g\ CO_2/(m^2 \cdot h)]$	群体光合衰减率（%）
金皇后	抽丝期	4.3		6.75		6.61	
	灌浆期	5.22	64.19	5.83	68.15	6.14	58.25
	乳熟期	1.54		2.15		2.76	
丹玉 6 号	抽丝期	6.38		8.9		9.21	
	灌浆期	8.9	51.88	9.21	62.02	10.97	39.96
	乳熟期	3.07		3.38		5.53	
掖单 13 号	抽丝期	7.98		9.21		10.97	
	灌浆期	8.96	20.05	11.07	30.73	11.82	29.99
	乳熟期	6.38		6.38		7.68	

注：群体光合衰减率（%）=（吐丝期群体光合速率−乳熟期群体光合速率）/吐丝期群体光合速率×100%

（一）品种间群体光合速率、呼吸速率、呼吸速率/总群体光合速率对种植密度的反应

3 个品种在灌浆期的群体光合速率（canopy apparent photosynthetic rate，CAP）、群体呼吸速率（canopy respiration rate，CR）、群体呼吸速率占总群体光合速率的百分比（CR/TCAP）测定结果（表 5-12）表明：①随着种植密度的增加，3 个品种的 CAP、CR、CR/TCAP 均增加；②在 5.25 株/m² 和 7.5 株/m² 种植密度下，90 年代品种掖单 13 号的 CAP、CR 均高于 20 世纪 70 年代品种丹玉 6 号和 50 年代品种金皇后，而 CR/TCAP 则是老品种高于掖单 13 号。说明种植密度能提高品种的 CAP、CR 和 CR/TCAP 值，且对老品种 CR/TCAP 值的促进效果更为明显。

表 5-12 不同玉米品种 CAP、CR 和 CR/TCAP 对种植密度的反应

品种	项目	种植密度 3 株/m²	种植密度 5.25 株/m²	种植密度 7.5 株/m²
金皇后	CAP[g CO₂/(m²·h)]	5.22	5.83	6.14
	CR[g CO₂/(m²·h)]	1.82	2.32	3.2
	CR/TCAP(%)	25.85	28.47	34.26
丹玉 6 号	CAP[g CO₂/(m²·h)]	8.9	9.21	10.97
	CR[g CO₂/(m²·h)]	3.35	3.8	4.07
	CR/TCAP（%）	27.35	29.2	30.74
掖单 13 号	CAP[g CO₂/(m²·h)]	8.96	11.07	11.82
	CR[g CO₂/(m²·h)]	2.58	4.59	4.95
	CR/TCAP（%）	22.16	27.72	29.57

（二）品种间叶片光合速率对种植密度的响应

植株中部叶组是对籽粒增重贡献最大的叶组。比较灌浆期果穗叶在不同种植密度条件下的光合速率（图 5-14）得知，在品种更替过程中，品种的耐密性增强。随着种植密度的增大，不同年代品种果穗叶在灌浆期的光合速率都有不同程度的下降，与低密度条件下果穗叶光合速率相比，20 世纪 50 年代、70 年代和 90 年代品种在高密度条件下的果穗叶光合速率分别降低了 46%、40% 和 23%。在低密度条件下 90 年代品种的果穗叶光合速率分别比 50 年代品种和 70 年代品种高出 6.1μmol CO₂/(m²·s) 和 4.6μmol CO₂/(m²·s)，在高密度条件下则分别高出 10.7μmol CO₂/(m²·s) 和 8.1μmol CO₂/(m²·s)。

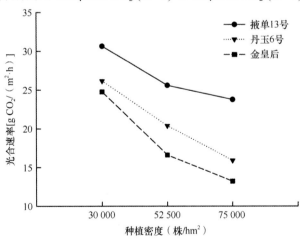

图 5-14 种植密度对不同品种穗位叶光合速率的影响

从不同年代品种在不同种植密度条件下开花以后各生育时期单株的上、中、下部叶片平均光合速率变化曲线（图 5-15）可以看出，尽管不同年代品种在不同种植密度条件下开花以后的光合速率都呈下降趋势，但不同种植密度条件下其下降幅度不同。随着品种更替，种植密度变大时，叶片光合速率在乳熟期下降幅度变小。中、高密度分别与

低密度相比，乳熟期的叶片光合速率下降幅度如下：50 年代品种分别下降了 54.5% 和 67.1%，70 年代品种分别下降了 19.3% 和 26.5%，90 年代品种只分别下降了 5.0% 和 1.5%。说明在品种更替过程中，植株个体的耐密性明显增强。

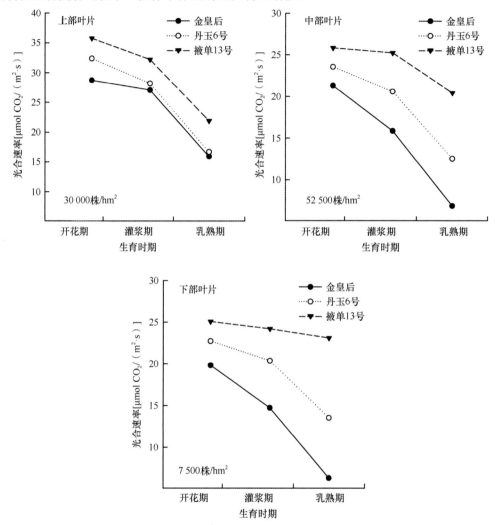

图 5-15　种植密度对不同生育时期不同叶位叶片光合速率的影响

登海 661 净光合速率随生育进程推进逐渐降低，开花期数值较高，保持在 27μmol CO_2/(m²·s) 左右，至开花后 40～50d 数值保持在 20μmol CO_2/(m²·s) 左右。在各生育时期，随种植密度增加净光合速率呈降低趋势，开花期种植密度 4.5 万株/hm²、6 万株/hm²、7.5 万株/hm²、9 万株/hm²、10.5 万株/hm²、12 万株/hm² 和 13.5 万株/hm² 较 3 万株/hm² 净光合速率分别减少了 4%、5%、7%、10%、13%、20% 和 15%。登海 661 的气孔导度随生育进程推进亦逐渐降低，各生育时期随种植密度增加气孔导度呈降低趋势。胞间 CO_2 浓度与气孔导度的变化一致。农大 108 与登海 661 的变化趋势一致，其净光合速率、胞间 CO_2 浓度和气孔导度数值低于登海 661，且其随种植密度增加变幅较小（表 5-13）。

表 5-13　种植密度对玉米叶片光合参数的影响

项目	种植密度 (×10⁴ 株/hm²)	登海 661（DH661）				农大 108（ND108）			
		VT	VT+20	VT+40	VT+50	VT	VT+20	VT+40	VT+50
净光合速率 [μmol CO₂/(m²·s)]	3	29.7a	27.9a	23.6a	21.0a	27.3a	26.0a	21.3a	18.2a
	4.5	28.6ab	26.4ab	23.3ab	20.7ab	26.4a	25.6a	21.0a	17.6ab
	6	28.2ab	26.0ab	22.7abc	20.4ab	25.2a	25.2a	20.7a	17.6ab
	7.5	27.8abc	25.6abc	22.6abc	20.4ab	25.0a	24.7a	20.8a	16.9ab
	9	26.8bcd	25.3bc	21.9abc	19.1ab	25.4a	24.2a	20.1a	16.1b
	10.5	25.7cde	24.8bc	22.2abc	20.5ab	—	—	—	—
	12	23.8e	23.3c	20.6c	18.9b	—	—	—	—
	13.5	25.2de	24.1bc	21.3bc	19.5ab	—	—	—	—
胞间 CO₂ 浓度 [μmol CO₂/(m²·s)]	3	133a	161a	193a	266a	116a	145a	179a	251a
	4.5	126ab	139b	168bc	257ab	115a	131b	163b	210b
	6	124ab	134bc	163bcd	223cd	110ab	128b	152bc	203bc
	7.5	119bc	132bc	152d	223cd	107ab	112bc	144cd	197bc
	9	119bc	128bc	176b	240bc	101b	120c	132d	188c
	10.5	116bcd	126c	158cd	204e	—	—	—	—
	12	108cd	100e	114e	215d	—	—	—	—
	13.5	105d	109d	106f	207de	—	—	—	—
气孔导度 [μmol CO₂/(m²·s)]	3	468a	405a	272a	193a	446a	328a	210a	157a
	4.5	457a	359b	239b	173b	436a	240c	199a	143b
	6	440ab	356bc	220c	169bc	427ab	280b	180b	120c
	7.5	432abc	338bc	213c	158c	423ab	248c	171b	105d
	9	416bcd	327c	175de	123e	393b	230c	116c	70e
	10.5	400cd	293d	190d	137d	—	—	—	—
	12	380d	250e	143f	98f	—	—	—	—
	13.5	393cd	257e	160ef	120e	—	—	—	—

注：VT. 开花期；VT+20. 开花后第 20 天；VT+40. 开花后第 40 天；VT+50. 开花后第 50 天。同一列不同小写字母表示在 $P < 0.05$ 水平上差异显著

高密度种植条件下，不同品种混播处理通过优化群体冠层结构，改善夏玉米群体透光率，使得花后叶片抗氧化酶活性增强，叶绿素含量和净光合速率降低减缓，延缓叶片衰老，增加功能叶的光合有效持续期，使得光合同化物累积量增多，产量显著增加。在开花期（VT）和开花后第 10 天（VT+10），混播与单播处理间净光合速率差异不显著。随着生育进程的推进，两品种灌浆中后期混播处理穗位叶净光合速率显著高于单播。开花后第 30 天（VT+30），郑单 958 穗位叶净光合速率表现为 M > 2∶2 > 1∶1 > S（2016年），登海 605 表现为 M > 1∶1 > 2∶2 > S（2016年）；开花后第 50 天（VT+50），两品种均表现为 M > 1∶1 > 2∶2 > S（2016年），郑单 958 和登海 605 穗位叶净光合速率 M、

1：1、2：2 处理两年平均较单播分别升高 8.97%、5.71%、5.44% 和 8.98%、6.97%、5.15%。混播提高了灌浆中后期穗位叶净光合速率，有利于光合同化物的积累（图 5-16）。

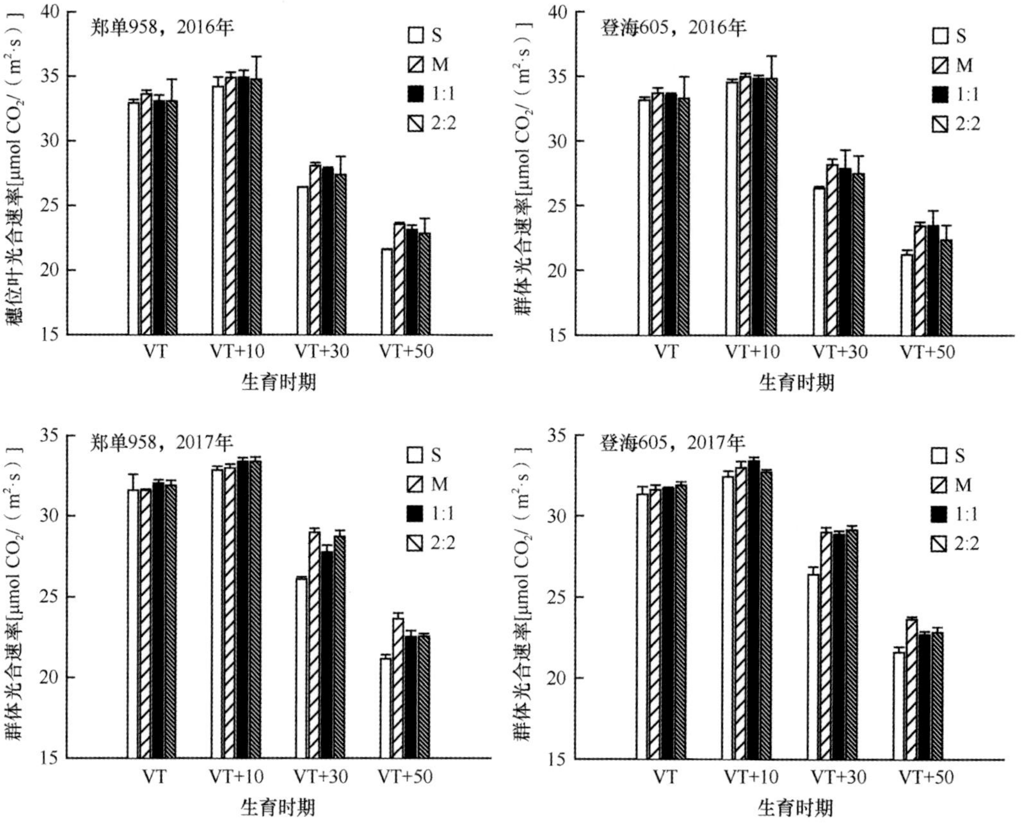

图 5-16　种植密度对群体光合速率的影响

S. 单播；M. 两品种相同数量种子混合后随机混播；1：1.1 行郑单 958 和 1 行登海 605 混播；2：2.2 行郑单 958 和 2 行登海 605 混播；VT. 开花期；VT+10. 开花后第 10 天；VT+30. 开花后第 30 天；VT+50. 开花后第 50 天

第四节　玉米群体光合特性的影响因素及调控途径

玉米生育期间的光、温、水、气等生态因素与群体光合作用关系密切。在黄淮海地区温度是影响玉米产量的主要因素，并存在一定的高温胁迫，夏季气温过高反而不利于玉米花后籽粒灌浆。玉米籽粒形成和灌浆成熟期间的适宜日平均温度为 24 ～ 26℃。随着全球 CO_2 浓度增高，气候变暖，黄淮海地区传统的套种玉米存在的主要问题是夏季高温胁迫，而该地区又是雨热同期，存在的另一个问题是花粒期往往光照不足使籽粒减产。系统研究玉米群体光合速率对生态因素的响应，特别是高温胁迫下的生理机制及调控措施，在生产上显得尤为重要。

一、玉米群体光合速率的日变化及其对光、气的响应

生长在田间条件下的玉米群体，其光合作用每日每时都在随环境条件的变化而变化，

这些变化在生产上给了我们许多重要启示。

（一）玉米群体光合速率的日变化

在晴朗微风天气，高产夏玉米群体光合速率（y）与时间（x）关系的日变化呈单峰曲线（图 5-17），图中玉米品种为掖单 4 号，种植密度为 75 000 株/hm²，叶面积指数为 3.99，大喇叭口期。整个变化过程可用方程 $y=-28.3691+6.227x-0.2598x^2$（$r^2=0.9372$）来描述。群体光合速率的日变化与光照强度日变化相一致，中午达最大值。一天内的气温日变化（22～32℃）对群体光合速率的影响不像光照强度那样显著。

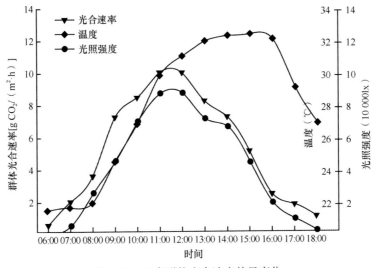

图 5-17　玉米群体光合速率的日变化

（二）光照强度对玉米群体光合速率的影响

光照强度（x）与群体光合速率（y）的关系呈双曲线形（图 5-18），图中玉米品种为掖单 4 号，种植密度为 75 000 株/hm²，叶面积指数为 3.99，大喇叭口期，6×10⁴lx 光照

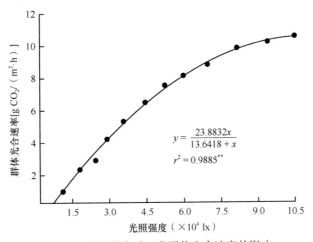

图 5-18　光照强度对玉米群体光合速率的影响

强度以下，群体光合速率与光照强度呈线性关系；此后，随着光照强度增加，光照强度对群体光合速率的影响逐渐变小。在田间条件下，测得玉米群体光合作用的光补偿点为 4000lx 左右，在最大自然光照强度（10.5×10^4lx）下没有测出光饱和点。

（三）CO_2 浓度与玉米群体光合速率的关系

1. CO_2 浓度对群体光合速率的影响

在自然光照强度 9×10^4lx、气温 30℃ 左右时，采用人工向同化箱内补充 CO_2 的方法，测得群体光合速率（y）与 CO_2 浓度（x）为 $y=0.6284+0.028\,72x-0.000\,017\,898x^2$ 的曲线关系（图 5-19）。当冠层中的 CO_2 浓度低于大气中的自然浓度（一般为 330ppm）时，增加 CO_2 浓度，群体光合速率明显增强，当冠层中的 CO_2 浓度超过大气中的 CO_2 浓度时，群体光合速率增强缓慢。据此，玉米生产上富集环境中 CO_2 的效果，不会像小麦、水稻等 C_3 植物那样明显。田间条件下，测得玉米群体光合作用的 CO_2 补偿点为 50ppm 左右，CO_2 饱和点为 900ppm 左右（图 5-19），均高于单叶。

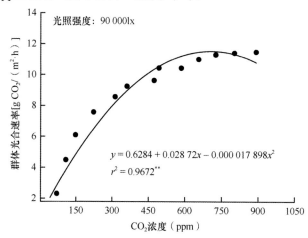

图 5-19　CO_2 浓度对玉米群体光合速率的影响

2. 高产夏玉米冠层内的 CO_2 浓度变化

高产夏玉米开花期冠层内的 CO_2 浓度早晨高达 400ppm 以上，中午可降至 275ppm 左右（表 5-14），晴朗无风天气还低于此值。在不同高度的植株冠层中，地表处（0.0m）CO_2 浓度最高（土壤呼吸所致），冠层中部（1.2～1.8m）最低，上部（2.4m）居中。

表 5-14　高产夏玉米田间冠层内的 CO_2 浓度变化　　　　　　　（单位：ppm）

冠层高度（m）	时间							平均
	6:00	8:00	10:00	12:00	14:00	16:0	18:00	
0.0	445.3	400.9	341.4	331.9	325.2	337.2	340.9	360.4
0.6	441.8	359.3	305.7	306.4	297.2	302.8	314.3	332.5
1.2	407.6	353.1	296.5	300.7	283.2	302.8	300.0	320.6

冠层高度（m）	时间							平均
	6:00	8:00	10:00	12:00	14:00	16:0	18:00	
1.8	397.6	353.1	294.3	289.3	275.0	297.2	302.8	315.6
2.4	400.9	362.4	308.5	300.7	302.8	300.0	311.4	326.7
3.0	400.9	362.4	317.2	315.2	311.4	311.4	314.4	333.3
平均	415.7	365.2	310.6	307.4	299.1	308.6	314.0	331.5

注：掖单 4 号，种植密度 90 000 株/hm²，开花期测，株高 2.63m

冠层中部叶片主要是穗部叶片。据测定，该层次除 CO_2 浓度低以外，光照强度也仅为自然光照强度的 18%～55%，因株型、品种、密度而异。沈单 7 号在种植密度 45 000 株/hm²、75 000 株/hm² 的情况下，穗部叶片接受的光照强度分别是自然光照强度的 35.0% 和 19.7%；掖单 4 号在种植密度 45 000 株/hm²、75 000 株/hm²、105 000 株/hm² 情况下，穗部叶片接受的光照强度分别是自然光照强度的 54.9%、27.4% 和 18.4%，从而使穗部叶片的光合能力受到限制。

3. 土壤呼吸对群体光合作用的影响

在玉米群体同化的 CO_2 总量中，一部分来自大气，另一部分来自土壤。土壤释放的 CO_2 在向上扩散过程中，晴朗天气下能全部被植株冠层所吸收，开花期冠层内 CO_2 浓度的最低点出现在冠层中部（穗部叶片处）。另据测定，大喇叭口期（12～13 片展开叶）CO_2 浓度最低点在 8～9 叶处，乳熟后，基部 8 叶逐渐死亡，CO_2 浓度最低点上升到 14～16 叶处。同一时期 CO_2 浓度最低点随冠层光合作用强弱而上下移动。土壤呼吸放出的 CO_2 占群体光合同化的 CO_2 的百分比（表 5-15），全生育期平均为 11.68%。

表 5-15 土壤呼吸对玉米群体光合作用的影响

生育时期	大喇叭口期	开花期	乳熟期	蜡熟期	平均
土壤呼吸放出的 CO_2/ 群体光合同化的 CO_2（%）	7.61	10.39	9.00	19.73	11.68

注：测定光照强度为 $8×10^4$～$9×10^4$lx，平均气温为 28.5℃

二、玉米群体中的单叶光合系统与群体光合系统的关系

玉米单叶光合能力强弱是影响群体光合速率高低的基本因子。通常在单株完全照光条件下研究不同处理之间单叶光合速率的高低，由于改变了群体环境，冠层内自然状态下不同处理之间单叶光合速率的差异被掩盖。事实上，群体中的单叶光合速率，在单株完全照光和自然群体状态下是有很大差异的。

（一）完全照光（$8×10^4$～$9×10^4$lx）下的单叶光合速率

将田间群体条件下生长的植株与周围植株分开，使其完全暴露于阳光下的测定结果（表 5-16）表明，同一叶龄（充分展开）不同叶位叶片的单叶光合速率，果穗叶（14 叶）

高于上部叶和下部叶。紧凑型品种掖单 4 号与平展型品种沈单 7 号的单叶光合速率没有明显的差异。同一品种不同密度处理的单叶光合速率亦差异不大。

表 5-16　田间完全照光条件下玉米单叶光合速率［$\mu mol(m^2 \cdot s)$］的差异

项目	种植密度 45 000 株/hm²			种植密度 90 000 株/hm²		
	6 叶	14 叶	倒二叶	6 叶	14 叶	倒二叶
掖单 4 号	46.12	48.35	46.79	46.25	48.66	48.19
沈单 7 号	46.30	48.67	45.55	47.48	48.69	46.79

注：测定光照强度为 $8 \times 10^4 \sim 9 \times 10^4$ lx，平均气温为 28.5℃。

（二）冠层自然状态下的单位叶面积光合速率

在不破坏群体冠层结构，保持群体自然状态的条件下，开花期群体冠层不同部位叶片的单位叶面积光合速率表现为上部叶＞中部叶＞下部。主要原因是高产自然群体条件下，上部叶片受光充分，叶龄适宜；中部叶片受光较差，CO_2 不足（最低点），光合能力难以表现；下部叶片光照更差，叶片衰老，即使有充足的 CO_2 供应（土壤呼吸），光合速率也无法提高。在高密度（75 000 株/hm²）下，紧凑型品种掖单 4 号单位叶面积平均光合速率高于平展型品种沈单 7 号，在低密度（45 000 株/hm²）下二者正相反（表 5-17）。随着密度增加（45 000 ～ 75 000 株/hm²），单位叶面积平均光合速率紧凑型品种下降少（-14.8%），平展型品种下降多（-45.9%）。这是掖单 4 号耐密高产，沈单 7 号偏稀增收的重要原因。此外，掖单 4 号随密度增加上部叶片光截获率提高，沈单 7 号超过最适密度（45 000 株/hm²）后，植株生长弱而不整齐，上部叶片的光截获率反而低于低密度处理。掖单 4 号上部叶片紧凑，中部叶片平伸，株型结构最有利于中部叶片的光截获和光合能力的提高，其下部叶片的光合能力并不比沈单 7 号强。

表 5-17　群体自然状态下玉米不同部位叶片单位叶面积光合速率（开花期）

叶位	沈单 7 号				掖单 4 号					
	45 000 株/hm²		75 000 株/hm²		45 000 株/hm²		75 000 株/hm²		10 500 株/hm²	
	PR	LN	PR	LN	PR	LN	PR	LN	PR	LN
上 4 叶（17 ～ 20 叶）	35.8	60.00	19.8	55.00	28.4	30.54	30.5	43.09	29.1	60.20
中 4 叶（13 ～ 16 叶）	22.0	19.70	11.6	30.00	23.6	43.56	22.4	43.27	18.1	31.72
下 6 叶（7 ～ 12 叶）	18.6	12.30	9.9	7.06	14.9	10.09	4.1	2.93	1.7	3.88
合计		92.00		92.06		84.19		89.29		95.80
平均	25.5		13.8		22.3		19.0		16.3	

注：PR 表示光合速率，单位为 $\mu mol\ CO_2/(m^2 \cdot s)$；LN 表示光截获率；测定光照强度为 $8 \times 10^4 \sim 9 \times 10^4$ lx，气温为 29 ～ 30℃。

（三）不同光照对叶片光合特性的影响

选用郑单 958（ZD958）和振杰 2 号（ZJ2）为试验材料，设置不同遮阴处理：花粒期遮阴（吐丝至成熟，记为 S1）、穗期遮阴（拔节至吐丝，记为 S2）、全生育期遮阴（播种至收获，记为 S3），研究遮阴对叶片气体交换参数的影响（表 5-18）。结果表明，遮阴后夏玉米叶片的净光合速率（Pn）、蒸腾速率（Tr）和气孔导度（Gs）大部分较同期 CK 显著降低，且在遮阴初期迅速下降，郑单 958 的 S1 和 S2 的净光合速率较开花后 10 天 CK 分别下降 59.8% 和 13.6%，振杰 2 号下降 52.4% 和 7.3%；遮阴结束后，S2 的蒸腾速率和气孔导度恢复到对照水平，但净光合速率与对照差异减小，不能恢复到 CK 水平。在花后 20d 时，郑单 958 的 S1 和 S3 处理的气孔导度值分别比 CK 降低 48.5% 和 40.1%，S2 处理比 CK 增加 6.7%。遮阴对胞间 CO_2 浓度（Ci）的影响比较复杂，在拔节期，CK 的叶片胞间 CO_2 浓度高于 S3，在苗期之后，遮阴各处理的胞间 CO_2 浓度均高于 CK，随生育进程，不能恢复到 CK 水平。两品种的叶片气体交换参数对弱光响应的表现基本一致。

花粒期遮阴处理的净光合速率（Pn）、蒸腾速率（Tr）、气孔导度（Gs）均较同期对照降低，在开花后 20d 和 40d 时，遮阴处理的 Pn、Tr 和 Gs 两年平均较对照降低 70%、82%、77% 和 55%、58%、58%。增光后夏玉米叶片的 Pn、Tr 和 Gs 较同期对照上升，在开花后 20d 和 40d 时，两年平均较对照增加 7%、3%、18% 和 72%、54%、52%。花粒期遮阴后夏玉米叶片的胞间 CO_2 浓度（Ci）上升，在开花后 20d 和 40d，两年平均分别较对照增加 13% 和 10%；增光后叶片 Ci 值降低（表 5-19）。

三、玉米群体光合作用的肥水调控

（一）不同肥力下的群体光合速率差异

通过比较低肥和高肥条件下开花期至乳熟期的玉米群体光合速率（图 5-20）得知，不同年代品种群体光合速率变化特点如下：①在低肥和高肥条件下，随着品种的更替，群体光合速率增大且增幅变大。低肥条件下，20 世纪 90 年代品种群体光合速率分别比 50 年代和 70 年代品种增加 2.65μmol CO_2/(m²·s) 和 1.85μmol CO_2/(m²·s)，增幅分别为 17.3% 和 11.5%；高肥条件下，90 年代品种群体光合速率分别比 50 年代和 70 年代品种增加了 10.30μmol CO_2/(m²·s) 和 5.55μmol CO_2/(m²·s)，增幅分别为 64.0% 和 26.6%。②不同年代品种群体光合速率对肥力的敏感性随品种更替而提高。比较同一年代品种不同肥力条件下的群体光合速率可知，50 年代、70 年代和 90 年代品种高肥条件下比低肥条件下光合速率分别增加了 0.75μmol CO_2/(m²·s)、4.70μmol CO_2/(m²·s) 和 8.40μmol CO_2/(m²·s)，增幅分别为 4.9%、29.1% 和 46.7%。综合以上演进特点看出，在品种更替过程中，品种对好的肥水条件的利用更充分，对肥水条件要求更高，物质生产的肥水转化率得到不断提高。

表 5-18　遮阴对夏玉米叶片气体交换参数的影响

取样时期	处理	郑单958				振杰2号			
		Pn [μmol CO_2/(m²·s)]	Tr [mmol/(m²·s)]	Gs [mmol/(m²·s)]	Ci (μmol/mol)	Pn [μmol CO_2/(m²·s)]	Tr [mmol/(m²·s)]	Gs [mmol/(m²·s)]	Ci (μmol/mol)
拔节期	CK	47.2 a	7.7 a	732.8 a	125.2 a	49.3 a	8.4 a	955.2 a	135.5 a
	S3	36.5 b	5.1 b	349.6 b	94.5 b	37.6 b	5.6 b	367.3 b	90.3 b
V12	CK	46.9 a	6.6 a	654.0 a	113.8 c	39.4 a	6.5 a	575.0 a	129.5 c
	S2	25.1 b	3.1 b	298.8 c	152.0 b	24.9 b	3.3 b	329.0 b	163.5 a
	S3	23.6 c	3.3 b	356.2 b	183.8 a	24.7 b	3.1 b	281.4 c	152.4 b
VT+10	CK	43.3 a	7.1 a	514.5 a	125.8 c	36.8 a	7.7 a	533.1 a	149.6 c
	S1	17.4 d	2.4 c	171.3 d	168.5 b	17.5 c	2.5 c	169.3 d	163.3 b
	S2	37.4 b	6.1 b	387.0 b	129.2 c	34.1 a	6.8 b	433.8 b	149.8 c
	S3	23.0 c	2.3 c	238.5 c	182.3 a	21.5 b	2.3 c	229.5 c	195.0 a
VT+20	CK	38.1 a	5.3 a	357.4 b	108.7 d	36.0 a	5.9 a	380.1 b	94.2 c
	S1	20.7 c	2.3 b	184.0 d	136.9 b	20.1 c	2.3 b	163.8 d	121.5 b
	S2	35.4 b	5.7 a	381.3 a	118.2 c	33.7 b	6.2 a	469.2 a	125.8 b
	S3	20.5 c	2.1 b	214.0 c	153.5 a	20.0 c	2.4 b	228.0 c	176.6 a

注: V12. 大喇叭口期; VT+10. 开花后 10d; VT+20. 开花后 20d; Pn. 净光合速率; Tr. 蒸腾速率; Gs. 气孔导度; Ci. 胞间 CO_2 浓度。同一列不同小写字母表示在 $P < 0.05$ 水平上差异显著

表 5-19　花粒期不同光照对夏玉米叶片气体交换参数的影响

年份	时期	处理	Pn [μmol CO₂/(m²·s)]	Tr [mmol/(m²·s)]	Gs [mmol/(m²·s)]	Ci （μmol/mol）
2011	VT	CK	43.3±2.0	7.1±0.3	514.5±18.6	125.8±3.8
	VT+20	CK	33.4±1.5b	4.5±0.2a	261.3±10.1b	107.6±3.6b
		S	10.1±0.3c	0.8±0.0b	60.8±2.2c	121.3±4.6a
		L	35.7±1.6a	4.7±0.2a	308.0±14.3a	85.0±3.1c
	VT+40	CK	13.3±0.2c	1.9±0.1b	135.7±5.3b	166.1±6.2b
		S	6.0±0.2a	0.8±0.1b	57.5±2.4a	182.5±5.5a
		L	22.9±1.0b	3.0±0.1c	206.3±7.6c	165.8±7.4b
2012	VT	CK	36.8±1.1	7.7±0.5	533.1±20.8	149.6±5.6
	VT+20	CK	32.6±1.2b	4.4±0.2b	245.7±8.4b	113.3±4.3b
		S	10.7±0.4c	1.0±0.0c	74.0±3.1c	144.0±6.6a
		L	35.2±1.0a	4.9±0.2a	315.7±10.7a	103.0±4.5c
	VT+40	CK	17.6±0.7b	2.6±0.1b	182.3±6.5b	155.0±7.1a
		S	6.0±0.2a	0.8±0.1a	57.5±2.4a	182.5±5.5a
		L	24.2±1.3a	3.1±0.1a	201.3±7.4a	136.3±3.3b

注：S. 遮阴处理；L. 增光处理；VT+20. 开花后 20d；VT+40. 开花后 40d；Pn. 净光合速率；Tr. 蒸腾速率；Gs. 气孔导度；Ci. 胞间 CO_2 浓度。同一列不同小写字母表示在 $P < 0.05$ 水平上差异显著

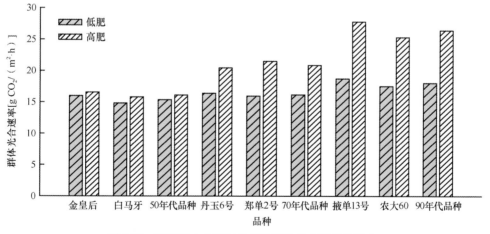

图 5-20　不同肥力水平对各品种群体光合速率的影响

（二）肥水调控对叶片光合速率的影响

由图 5-21 看出，增加灌溉和增施磷肥后，叶片光合速率都有所提高，均呈 W＞P＞CK 的变化，两个品种表现一致，说明增加灌溉和增施磷肥能够增强玉米的光合作用。

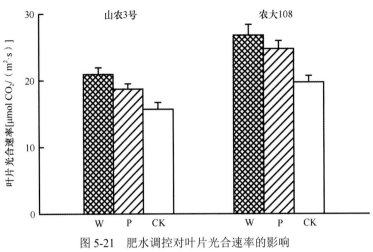

图 5-21　肥水调控对叶片光合速率的影响

W. 增加灌溉；P. 增施磷肥；CK. 对照

（三）肥水调控对玉米产量的影响

肥水调控对玉米产量及产量构成因素产生了重要影响，从表 5-20 可以看出，增施磷肥和增加灌溉都提高了玉米的产量，W 和 P 与对照之间的产量差异达到显著水平。对山农 3 号来说，增施磷肥后，穗粒数增加，千粒重增大，产量提高是穗粒数和千粒重共同作用的结果，增加灌溉只使山农 3 号的千粒重显著提高，并没有引起穗粒数的显著变化，因而产量的提高只是千粒重增大的结果；对农大 108 来说，增施磷肥和增加灌溉都没有引起穗粒数的显著增加，产量的提高都是千粒重的提高引起的。

表 5-20　肥水调控对玉米产量和产量构成因素的影响

品种	处理	穗粒数（粒/穗）	千粒重（g）	产量（kg/株）	产量较 CK 增长比（%）
山农 3 号	W	540.1ab	276.55a	143.22a	10.83
	P	559.0a	254.11b	135.60b	4.93
	CK	541.0bc	248.05c	129.23c	—
农大 108	W	523.6a	320.35a	150.83a	12.25
	P	530.3a	299.94b	145.16b	8.03
	CK	519.5a	291.83c	134.37c	—

注：W. 增加灌溉；P. 增施磷肥；CK. 对照。同一列不同小写字母表示在 $P < 0.05$ 水平上差异显著

施氮可以显著提高籽粒产量，随施氮量的增加，籽粒产量呈先升高再降低的趋势，根据本试验结果，选择拟合度最高的二次多项式模拟籽粒产量与施氮量间的关系（图 5-22）。计算可知，登海 661 和郑单 958 在施氮量分别为 419.66kg/hm² 和 424.88kg/hm² 时达最大籽粒产量。综合考虑氮施用成本以及籽粒产量利润后可得，登海 661 和郑单 958 产量利润达到最大时施氮量分别为 343.70kg/hm² 和 271.39kg/hm²（表 5-21）。

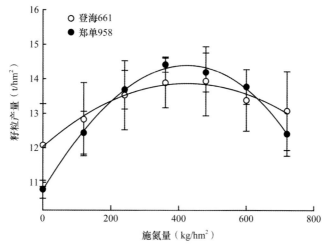

图 5-22　籽粒产量与施氮量间模型拟合

表 5-21　籽粒产量与施氮量间模型特征参数

品种	特征参数					
	r	a	b	c	X_{max}（kg/hm²）	X_2（kg/hm²）
登海 661	0.997 8	10.745	0.017 24	$-2.054×10^{-5}$	419.66	343.70
郑单 958	0.984 9	12.021	0.008 615	$-1.013 8×10^{-5}$	424.88	271.39

注：X_{max} 为最大产量时的施氮量；X_2 为最大产量利润时施氮量。当年市场价玉米为 1600 元/t；尿素为 2 元/kg；产量利润的计算公式为 $Y_2=1600×Y_1-4.35X_1-M$，式中，Y_2 为产量利润，Y_1 为玉米产量（t/hm₂），X_1 为氮肥用量（kg/hm₂），M 为除氮肥外的其他生产成本

主要参考文献

鲍巨松, 杨成书. 1991. 不同生育时期水分胁迫对玉米生理特性的影响. 作物学报, 17(4): 261-266.

边大红, 张瑞栋, 段留升, 等. 2011. 局部化控夏玉米冠层结构、荧光特性及产量研究. 华北农学报, 26(3): 139-145.

陈大清, 王健. 1997. 高温胁迫下谷胱甘肽对离体玉米叶片的保护效应. 湖北农学院学报, (4): 254-256.

陈军. 1994. 水分胁迫下玉米叶片光合作用、膜质过氧化及超微结构变化. 玉米科学, 2(4): 36-40.

崔海岩, 靳立斌, 李波, 等. 2013. 大田遮阴对夏玉米光合特性和叶黄素循环的影响. 作物学报, 39(3): 478-485.

崔彦宏, 李伯航. 1993. 玉米籽粒的败育. 河北农业大学学报, (2): 97-101.

戴俊英. 1990. 玉米不同品种各生育时期干旱对生育时期及产量的影响. 沈阳农业大学学报, 21(3): 181-186.

戴俊英, 鄂玉江, 顾慰连, 等. 1988. 玉米根系的生长规律及其与产量关系的研究. Ⅱ. 玉米根系与叶的相互作用及其与产量的关系. 作物学报, 14(4): 310-314.

戴俊英, 沈秀英, 李维典, 等. 1988. 高产玉米的光合作用系统参数与产量的关系. 沈阳农业大学学报, 19(3): 1-8.

董树亭. 1986. 不同作物需光特性的研究. 耕作与栽培, 6: 47-51.

董树亭. 1991. 高产冬小麦群体光合能力与产量关系的研究. 作物学报, 17(6): 461-469.

董树亭. 1993. 玉米不同株型品种的高产潜力及群体光合特性研究. 作物杂志, (2): 34-36.

董树亭. 2005. 玉米群体光合与产量关系及调控研究. 北京: 中国农业大学博士学位论文.

董树亭, 胡昌浩, 王空军, 等. 1997. 玉米花粒期群体光合性能与高产潜力的研究. 作物学报, 23(3): 318-325.

董树亭, 胡昌浩, 岳寿松, 等. 1992. 夏玉米群体光合速率特性及其与冠层结构、生态条件的关系. 植物生态学与地植物学学报, 16(4): 372-378.

董树亭, 胡昌浩, 周关印, 等. 1993. 玉米叶片气孔导度、蒸腾和光合特性研究. 玉米科学, (2): 34-37.

鄂玉江, 戴俊英, 顾慰连. 1988. 玉米根系的生长规律与产量关系的研究. Ⅰ. 玉米根系生长和吸收能力与地上部分的关系. 作物学报, 14(2): 149-154.

冯国艺, 罗宏海, 姚炎帝, 等. 2012. 新疆超高产棉花叶、铃空间分布及与群体光合生产的关系. 中国农业科学, 45(13): 2607-2617.

付景, 孙宁宁, 刘天学, 等. 2019. 高温胁迫对玉米形态、叶片结构及其产量的影响. 中国农业科学, 27(1): 46-53.

高佳, 崔海岩, 史建国, 等. 2018. 花粒期光照对夏玉米光合特性和叶绿体超微结构的影响. 应用生态学报, 29(3): 883-890.

高聚林. 1991. 春玉米干物质积累及碳、氮代谢规律的研究. 呼和浩特: 内蒙古农牧学院硕士学位论文.

高清吉, 玖村敦彦. 1978. 小麦光合作用和物质生产的研究. Ⅲ. 小麦群体的光合能力和呼吸能力随生育时期的变化. 日本作物学会纪事, 47: 63-68.

高学曾, 王忠孝. 1989. 玉米穗粒数和千粒重与氮的关系. 山东农业科学, (2): 4-7.

高学曾, 许金芳. 1987. 玉米雌穗和籽粒生长发育过程中几项性状的数量变化分析. 作物学报, 13(3): 257-260.

高煜珠, 王忠. 1985. 关于光呼吸与光合作用关系的研究. Ⅴ. 不同类型植物光呼吸与光合强度之间的关系. 作物学报, 11(2): 81-88.

管延安, 李群, 李晓云, 等. 2001. 夏谷群体呼吸特性及其与群体光合的关系. 西北植物学报, 21(2): 329-333.

韩笑冰, 利容千, 王建波. 1997. 热胁迫下萝卜不同耐热性品种细胞组织结构比较. 植物科学学报, 15(2): 173-178.

何维勋, 曹永华. 1990. 玉米展开叶增加速率与温度和叶龄的关系. 中国农业气象, 11(3): 30-33.

胡昌浩. 1995. 玉米栽培生理. 北京: 中国农业出版社.

胡昌浩, 董树亭. 1998. 我国不同年代玉米品种生育特性演进规律研究. Ⅰ. 产量性状的演进. 玉米科学, (2): 44-48.

胡昌浩, 董树亭, 岳寿松, 等. 1993. 高产夏玉米群体光合速率与产量关系的研究. 作物学报, 19(1): 64-69.

胡昌浩, 潘子龙. 1982. 夏玉米同化产物积累与养分吸收分配规律的研究. Ⅰ. 干物质积累与可溶性糖和氨基酸的变化规律. 中国农业科学, (1): 56-64.

胡昌浩, 王群瑛. 1989. 玉米不同叶位叶片叶绿素含量与光强度变化规律的研究. 山东农业大学学报, 20(1): 43-47.

胡旦旦, 张吉旺, 刘鹏, 等. 2018. 密植条件下玉米品种混播对夏玉米光合性能及产量的影响. 作物学报, 44(6): 920-930.

焦德茂. 1983. 主要农作物光合特性解析在生产上的应用. Ⅲ. 小麦不同生育阶段限制光合能力的主要环境因素. 江苏农业科学, 12: 17-19.

金之庆, 葛道阔, 郑喜莲, 等. 1996. 评价全球气候变化对我国玉米生产的可能影响. 作物学报, 22(5): 513-524.

李利利. 2012. 不同株高夏玉米品种产量形成的生理特性及种植密度调控的研究. 泰安: 山东农业大学硕士学位论文.

李利利, 张吉旺, 董树亭, 等. 2012. 不同株高夏玉米品种同化物积累转运与分配特性. 作物学报, 38(6): 1080-1087.

李明启. 1980. 作物光合效率与产量的关系及影响光合效率的内在因子. 植物生理学通讯, (2): 1-8.

李少昆, 赵明, 王树安. 1995. 玉米株型研究综述. 玉米科学, (4): 4-7.

李旭毅, 孙永健, 程宏彪, 等. 2011. 氮肥运筹和栽培方式对杂交籼稻Ⅱ优498结实期群体光合特性的影响. 作物学报, 37(9): 1650-1659.

李亚男, 陈大清, 马自超. 1995. 高温胁迫下甘露醇对离体小麦叶片生理特性的影响. 湖北农学院学报, 15(4): 300-303.

连恒才, 许长成, 董新纯, 等. 1994. 多效唑对小麦幼苗抗高温性的影响. 山东农业大学学报, (2): 233-235.

廖宗族, 郑俊兰. 1980. 土温对玉米苗期生育影响的研究. 中国农业气象, (2): 49-55.

林伟宏, 白克智, 匡廷云. 1999. 大气 CO_2 浓度和温度升高对水稻叶片及群体光合作用的影响. 植物学报, 41(6): 624-628.

刘百韬, 何福玉. 1979. 防止玉米后期脱肥早衰. 农业科技通讯, 7: 11.

刘富林, 韩润林, 朱嘉倩, 等. 1991. Ca^{2+} 对高温胁迫条件下小麦光合作用的影响. 华北农学报, 6(S1): 15-20.

刘绍棣, 程绍义, 于翠芳. 1990. 紧凑型玉米株型及生理特性研究. 华北农学报, 5(3): 20-27.

刘铁宁, 徐彩龙, 谷利敏, 等. 2014. 高密度种植条件下去叶对不同株型夏玉米群体及单叶光合性能的调控. 作物学报, 40(1): 143-153.

刘祚昌, 赖世登, 余彦波. 1977. 玉米光效育种的初步研究. 遗传与育种, (2): 17-18.

吕鹏. 2011. 氮素运筹对高产夏玉米产量和品质及相关生理特性影响的研究. 泰安: 山东农业大学硕士学位论文.

吕鹏, 张吉旺, 刘伟, 等. 2011. 施氮量对超高产夏玉米产量及氮素吸收利用的影响. 植物营养与肥料学报, 17(4): 852-860.

马国英, 吴源英. 1991. 不同小麦种叶片光合特性及叶绿体超微结构的比较. 植物生理学通讯, 27(4): 255-259.

门马荣秀, 角田重三郎, 张民丰. 1980. 玉米的光合杂种优势. 陕西农业科学, (6): 42-44.

孟祥盟, 孙宁, 边少锋, 等. 2014. 化控技术对春玉米农艺性状及光合特性的影响. 玉米科学, 22(4): 78-83.

苗琛, 利容千. 1994. 热胁迫下不结球白菜和甘蓝叶片组织结构的变化. 武汉植物学研究, 12(3): 207.

缪旻珉, 李权, 李式军. 2000. 化学处理对高温胁迫下黄瓜产量的影响. 扬州大学学报 (农业与生命科学版), 21(2): 75-76.

缪旻珉, 李式军. 2001. 黄瓜雄花与雌花发育过程中高温敏感期的初步研究. 南京农业大学学报, 24(1): 120-122.

任佰朝, 张吉旺, 李霞, 等. 2014. 大田淹水对夏玉米叶片衰老特性的影响. 应用生态学报, 25(4): 1022-1028.

任佰朝, 朱玉玲, 董树亭, 等. 2015. 大田淹水对夏玉米光合特性的影响. 作物学报, 41(2): 329-338.

善信科, 金宝昌, 李艳秋, 等. 1989. 玉米抽丝后某些籽粒性状的变化分析. 辽宁农业科学, (1): 46-48.

尚庆茂, 乔晓军. 1998. 生长调节物质对高温下菜豆叶片水分的调节作用. 中国蔬菜, (5): 9-12.

沈成国, 余松烈, 于振文. 1998. 一次结实植物的衰老与氮再分配. 植物生理学通讯, 34(4): 288-296.

沈秀瑛. 1994. 玉米叶片光合速率与光、养分和水分及产量关系的研究. 玉米科学, 2(3): 56-60.

石井龙一. 1997. 光合作用. 中国科学院植物所编译. 北京: 中国科学技术出版社.

宋凤斌, 戴俊英. 1995. 水分胁迫对玉米叶片活性氧清除酶类活性的影响. 吉林农业大学学报, (3): 9-15.

宋世娟. 1996. 玉米群体光合性能与气象因素及产量的关系. 玉米科学, 4(4): 60-62.

苏正淑, 张毅. 1990. 低温对玉米光合作用及叶面积和籽实产量的影响. 辽宁农业科学, (5): 22-24.

孙占祥, 李德新, 赵岩, 等. 1996. 玉米不同生育时期耗水量及抗旱性的研究. 辽宁农业科学, (2): 4.

汤永禄, 李朝苏, 吴晓丽, 等. 2014. 人工合成小麦衍生品种的物质积累、冠层结构及群体光合特性. 中国农业科学, 47(5): 844-855.

田海云, 尹枝瑞, 李维岳. 1981. 玉米籽粒发育过程及其与环境条件的关系. 吉林农业科学, (3): 22-26.

田慧梅, 季尚宁. 1997. 玉米草木樨间作效应分析. 东北农业大学学报, (1): 16-23.

田中明, 山口淳一. 1976. 玉米生理译丛. 顾慰连, 高学曾等编译. 北京: 农业出版社.

屠曾平, 林秀珍. 1988. 水稻中的光抑制现象及其品种间差异. 中国水稻科学, 2(1): 8-16.

王汉宁, 王晓明. 1992. 从源库观点看玉米籽粒产量的形成. 甘肃农业大学学报, 27(1): 86-92.

王经武, 王瑞舫, 赵明. 1990. 不同土壤水分条件对玉米品种光合速率的影响. 南京: 全国第三届作物栽培学术讨论会.

王空军, 董树亭, 胡昌浩, 等. 2001. 我国 1950s ～ 1990s 推广的玉米品种叶片光合特性演进规律研究. 植物生态学报, (2): 247-251.

王空军, 胡昌浩, 董树亭, 等. 1999. 我国不同年代玉米品种开花后叶片保护酶活性及膜脂过氧化作用的演进. 作物学报, 25(6): 700-706.

王庆成, 牛玉贞, 徐庆章, 等. 1996. 株型紧凑对玉米群体光合速率和产量的影响. 作物学报, (2): 221-225.

王庆祥, 戴俊英, 顾慰连. 1987. 高产玉米的干物质积累与分配. 辽宁农业科学, (5): 20-23.

王群瑛, 胡昌浩. 1988. 玉米不同叶位叶片叶绿体超微结构与光合性能的研究. 植物学报, 30(2): 146-150.

王祥宇, 魏珊珊, 董树亭, 等. 2015. 种植密度对熟期不同夏玉米群体光合性能及产量的影响. 玉米科学, 23(1): 134-138.

王向阳, 王淑俭, 彭文博, 等. 1992. 高温对小麦幼苗生理特性影响的初步研究. 河南农业大学学报, (1): 11-17.

王忠孝, 李登海. 1991. 夏玉米高产规律的研究. Ⅳ. 高产玉米的肥料效应. 山东农业科学, (3): 12-15.

吴子恺. 1983. 玉米几个光合作用性状与生物学产量及籽粒产量的关系. 作物学报, (9): 23-29.

许大全, 李德耀, 沈允钢, 等. 1984. 田间小麦叶片光合作用 "午睡" 现象的研究. 植物生理学报, 10(3): 269-275.

晏斌, 戴秋杰. 1995. 钙提高水稻耐盐性的研究. 作物学报, 21(6): 685-690.

杨成勋, 张旺锋, 徐守振, 等. 2016. 喷施化学打顶剂对棉花冠层结构及群体光合生产的影响. 中国农业科学, 49(9): 1672-1684.

杨欢. 2017. 灌浆期高温干旱胁迫影响糯玉米籽粒产量形成的生理机制. 扬州: 扬州大学博士学位论文.

杨巧凤, 江华, 许大全. 1999. 小麦旗叶发育过程中光合效率的变化. 植物生理学报, 25(4): 408-412.

杨文彬, 白栋才, 董心澄, 等. 1989. 玉米覆膜栽培地积温效应对根系及植株生长发育的影响. 植物生态学与地植物学学报, (3): 88-94.

尹枝端, 李维岳. 1986. 玉米雌穗花数和粒数的初步研究. 吉林农业科学, (1): 1-8.

于康珂, 孙宁宁, 詹静, 等. 2017. 高温胁迫对不同热敏型玉米品种雌雄穗生理特性的影响. 玉米科学, 25(4): 84-91.

张保仁. 2003. 高温对玉米产量和品质的影响及调控研究. 泰安: 山东农业大学博士学位论文.

张大鹏, 王学臣, 娄成后. 1991. 不同辐照日变化系统对葡萄 (V. vinifera L. cv. Sauvignon blanc) 净光合和气孔导性的影响. 中国农业科学, 24(3): 1-7.

张凤瑞, 朱嘉倩. 1992. 小麦幼苗膜结合 ATPase 动力学参数变化初探. 河北农业大学学报, 15(4): 17-20.

张廷珠, 韩方池, 吴乃元, 等. 1981. 夏玉米籽粒增重与气象条件的初步研究. 山东气象, (2): 35-38.

张晓艳, 李建英, 郑殿峰, 等. 2010. 不同密度下大豆单株和群体的光合特性. 大豆科学, 29(4): 638-640, 644.

张秀梅, 任和平, 杨铁钏. 1984. 玉米果穗顶部籽粒败育发生的时间与籽粒糖含量的关系. 河南农学院学报, (3): 16-24.

张毅, 戴俊英, 苏正淑. 1995. 灌浆期低温对玉米籽粒的伤害作用. 作物学报, (1): 71-75.

张毅, 顾慰连, 戴俊英. 1992. 低温对玉米光合作用、超氧物歧化酶活性和籽粒产量的影响. 作物学报, 18(5): 397-400.

张宗申, 利容千, 王建波. 2000. 外源 Ca^{2+}、La^{3+} 和 EGTA 处理对辣椒叶片热激反应的影响. 武汉大学学报 (自然科学版), 46(2): 253-256.

章履孝. 1991. 玉米的理想株型育种. 江苏农业学报, 7(1): 45-48.

章履孝, 陈静. 1991. 玉米株型的划分标准及其剖析. 江苏农业科学, (5): 30-31.

赵久然. 1990. 不同时期遮光对玉米籽粒生产能力的影响及生长的效果. 中国农业科学, 23(4): 28-35.

赵可夫. 1981. 玉米抽雄后不同叶位叶对籽粒产量的影响及其光合性能. 作物学报, 7(4): 259-265.

赵龙飞, 李潮海, 刘天学, 等. 2012. 花期前后高温对不同基因型玉米光合特性及产量和品质的影响. 中国农业科学, 45(23): 4947-4958.

赵明, 李少昆. 1998. 我国玉米自交系株型和光合特性的演变特点. 华北农学报, 13: 124.

赵琦, 唐崇钦, 匡廷云, 等. 1993. CO_2 浓度增加对玉米杂交种和亲本叶绿体类囊体膜光合特性的影响. 植物学通报, 10(4): 43-46.

郑洪建, 董树亭. 2000. 生态因素与玉米产量关系的研究. 山东农业大学学报 (自然科学版), 31(3): 315-319.

郑洪建, 董树亭, 王空军, 等. 2001. 生态因素对玉米品种产量影响及调控的研究. 作物学报, 27(6): 862-868.

郑云普, 徐明, 王建书, 等. 2015. 玉米叶片气孔特征及气体交换过程对气候变暖的响应. 作物学报, 41: 601-612.

朱根海, 张荣铣. 1985. 叶片含氮量与光合作用. 植物生理学通讯, (2): 11-14.

Badu-Apraku B, Hunter R B, Tollenaar M. 1983. Effect of temperature during grain filling on whole plant and grain in maize (*Zea mays* L.). Can J Plant Sci, 63: 357-360.

Bhullar S S, Jenner C F. 1985. Differential responses to high temperatures of starch and nitrogen accumulation in the grain of four cultivars of wheat. Functional Plant Biology, 12(4): 363-375.

Blum A, Ebercon A. 1981. Cell membrane stability as a measure of drought and heat tolerance in wheat. Crop Science, 21(1): 43-47.

Bose A, Tiwari B, Chattopadhyay M K, et al. 1999. Thermal stress induces differential degradation of Rubisco in heat-sensitive and heat-tolerant rice. Physiol Plantarum, 105: 89-94.

Caers M, Rudelsheim P, Onckelen H N, et al. 1985. Effect of heat stress on photosynthesis activity and chloroplast in correlation with endogenous cytokinin concentration in maize seedlings. Plant Cell and Physiol, 26(1): 47-52.

Ceppi D, Sala M, Gentinetta E, et al. 1987. Genotype-dependent leaf senescence in maize: inheritance and effects of pollination-prevention. Plant Physiol, 85: 720-725.

Crosbie T M, Pearce R B, Mock J J. 1978. Relationships among CO_2-exchange rate and plant traits in Iowa stiff stalk synthetic maize population. Crop Science, 18(1): 87-90.

Dale K A, Greg B M. 1983. A simple, steady state description of phytoplankton growth based on absorption cross section and quantum efficiency. Limnology & Oceanography, 28(4): 770-776.

Doehlert D C, Kuo T M A, Felker F C. 1988. Enzymes of sucrose and hexose metabolism in developing kemels of two inbreds of maize. Plant Physiol, 86: 1013-1019.

Donahue P J, Stromberg E L, Myers S L. 1991. Inheritance of reaction to gray leaf spot in a diallel cross of 14 maize inbreds. Crop Science, 31: 926-931.

Dong S T. 1994. Canopy apparent photosynthesis, respiration and yield in wheat. Journal of Agri Science, 122: 7-12.

Duncan W G, Hesketh J D. 1968. Net photosynthesis rates, relative leaf growth rates, and leaf numbers of 22 races of maize grown at eight temperatures. Crop Sci, 8: 670-764.

Dwyer L M, Andrew C J, Stewart D W, et al. 1995. Carbohydrate levels in field-grown leafy and normal maize genotypes. Crop Science, 35: 1020-1027.

Dwyer L M, Tollenaar M. 1989. Genetic improvement in photosynthetic response of hybrid maize cultivars 1959 to 1988. Can Plant Sci, 69: 81-91.

Edwards G E, Huber S C. 1981. The C4 pathway. Photosynthesis, 132(14): 237-281.

Georgieva K, Yordanov I. 1993. Temperature dependence of chlorophyll fluorescence parameters of pea seedlings. Journal of Plant Physiology, 142(2): 151-155.

Hanft J M, Jones R J, Stumme A B. 1986. Dry matter accumulation and carbohydrate concentration patterns of field-grown and *in vitro* cultured maize kernels from the tip and middle ear positions. Crop Science, 26(3): 568-572.

Hanson W D. 1971. Selection for different productivity among juvenile maize plants: associated net photosynthetic rate and leaf area changes. Crop Science, 11(3): 334-339.

Hatch M D, Osmond C B. 1976. Compartmentation and transport in C4 photosynthesis. Berlin, Heidelberg: Springer.

Havaux M, Niyogi K K. 1999. The violaxanthin cycle protects plants from photooxidative damage by more than one mechanism. Proceedings of the National Academy of Sciences of the United States of America, 96(15): 8762.

Hawker J S. 1967. Inhibition of sucrose phosphatase by sucrose. Biochemical Journal, 102(2): 401-406.

Heichel G H. 1971. Confirming measurements of respiration and photosynthesis with dry matter accumulation. Crop Sci, 5: 93-98.

Herold H. 1979. Compton and thomson scattering in strong magnetic fields. Physical Review D, 19(10): 2868-2875.

Heskech J D, Moss, D N. 1963. Variation in the response of photosynthesis to light. Crop Science, 3(2): 107-110.

Maroco J P, Edwards G E, Ku M S B. 1999. Photosynthetic acclimation of maize to growth under elevated levels of carbon dioxide. Planta, 210: 115-125.

Mashiringwani N A, Schweppenhauser M A. 1992. Phenotypic characters associated with yield adaptation of wheat to a range of temperature conditions. Field Crops Research, 29(1): 69-77.

Moore C E, Meacham-Hensold K, Lemonnier P, et al. 2021. The effect of increasing temperature on crop photosynthesis: from enzymes to ecosystems. Journal of Experimental Botany, 72(8): 2822-2844.

Nesmith D S. 1990. Growth responses of corn (*Zea mays* L.) to intermittent soil water deficits. East Lansing: Michigan State University, PhD thesis.

Nissanka S P, Dixon M A, Tollenaar M. 1997. Canopy gas exchange response to moisture stress in old and new maize hybrid. Crop Science, 37: 172-181.

Ohno Y. 1976. Varietal differences of photosynthetic efficiency and dry matter production in indica rice. Tech Bull TARC, 53(9): 115-123.

Oleary M H, Emilio D. 1982. Phosphoenol-3-bromopyruvate. A mechanism-based inhibitor of phosphoenolpyruvate carboxylase from maize. Journal of Biological Chemistry, 257(24): 14603-14605.

Osmond C B. 1981. Photorespiration and photoinhibition: some implications for the bioenergetics of photosynthesis. BBA Reviews on Bioenergetics, 639(2): 77-98.

Peters D B, Pendleton J W, Hageman R H, et al. 1971. Effect of night air temperature on grain yield of corn, wheat, and soybeans. Agronomy Journal, 63(5): 809.

Platt K L, Oesch F. 1977. The preparation of (^{14}C) and [^{3}H] labelled benzene oxide. J Label Comp Radiopharm, 13: 471-479.

Ren B Z, Cui H Y, Dong S, et al. 2016a. Effects of shading on the photosynthetic characteristics and mesophyll cell ultrastructure of summer maize. The Science of Nature, 103: 67.

Ren B Z, Liu W, Zhang J W, et al. 2017. Effects of plant density on the photosynthetic and chloroplast characteristics of maize under high-yielding conditions. The Science of Nature, 104: 12.

Ren B Z, Zhang J W, Dong S, et al. 2016b. Effects of waterlogging on leaf mesophyll cell ultrastructure and photosynthetic characteristics of summer maize. PLOS ONE, 11(9): e0161424.

Ren B Z, Zhang J W, Dong S, et al. 2016c. Root and shoot responses of summer maize to waterlogging at different stages. Agronomy Journal, 108: 1060-1069.

Ren B Z, Zhang J W, Li X, et al. 2014. Effects of waterlogging on the yield and growth of summer maize under field conditions. Canadian Journal of Plant Science, 94: 23-31.

Santarius G. 1975. Relative thermostability of the chloroplast envelope. Planta, 127(3): 285-299.

Schnabl H. 1981. The compartmentation of carboxylating and decarboxylating enzymes in guard cell protoplasts. Planta, 152: 307-313.

Shanahan J F, Edwards I B, Quick J S, et al. 1990. Membrane thermostability and heat tolerance of spring wheat. Crop Science, 30(2): 247-251.

Stone P J, Savin R, Wardlaw I F, et al. 1995. The influence of recovery temperature on the effects of a brief heat shock on wheat. I. Grain growth. Functional Plant Biology, 22(6): 945-954.

Thebud R, Santarius K A. 1982. Effects of high-temperature stress on various biomembranes of leaf cells *in situ* and *in vitro*. Plant Physiology, 70(1): 200-205.

Thomas M D, Hill G R. 1937. The continuous measurement of photosynthesis, respiration, and transpiration of alfalfa and wheat growing under field condition. Plant Physi, 12: 285-307.

Thomas S M, Hall N P, Merrett M J. 1978. Ribulose-1,5-bisphosphate carboxylase/oxygenase activity and photorespiration during the aging of flag leaves of wheat. J Exp Bot, 29: 1161-1168.

Tollenaar M. 1991. Physiological basis of genetic improvement of maize hybrids in Ontario from 1959 to 1988. Crop Sci, 31: 119-124.

Udomprasert N, Li P H, Davis D W, et al. 1995. Effects of root temperatures on leaf gas exchange and growth at high air temperature in *Phaseolus acutifolius* and *Phaseolus vulgaris*. Crop Science, 35(2): 490-495.

Vierling E, Kimpel J A. 1992. Plant responses to environmental stress. Current Opinion in Biotechnology, 3(2): 164-170.

Walker D A. 1976. In current topics in celluler regulation. Crop Sci, 2: 204-241.

Wallace D H, Ozbun J L, Munger H M. 1972. Physiological genetics of crop yield. Advances in Agronomy, 24(24): 97-146.

Weng J, Wang Z F, Nguyen H T. 1993. Molecular cloning and sequence analysis of cDNAs encoding cytoplasmic low molecular weight heat shock proteins in hexaploid wheat. Plant Science, 92(1): 35-36.

Wilson J H, Allison J C S. 1978. Effect of plant population in ear differentiation and growth in maize. Ann Appl Biol, 90: 127-132.

Yang S, Zhang L, Chen W, et al. 1996. Theories and methods of rice breeding for maximum yield. Acta Agronomica Sinica, 22(3): 295-304.

第六章 玉米群体水分生理[*]

我国水资源总量丰富，但水资源时空分布不均、人均水资源量低。降水和径流时空分布不均、变异性大（Liu et al.，2014）。在水资源的利用中，农业是最主要的水资源消耗产业，因而实现农业水资源的高效利用，是保障水资源平衡和粮食安全的根本途径（刘昌明，2014）。玉米是我国三大主要粮食作物之一，其植株高大，叶片茂盛，生长期又多处于高温季节，植株蒸腾和棵间蒸发大，为了制造大量有机物质，需要消耗较多的水分。因此，针对我国水资源缺乏的现状，掌握玉米的需水规律及其影响因素，提高玉米的水分利用效率，对于我国玉米生产和水资源高效利用具有重要意义。

第一节 玉米需水量及其影响因素

一、需水量

（一）作物需水量

作物需水量是指生长在大田群体中的无病虫害作物，在水分和肥料充分供应、作物生长健壮并发挥全部生产潜力的条件下，为满足植株蒸腾、棵间蒸发、组成植株体的水量之和。由于组成植株体的水量一般小于总蒸腾量的 0.2%，并且其影响因素复杂，不易测定，因此，在生产实践中，人们就近似地认为作物需水量等于作物生长发育正常条件下的作物蒸发蒸腾量。不同作物以及同一作物的不同品种由于本身遗传特性的差异和栽培环境的差异，在不同的生育期具有不同的需水量。

（二）玉米需水量

玉米需水量是指玉米植株在生育期进行各项生理活动所需的水分，一般认为，玉米需水量是指植株生长期间在适宜的土壤水分条件下的棵间蒸发量与叶面蒸腾量的总和。玉米需水量受品种本身的遗传特性和栽培环境条件的影响，在一定的产量条件下，在一定的地区其是一个相对稳定的数值。玉米需水量是制定灌水量和灌溉制度的依据（王立春，2014）。玉米与其他作物相比，用水比较经济，但植株高大，绝对需水量较多。据研究，玉米每亩产籽粒 500kg，需水量为 375～450mm。影响玉米需水量的主要因素有气象、土壤、栽培措施和品种等，玉米生育期内积温高，相对湿度小，光照强，日照时数长，风力强，需水量就大。凡生长期长，叶面积大，气孔数目多的品种，蒸腾量大，因而需水量也大。随着耕作深度、栽培密度和施肥量的加大，玉米需水量有增加趋势。此外，土壤质地、水分及地下水位也影响玉米需水量（郑荣等，2013）。肖俊夫等（2008）研究表明，中国春玉米需水量为 400～700mm，夏玉米需水量为 350～400mm，这主要受

---

① 本章由杨锦忠、姜雯、陈延玲、李全起等撰写。

气候条件影响，尤其与生长期内辐射量的多少有关。

（三）玉米耗水量

玉米耗水量是指玉米从播种到收获期间蒸腾蒸发所消耗的水量，也称为玉米的实际蒸散量。玉米需水量与玉米耗水量的区别在于：玉米需水量是玉米自身生物学特性与生长环境条件综合作用的结果，在气候、土壤等条件基本相同的一定区域内，玉米需水量是相对稳定的一个数值，可以作为制定栽培管理措施和灌溉制度的依据。而玉米耗水量的大小取决于具体的气象条件、品种特性、土壤性质和农业技术措施等，同一品种在不同技术措施下耗水量差异较大。

目前，关于玉米耗水量的研究结果已有大量报道（郝卫平，2013）。居辉等（2000）在山西寿阳旱作农业区开展的玉米耗水量研究结果显示，1997年和1998年春玉米的需水量分别为460mm和439mm，但全生育期的实际耗水量分别为244.2mm和439.7mm，差异很大，主要原因是1997年生育期干旱少雨减少了水分供应，降水量年际间差异造成同样试验处理的玉米耗水量相差很大。谭鉴利（2013）利用水量平衡法估算了夏玉米的耗水量，分析了各生育时期土壤水分变化，结果表明，丰水年份降水是夏玉米耗水的主要来源，占玉米整个生育期耗水量的90%左右。孙景生等（1999）研究结果表明，适宜水分处理的夏玉米生育期耗水量为425mm。胡志桥等（2011）研究结果表明，石羊河流域春玉米耗水量为569mm，需水关键期为拔节期、大喇叭口期和灌浆期。Liu等（2002）利用大型蒸渗仪研究了1995～2000年栾城试验站充分灌溉条件下夏玉米的蒸散量，结果表明，夏玉米多年平均耗水量为423mm，最大为448.9mm，最小为396.4mm。梁宗锁等（1995）研究了有限供水对夏玉米产量的影响，结果显示，不同的供水量处理导致玉米耗水量不同，高、中、低供水量各处理的耗水量分别为445.2mm、350.5mm和280.4mm。刘战东等（2011）利用农田水量平衡方程方法，根据2009～2010年田间试验资料计算了夏玉米耗水量，结果表明，在全生育期土壤水分维持在田间持水量的80%左右的情况下，夏玉米全生育期耗水量为417.3～507.5mm。以上研究充分说明降水、灌溉和土壤含水量等气候、栽培管理措施和土壤性质等影响水分供应条件的因素对玉米耗水量有重要影响。

（四）玉米蒸发蒸腾量

玉米蒸发蒸腾量从理论上说是指大面积生长的无病虫害玉米，在土壤水分和肥力适宜时，于给定的生长环境中能取得高产潜力的条件下满足植株蒸腾、土壤蒸发和组成植株体所需的水量。但在实际中由于组成植株体的水分只占总需水量很微小的一部分（一般小于1%），而且这一小部分的影响较复杂，难以准确估算，故将此部分忽略不计，在实际计算中，通常认为玉米蒸发蒸腾量就等于植株蒸腾量和棵间蒸发量之和（郭元裕，2007）。气象学、水文学和地理学中称为"蒸散量"，国内也有人称作"腾发量"（康绍忠和蔡焕杰，1996）。作物蒸发蒸腾量包括生理和生态两个方面，生理方面是指蒸腾作用，生态方面是指棵间蒸发。玉米的蒸发蒸腾量取决于玉米生长发育和对水分需求的内部与外部因素，内部因素是指对需水规律有影响的生物学特性，与玉米品种以及生长发育的阶段有关,外部因素是指气象因子(包括气温、太阳辐射、日照和风速等)、土壤性质和农业措施等。

目前关于蒸发蒸腾量的研究结果也已有众多报道。王健等(2004)利用 2 年的大型称重式蒸渗仪和小型棵间蒸发器的测定资料,分析得出夏玉米在充分灌溉(2001 年)和非充分灌溉(2002 年)条件下,生育期棵间蒸发量占蒸发蒸腾量的比例分别为 43.69% 和 48.12%。非充分供水比充分供水降低了总蒸发蒸腾量和总蒸腾量,但产量并未降低,其节水效果明显。充分供水对总棵间蒸发量影响较小。梁文清(2012)研究结果表明,夏玉米多年间蒸发蒸腾量在 400mm 左右,多年平均为 343mm。夏玉米蒸发蒸腾量与需水强度在各生育期内均表现出单峰变化趋势,且峰值均出现在抽穗—灌浆期,而蒸发蒸腾量的最小值出现在出苗—拔节期,需水强度最小值出现在灌浆—收获期。吴喜芳(2015)利用作物系数法并结合归一化植被指数(NDVI)建立了一种可以反映作物空间分布和土壤供水差异的作物蒸散量模型,利用该模型获得的研究结果表明,山东省、河南省的黄河灌区以及太行山山前平原的夏玉米蒸发蒸腾量大于 300mm;河北平原北部部分区域夏玉米蒸发蒸腾量大于 250mm;滨海一带夏玉米蒸发蒸腾量小于 150mm。宇宙等(2015)研究结果表明,2013 年膜下滴灌条件下,玉米全生育期实测作物蒸发蒸腾量为 431.01mm,平均日蒸发蒸腾量为 2.84mm。玉米出苗—拔节期平均日蒸发蒸腾量高达 4.91mm,是玉米日需水量最大的时期,这说明根据玉米生育期不同阶段的蒸发蒸腾量需求进行合理灌溉可以达到高产效果。

(五)玉米群体阶段需水量

玉米群体需水量的日变化与区域气象条件、栽培技术及生育阶段密切相关。肖俊夫等(2008)研究表明,从东北到西北,我国春玉米生长期基本上从 5 月到 9 月。需水高峰期在拔节—抽穗期,一般从 7 月中旬到 8 月上旬,需水高峰期的日耗水量在 4.50 ～ 7.00mm/d。黑龙江西部地区最高达 6.90mm/d。中国夏玉米主要分布在华北中南部与黄淮地区,与冬小麦轮作,一般在 6 月播种 9 月收获,恰处在雨季。需水高峰期在 7 月中下旬至 8 月上旬,即拔节—抽穗期。此间日耗水量为 5.00 ～ 7.00mm/d。苗期日需水量为 2.50 ～ 3.00mm/d,后期灌浆阶段日耗水量为 3.0mm/d。宇宙等(2015)对夏玉米的研究结果表明,玉米各阶段需水量变化规律近似双峰抛物线,玉米出苗和播种—出苗期日耗水量较少,为 0.89mm/d,随着玉米生长发育,植株逐渐增大,叶面积增加,需水量也越来越多,到 6 月下旬达到极大值,这时玉米正值拔节期,日蒸散为 4.91mm/d,以后日耗水量又减少,到收获期日耗水量减少至 2.33mm/d 左右。

由于玉米各个生育阶段历时长短、植株生长量、地面覆盖度以及气候变化等诸多因素的影响,不同生长阶段对水分消耗有一定的差异。玉米一生需水动态基本上遵循"前期少,中期多,后期偏多"的变化规律。谭鉴利(2013)运用 Penman-Monteith 公式计算了夏玉米的需水量,结果表明,夏玉米全生育期需水量为 365.10mm。不同生育阶段,夏玉米对水分的需求有较大的差异,其中,灌浆期到成熟期需求最大,其次是拔节期到抽雄期。日需水量呈抛物线形变化,苗期较小,抽雄期到灌浆期达到最大。虽然玉米在整个生育期内需水量受多种因素的影响,但总体的需水规律基本是一致的。具体来说,可以分为 4 个阶段。

1. 播种至拔节阶段

此阶段土壤水分状况对出苗及幼苗壮弱有重要作用。此阶段需水量约占总需水量的18%，日平均需水量3.0mm/d左右。虽然该阶段需水少，但春播区早春干旱多风，不保墒，夏播区气温高、蒸发量大、易跑墒。土壤水分不足会导致出苗困难，苗数不足。水分多，则易造成种子霉烂，影响正常发芽出苗。

2. 拔节至吐丝阶段

此阶段植株生长速度加快，生长量急剧增加。此阶段气温高，叶面蒸腾作用强烈，生理代谢活动旺盛，耗水量加大，约占总耗水量的38%，日耗水量达 4.5 ～ 6.0mm/d，大喇叭口期至抽雄开花期是决定有效穗数、受精花数的关键时期，也是玉米需水的临界期。水分不足会引起小花大量退化和花粉粒发育不健全，从而降低穗粒数。抽雄开花时干旱易造成授粉不良，影响结实率，有时造成雄穗抽出困难，俗称"卡脖旱"，严重影响产量。因此，满足玉米大喇叭口期至抽雄开花期对土壤水分的要求，对增产尤为重要。

3. 吐丝至灌浆阶段

此阶段水分条件对籽粒库容大小、籽粒败育数量及籽粒饱满程度都有影响。此阶段同化面积仍较大，耗水强度也比较高，日耗水量可达 4.5 ～ 6.0mm/d，阶段耗水量占总耗水量的32%左右。在此阶段应保证土壤水分相对充足，为植株制造有机物质及有机物质顺利向籽粒运输、实现高产创造条件。

4. 灌浆至成熟阶段

此阶段耗水较少，但玉米叶面积指数仍较高，光合作用也比较旺盛，日耗水量可达到3.6mm/d，阶段耗水量占总耗水量的10% ～ 30%。生育后期适当保持土壤湿润状态，有益于防止植株早衰、延长灌浆持续期，同时也可提高灌浆强度、增加粒重。

二、影响玉米需水量和耗水量的因素

影响玉米需水量和耗水量的因素复杂多样，种植区域的自然条件，主要是气象条件，农业措施及栽培条件的变化都会直接影响玉米的棵间蒸发和叶面蒸腾，从而使玉米需水量和耗水量发生变化。

（一）土壤质地

土壤的颗粒组成、厚度、剖面构成、孔隙状况、团粒结构等都对玉米需水量有不同程度的影响。一般来说，在结构不良、砂性过大、地表板结的土壤上种植的玉米需水量大。众多研究表明，在一定的气候条件和灌溉方式下，土壤性状显著影响作物蒸散和水分利用效率（Arora et al.，2011；Connolly，1998；Katerji and Mastrorilli，2009）。刘敏（2007）对川中紫色丘陵区的研究表明，土壤砂粒含量较高的遂宁和沙溪庙两地的夏玉米需水量显著高于土壤砂粒含量较低的蓬莱镇，这主要是由于不同母质所形成的土壤质地差异导致了土壤水分特征的差异，从而影响了玉米的需水量（表 6-1）。

表 6-1　不同母质土壤水分特征及夏玉米需水量（刘敏，2007）

组别	田间持水量（g/kg）	萎蔫系数（g/kg）	有效含水量（g/kg）	总需水量（kg）
蓬莱镇组	207.43	177.09	30.34	83.84
遂宁组	171.61	145.23	26.38	89.03
沙溪庙组	199.87	164.61	35.26	86.44

注：土壤砂粒含量为遂宁组＞沙溪庙组＞蓬莱镇组；盆栽试验，每盆定植玉米两株

土壤质地（颗粒组成）决定着土壤持水性能，是导致土壤水分的分布及运移方式变化、影响水分在土壤中滞留时间的决定因子（李王成等，2007），同时，土壤质地还决定着土壤水分入渗、非饱和导水率和土壤水分特征曲线等土壤水文学参数，因而直接影响土壤-作物系统水分平衡和作物灌溉需水（贾宏伟等，2006）。

（二）土壤水分

干旱对玉米生产的影响是世界性的，中国春玉米区的中、西部，尤其是西部，受干旱危害最大。华北、黄淮夏玉米区尽管玉米生育期需水量与降水同步，但降水年际间变化大，干旱也时有发生（肖俊夫等，2009）。在光照条件好但干旱缺水年份，灌溉的增产效益十分突出（白树明等，2003）。通常来说持续性的干旱会缩短玉米的生长周期，干旱会对玉米的生长发育造成一定的影响，而发育推迟的同时，玉米为了完成生殖生长，也会提前加速发育，从而缩短生育期。干旱直接对玉米的各项生理指标造成干扰，如使细胞质的离子浓度增高，增加植株转运养分的难度，还会导致叶片失水而出现萎蔫，降低叶面积的有效利用率，降低光合作用。如果在玉米的授粉期出现干旱，玉米的花粉活力还会下降很多，导致受精不完全，出现空白穗，而即便完成了受精作用，干旱也会导致玉米穗子发育受到制约，通常籽粒会比较干瘪，造成植株产量降低。肖俊夫等（2011）研究发现，夏玉米耗水量亦受干旱时期和干旱程度的影响，适宜水分处理的耗水量最高，为384.08mm，全生育期连续轻旱的耗水量最低，为256.11mm，从不同生育期干旱来看，拔节期重度干旱耗水量最低，为258.09mm，在任一生育阶段，干旱越重，其阶段耗水量和全生育期耗水量越少，任何生育阶段受旱，玉米均有随着干旱程度的加重而日耗水量降低的趋势（表 6-2，表 6-3）。

表 6-2　夏玉米不同时期干旱和干旱程度试验处理土壤水分下限控制指标（肖俊夫等，2011）

处理	编号	苗期—拔节	拔节—抽雄	抽雄—灌浆	灌浆—成熟
全生育期水分适宜	T1	65	70	75	70
苗期轻旱	T2	60	70	75	70
苗期重旱	T3	50	70	75	70
拔节期轻旱	T4	65	60	75	70
拔节期重旱	T5	65	50	75	70

续表

处理	编号	苗期—拔节	拔节—抽雄	抽雄—灌浆	灌浆—成熟
抽雄期轻旱	T6	65	70	60	70
抽雄期重旱	T7	65	70	50	70
灌浆期轻旱	T8	65	70	75	60
灌浆期重旱	T9	65	70	75	50
全生育期轻旱	T10	55	60	60	50

注：表中的数字为土壤含水量占田间持水量的百分比

表 6-3　不同时期干旱和干旱程度处理下夏玉米的耗水量（肖俊夫等，2011）　（单位：mm）

处理	阶段耗水量				全生育期
	苗期—拔节	拔节—抽雄	抽雄—灌浆	灌浆—成熟	
T1	112.34	92.13	65.28	114.33	384.08
T2	96.40	80.39	53.14	89.87	319.80
T3	60.81	72.65	50.62	74.01	258.09
T4	113.86	71.40	45.09	61.92	292.27
T5	111.82	62.46	44.33	61.19	279.80
T6	110.05	88.36	46.54	84.05	329.00
T7	109.69	84.43	33.59	64.10	291.81
T8	107.60	88.03	60.70	64.55	320.88
T9	110.74	87.83	56.75	54.65	309.97
T10	93.91	64.83	45.59	51.78	256.11

注：表中各处理编号对应的含义同表 6-2

　　邱新强等（2013）研究也同样表明干旱时期和干旱程度是影响夏玉米耗水量的 2 个主要因素，不同生育阶段的耗水量和日耗水强度均随土壤水分含量变化而变化，受旱越重，其耗水量越低。其研究结果显示，2011 年和 2012 年全生育期内夏玉米的总耗水量分别为 195.70 ～ 412.23mm 和 291.27 ～ 465.22mm，其中全生育期适宜水分处理的总耗水量总是最大，其次是轻旱处理，重旱处理的总耗水量最小。各生育阶段干旱均降低了夏玉米的阶段耗水量和日耗水强度，其中重旱处理的降幅最大。拔节期复水后，苗期中旱处理的阶段耗水量和日耗水强度均显著提升，重旱处理则增幅较小，可能与该处理的夏玉米受土壤水分胁迫影响较大，部分生理功能受迫严重，复水后不能在短期内恢复正常有关。南纪琴等（2012）研究也同样发现，土壤水分过高处理的玉米总耗水量最大，土壤水分过低处理的总耗水量最小，耗水量为 464.6mm 时，最高产量为 6795kg/hm^2，拔节期轻旱的水分利用效率最高。

（三）耕作方式

　　耕作方式的改变会直接影响玉米棵间蒸发和叶面蒸腾，从而使玉米耗水量发生变化。梅旭荣等（1991）对春玉米的试验结果表明，秸秆覆盖土壤累计蓄水量分别比对照增加 47.8mm 和 69.3mm，从而降低了玉米的耗水量。朱自玺等（2000）4 年的田间试验结果表明，麦秸覆盖夏玉米后，从 8 时到 19 时麦秸覆盖地面温度比对照平均低 2.3℃，有效地抑制了土壤水分蒸发，夏玉米全生育期 0 ～ 100cm 土层平均土壤湿度比对照提高 2.7% ～ 7.6%，因而有利于促进植株蒸发，使土壤水分从无效消耗向有效消耗转化。张海林等（2002）及 Su 等（2007）的研究也同样表明免耕比传统翻耕增加土壤蓄水量 10%，减少土壤蒸发约 40%，减少夏玉米耗水量 15%。孔维萍等（2014）研究发现，与露地种植、平地顶凌全膜覆盖及平地麦草覆盖三种耕作模式相比，全膜双垄沟播耕作方式在播前能更好地发挥地膜抑蒸、蓄水保墒的作用，有利于玉米的苗期生长，而且还可以通过垄的分水作用、地膜良好的阻渗作用，将有限降雨汇集到种植沟内，通过入渗孔汇入作物根部，变为有效降雨，从而显著提高耕层土壤含水量，并且可有效抑制耕层土壤水分的无效蒸发，使耕层土壤维持较好的水热环境，降低玉米的耗水量和需水量，从而提高玉米的产量和水分利用效率。耕作季节对夏玉米产量和水分利用效率有显著影响。赵亚丽等（2018）研究表明，秋季深松＋夏季深松的夏玉米产量和水分利用效率均高于单一秋季深松。然而，孔凡磊等（2014）研究也发现，在冬小麦季进行免耕秸秆覆盖处理使得土壤具有较好的蓄水性。但小麦季耕作对后茬夏玉米土壤体积含水量的影响较小（图 6-1）。这可能主要是由于小麦收获后秸秆均覆盖地表，同时夏玉米生长季节降雨多，雨水更多地渗入土壤，导致各处理间土壤含水量差异不明显。

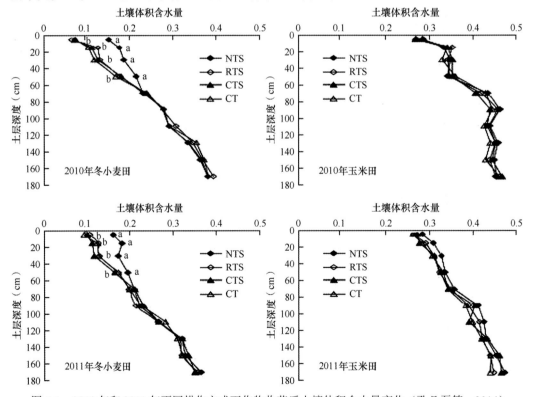

图 6-1　2010 年和 2011 年不同耕作方式下作物收获后土壤体积含水量变化（孔凡磊等，2014）

不同字母表示 NTS 处理小麦收获后 0 ～ 60cm 各土层土壤体积含水量均高于其他处理

NTS. 免耕秸秆覆盖；RTS. 秸秆还田旋耕；CTS. 秸秆还田翻耕；CT. 秸秆不还田翻耕

（四）春、夏玉米群体需水量差异

春玉米和夏玉米由于所处区域的自然条件，尤其是积温、降水、温度等自然条件及春、夏玉米生育期长度的差异，其需水量差异较大。钟兆站等（2000）研究表明，中国北方旱地玉米需水量为 360～450mm。曹云者等（2003）研究表明，河北地区夏玉米需水量为 359.8mm。肖俊夫等（2008）根据 20 世纪 90 年代初中国农业科学院农田灌溉研究所的试验计算，当春玉米产量为 10 500～12 000kg/hm² 时，其需水量为 400～700mm。需水量最低值（400mm）在东北的东部牡丹江、佳木斯一带，向西需水逐渐增大，到新疆哈密一带为 700mm，需水量变化的总趋势是西部高、东部低。这主要是受气候条件影响，尤其受生长期中辐射量的影响。当夏玉米产量为 10 500～12 000kg/hm² 时，其需水量为 350～400mm。在济南附近为高值区，达 400mm 左右。另外，在西安至运城一线为高值区，为 400mm，其他广阔地区基本上在 300～350mm。春、夏玉米需水高峰期都是在拔节至抽雄阶段，该阶段春玉米日耗水量达 4.5～7.0mm/d，夏玉米日耗水量达 5.0～7.0mm/d。春玉米和夏玉米生长期间棵间蒸发量分别占需水量的 50% 和 40%。杨晓琳等（2011）利用 SIMETAW 模型计算了黄淮海农作区夏玉米、春玉米生育期需水量，结果表明，黄淮海农作区夏玉米、春玉米生育期需水量近 50 年呈下降趋势，夏玉米在 1970～1990 年显著下降 9.61～10.75mm，春玉米在 1960～1980 年显著下降 4.43～17.19mm，夏玉米生育期需水量平均值在黄淮海各农作区差异不显著，春玉米生育期需水量平均值在各农作区差异显著，太阳辐射、温度是影响夏玉米、春玉米需水量的最重要的气象因素，两者与需水量的相关系数均为 0.6 左右（图 6-2）。陈博等（2012）计算了近 50 年华北平原夏玉米需水量为 300～400mm。

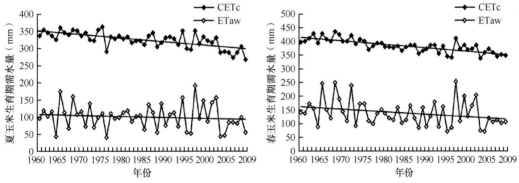

图 6-2　需水量历年变化趋势（左为夏玉米，右为春玉米，杨晓琳等，2011）

CETc：夏玉米、春玉米生育期需水量；ETaw：灌溉需要量

上述这些研究结果基本反映了我国不同区域玉米需水量的概况，同一区域结果稍有差异，可能与采用的计算方法以及参数选择有关，如作物系数 Kc。

第二节　玉米水分利用效率及其影响因素

一、玉米水分利用效率

玉米水分利用效率是指玉米消耗单位水量所产出的同化量，它反映了玉米生产过程中的能量转化效率，也是评价水分亏缺条件下玉米生长适宜程度的一个综合生理生态指标。玉米水分利用效率在群体水平上以干物质或产量与耗水量之比表达。水分利用效率是研究作物产量和水分间关系的一个重要参数，是协调高产与耗水矛盾的重要途径。玉米水分利用效率除了受作物本身遗传特性的影响外，凡是影响作物生产耗水过程的外界因素均对水分利用效率产生影响，这些因素主要包括：水分和养分等环境因素、栽培措施、耕作制度等，而且这些因素之间相互影响，共同作用于水分利用效率。

二、影响玉米水分利用效率的因素

玉米水分利用效率受多种因素影响，如年代演变、区域差异、灌溉、降水、土壤肥力及品种等。

（一）年代演变和区域差异

玉米水分利用效率是由产量和耗水量共同决定的，由于不同年代和不同区域的气象条件的差异，玉米的产量和耗水量差异较大，从而使其水分利用效率也存在一些差异。但目前对我国的年代更替和大区域的水分利用效率的差异研究还相对较少。目前仅有的研究是邢开瑜（2011）利用 WOFOST 模型对华北夏玉米水分利用效率进行了模拟研究。其研究结果表明，整个华北地区夏玉米水分利用效率的年代际变化不大，只是 80 年代略高，1961 ~ 2008 年华北地区夏玉米群体水分利用效率（基于地上部总干重和蒸散量）的平均值约为 5.0kg/m³，对每个区域而言其水分利用效率年代际变化比整个华北地区的稍明显，但每个区域的变化并不相同，北部和东部地区较高，多数地区在 5.1kg/m³ 以上，山东半岛东部的莱阳、海阳和成山头地区最高，而在南部和西部地区较低，为 4.1 ~ 5.0kg/m³。20 世纪 60 年代玉米群体水分利用效率的南北差异最明显，70 年代华北南部得到一定程度的提高，80 年代在北京以北和河南北部地区继续提高，而 90 年代以来华北中部地区有所降低。对比地上总干重、蒸散量和水分利用效率的年代际变化发现，华北夏玉米群体水分利用效率在空间上的分布形式主要受地上总干重的影响。

（二）灌溉

作物产量与灌水量的关系并非线性正相关，而是在一定范围内作物产量随灌水量的增加而增加，达到最高点之后随着灌水量增加产量开始降低（冯鹏等，2012；肖俊夫等，2006；Payero et al.，2008；Patanea and Cosentino，2013）。所以不是灌水量越多作物产量就越高，而适当水分亏缺不仅不会影响作物产量，还可显著提高作物水分利用效率。调亏灌溉是 20 世纪 70 年代由澳大利亚学者提出的，其理论是以作物的生理和生化知识为基础，根据作物的遗传学和生态学特征，在某一生长阶段，人为主动地施加一定程度的水分胁迫，以改变植物内部的生理、生化过程，调节光合同化物在不同器官之间的分配，减少营养器官冗余，达到提高水肥利用效率和改善品质的目的（郭相平和康绍忠，1998）。梁宗锁等（1995，1997）对玉米的调亏灌溉研究证实，玉米苗期需水量少，水分亏缺可以控制叶片旺长，并使根系向下生长，促使茎秆矮、粗、壮，有利于生育后期吸收更多的水分和养分，而拔节期气温升高，叶面积增大，耗水量增加，植株对水分亏缺的敏感性相应增加，因而拔节期受到水分胁迫的水分利用效率都比较低，尤其以拔节期重度水分胁迫处理最为显著。从既提高作物产量，又提高水分利用效率的目标出发，以苗期中度亏水结合拔节期轻度亏水处理最为适宜。郭相平等（1999）、郭相平和康绍忠（2000）研究了苗期调亏灌溉对玉米生育后期耗水规律和水分利用效率的影响，结果表明苗期水分亏缺灌溉处理的玉米在苗期、拔节期及抽雄期的耗水量以及整个生育期的总耗水量均减少，叶面积、蒸腾速率和光合速率均下降。叶面积、蒸腾速率和棵间土壤蒸发的减少是水分亏缺灌溉玉米耗水量降低的主要原因。另外，在苗期进行适度的水分亏缺灌溉能够延缓生长后期如灌浆期叶片衰老，使植株保持较高的光合速率，光合同化物向籽粒分配的比例增加，产量有所下降但下降不明显，耗水量与产量的综合效果使水分利用效率提高。王密侠等（2000）研究玉米调亏灌溉结果显示，进行调亏灌溉处理的适宜时期为苗期和拔节期，且苗期水分调亏下限以50%田间持水量为宜，拔节期以60%田间持水量的中轻度亏水为宜，抽雄期以后不宜进行调亏灌溉。赵立群等（2009）研究表明，玉米灌水量为3000m³/hm²时，其水分利用效率可达到最高的3.95kg/m³，而灌水量为1500m³/hm²和4000m³/hm²时，水分利用效率则分别为3.43kg/m³和3.61kg/m³。谢英荷等（2012）研究了不同灌水量（900m³/hm²、1200m³/hm²、1500m³/hm²）对夏玉米水分利用效率的影响，结果表明，灌水量900m³/hm²处理的水分利用效率最高。Fan等（2013）研究了不同灌溉定额对干旱区玉米水分利用效率的影响，结果表明，低灌溉定额处理在比传统灌溉定额减少20%的情况下，玉米产量和水分利用效率分别增加了18%和38%。因此，在适宜的时期进行适度的亏缺灌溉，保证合理的灌水量是获得较高的水分利用效率的必要条件之一（郝卫平，2013）。

玉米水分利用效率除了与灌水量有关以外，还与灌水方式有关。近几年发展起来的根区局部灌溉在很大程度上提高了玉米的水分利用效率。根区局部灌溉是一种作物局部根系受旱时，能控制蒸腾耗水和满足作物水分需求，而且不降低作物产量和提高水分利用效率的农田水分调控技术，包括分根区交替灌溉和固定部分根区灌溉两种方式（梁宗锁等，1997）。余江敏等（2008）研究表明，与常规灌溉相比，分根区交替灌溉和固定部分根区灌溉分别平均节水14.7%和16.9%，水分利用效率则分别平均提高了20.0%和10.4%。梁宗锁等（1997）研究发现，当土壤含水量为田间持水量的55%～65%时，固定部分根区灌溉用水量减少34.4%～36.8%，而玉米生物量仅下降6%～12%，水分利用效率明显增加。韩艳丽和康绍忠（2001）的研究结果表明，交替灌水方式较匀灌水方式节水27.6%，玉米水分利用效率提高5.3%。Li等（2007）的研究结果则表明，在施肥和充分供水的条件下，与常规灌溉相比，分根区交替灌溉节水38.4%，玉米水分利用效率提高了24.3%。刘水等（2012）研究发现，与常规灌溉相比，轻度缺水时，拔节期至抽雄期分根区交替灌溉玉米水分利用效率提高 23.3% ～ 26.7%（图 6-3）。

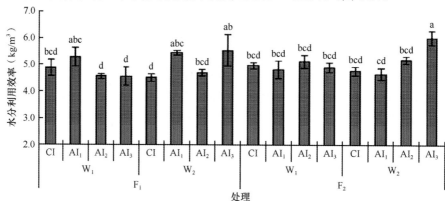

图 6-3　不同生育期分根区交替灌溉对玉米水分利用效率的影响（刘水等，2012）

F₁ 为 100% 无机氮，F₂ 为 70% 无机氮+30% 有机氮；W₁ 为正常灌水（70% ～ 80%θf），W₂ 为轻度缺水（60% ～ 70%θf），θf 为田间持水量；CI 为常规灌溉，AI 为交替灌溉，AI₁、AI₂、AI₃ 分别为在苗期至灌浆初期、苗期至拔节期、拔节期至抽雄期进行交替灌溉。各处理之间不同小写字母表示在 $P < 0.05$ 水平上差异显著

　　梁海玲等（2012）则研究发现，与常规灌溉相比，不同时期分根区交替灌溉玉米总干物质质量虽有减少，但耗水量显著降低，因而以干物质为基础的水分利用效率多数提高。虽然各项研究结果表明根区局部灌溉既有增加的效应也有减少的效应，但总体而言，根区局部灌溉能有效地节约灌溉水和提高玉米的水分利用效率。

（三）降水

　　我国旱地占总耕地面积的 60%，而无灌溉条件的旱作农田占总耕地面积的 49.1%（李巧珍等，2010）。天然降水是旱作区农田可利用的主要水资源，80% 以上的农作物生长靠 250 ～ 600mm 的降水（李尚中等，2010），作物生长季内的降水分布往往决定了作物最终的产量和经济效益。但以小雨或暴雨为主的降水形式，不仅不利于作物对水分的有效吸收，而且会造成大面积的水土流失（Li and Gong，2002），雨水的 70% ～ 80% 以径流及土壤无效蒸发形式损失，导致干旱频繁发生，作物生产潜力由于水分的限制衰减了 67% ～ 75%，粮食产量低而不稳（任小龙等，2010）。降水对玉米水分利用效率有重要影响。夏玉米生长在一年中最热的时期，一生需水较多，耗水量随着产量提高而增加，通常产量为 7500kg/hm² 的玉米全生育期耗水量为 450 ～ 550mm，因此必须保证年降水量 500 ～ 600mm 才能种植玉米，所以雨热同期就显得十分重要。而大多数玉米种植地区降水与玉米生长季同步，使得玉米的生长受降水的影响较大。玉米播期要求土壤水分为田间最大持水量的 60% ～ 70%，这样才能保证出全苗；出苗至拔节期，土壤水分可控制在田间最大持水量的 60% 左右，必要的干旱有利于蹲苗、促根，促进幼苗健壮；拔节至抽雄期玉米需水猛增，在抽雄至灌浆期达到需水顶峰，此时土壤水分需达田间最大持水量的 80% 左右，如遇干旱，则开花、授粉、受精和籽粒形成受阻；灌浆至成熟期玉米需水仍较多，土壤水分以田间最大持水量的 80% 为宜，但进入乳熟期后，玉米对水分需求逐渐减少，土壤水分维持在田间最大持量的 60% 即可（何奇瑾和周广胜，2012）。玉米不同生育阶段对水分的需求不同，其中苗期较耐干旱，拔节期、抽穗期、开花期需水最多，抽穗期、拔节期至灌浆期需水量约占全生育期需水量的50%，后期相对偏少。若遇正常降水年份，降水量基本能满足玉米的正常生长需求；而如果遇到丰水年，降水过多，则会导致土壤中水分过多，形成涝渍灾害，影响玉米的正常生长，降低产量，进而影响玉米的水分利用效率；若遇到枯水年，则土壤中的水分不足以满足玉米的生长需求，形成干旱，这时玉米的正常生长就会受到阻碍，玉米减产，最终水分利用效率降低。

　　研究表明，覆膜集雨种植可改变降水的时空分布，协调土壤水分和养分的关系，显著提高降水利用率，特别是小雨的利用率，有效提高作物产量（王红丽等，2011；李小雁和张瑞玲，2005）。其中，刘广才等（2008）提出的全膜双垄沟播技术使降水利用率平均达到70.1%，玉米水分利用效率平均达到3.36kg/m³，该技术有力地促进了甘肃旱作区的粮食增产。旱作玉米全膜双垄沟播技术模式经济效益显著：一是覆膜可以抑制蒸发，使垄沟中的作物有效地接收降水，提高了降水利用率；二是覆膜增加了根区的土壤温度，有效解决了生育期内可能出现的低温问题，确保作物生长发育（李来祥等，2009；张雷等，2010）。综上全膜双垄沟播技术有效改善了土壤的水、温状况，从而促进了玉米的生长发育，大幅度提高了单位面积产量和效益，与玉米裸地种植相比，全覆膜、半覆膜双垄沟播种植均增加了玉米籽粒产量，提高了水分利用效率（张平良等，2014）甚至增产幅度达197%（王麦芬，2014）。旱作农田集雨种植通过田间起垄覆膜，改变了根域土壤微环境，使降水集中于作物根部，同时通过覆盖减少地面水分蒸发，以改善土壤水分条件，最大限度地充分利用自然降水，提高降水利用率（任小龙，2008）。卢宪菊（2014）研究表明，覆膜起垄沟植能显著提高玉米种植区土壤相对含水量，主要是由于垄上覆膜增加了降水的径流效率，实现了降水的再分配，使更多的水分通过径流作用进入种植区，有效提高了作物种植区域的土壤水分含量。雨水过多时，全膜双垄沟播技术又有利于排水，减少降水对土壤的冲刷，有利于保持土壤养分含量不至于淋溶到深层土壤中。

　　土壤耕作是对作物赖以生存的土壤环境进行管理和调节，协调土壤中的水、肥、气、热关系，以利于作物健康生长的一种农艺措施。深松是适于旱地的耕作方法，以少耕低耗为原则，比平翻动土量少，阻力小，耗能低，效率高。深松后的土壤虚实并存，干旱时，以实保墒；雨季到来时以虚蓄水，水分入渗明显增加，水分利用效率得到明显提高。深松打破了土壤犁底层，有利于地表水的下渗，减少地面径流，土壤水分自身得到调解，自然降水蓄积量增加，地下水库容量得到扩增。由于深层土壤存水增多，利于次年雨季前抗旱。同时深松可以解决降水与作物生长不同步的问题，雨季土壤将多余的雨水存起来，干旱时土壤储存的水通过毛细管作用被作物根系吸收，可缓解旱情（刘毅鹏和刘春生，2006）。郭香平（2012）研究指出，深松使作物水分利用效率提高10%～15%，产量提高10%～20%。

（四）土壤肥力

　　水分和养分是限制农业生产的重要因素，二者相互影响、相互作用。水分既是养分溶解、吸收和迁移的媒介，又是植物体内活动的介质和参与者，土壤水分影响养分的吸收利用。养分作为作物生长发育的重要条件，影响作物的生长发育和生理生化活动。养分胁迫影响作物根系生长发育，养分胁迫严重时，会在很大程度上限制根系和地上部的生长，使生理过程也发生相应的变化。氮可促进作物营养器官的生长。若氮过多，则作物茎叶徒长，贪青，晚熟，抗倒伏能力下降，易染病虫害（陆景陵，2002）；若缺乏氮，则作物气孔导度降低，蒸腾量减少，水分利用效率降低（Caviglia and Sadras，2001）。磷可改善作物水分状况，提高抗旱能力，延缓叶片衰老，增加束缚水含量，增强细胞膜稳定性，增加作物产量（刘小刚等，2009）。钾能促进叶绿素的合成，促进光合作用，提高作物的抗倒伏能力。缺钾，作物茎秆柔弱，易倒伏，易受病虫害，抗旱、抗寒能力下降（刘小刚等，2009）。

养分通过影响作物的生长发育和生理生化活动，进一步影响其水分利用。大量研究表明合理施肥可以提高土壤有机质含量（黄小红等，2010），培肥地力（向圣兰等，2008），提高作物产量（韩宝吉等，2011）。施肥能提高作物水分利用效率，也能促进根系生长发育，扩大根系与土壤的接触面积（肖自添等，2007），增强根系从土壤中吸收水分、养分的能力，同时扩大根系对水分、养分汲取的空间。作物吸收养分后，直接用于生长发育，或者累积储存于"库"中，而合理的水肥供给将促进营养物质向籽粒的运转，提高经济产量（梅雪英等，2003）。在水分胁迫条件下，合理施肥能提高土壤水势，将一部分植物原本不能被利用的水分转变为"有效水"，增强植物对土壤水分吸收利用的能力（王海艺等，2006）。合理的氮肥施用，可促进作物根系发育，扩大其吸收和利用水分、养分的空间，提高光合速率，促进生长；氮肥过量会抑制根系生长下扎，减少作物吸收利用水分和养分的空间；低量氮肥可以增加作物的耗水量，高量氮肥会降低作物的耗水量（胡田田等，2005；薛吉全等，2010）。水分胁迫条件下，合理施肥可促进玉米根量增加，加大根系入土深度，使其能够充分利用土壤深层水分，提高其抗旱能力。干旱年份，施肥的增产效果受到土壤水分亏缺的限制，玉米产量的提高更依赖土壤养分的供应，养分的供应水平能反映产量的高低，进而影响水分利用效率；丰水年或正常年份，肥料的增产作用能得到充分的发挥。

培肥土壤，养分均衡供应，可增强玉米抵御干旱的能力，过量施用化肥，玉米水分利用效率呈现下降的趋势，施用有机肥，玉米水分利用效率较高（周怀平等，2004）。有机肥料中含有丰富的有机质，有机质中的大分子物质有很强的吸附作用，可以减少土壤养分淋失，提高土壤的供肥能力，及时满足作物生长的需要（汪德水，1995），还可提高作物对土壤水分的利用。苏秦等（2009）研究认为，施用有机肥可以提高土壤水分利用效率，比对照处理显著提高 6% ～ 30%。王晓娟等（2009）在渭北旱塬进行的秸秆还田配施有机肥的研究结果表明，在同一秸秆还田水平及秸秆不还田时，施有机肥处理的玉米水分利用效率比不施肥处理显著提高 0.43 ～ 0.82kg/m³。施用有机肥可以增加降水入渗，利于土壤吸纳雨水与灌水，防止土壤水分渗漏和土壤径流的发生，抑制土壤水分蒸发，增强土壤蓄水、保水和供水能力，拓宽土壤有效水含量，增大土壤水分库，从而提高作物水分利用效率。适当增施有机肥可以提高作物水分利用效率，起到以肥调水的作用（赵立群等，2009）。有研究表明，在适宜的施肥范围内，施肥越多，作物根系越发达，延伸范围越广，对土壤水分的吸收能力越强，水分利用效率越高（梁宗锁等，2000）。刘孝利等（2008）的研究结果表明，在黄土高原半干旱区，施肥有利于促进休闲期土壤水分的恢复，提高休闲期后的农田降雨存量，有机无机肥配合施用可较其他处理显著提高休闲期后的农田降雨存量。宫亮等（2010）研究表明，在玉米整个生育期，培肥处理后各土层土壤含水量均高于对照处理；玉米整个生育期的土壤水分存量在 7 月达到最低值，8、9 月土壤含水量依次为稻秆整株还田＞稻秆粉碎还田＞有机培肥＞常规种植，作物水分利用效率受肥料和水分相互作用的影响。

国内外研究表明，提高农田水分利用效率和养分利用效率的基本途径：一方面是充分利用土壤水肥资源，另一方面是最大限度地提高作物水分、养分的吸收和利用能力（张岁岐和徐炳成，2010）。不论是水分还是养分（特别是氮）过多或过少，都不利于作物生长发育。因此，合理施用氮肥，可促进作物对土壤水分的吸收，提高作物蒸腾，减少蒸发，提高水分利用效率，在一定条件下，水分和养分二者存在明显的交互效应（张岁岐和徐炳成，2010）。增加水、氮肥和磷肥用量，可明显促进作物增产，增加耗水量，提高养分利用率，而增加氮肥、磷肥用量，也提高了水分利用效率（胡庆芳等，2006）。对于农业生产来说，水肥耦合效应有利于提高水分利用效率和肥料利用率，以及防止不合理施肥造成的影响，节约资源，实现水肥资源的高效利用，使生态环境得到良性循环，发挥资源优势，保证粮食稳产、高产，获得最佳的水分利用效率。

（五）品种

不同作物品种对水分的需求存在很大差异，筛选培育高水分利用效率的作物品种可达到明显的节水效果（沈彦俊和于沪宁，1998）。在完全依靠自然降水的旱作农业区，同一地点同一年份的降水量基本不变，但品种之间的田间耗水量（ET）却不同。因此，在旱作条件下，当年自然降水量不变，但不同基因型小麦对有限水分利用的能力差异很大，特别是在关键生育期增加少量供水，将显著提高小麦对土壤水分的激发利用，提高水分利用效率，这是生物高效用水的基础，是由遗传因素所决定的。自然降水下不同品种玉米水分利用效率最大值为 4.57kg/m³，最小值为 3.22kg/m³，相差 1.35kg/m³；灌溉条件下不同品种玉米水分利用效率最大值为 4.43kg/m³，最小值为 3.48kg/m³，相差 0.95kg/m³（表 6-4）。这进一步证实，不同基因型玉米之间水分利用效率存在明显差异，玉米品种之间水分利用效率的差异可达到 70%，即达到相同产量的不同品种玉米，耗水量可相差70%，或在相同耗水量时产量可相差 2/3（王国宇，2008）。

品种特性和管理措施是实现玉米高产的必要条件，针对品种特性采取配套的技术和管理措施是实现玉米高产的重要保障（Sun et al.，2016）。在相同的水肥条件下，不同品种之间存在很大的产量差异，同一品种在不同年份也表现出很大的产量差异。品种间差异决定了作物的冠层、叶片以及根系形成，从而影响作物水分和氮的吸收与利用（Worku et al，2012）。高繁（2018）研究表明，各玉米品种水分利用效率会因品种的不同而产生显著差异，其中屯玉 808 和郑单 958 的水分利用效率与延科 288、先玉 335 和西农 211均存在显著差异。邵立威等（2011）研究表明，不同玉米品种之间的水分利用效率存在明显的差异，2008 年、2009 年和 2010 年水分利用效率最高的分别是浚单 20、先玉 335和郑单 958，比当年 8 个品种平均水分效用效率分别高 12.2%、8.4% 和 8.5%。

表 6-4　不同玉米品种产量、水分利用效率和耗水量（王国宇，2008）

品种	产量（kg/ hm²）		水分利用效率（kg/ m³）		耗水量（mm）	
	自然降水	灌溉处理	自然降水	灌溉处理	自然降水	灌溉处理
金穗 7 号	12 587.25	13 216.13	4.31	4.00	291.75	330.53
金穗 1 号	12 007.13	13 167.38	4.00	3.73	300.57	353.18
晋单 60	12 328.88	13 684.13	4.13	4.01	298.56	340.88
登海 3672	10 549.50	13 635.38	3.55	4.19	296.86	325.42
登海 11 号	11 339.25	13 435.50	4.06	4.08	279.06	329.71
登海 9 号	12 280.13	13 060.13	4.29	3.83	286.58	341.47
东单 60	11 427.00	12 372.75	3.85	3.48	297.11	356.01
豫玉 22 号	11 149.13	12 811.50	3.90	4.43	285.67	289.54
中玉 9 号	12 796.88	13 143.00	4.24	4.00	301.58	328.21
鲁单 981	12 226.50	12 480.00	4.10	3.82	297.93	326.57
酒试 20	13 245.38	13 732.88	4.57	4.04	290.07	340.34
承 3359	12 533.63	13 401.38	4.37	4.15	286.77	323.06
承 20	9 803.63	12 319.13	3.22	3.66	304.13	336.47
中单 2 号	11 656.13	12 319.13	4.07	3.76	286.08	327.84
富农 1 号	12 606.75	12 952.88	4.09	3.77	308.32	344.05
乾泰 1 号	12 684.75	13 552.50	4.29	3.84	295.54	353.01
沈单 16	12 494.63	13 021.13	4.17	3.82	299.77	341.06
郑单 958	12 670.13	13 216.13	4.51	4.16	281.08	317.70
长城 9904	12 060.75	13 143.00	3.83	3.92	314.59	335.43
平均值	12 023.55	13 087.58	4.08	3.93	294.84	333.71
变异系数（%）	7.10	6.58	7.84	8.26	3.16	2.62

第三节　玉米高产与水分高效利用的协调

一、同步提高玉米产量与水分利用效率的途径

从理论上看，假定地表径流和根区内外垂直水分运动可以忽略不计，则农田耗水量等于土壤蒸发量和作物蒸腾量之和，其中，土壤蒸发为无效耗水，蒸腾为有效耗水。因此，通过栽培措施，抑制无效耗水并将之用于蒸腾，是同步提高产量和水分利用效率的有效途径。在露地栽培条件下，作物封垄之前，冠层没有闭合，耗水主体是蒸发，在干旱地区或者风速大的地区蒸发占比更大。这些地区常常实行地表覆盖栽培，目的就是大幅度降低土壤蒸发。在缺水地区，通过调整灌溉方式（如作物行间左右交替式），或者实行调亏灌溉，可以在不影响作物生长发育和产量的前提下，显著降低蒸腾耗水，从而实现节水目的。

从生态因子协同增效角度看，通过水、肥同步供应，均衡搭配，全生育期统筹等措施，可以实现产量和水分利用效率同步提高的目标。具体做法如下：在缺水地区，根据水肥耦合原理，实行以水定产、以产配肥、以肥促水；在雨养地区，根据光温水耦合原理，适当调整玉米播期和熟期。

（一）水肥耦合

在河南西华县进行的一项夏玉米田间试验表明（杨永辉等，2015），水肥耦合协调了耗水量和水分利用效率之间的关系，可同时获得较高产量和较大水分利用效率。在相同灌水量条件下，随施氮量的增加，玉米地上部分干重、株高及可见叶片数总体上均增加，且玉米产量也显著提高，而水分利用效率随施氮量的增加表现为先增后降的趋势。在不同水肥处理中，玉米产量以灌水量900m³/hm²+施氮量360kg N/hm²处理最高，较其对应的不施氮肥处理提高54.5%；水分利用效率以灌水量300m³/hm²+施氮量240kg N/hm²处理最高，较其对应的不施氮肥处理提高62.5%。综合考虑，以灌水量600m³/hm²+施氮量240kg N/hm²处理增产节水效果较佳（图6-4）。

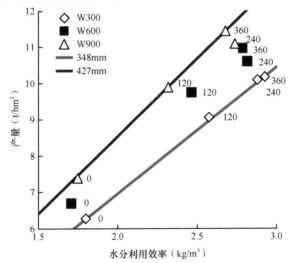

图6-4　水肥耦合同步提升玉米产量和水分利用效率

两条实线分别表示耗水量，数据点符号W后数值表示灌水量（m³/hm²），
数据点旁边数值为施氮量（kg N/hm²）。基于杨永辉等（2015）原文数据绘制

对原文数据进行通径分析（表6-5，所有通径系数的$P \leqslant 0.0001$），发现水分利用效率对玉米产量的贡献显著大于耗水量对产量的贡献（前者的通径系数等于1.003，是后者0.425的2倍多）。

表6-5　水肥耦合试验的玉米产量及其与水分关系的通径分析

因子	耗水量→产量	水分利用效率→产量	相关系数
耗水量	0.425	−0.227	0.198
水分利用效率	−0.096	1.003	0.907

（二）肥、水、密组合模式

在吉林公主岭实施的一项田间试验表明（徐杰等，2016），滴灌水氮一体化处理能够在高密度下提高东北玉米产量的同时提高水分利用效率。滴灌水氮一体化处理在各密度下均较雨养+氮肥底施显著提高玉米产量，显著高于表施氮肥+大水漫灌处理，二者均高于雨养+氮肥底施。在试验最高密度 9 株/m² 时，与表施氮肥+大水漫灌处理相比，滴灌水氮一体化处理可获得较高的总干物质累积量，显著提高了花后氮累积量，增幅达78.2%，进而提高了水分利用效率，水分利用效率高达 2.62kg/m³，产量和水分利用效率均达到整个试验的最大值，而耗水量 543mm 则为中等水平（图 6-5）。

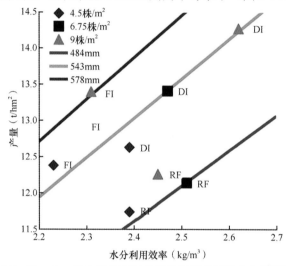

图 6-5　肥、水、密合理搭配同步提升玉米产量和水分利用效率

3 条实线分别表示耗水量，数据点符号表示种植密度，数据点旁边 2 位符号为处理代码：DI. 滴灌水氮一体化、FI. 表施氮肥+大水漫灌、RF. 雨养+氮肥底施。基于徐杰等（2016）原文数据绘制

对原文数据进行通径分析（表 6-6，所有通径系数的 $P \leqslant 0.0001$），发现耗水量和水分利用效率对产量的贡献相当，二者同等重要。

表 6-6　肥、水、密合理组合试验的玉米产量及其与水分关系的通径分析表

因子	耗水量→产量	水分利用效率→产量	相关系数
耗水量	1.073	−0.459	0.614
水分利用效率	−0.540	0.911	0.370

（三）秸秆还田与氮肥配施

在东北半干旱区辽宁阜新实施了一项始于 2010 年的长期定位试验，其中2013 ～ 2014 年连续 2 年的结果表明（张哲等，2016），连续秸秆还田与氮肥配施可以显著增加玉米的群体生物量和经济产量，并且提高水分利用效率。当秸秆还田量达试验最大值 9t/hm² 时，连续 2 年均表现出最高产量和最大水分利用效率，且低氮肥略优

于高氮肥。随秸秆还田量增加，产量和水分利用效率连续 2 年同步增加，秸秆还田量的作用大于施氮量的作用，作用幅度有很大年际变化，在水分利用效率上表现最为明显（图 6-6）。枯水年（2014 年）秸秆还田的水分利用效率明显高于平水年（2013 年），与此相反，枯水年的产量低于平水年。

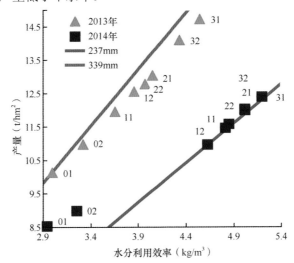

图 6-6　秸秆还田与氮肥配施同步提升玉米产量和水分利用效率

两条实线分别表示耗水量，数据点旁边两位数字为处理代码：第 1 位表示秸秆还田量，0 ～ 3 分别为 0t/hm²、3t/hm²、6t/hm²、9t/hm²；第 2 位表示施氮量，1 和 2 分别为 210kg N/hm² 和 420kg N/hm²。

基于张哲等（2016）原文数据绘制

对原文数据进行通径分析（表 6-7，所有通径系数的 $P \leqslant 0.0029$），发现产量变化的主要原因是水分利用效率，次要原因是耗水量。二者对产量的贡献相差 3.5 ～ 10.5 倍。

表 6-7　秸秆还田与氮肥配施试验的玉米产量及其水分关系的通径分析

年份	因子	耗水量→产量	水分利用效率→产量	相关系数
2013	耗水量	0.099	−0.892	−0.793
2013	水分利用效率	−0.082	1.080	0.998
2014	耗水量	0.366	−1.312	−0.946
2014	水分利用效率	−0.355	1.351	0.996

按照公式穗密度=产量/穗粒数/单粒重，从原文数据导出产量及其构成因子的对应关系表，再进行通径分析（表 6-8，所有通径系数的 $P < 0.0001$）。结果表明，尽管试验统一种植密度为 6 株/m²，但穗密度还是有较大变化，而且它对产量的贡献在两年内均处于第 1 位，千粒重的贡献处于第 2 位，穗粒数的贡献则最小。

表 6-8　秸秆还田与氮肥配施试验的玉米产量及其构成因子的通径分析

年份	因子	穗密度→产量	穗粒数→产量	千粒重→产量	相关系数
2013	穗密度	0.763	−0.143	0.362	0.982
2013	穗粒数	−0.499	0.218	−0.228	−0.509

续表

年份	因子	穗密度→产量	穗粒数→产量	千粒重→产量	相关系数
2013	千粒重	0.750	−0.135	0.368	0.983
2014	穗密度	0.853	−0.510	0.440	0.783
2014	穗粒数	−0.800	0.544	−0.312	−0.568
2014	千粒重	0.569	−0.257	0.659	0.971

（四）实行交替地下滴灌

在东北半干旱区辽宁阜新实施的一项防雨棚微区试验表明（黄鹏飞等，2016），灌溉定额为 $1020 \sim 3060 m^3/hm^2$ 时，玉米产量随灌溉定额增加快速增加；当灌溉定额为最大值 $3060 m^3/hm^2$ 时产量最高，达 $11.6 t/hm^2$。与固定地下滴灌相比，在灌溉定额相同的条件下，交替地下滴灌产量提高5.4%，水分利用效率提高1.4%，灌溉水利用效率提高5.6%。与固定地下滴灌相比，灌溉定额减少20%时，交替地下滴灌虽然产量下降1.8%，但水分利用效率提高11.0%，灌溉水利用效率提高22.7%（图6-7）。综合考虑产量、水分利用效率两个指标，确定试验区玉米交替地下滴灌的适宜灌溉定额为 $1530 \sim 3060 m^3/hm^2$。

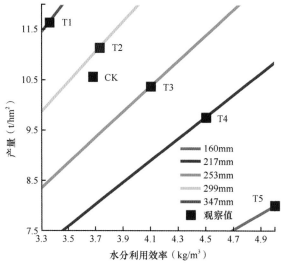

图6-7 适量交替灌溉可以兼顾玉米产量和水分利用效率

不同实线分别表示耗水量。数据点旁边符号为处理代码：交替地下灌溉 T1 ～ T5 分别表示灌溉定额 $3060 m^3/hm^2$、$2550 m^3/hm^2$、$2040 m^3/hm^2$、$1530 m^3/hm^2$、$1020 m^3/hm^2$，CK 为固定地下滴灌，灌溉定额同 T2。

基于黄鹏飞等（2016）原文数据绘制

对原文数据进行通径分析（表6-9），因为所有通径系数均未达到统计显著水平（$P > 0.36$），所以无法对水分利用效率和耗水量对产量的贡献大小进行比较。

表6-9 交替灌溉试验的玉米产量及其与水分关系的通径分析

因子	耗水量→产量	水分利用效率→产量	相关系数
耗水量	0.878	0.097	0.975
水分利用效率	−0.870	−0.098	−0.968

（五）调节苗期和拔节期水分供应

调亏灌溉可以同步提升产量和水分利用效率。在陕西长武中国科学院生态试验站实施的一项防雨棚微区试验表明（康绍忠等，1998），苗期土壤含水率为50%～60%田间持水量、拔节期土壤含水率为60%～70%田间持水量的调亏灌溉，达到了高产和节水的双重目的，玉米产量达13.1t/hm^2，水分利用效率达3.4kg/m^3（图6-8）。苗期调亏和拔节期调亏之间存在明显互作。以苗期和拔节期均为丰水为对照，无论苗期供水状况如何，拔节期重度亏水总是引起大幅度减产，水分利用效率也最低；当拔节期丰水时，苗期缺水的产量明显低于苗期不缺水的，水分利用效率略低于对照；当拔节期中度亏水时，苗期中度亏水的产量几乎与对照相等（仅减产1.0%），但是，水分利用效率却比对照提高了15.6%，苗期重度亏水产量比对照低8.2%，但是，水分利用效率却提高了20.7%。因此，保持苗期中度至重度亏水，同时拔节期中度亏水，可以在少减产或者不减产的同时大幅度提高水分利用效率。

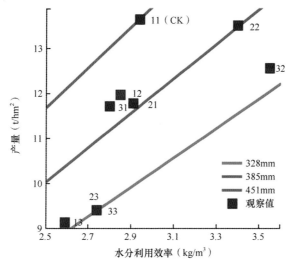

图6-8 适度调节苗期和拔节期水分供应同步提升玉米产量和水分利用效率

三条实线分别表示耗水量。数据点旁边两位数字为处理代码：第1位表示苗期供水，第2位表示拔节期供水，数字1、2和3分别表示丰水、中度亏水、重度亏水，11为对照（CK）。基于康绍忠等（1998）原文数据绘制

对原文数据进行通径分析（表6-10，所有通径系数的$P < 0.0001$），结果表明水分利用效率和耗水量对产量的贡献大小相当。

表6-10 调亏灌溉试验的玉米产量及其与水分关系的通径分析

因子	耗水量→产量	水分利用效率→产量	相关系数
耗水量	0.690	0.056	0.747
水分利用效率	0.058	0.666	0.725

（六）地膜覆盖结合适宜的种植密度

选择适宜的种植密度可以同步提升玉米产量和水分利用效率。在宁夏彭阳进行的一项连续 4 年的研究表明（樊廷录等，2016），在黄土高原旱作区实行地膜覆盖栽培玉米，既增产又提高了水分利用效率。不同因素的作用大小次序为：年份＞密度＞地膜覆盖方式＞品种。在 357 ～ 530mm 耗水量内，吉祥 1 号在最高密度 9 株/m² 时 4 年间均获得最高产量，分别为 14.4t/hm²、13.9t/hm²、10.6t/hm²、9.7t/hm²，同时水分利用效率也达到最大，分别为 3.7kg/m³、3.0kg/m³、2.5kg/m³、2.2kg/m³（图 6-9a）。先玉 335 表现出同样的规律（图 6-9b）。酒单 4 号也表现出类似的规律，不过，它的产量和水分利用效率对密度更敏感（图 6-9c）。

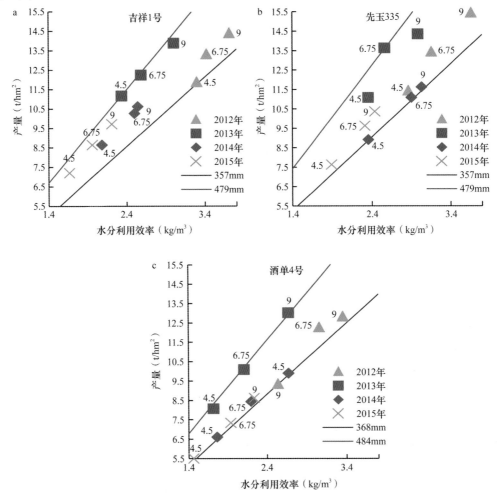

图 6-9　种植密度同步提升玉米产量和水分利用效率（宁夏彭阳）

两条实线分别表示耗水量，数据点旁边数值表示密度（株/m²），图形符号表示年份，一个品种一个子图。

基于樊廷录等（2016）原文数据绘制

对原文数据进行通径分析（表6-11，所有通径系数的 $P < 0.0001$），结果表明，3个品种表现出同样的规律，水分利用效率对产量的贡献总是大于耗水量的贡献，吉祥1号、酒单4号和先玉335前者与后者贡献之比依次为2.5、2.2和1.7。

表 6-11　地膜密植试验的玉米产量及其与水分关系的通径分析

品种	因子	耗水量→产量	水分利用效率→产量	相关系数
吉祥1号	耗水量	0.457	−0.593	−0.136
吉祥1号	水分利用效率	−0.236	1.149	0.914
酒单4号	耗水量	0.426	−0.069	0.356
酒单4号	水分利用效率	−0.032	0.934	0.903
先玉335	耗水量	0.504	0.013	0.518
先玉335	水分利用效率	0.008	0.852	0.860

在山西寿阳进行的一项研究表明（任新茂等，2016），在北方半湿润偏旱区，实行地膜覆盖，结合适宜种植密度，可以同步大幅度提升玉米产量和水分利用效率。而且，地膜覆盖条件的作用远大于种植密度的作用，表现为不论密度大小，产量和水分利用效率均以覆膜为好（图6-10）。适宜种植密度范围因地膜覆盖条件而异，即密度和地膜覆盖有互作效应。在 440～540mm 耗水量内，在露地条件下的适宜密度值（5.25～6.75 株/m²）明显低于在地膜覆盖条件下的数值（6.75～8.25 株/m²）。耗水量变化幅度较小，但水分利用效率的变化幅度较大。

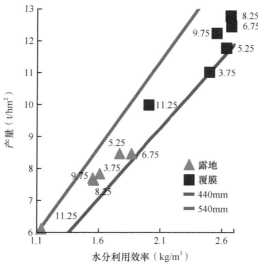

图 6-10　覆膜与适宜种植密度同步提升玉米产量和水分利用效率（山西寿阳）

两条实线分别表示耗水量，数据点旁边数值表示密度（株/m²）。基于任新茂等（2016）原文数据绘制

对原文数据进行通径分析（表6-12，所有通径系数的 $P < 0.0001$），结果表明，水分利用效率对产量的贡献远大于耗水量对产量的贡献，前者是后者的5.7倍。

表 6-12　覆膜和密度组合试验的玉米产量及其与水分关系的通径分析

因子	耗水量→产量	水分利用效率→产量	相关系数
耗水量	0.197	–0.796	–0.599
水分利用效率	–0.139	1.127	0.988

（七）地表覆盖栽培

在宁夏彭阳实施的一项连续 2 年田间试验表明（李玉玲等，2016），沟垄集雨种植方式可明显改善宁南半干旱地区土壤浅层水分状况，提高土壤温度，增加玉米干物质累积量；沟播垄膜种植在降水较少的年份集雨优势明显，双垄沟全覆膜、沟播垄膜单行种植的水分利用效率和产量较佳。2013 年（玉米全生育期降水量为 594.1mm）双垄沟全覆膜（D）、半膜平铺种植（F）、沟播垄膜单行种植（R2）的水分利用效率和玉米产量较 CK 分别提高 13.4%、21.2%、13.3% 和 18.0%、11.2%、20.3%；2014 年 D、R1、R2（玉米全生育期降雨量为 341.9mm）的水分利用效率和玉米产量比 CK 分别显著提高了 31.1%、33.8%、35.1% 和 42.5%、39.9%、40.8%（图 6-11）。

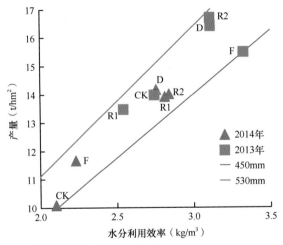

图 6-11　地表覆盖集雨种植同步提升玉米产量和水分利用效率

两条实线分别表示耗水量，数据点旁边符号为处理代码：D. 双垄沟全覆膜，F. 半膜平铺种植，R1. 沟播垄膜双行种植，R2. 沟播垄膜单行种植、CK. 传统平作不覆膜。基于原文数据绘制

对原文数据进行通径分析（表 6-13，所有通径系数的 $P < 0.0001$），结果表明，水分利用效率对产量的贡献远远大于耗水量的贡献。

表 6-13　集雨种植试验的玉米产量及其与水分关系的通径分析

因子	耗水量→产量	水分利用效率→产量	相关系数
耗水量	0.340	0.040	0.380
水分利用效率	0.015	0.924	0.939

在陕西杨凌进行的一项研究表明（刘晓青等，2016），半湿润易旱地区砾石覆盖能较好地保持土壤水分，且在作物生长初期效果明显；可缩短玉米生育期，最大可缩短19d；以粒径为 1 ～ 3cm 的砾石覆盖土壤表面，能促进作物生长，同步提高作物产量和水分利用效率。在 2 ～ 8kg/m^2 覆盖量内，覆盖量越大，增产效果越明显，随覆盖量增加，各处理产量分别较对照提高 4.65% ～ 38.17%；作物水分利用效率随覆盖量的增大而增大，各处理水分利用效率分别较对照提高 2.94% ～ 32.99%。在 245 ～ 256mm 耗水量内，8kg/m^2 砾石覆盖量获得 5.5t/hm^2 最高产量，以及 2.18kg/m^3 最大水分利用效率（图6-12）。

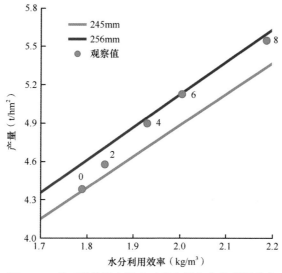

图6-12　砾石覆盖同步提升玉米产量和水分利用效率

两条线分别表示耗水量，数据点旁边数值表示砾石覆盖量（kg/m^2）。基于订正后的刘晓青等（2016）原文数据绘制

对原文数据进行通径分析（表6-14，所有通径系数的 $P < 0.005$），结果表明，水分利用效率对产量的贡献大于耗水量的贡献，二者相差4倍。

表6-14　砾石覆盖试验的玉米产量及其与水分关系的通径分析

因子	耗水量→产量	水分利用效率→产量	相关系数
耗水量	0.164	0.662	0.826
水分利用效率	0.125	0.869	0.994

二、影响地表覆盖效应的主要因素

地表覆盖种植同步提升了玉米产量和水分利用效率，而且，地表覆盖和其他因素之间经常存在互作效应。

Qin 等（2015）收集了发表于英文期刊的 100 个地表覆盖试验数据并进行了 meta 荟萃分析。结果表明，与露地栽培相比，秸秆覆盖和塑膜覆盖均显著提升了玉米产量和水分利用效率，其中，秸秆覆盖增产约 20%，塑膜覆盖增产约 60%，在水分利用效率上也有类似效果（图6-13）。

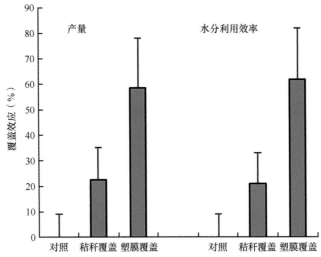

图 6-13　秸秆和塑膜覆盖与露地栽培（对照）的玉米产量和水分利用效率差异

供水总量和地表覆盖之间有明显的互作效应。以中位数 370mm 为界，将供水总量（降水量和灌溉量之和）分为高低两个水平。在秸秆覆盖条件下，无论供水总量高低，玉米均增产 20% 左右。但是，在塑膜覆盖条件下，情况不同，供水总量低时增产幅度大（约 60%），供水总量高时增产幅度小（约 40%），同时，置信区间的长度也出现相似变化，低供水总量的大于高供水总量的（图 6-14）。说明供水总量低时增产效果好而不稳，供水总量高时增产效果虽差却稳定。

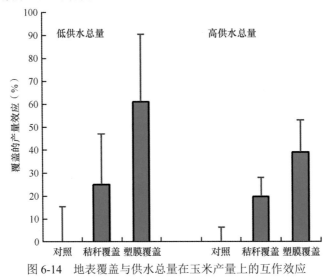

图 6-14　地表覆盖与供水总量在玉米产量上的互作效应

对照为露地栽培

无论供水总量高低，秸秆覆盖的水分利用效率均提高约 20%。在塑膜覆盖条件下，低供水总量的水分利用效率提高约 70%，而高供水总量的则提高约 40%。与产量表现相似，塑膜覆盖对提升玉米水分利用效率的作用在低供水总量时高而不稳，在高供水总量时虽低却稳定（图 6-15）。

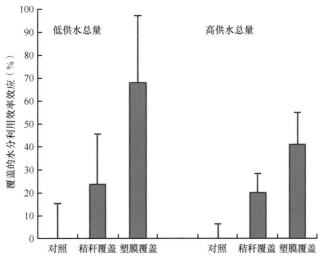

图 6-15　地表覆盖与供水总量在玉米水分利用效率上的互作效应
对照为露地栽培

施氮量和地表覆盖之间有明显的互作效应。以中位数 200kg N/hm² 为界，将施氮量分为高低两个水平。塑膜覆盖在高施氮量条件下增产 75%，优于在低施氮量条件下的效果（40%）。不过，高施氮量的增产稳定性明显低于低施氮量（图 6-16）。

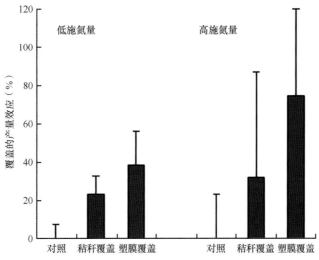

图 6-16　地表覆盖与施氮量在玉米产量上的互作效应
对照为露地栽培

在高施氮量条件下，塑膜覆盖的水分利用效率约是在低施氮量条件下的 2 倍，高施氮量时达 81%，低施氮量时达 41%。增效的稳定性则在低施氮量时更高一些（图 6-17）。

温度和地表覆盖的互作效应如下。以中位数 19.1℃为界，将玉米生育期内均温分为高温（19.1～30.4℃）和低温（12.7～19.1℃）两个水平。在低温条件下秸秆覆盖增产幅度更大，为 60%，高温为 18%。塑膜覆盖的增产幅度随温度变化较小，低温为 48%，高温为 60% 左右（图 6-18）。

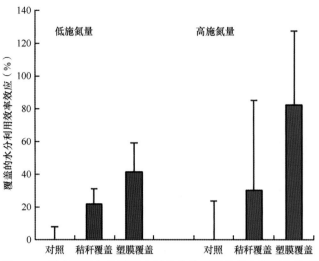

图 6-17　地表覆盖与施氮量在玉米水分利用效率上的互作效应

对照为露地栽培

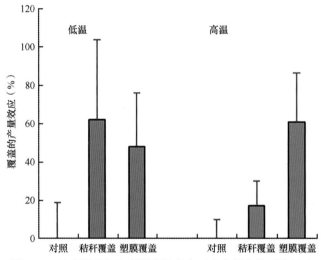

图 6-18　地表覆盖与生育期内温度在玉米产量上的互作效应

对照为露地栽培

土壤有机质和地表覆盖的互作效应如下。以中位数 1.84% 为界，将土壤有机质分为高低两个水平。秸秆覆盖和塑膜覆盖的增产幅度分别为 20% 和 60% 左右，不因土壤有机质的高低而不同（图 6-19）。这说明二者之间互作基本不存在。

三、耗水量和水分利用效率对玉米增产的相对贡献

杨锦忠和张洪生（2015）采集了 1997 年以来发表的中国夏玉米田水分消耗与利用的 99 组数据，计算了水分利用效率（水分利用效率=籽粒产量/耗水量），并进行了 meta 分析。

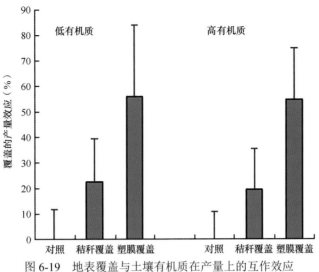

图 6-19　地表覆盖与土壤有机质在产量上的互作效应

（一）夏玉米水分消耗与利用的描述统计

夏玉米田耗水量为 346.5mm，百公斤籽粒需水量为 44.2m³，产量和耗水量的变异系数（CV）最大，高达 29% 左右（表 6-15）。百公斤籽粒需求量大致以中位数为中心对称分布，离中心越远则出现频率越低（图 6-20）。

表 6-15　夏玉米产量、耗水量、水分利用效率、百公斤籽粒需水量的统计表

玉米群体属性	最小值	最大值	均值	中位数	稳健标准差	CV（%）	样本数
产量（t/hm²）	3.69	14.29	7.97	7.91	2.28	28.9	99
耗水量（mm）	165.4	690.5	351.7	346.5	99.0	28.6	
水分利用效率（kg/m³）	1.31	3.80	2.32	2.26	0.36	15.9	
百公斤籽粒需水量（m³）	26.3	76.3	44.8	44.2	7.9	17.8	

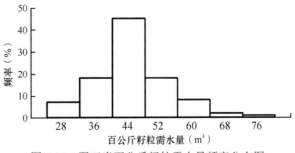

图 6-20　夏玉米百公斤籽粒需水量频率分布图

研究还发现夏玉米田的耗水量为 165.4 ～ 690.5mm，变幅大于文献值 186 ～ 444mm，百公斤籽粒需水量为 44.2m³（表 6-15），远小于 60m³ 的文献值（官春云，2011；于振文，2013）。上述结果表明，随着夏玉米品种更替、生产条件改善，特别是复合肥的广泛应用，夏玉米的水分利用效率得到很大提高，因此，推荐灌溉计划的制订进行适应性参数调整。

稳健统计量中位数和稳健标准差用于描述统计，可以消除个别离群值的干扰。为说明中位数更合理，根据产量公式 $Z=X\times Y$，分别使用 X 和 Y 的中位数和均值进行产量预测，分别与实测产量的中位数和均值做比较，利用误差判断合理性。显然，中位数法更合理（表 6-16）。

表 6-16　均值法和中位数法预测产量的误差分析

资源	耗水量均值	水分利用效率均值	产量均值	均值法误差（%）	耗水量中位数	水分利用效率中位数	产量中位数	中位数法误差（%）
水分	351.7	2.32	7.97	2.4	346.5	2.26	7.91	-0.9

（二）夏玉米产量的等值线分析

由图 6-21 可知，产量数值越大，等产线间隔越小，意味着产量水平越高，产量对耗水量和水分利用效率的响应越强烈，较小幅度的耗水量或者水分利用效率提升就能够引起较大幅度的产量提升。另外，给定一条等产线，数据点的散布范围较大，说明要实现给定产量水平，耗水量和水分利用效率的组合可以有较大的变动余地，其作物栽培学意义在于通过降低耗水量、提高水分利用效率就可以实现目标产量。

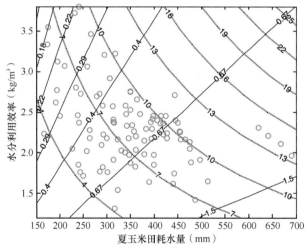

图 6-21　夏玉米的耗水量与水分利用效率、等产线（虚线）和产量偏导数比的等值线（实线）

相邻实线间区域为不同的管理分区。产量偏导数统一设置为 1/6.5、1/5.5、1/4.5、1/3.5、1/2.5、1/1.5、1.5，相邻两条等值线之间的区域依次表示 Y 轴变量的作用大致是 X 轴变量的 1/6 倍、1/5 倍、1/4 倍、1/3 倍、1/2 倍、1 倍

（三）夏玉米产量的梯度分析

产量梯度分析是在杨锦忠等（2013）方法的基础上改进的。设产量为 Z、耗水量为 X、水分利用效率为 Y，则 $Z=X\times Y$。Z 的梯度就是产量增加最快的方向，其模等于 Z 关于 X 和 Y 偏导数的矢量和。Y 偏导数与 X 偏导数的比值反映了 X 与 Y 变量对增产作用的相对重要性，使用时要消除 X 和 Y 量纲不同的干扰，比值=$(X/SX)/(Y/SY)$，式中，S 表示标

准差。在给定坐标点（X_0，Y_0）上，若比值等于 1，则说明 X 和 Y 对增产作用同等重要，若大于 1 则说明 Y 对增产作用更大，若小于 1，则说明 X 对增产作用更大。

水分的产量偏导数比大多数在 1/2 以下，少数为 1（图 6-21，图 6-22），说明在大多数情况下，耗水量的增产作用是水分利用效率的 2 倍以上，少数情况下二者作用相当。这说明从总体上看，增产的技术路线以增加耗水量为主。不过，要全面提升产量，必须具体问题具体分析，宜根据耗水量和水分利用效率的组合所处区域的不同，采取不同的策略。用产量偏导数比的等值线方程切割本研究范围的耗水量和水分利用效率平面，可以非常方便地获得二者组合的管理分区，对于因地制宜地设计实现目标产量的技术途径具有一定的参考价值。

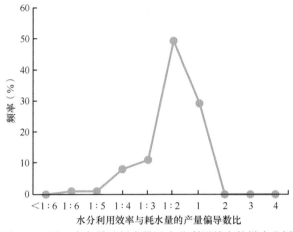

图 6-22　夏玉米产量随耗水量及水分利用效率的梯度分析

第四节　玉米群体对水分胁迫的适应性

一、玉米群体对水分胁迫的响应及其影响因素

（一）生理干旱与气象干旱

生理干旱是指土壤不缺水，其他不良土壤状况或根系自身的原因使根系吸不到水分，植物体内发生水分亏缺的现象。不良土壤状况包括盐碱、低温、通气状况不良、存在有害物质等，它们都阻碍根系吸水，使植物发生水分亏缺。气象干旱是指不正常的干燥天气，持续缺水足以影响区域引起严重水文不平衡（表 6-17）。

表 6-17　综合气象干旱等级的划分（中国国家标准化管理委员会，2006）

等级	类型	CI 值	干旱影响程度
1	无旱	$-0.6 < CI$	降水正常或较常年偏多，地表湿润，无旱象
2	轻旱	$-1.2 < CI \leqslant -0.6$	降水较常年偏少，地表空气干燥，土壤出现水分轻度不足
3	中旱	$-1.8 < CI \leqslant -1.2$	降水持续较常年偏少，土壤表面干燥，土壤出现水分不足，地表植物叶片白天有萎蔫现象

续表

等级	类型	CI 值	干旱影响程度
4	重旱	−2.4 < CI ≤ −1.8	土壤出现水分严重不足，土壤出现较厚的干土层，植物萎蔫，叶片干枯，果实脱落；对农作物和生态环境造成较严重影响，对工业生产、人畜饮水产生一定影响
5	特旱	CI ≤ −2.4	土壤出现水分长时间严重不足，地表植物干枯、死亡；对农作物和生态环境造成严重影响，对工业生产、人畜饮水产生较大影响

（二）玉米缺水胁迫程度的量度

张英普等（2001）提出了玉米不同生育阶段水分胁迫指标阈值：苗期适当控水进行蹲苗（出苗—拔节阶段生育期的 5/6 以前结束），水分胁迫指标阈值为叶水势 −0.76MPa，此时的土水势为 −0.49MPa，土壤含水量为 14.7%，相对含水量为 57.6%，土壤含水量达到阈值开始供水，既起到"蹲苗"的作用，又不影响玉米中后期的生长发育和产量。当土壤相对含水量下降至 55%，土水势为 −0.66MPa 时，凌晨叶水势只有 −0.95MPa，中午叶水势降至 −1.48MPa，叶片出现萎蔫，当土壤含水量降至 13.3%，土水势降至 −0.68MPa 时，中午叶水势降至 −1.69MPa，出现严重萎蔫，严重抑制玉米的生长发育，形成弱苗，延迟生育期，玉米变成小老苗（表 6-18）。张仁和等（2011）和杜伟莉等（2013）研究也指出，玉米苗期不同干旱程度对应的土壤相对含水量为轻度干旱——土壤相对含水量为 60%～70%、中度干旱——土壤相对含水量为 50%～60% 和重度干旱——土壤相对含水量为 35%～45%。玉米拔节抽雄期水分胁迫阈值为叶水势 −0.75MPa，土水势 −0.24MPa，土壤含水量 15.9%。抽雄灌浆期叶水势下限以 −0.78MPa 为宜，此时土水势为 −0.24MPa，土壤相对含水量为 70%。乳熟期叶水势下限 −0.83MPa，土水势和相对含水率分别为 −0.24MPa 和 70%。玉米进入蜡熟期后，对水分的要求显著减少，此期叶水势为 −0.92MPa，土水势和土壤相对含水量分别为 −0.35MPa 和 65%。总的来说：土壤相对含水量在苗期为 57.6%，抽雄灌浆期为 70%，乳熟期为 70%，蜡熟期为 65%。

表 6-18　玉米各生育阶段水分胁迫指标阈值（张英普等，2001）

生育期	播种出苗期	苗期	拔节抽穗期	抽穗灌浆期	灌浆成熟期	
					乳熟期	蜡熟期
叶水势（MPa）		−0.76	−0.75	−0.78	−0.78	−0.92
土水势（MPa）	−0.5～0.15	−0.49	−0.24	−0.24	−0.24	−0.35
土壤含水量（%）	15.4～19.1	14.7	15.9	17.2	17.2	15.9
土壤相对含水量（%）	63～78	57.6	70	70	70	65

（三）不同生育时期对水分胁迫的响应差异

夏玉米生长发育进程中，不同时期受旱会对夏玉米的生长发育及产量造成不同程度的影响。营养生长阶段受旱会使植株生长缓慢，导致夏玉米生育期明显延迟。在夏玉米生殖生长阶段受旱，则能促使夏玉米提前成熟（宋利兵等，2016）。鲍巨松等（1991）研究指出不同时期严重水分胁迫给玉米籽粒产量造成的损失是：抽雄期＞孕穗期＞灌浆期＞拔节期＞苗期。白向历等（2009）研究结果为抽雄吐丝期、拔节期、苗期水分胁迫与对照（非水分胁迫）相比分别减产 40.61%、13.97%、10.97%。张英普等（2001）等以土壤含水量下限（用占田间持水量的百分数表示）及其相应的土壤吸力作为控制指标，研究了不同阶段水分胁迫对玉米籽粒产量的影响（表 6-19）。总体上不同生育时期的水分胁迫对玉米地上部器官的生长发育、干物质积累的影响远大于对根系的影响。因此，各时期受旱玉米的根冠比（R/T）均大于对照（不受旱），与对照差异越大，说明水分胁迫损伤越严重（鲍巨松等，1991）。

表 6-19　不同阶段水分胁迫与玉米籽粒产量的关系（张英普等，2001）

处理	玉米生育阶段土壤相对含水量（%）				籽粒产量
	出苗—拔节	拔节—抽雄	抽雄—灌浆	灌浆—成熟	（kg/hm²）
1（对照）	70	70	75	70	6464
2	65	70	75	70	6420
3	55	70	75	70	6243
4	70	65	75	70	6225
5	70	70	75	70	6288
6	70	70	70	70	6424
7	70	70	75	65	6255
8	70	70	75	60	5400
9	65	65	75	70	5300
10	65	65	75	65	4574

注：玉米水分处理以土壤相对含水量下限（以占田间持水量的百分数表示）及其相应的土壤吸力作为控制指标

苗期适当干旱可促进玉米根系的发育，从而增强其抗旱能力。郝树荣等（2010）研究表明，前期（玉米大喇叭口期之前）适度的水分胁迫后复水使玉米后期保持了较大的光合面积、维持了光合系统的活性、缓解了衰老过程中质膜的氧化作用，降低了叶绿素降解速度，使功能叶在生育后期维持了较高的光合效率，有利于干物质积累和产量的提高，即玉米前期干旱后复水后效性明显，尤以苗后期胁迫、拔节初期短历时轻旱后效性最佳；如果苗期干旱严重则株高和生物产量均受影响，但复水后玉米生长发育后期仍维持较大的绿叶面积，使其得到部分补偿，减产较轻（白莉萍等，2004）。因此，玉米生育前期即大喇叭口期前可进行适时控水，但应有限度即保持土壤相对含水量下限。

拔节期是玉米营养生长最旺盛的时期，在此期间受旱，株高、叶面积指数和地上部生物量增长率降低，以至于生物产量和经济产量下降（白向历等，2009；姜鹏等，2013）。

孕穗期受旱，雄穗重度败育不能散粉；雌穗吐丝比对照推迟 5 ~ 8d（鲍巨松等，1991）。抽雄吐丝期是玉米的水分临界期，如水分胁迫严重，则雄穗提早散粉，造成散粉至吐丝期间隔加大，致使花期不遇，而且花粉和花丝的寿命缩短，花粉活力降低，花丝受精能力下降，大量合子败育，造成严重的秃顶缺粒现象，穗粒数大幅度下降，从而严重影响玉米的产量。穗粒数的减少是玉米抽雄吐丝期水分胁迫下产量降低的主要限制因子。即使百粒重的增加可以弥补穗粒数的减少而导致的产量损失，但其增产作用远远小于由穗粒数下降所造成的产量损失（张英普等，2001；白向历等，2009）。灌浆成熟期分为乳熟期和蜡熟期，是籽粒形成和决定粒重的重要阶段，如遇土壤水分不足，会使叶片过早衰老、果穗早枯和下垂，影响籽粒饱满，最终影响产量和质量（张英普等，2001）（表6-19）。

二、玉米群体对涝渍的响应及其影响因素

随着全球气候变暖、降水强度增加、极值降水事件增多，20世纪八九十年代以来我国东部洪灾呈多发趋势（陈莹等，2011）。我国大部分玉米产区受季风气候影响，夏季降水量一般占全年降水总量的60%～70%，而且降水时段比较集中，在土壤排水不良的情况下容易导致玉米涝渍害发生，而且涝渍害往往具有突发性，带来的产量损失比较严重。

玉米是需水量大但又不耐涝的作物，当土壤含水量超过田间持水量的80%时，植株的生长发育即受到影响。涝渍对玉米的伤害主要体现在以下几个方面。涝渍会导致玉米根系缺氧而不能正常代谢，根系活力下降，吸收水肥能力减弱，拔节期淹水5d以上根系活力低于对照13.41%～61.28%（周新国等，2014）。涝渍导致根系有氧呼吸受抑制，无氧呼吸加强，根系消耗大量养分的同时产生大量对自身有毒害作用的物质（H_2S、FeS等）（孙忠翔等，2014）。根系缺氧也影响叶片光合作用和叶绿素的合成，导致光合速率下降，叶片绿色面积减少，直至植株死亡（梁哲军等，2009）。涝渍可使玉米生育期推迟，席远顺等（1993）研究表明，玉米苗期受涝可使抽雄期推迟7～10d，吐丝期推迟7～8d，成熟期推迟10d左右。涝渍导致开花期与吐丝期之间的间隔日数延长，造成授粉困难从而影响产量。另外，涝渍还会导致单位面积有效株数显著减少，土壤中氮、磷、钾养分流失，植株缺肥，从而造成减产（Zaidi et al.，2004；房稳静等，2009）。

（一）不同生育时期的响应差异

玉米不同发育阶段对涝渍的敏感程度不同，总体上开花前对涝渍反应较为敏感，其中以苗期最为明显；其次是拔节期；乳熟期及以后受影响较小（Zaidi et al.，2004；房稳静等，2009）。前期涝渍主要影响"源"的大小，后期则主要影响"库"的大小。

播种至三叶期是玉米一生中对涝渍最敏感的时期，尤以播种后2～3d受涝渍的危害性最大（陈国平等，1989）。苗期、拔节期、抽雄期和灌浆期淹水2～10d，LAI比对照分别减小17.36%～62.42%、14.81%～46.56%、4.40%～17.34%、1.97%～15.39%（刘祖贵等，2013）。

陈国平等（1989）研究发现，三叶期、拔节期和雌穗小花分化期淹水3d，雄穗分枝数分别减少19.1%、19.7%和3.4%，产量分别降低13.2%、16.2%和7.9%，而开花期和乳熟初期淹水3d则未造成减产。郭庆法等（2004）研究发现，2～3叶期涝渍减产达77%，3～6叶期减产达46%～51%，8～9叶期减产达37%；拔节期淹水主要影响玉米新生穗器官和近果穗中层叶的分化与生长，使玉米中层叶面积减小，影响玉米生长发

育后期的光合强度和光合产物的积累。房稳静等（2009）研究发现，拔节期淹水 2d 对玉米株高、茎粗、叶面积及单株产量的影响不显著，连续淹水 3d 植株死亡率可达 17.1%，淹水 5d 后植株的死亡率高达 50% 以上，淹水 7d 后植株的死亡率达 70% 以上。无论是拔节期还是抽雄期，淹水 3d 以上都将减产 50% 以上，拔节期淹水 5d 以上绝收，抽雄期淹水 7d 以上绝收。从产量构成因素分析，苗期涝渍减产的主要原因在于百粒重的大幅度降低，这与玉米开花晚、吐丝期推迟和灌浆期缩短有关，苗期淹水 2 ~ 10d，百粒重下降 12.09% ~ 27.75%（刘祖贵等，2013）。拔节期涝渍减产主要是由于营养生长和生殖生长受到较大影响而导致每株粒数减少，拔节期淹水 5 ~ 7d，玉米穗部的行粒数减少 14.51% ~ 27.97%，百粒重下降 1.98% ~ 8.97%（周新国等，2014）。涝渍减产是玉米植株粒数减少和千粒重降低的综合作用（刘祖贵等，2013）。总之，玉米生长发育前期涝渍主要减少穗行数、行粒数；后期则主要降低穗行数和百粒重，并使穗秃尖增长（杨京平和陈杰，1998）。

（二）防御途径

席远顺等（1993）、孙忠翔等（2014）提出了玉米播种后要及时建立三级排水体系（玉米田地行间垄沟，与行间垂直的主排渠连成一体，使田间积水能够快速排出）和选用抗涝品种进行防涝。抗涝可以采取几方面相应措施。①及时开沟排出明水，并清沟理墒降渍，预防二次涝渍。席远顺等（1993）研究发现，雨后及时排涝降渍较未及时排水而让其自然耗干的玉米田，株高增加 50.5cm，秃顶减少 2.1cm，穗粒数增加 109.7粒，千粒重增加 26.2g，增产 38.02%。②退水后，针对玉米茎倒、茎折、根倒三种倒伏情况，要采取不同补救措施。茎倒一般无需采取补救措施，生长一段时间后它就会自行恢复直立状态；根倒必须在雨后立即扶起，随倒随扶，使茎秆与地面形成 30° ~ 50° 角，扶起的同时要将玉米根部用土培好；对于茎折严重的地块，要抓紧补种其他秋季作物，以降低损失。③及时补肥促壮，田间积水排出后，应及时喷施叶面肥，如磷酸二氢钾（0.2% ~ 0.3%）和尿素水溶液（1%），促进玉米尽快恢复生长；外喷施亚精胺也可缓解淹水胁迫引起的膜质过氧化，有效改善根系活力和叶片生理功能（僧珊珊等，2012）；植株根系吸收功能恢复后，再进行根部施肥，补充土壤养分，保证玉米对养分的需要，促进植株转壮，减轻涝灾损失。④及时中耕松土破板结，改善根系环境，提高土壤的通透性，促进土壤养分转化，改善土壤供肥条件，提高根系活力，增强吸收功能，促使玉米尽快恢复正常生长。席远顺等（1993）调查结果表明，受渍后及时中耕松土、除草的田块较不中耕除草的田块增产 16.2%。

主要参考文献

白莉萍, 隋方功, 孙朝晖, 等. 2004. 土壤水分胁迫对玉米形态发育及产量的影响. 生态学报, 7: 1556-1560.

白树明, 黄中艳, 王宇. 2003. 云南玉米需水规律及灌溉效应的试验研究. 中国农业气象, 24(3): 20-23.

白向历, 孙世贤, 杨国航, 等. 2009. 不同生育时期水分胁迫对玉米产量及生长发育的影响. 玉米科学, 2: 60-63.

鲍巨松, 杨成书, 薛吉全, 等. 1991. 不同生育时期水分胁迫对玉米生理特性的影响. 作物学报, 17(4): 21-26.

曹云者, 宇振荣, 赵同科. 2003. 夏玉米需水及耗水规律的研究. 华北农学报, 18(2): 47-50.

陈博, 欧阳竹, 程维新, 等. 2012. 近50a华北平原冬小麦-夏玉米耗水规律研究. 自然资源学报, 27(7): 1186-1199.

陈国平, 赵仕孝, 刘志文. 1989. 玉米的涝害及其防御措施的研究. II. 玉米在不同生育期对涝害的反应. 华北农学报, 4(1): 16-22.

陈莹, 尹义星, 陈兴伟. 2011. 19世纪末以来中国洪涝灾害变化及影响因素研究. 自然资源学报, 26(12): 2111-2120.

杜伟莉, 高杰, 胡富亮, 等. 2013. 玉米叶片光合作用和渗透调节对干旱胁迫的响应. 作物学报, 39(3): 530-536.

樊廷录, 李永平, 李尚中, 等. 2016. 旱作地膜玉米密植增产用水效应及土壤水分时空变化. 中国农业科学, (19): 3721-3732.

房稳静, 武建华, 陈松, 等. 2009. 不同生育期积水对夏玉米生长和产量的影响试验. 中国农业气象, 30(4): 616-618.

冯鹏, 王晓娜, 王清郦, 等. 2012. 水肥耦合效应对玉米产量及青贮品质的影响. 中国农业科学, 45(2): 376-384.

高繁. 2018. 品种、密度及水肥用量对小麦—玉米产量及水分养分吸收利用的影响. 杨凌: 西北农林科技大学硕士学位论文.

宫亮, 孙文涛, 隽英华, 等. 2010. 不同培肥方式对辽西春玉米土壤水分及产量的影响. 杂粮作物, 30(4): 278-280.

官春云. 2011. 现代作物栽培学. 北京: 高等教育出版社.

郭庆法, 王庆成, 汪黎明. 2004. 中国玉米栽培学. 上海: 上海科学技术出版社.

郭相平, 康绍忠. 1998. 调亏灌溉-节水灌溉的新思路. 西北水资源与水工程, 9(4): 22-26.

郭相平, 康绍忠. 2000. 玉米调亏灌溉的后效性. 农业工程学报, 16(4): 58-60.

郭相平, 刘才良, 邵孝侯, 等. 1999. 调亏灌溉对玉米需水规律和水分生产效率的影响. 干旱地区农业研究, 17(3): 92-96.

郭香平. 2012. 机械化深松在保护性耕作中的地位和应用. 当代农机, (9): 54-55.

郭元裕. 2007. 农田水利学. 北京: 中国水利水电出版社.

韩宝吉, 曾祥明, 卓光毅, 等. 2011. 氮肥施用措施对湖北中稻产量、品质和氮肥利用率影响的研究. 中国农业科学, 44(4): 842-850.

韩艳丽, 康绍忠. 2001. 控制性分根交替灌溉对玉米养分吸收的影响. 灌溉排水, 20(2): 5-7.

郝树荣, 郭相平, 王文娟. 2010. 不同时期水分胁迫对玉米生长的后效性影响. 农业工程学报, 26(7): 71-75.

郝卫平. 2013. 干旱复水对玉米水分利用效率及补偿效应影响研究. 北京: 中国农业科学院博士学位论文.

何奇瑾, 周广胜. 2012. 我国玉米种植区分布的气候适宜性. 科学通报, (4): 267-275.

胡庆芳, 尚松浩, 温守光, 等. 2006. 潇河冬小麦水肥生产函数偏最小二乘回归建模及分析. 节水灌溉, (1): 1-4, 8.

胡田田, 康绍忠, 李志军, 等. 2005. 局部供应水氮条件下玉米不同根区的耗水特点. 农业工程学报, (5): 34-37.

胡志桥, 田霄鸿, 张久东, 等. 2011. 石羊河流域主要作物的需水量及需水规律的研究. 干旱地区农业研究, 29(3): 1-6.

黄鹏飞, 尹光华, 谷健, 等. 2016. 交替地下滴灌对春玉米产量和水分利用效率的影响. 应用生态学报, 8: 1-8.

黄小红, 张磷, 肖妙玲, 等. 2010. 施肥制度对土壤肥力的影响. 中国农学通报, 26(13): 200-206.

贾宏伟, 康绍忠, 张富仓, 等. 2006. 石羊河流域平原区土壤入渗特性空间变异的研究. 水科学进展, 17(4): 471-476.

姜鹏, 李曼华, 薛晓萍, 等. 2013. 不同时期干旱对玉米生长发育及产量的影响. 中国农学通报, 29(36): 232-235.

居辉, 钟兆站, 郁小川. 2000. 雨养春玉米农田耗水特征研究. 华北农学报, 15(3): 94-98.

康绍忠, 蔡焕杰. 1996. 农业水管理. 北京: 中国农业出版社.

康绍忠, 史文娟, 胡笑涛, 等. 1998. 调亏灌溉对于玉米生理指标及水分利用效率的影响. 农业工程学报, (4): 88-93.

孔凡磊, 张海林, 翟云龙, 等. 2014. 耕作方式对华北冬小麦-夏玉米周年产量和水分利用的影响. 中国生态农业学报, 22(7): 749-756.

孔维萍, 成自勇, 张芮, 等. 2014. 不同覆盖及耕作方式对玉米生长和水分利用效率的影响. 灌溉排水学报, (Z1): 103-106.

李来祥, 刘广才, 杨祁峰, 等. 2009. 甘肃省旱地全膜双垄沟播技术研究与应用进展. 干旱地区农业研究, 27(1): 114-118.

李巧珍, 李玉中, 郭家选, 等. 2010. 覆膜集雨与限量补灌对土壤水分及冬小麦产量的影响. 农业工程学报, 26(2): 25-30.

李王成, 冯绍元, 康绍忠, 等. 2007. 石羊河中游荒漠绿洲区土壤水分的分布特征. 水土保持学报, 21(3): 138-143, 157.

李小雁, 张瑞玲. 2005. 旱作农田沟垄微型集雨结合覆盖玉米种植试验研究. 水土保持学报, (2): 45-48, 52.

李玉玲, 张鹏, 张艳, 等. 2016. 旱区集雨种植方式对土壤水分、温度的时空变化及春玉米产量的影响. 中国农业科学, 6: 1084-1096.

梁海玲, 吴祥颖, 农梦玲, 等. 2012. 根区局部灌溉水肥一体化对糯玉米产量和水分利用效率的影响. 干旱地区农业研究, 30(5): 109-114, 122.

梁文清. 2012. 冬小麦、夏玉米蒸发蒸腾及作物系数的研究. 杨凌: 西北农林科技大学硕士学位论文.

梁哲军, 陶洪斌, 王璞. 2009. 淹水解除后玉米幼苗形态及光合生理特征恢复. 生态学报, 29(7): 3977-3985.

梁宗锁, 康绍忠, 胡炜, 等. 1997. 控制性分根交替灌水的节水效应. 农业工程学报, 13(4): 63-68.

梁宗锁, 康绍忠, 李新有. 1995. 有限供水对夏玉米产量及其水分利用效率的影响. 西北植物学报, 15(1): 26-31.

梁宗锁, 康绍忠, 邵明安, 等. 2000. 土壤干湿交替对玉米生长速度及其耗水量的影响. 农业工程学报, (5): 38-40.

刘昌明. 2014. 中国农业水问题: 若干研究重点与讨论. 中国生态农业学报, 22(8): 875-879.

刘广才, 杨祁峰, 李来祥, 等. 2008. 旱地玉米全膜双垄沟播技术土壤水分效应研究. 干旱地区农业研究, 26(6): 18-28.

刘敏. 2007. 不同母质紫色土水分特征及作物需水量的研究. 成都: 四川农业大学硕士学位论文.

刘水, 李伏生, 韦翔华, 等. 2012. 分根区交替灌溉对玉米水分利用和土壤微生物量碳的影响. 农业工程学报, 28(8): 71-77.

刘小刚, 张富仓, 杨启良, 等. 2009. 控制性分根区灌溉对玉米根区水氮迁移和利用的影响. 农业工程学报, 25(11): 62-67.

刘晓青, 左亿球, 冯浩, 等. 2016. 砾石覆盖量对夏玉米作物系数及水分利用效率的影响. 干旱地区农业研究, 2: 15-23, 75.

刘孝利, 陈求稳, 曾昭霞. 2008. 黄土高原区基肥对农田土壤水肥和产量的影响. 现代农业科学, (10): 25-29.

刘毅鹏, 刘春生. 2006. 机械深松联合整地技术的探讨. 农机使用与维修, (4): 21.

刘战东, 肖俊夫, 刘祖贵, 等. 2011. 高产条件下夏玉米需水量与需水规律研究. 节水灌溉, 6: 4-6.

刘祖贵, 刘站东, 肖俊夫, 等. 2013. 苗期与拔节期淹涝抑制夏玉米生长发育、降低产量. 农业工程学报, 29(5): 44-52.

卢宪菊. 2014. 垄作集水和秸秆覆盖对东北玉米带黑土区玉米生长和水氮利用的影响. 北京: 中国农业大学博士学位论文.

陆景陵. 2002. 植物营养学. 北京: 中国农业大学出版社.

梅旭荣, 赵聚宝, 吕学都, 等. 1991. 屯留试验区旱地农田水分供需特征及秸秆覆盖的效果分析. 中国农业气象, 12(1): 31-33.

梅雪英, 严平, 王凤文, 等. 2003. 水分胁迫对冬小麦根系生长发育及产量的影响. 安徽农业科学, (6): 962-964.

南纪琴, 刘战东, 肖俊夫, 等. 2012. 不同生育期干旱对南方春玉米生长发育及水分利用效率的影响. 中国农学通报, 28(3): 55-59.

邱新强, 路振广, 张玉顺, 等. 2013. 不同生育时期干旱对夏玉米耗水及水分利用效率的影响. 中国农学通报, 29(27): 68-75.

任小龙. 2008. 模拟雨量下微集水种植农田土壤水温状况及玉米生理生态效应研究. 杨凌: 西北农林科技大学博士学位论文.

任小龙, 贾志宽, 丁瑞霞, 等. 2010. 我国旱区作物根域微集水种植技术研究进展及展望. 干旱地区农业研究, 28(3): 83-89.

任新茂, 孙东宝, 王庆锁. 2016. 覆膜和密度对旱作春玉米产量和农田蒸散的影响. 农业机械学报, 5: 1-11.

僧珊珊, 王群, 张永恩, 等. 2012. 外源亚精胺对淹水胁迫玉米的生理调控效应. 作物学报, 38(6): 1042-1050.

邵立威, 王艳哲, 苗文芳, 等. 2011. 品种与密度对华北平原夏玉米产量及水分利用效率的影响. 华北农学报, 26(3): 182-188.

沈彦俊, 于沪宁. 1998. 土壤水分调控对冬小麦产量和水分利用效率的影响. 地理科学进展, 17(增刊): 30-35.

宋利兵, 姚宁, 冯浩, 等. 2016. 不同生育阶段受旱对旱区夏玉米生长发育和产量的影响. 玉米科学, 24(1): 63-73.

苏秦, 贾志宽, 韩清芳, 等. 2009. 宁南旱区有机培肥对土壤水分和作物生产力影响的研究. 植物营养与肥料学报, 15(6): 1466-1469.

孙景生, 肖俊夫, 段爱旺, 等. 1999. 夏玉米耗水规律及水分胁迫对其生长发育和产量的影响. 玉米科学, 7(2): 46-49, 52.

孙忠翔, 唐培坤, 康尧强. 2014. 涝害对玉米生长发育的影响及应对措施. 现代化农业, 6: 7-8.

谭鉴利. 2013. 北京地区夏玉米耗水与生长规律田间试验研究. 扬州: 扬州大学硕士学位论文.

汪德水. 1995. 旱地农田肥水关系原理与调控技术. 北京: 中国农业科学技术出版社: 129-135.

王国宇. 2008. 不同基因型玉米冠层温度和产量、水分利用效率及氮肥利用效率关系的研究. 兰州: 甘肃农业大学硕士学位论文.

王海艺, 韩烈保, 黄明勇. 2006. 干旱条件下水肥耦合作用机理和效应. 中国农学通报, (6): 124-128.

王红丽, 张绪成, 宋尚有, 等. 2011. 旱地全膜双垄沟播玉米的土壤水热效应及其对产量的影响. 应用生态学报, 22(10): 2609-2614.

王健, 蔡焕杰, 陈凤, 等. 2004. 夏玉米田蒸发蒸腾量与棵间蒸发的试验研究. 水利学报, 35(11): 108-113.

王立春. 2014. 吉林玉米高产理论与实践. 北京: 科学出版社: 188-189.

王麦芬. 2014. 高寒旱地山区玉米全膜双垄种植技术节水效益研究. 现代农业科技, (9): 9, 11.

王密侠, 康绍忠, 蔡焕杰, 等. 2000. 调亏对玉米生态特性及产量的影响. 西北农林科技大学学报(自然科学版), 28(1): 36-41.

王晓娟, 贾志宽, 梁连友, 等. 2009. 旱地有机培肥对玉米产量和水分利用效率的影响. 西北农业学报, 18(2): 93-97.

吴喜芳. 2015. 华北平原主要粮食作物蒸散量和水足迹估算研究. 石家庄: 河北师范大学硕士学位论文.

席远顺, 曹明, 仝德旺. 1993. 夏玉米的渍害及防御对策. 作物杂志, 4: 22-24.

向圣兰, 刘敏, 陆敏, 等. 2008. 不同施氮水平对水稻产量、吸氮量及土壤肥力的影响. 安徽农业科学, 36(19): 8178-8179.

肖俊夫, 刘战东, 陈玉民. 2008. 中国玉米需水量与需水规律研究. 玉米科学, 16(40): 21-25.

肖俊夫, 刘战东, 段爱旺, 等. 2006. 不同灌水处理对冬小麦产量及水分利用效率的影响研究. 灌溉排水学报, 25(2): 20-23.

肖俊夫, 刘战东, 刘祖贵, 等. 2009. 中国玉米生长期干旱与灌溉投入问题分析. 灌溉排水学报, 28(5): 21-24.

肖俊夫, 刘战东, 刘祖贵, 等. 2011. 不同时期干旱和干旱程度对夏玉米生长发育及耗水特性的影响. 玉米科学, 19(4): 54-58, 64.

肖自添, 蒋卫杰, 余宏军. 2007. 作物水肥耦合效应研究进展. 作物杂志, (6): 18-22.

谢英荷, 栗丽, 洪坚平, 等. 2012. 施氮与灌水对夏玉米产量和水氮利用的影响. 植物营养与肥料学报, 18(6): 1354-1361.

邢开瑜. 2011. 基于作物生长模型的华北夏玉米水分利用效率研究. 南京: 南京信息工程大学硕士学位论文.

徐杰, 周培禄, 王璞, 等. 2016. 水肥管理对东北不同密度春玉米产量及水氮利用效率的影响. 玉米科学, 1: 142-147.

薛吉全, 张仁和, 马国胜, 等. 2010. 种植密度、氮肥和水分胁迫对玉米产量形成的影响. 作物学报, 36(6): 1022-1029.

杨锦忠, 陈明利, 张洪. 2013. 中国 1950s 到 2000s 玉米产量-密度关系的 Meta 分析. 中国农业科学, 17: 3562-3570.

杨锦忠, 张洪生. 2015. 玉米氮、磷、钾、水和二氧化碳资源积累与利用的 Meta 分析. 玉米科学, (5): 136-141.

杨京平, 陈杰. 1998. 不同生长时期土壤渍水对春玉米生长发育的影响. 浙江农业学报, 10(4): 188-192.

杨晓琳, 黄晶, 陈阜, 等. 2011. 黄淮海农作区玉米需水量时空变化特征比较研究. 中国农业大学学报, 16(5): 26-31.

杨永辉, 武继承, 王洪庆, 等. 2015. 不同水肥条件对玉米生长发育、产量及水分利用效率的影响. 河南农业科学, 11: 50-54.

于振文. 2013. 作物栽培学各论. 2 版. 北京: 中国农业出版社.

余江敏, 李伏生, 韦彩会, 等. 2008. 根区局部灌溉对有机无机肥配施土壤微生物和玉米水分利用的影响. 干旱地区农业研究, 26(6): 63-69.

宇宙, 王勇, 罗迪汉, 等. 2015. 膜下滴灌条件下玉米蒸散耗水规律研究. 灌溉排水学报, 11: 56-59.

张海林, 陈阜, 秦耀东, 等. 2002. 覆盖免耕夏玉米耗水特性的研究. 农业工程学报, 18(2): 36-40.

张雷, 牛芬菊, 李小燕, 等. 2010. 旱地全膜双垄沟播秋覆膜对玉米产量和水分利用率的影响. 中国农学通报, 26(22): 142-145.

张平良, 郭天文, 李书田, 等. 2014. 不同覆盖种植方式与平衡施肥对旱地春玉米产量及水分利用效率的影响. 干旱地区农业研究, 32(4): 169-173.

张仁和, 薛吉全, 浦军, 等. 2011. 干旱胁迫对玉米苗期植株生长和光合特性的影响. 作物学报, 37(3): 521-528.

张岁岐, 徐炳成. 2010. 根系与植物高效用水. 北京: 科学出版社.

张英普, 何武全, 韩健. 2001. 玉米不同生育期水分胁迫指标. 灌溉排水, 20(4): 18-20.

张哲, 孙占祥, 张燕卿, 等. 2016. 秸秆还田与氮肥配施对春玉米产量及水分利用效率的影响. 干旱地区农业研究, 3: 144-152.

赵立群, 李井云, 李薇, 等. 2009. 不同生育期灌水量及培肥措施对玉米产量和水分利用率的影响. 吉林农业科学, 34(6): 20-22.

赵亚丽, 刘卫玲, 程思贤, 等. 2018. 深松 (耕) 方式对砂姜黑土耕层特性、作物产量和水分利用效率的影响. 中国农业科学, 51(13): 2489-2503.

郑荣, 王娟, 李长江. 2013. 制种玉米蓄水规律与节水技术研究. 农业与技术, 33(7): 92-93.

中国国家标准化管理委员会. 2006. 中华人民共和国国家标准: 气象干旱等级. GB/T 20481—2006. 北京: 中国标准出版社, 11: 1-3.

钟兆站, 赵聚宝, 郁小川, 等. 2000. 中国北方主要旱地作物需水量的计算与分析. 中国农业气象, 21(2): 2-5, 53.

周怀平, 杨治平, 李红梅, 等. 2004. 施肥和降水年型对旱地玉米产量及水分利用的影响. 干旱地区农业研究, (3): 27-31.

周新国, 韩会玲, 李彩霞, 等. 2014. 拔节期淹水玉米的生理性状和产量形成. 农业工程学报, 9: 119-125.

朱自玺, 方文松, 赵国强, 等. 2000. 麦秸和残茬覆盖对夏玉米农田小气候的影响. 干旱地区农业研究, 18(2): 19-24.

Arora V K, Singh C B, Sidhu A S, et al. 2011. Irrigation, tillage, and mulching effects on soybean yield and water productivity in relation to soil texture. Agricultural Water Management, 98: 563-568.

Caviglia O P, Sadras V O. 2001. Effect of nitrogen supply on crop conductance, water- and radiation-use efficiency of wheat. Field Crops Research, 69(3): 259-266.

Connolly R D. 1998. Modeling effects of soil structure on the water balance of soil-crop systems: a review. Soil and Tillage Research, 48: 1-19.

Fan Z L, Chai Q, Huang G B, et al. 2013. Yield and water consumption characteristics of wheat/maize intercropping with reduced tillage in an Oasis region. European Journal of Agronomy, 45: 52-58.

Katerji N, Mastrorilli M. 2009. The effect of soil texture on the water use efficiency of irrigated crops: results of a multi-year experiment carried out in the Mediterranean region. European Journal of Agronomy, 30: 95-100.

Li F S, Liang J H, Kang S Z, et al. 2007. Benefits of alternate partial root-zone irrigation on growth, water and nitrogen use efficiencies modified by fertilization and soil water status in maize. Plant and Soil, 295: 279-291.

Li X Y, Gong J D. 2002. Effects of different ridge: furrow ratios and supplemental irrigation on crop production in ridge and furrow rainfall harvesting system with mulches. Agricultural Water Management, 54(3): 243-254.

Liu C A, Zhou L M, Jia J J, et al. 2014. Maize yield and water balance is affected by nitrogen application in a film-mulching ridge-furrow system in a semiarid region of China. European Journal of Agronomy, 52: 103-111.

Liu C M, Zhang X Y, Zhang Y Q. 2002. Determination of daily evaporation and evapotranspiration of winter wheat and maize by large-scale weighing lysimeter and micro-lysimeter. Agricultural and Forest Meteorology, 111(2): 109-120.

Patanea C, Cosentino S L. 2013. Yield, water use and radiation use efficiencies of kenaf (*Hibiscus cannabinus* L.) under reduced water and nitrogen soil availability in a semi-arid Mediterranean area. European Journal Agronomy, 46: 53-62.

Payero J O, Tarkalson D D, Irmak S, et al. 2008. Effect of irrigation amounts applied with subsurface drip irrigation on corn evapotranspiration, yield, water use efficiency, and dry matter production in a semiarid climate. Agricultural Water Management, 95(8): 895-908.

Qin W, Hu C S, Oene O. 2015. Soil mulching significantly enhances yields and water and nitrogen use efficiencies of maize and wheat: a meta-analysis. Scientific Reports, 5: 16210.

Su Z Y, Zhang J S, Wu W L, et al. 2007. Effects of conservation tillage practices on winter wheat water-use efficiency and crop yield on the Loess Plateau, China. Agricultural Water Management, 87(3): 307-314.

Sun H, Zhang X, Wang E, et al. 2016. Assessing the contribution of weather and management to the annual yield variation of summer maize using APSIM in the North China Plain. Field Crops Research, 194: 94-102.

Worku M, Banziger M, Erley G S A, et al. 2012. Nitrogen efficiency as related to dry matter partitioning and root system size in tropical mid-altitude maize hybrids under different levels of nitrogen stress. Field Crops Research, 130: 57-67.

Zaidi P H, Rafique S, Rai P, et al. 2004. Tolerance to excess moisture in maize (*Zea mays* L.): susceptible crop stages and identification of tolerant genotypes. Field Crops Research, 90: 189-202.

第七章　玉米群体营养生理[*]

玉米生产的本质是一个群体生产过程。矿质营养作为玉米的"粮食",在这一群体生产过程中具有重要的作用。在诸多调控玉米生长发育的技术措施中,养分管理是最活跃的技术要素之一。基于个体养分吸收、积累、分配与利用基本规律而建立的群体营养生理学,是玉米生产中养分管理的重要理论依据。本章主要以玉米生长发育所需基本矿质营养元素及其生理功能为基础,重点介绍了玉米群体营养元素的吸收利用规律,进而提出了玉米群体养分利用效率及其提高途径。

第一节　营养元素及其生理功能

满足玉米正常生长发育所需的矿质营养元素有 20 多种,其中大量元素包括氮、磷、钾、碳、氢、氧中量元素包括硫、钙、镁,微量元素包括锌、铁、铜、硼、锰、钼、氯等。本节主要介绍各营养元素的生理功能及其缺素诊断症状。

一、植物体内的必需元素

(一)植物必需元素的种类

根据矿质营养元素在植物体内含量的多少,可将它们分为两大类别:①大量元素(major element),是指植物需要量相对较大,在植物体内含量较高的元素,占植物干重的 1% ～ 10%,包括氮、磷、钾、钙、镁、硫。②中量元素,是指作物生长过程中需要量次于氮、磷、钾而高于微量元素的营养元素。中量元素一般占植物干重的 0.1% ～ 1%,包括硫、钙、镁。③微量元素(microelement 或 trace element),是指植物需要量甚微,植物体内含量非常低的元素,占植物干重的 0.01% 以下,包括锌、铁、铜、锰、钼、氯等。

(二)植物必需元素的标准

确定植物体内存在的各种元素是否为植物所必需,仅仅通过化学分析是不够的。有些元素在植物生活中需求量不大,但在某些植物体内却大量积累(如氟、铝等),至今尚未证明其是植物必需元素;而有些元素在植物体内含量极低(如硼、钼等),却是植物生长发育所必需的。必需元素(essential element)就是指植物正常生长发育所不可缺少的元素。必需元素必须具备以下三个条件,这是 1939 年两位美国植物生理学家 Daniel Arnon 和 Perry Stout 提出的。

1)缺乏该元素,植物不能正常生长发育,不能完成生活史。

2)缺乏该元素,植物表现出专一的病症,只有补充这种元素后病症才能减轻或消

失，其他任何一种化学元素均不能代替其作用。

3）该元素的营养作用是直接的，而不是由于改善土壤或培养基的条件。

符合这些标准的化学元素就是植物的必需元素，其他的则是非必需元素，如硅、硒、钴等。

（三）植物必需元素的一般作用

1）细胞结构物质的组成成分。例如，碳、氢、氧、氮、磷、硫等是糖类、脂类、蛋白质和核酸等有机物质的组分。

2）参与生命活动的调节。例如，许多金属元素参与酶的活动，或者是酶的组分，或者作为酶的激活剂，提高酶的活性，如铁、铜、锌、镁等。

3）参与能量转化和促进有机物质运输。例如，磷、硼分别形成磷酸酯和硼酸酯，磷酸酯对植物体内的能量转化起重要作用，硼酸酯有利于物质的运输。

4）电化学作用，如渗透调节、胶体稳定和电荷中和等。某些金属元素如钾、镁、钙能维持细胞的渗透势，影响膜的透性，保持离子浓度的平衡和原生质的稳定，以及电荷中和等。

二、玉米生长发育所需营养元素及其生理功能

（一）大量元素的作用

1. 氮（N）

氮在植物生命活动中占据着主要位置，它在植物体内的含量很多，还参与植物体内多种重要有机化合物的形成。一般植物氮含量占植物干重的 0.3% ～ 5%，而其含量的多少与作物种类、器官、发育阶段有关。植物以吸收无机氮（NO_3^-、NO_2^-、NH_4^+）为主，也吸收有机氮（尿素、氨基酸等）。

（1）氮的主要生理功能

①氮是植物体内许多重要化合物的组分，如蛋白质、核酸、叶绿素、维生素等都含有氮；②参与形成各种辅基、辅酶及 ATP，氮是各种酶和辅酶的成分，氮通过酶而间接影响细胞的各种代谢过程；③形成各种生理活性物质，调控植物的生命活动，如生长素、细胞分裂素都是含氮化合物，所以氮在促进细胞的伸长等方面具有重要功能。

（2）氮在玉米生长发育中的作用

氮是玉米进行生命活动所必需的重要元素。玉米不同生育时期吸收氮的规律受玉米自身生长发育特性所制约。从阶段吸收量来看，有 4 个重要时期，其顺序为：小喇叭口—大喇叭口期（22.8%）>抽雄—抽丝期（19.4%）>大喇叭口—抽雄期（13.2%）>灌浆—乳熟期（12.9%）。玉米各营养器官积累氮量占全株总氮量百分比是叶片>茎秆>雌穗（苞叶+穗轴+穗柄）>叶鞘；营养器官氮积累量在全生育期中呈单峰曲线变化，抽雄期或灌浆期达最高峰（胡昌浩和潘子龙，1982；郭景伦等，1997）。施用氮肥极显著增

加了玉米株高、茎粗、穗长、植株氮含量以及全磷含量（周晓舟和唐创业，2008）。适量的氮肥有利于提高作物叶面积指数，减缓生育后期叶面积的下降速率（李潮海和刘奎，2002），但施肥过多或不足均可加大玉米生长后期叶面积指数的下降速率，使叶片较早衰老，不利于籽粒产量的提高（吕丽华等，2008b）。

（3）缺素症

缺氮时由于蛋白质合成受阻，叶绿体结构被破坏，叶片黄化，严重时脱落，显著特征是植株下部叶片首先褪绿黄化，然后逐渐向上部叶片扩展，植株矮小，瘦弱，分枝分蘖少，花果少而且易脱落，导致产量降低。氮肥充足时枝多叶大，生长健壮，籽粒饱满；氮肥过多促进蛋白质和叶绿素大量形成，枝叶徒长，使作物贪青晚熟，叶片大而深绿，柔软披散，易受机械损伤和病菌侵袭，抗病和抗倒伏能力减弱。

研究表明，氮对玉米植株和群体形成均有显著性影响。当玉米处于氮亏缺状态时，叶片失绿、黄化或呈暗绿色、暗褐色，或叶脉间失绿，或出现坏死斑等早衰现象，其次是叶片变薄而小，且植株矮小等，叶片伸长率和叶片长度均有所降低（Jovanovic et al.，2004），从而引起出叶速率的下降和出叶间隔时间的延长，造成植株细弱，叶片呈黄绿色，并且叶片从底部逐渐向上变黄干枯。当玉米处于氮过多状态时，其吸收大量的氮，植株徒长、节间长、分蘖多、叶色嫩绿、贪青晚熟等（郭建华等，2008），原因是施氮量过多时，大量碳水化合物被消耗，致使玉米生长后期叶面积指数和叶绿素含量下降较快，导致植株过早衰老（何萍等，1998）。

2. 磷（P）

磷是玉米生长发育不可缺少的营养元素之一，它既是植物体内许多重要有机化合物的组分，同时又以多种方式参与植物体内各种代谢过程。植物以 $H_2PO_4^-$ 和 HPO_4^{2-} 的形式吸收磷。植物的磷含量相差很大，为植物干重的 0.2% ～ 1.1%，大多数作物的磷含量在 0.3% ～ 0.4%，其中大部分是有机态磷，以核酸、磷脂等形式存在，约占全磷量的 85%，而无机态磷仅占 15%，主要以钙、镁、钾的磷酸盐形式存在，它们在植物体内均有重要作用。

（1）磷的主要生理功能

①磷是多种重要化合物的组分，如核酸、磷脂、核苷酸、三磷酸腺苷等，它们在植物代谢过程中都有重要作用。②积极参与体内的代谢，如碳水化合物的代谢，光合磷酸化中必须有磷参加，氮代谢和脂肪代谢等同样需要磷的参与。研究表明，施磷能增加高油玉米籽粒粗蛋白以及总氨基酸和必需氨基酸含量，而对高淀粉玉米籽粒蛋白质及其组分含量有较小影响或基本无影响。③提高作物抗逆性和适应能力，如抗寒、抗旱能力等。

（2）磷在玉米生长发育中的作用

玉米所利用的磷主要来源于土壤。土壤中磷的总浓度为 0.02% ～ 0.2%（P_2O_5 0.05% ～ 0.46%），玉米籽粒中总磷含量约为 0.25%，其中 60% ～ 80% 的植酸磷难以被有效吸收，能被吸收利用的只有 10% ～ 12%，植酸磷的利用效率低导致营养物质的大量损失（Gaume et al.，2001）。玉米对磷吸收以后，以各种形态储存于植株体内。磷进入玉米体内，大概有 65% 转移到籽粒中，35% 转移到秸秆和其他部分中。

玉米是典型的磷敏感型作物，其对磷的吸收主要是通过根系所接触的土壤磷来获取的。传统施磷深度普遍较浅，由于磷在土壤中移动性差，根层磷分布与玉米根系的时空分布难以耦合。磷肥深施能够提高玉米的磷吸收效率和物质生产能力，显著提高籽粒产量。供磷水平提高可以在一定程度上增加玉米籽粒中植酸磷与总磷的浓度和累积量，说明通过调整磷肥管理策略可以改变玉米籽粒植酸磷浓度。研究发现，玉米苗期至拔节期的营养生长阶段磷累积量为全生育期的 37.8%，拔节期至抽雄期为 27.1%，抽雄期至灌浆期为 9.9%，灌浆期至成熟期为 15.7%（王勇等，2012）。高油玉米开花前磷的吸收量约占总吸收量的 47%，花后吸收量占 53%，灌浆期为吸收高峰。磷肥全量或部分下移深施，磷肥的吸收效率优于浅施（刘开昌等，2001）。在一定范围内，施用磷肥能促进玉米对磷的吸收，但过量施磷则会导致磷吸收量的减少。磷肥在春玉米生育后期作追肥施用能提高植株对磷的吸收利用（耿玉辉等，2013）。

（3）缺素症

缺磷时植物正常代谢受抑制，蛋白质合成受阻，植株矮小，茎叶呈暗绿色，花、果实和种子少而不饱满，成熟期延迟，抗性减弱。此外，缺磷时形成较多的花青素，致使许多植物的茎叶出现紫红色。因为磷的再利用程度高，缺磷的症状首先出现在老叶上。

磷肥过多，叶片肥厚而密集，叶色浓绿，植株矮小，节间过短，地上部与地下部生长比例失调，施磷过多还会诱发锌、锰等元素代谢的紊乱，常常导致植物缺锌症。

3. 钾（K）

钾主要以离子状态（K^+）存在于细胞内，是植物体内含量最高的金属元素。一般植物体内的钾含量（K_2O）占植物干重的 0.3% ～ 5.0%。钾在植物体内流动性很强，易转移至地上部，能多次反复利用。

（1）钾的主要生理功能

①促进光合作用，提高 CO_2 的同化率，钾能促进叶绿素的合成，改善叶绿体的结构，促进叶片对 CO_2 的同化，提高光合作用与光合产物的运转能力。②参与细胞的渗透调节，钾对调节植物细胞的水势有重要作用，钾能影响气孔运动，从而调节蒸腾作用。③作为酶的激活剂，业已查明，钾可作为 60 多种酶的激活剂，如谷胱甘肽合成酶、淀粉合酶、琥珀酸脱氢酶、苹果酸脱氢酶等，在糖类与蛋白质代谢以及呼吸作用中具有重要功能。④增强植物的抗逆性，钾有多方面的抗逆功能，它能增强作物的抗旱、抗高温、抗寒、抗盐、抗倒伏等的能力，从而提高其抵御外界恶劣环境的忍耐能力。施用钾肥能明显增强作物的抗病虫害及抗自然灾害的能力，钾可使植物表皮细胞角质增厚，并促进纤维素和木质素的合成，能促进伤口愈合，增强植株的防御性，减轻软腐病。因此，钾有"品质元素"和"抗逆元素"之称。

（2）钾在玉米生长发育中的作用

钾是玉米必需的营养元素之一，参与玉米体内的一系列生理生化过程，在玉米植株生长、代谢、酶活性调节和渗透调节中发挥着重要作用。玉米对钾的吸收主要在生育前期完成，生育后期植株干物质累积量占植株干重的 45% 以上，而吸钾量却在 5% 以下。玉米对钾的吸收主要在吐丝前完成，吐丝后钾积累速率明显下降，钾主要来自营养器官的再转移，从叶片中的转移量尤其多（李飒等，2011）。研究表明，夏玉米植株钾的累积量随施钾量的增加而增加，拔节期到灌浆期植株的钾累积量持续增加，钾肥基追（基肥 50%+拔节追肥 50%）的效果更好。随着钾肥施入量的增加，玉米籽粒和茎秆中钾含量也相应增加（王宜伦等，2009）。

（3）缺素症

缺钾时，玉米植株茎秆柔弱，易倒伏，抗旱、抗寒性降低，植株下部老叶失绿并逐渐坏死，叶片暗绿无光泽，叶脉间先失绿，沿叶缘开始黄化、焦枯、碎裂，叶脉间出现坏死斑点。缺钾时，细胞壁合成受阻，从而不能有效地抵御病虫害侵袭。缺钾还会引起气孔关闭延迟，使某些病情加重。玉米苗期对大田土壤缺钾较为敏感，缺钾会抑制玉米根系的伸长生长和侧根的发生，而根系发育的好坏又决定着玉米利用土壤养分能力的高低，细根和根毛生长很差，易出现根腐病。

4. 钙（Ca）

植物以离子（Ca^{2+}）形式吸收钙。钙在植物体内有三种存在形式，即离子、钙盐和与有机物结合。

（1）钙的主要生理功能

①参与第二信使传递，钙能结合在钙调蛋白上对植物体内许多酶起活化作用，并对细胞代谢起调节作用；②钙能稳定生物膜结构，保持细胞的完整性；③钙是构成细胞壁果胶质的结构成分；④可与草酸形成不溶性的盐，防止草酸积累；⑤钙处理能减轻盐胁迫对多种植物生理生化过程的伤害，提高一些植物的抗盐性；⑥钙是某些酶类的活化剂，如 Ca^{2+} 能提高 α-淀粉酶和磷脂酶的活性。

（2）钙在玉米生长发育中的作用

实验表明，Ca^{2+} 和 Zn^{2+} 对玉米种子萌发过程中的淀粉酶、脂肪酶和谷丙转氨酶活性均有增强作用，两者混合处理促进作用更大，对呼吸速率的促进也是如此，从而使种子活力得以提高，幼苗生长有所改善（洪法水等，1996）。从钙在不同器官间的分配情况来看，玉米拔节前吸收的钙主要分配到叶片中，拔节后则主要分配到叶片和茎秆中。到完熟期，玉米植株体内钙的分配量为：叶片>茎秆>叶鞘>籽粒>苞叶>穗轴>雄穗>花丝>穗柄（崔彦宏等，1994）。

（3）缺素症

缺钙时植株的顶芽、侧芽、根尖等分生组织首先出现缺素症，生长点生长停止，植株矮小或呈簇生状，幼叶卷曲变形，叶尖和叶缘开始变黄并逐渐坏死，植株早衰，结实少甚至不结实。缺钙培养的玉米叶片细胞超微结构的变化首先表现在叶绿体类囊体解体，随后质膜、线粒体膜、核膜和内质网膜等内膜系统紊乱和受到损害，膜系统的损害可能是缺钙条件下受 SOD 控制的膜质过氧化作用增强的结果（缪颖等，1997）。

5. 镁（Mg）

镁是作物必需的大量元素之一，在植物体内镁以离子（Mg^{2+}）或与有机物结合的形式存在。玉米幼苗期以及中期阶段，植株中的镁主要集中于幼嫩器官和新生组织中，待生育期延后植株成熟时，植株中的镁开始转运，向籽粒集中。

（1）镁的主要生理功能

①参与光合作用，镁是叶绿素的组分，在光能的吸收、传递、转换过程中起重要作用；② Mg^{2+} 是许多酶的激活剂，如转酮酶、焦磷酸酶、己糖激酶和 ATP 酶等；③能促使核糖体亚基间的结合，有利于蛋白质合成。

（2）镁在玉米生长发育中的作用

在禾谷类作物中，玉米对镁的反应最为敏感。研究表明，随着氮、磷、钾肥的大量施用及玉米连作，玉米植株对镁的吸收量增加，镁在玉米光合作用和呼吸作用中发挥作用，它可以活化各种磷酸变位酶和磷酸激酶。与此同时，镁也可以在 DNA 和 RNA 的合成过程中起到活化作用。增施镁肥可以有效促进高产条件下玉米植株对营养元素的吸收、籽粒的形成以及干物质的积累。玉米施镁与氮、磷、钾肥利用率呈曲线关系，适量施镁对玉米吸收氮、磷、钾的促进作用极显著。适量施镁可提高玉米籽粒中蛋白质、赖氨酸和淀粉含量，降低脂肪和糖分含量。叶面喷施镁肥可提高叶片叶绿素含量、光合能力及可溶性糖和淀粉的含量，增加玉米碳代谢的能力，显著促进根系的生长，提高碳氮比（汪丹丹，2016）。

（3）缺素症

镁在植物体内主要以离子形式或与有机物结合的形式存在。植物镁缺乏时，叶绿素合成将受到影响，叶片外观出现变化，叶脉仍绿而叶脉之间变黄，有时叶片呈红紫色；植株矮小，生长缓慢，缺镁严重时形成褐斑坏死。玉米缺镁时，叶片基部叶绿素积累，出现暗绿色斑点，其余部分呈淡黄色，严重缺镁时，叶片褪色而有条纹，叶尖出现坏死斑点。

6. 硫（S）

植物主要以 SO_4^{2-} 形式从土壤中吸收硫，也可以利用大气中的 SO_2。

（1）硫的主要生理功能

①在蛋白质合成和代谢中有作用，硫是半胱氨酸和甲硫氨酸的组分，参与蛋白质和生物膜的组成；②在电子传递中有作用，硫是铁氧还蛋白、硫氧还蛋白和固氮酶的组分，能够传递电子，因而在光合、固氮、硝态氮还原过程中发挥作用；③作为辅酶 A 的组分，参与多种酶促反应。

（2）缺素症

缺硫时蛋白质合成受阻导致失绿症，其外观症状与缺氮很相似，但发生部位不同，缺硫症状先出现于幼叶，缺氮症状先出现于老叶；缺硫时幼芽先变为黄色，心叶失绿黄化，茎细弱，根细长而不分枝，开花结实推迟，果实减少。

（二）微量元素的作用

1. 铁（Fe）

铁是植物生长发育过程中重要的微量元素，一般认为，Fe^{2+}是植物吸收的主要形式，螯合态铁也可以被吸收，Fe^{3+}在高 pH 条件下溶解度很低，多数植物都难以利用。

铁是很多蛋白质分子氧化还原过程中的重要辅因子，参与植物叶绿素的合成、氧化还原反应、电子传递、光合作用、呼吸作用、抗氧化酶系统、固氮作用以及核酸合成等众多基础代谢过程（李春俭，2015）。铁在土壤中尽管含量丰富，但是其经常沉淀为不溶的三价铁离子氧化物或者氢氧化物，因此很少能被根系吸收（Rumen et al.，2012）。

（1）铁的主要生理功能

①铁是合成叶绿素所必需的元素；②参与植物细胞内的氧化还原反应和电子传递，如各种细胞色素、豆血红蛋白、铁氧还蛋白等都是含铁的有机物，它们的还原能力很强；③参与呼吸作用，因为与呼吸作用有关的细胞色素氧化酶、过氧化氢酶、过氧化物酶等都含有铁。

（2）缺素症

铁不易移动，缺铁时，较幼嫩的叶片发生缺素症，典型的症状是在叶片的叶脉间和细胞网状组织中出现失绿现象，在叶片上往往明显可见叶脉深绿而脉间黄化，黄绿相当明显，生长减缓、产量品质下降等。严重缺铁时，叶片上出现坏死斑点，叶片逐渐枯死。此外，缺铁时根系中还可能出现有机酸的积累，其中主要是苹果酸和柠檬酸。

2. 锰（Mn）

锰作为植物生长必需元素之一，是玉米生长发育过程必不可少的微量元素。锰主要以 Mn^{2+} 形式被吸收，它在植物体内的移动性不大。

（1）锰的主要生理功能

①直接参与光合作用，锰是维持叶绿体结构所必需的微量元素，以结合态参加希尔反应，通过影响叶绿体膜的合成而影响叶绿素的合成，在缺锰细胞中叶绿体发生变化，在叶绿体内不能形成片层，在叶绿体中，锰参与酶的形成，其是光合作用中不可缺少的参与者，影响光合作用中水的光解；②锰是许多酶的活化剂，如酮戊二酸脱氢酶、柠檬酸脱氢酶等；③锰是丙酮酸羟化酶、超氧化物歧化酶、精氨酸酶等的组成成分；④ Mn^{2+} 参与硝酸根的还原过程、蛋白质的合成与水解过程；⑤具有促进氮转化、碳水化合物转移的作用，对提高作物体内的抗坏血酸（即维生素 C）含量也具有一定作用。

（2）锰在玉米生长发育中的作用

在玉米生产中，锰能促进玉米种子发芽和幼苗早期生长，加速花粉萌发和花粉管伸长，提高结实率。锰在玉米生长发育，特别是光合作用过程中起着重要作用。在正常供水和土壤干旱条件下，锰肥的施用明显地改善了玉米的生长状况和叶片叶绿素含量（彭令发等，2004），缓解了干旱对玉米生长的抑制，提高了玉米对干旱胁迫的适应能力。锰是移动性和运转率极低的元素，在整个生育期中，锰始终以叶片分布为主，成熟期叶片中锰含量仍高达 56%～58%，运转率只有 9%～12%。

（3）缺素症

玉米缺锰时，通常表现为叶片失绿并出现坏死斑点，而叶脉仍保持绿色。缺锰和缺镁的症状很类似，但部位不同，缺锰的症状首先出现在幼叶上，而缺镁的症状则首先表现在老叶上。

3. 锌（Zn）

锌是植物生长发育中的必需元素，大部分正常植株锌含量为 25～150mg/kg。植物体的锌多分布在茎尖和幼嫩的叶片中，通常靠近根部的老叶锌含量较低；在玉米中，锌则主要分布在胚，其次为果皮和胚乳。锌主要以 Zn^{2+} 形式被吸收，或以 Zn-PS（植株铁载体）螯合物的形式被植物根系吸收，pH 较高时也以一价阳离子（Zn^+）的形式被植物吸收。

（1）锌的主要生理功能

①锌是某些酶的组分或活化剂，参与呼吸作用及多种物质代谢过程：Zn 是乙醇脱氢酶、铜锌超氧化物歧化酶、碳酸酐酶（CA）、RNA 聚合酶等许多酶的成分。碳酸酐酶是植物光合作用和呼吸作用的关键酶，其活性能够影响大气中的 CO_2 浓度；铜锌超氧化物歧化酶在植物的叶绿体中常与 Fe-SOD 一起控制质膜的脂质过氧化。②参与生长素的代谢，试验证明，锌能促进吲哚和丝氨酸合成色氨酸，而色氨酸是生长素的前体，因此，锌间接影响生长素的形成；缺锌导致生物膜的完整性被破坏，膜透性增加，致使 IAA 的分室作用失控，从而影响 IAA 的运输。③参与光合作用中 CO_2 的水合作用：碳酸酐酶可催化植物光合作用中 CO_2 的水合作用。Zn^{2+} 是碳酸酐酶专性活化离子，它在碳酸酐酶中与酶蛋白牢固结合。缺锌时植物的光合速率大大降低，这不仅与叶绿素含量减少有关，还与 CO_2 的水合作用受阻有关。④锌与蛋白质代谢有密切关系：锌是影响蛋白质合成最为突出的微量元素，缺锌时蛋白质合成受阻，导致植物体内 RNA 聚合酶的活性降低，锌通过影响 RNA 代谢而影响蛋白质的合成。⑤促进生殖器官发育和提高抗逆性：锌可增强植物对不良环境的抵抗力，适量的锌可使抗坏血酸的含量增加，从而提高植物的抗病力和抗寒力。

（2）锌在玉米生长发育中的作用

玉米属于对锌敏感作物，当植株体内锌含量低于 20mg/kg 时，其生长就会受影响。锌肥的施用一般在播前。土施锌肥在提高玉米叶片净光合速率和叶绿素含量、促进光合产物的生产和转移、防止叶片早衰、延长光合时间、促进干物质积累、提高籽粒产量等方面均具有重要作用（刘红霞等，2004）。用适量锌肥处理种子显著提高了玉米营养生长阶段单株叶面积，并有效延长了花粒期绿叶持续时间，增加了玉米营养生长阶段的相对叶绿素含量，有效提高了玉米净光合速率，并延缓了花粒期叶片衰老。施用锌肥能增加夏玉米大喇叭口期、吐丝期和灌浆期叶片中可溶性糖含量及籽粒淀粉含量，提高夏玉米籽粒氮、钾含量，以及夏玉米叶片净光合速率、气孔导度、蒸腾速率及二氧化碳同化能力。叶面喷施锌肥可以改善玉米早期锌缺乏引起的产量下降（Rengel et al.，1999），并且促进玉米叶绿素含量、叶片相对含水量、光合特性等生理指标的增加，增强作物抗旱性，延缓叶片衰老（孙君艳等，2015）。

（3）缺素症

缺锌时，植物生长受抑制，尤其是节间生长严重受阻，主要表现为新芽发白，新叶的叶脉间失绿，而老叶沿着叶脉平行出现许多白色条带，未失绿与失绿部分的分界线十分明显。

一定量低锌比缺锌对玉米的伤害更大，且地上部比地下部更敏感。缺锌和低锌使玉米的株高和茎叶干重均显著降低，植株矮小，叶片小而且呈簇生状，玉米易得花叶病。

4. 硼（B）

硼以 H_2BO_3 形式被吸收，比较集中地分布在子房、柱头等花器官中。

（1）硼的主要生理功能

①促进植物体内碳水化合物的运输和代谢，与糖形成复合物，促进其运输；②参与半纤维素及细胞壁物质的合成；③促进细胞伸长和细胞分裂；④促进花粉的萌发和花粉管伸长，减少花粉中糖的外渗；⑤对由多酚氧化酶活化的氧化系统有一定的调节作用。

（2）缺素症

缺硼时，玉米茎尖生长点生长受抑制，老叶变厚、变脆、畸形，枝条节间短，根短粗兼有褐色，生殖器官发育受阻，结实率低，果实小。

5. 铜（Cu）

铜以 Cu^{2+} 形式被植物吸收。

（1）铜的主要生理功能

①铜是多种氧化酶的成分，参与呼吸作用中 H^+ 氧化成 H_2O 的过程；②铜是质体蓝素（plastocyanin，PC）的组分，参与光合电子传递；③铜也是超氧化物歧化酶（superoxide dismutase，SOD）的组分，参与消除超氧自由基的伤害。

（2）缺素症

铜的移动性较铁、锰强，缺铜初期，玉米叶片生长缓慢，顶端逐渐变白，症状从叶尖开始，随之出现枯斑，最后死亡脱落，严重时顶端枯萎，节间缩短，主茎丧失顶端优势，而分蘖明显增加，呈丛状。缺铜还明显影响植物的生殖生长，使繁殖器官发育受阻、裂果或不能结实。

6. 钼（Mo）

钼在土壤中大量地以钼酸盐（MoO_4^{2-}）形式存在，也以 MoS_2 形式存在。

（1）钼的主要生理功能

钼的功能是参与氮代谢，它是硝酸盐还原酶和固氮酶的组分。在生物固氮过程中，N_2 的还原自始至终是在钼铁蛋白上进行的。

（2）缺素症

缺钼时玉米植株体内的硝酸根不能还原成氨，从而积累硝酸盐使组织坏死，同时叶绿素、氨基酸和蛋白质合成受阻。缺钼时玉米植株表现为老叶脉间缺绿，有坏死斑点，叶边缘向上卷曲。

7. 氯（Cl）

氯以 Cl^- 形式被植物吸收。

（1）氯的主要生理功能

①参与光合作用中水的光解放氧，并且在光合电子传递中 Cl^- 与 H^+ 分别作为 K^+ 与 Mg^{2+} 的对应离子，从叶绿体间质向类囊体腔转移，起到电荷平衡作用；②参与气孔开闭调节，Cl^- 作为液泡中的成分影响渗透势，并与 K^+ 一起参与气孔的开闭运动。

（2）氯在玉米生长发育中的作用

施用含氯化肥可提高玉米籽粒中全氮及蛋白质含量，对磷、钾的吸收影响不大。随着施入 Cl^- 数量的增加，茎秆中 Cl^- 含量随之提高，但籽粒中 Cl^- 含量变化不大，可见施用含氯化肥对玉米品质无不良影响（周宝库和张秀英，1995；唐雪群和葛鹏，1995）。在5叶期以前，Cl^- 浓度在 500mg/L 以内对玉米生长有促进作用，Cl^- 浓度为 1000mg/L 可使叶绿素浓度降低，Cl^- 浓度为 2000mg/L 可使植株干重明显降低，甚至植株枯死。植株不同部位 Cl^- 含量有明显差异，氯在植株体内移动性较差，玉米吸收的氯主要存在于茎秆和中下部叶片，籽粒中含量则较低，其顺序为茎秆＞叶片＞穗轴＞籽粒。

（3）缺素症

缺乏氯的症状首先被发现于 1953 年，这种症状是叶片先萎蔫，而后变成缺绿性坏死，最后变成青铜色，根变得短粗而肥厚，近顶端处变成棒槌状。

上述各种必需元素在植物生命活动中都有自己独特的作用，不能被其他元素代替。

第二节　玉米群体营养元素的吸收利用规律

在玉米生产中，肥料的增产作用占 30% ～ 40%，围绕肥料合理运筹来提高群体质量是实现玉米高产的关键所在。作物群体的改变势必影响植株干物质积累和养分的吸收利用，因此，了解和明确不同类型玉米群体对养分的吸收、同化和转运规律，对于实现营养元素在玉米体内的合理分配与利用、构建优良玉米群体和提高肥料利用效率有重要意义。

一、玉米群体氮吸收利用规律

（一）不同产量水平玉米群体对氮的吸收

随着年份的增长和产量的不断提升，玉米吸氮量也随之增加。根据不同年份吸氮量资料（表 7-1），1963 ～ 1982 年，产量为 3000.0 ～ 6210.8kg/hm²，吸氮量为 96.0 ～ 179.3kg/hm²，1992 ～ 2008 年，产量为 6759.0 ～ 11 392.9kg/hm²，吸氮量为 163.7 ～ 214.4kg/hm²，2009 ～ 2016 年，产量增加至 12 057.8 ～ 17 442.0kg/hm²，吸氮量为 193.2 ～ 359.0kg/hm²。53 年间（1963 ～ 2016 年），玉米产量水平提高了 1.1 ～ 5.8 倍，吸氮量增加了 1.1 ～ 3.7 倍，并且吸氮量与产量存在着显著的正相关关系，其回归方程为 $y=66.24+0.0143x$，相关系数 R^2 为 0.745，即产量每提高 1000kg/hm²，则氮需增加 80.54kg/hm²。由此可见，增加氮肥投入是玉米群体达到高产的必要条件。

表 7-1　不同产量水平玉米群体对氮的吸收量

年份	产量 (kg/hm²)	吸氮量 (kg/hm²)	每 100kg 籽粒吸氮量 (kg)	年份	产量 (kg/hm²)	吸氮量 (kg/hm²)	每 100kg 籽粒吸氮量 (kg)
1963 ～ 1982	3 000.0	96.0	3.20	1992 ～ 2008	10 573.0	214.4	2.03
	3 542.3	101.7	2.87		10 621.3	209.6	1.97
	4 464.0	145.1	3.25		10 755.7	209.9	1.95
	4 929.8	159.7	3.24		11 392.9	167.6	1.47
	5 079.8	179.3	3.53	2009 ～ 2016	12 057.8	194.8	1.62
	5 175.0	153.2	2.96		12 551.1	222.0	1.77
	5 400.0	167.9	3.11		13 078.0	252.4	1.93
	5 844.8	164.8	2.82		13 235.9	206.5	1.56
	6 210.8	160.2	2.58		13 315.0	228.1	1.71
1992 ～ 2008	6 759.0	163.7	2.42		13 492.6	193.2	1.43
	6 957.0	167.6	2.41		13 899.5	208.2	1.50
	7 563.0	175.5	2.32		14 013.0	303.8	2.17
	8 977.9	196.2	2.19		14 339.0	345.9	2.41
	9 310.3	200.9	2.16		14 650.0	312.8	2.14
	9 875.4	192.5	1.95		15 511.0	354.0	2.28
	10 102.9	204.2	2.02		15 583.5	312.4	2.00
	10 491.9	207.0	1.97		17 442.0	359.0	2.06

注：本表为不同条件下试验结果的汇集。数据引自毕文波（2011）；王宜伦（2010）；王滕（2014）；王磊等（2016）；易镇邪等（2006）；杨恒山等（2011）；山东省农业科学院（1986）；周怀平和王久志（1996）

随着产量水平的不断提高，每生产 100kg 籽粒所需的氮量反而呈下降趋势。产量为 3000.0 ～ 6210.8kg/hm² 时，每 100kg 籽粒吸氮量平均为 3.06kg，产量为 6759.0 ～ 11 392.9kg/hm² 时，每 100kg 籽粒吸氮量平均为 2.07kg，产量增加至 12 057.8 ～ 17 442.0kg/hm² 时，每

100kg 籽粒吸氮量平均为1.89kg。每100kg 籽粒吸氮量与产量的关系可表述为 $y=3.3683-0.0001x$，相关系数 R^2 为0.5993，反映了玉米群体产量越高，籽粒吸氮量越少，氮生产效益越高。

（二）超高产玉米对氮的吸收

1. 不同生育阶段氮吸收规律

由于品种改良及栽培管理措施的不断提高，高产甚至超高产将是未来玉米生产的主要方向。曹国军（2011）排除了品种和密度的影响，对吉林省高产及超高产玉米的氮吸收与分配规律进行了研究，结果表明，随着玉米产量的增加，植株需氮量也明显增加，产量由9351kg/hm²（平产）增加到12 874kg/hm²（高产），生育期氮总吸收量增加了75.5kg/hm²（45.7%）；产量由12 874kg/hm²（高产）增加到16 285kg/hm²（超高产），生育期氮总吸收量增加了69.3kg/hm²（28.8%）；产量由9351kg/hm²（平产）增加到16 285kg/hm²（超高产），生育期氮总吸收量增加了144.8kg/hm²（87.6%）（表7-2）。由此可见，保证氮营养供给对于玉米获得高产具有重要意义。

表 7-2 不同产量水平玉米氮吸收与分配（曹国军，2011）

生育阶段	平产（9 351kg/hm²）		高产（12 874kg/hm²）		超高产（16 285kg/hm²）	
	吸收量（kg/hm²）	所占百分比（%）	吸收量（kg/hm²）	所占百分比（%）	吸收量（kg/hm²）	所占百分比（%）
出苗—苗期	5.7	3.4	5.9	2.5	6.6	2.1
苗期—拔节期	20.2	12.2	25.0	10.4	31.6	10.2
拔节期—喇叭口期	53.2	32.2	73.2	30.4	94.3	30.4
喇叭口期—抽雄吐丝期	39.1	23.7	49.0	20.3	56.7	18.3
抽雄吐丝期—灌浆期	35.0	21.2	52.3	21.7	69.0	22.3
灌浆期—乳熟期	7.4	4.5	23.5	9.8	30.0	9.7
乳熟期—蜡熟期	2.0	1.2	8.0	3.3	14.1	4.5
蜡熟期—成熟期	2.7	1.6	3.9	1.6	7.8	2.5
苗期—抽雄吐丝期	112.5	68.1	147.2	61.1	182.6	58.9
抽雄吐丝期—成熟期	47.1	28.5	87.7	36.4	120.9	39.0
总吸收量	165.3	100.0	240.8	100.0	310.1	100.0

拔节期之前，不同产量水平玉米氮累积量并没有明显差异，而拔节期以后超高产玉米植株氮累积量开始明显高于高产及平产。拔节期—抽雄吐丝期，玉米植株体内氮大量累积，超高产、高产和平产玉米在该阶段的氮累积量分别为151.0kg/hm²、122.2kg/hm²和92.3kg/hm²，其中超高产玉米氮累积量分别较高产玉米和平产玉米分别增加了23.6%和63.6%。然而此阶段超高产玉米氮累积量占全生育期氮总吸收量的48.7%，低于高产玉米的50.7%和平产玉米的55.9%。抽雄吐丝期—灌浆期，玉米对氮的吸收量开始缓慢降低，超高产、高产和平产玉米在该阶段的氮累积量分别为69.0kg/hm²、52.3kg/hm²和

35.0kg/hm²，其中超高产玉米氮累积量分别较高产玉米和平产玉米分别增加了 31.9% 和 97.1%。因此，在实际生产中，这一阶段应重视对超高产玉米群体氮的补充，以防止养分供应不足所导致的植株早衰和籽粒灌浆能力下降。灌浆期—成熟期，超高产玉米氮累积量占全生育期氮总吸收量的百分比开始明显高于高产玉米和平产玉米，并且氮累积量仍保持了相对较高的水平，为 51.9kg/hm²，分别较高产玉米和平产玉米增加了 46.6% 和 328.9%。以上结果表明超高产玉米群体在拔节期以后始终具有较高的氮营养需求，并且其抽雄吐丝期以后氮累积量占植株氮总吸收量的比例开始增大，因此在实际生产中，要注意生育期后期氮的营养调控，及时满足超高产玉米群体的氮营养需求。

2. 不同生育阶段氮吸收速率

不同产量水平下，玉米生育期内氮吸收速率的变化规律基本一致，即拔节期—抽雄吐丝期为玉米植株氮吸收速率最大的时期，在抽雄吐丝期达到最高点后氮吸收速率开始迅速下降，乳熟期后玉米氮吸收速率下降相对缓慢，直至成熟期降到最低（图7-1）。不同产量水平玉米氮吸收速率在拔节期后表现出明显差异，即超高产＞高产＞平产。在抽雄吐丝期，超高产玉米最大氮吸收速率为 5.7kg/(hm²·d)，分别较高产玉米和平产玉米提高了 0.8kg/(hm²·d) 和 4.6kg/(hm²·d)。而在玉米生育后期，超高产玉米仍保持了较高的氮吸收速率，灌浆期—成熟期，超高产玉米平均氮吸收速率分别为高产玉米和平产玉米的 1.4 倍和 2.7 倍。因此，在生产中不应只看重生育前期玉米植株对氮养分的吸收与利用，提高生育后期的氮吸收速率是超高产玉米氮营养调控的关键所在。

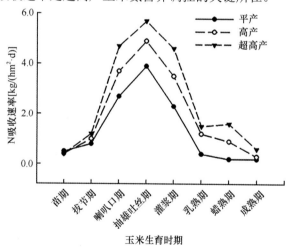

图 7-1　不同产量水平玉米氮吸收速率动态变化

数据引自曹国军（2011），平产、高产及超高产的产量水平分别为9351kg/hm²、12 874kg/hm² 及 16 285kg/hm²

3. 玉米不同器官氮分配特征

随着营养中心的转移，氮在玉米体内各器官间的分配比例也发生相应的变化（图7-2）。在生育前期（拔节期—抽雄吐丝期），超高产玉米能将更多的氮分配至茎秆，而平产玉米由于氮供给不足，氮则更多地向叶片和叶鞘分配。平产玉米产量形成主要依靠营养生长阶段的氮积累及其再分配，因此在生育后期（抽雄吐丝期—成熟期），平产玉米营养器官中的养分大量转移至籽粒，导致籽粒氮分配比例增高；而超高产玉米除满足籽粒氮需求外，还可将剩余部分氮分配到茎秆、叶片中，导致籽粒氮分配比例相对降低。超高产玉米这种氮在各器官间的分布特点，对延缓营养器官过早衰老、促进产量形成具有重要作用。增加种植密度是获得超高产的重要途径，然而种植密度的增加往往造成生育后期叶片的早衰（吕丽华等，2008a，2008b）。施氮量的增加有利于延缓玉米生育后期叶片衰老（李潮海等，2002），因此相对增加生育后期的氮供给，提高叶片保护酶的生理活性，使玉米群体在生育后期保持较高的冠层光合能力，充分发挥库和源的潜力，对于创建超高产玉米群体具有重要意义。

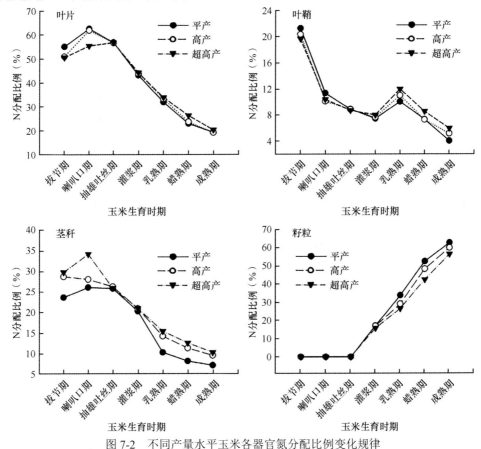

图 7-2　不同产量水平玉米各器官氮分配比例变化规律

数据引自曹国军（2011），平产、高产及超高产的产量水平分别为 9351kg/hm²、12 874kg/hm² 及 16 285kg/hm²

二、玉米群体磷吸收利用规律

（一）不同产量水平玉米群体对磷的吸收

玉米吸磷量随着产量的提高而增加。由表 7-3 可知，1963～1982 年，产量为 3000.0～6210.8kg/hm²，吸磷量为 54.0～88.6kg/hm²，1991～2008 年，产量为 6957.0～

11 424.0kg/hm^2，吸磷量为 46.5～110.6kg/hm^2，2009～2016 年，产量为 12 057.8～17 442.0kg/hm^2，吸磷量为 71.5～155.6kg/hm^2。吸磷量与产量的关系可表述为 y=65.511+0.0012x，但相关系数 R^2 为 0.0448，二者相关性并不显著。

表 7-3　不同产量水平玉米群体对磷（P$_2$O$_5$）的吸收量

年份	产量（kg/hm^2）	吸磷量（kg/hm^2）	每 100kg 籽粒吸磷量（kg）	年份	产量（kg/hm^2）	吸磷量（kg/hm^2）	每 100kg 籽粒吸磷量（kg）
1963～1982	3 000.0	54.0	1.80	1991～2008	10 192.0	49.5	0.49
	3 542.3	59.2	1.67		10 407.0	69.9	0.67
	4 464.0	77.2	1.73		11 237.0	54.8	0.49
	4 929.8	76.9	1.56		11 424.0	49.9	0.44
	5 079.8	75.2	1.48	2009～2016	12 057.8	93.4	0.77
	5 175.0	88.0	1.70		12 551.1	92.2	0.73
	5 400.0	88.6	1.64		13 078.0	155.6	1.19
	5 844.8	87.7	1.50		13 235.9	97.6	0.74
	6 210.8	82.0	1.32		13 315.0	98.3	0.74
1991～2008	6 957.0	46.5	0.67		13 492.6	97.1	0.72
	7 563.0	47.1	0.62		13 899.5	101.7	0.73
	7 894.5	58.4	0.74		14 013.0	71.5	0.51
	8 051.0	86.8	1.08		14 339.0	79.7	0.56
	8 313.0	58.8	0.71		14 650.0	75.3	0.51
	8 327.0	110.6	1.33		15 583.5	82.0	0.53
	8 862.0	70.6	0.80		16 088.0	107.2	0.67
	9 348.0	70.1	0.75		17 442.0	104.6	0.60

注：本表为不同条件下试验结果的汇集，数据引自山东省农业科学院（1986）；张肇元和卢锦屏（1991）；屏亚和凌碧莹（1994）；周怀平和王久志（1996）；张慧等（2008）；毕文波（2011）；杨恒山等（2011）；黄莹等（2014）；佟王朦（2014）；王磊等（2016）

每 100kg 籽粒吸磷量随产量的增加而呈降低趋势。产量为 3000.0～6210.8kg/hm^2 时，每 100kg 籽粒吸磷量为 1.32～1.80kg，产量为 6957.0～11 424.0kg/hm^2 时，每 100kg 籽粒吸磷量为 0.44～1.33kg，产量增加至 12 057.8～17 442.0kg/hm^2 时，每 100kg 籽粒吸磷量为 0.51～1.19kg。每 100kg 籽粒吸磷量与产量的关系可表述为 y=1.862–0.000 09x，相关系数 R^2 为 0.6685。由此说明，玉米产量越高，每生产 100kg 籽粒所需的磷越少，肥效越高。

（二）超高产玉米对磷的吸收

1. 不同生育阶段磷吸收规律

不同产量水平下玉米植株磷吸收量差异显著。除灌浆期—乳熟期外，超高产玉米在出苗后磷吸收量始终高于高产和平产玉米，对磷始终保持着很高的需求。超高产玉米植株磷总吸收量分别较高产和平产玉米增加了 18.3kg/hm^2 和 35.5kg/hm^2，提高幅度为 28.5% 和 75.5%（表 7-4）。因此，保证全生育期的磷供给对超高产玉米产量形成具有重要意义。

表 7-4　不同产量水平玉米磷（P_2O_5）的吸收与分配（曹国军，2011）

生育阶段	平产（9 351kg/hm²）		高产（12 874kg/hm²）		超高产（16 285kg/hm²）	
	吸收量（kg/hm²）	所占百分比（%）	吸收量（kg/hm²）	所占百分比（%）	吸收量（kg/hm²）	所占百分比（%）
出苗—苗期	0.7	1.5	0.7	1.1	0.9	1.1
苗期—拔节期	6.5	13.8	8.2	12.8	10.5	12.7
拔节期—喇叭口期	7.4	15.7	12.4	19.3	19.7	23.9
喇叭口期—抽雄吐丝期	16.9	36.0	20.3	31.6	21.7	26.3
抽雄吐丝期—灌浆期	10.9	23.2	15.3	23.8	21.2	25.7
灌浆期—乳熟期	2.8	6.0	3.8	5.9	3.2	3.9
乳熟期—蜡熟期	1.0	2.1	2.1	3.3	3.0	3.6
蜡熟期—成熟期	0.8	1.7	1.4	2.2	2.3	2.8
苗期—抽雄吐丝期	30.8	65.5	40.9	63.7	51.9	62.9
抽雄吐丝期—成熟期	15.5	33.0	22.6	35.2	29.7	36.0
总吸收量	47.0	100.0	64.2	100.0	82.5	100.0

不同产量水平下，玉米磷阶段累积量及其占总吸收量的百分比均表现为生育前期（苗期—抽雄吐丝期）大于生育后期（抽雄吐丝期—成熟期），其中喇叭口期—灌浆期为高产和平产玉米植株磷吸收量最大阶段，拔节期—灌浆期为超高产玉米植株磷吸收量最大阶段。生育前期和生育后期，磷吸收量均表现为超高产＞高产＞平产。但磷阶段累积量占总吸收量的百分比表现不同，生育前期表现为平产（65.5%）＞高产（63.7%）＞超高产（62.9%），生育后期表现为超高产（36.0%）＞高产（35.2%）＞平产（33.0%），反映了超高产玉米在生育后期对磷的吸收仍然具有较强的能力。由于磷在土壤中移动性小，又易被土壤固定，作基肥施用的磷肥很难满足玉米生长中后期对磷的需求。而拔节期—灌浆期是超高产玉米磷累积量最大的时期，因此磷肥追施可能比基施对产量提高更有意义。王聪宇（2014）也指出，磷肥总施用量50%作基肥，25%作拔节期追肥，25%作大喇叭口期追肥可作为超高产玉米的磷肥施用方式。

2. 不同生育阶段磷吸收速率

与氮吸收速率类似，不同产量水平下玉米植株磷吸收速率在抽雄吐丝期达到最大（图 7-3）。玉米生育期内，超高产玉米的磷吸收速率始终高于高产和平产玉米，生育前期（苗期—抽雄吐丝期），超高产玉米的磷吸收速率分别为高产和平产玉米的 1.2 倍和 1.5 倍，生育后期（灌浆期—成熟期），超高产玉米的磷吸收速率分别为高产和平产玉米的 1.3 倍和 2.0 倍。不同产量水平玉米群体磷吸收速率在拔节期—喇叭口期和抽雄吐丝期—灌浆期差异较大，其中，拔节期—喇叭口期，超高产玉米的磷吸收速率分别较高产和平产玉米提高 $0.23kg/(hm^2 \cdot d)$（47.9%）和 $0.39kg/(hm^2 \cdot d)$（124.2%），抽雄吐丝期—灌浆期，超高产玉米的磷吸收速率分别较高产和平产玉米提高 $0.27kg/(hm^2 \cdot d)$（17.4%）和 $0.59kg/(hm^2 \cdot d)$（48.5%）。因此，拔节期—喇叭口期和抽雄吐丝期—灌浆期可作为高产玉米群体磷调控的重要时期。

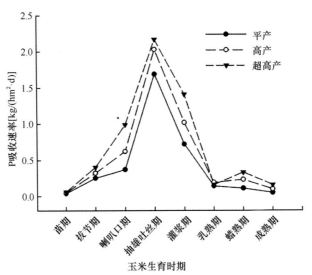

图 7-3　不同产量水平玉米磷吸收速率动态变化

数据引自曹国军（2011），平产、高产及超高产的产量水平分别为9351kg/hm²、12 874kg/hm² 及 16 285kg/hm²

3. 玉米不同器官磷分配特征

不同产量水平玉米植株各器官磷分配特征表现出一定差异（图 7-4）。抽雄吐丝期之前，叶片拔节期—喇叭口期为超高产＞高产＞平产，喇叭口期—抽雄吐丝期为平产＞高产＞超高产，叶鞘均表现为超高产＞高产＞平产，茎秆拔节期—喇叭口期为平产＞高产＞超高产，喇叭口期—抽雄吐丝期为超高产＞高产＞平产；抽雄吐丝期之后，叶片和茎秆磷分配比例均表现为超高产＞高产＞平产，叶鞘表现为平产＞高产＞超高产；在抽雄吐丝期以后的各生育期，籽粒中磷的分配比例均表现为平产＞高产＞超高产。可见，生育前期超高产玉米植株磷累积量大，营养器官（叶片和叶鞘）中磷的分配比例也较高，而生育后期超高产玉米除满足籽粒磷需求外，营养器官（叶片和茎秆）仍保持了较高的磷分配比例，有利于营养器官累积的磷继续向籽粒转移，促进产量形成。

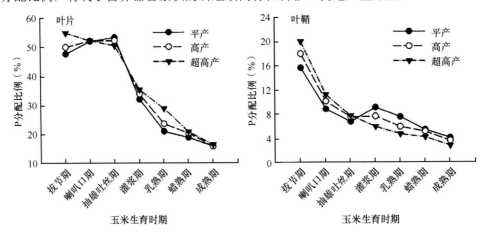

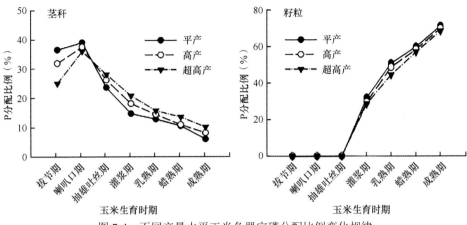

图 7-4　不同产量水平玉米各器官磷分配比例变化规律

数据引自曹国军（2011），平产、高产及超高产的产量水平分别为 9351kg/hm²、12 874kg/hm² 及 16 285kg/hm²

三、玉米群体钾吸收利用规律

（一）不同产量水平玉米群体对钾的吸收

与氮和磷吸收规律类似，玉米吸钾量随着产量的提高而增加（表 7-5）。1963 ～ 1982年，产量为 3000.0 ～ 6210.8kg/hm²，吸钾量为 91.5 ～ 183.2kg/hm²，1991 ～ 2008 年，产量为 7894.5 ～ 11 424.0kg/hm²，吸钾量为 168.7 ～ 307.1kg/hm²，2009 ～ 2016 年，产量增加至 12 057.8 ～ 17 442.0kg/hm²，吸钾量为 191.1 ～ 326.4kg/hm²。53 年间（1963 ～ 2016年），玉米产量提高了 5847 ～ 14 442kg/hm²，吸钾量增加了 8 ～ 234kg/hm²，并且吸钾量与产量存在着显著的正相关关系，其回归方程可表达为 $y=67.232+0.0143x$，相关系数 R^2为 0.6832，即产量每提高 1000kg/hm²，则钾需增加 69.9kg/hm²。由此可见，玉米对钾的需求仅次于氮，欲获得高产玉米群体必须加大钾肥的投入。

表 7-5　不同产量水平玉米群体对钾（K_2O）的吸收量

年份	产量（kg/hm²）	吸钾量（kg/hm²）	每 100kg 籽粒吸钾量（kg）	年份	产量（kg/hm²）	吸钾量（kg/hm²）	每 100kg 籽粒吸钾量（kg）
	3 000.0	91.5	3.05		7 894.5	169.7	2.15
	3 542.3	98.8	2.79		8 313.0	173.5	2.09
	4 464.0	106.7	2.39		8 531.6	168.7	1.98
	4 929.8	103.5	2.10		9 060.0	182.7	2.02
1963 ～ 1982	5 079.8	106.7	2.10	1991 ～ 2008	9 366.0	202.3	2.16
	5 175.0	138.2	2.67		9 687.0	200.2	2.07
	5 400.0	138.2	2.56		9 884.0	237.0	2.40
	5 844.8	157.2	2.69		10 192.0	239.2	2.35
	6 210.8	183.2	2.95		10 472.0	249.9	2.39

续表

年份	产量 （kg/hm²）	吸钾量 （kg/hm²）	每100kg 籽粒 吸钾量（kg）	年份	产量 （kg/hm²）	吸钾量 （kg/hm²）	每100kg 籽粒 吸钾量（kg）
1991～2008	11 088.0	267.8	2.42		13 899.5	326.4	2.35
	11 106.2	277.2	2.50		14 152.9	248.7	1.76
	11 424.0	307.1	2.69		14 460.2	288.9	2.00
2009～2016	12 057.8	213.9	1.77	2009～2016	14 653.7	273.7	1.87
	12 551.1	275.0	2.19		15 046.5	262.7	1.75
	13 078.0	241.9	1.85		15 535.6	301.6	1.94
	13 235.9	307.0	2.32		15 583.5	191.1	1.23
	13 492.6	281.2	2.08		17 442.0	207.9	1.19

注：本表为不同条件下试验结果的汇集，数据引自山东省农业科学院（1986）；张肇元和卢锦屏（1991）；周怀平和王久志（1996）；张慧等（2008）；翟立普（2010）；杨恒山等（2011）；朱琳（2011）；王朦（2014）；王磊等（2016）；车明等（2017）

随着产量水平的不断提高，每生产100kg 籽粒所需的钾量呈下降趋势。产量为3000.0～6210.8kg/hm² 时，每100kg 籽粒吸钾量平均为2.58kg，产量为7894.5～11 424.0kg/hm² 时，每100kg 籽粒吸钾量平均为2.67kg，产量增加至12 057.8～17 442.0kg/hm² 时，每100kg 籽粒吸钾量平均为1.87kg。每100kg 籽粒吸钾量与产量的关系可表述为$y=2.9559-0.0007x$，相关系数R^2 为0.4966，即说明越是高产，钾效益越高。

（二）超高产玉米对钾的吸收

1. 不同生育阶段钾吸收规律

根据张玉芹（2011）的超高产玉米栽培试验结果，玉米对钾的吸收主要集中在出苗—喇叭口期，该阶段超高产玉米吸钾量较高产玉米增加了6.3kg/hm²，但超高产玉米钾阶段吸收量占总吸收量的百分比为55.8%，低于高产玉米的58.5%（表7-6）。与氮、磷吸收规律不同，超高产与高产玉米在乳熟期—成熟期的钾吸收量为负值，即乳熟期后玉米不再吸收钾，并且植株所累积的钾通过落叶及死根等形式流失掉。钾吸收速率的峰值均出现在喇叭口期—抽雄吐丝期，该阶段超高产玉米钾吸收速率较高产玉米提高了0.4kg/（hm²·d），提高幅度为11.1%；而抽雄吐丝期—乳熟期，超高产玉米钾吸收速率较高产玉米提高了0.2kg/（hm²·d），提高幅度为16.7%。喇叭口期—抽雄吐丝期及抽雄吐丝期—乳熟期超高产玉米钾吸收量、吸收速率及阶段吸收量占总吸收量的比例均高于高产玉米，说明超高产玉米群体能够增强生育中后期对钾的吸收。因此在生产中，保证玉米生育前期充足的钾供给是超高产玉米栽培的必要条件，而协调和提高玉米中后期的钾吸收速率对于发挥玉米生产潜力具有重要意义。

表 7-6　不同产量水平玉米钾（K$_2$O）的吸收与分配（张玉芹，2011）

生育阶段	高产（14 330kg/hm^2）			超高产（16 436kg/hm^2）		
	吸收量（kg/hm^2）	所占百分比（%）	吸收速率[kg/(hm^2·d)]	吸收量（kg/hm^2）	所占百分比（%）	吸收速率[kg/(hm^2·d)]
出苗—喇叭口期	104.2	58.5	1.9	110.5	55.8	2.0
喇叭口期—抽雄吐丝期	45.5	25.5	3.6	51.5	26.0	4.0
抽雄吐丝期—乳熟期	38.5	21.6	1.2	45.3	22.9	1.4
乳熟期—成熟期	−10.1	−5.7	−0.3	−9.3	−4.7	−0.3
总吸收量	178.1	100.0	—	198.0	100.0	—

2. 玉米不同器官钾分配特征

研究表明，玉米在超高产水平（15 435kg/hm^2）下，植株中的钾在抽雄吐丝期之前主要分配到叶片和茎秆中，占全株钾含量的 70% 以上（表 7-7）。叶片、叶鞘和茎秆中钾累积量在抽雄吐丝期达到最高，而在灌浆期各营养器官中的钾大量分配至穗部，使得穗部钾分配比例高达 47.2%。灌浆期以后，叶片、叶鞘和穗部的钾累积量逐渐下降，而茎秆中的钾累积量在蜡熟期和成熟期又有所增加。籽粒在成熟期的钾含量仅为总钾量的 19.8%，说明钾最终没有转移至籽粒中，而是最终转移至茎秆中。钾这一分配特点是由于在籽粒形成过程中钾参与籽粒的代谢过程，其生理功能完成以后，便转移至茎秆中，很少在籽粒中储存。超高产玉米群体由于种植密度增大，倒伏往往成为限制产量提高的关键因素。因此，增施钾肥，满足玉米前期的钾供应，并提高玉米生育后期茎秆中钾的累积量是获得超高产玉米的有效手段（勾玲等，2007；张玉芹，2011）。

表 7-7　超高产玉米不同器官钾（K$_2$O）的累积与分配（曹国军等，2008）

植株器官	项目	苗期	拔节期	喇叭口期	抽雄吐丝期	灌浆期	乳熟期	蜡熟期	成熟期
叶片	累积量（kg/hm^2）	2.8	16.2	71.4	92.3	83.8	64.4	76.9	51.4
	分配比例（%）	100.0	44.3	39.5	34.8	22.5	35.0	34.7	28.1
叶鞘	累积量（kg/hm^2）	—	20.4	44.9	72.9	34.2	26.4	22.6	21.6
	分配比例（%）	—	55.7	24.8	27.5	9.2	14.4	10.2	11.8
茎秆	累积量（kg/hm^2）	—	—	64.6	99.8	46.4	43.7	88.0	56.0
	分配比例（%）	—	—	35.7	37.7	12.5	23.8	39.7	30.7
穗部	累积量（kg/hm^2）	—	—	—	—	175.7	33.1	17.8	17.5
	分配比例（%）	—	—	—	—	47.2	18.0	8.0	9.6
籽粒	累积量（kg/hm^2）	—	—	—	—	31.9	16.2	16.2	36.2
	分配比例（%）	—	—	—	—	8.6	8.8	7.3	19.8

四、玉米群体锌吸收利用规律

（一）玉米不同生育时期锌累积特征

玉米是对锌最敏感的作物之一。孙建华（2013）在吉林省风沙土和黑土两种土壤上研究了不同施锌量对玉米锌吸收和累积的影响。结果表明（图7-5），风沙土和黑土不同施锌量对玉米各生育期地上部锌累积量的影响变化规律基本相同，即随着生育期不断推进和干物质的不断积累，玉米体内锌累积量不断增加，并在成熟期达到最高。随施锌量增加，植株地上部锌累积量也呈增加趋势，由于黑土有机质含量高，土壤有效锌含量高，黑土植株地上部锌累积量要高于风沙土。拔节期—抽雄吐丝期是玉米锌吸收最旺盛的时期，随植株进入生殖生长阶段，锌吸收速率也随之降低。因此应将锌肥主要作为播种前拌种或基肥施用，满足玉米生育前期的锌供应，是提高玉米植株体内锌累积量的有效手段（李百西，2009）。然而单施锌肥会限制玉米的营养生长，锌肥必须与氮肥和钾肥配合施用。只有在生育初期满足了氮和钾的供应，促进了玉米营养生长才会使锌肥发挥最大的效应（董社琴和周健，2005）。

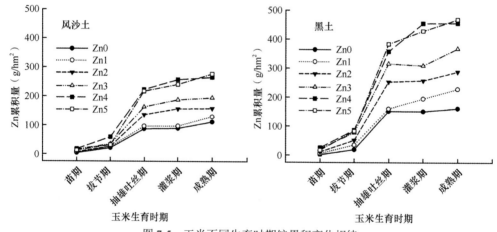

图7-5　玉米不同生育时期锌累积变化规律

数据引自孙建华（2013），Zn0 ~ Zn5 分别指施锌肥（$ZnSO_4 \cdot 7H_2O$）水平 0kg/hm²、10kg/hm²、25kg/hm²、50kg/hm²、100kg/hm² 和 150kg/hm²

（二）玉米籽粒与秸秆锌分配特征

风沙土土壤，不同施锌水平秸秆和籽粒锌累积量分别为57.8 ~ 187.3g/hm²和53.6 ~ 90.1g/hm²，黑土土壤，不同施锌水平秸秆和籽粒锌累积量分别为93.0 ~ 348.4g/hm²和72.8 ~ 124.7g/hm²。籽粒是锌累积和分配的主要部位，风沙土和黑土玉米籽粒锌分配比例分别为32.5% ~ 49.3%和26.3% ~ 43.9%。无论是风沙土还是黑土，随着锌施用量水平的提高，秸秆和籽粒的锌累积量也随之提高，但籽粒锌分配比例却有下降的趋势（表7-8）。

表 7-8　玉米籽粒和秸秆锌的累积与分配（孙建华，2013）

土壤类型	项目	锌肥水平					
		Zn0	Zn1	Zn2	Zn3	Zn4	Zn5
风沙土	秸秆累积量（g/hm²）	57.8	65.8	85.0	118.8	179.3	187.3
	分配比例（%）	51.9	50.7	53.6	60.8	67.5	67.5
	籽粒累积量（g/hm²）	53.6	63.9	73.6	76.6	86.5	90.1
	分配比例（%）	48.1	49.3	46.4	39.2	32.5	32.5
黑土	秸秆累积量（g/hm²）	93.0	148.0	194.5	255.2	335.8	348.4
	分配比例（%）	56.1	63.4	66.4	68.5	72.9	73.7
	籽粒累积量（g/hm²）	72.8	85.5	98.4	117.3	124.7	124.6
	分配比例（%）	43.9	36.6	33.6	31.5	27.1	26.3

注：Zn0～Zn5 分别指施锌肥（$ZnSO_4 \cdot 7H_2O$）水平 0kg/hm²、10kg/hm²、25kg/hm²、50kg/hm²、100kg/hm² 和 150kg/hm²

（三）锌施用量与玉米产量的关系

由图 7-6 可知，锌施用量与玉米产量呈显著的二次函数关系，风沙土和黑土锌施用量与产量的关系可分别表述为 $y=-0.0538x^2+8.6054x+5818.4$（$R^2=0.8200$）和 $y=-0.1122x^2+16.216x+7516$（$R^2=0.7995$）。由此可见，当锌达到一定施用量时，产量就不再提高，反而下降。风沙土在 50kg/hm² 锌肥水平下产量达到最高，为 6180kg/hm²，较不施锌肥对照提高了 7.3%。黑土亦在 50kg/hm² 锌肥水平下产量达到最高，为 8230kg/hm²，较不施锌肥对照提高了 10.8%。

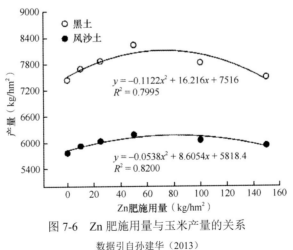

图 7-6　Zn 肥施用量与玉米产量的关系

数据引自孙建华（2013）

第三节　玉米群体养分利用效率及其提高途径

随着国际性农业持续发展热潮的兴起，提高农业生产效率，保护和改善人类赖以生存的环境条件已成为农业科学研究的重要课题，提高养分资源的利用效率是其中的一个重要环节。作物养分资源包括土壤养分及肥料和环境提供的所有养分。这不仅要求我们在玉米生产中必须合理施肥，发挥土壤潜在养分的增产作用，以最少的投入取得最大的效益，而且要充分挖掘作物的营养遗传潜力，以达到节肥和提高养分资源利用效率、减少肥料损失的目的，最终使玉米群体对养分资源的利用效率有较大幅度的提高。

一、养分利用效率的概念

由于研究对象、研究目的以及研究立地等的不同，在对植物的养分利用效率的理解上，不同的学者有不同的表达方式。综合前人在养分利用效率方面的研究，将曾用的名称及其定义列于表 7-9。由于研究肥料利用效率时所用名称有时与养分相混，因此也列入表 7-9 内。不同学科所研究的重点不同。例如，植物生理学领域着重于养分生理效率的研究，农学和植物营养学领域较重视肥料利用效率和回收率、养分收获指数和养分利用效率等的研究，而土壤学领域则更重视包含养分的吸收、土壤养分的供应和消耗以及产量在内的土壤养分利用效率。就玉米生产而言，养分利用效率一般是指肥料利用效率。

表 7-9　有关养分和肥料利用（效）率的各种名称和定义（李韵珠等，2000）

名称	定义	符号及表达
肥料利用（效）率	植物吸收来自所施肥料的养分占所施肥料养分总量的百分数	$(Nup-Nc)/Nf$
肥料（养分）回收率	植物吸收来自所施肥料的养分占所施肥料养分总量的百分数	RF，$(Nup-Nc)/Nf$
肥料利用（效）率	经济产量/施肥量（某种养分）	$(Y-Yc)/Nf$
养分效率	经济产量/施肥量（某种养分）	NE，$(Y-Yc)/Nf$
农学效率	经济产量/施肥量（某种养分）	AE，$(Y-Yc)/Nf$
养分效率比	经济产量（或生物量）/植物所吸收的养分量	NER，Y/Nup
养分利用（效）率	经济产量（或生物量）/植物所吸收的养分量	NUE，Y/Nup
生理效率	经济产量（或生物量）/植物所吸收的养分量	PE，Y/Nup
养分利用（效）率	经济产量乘以养分效率比	NUE，$Y\times(Y/Nup)$
养分收获指数	籽粒中的养分量/植物吸收的养分量	NHI，Ng/Nup
养分转移效率	籽粒中的养分量/植物吸收的养分量	Ng/Nup
养分吸收（效）率	植物吸收的养分/土壤有效养分量	Nup/Nav
有效养分吸收效率	植物吸收的养分量/土壤有效养分量	Nup/Nav
养分吸收效率	植物吸收的养分量/（根长、根面积或根重）	$Nup/(LR、AR/WR)$
养分利用（效）率	经济产量（或生物量）/施肥中的养分量与土壤养分变化量的差值	NUE，$Y(BM)/[Nf-(Ne-Ni)]$
养分利用（效）率	经济产量（或生物量）/土壤有效养分量（以 Nf 代替土壤有效养分量）	NUE，$Y(BM)/Nav(Nf)$
养分利用（效）率	经济产量（或生物量）/土壤供应的养分量（所有土壤潜在有效养分来源的总和）	NUE，$Y(BM)/Ns$
土壤养分资源利用效率	经济产量/土壤养分消耗量	NUE，$Y/Ncon$

注：Nup. 植物吸收的养分量；Nf. 所施肥料中的养分量；Nc. 未施肥条件下植物吸收的养分量；Yc. 未施肥条件下的产量；Ng. 籽粒中的养分量；Ni. 土壤初始养分量；Ne. 土壤期末养分量；Nav. 土壤有效养分量；Ns. 土壤供应的养分量；RF. 肥料（养分）回收率；NE. 养分效率；AE. 农学效率；NER. 养分效率比；NUE. 养分利用（效）率；PE. 生理效率；NHI. 养分收获指数；Y. 经济产量；LR. 根长；AR. 根面积；WR. 根重；BM. 生物量；Ncon. 土壤养分消耗量

一些报道认为，我国的肥料养分利用率较低（陈同斌等，2002），大量的田间试验结果表明，我国主要粮食作物氮、磷的肥料平均利用率分别小于 30% 和 15%，钾肥利用率仅在 30% 左右，并较以前显著下降（张福锁等，2008）。这样的肥料利用率数据是否正确，存在什么样的问题，怎么进行肥料利用率的正确计算与评估？近些年来，已经有一些研究者对当前采用的肥料利用率的算法进行了质疑、分析和讨论（巨晓棠和张福锁，2003；田昌玉等，2016）。也有一些研究者提出了肥料利用率的新算法，如中国科学院南京土壤研究所的王火焰和周健民（2014）对当前肥料利用率计算方法存在的问题进行了分析，基于肥料养分与土壤养分转化的复杂性和不可完全区分的实际情况，提出了与养分损失率直接对应的养分真实利用率的算法，并论证了该算法也是肥料养分真实利用（效）率的最佳算法。

二、肥料利用率及肥料养分真实利用率

（一）肥料利用率计算结果存在的问题

自化肥被发明和施用以来，人们一直想通过肥料利用率来度量肥料施用效果。传统肥料利用率是指当季作物吸收肥料养分占施用肥料养分的百分率，而没有反映肥料养分对土壤养分消耗的补偿效应。由于概念和算法本身缺陷，加之对结果解析和理解不够，当前普遍采用的肥料利用率公式计算的结果主要存在以下几方面的问题。其一，不能反映肥料养分的真实利用率。当前的肥料利用率反映的仅是肥料养分当季的表观利用率，易受多种因素如土壤基础肥力、施肥量、作物产量等的影响而极易变化（陈伦寿，1996）。其二，不能提供高效施肥需要达到的最终肥料利用率目的，也难以基于该表观利用率的数值来判断施肥策略是否正确恰当。人们认为当前我国肥料利用率比较低，但最理想的状况是让肥料利用率提高到多少呢？目前还没有人能回答这个问题。其三，不能准确反映肥料养分的损失率。没有被作物吸收利用的肥料养分一部分残留于土壤，另一部分则因挥发、径流或淋溶而损失掉了。留在土壤中的养分未被消耗前，是培肥地力的需要，多数将被后茬作物利用。损失掉的养分因资源损失和污染环境而成为当前施肥最大的危害。施到土壤中的肥料或多或少都会有一部分通过各种途径进入到周围环境中，其损失量和损失率才是我们最关心的，也是所有施肥策略和措施需要重点考虑的因素。但目前常规肥料利用率的计算结果无法反映有多少肥料养分损失掉了。其四，不能正确评估肥料对粮食生产的实际贡献，造成人们对化肥作用的认识存在偏见和误区。因此，当前迫切需要有更准确的算法来客观正确地估算我国肥料利用率和损失率。

（二）肥料养分真实利用率的计算

明确区分施入的肥料养分和土壤养分是常规肥料利用率计算的最大问题所在。肥料施入土壤后，必然会与土壤中固有的大量养分互相转化并混为一体。作物吸收的养分主要来自根际周围的养分，包括水溶态、速效态、缓效态和通过一系列转化、活化而来的根际土壤固有的养分。而离根区较远处的养分，只有通过溶质运移到根际才能被作物吸

收，距离根区越远，该比例越低。因而土壤肥力较高或者施肥效果不明显的土壤中，作物吸收的养分来自土壤固有养分的比例会高。肥料中的养分与土壤中的养分库会不可避免地发生替代（宇万太等，2010），在养分固定能力较强的土壤中这种替代的比例会很高。固定的养分可以说都是有效的，让养分被土壤适度地固定也是我们培肥土壤的原因和目的。只有当土壤中固定养分的位点被适度饱和后，后续施入的养分有效性才会更高，而且在根际养分被耗竭后，固定的养分会被及时释放出来供作物吸收利用。远离根区被土壤固定的肥料养分在其完全被消耗之前，均会在后续作物种植过程中慢慢被作物吸收利用或损失掉。最新的一个 ^{15}N 标记肥料长期定位试验结果表明，1982 年施入土壤的标记氮肥在其后的 30 年中被作物累计吸收 61%～65%，有 8%～12% 的氮流向了水体，土壤残留仍然有 12%～15%，据估计，土壤残留氮在今后不断被作物吸收利用或损失掉的过程还会持续 50 年以上。该研究结果证实肥料氮在土壤中的残留时间远远超过了通常的预期（Sebilo et al.，2013）。氮与磷、钾相比在土壤中更易损失掉，因而磷、钾肥等其他更难损失的养分在土壤中的残效会更长，施入土壤后与土壤中的养分更是难以区分。因而评估肥料养分的真实利用率必须将土壤中的养分与肥料中的养分综合起来考虑。

养分的真实利用率可以定义为被作物吸收利用的养分占被消耗养分总量的比例。在此过程中损失掉的养分占被消耗养分总量的比例即为损失率。由于土壤是养分的重要储库，留存在土壤中的养分不能算作损失，只有因挥发、径流和淋溶等离开耕层土壤（深根作物可根据具体情况定土层厚度）的养分才算损失。

在某一时间内，无论何种条件，农田土壤-作物系统中养分变化均会满足以下公式：

作物养分吸收量+养分损失量=外源养分量+土壤养分减少量　　　　　　　（7-1）

养分真实利用率=作物养分吸收量/（外源养分量+土壤养分减少量）×100%　（7-2）

养分损失率=养分损失量/（外源养分量+土壤养分减少量）×100%　　　　（7-3）

养分真实利用率+养分损失率=100%　　　　　　　　　　　　　　　　（7-4）

此外，在式（7-1）中如仅有一个参数未知，其他参数可知，则很容易推导出未知参数值，在此基础上也可得到养分真实利用率和损失率的计算公式如下：

养分真实利用率=100%–养分损失量/（外源养分量+土壤养分减少量）×100%　（7-5）

养分损失率=（外源养分量+土壤养分减少量–作物养分吸收量）/
　　　　　　（外源养分量+土壤养分减少量）×100%　　　　　　　　　（7-6）

上述各式中的土壤养分减少量如果的确是减少了则为正值，如果是增加了则为负值，这是因为施肥或其他来源增加到土壤养分库的那部分养分如果没有被当季作物消耗掉或损失掉，则要从总养分消耗量中扣除。与不分来源的所有养分利用率类似，真正准确的肥料利用率也应该与其损失率直接对应。肥料养分真实利用率=100%–肥料养分损失率。这样才能既符合肥料真实利用率的内涵，又能让肥料利用率的结果在评价和指导施肥实践中发挥直接的判别作用。相应的肥料养分真实利用率可以定义为：肥料施入土壤后，直至消耗完之前，被作物吸收利用的肥料养分量占被消耗的肥料养分量的比例。被消耗之前留在耕层土壤中的肥料养分，仍然为土壤养分库的一部分，既未损失，也未被消耗。

肥料养分真实利用率的计算公式为

$$\text{肥料养分真实利用率} = \text{作物吸收肥料养分量} / \tag{7-7}$$
$$(\text{施肥量} - \text{土壤储存的肥料养分量}) \times 100\%$$

式（7-7）中需要区分肥料养分与土壤养分，获得真实的肥料养分利用率需要采用示踪法。如果仅是一季的结果，则结果反映的是施入的肥料被当季消耗部分的真实利用率。从生产实践的角度来看，其实我们并不需要知道某一次施肥其肥料养分被完全消耗时的真实利用率，我们只需要知道当季被消耗的那部分肥料养分的利用率，以及以前多次不同时期施肥累计在当前土壤中的肥料养分利用率即可。因为当季作物吸收的养分还有相当一部分甚至大部分是以前各个时期通过施肥措施进入到土壤中的养分，这部分养分的真实利用率及损失率反映的也主要是以前肥料养分的真实利用率和损失率。因而可以推断对于一个稳定的土壤-作物系统而言，在施肥是土壤养分主要来源的情况下，肥料真实利用率和损失率就分别等同于养分真实利用率和损失率。

因而肥料养分真实利用率的计算是完全可以采用如下公式的：

$$\text{肥料养分真实利用率} = \text{作物养分吸收量} / (\text{施肥量} + \text{土壤养分减少量}) \times 100\% \tag{7-8}$$

因此，肥料养分损失率=100%−肥料养分真实利用率，或用下式计算：

$$\text{肥料养分损失率} = (\text{施肥量} + \text{土壤养分减少量} - \text{作物养分吸收量}) / \tag{7-9}$$
$$(\text{施肥量} + \text{土壤养分减少量}) \times 100\%$$

式（7-9）中如果施肥和作物种植导致土壤养分总量增加，则土壤养分减少量为负值。在不施肥的土壤中，式（7-8）和式（7-9）可用来计算土壤养分的真实利用率和损失率。

在一定条件下，除了施肥，土壤养分还可能有其他的来源，如干湿沉降、灌溉水、侧渗和地下水，以及生物固氮等，只要能测算出这些来源的养分量实际值，假设其真实利用率和损耗率与土壤和肥料中的养分接近，就可以将其加入到养分总消耗量中，这样可以更准确地计算出肥料养分的真实利用率和损失率。其计算公式为

$$\text{肥料养分真实利用率} = \text{作物养分吸收量} / \tag{7-10}$$
$$(\text{施肥量} + \text{其他来源养分量} + \text{土壤养分减少量}) \times 100\%$$

对于深入了解肥料去向的研究而言，不同来源的养分（包括不同时期施肥残留至土壤中的养分）其真实利用率和损失率可能有所不同，但区分不同来源养分的难度极大。对于指导施肥实践而言，各种养分的平均真实利用率和损失率已经足够让人们判别各种施肥和养分管理措施的效率。此外，如果施肥外的其他养分来源贡献很小，或者其他养分来源很难监测，其贡献量和损失量也难以明确区分，也可以将其他来源养分量忽略不计，即采用式（7-8）来作为大多数条件下肥料养分真实利用率的计算公式是比较合适的。而式（7-10）作为氮肥真实利用率的计算公式可能更加合适，因为有许多研究证实一些区域氮沉降在农田氮供应中有着相当的贡献（苏成国等，2005；王体健等，2008；Liu et al.，2013）。

（三）影响养分利用效率的因素

作物养分资源的利用效率受多种因素影响，可以大致分为4类。①肥料种类和性质。生产中应用的肥料种类繁多，性质各异，其利用率各不相同。氮肥利用率可在30%～70%，而磷肥利用率通常在10%～25%，钾肥利用率为40%～70%（黄国弟，2005）。

就氮肥而言，又有速效氮肥、长效氮肥之分。据戴庆林（1998）测定，尿素肥料利用率平均为 31%，碳铵为 27.6%。而包衣或涂层尿素，颗粒或长效碳铵，其氮肥利用率则明显提高。②生产管理措施，如栽培模式、合理密植、肥水调控、地膜覆盖、滴灌、肥料运筹、耕作方式等。不同栽培模式春玉米养分利用效率氮、磷、钾变化均不相同。氮利用效率各年份均表现为高产栽培模式＞农户栽培模式＞再高产栽培模式，其中高产栽培模式分别比农户栽培模式、再高产栽培模式高 0.47% ～ 0.52%、6.89% ～ 11.24%；磷利用效率以农户栽培模式最大，高产栽培模式次之，再高产栽培模式最小，三种栽培模式之间差异显著，其中农户栽培模式极显著高于高产和再高产栽培模式；钾利用效率各年份表现为，高产栽培模式最大，再高产栽培模式次之，农户栽培模式最小（毕文波，2011）。③栽培和生态条件。土壤有效养分含量的多少会对作物内循环效率产生影响，从而影响作物的养分利用效率。此外，土壤肥力、土壤水分等也是影响氮肥利用率的重要因素。土壤肥力愈高，氮肥利用率愈低，这也是一个普遍规律。④品种。不同基因型的玉米品种在肥料利用效率上存在较大差异（申丽霞和王璞，2016）。

三、提高玉米群体养分利用效率的途径

（一）玉米养分高效基因型的筛选、培育和利用

1. 氮高效性

氮高效玉米品种的利用是提高氮肥利用率的有效途径（张福锁等，1997）。玉米在氮利用上具有明显的基因型差异，并可划分为高产氮高效、高产氮中效、中产氮中效、低产氮低效 4 种类型（王晓慧等，2012）。

不同基因型玉米对氮吸收、利用的能力不同，不仅表现在不同品种对增施氮肥的反应有显著差异，而且在植株体内氮的分配与利用也有明显差异。因此挖掘玉米氮高效种质资源，进一步研究氮高效的生理生化基础，并通过遗传改良培育氮高效玉米品种是提高氮利用率的重要途径。

目前，已有许多关于玉米氮效率基因差异的生理生化基础、选择指标与改良途径等方面的研究报道。①从生理生化基础方面看，植物体内氮的利用是一个相当复杂的过程，涉及多方面的代谢。Tsai 等（1984）分析了高肥效型（B73 杂交 Oh 43）和低肥效型（Pioneer 3732）玉米对氮肥反应的生理基础，结果发现，至少有三种因素影响籽粒产量对氮肥的反应：其一是抽丝期以后的额外吸氮能力；其二是籽粒灌浆速度和灌浆持续期；其三是受氮肥影响的玉米醇溶蛋白的合成速度。当用高肥效型花粉给低肥效型柱头授粉后，发育的 F_1 籽粒不仅具有比高肥效型 F_2 籽粒较高的醇溶蛋白浓度，而且使两种基因型的籽粒干物质增长动态达到互补，结果使籽粒产量达到最大，表明籽粒库比营养源更能影响粒重和产量。②从性状指标选择方面看，目前许多相关研究报道含根系大小、穗行数、行粒数、百粒重、籽粒灌浆速率、光合速率、开花时间及植株的生物量。性状在玉米氮营养基因型间存有显著差异。③从育种资源改良、收集方面看，国际玉米改良

中心利用耐低氮玉米种群 Across8328BN 进行了 3 代轮回选择，结果每一次循环选育后，在低氮环境下籽粒产量增加 2.8%，在高氮环境下增加 2.5%。德国霍恩海姆大学已选育出低氮条件下比常规品种增产 11% 的杂交种。德国 WKS 公司选育的氮高效玉米品种可在产量不减的前提下，氮肥用量减少 30%。巴西已经育成一个氮高效单交种，并有三个氮高效轮回群体正在改良之中。④从选择方法方面看，虽然直接在田间进行选择是确定氮效率的最可靠保证，但在选择初期，应用氮效率相关的一些次级性状往往可以提高选择效率。

2. 磷高效性

磷是植物生长发育不可缺少的大量元素之一，是植物体内许多重要化学物质如核酸、蛋白质、磷脂、ATP 和含磷酶的重要组成元素。我国玉米主产区中有相当一部分玉米种植在缺磷土壤上。缺磷会抑制植物的光合作用和叶片伸展，从而抑制植物干物质的积累。缺磷抑制光合产物的向下运输，减少根呼吸作用所需的能量。缺磷条件下，玉米氮、钾的吸收也会受到抑制。

筛选和培育对低磷耐受力强和吸收、利用磷效率高的种质资源对保持农业的可持续发展具有重要意义。丁洪和李生秀（1998）从作物对磷的吸收效率和代谢效率两方面考虑，认为作物可能存在三种类型的耐低磷基因型：①吸磷较多的类型；②吸磷不多而磷代谢效率高的类型；③吸磷较多、磷代谢效率较高的类型。吴平（2013）认为某一养分高效基因型是指该基因型在这种养分低于正常供应的生长介质中能生产出高于标准基因型的生物量或经济产量，磷高效基因型应能从土壤中吸收更多的磷并能高效地利用所吸收的磷生产生物量及产量。而李绍长（2003）则认为，磷高效基因型的筛选指标可以有两个：①低磷处理下有较高的磷利用效率，即在低磷处理下植株吸收的单位磷量可以生产出较高的干物质和经济产量；②相对产量高，干物质产量和经济产量受低磷处理的影响较小，换言之，供磷水平对其产量影响较小。

在作物育种过程中，适宜的筛选指标非常重要。许多学者提出了生理指标用于磷效率特性的评价，如根系吸磷动力学最大吸收速率、根细度和单位茎重下根表面积、根系吸磷效率、根毛数量、根系分泌有机酸量、改变根际 pH 能力（李继云等，1995）、酸性磷酸酶活性（丁洪和李生秀，1998）等。此外也有研究表明，除了可以用低磷下植株的磷利用效率和相对产量作为玉米磷效率的筛选指标外，玉米苗期的根系体积和植株磷累积量也可以分别从形态学和生理学两个方面作为评价某一基因型是否具有耐低磷特性的指标（李绍长，2003）。对磷利用效率不同的玉米根系形态和生理活性的研究结果表明，低磷处理使玉米根系的体积、吸收面积以及单位体积吸磷量均不同程度地下降，但磷低效型玉米受影响更大，低磷胁迫下磷高效型玉米（KH5）比磷低效型玉米（西502）拥有更大的根系体积、吸收面积和吸磷效率，因而磷吸收量和累积量均显著高于磷低效型。低磷处理使玉米叶片中有机磷降解和总磷输出率均增加，无论是低磷，还是施磷处理，磷高效型玉米叶片中磷的再分配利用效率均高于磷低效型玉米，表现为酸性磷酸酶（ACP）活性、有机态磷的降解利用率和总磷的输出率均高于磷低效型（李绍长，2003）。

3. 钾高效性

钾是植物三要素之一，对植物的生长、发育、代谢、抗性等生理过程都有重要影响。在我国土壤养分收支平衡中，钾表现为严重亏缺，主要表现为土壤钾肥肥力不断地下降，缺钾土地面积也在不断地扩大，25%～30%的现有耕地土壤缺钾或严重缺钾。钾已成为植物正常生长发育及其优质高产的主要限制因子之一（刘俊风，2011）。从植物生理学等多角度对我国丰富的物种资源进行筛选和比较，选出胁迫耐性品种，再探明其耐低钾胁迫的机制和调控途径，利用生物化学与分子生物学技术和遗传育种技术培育耐低钾品种并使之应用于农业生产中，对提高钾肥利用率、降低农业生产成本、提高经济效益具有重要意义。

植物钾营养效率的高低可以归结于两方面的原因：①根系对土壤中钾的活化和吸收能力；②植株体内钾的利用能力，也就是说植物钾营养效率的差异主要表现为钾吸收效率或利用效率的不同。吸收效率是指植物对环境中养分的吸收能力，一般用吸收速率或累积量来表示。利用效率指的是植物对体内养分的转化和利用能力，即单位养分所产生的生物量。吕福堂等（2005a，2005b）通过广泛筛选得到的耐低钾基因型玉米在形态和生理上有如下特点：①根系发达，根系纵向侧向分布广泛；②根系吸钾速率高，亲和力强；③向地上部运输的速率快；④K^+的再转运和再利用率高；⑤细胞质对K^+的功能要求量低；⑥K^+的部分功能可被其他一些元素代替。刘俊风（2011）研究表明，较耐低钾基因型玉米相对于钾相对敏感基因型具有较大的根系体积、总吸收面积和活跃吸收面积，表明其根系较发达，有助于更充分地吸收钾。此外，随外界钾浓度的降低，较耐低钾基因型玉米叶片中的SOD活性和MDA含量变化幅度较小。因此，通过筛选某些特征得到优良基因型后，再通过杂交育种等途径培育出耐低钾优良品种，是提高玉米钾利用效率的重要手段。

（二）生产管理途径

1. 肥料运筹

（1）平衡施肥

赖丽芳等（2009）研究结果表明（表7-10），适宜的磷肥用量可提高氮、磷、钾的养分利用率。固定氮、钾及微量元素的用量，保持其他养分平衡后，与不施磷肥的处理（OPT-P）相比，施磷肥处理的氮肥利用率提高了6.4%～15.9%，最佳养分处理（OPT）的氮肥利用率最高，为24.3%。钾肥利用率提高了62.7%～65.2%，最佳养分减施一半磷处理（OPT+1/2P）的钾肥利用率最高，为89.3%，其次为OPT，钾肥利用率为86.8%。OPT处理的磷肥利用率最高，为6.1%，继续增加磷肥用量，磷肥利用率降低；OPT+1/2P的磷肥利用率仅为3.1%，说明适宜的磷肥用量可促进氮、磷、钾的平衡，并提高磷肥利用率。

表 7-10　不同处理的养分利用效率

施肥处理	氮肥利用率（%）	磷肥利用率（%）	钾肥利用率（%）
最佳养分处理	24.3	6.1	86.8
最佳养分不施氮处理	—	−2.3	−6.3
最佳养分不施磷处理	8.4	—	24.1
最佳养分不施钾处理	4.8	−4.1	—
最佳养分减施一半磷处理	14.8	−0.4	20.2
最佳养分增施一半磷处理	23.7	3.1	89.3

注：最佳养分处理的纯养分用量分别为 N 300kg/hm²、P_2O_5 150kg/hm²、K_2O 120kg/hm²、Zn 1.5kg/hm²、B 3.5kg/hm²、Fe 3.9kg/hm²

（2）缓/控释肥

肖尧（2016）研究表明，缓释肥施用较常规施肥均不同程度地提高了不同播期玉米产量、干物质累积量及氮、磷、钾肥的利用率。与常规施肥相比，施用缓释肥两玉米品种夏播氮肥利用率分别提高了89.9%和69.5%，春播氮肥利用率分别升高了18.7%和28.1%。春、夏播苏玉29、苏玉30磷肥利用率较常规施肥平均升高了3.6个百分点、7.2个百分点和1.7个百分点、1.4个百分点。春、夏播苏玉29的钾肥利用率升高了12.2个百分点、10.7个百分点，苏玉30差异不明显（表7-11）。

表 7-11　缓释肥对玉米氮、磷、钾肥利用率的影响

播期	品种	肥料处理	氮肥利用率（%）	磷肥利用率（%）	钾肥利用率（%）
春播	苏玉 29	常规施肥	36.9b	23.9b	32.9b
		缓控释肥	43.8a	27.5a	45.1a
	苏玉 30	常规施肥	32.7b	14.8a	19.2a
		缓控释肥	41.9a	22.0b	21.6a
夏播	苏玉 29	常规施肥	21.7b	19.2a	22.4b
		缓控释肥	41.2a	20.9a	33.1a
	苏玉 30	常规施肥	22.0b	10.1a	20.7a
		缓控释肥	37.3a	11.5a	22.6a

注：同一列不同小写字母表示在 $P < 0.05$ 水平上差异显著

（3）有机无机肥配施

有机无机肥配施是肥料应用研究中的热门领域。普遍认为，有机无机肥配施既有利于作物稳产高产、土壤肥力和肥料利用率的提高，又有利于农业废弃物资源的综合利用。吴巍（2011）研究表明，合理的有机无机肥配施玉米的增产效果不明显，但有机无机肥配施后氮、磷、钾肥的利用率及其农学效率均有不同程度的提高（表7-12）。

表 7-12　有机无机肥配施对春玉米氮、磷、钾肥利用率及农学效率的影响

处理	氮肥利用率 (%)	氮肥农学效率 (kg/kg)	磷肥利用率 (%)	磷肥农学效率 (kg/kg)	钾肥利用率 (%)	钾肥农学效率 (kg/kg)
CK	31.07	9.56	15.09	15.39	14.21	15.39
有机+无机	35.28	12.26	15.46	16.81	17.52	16.81

注: CK 为施纯化肥, 有机+无机为化肥氮占 90%, 猪粪堆肥氮占 10%, 处理间氮、磷、钾施用完全相等

（4）生物炭与有机肥、化肥配施

生物炭对土壤物理和化学性质具有明显的改良作用, 能聚集水分、提高孔隙度、降低容重, 为植物提供良好的生长环境。彭辉辉等（2015）研究表明, 生物炭与不同肥料配施均有助于提高春玉米氮、磷、钾肥的利用率, 其中尤以生物炭、有机肥与化肥同时配施的效果最好。与单施化肥相比, 生物炭+化肥与生物炭+有机肥+化肥氮、磷、钾肥利用率分别提高了 28.11%、154.06%、26.82% 与 72.72%、351.41%、107.85%（表 7-13）。

表 7-13　生物炭与有机肥、化肥配施对春玉米肥料利用率的影响

处理	氮肥利用率（%）	磷肥利用率（%）	钾肥利用率（%）
化肥（T1）	33.44±4.76	5.66±0.19	38.48±5.31
生物炭+化肥（T2）	42.84±2.51	14.38±0.69	48.80±0.55
生物炭+有机肥+化肥（T3）	57.76±1.31	25.55±264	79.98±1.83

（5）水肥互作

合理水肥管理是实现产量提高、协同资源高效利用的重要途径。水肥耦合的核心强调最大限度地发挥水分与养分的正交互作用。郭丙玉等（2015）在玉米高密度滴灌条件下的研究表明, 水、氮互作表现为正交互效应, 水肥一体化可实现滴灌玉米高产协同水氮利用效率的共同提高。在灌水量 6750m³/hm² 时, 最佳经济施氮量为 427.9 ～ 467.7kg/hm², 氮肥偏生产力和氮肥利用率分别提高到 122kg/kg 和 45.0%。张国桥等（2014）研究表明, 液体磷肥 100% 以追肥的方式随水分次滴施可显著改善玉米生育中后期的磷营养并提高产量, 磷肥利用率可达 40.6%, 较液体磷肥 60% 基施+40% 追施处理增加了 24.54%（表 7-14）。

表 7-14　不同施肥方式下磷肥利用效率参数

处理	磷肥利用率（%）	磷肥偏生产力（kg/kg）	磷肥农学效率（kg/kg）
T1	32.6	139.0	22.7
T2	40.6	152.8	40.6

注: T1. 液体磷肥 60% 基施+40% 追施; T2. 液体磷肥全部追施

2. 栽培技术

（1）地膜覆盖

地膜覆盖栽培可以改善土壤和近地面的温度及水分状况, 保温增温, 促进土壤养分

的分解和释放，改善土壤性状，提高土壤养分供应状况和肥料利用率。徐洪敏（2010）研究表明，地膜覆盖能显著增加春玉米的氮肥利用率、氮收获指数和氮肥偏生产力，促进玉米吸收氮转化为产量或干物质（表 7-15）。

表 7-15　地膜覆盖下春玉米氮肥利用率、氮收获指数及氮肥偏生产力

处理	氮肥利用率（%）	氮收获指数	氮肥偏生产力（kg/kg）
对照	38.5b	0.58a	35.6b
地膜覆盖	40.0a	0.61a	56.6a

注：同一列不同小写字母表示在 $P < 0.05$ 水平上差异显著

（2）种植方式

玉米宽窄行种植能够疏松土壤，培肥地力，增强通风透光性，改善品质，提高产量，具有生态安全、节本增效等优势，是农民增产增收的一项新的玉米栽培技术措施。研究表明，在不同种植密度及不同肥料用量下，宽窄行种植的春玉米肥料效益及肥料利用率均明显高于传统等行距种植（表 7-16）。

表 7-16　不同种植方式对春玉米肥料效益及肥料利用率的影响（王宏庭等，2009）

种植方式	种植密度（株/hm²）	养分总投入量（kg/hm²）	肥料效益	肥料利用率（%）
等行距	45 000	0	—	—
		345	1.08	13.5
		405	1.83	14.6
	60 000	0	—	—
		345	5.72	30.1
		405	3.58	21.6
宽窄行	45 000	0	—	—
		345	5.60	35.3
		405	6.11	36.9
	60 000	0	—	—
		345	5.80	31.6
		405	4.42	27.6

（3）耕作方式

深松可显著提高根系活力并增加根重、根体积及根表面积，深松及氮肥适量深施为根系向深层扩展提供了良好条件，促使根系下移，明显提高深层根系特别是 20cm 以下根系的活力及比重。在深松基础上氮肥适度深施可提高玉米产量，还可显著提高氮肥利用效率（于晓芳等，2013）。周宝元等（2016）研究表明，不同耕作方式下，深松的玉米氮肥农学效率及氮肥表观利用率均高于浅旋和免耕处理，其中施用缓释肥作用效果尤为明显（表 7-17）。

表 7-17 不同耕作方式对玉米氮肥利用效率的影响

耕作方式	施肥处理	氮肥农学效率（kg/kg）	氮肥表观利用率（%）
浅旋	对照	—	—
	常规施肥	7.7	36.8
	缓释肥	8.6	43.5
免耕	对照	—	—
	常规施肥	8.3	43.3
	缓释肥	10.4	49.8
深松	对照	—	—
	常规施肥	9.6	49.6
	缓释肥	13.3	57.3

主要参考文献

毕文波. 2011. 不同栽培模式对春玉米群体生理特性、产量和养分利用的影响. 通辽: 内蒙古民族大学硕士学位论文.

曹国军. 2011. 超高产春玉米氮磷营养特性及养分调控技术研究. 长春: 吉林农业大学博士学位论文.

曹国军, 刘宁, 李刚, 等. 2008. 超高产春玉米氮磷钾的吸收与分配. 水土保持学报, 22(2): 198-201.

车明, 曹国军, 耿玉辉, 等. 2017. 不同施钾方式对吉林省东部玉米钾素吸收积累的影响. 中国农学通报, (7): 9-16.

陈伦寿. 1996. 应正确看待化肥利用率. 磷肥与复肥, (4): 4-7.

陈同斌, 曾希柏, 胡清秀. 2002. 中国化肥利用率的区域分异. 地理学报, 57(5): 531-538.

崔彦宏, 张桂银, 郭景伦, 等. 1994. 高产夏玉米钙的吸收与再分配研究. 河北农业大学学报, (4): 31-35.

戴庆林. 1998. 简谈氮素肥分利用率与农业的可持续发展. 内蒙古农业科技, (2): 4-6.

丁洪, 李生秀. 1998. 大豆品种耐低磷和对磷肥效应的遗传差异. 植物营养与肥料学报, (3): 257-263.

董社琴, 周健. 2005. 玉米奢侈吸锌特性的研究. 科技创新与生产力, (5): 66-67.

耿玉辉, 曹国军, 叶青, 等. 2013. 磷肥不同施用方式对土壤速效磷及春玉米磷素吸收和产量的影响. 华南农业大学学报, (4): 470-474.

勾玲, 黄建军, 张宾, 等. 2007. 群体密度对玉米茎秆抗倒力学和农艺性状的影响. 作物学报, 33(10): 1688-1695.

郭丙玉, 高慧, 唐诚, 等. 2015. 水肥互作对滴灌玉米氮素吸收、水氮利用效率及产量的影响. 应用生态学报, 26(12): 3679-3686.

郭建华, 赵春江, 王秀, 等. 2008. 作物氮素营养诊断方法的研究现状及进展. 中国土壤与肥料, (4): 10-14.

郭景伦, 张智猛, 李伯航. 1997. 不同高产夏玉米品种养分吸收特性的研究. 玉米科学, 5(4): 50-52.

何萍, 金继运, 林葆. 1998. 氮肥用量对春玉米叶片衰老的影响及其机理研究. 中国农业科学, 31(3): 66-71.

洪法水, 马成仓, 王旭明, 等. 1996. 钙和锌对玉米种子活力和萌发过程中酶活性的影响 (简报). 植物生理学通讯, 32(2): 110-112.

胡昌浩. 1995. 玉米栽培生理. 北京: 中国农业出版社.

胡昌浩, 潘子龙. 1982. 夏玉米同化产物积累与养分吸收分配规律的研究. II. 氮、磷、钾的吸收、分配与转移规律. 中国农业科学, 15(2): 38-48.

黄国弟. 2005. 现代农业中提高肥料利用率的途径. 农业研究与应用, (1): 21-22.

黄莹, 赵牧秋, 王永壮, 等. 2014. 长期不同施磷条件下玉米产量、养分吸收及土壤养分平衡状况. 生态学杂志, 33(3): 694-701.

巨晓棠, 张福锁. 2003. 关于氮肥利用率的思考. 生态环境学报, 12(2): 192-197.

赖丽芳, 吕军峰, 郭天文, 等. 2009. 平衡施肥对春玉米产量和养分利用率的影响. 玉米科学, 17(2): 130-132.

李百西. 2009. 锌对玉米生长和营养元素吸收的影响. 湖南农业科学, (2): 31-33.

李潮海, 刘奎. 2002. 不同施肥条件下夏玉米光合对生理生态因子的响应. 作物学报, 28(2): 265-269.

李潮海, 苏新宏, 孙敦立. 2002. 不同基因型玉米间作复合群体生态生理效应. 生态学报, 22(12): 2096-2103.

李春俭. 2015. 高级植物营养学. 北京: 中国农业大学出版社.

李继云, 刘秀娣, 周伟, 等. 1995. 有效利用土壤营养元素的作物育种新技术研究. 中国科学, 25(1): 41-48.

李飒, 彭云峰, 于鹏, 等. 2011. 不同年代玉米品种干物质积累与钾素吸收及其分配. 植物营养与肥料学报, 17(2): 325-332.

李绍长. 2003. 玉米不同基因型的磷效率差异及其机理研究. 泰安: 山东农业大学博士学位论文.

李韵珠, 王凤仙, 黄元仿. 2000. 土壤水分和养分利用效率几种定义的比较. 土壤通报, 31(4): 150-155.

刘红霞, 张会民, 王定勋, 等. 2004. 氮、锌配施对夏玉米的增产效应研究. 吉林农业大学学报, 26(5): 538-541.

刘俊凤. 2011. 钾高效玉米基因型快速筛选体系的建立及相关基因的克隆与表达分析. 长春: 吉林大学硕士学位论文.

刘开昌, 胡昌浩, 董树亭, 等. 2001. 高油玉米需磷特性及磷素对籽粒营养品质的影响. 作物学报, 27(2): 267-272.

吕福堂, 张秀省, 戴保国, 等. 2005a. 不同玉米基因型吸钾能力的比较研究. 土壤通报, 36(3): 445-447.

吕福堂, 张秀省, 张保华, 等. 2005b. 不同玉米基因型吸钾和耐低钾能力的研究. 植物营养与肥料学报, 11(4): 556-559.

吕丽华, 王璞, 鲁来清. 2008a. 不同冠层结构下夏玉米产量形成的源库关系. 玉米科学, (4): 66-71.

吕丽华, 赵明, 赵久然, 等. 2008b. 不同施氮量下夏玉米冠层结构及光合特性的变化. 中国农业科学, 41(9): 2624-2632.

缪颖, 叶钢, 毛节琦. 1997. 缺钙玉米叶片的膜脂过氧化伤害. 浙江大学学报 (农业与生命科学版), (2): 163-167.

彭辉辉, 刘强, 荣湘民, 等. 2015. 生物炭、有机肥与化肥配施对春玉米养分利用及产量的影响. 南方农业学报, 46(8): 1396-1400.

彭令发, 郝明德, 邱莉萍, 等. 2004. 干旱条件下锰对玉米生长及光合色素含量的影响. 干旱地区农业研究, 22(3): 35-37.

山东省农业科学院. 1986. 中国玉米栽培学. 上海: 上海科学技术出版社.

申丽霞, 王璞. 2016. 不同基因型玉米氮素吸收利用效率研究进展. 玉米科学, 24(1): 50-55.

苏成国, 尹斌, 朱兆良, 等. 2005. 农田氮素的气态损失与大气氮湿沉降及其环境效应. 土壤, 37(2): 113-120.

孙建华. 2013. 玉米施锌吸收积累及有效化调控机理的研究. 长春: 吉林农业大学博士学位论文.

孙君艳, 张淮, 仝胜利. 2015. 自然干旱条件下叶面喷施锌、钼肥对玉米叶绿素含量及光合特性的影响. 江苏农业科学, 43(9): 115-117.

唐雪群, 葛鹏. 1995. 含氯化肥中的氯在旱田土壤中的积累及对玉米产量和品质的影响. 辽宁农业科学, (4): 25-30.

田昌玉, 孙文彦, 林治安, 等. 2016. 氮肥利用率的问题与改进. 中国土壤与肥料, (4): 9-16.

佟屏亚, 凌碧莹. 1994. 夏玉米氮、磷、钾积累和分配态势研究. 玉米科学, 2(2): 65-69.

汪丹丹. 2016. 叶面喷施铁和镁微肥对玉米和小麦幼苗生理代谢及生长的影响. 杨凌: 西北农林科技大学硕士学位论文.

王聪宇. 2014. 吉林省西部超高产玉米养分吸收积累特性及磷肥高效施用技术研究. 长春: 吉林农业大学硕士学位论文.

王宏庭, 王斌, 赵萍萍, 等. 2009. 种植方式、密度、施肥量对玉米产量和肥料利用率的影响. 玉米科学, 17(5): 104-107.

王火焰, 周健民. 2014. 肥料养分真实利用率计算与施肥策略. 土壤学报, (2): 216-225.

王磊, 万敬敬, 杜雄, 等. 2016. 河北省高产夏玉米的群体结构与产量形成特征. 华北农学报, 31(4): 177-183.

王立春, 王永军, 边少锋, 等. 2018. 吉林省玉米高产高效绿色发展的理论与实践. 吉林农业大学学报, 40(4): 383-392.

王朦. 2014. 吉林省中部高产玉米养分吸收利用效率与氮磷施用量关系研究. 长春: 吉林农业大学硕士学位论文.

王体健, 刘倩, 赵恒, 等. 2008. 江西红壤地区农田生态系统大气氮沉降通量的研究. 土壤学报, 45(2): 280-287.

王晓慧, 曹玉军, 魏雯雯, 等. 2012. 我国北方 37 个高产春玉米品种干物质生产及氮效率利用特性. 植物营养与肥料学报, 18(1): 56-64.

王宜伦. 2010. 超高产夏玉米氮肥运筹效应及其生理基础研究. 郑州: 河南农业大学博士学位论文.

王宜伦, 谭金芳, 韩燕来, 等. 2009. 不同施钾量对潮土夏玉米产量、钾素积累及钾肥效率的影响. 西南农业学报, 22(1): 110-113.

王勇, 索东让, 孙宁科. 2012. 制种玉米需肥规律的研究. 农学学报, 2(8): 37-43.

吴平. 2013. 植物磷高效吸收利用的分子机制研究及其应用. 中国科技成果, 9: 20, 28.

吴巍. 2011. 有机无机肥配施对旱地作物产量、肥料利用率及土壤肥力的影响. 长沙: 湖南农业大学硕士学位论文.

肖尧. 2016. 缓释肥施用对玉米籽粒产量和养分利用的影响. 扬州: 扬州大学硕士学位论文.

徐洪敏. 2010. 栽培模式对黄土高原南部旱作春玉米干物质累积及水、氮利用效率的影响. 杨凌: 西北农林科技大学硕士学位论文.

杨恒山, 高聚林, 张玉芹, 等. 2011. 超高产春玉米氮磷钾养分吸收与利用的研究. 干旱地区农业研究, 29(2): 1520.

于晓芳, 高聚林, 叶君, 等. 2013. 深松及氮肥深施对超高产春玉米根系生长、产量及氮肥利用效率的影响. 玉米科学, 21(1): 114-119.

宇万太, 周桦, 马强, 等. 2010. 氮肥施用对作物吸收土壤氮的影响: 兼论作物氮肥利用率. 土壤学报, 47(1): 90-96.

翟立普. 2010. 不同产量水平玉米生物量和养分吸收态势研究. 长春: 吉林农业大学硕士学位论文.

张福锁, 米国华, 刘建安. 1997. 玉米 N 效率遗传改良与应用. 农业生物技术学报, 2: 112-117.

张福锁, 王激清, 张卫峰, 等. 2008. 中国主要粮食作物肥料利用率现状与提高途径. 土壤学报, 45(5): 915-924.

张国桥, 王静, 刘涛, 等. 2014. 水肥一体化施磷对滴灌玉米产量、磷素营养及磷肥利用效率的影响. 植物营养与肥料学报, 20(5): 1103-1109.

张慧, 王锋有, 刘乙俭, 等. 2008. 不同施肥条件下玉米养分吸收规律及优化配方施肥技术研究. 园艺与种苗, 28(2): 118-120.

张玉芹. 2011. 超高产春玉米根冠特性及钾素养分调控效应的研究. 呼和浩特: 内蒙古农业大学硕士学位论文.

张肇元, 卢锦屏. 1991. 紧凑型杂交玉米营养特性与高产栽培研究. 南方农业学报, (6): 261-267.

周宝库, 张秀英. 1995. 含氯化肥对玉米产量及土壤影响的研究. 玉米科学, 3(3): 59-61.

周宝元, 王新兵, 王志敏, 等. 2016. 不同耕作方式下缓释肥对夏玉米产量及氮素利用效率的影响. 植物营养与肥料学报, 22(3): 821-829.

周怀平, 王久志. 1996. 旱地玉米施肥增产机制和施用技术研究. 山西农业科学, (4): 10-14.

周晓舟, 唐创业. 2008. 氮磷钾对秋玉米农艺性状和植株养分的影响. 河南农业科学, 37(9): 27-29.

朱琳. 2011. 栽培模式对黄土高原旱地春玉米养分累积规律及利用效率的影响. 杨凌: 西北农林科技大学硕士学位论文.

Gaume A, Mächler F, León C D, et al. 2001. Low-P tolerance by maize (*Zea mays* L.) genotypes: significance of root growth, and organic acids and acid phosphatase root exudation. Plant and Soil, 228(2): 253-264.

Graham R D. 1984. Breeding for nutritional characteristics in cereals. Advance Plant Nutrition, (1): 57-107.

Jovanovic Z, Djakovic T, Stikic R, et al. 2004. Effect of N deficiency on leaf growth and cell wall peroxidase activity in contrasting maize genotypes. Plant and Soil, 265(1): 211-223.

Liu X, Ying Z, Han W, et al. 2013. Enhanced nitrogen deposition over China. Nature, 494(7438): 459.

Rengel Z, Batten G D, Crowley D E. 1999. Agronomic approaches for improving the micronutrient density in edible portions of field crops. Field Crops Research, 60(1): 27-40.

Rumen I, Tzvetina B, Petra B. 2012. Fitting into the harsh reality: regulation of iron-deficiency responses in dicotyledonous plants. Molecular Plant, 5(1): 27.

Sebilo M, Mayer B, Nicolardot B, et al. 2013. Long-term fate of nitrate fertilizer in agricultural soils. Proceedings of the National Academy of Sciences of the United States of America, 110(45): 18185-18189.

Stout P R, Arnon D I. 1939. Experimental methods for the study of the role of copper, manganese, and zinc in the nutrition of higher plants. American Journal of Botany, 26(3): 144-149.

Tsai C Y, Huber D M, Glover D V, et al. 1984. Relationship of N deposition to grain yield and N response of three maize hybrids. Crop Science, 24(2): 277-281.

Wu Y, Wang L, Bian S, et al. 2019. Evolution of roots to improve water and nitrogen use efficiency in maize elite inbred lines released during different decades in China. Agricultural Water Management, 216: 44-59.

第八章 玉米群体抗逆生理[*]

玉米在一生中会遇到各种逆境（stress），在逆境条件下玉米群体会表现出生理代谢变化，如形态结构变化、生理生化变化等，以提高其对逆境的抵抗和忍耐能力，称为玉米群体抗逆生理，具体的表现方式为避逆性、御逆性和耐逆性三种。本章主要阐述玉米群体的生态适应性、主要非生物逆境响应及其防御、主要生物逆境响应及其防御，通过驯化、杂交选育出抗逆性强的新品种，改进栽培技术措施和调控技术，以提高玉米对不良环境条件的适应能力和抗逆性，为稳产、高产、优质、高效创造条件。

第一节 玉米群体生态适应性

作物生产与气候、土地、水资源等自然条件密切相关，这些自然条件和自然资源的类型、数量、质量、结构在时间、空间分布上的不同形成了农业生产的地域性。自然条件的地域差异具有一定的规律性，这一规律称为自然地域分异规律，其中尤以影响农业生产最大的气候条件如热量、水分的地域分异规律最显著。

地带性差异主要表现为热量、水分等自然条件大致沿纬度或经度的方向有规律地变化，即纬度地带性差异和经度地带性差异。纬度地带性差异是指因地球与太阳位置不同而造成的纬度高低、南北之间以热量条件为主的差异。中国从南向北沿纬度方向，积温越来越少，依次分为南热带、中热带、北热带、南亚热带、中亚热带、北亚热带、中温带和北温带。这种热量分布的地带性差异在相当程度上形成植物种类、生长期、栽培方式、耕作方法与熟制、生产率与经济效益等的地域差异。经度地带性差异是指由于陆地距离海洋的远近及由此产生的海陆相互作用，导致出现降水量由东到西沿经度方向递变的规律。中国从东南到西北，降水量逐渐降低，根据干燥度分为湿润区、半湿润区、半干旱区、干旱区 4 个区。水分条件的经度地带性差异规律是引起植物种类、灌溉方式、耕作方法与种植制度、生产力等有地域性的一个重要因素，并且最终影响农业生产经济效益的区间差异。

一、玉米种植区划

玉米群体的生态适应性主要受南北积温和东西降水量差异的影响较大，从其在我国的分布可以体现出来，东至沿海各省，西至青海、新疆，南至海南，北至黑龙江的黑河都有栽培。但其主要分布在黑龙江、吉林、内蒙古、辽宁、河北、山东、河南、山西、陕西、四川、贵州、云南和广西 13 个省、自治区，形成了从东北到西南的一个狭长的玉米带。东北和华北是在平原上种植玉米，其他约 65% 的玉米分布在丘陵旱地。根据各地

* 本章由赵斌、高英波等撰写。

自然条件、栽培制度等，中国玉米种植区可以划分为 6 个玉米产区：Ⅰ，北方春播玉米区；Ⅱ，黄淮海平原夏播玉米区；Ⅲ，西南山地玉米区；Ⅳ，南方丘陵玉米区；Ⅴ，西北灌溉玉米区；Ⅵ，青藏高原玉米区。

北方春播玉米区：包括黑龙江、吉林、辽宁和内蒙古，以及宁夏、山西的大部，河北、陕西北部和甘肃的一部分，是中国玉米的主产区和重要的商品粮基地。东北平原地势平坦，土壤肥沃，大部分地区温度适宜，日照充足，适于种植玉米。据 2006～2008 年统计，该区年均玉米种植面积 1286.7×10^{4}hm^2，约占全国玉米种植面积的 44.33%，总产量占全国玉米总产量的 45.2%。北方春播玉米区属寒温带湿润、半湿润气候，冬季低温干燥，无霜期由南向北递增，玉米主要种植区的无霜期为 130～180d；活动积温（≥10℃）由北向南递增，平均为 3176℃，90% 置信区间为 2943～3409℃。全年降水量 400～800mm，其中 60% 集中在 7～9 月。玉米主要种植在旱地，属雨养玉米区，有灌溉条件的玉米种植面积不足 1/5。

黄淮海平原夏播玉米区：淮河、秦岭以北，包括山东、河南的全部，河北的中南部，山西中南部，陕西关中，江苏和安徽北部，是全国第二大玉米产区和最集中的地区。据 2006～2008 年统计，该区年均玉米种植面积 1011.8×10^{4}hm^2，约占全国玉米种植面积的 34.86%，总产量占全国玉米总产量的 36.8%。本区属暖温带半湿润气候，无霜期 170～220d，降水丰富。地表水和地下水资源比较丰富，灌溉面积占 50% 左右。

西南山地玉米区：包括四川、贵州、广西和云南，湖北和湖南西部，陕西南部以及甘肃的一小部分。据 2006～2008 年数据统计，该区年均玉米种植面积 413.6×10^{4}hm^2，占全国玉米种植面积的 14.25% 左右，总产量占全国玉米总产量的 11.4%。本区气候、地形、生态条件复杂，90% 以上的土地为丘陵山地和高原，玉米以春播和夏播为主，种植区域从海拔几十米的河谷到 3200m 的高山；年 ≥10℃ 积温平均为 5143℃，90% 置信区间为 4847～5439℃，全区平均无霜期 258d，除部分高山地区外，无霜期一般在 240～330d。

南方丘陵玉米区：包括广东、海南、福建、浙江、江西、台湾等，江苏、安徽的南部，广西、湖南、湖北的东部，是我国甜、糯玉米种植的主要区域。据 2006～2008 年统计，年均玉米种植面积 128.1×10^{4}hm^2，占全国玉米种植面积的 4.41% 左右。本区属亚热带和热带湿润气候，气温较高，温差较小，降水充沛，降雪很少，适宜玉米生长的时间为 220～260d，平均无霜期 274d。年 ≥10℃ 积温为 6221℃，90% 置信区间为 5844～6598℃。

西北灌溉玉米区：包括新疆和甘肃的河西走廊以及宁夏河套灌溉区。据 2006～2008 年统计，全区年均玉米种植面积 61.7×10^{4}hm^2，约占全国玉米种植面积的 2.13%，总产量占全国玉米总产量的 2.9%。本区属大陆性干燥气候，降水稀少，光照充足，昼夜温差大，为灌溉农业。

青藏高原玉米区：包括青海和西藏，是我国重要的牧区和林区，玉米是本区新兴的农作物之一，栽培历史很短，种植面积不大。

二、玉米群体生育期与播期

（一）生育期

一般将玉米从播种到成熟所经历的天数称为全生育期，从出苗至成熟所经历的天数称为生育期。生育期长短与品种特性、播期和环境条件等有关，主要由生育期间所需活动积温（≥10℃）决定。我国栽培的玉米品种，生育期一般为70～150d，根据生育期的长短可分为早熟、中熟和晚熟三类品种。

早熟品种：春播生育期一般为70～100d，要求活动积温2000～2300℃；夏播生育期为85～95d，要求活动积温1800～2200℃。

中熟品种：春播生育期一般为100～120d，要求活动积温2300～2600℃；夏播生育期为95～105d，要求活动积温2200～2600℃。

晚熟品种：春播生育期一般为120～150d，要求活动积温2600～2800℃；夏播生育期为105d以上，要求活动积温2600℃以上。

一般早熟品种、播种晚的和温度高的情况下，生育期短，反之则长。

（二）播期

玉米春播区为玉米单作，以春播为主，影响播期的主要因素是温度、土壤墒情和品种特性，一般将5～10cm土层的地温稳定超过10～12℃作为春玉米适宜播期开始的标准，最佳播期一般在4月中下旬至5月上旬；玉米夏播区为小麦-玉米周年生产，玉米播种不受温度限制，应在麦收后免耕播种，及时抢播，夏玉米最佳播期一般在6月5～20日，以保证玉米生育后期充足的有效积温和充足的籽粒灌浆时间。对不同纬度、不同海拔地区玉米生育期起决定作用的是温度。霍仕平等（1995）研究指出，我国西南山地玉米区随着纬度或海拔升高，中熟玉米品种主要生长发育阶段的时间明显延长。

第二节　主要非生物逆境响应及其防御

玉米植株体是一个开放体系，在从外界环境不断地摄取物质和能量的同时，也受到各种环境因子的影响。玉米周围的环境包括生物环境和非生物环境，非生物环境即非生命物质，如温度、光、水、空气、土壤等，它们是经常变化的。当非生物环境发生的变化向着不利于玉米群体正常生长发育、产量形成的方向时，称为非生物逆境，研究玉米对非生物逆境的抗御能力和反馈机制以及提高抗逆性，对玉米高产高效具有重要意义。

一、温度

玉米原产于中南美洲热带地区，在系统发育中形成了喜温特性，整个生育期间都要求较高的温度。玉米在各生育时期对温度的要求有所不同（表8-1）。玉米种子一般在6～7℃时开始发芽，但发芽较为缓慢，易受土中有害微生物的侵染而霉烂，10～12℃

时发芽较为适宜，25～35℃时发芽最快。生产上通常把土壤表层5～10cm温度稳定在10～12℃时作为春玉米播种的适宜时期。

表8-1　玉米不同生育时期的三基点温度　　　　　　　　　　（单位：℃）

生育时期	下限温度	适宜温度	上限温度
苗期	6～10	25～30	35～40
拔节期至抽雄期	10～12	26～31	35～42
抽雄期至开花期	19～21	25～27	29～37
灌浆期至成熟期	15～17	22～24	28～30
全生育期	6～10	28～31	40～42

资料来源：山东省农业科学院，2004

玉米出苗快慢受温度影响较大。一般在10～12℃时，播后18～20d出苗，玉米苗期遇到-3～-2℃的霜冻就会受到伤害，但及时加强管理，植株在短期内可恢复生长，对产量不会有显著影响。若遇-4℃的低温则植株在1h内就会死亡。

玉米根系生长适宜的土壤温度为20～24℃，土壤温度低于4.5℃和超过35℃，玉米植株生长缓慢或基本停止生长。茎秆生长最适宜的温度为24～28℃，温度低于12℃基本停止生长，高于32℃生长缓慢。叶片生长的适宜温度为12～26℃，叶片生长速度与温度成直线关系，温度低于10℃，高于32℃，叶片出生和生长速度减慢。

玉米抽雄期、开花期要求日平均温度在26～27℃。在温度高于32～35℃、空气相对湿度接近30%的高温干燥气候条件下，花粉（含60%水分）常因迅速失水而干枯，同时花丝也容易枯萎，因而造成受精不良，产生缺粒现象。及时灌溉和人工辅助授粉，可减轻和避免这种不良现象。

玉米籽粒形成和灌浆成熟期间适宜的温度为20～24℃，其中以22～24℃最适宜。若日平均温度超过25℃，特别是在连续高温下，灌浆速度明显下降，这与高温下呼吸消耗增多、细胞早衰有关。当日平均温度为16℃时，籽粒灌浆速度极慢或停止；当日平均温度低于15℃时，酶活性大大降低，物质的合成几乎停止。如遇-3℃的低温，果穗未充分成熟而含水量又高的籽粒会丧失发芽力，这种籽粒不宜留作种用，储存时也容易变坏。

玉米从播种到开花的发育速度主要受温度的影响，而不受光合作用的影响，同一品种在不同密度的小区种植，个体间重量差异很大，但抽雄时间大体相同。玉米从抽丝到成熟期间的昼夜温差大对籽粒灌浆有良好的作用。

玉米茎秆生长点的温度是起控制作用的因素，从播种到开花的发育速度几乎完全取决于这一阶段生长点感受的温度。玉米生长点在营养生长期有一大半时间处于土壤表面之下，在此期间，其生长速度取决于土壤温度。生长点出土以后，处于叶鞘筒管之中，由于蒸腾和光照的影响，该处温度和周围气温相差5℃以上，据测定，生长点温度比白天周围气温低，夜间则相反。

（一）高温

玉米具有喜温特性，但异常高温形成的热胁迫也会使其生长发育不良、减产和品质降低。

1. 对光合作用的影响

光合作用对生物量和产量尤为重要，其也是对环境胁迫最敏感的过程。在玉米大喇叭口期或开花期阶段，高温胁迫后在饱和光强和正常 CO_2 浓度下，Pn 降低（图 8-1A），且先玉 335（XY335）比郑单 958（ZD958）下降更严重。高温胁迫后，郑单 958 和先玉 335 的 Gs 降低（图 8-1B），Ci 升高（图 8-1C）。在高温条件下，光合蛋白酶的活性降低，叶绿体结构遭到破坏，引起气孔关闭，从而使光合作用减弱。另外，在高温条件下呼吸作用增强，消耗增多，干物质积累减少（图 8-2）（Li et al.，2020）。

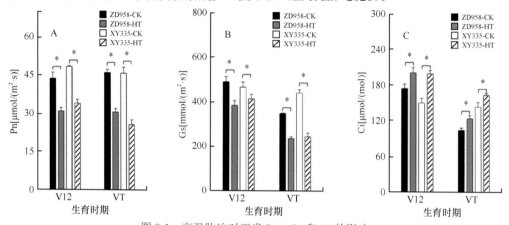

图 8-1　高温胁迫对玉米 Pn、Gs 和 Ci 的影响

*表示处理间在 $P < 0.05$ 水平上差异显著。HT 表示高温；CK 表示对照

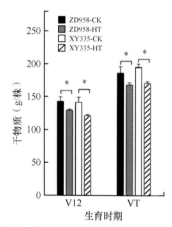

图 8-2　高温胁迫对玉米干物质的影响

*表示处理间在 $P < 0.05$ 水平上差异显著。HT 表示高温；CK 表示对照

2. 加速生育进程，缩短生育期

高温迫使玉米生育进程中各种生理生化反应加速，各个生育阶段缩短。在雌穗分化时期缩短分化时间，雌穗小花分化数量减少，果穗变小（图 8-3）。在生育后期高温使玉

米植株过早衰亡，或提前结束生育进程而进入成熟期，灌浆时间缩短，干物质累积量减少，千粒重、容重、产量和品质降低。

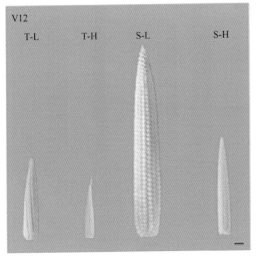

图 8-3　高温胁迫对玉米雌穗发育的影响

V12. 大喇叭口期；T. 耐热型玉米品种；S. 热敏感型玉米品种；H. 高温；L. 对照。

标尺的长度是 1cm

3. 对雄穗和雌穗的伤害

在孕穗阶段和散粉过程中，高温都可能对玉米雄穗产生伤害。当气温高于 35℃ 时不利于花粉形成，开花散粉受阻，表现在雄穗分枝变小、数量减少，小花退化，花药瘦瘪，花粉活力降低，受害的程度随温度升高和持续时间延长而加剧。当气温超过 38℃ 时，雄穗不能开花，散粉受阻。高温影响玉米雌穗的发育，致使雌穗各部位分化异常，吐丝开花间隔时间（ASI）延长（图 8-4），延缓雌穗吐丝，吐丝率降低（图 8-5），授粉结实不良，穗粒数下降，由此导致产量降低（Wang et al.，2020，2021）。

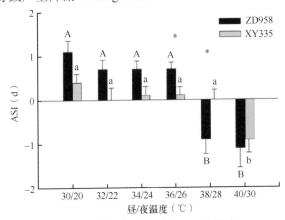

图 8-4　高温胁迫对玉米 ASI 的影响

不同小写字母表示在 $P < 0.05$ 水平上差异显著，不同大写字母表示在 $P < 0.01$ 水平上差异显著

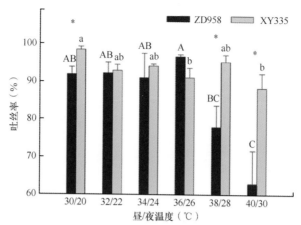

图 8-5　高温胁迫对玉米雌穗吐丝率的影响

大写字母表示 ZD958 在不同温度下的差异性分析，小写字母表示 XY335 在不同温度下的差异性分析；
不同字母表示在 $P < 0.05$ 水平上差异显著；* 表示两品种在 $P < 0.05$ 水平上差异显著

4. 高温易引发病害

玉米在苗期处于生根期，抗不良环境能力较弱，若遇连续 1 周高温干旱，根系生理活性就会降低，使植株生长较弱，抗病力降低，易受病菌侵染发生苗期病害。

5. 高温影响产量和品质

高温使玉米籽粒灌浆速率加大，但灌浆持续期缩短，灌浆速率加大对产量提高的正效应不能弥补灌浆持续期缩短对产量的负效应，最终导致产量降低。高温既影响淀粉和蛋白质的合成速率，又影响它们合成的持续时间，对玉米品质形成的影响也是不利的。

（二）冷害

作物生长发育需要最适宜的温度（表 8-2），尤其是作物的开花期对温度更为敏感，温度过高过低对作物生长发育均有不利影响。冷害是指温度不低于 0℃，但连续几天低于某种作物生育期中某一阶段的下限温度而使喜温作物受到伤害，是农业生产上主要气象灾害之一。例如，在北方地区，7～8 月的日平均温度骤然降到 20℃ 以下时，有些作物就会遭受冷害。冷害使作物生理活动受到阻碍，严重时某些组织遭到破坏，但由于冷害是在 0℃ 以上，有时甚至是在接近 20℃ 的条件下发生的，作物受害后外观无明显变化。例如，在北方夏季，由于玉米长期以来适应了高温的条件，对稍低的温度不能适应，当日平均温度降至 20℃ 以下时，便影响玉米正常生长。

表 8-2　主要作物生理活动的基本温度范围　　　　　　　　　（单位：℃）

作物名称	最低温度	最适温度	最高温度
油菜	3～5	20	28～30
小麦	3～4.5	25	30～32
黑麦	1～2	25	30
大麦	3～4.5	20	28～30

续表

作物名称	最低温度	最适温度	最高温度
燕麦	4～5	25	30
豌豆	1～2	20	30
蚕豆	4～5	35	30
甜菜	4～5	28	28～30
玉米	8～10	32	40～44
水稻	10～12	30	38～42
棉花	12～14	30	40～45
烟草	13～14	28	35

玉米在日平均温度15～18℃时受中等冷害，13～14℃受严重冷害。各生育阶段以生育速度下降60%为冷害指标：苗期为15℃，生殖分化期为17℃，开花期为18℃，灌浆期为16℃。以玉米拔节期为准，轻度冷害为21℃，中度冷害为17℃，严重冷害为13℃，其发育速度依次下降40%、60%和80%。

低温冷害，特别是早春低温冷害是玉米生产上主要的气象灾害之一，在北方春玉米区时常发生，灾害发生时减产10%以上，玉米质量也大受影响。玉米在幼苗期易受低温的危害。在细胞和分子水平上，有三方面的表现，即代谢速率下降、细胞膜通透性降低和蛋白质降解。表观症状通常是中胚轴和胚芽鞘变褐及萎蔫，叶片呈水渍状及发育不全，甚至因幼苗生长受阻而不能成活，冷害症状可一直延续至恢复生长期。玉米苗期的冷害程度主要取决于低温及其持续时间的长短，但是不同组织器官对冷害的反应程度也有所差异，中胚轴是玉米苗期最易受冷害的器官。苗期温度对玉米根、茎、叶的生长影响很大。低温下玉米根冠细胞的增殖速率和吸收活性下降，生理功能受到影响。当地温在12℃以下时，玉米根系发育不良，根生长区出现肿大现象，呈鸡爪状，根毛迟迟不长，可能是由于土壤低温使细胞无法伸长或细胞无法侧向扩大。低温强度是幼苗致死的先决条件，低温持续时间是影响幼苗存活率的重要因素。

玉米在播种至出苗期遇到低温，出现种子发芽率、发芽势降低，出苗和发育推迟，苗弱、瘦小等现象，且低温对植株功能叶的生长有阻碍作用。至四展叶期，植株明显矮小，表现为生长延缓，光合作用强度、植株功能叶的有效面积显著降低；四展叶期至吐丝期，低温持续时间长，株高、茎秆、叶面积及单株干重受到影响；吐丝期至成熟期，低温造成有效积温不够；灌浆期低温使植株干物质积累速率减缓，灌浆速度下降，造成减产。例如，2009年7月上旬东北中北部地区持续低温阴雨，气温比常年同期偏低1～2℃，降水偏多五成至两倍，造成春玉米发育延迟，营养生长明显不足，延迟型冷害特征明显（李少昆，2010）。

二、光照

玉米属于短日照植物，一般来说，缩短日照时间（每天日照8～9h）可以加速植物发育，使穗原基提前分化；反之，则延迟发育，穗原基分化延迟。热带品种在温带种植，由于日照缩短，穗原基分化大大提前，营养生长期缩短，单株叶片数和叶面积减少，虽然小花形成速度不受影响，但由于营养生长不良，成熟过早，结果产量很低。有人把植株发育速度发生显著变化时间的日照长度称为临界日照长度或临界光周期。玉米绝大多数品种的临界光周期为 14.5 ～ 15h。

玉米不同品种对日照长度反应是不同的。有的品种反应十分敏感，超过临界光照强度之后，雄穗分化显著延迟，而有的品种却反应不敏感，在每日连续光照 18h 情况下，也能开花结实，只是稍有延迟。因此，玉米不是典型的短日照作物。我国南方品种对日照长度敏感，北方硬粒型品种次之，北方马齿型品种最迟钝。玉米雌穗比雄穗的发育对日照长度要求严格，许多低纬度的品种引到高纬度地区种植能够抽雄，但雌穗不能吐丝。了解品种对日照长度的敏感程度，对做好引种栽培工作有重要意义。

研究证明，玉米感受光周期作用的部位不是生长点，而是叶片。叶片中产生的开花刺激物质是经过韧皮部传递到茎生长点而起作用的。光质对玉米的发育也有很大影响，玉米雌穗在蓝、紫光等短波光和白光中发育较快，在红、橙光等长波光中发育则相当迟缓，而雄穗在红光中发育并不慢。另外，在绿光中，玉米整个生育过程都极度缓慢。

近年来，全球太阳总辐射量呈下降趋势，平均每 10 年降低 1.4% ～ 2.7%。玉米作为 C_4 植物，光是其主要的能量来源，光照变化明显地改变了玉米的生长环境，从而直接或者间接地影响玉米产量的形成。根据夏玉米的需光特性，全生育期光照达 600 ～ 850h 才可以达到高产。据研究，玉米生育期内太阳总辐减少 $1kJ/cm^2$，相当于玉米群体少形成 $337.5kg/hm^2$ 生物产量。国际玉米改良中心研究指出，玉米产量变动 80% 受生育后期光照时数、光照强度和叶面积影响。光照时数达到 800h，可以高产，仅达到 600h，则减产 44%。

玉米生育期内遇到阴雨天气，光照不足会造成玉米的花期不遇，进而影响产量。国内学者通过模拟弱光胁迫研究表明，弱光显著地降低了玉米籽粒产量，不同时期遮阴对玉米籽粒产量影响不同。花粒期遮阴对玉米籽粒产量影响最显著，其次是穗期遮阴，苗期遮阴对玉米籽粒产量影响相对最小（图 8-6）（张吉旺，2005）。不同时期弱光胁迫造成

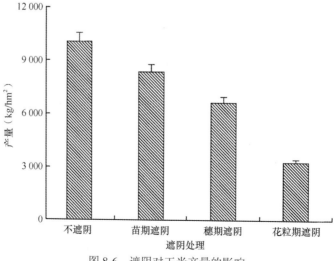

图 8-6　遮阴对玉米产量的影响

减产的原因为：苗期弱光胁迫显著降低了干物质积累；穗粒数显著降低；花粒期弱光胁迫使玉米籽粒千粒重显著降低。穗期遮阴显著影响玉米的穗分化，花丝数和雄穗分枝数都减少，最终导致穗粒数减少。花粒期遮阴玉米叶片出现早衰、枯死（崔海岩，2013）。

光照强度对叶片的光合速率、蒸腾速率、气孔导度、光饱和点及光补偿点有显著影响。研究认为，在作物的某个生长季节，弱光胁迫的作物光能利用率达 2.4g/MJ，是正常光照的 2.4 倍。瞬时遮光后玉米叶片光合速率呈下降趋势，光合速率的降低引起了快速的气孔关闭，致使恢复正常光照时光合作用恢复延迟。张吉旺（2005）研究认为，弱光胁迫条件下穗位叶光合速率的降低伴随着气孔导度减小，胞间 CO_2 浓度增加，说明弱光胁迫降低了光合速率不是气孔限制而是非气孔因素即叶肉细胞光合活性的下降造成的。同样地，弱光胁迫降低了玉米穗位叶叶绿素 a、叶绿素 b 含量，对叶绿素 b 的影响大于叶绿素 a，叶绿素 a/b 值升高，不利于玉米光合作用的正常进行。

三、水分逆境

（一）干旱

我国约 65% 的玉米为旱作，由于受大陆性季风气候影响，降水不足，季节性分布不均，降水分布与玉米需水规律往往不能吻合，已成为制约玉米高产稳产的首要因素。干旱（或阶段性干旱）在各玉米生态区普遍存在。北方春播玉米区是典型的雨养农业，灌溉面积不足耕地面积的 10%，十年九春旱，影响玉米的适时播种，如吉林省春旱发生率半干旱地区达 90% 以上，半湿润地区达 50% ～ 60%；黄淮海平原夏播玉米区虽然部分农田有灌溉设施，但遇干旱常因水源不足而灌溉不足或得不到灌溉；西南山地玉米区降雨虽然丰富，但季节分布不均，而且玉米绝大多数种植在没有灌溉条件的山坡地；山西、陕西、甘肃等北方干旱山区，既没有充足的降水，又没有灌溉条件。1997 年全国发生大面积干旱，东北、华北和西北玉米主产区各省（自治区、直辖市）减产 14.3% ～ 31.8%，全国玉米平均产量下降 15.7%（李少昆，2011a，2011b）。

干旱是指因一定时期内降水偏少，造成大气干燥、土壤缺水，使作物体内水分亏缺，影响正常生长发育造成减产的现象。由于干旱是大气、土壤、作物三个系统相互作用的结果，所以干旱的含义又分为大气干旱、土壤干旱和生理干旱三类。大气干旱的特点是空气干燥、高温和强辐射，有时伴有干热风，在这种环境下蒸腾作用大幅度加强，体内水分失去平衡而造成伤害。土壤干旱主要是土壤中缺乏作物可利用的有效水分，植株失水萎蔫，甚至枯死。通常人们说的干旱主要指土壤干旱。

干旱时，由于泡状细胞先失水，体积缩小而使叶片卷曲，因此，玉米对干旱的反应首先表现为叶片卷曲萎蔫，继而生长发育迟缓，营养器官生长量不足，生殖器官发育不良，最终表现为大幅度减产，甚至绝产。大量研究表明，干旱胁迫对植物生理过程的影响是多方面的，即使是轻微胁迫，植物也会产生不同的反应，但水分胁迫造成的主要是生理脱水，形成细胞和组织的低水势，通过低水势影响植物的各种生理过程。

干旱对玉米的光合作用、蒸腾作用、呼吸机制、氮代谢及生长发育和产量等都有明显影响。在水分胁迫条件下，玉米产量大幅度降低的原因主要是叶片光合速率降低。玉米叶片的光合速率随水分胁迫的加剧而下降。据报道，当叶水势低于–0.3MPa 时，玉米净光合速率开始降低；当叶水势低于为–1.2MPa 时，净光合速率降低 50%；当叶水势为–2.0MPa 时，光合作用基本停止。干旱后叶绿蛋白降解，叶绿体被破坏，叶片对光能的吸收减少；同时，叶绿蛋白又是组成内膜的成分，叶绿蛋白降解后，使膜结构受到损伤，抑制了光合磷酸化过程，二氧化碳同化量减少。

在玉米生长发育的各个阶段，干旱均会引起一系列不良后果。干旱引起伤害的程度取决于干旱发生时玉米生长发育的阶段，其中受影响最明显的是植株的大小、叶面积和产量。干旱影响叶片的扩展，使叶片失水、气孔关闭，光合作用降低，制造和积累的有机养分减少；加速下部老叶片的衰老和枯黄，使植株生长缓慢、矮小；影响雌、雄穗正常发育，增加败育小花数量，使抽雄和吐丝间隔期延长，花丝和花粉活力下降，授粉结实能力降低，穗粒数减少，灌浆速度减慢，粒重降低，最终导致减产。据研究，叶水势在–0.8MPa 时，叶片基本停止伸长；穗位叶水势为–0.9MPa 时，花丝基本停止伸长。在干旱条件下，玉米植株水分平衡遭到破坏，外部形态表现为暂时萎蔫，可使蒸腾失水减少 80%～90%。当水分降到凋萎系数时，迫使叶片从植株各部位吸取水分，根毛开始死亡，便发生永久萎蔫现象。

玉米不同生育时期遭受干旱对产量构成因素的影响不同：拔节期重度干旱可使穗粒数比对照减少 15.9%，减产 19.8%；抽雄期至吐丝期重度干旱导致的单位面积有效穗数、穗粒数和穗粒重减小，可使减产幅度高达 40.4%；灌浆期干旱，籽粒干重和体积分别比对照下降 33.4% 和 31.0%。籽粒对干旱敏感的时期从吐丝后 2～7d 开始，直至吐丝后 12～16d 结束，吐丝后 12～16d 干旱造成粒重降低 50%。

从源库角度分析，水分亏缺会使玉米吸水受阻，蒸腾作用降低，同时养分吸收也受到影响，在地上部主要的生理表现：一是"源"功能降低，叶片萎蔫、早衰，光合势、光合强度减小，同化产物合成减少；二是"流"作用受阻，同化产物向生长中心的运输不畅，无论营养生长还是生殖生长，速度均会减缓；三是后期胚乳因缺水而体积、发育及灌浆速率受到限制，粒重减小，同时伴随着果穗中上部籽粒大量败育，籽粒"库"充实度明显降低。

（二）渍涝

渍涝是世界上主要的非生物逆境胁迫之一，据估计，在全球范围内 10% 的灌溉土地受到洪涝灾害的影响，这可能会降低高达 20% 的农作物产量。我国长江中下游地区和黄淮海平原受渍涝灾害影响的面积最大，占全国总受灾面积的 75% 以上，极大地限制了这些地区的植物分布和作物产量。

玉米是一种需水量大而又不耐涝的作物，其在不同时期受涝均会导致产量下降，但下降程度与受涝生育时期、受涝程度、受涝时间长短相关（任佰朝，2017）。陈国平等（1989）研究表明，玉米对涝害的反应以生育前期较敏感，三叶期、拔节期和雌穗小花分化期淹水 3d 使单株产量分别降低 13.2%、16.2% 和 27.9%，而开花期和乳熟初期淹水 3d 则未造成显著减产。张吉旺（2015）研究表明，涝害对玉米产量的影响主要体现在三叶期和拔节期，而开花后淹水 10d 对产量的影响较小，对三叶期的影响大于拔节期，且涝害持续时间越长产量下降幅度越大。玉米生育前期受涝主要影响玉米"源"的大小，后期则主要影响"库"的大小。从产量构成因素方面看，穗粒数和千粒重大幅度下降是淹水胁迫导致减产的主要原因，玉米在三叶期受涝，穗粒数、千粒重分别下降20.56%、5.09%；在拔节期受涝，穗粒数（−9.33%）、千粒重（−2.75%）均降低，花后10d受涝主要导致千粒重下降（表8-3）。

表8-3 不同生育时期淹水对夏玉米产量及其构成因素的影响

年份	处理	穗数（穗/hm²）	穗粒数（粒/穗）	千粒重（g）	产量（kg/hm²）	穗数变幅（%）	穗粒数变幅（%）	千粒重变幅（%）	产量变幅（%）
2017	CK	65 724±1 202a	553±20a	363±3a	13 193±131a				
	V3-W	62 500±3 020a	425±16c	349±2b	9 270±53d	−4.91	−23.15	−3.86	−29.74
	V6-W	62 822±1 953a	500±21b	359±2a	11 277±63c	−4.42	−9.58	−1.10	−14.52
	10VT-W	64 432±97a	544±17ab	332±4c	11 636±126b	−1.97	−1.63	−8.54	−11.80
2018	CK	67 500±1 600a	540±10a	364±3a	13 270±96a				
	V3-W	66 101±1 305a	443±12c	341±4b	9 985±106d	−2.07	−17.96	−6.32	−24.76
	V6-W	65 242±1 476a	491±14b	348±3b	11 243±85c	−3.35	−9.07	−4.40	−15.28
	10VT-W	67 500±626a	527±13ab	329±2c	11 703±71b	0	−2.41	−9.62	−11.81
F值									
年份（Y）		16.6**	0.1	20.4**	21.8**				
处理（T）		3.6	2.0**	144.2**	1453.3**				
年份×处理		0.3	1.3	5.2*	22.4**				

注：CK. 不淹水处理；V3-W. 三叶期淹水6d；V6-W. 拔节期淹水6d；10VT-W. 开花后10d淹水6d。* 表示在$P < 0.05$水平上差异显著；** 表示在$P < 0.01$水平上差异显著

涝害显著推迟玉米生育进程，抑制雌、雄穗发育，影响夏玉米产量形成（图8-7）。Hu等（2022）研究表明，三叶期、拔节期渍涝可分别导致玉米开花期推迟4d、3d（表8-4），严重的渍涝可导致玉米生育期推迟10d左右。渍涝胁迫后玉米叶片生长速率降低，新生叶片窄而长，叶面积指数、叶绿素含量下降；与光合作用相关的RuBP羧化酶和PEP羧化酶活性受到抑制；玉米功能叶的CAT和SOD活性显著下降，自由基过多积累，导致生物膜结构被破坏，细胞膜脂质过氧化作用加剧，叶片衰老加剧；玉米光合碳同化能力显著降低，植株干物质累积量下降。植物光合产物主要以蔗糖的形式转运，渍涝胁迫显著影响玉米植株糖代谢过程，从而影响光合同化物的积累与分配。三叶期涝害显著提高穗位叶的蔗糖分解酶活性和可溶性糖含量，提高穗位叶对蔗糖的利用能力，减少叶片的碳输出。渍涝胁迫后夏玉米光合同化物向雌穗（−53.1%）、穗柄（−46.5%）和穗位节（−71.5%）的分配比例显著降低。渍涝胁迫后玉米光合能力降低与同化物转运过程受阻共同导致营养物质向"库"供应不足，导致夏玉米雌、雄穗发育不良，总小花数（−15.2%）、受精小花数（−20.6%）降低，雌雄开花间隔时间增加，玉米穗粒数减少（图8-8）。此外，营养物质供应不足，导致玉米籽粒灌浆过程受阻，玉米籽粒体积增长速率降低，体积变小，导致千粒重显著降低。

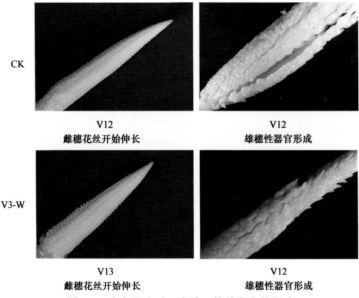

图 8-7　淹水胁迫对玉米雌、雄穗发育的影响

CK. 不淹水处理；V3-W. 三叶期淹水 6d；V12. 玉米第 12 片叶完全开；V13. 玉米第 13 片叶完全展开

表 8-4　淹水对玉米生育进程的影响

处理	各处理到达关键时期的日期（月/日）							ASI（d）
	V6	V9	V12	VT	R1	R3	R6	
CK	7/1	7/9	7/19	7/26	7/28	8/25	9/26	2
V3-W	7/3	7/13	7/23	7/30	8/2	9/1	—	3
V6-W	7/1	7/11	7/22	7/29	8/1	8/31	—	3
10VT-W	7/1	7/9	7/19	7/26	7/28	8/28	—	2

注：CK. 不淹水处理；V3-W. 三叶期淹水 6d；V6-W. 拔节期淹水 6d；10VT-W. 开花后 10d 淹水 6d；V6. 玉米第 6 片叶完全展开；V9. 玉米第 9 片叶完全展开；V12. 玉米第 12 片叶完全展开；VT. 玉米抽雄期；R1. 玉米吐丝期；R3. 玉米乳熟期；R6. 玉米完熟期

　　渍涝导致土壤中氧气含量下降，淹水一段时间后，植物根内氧分压下降较多，缺氧直接造成根系呼吸等生理障碍。在缺氧条件下，植物根系的能量状态首先会受到影响，随着氧气的减少，植物有氧呼吸减弱，无氧呼吸增强。无氧呼吸对碳水化合物的利用率极低，导致细胞能荷比降低，细胞线粒体的结构与功能发生改变，线粒体标志酶异柠檬酸脱氢酶（IDH）和琥珀酸脱氢酶（SDH）的活性降低，细胞利用氧气的能力下降，进一步削弱有氧呼吸，ATP 合成减少（僧珊珊等，2012）。渍涝初期乳酸脱氢酶（LDH）和醇脱氢酶（ADH）活性上升，有利于维持根系能量的供应，但随着乳酸和乙醇的积累，细胞质酸化导致细胞结构发生变化甚至细胞死亡。根尖变褐，呈铁锈状，根系吸收水和养分的表面积显著下降，根伤流液速率显著降低，细胞膜透性增强，根系环境恶化，H_2S、FeS 在根系周围积累造成根系活力下降甚至根系腐烂。另外，随着淹水时间延长（14d），玉米形态和生理会产生一定的适应性，根系产生大量不定根，根系总长度、根系

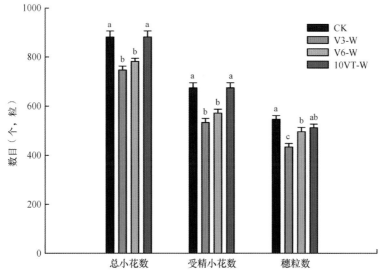

图 8-8 淹水胁迫对玉米总小花数、受精小花数和穗粒数的影响

CK. 不淹水处理；V3-W. 三叶期淹水 6d；V6-W. 拔节期淹水 6d；10VT-W. 开花后 10d 淹水 6d。

不同小写字母表示在 $P < 0.05$ 水平上差异显著

面积、根系体积均有显著升高。新长出的不定根具有更多的气腔，根系孔隙度明显增加，并且可以伸到水面，以吸收更多的氧气来维持玉米在淹水逆境下的生存能力。另外，在不定根中诱导根系径向泌氧（ROL）有助于提高植物的耐涝性。玉米株龄愈大，次生根增长率也愈大。次生根发根潜力不同，也是不同株龄玉米对淹水耐受性差别的一个重要原因。总之，玉米根皮层细胞程序性死亡，通气组织、不定根形成以及 ROL 的形成是玉米适应低氧环境的有效机制。

在淹水胁迫下促进作物生长发育及提高产量的关键是改善根系生长发育环境以及地上部叶片结构和功能。玉米发生涝害后应及时排水防涝。玉米前期怕涝，淹水时间不应超过 1d；生长后期对涝渍敏感性降低，淹水不得超过 2d，尤其是在雨后晴好的天气条件下更应及时排涝。排水后土壤板结，通气不良，水、气、热严重失调，必须及时中耕，破除板结，散墒通气，防止沤根。中耕有利于排出表土过多水分和促进肥料的分解释放，从而促进植株根系的发育，还可降低田间湿度和减轻病害。可通过种植方式的改良，如垄作、早播（苗期错过易发生渍涝的时间）、合理施肥，尤其是发生渍涝后的追肥，配合叶面肥等改变玉米生长环境来预防或者缓解渍涝。渍涝频发的区域应选择耐涝渍性品种。另外，植物生长调节剂，如 6-苄基腺嘌呤（6-benzylaminopurine，6-BA）、多效唑、芸苔素内酯等能有效缓解渍涝对作物生长发育的影响，可在渍涝发生后及时喷施。研究表明（Hu et al.，2020），6-BA 作为一种人工合成的细胞分裂素类（CTK）植物生长调节剂，可以显著提高植物体内的细胞分裂素水平，调节植物脂肪酸、蛋白质代谢过程，有效地抑制和清除活性氧自由基，延缓叶片衰老，延长有效光合作用时间，显著提高植物叶片净光合速率，进而使得产量构成因素之间的关系更加协调合理，显著提高渍涝后玉米产量（图 8-9）。

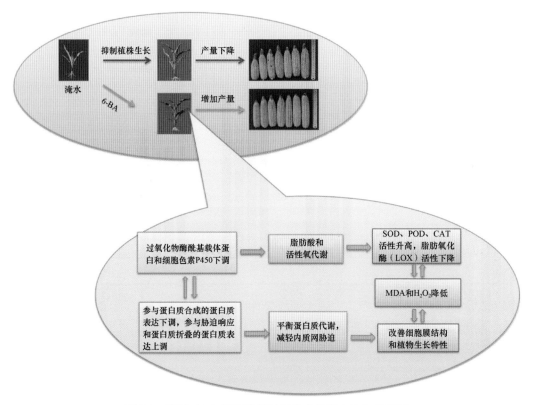

图 8-9　喷施 6-BA 提高渍涝后玉米产量能力的生理机制

四、盐碱胁迫

作物盐（碱）害是指在气候干燥的干旱和半干旱地区、地下水位较高的地区以及沿海地区，土壤中含有较多的盐类，特别是易溶解的盐类（如 NaCl、Na_2SO_4 等）过多，对作物产生的危害。如果这些土壤表层盐分总含量超过 0.1% 以上，土壤溶液的盐浓度超过 0.5% 以上，则作物根系在土壤中吸水困难而生长发育受影响。

（一）盐碱土的概述

土壤盐碱化是指易溶性盐分在土壤表层积累的现象或过程。目前，全球盐碱土面积已达 $9.5×10^8hm^2$，我国约 $1×10^8hm^2$，具有分布范围广、面积大、类型多等特点。我国盐碱土主要分布在西北干旱地区、黄淮海平原、三江平原以及沿海平原地区。

凡表层或亚表层（一般厚度为 20～30cm）中水溶性盐累积量超过 0.1% 或 0.2%（即 100g 风干土中含 0.1g 水溶性盐类，或在富含石膏的情况下，含 0.2g 水溶性盐类），或土壤的碱化度（指交换性钠离子占阳离子交换量的百分率）超过一定限度（一般为 5%～15%）的土壤就属于盐碱土。盐碱土是盐土、碱土和盐化土、碱化土的统称。只有土壤含盐量、碱化度达到一定量时，才称为盐土或碱土。盐土是指可溶性盐含量过高（0.3% 以上）的土壤，可溶性盐主要指钠、钾、钙、镁等的硫酸盐，以及氯化物、碳酸盐和重碳酸盐，其中，硫酸盐和氯化物一般为中性盐，而碳酸盐和重碳酸盐为碱性盐。盐土广泛分布于黄淮海平原、松嫩平原、辽河平原、内蒙古高原东部，以及沿海的滨海地带。碱土一般不含或只含少量可溶性盐分，而含有较多的交换性钠，碱性反应较强（碱化度20%以上），对作物毒害严重。碱土零星分布在东北松辽平原、内蒙古东部、甘肃、宁夏和新疆境内。

形成盐碱土的主要条件有：①气候干旱，降水量少，蒸发量大；②地下水位高（高于临界水位）；③地势低洼，没有排水出路。地下水都含有一定的盐分，随水上升到地表，水分蒸发后，便留下盐分，日积月累，土壤含盐量逐渐增加，形成盐碱土。滨海盐碱土是海水浸渍形成的。

（二）盐碱土的危害

1. 盐分的直接毒害作用

当土壤中盐分含量增多，某些离子浓度过高时，会对植物产生毒害作用，如碳酸盐和重碳酸盐等碱性盐类，对植物幼芽、根和纤维组织有很强的腐蚀作用。同时，高浓度的盐分破坏了植物对养分的平衡吸收，造成植物某些养分缺乏而发生营养紊乱。例如，过多的钠离子会影响植物对钙、镁、钾的吸收，高浓度的钾又会妨碍植物对铁、镁的摄取，结果导致诱发性的缺铁和缺镁症状。

2. 导致植物"生理干旱"

当土壤中可溶性盐含量增加时，土壤溶液的渗透压提高，导致植物根系吸水困难，轻则使植物生长发育受阻，重则使植物体内的水分发生"反渗透"，凋萎死亡。

盐碱土中不同离子和盐类对植物的毒害不同，一般而言，盐类的溶解度越大，其毒害就越大；碱性越大，毒害也越大。同一盐类，毒害也不一样。例如，$MgCl_2$ 的毒害大于 NaCl。其一，Mg^{2+} 本身的毒性就比 Na^+ 大；其二，$MgCl_2$ 的溶解度比 NaCl 大。单一盐类比多种盐类毒害大，这是由于离子之间有拮抗作用。例如，调节土壤中 Na/Ca 值，可以减轻 Na^+ 的毒害作用。盐类的阳离子相同，阴离子不同，其毒害作用也不同。不同作物的耐盐能力也存在差异（表 8-5），玉米的耐盐能力较差。玉米苗期较拔节期、孕穗期耐盐能力差，苗期表现为植株瘦弱，盐害严重时植株接近枯萎。碱害主要影响玉米的幼根和幼芽，轻者使玉米空秆且易倒伏；重者使玉米缺苗断垄，同时导致锰、铁、锌、硼等微量元素有效含量降低而引起缺素症。土壤中可溶性盐分浓度较高，抑制玉米吸水，使玉米出现反渗透现象，产生生理脱水，从而枯萎；碱害主要由于土壤中交换性钠离子的存在，使土壤性质恶化，影响玉米根系的呼吸和部分阳离子的吸收。

表 8-5　不同作物的耐盐能力

作物种类	ECe 阈值（mΩ/cm）	超过 ECe 阈值后产量下降（%）
大麦	8.0	5.0
甜菜	7.0	5.9
小麦	6.0	7.1

续表

作物种类	ECe 阈值（mΩ/cm）	超过 ECe 阈值后产量下降（%）
大豆	5.0	20.0
番茄	2.5	9.9
玉米	1.7	12.9
菜豆	1.0	19.0

数据来源：Maas 和 Hoffman（1977）

注：ECe. 电导率。以超过 ECe 阈值（25℃条件下）后作物产量的下降幅度表示作物耐盐能力，产量下降多，表示耐盐能力差，反之，则表示耐盐能力强

3. 降低土壤养分的有效性

盐碱土中的碳酸盐和重碳酸盐等水解时，呈强碱性反应，高 pH 条件会降低土壤中磷、铁、锌、锰等营养元素的溶解度，从而降低土壤养分的有效性。

4. 恶化土壤物理性质和生物学性质

当土壤中含有一定量盐分时，特别是钠盐，对土壤胶体具有很强的分散能力，使团聚体崩溃，土粒高度分散，结构恶化，导致土壤湿时泥泞、干时板结坚硬，通气透水性不良，耕性变差。同时，不利于微生物活动，影响土壤有机质的分解与转化。

（三）盐碱土改良与利用

盐碱土的特点是"瘦、死、板、冷、渍"。"瘦"是指盐碱土的肥力水平较低；"死"是指土壤中微生物数量极少；"板"是指土壤板结，耕性和通气透水性较差；"冷"是指土壤温度较低；"渍"是指土壤含盐碱量大。应当因地制宜，综合治理盐碱土。可采取水利改良、农业改良和化学改良等措施改良盐碱土。盐碱土形成的根本原因在于水分状况不良，所以在改良初期，重点应放在改善土壤的水分状况上面。一般分几步进行，首先排盐、洗盐，降低土壤盐分含量；其次种植耐盐碱的植物，培肥土壤；最后种植作物。

1. 水利改良措施

盐碱土存在的问题是易溶盐含量过高，因此，需大搞农田基本建设，兴修水利，开沟排水，修建台田条田，降低地下水位，引淡水灌溉，排水洗盐。根据"盐随水来，盐随水去"的规律，把水灌到地里，保持一定深度的水层，使土壤中的盐分充分溶解到水中；再利用排水沟把溶解的盐分排走，从而降低土壤的含盐量。对地势低洼的盐碱地块，通过挖排水沟，可以带走部分土壤盐分。

2. 农业改良措施

农业改良措施主要包括以下几种。

（1）土壤耕作技术措施

土壤耕作技术措施具体包括几种方法：其一是客土法，即从别处运来土壤，覆盖在

原有耕作层上，再结合开沟降低地下水位；其二是勤中耕，目的在于切断毛管孔隙，减少随土壤水分上移的盐分；其三是集成应用深松耕技术和中耕技术，降低盐碱土容重，促进作物根系发育。其实施程序为原垄垄沟深松 40cm →撒施底肥→破开原垄合成新垄→中耕时垄沟深松 30cm。该技术具有降低盐碱影响、显著增产的作用，是改良苏打盐碱土（盐类以碳酸盐或碳酸氢盐为主的盐碱土）的有效耕作方法（刘长江，2005，2007）。

（2）耕作制度改进

其一是种植耐盐植物和牧草、绿肥作物等；其二是采用轮作、间套作，尤其是水旱轮作，将水稻引入种植体系，可以起到降低盐浓度、随水排盐等作用。

（3）培肥改良

通过种植绿肥作物、增施有机肥等培肥地力，促进作物生长发育，利用腐殖质吸附盐离子，缓解盐碱危害。

3. 化学改良措施

化学改良措施即通过施用化学物质改良盐碱土的方法。此类化学物质主要有石膏、硫磺、磷石膏、亚硫酸钙、硫酸亚铁、氯化钙、白垩粉、尿素、甲醛树脂等。其改良原理主要在于酸碱中和降低土壤 pH，利用钙离子交换土壤胶体上吸附的钠离子，使土壤交换性钠离子含量降低，从而降低土壤的碱化度，使土壤的强碱性得到改善。

事实上，可以综合应用以上措施进行盐碱土改良，如播种牧草或种水稻与施石膏等相结合，再如施石膏与引淡水冲洗相结合等。一般须结合本地区条件，因地制宜，合理采用改良措施。

（四）盐胁迫对玉米群体的影响

玉米是盐敏感作物，当盐浓度较高时，盐胁迫会打破细胞内的离子平衡，破坏细胞膜结构，使玉米各种代谢活动减弱，最终导致整株植物减产直至死亡。Munns（2002）提出了盐胁迫对植物生长影响的两阶段模型：第一阶段，由于在盐胁迫下土壤中的水势低于玉米根细胞的水势，玉米根系吸水困难，发生水分胁迫；第二阶段，在盐胁迫条件下，玉米植株中吸收过多的 Na^+，造成 K^+、Ca^{2+} 吸收减少，发生 Na^+ 毒害，进一步导致离子失衡、光合作用减慢、根系和茎的生长受到抑制。Pitann 等（2009）认为，盐胁迫影响玉米质外体的酸化作用，进而抑制质膜上 ATP 酶的 H^+ 泵活性，造成 pH 的上升，使细胞壁的相关酶活性下降，从而抑制玉米地上部分的生长，造成玉米的株高、茎粗、单株叶面积及各器官的生物量均减小，且随着盐浓度的增加，胁迫效应逐渐增强，但是玉米的根冠比却有所增大，可能是由于盐胁迫对玉米地上部分生长的抑制大于对玉米根系生长的抑制。盐胁迫可对玉米的光合作用造成严重影响，是由于盐胁迫导致玉米发生水分胁迫，而水分胁迫使玉米叶绿体中过氧化物增多、叶绿体基质体积减小、气孔关闭，使 CO_2 的光合碳同化受到抑制，直接的后果就是玉米大幅度减产，甚至绝产。

第三节　主要生物逆境响应及其防御

病、虫、草害是影响玉米生产的主要生物灾害。我国玉米带位于北纬 20° ～ 45°，从东北到西南的狭长地区，南北距离和海拔跨度大，气候条件复杂，各地病、虫、草害均有发生，病、虫、草害一直以来是玉米高产稳产的重要制约因素之一，保守估计，每年造成玉米减产 10% 以上，严重发生年份减产程度超过 20%。可造成产量损失的虫害有 50 多种，病害有 20 余种，草害有上百种，病害主要包括玉米叶斑病、丝黑穗病、茎腐病、纹枯病、粗缩病、穗（粒）腐病、矮花叶病、南方锈病、瘤黑粉病等，造成虫害的害虫包括玉米螟、玉米蚜、黏虫、叶螨、地老虎和棉铃虫等。今年，在我国主要玉米产区，由于气候变暖、农业生态环境改变及种植业结构、耕作制度、种植品种、生产方式和生产条件等的改变，一些病原菌或传媒昆虫的越冬或越夏条件发生改变，创造了适合某些病原菌积累的生态环境，玉米病虫害的发生呈加重趋势。

玉米固定生长不能移动，时刻面临着害虫咬噬、病原微生物侵染等多种生物逆境胁迫。玉米植株受到病虫害侵袭或不良环境条件的持续干扰后，其正常的生理代谢功能和生长发育受到影响，在生理和外观上表现出异常，这种异常称为症状（病害、营养失调）或被害状（虫害）。引起玉米异常的原因主要包括各种病原物、害虫和不良的环境条件，如多种真菌、病毒（及类病毒）、细菌、线虫、害虫、极端温度、水分胁迫以及营养失调、药害或有害气体等（石洁，2011）。为了应对这些胁迫，玉米进化出了复杂且能精细调控的防御系统，包括利用植物激素调控抗性基因的表达以及抗性相关次生代谢产物的积累等，如茉莉素正调控植物对水稻齿叶矮缩病毒（RRSV）（双链 RNA 病毒）、木尔坦棉花曲叶病毒（CLCuMuV）（DNA 病毒）和甜菜曲顶病毒（BCTV）（DNA 病毒）的抗性（Lozano-Duran et al.，2011），却负调控植物对烟草花叶病毒（单链 RNA 病毒）的抗性（Oka et al.，2013）。

玉米田间的杂草种类繁多，有 150 余种，隶属于 30 科。杂草对玉米的危害是多方面的。杂草与玉米争夺养分、水分和阳光，使玉米的生长环境恶化；杂草还能传播病虫害，是病原菌和害虫隐藏的场所与玉米生长季节的寄主；杂草影响农事操作。杂草不但会降低玉米产量，还会使玉米品质变劣，增加农民除草投入。据测算，我国玉米田草害面积占其播种面积的 90% 左右，玉米每年因草害减产 2 亿～ 3 亿 kg，玉米产量和品质受到严重影响。

主要参考文献

曹敏建. 2013. 耕作学. 北京: 中国农业出版社: 386.
曹卫星. 2011. 作物栽培学总论. 2 版. 北京: 科学出版社: 460.
陈国平, 赵仕孝, 刘志文. 1989. 玉米的涝害及其防御措施的研究. Ⅱ. 玉米在不同生育期对涝害的反应. 华北农学报, 4(1): 16-22.
崔海岩. 2013. 遮阴对夏玉米产量及其生理特性的影响. 泰安: 山东农业大学硕士学位论文.
董钻, 沈秀瑛. 2000. 作物栽培学总论. 北京: 中国农业出版社: 266.
郭丽. 2007. 重度盐碱土改良剂配方及改良效果的研究. 长春: 吉林农业大学硕士学位论文.
郭庆法, 王庆成, 汪黎明. 2004. 中国玉米栽培学. 上海: 上海科学技术出版社: 1134.

霍仕平, 晏庆九, 黄文章. 1995. 纬度和海拔对西南春玉米区中熟玉米品种生育期的效应. 作物学报, 21(3): 380-384.

李少昆, 王振华, 高增贵, 等. 2011a. 北方春玉米田间种植手册. 北京: 中国农业出版社.

李少昆, 谢瑞芝, 赖军臣, 等. 2010. 玉米抗逆减灾栽培. 北京: 金盾出版社.

李少昆, 杨祁峰, 王永宏, 等. 2011b. 北方旱作玉米田间种植手册. 北京: 中国农业出版社.

刘长江, 李取生, 李秀军. 2005. 不同耕作方法对松嫩平原苏打盐碱化旱田改良利用效果试验. 干旱地区农业研究, 23(5): 13-16.

刘长江, 李取生, 李秀军. 2007. 深松对苏打盐碱化旱田改良与利用的影响. 土壤, 39(2): 306-309.

曲璐, 司振江, 黄彦, 等. 2008. 振动深松技术与生化制剂在苏打盐碱土改良中的应用. 农业工程学报, 24(5): 95-99.

任佰朝. 2017. 淹水影响夏玉米生长发育的生理机制及其调控. 泰安: 山东农业大学博士学位论文.

任佰朝, 朱玉玲, 李霞, 等. 2015. 大田淹水对夏玉米光合特性的影响. 作物学报, (2): 329-338.

僧珊珊, 王群, 李朝海, 等. 2012. 淹水胁迫下不同玉米品种根结构及呼吸代谢差异. 中国农业科学, 45(20): 4141-4148.

山东省农业科学院. 2004. 中国玉米栽培学. 上海: 上海科学技术出版社.

石洁. 2011. 玉米病虫害防治彩色图谱. 北京: 中国农业出版社: 190.

史建国. 2015. 不同光照对夏玉米产量及其根系生理特性的影响. 泰安: 山东农业大学硕士学位论文.

于振文. 1995. 作物栽培学. 北京: 中国农业出版社: 550.

张吉旺. 2005. 光温胁迫对玉米产量和品质及其生理特性的影响. 泰安: 山东农业大学博士学位论文.

Hu J, Ren B Z, Dong S T, et al. 2020. Comparative proteomic analysis reveals that exogenous 6-benzyladenine (6-BA) improves the defense system activity of waterlogged summer maize. BMC Plant Biology, 20. DOI: 10. 1186/s12870-020-2261-5.

Hu J, Ren B Z, Dong S T, et al. 2022. Poor development of spike differentiation triggered by lower photosynthesis and carbon partitioning reduces summer maize yield after waterlogging. The Crop Journal, 10: 478-489.

Li Y T, Xu W W, Ren B Z, et al. 2020. High temperature reduces photosynthesis in maize leaves by damaging chloroplast ultrastructure and photosystem Ⅱ. Journal of Agronomy and Crop Science, 206: 5.

Lozano-Duran R, Rosas-Diaz T, Gusmaroli G, et al. 2011. Geminiviruses subvert ubiquitination by altering CSN-mediated derubylation of SCF E3 ligase complexes and inhibit jasmonate signaling in *Arabidopsis thaliana*. The Plant Cell, 23(3): 1014-1032.

Maas E V, Hoffman G J. 1997. Crop salt tolerance [expressed as the decrease in yield]: evaluation of existing data. Rome: FAO.

Munns R. 2002. Comparative physiology of salt and water stress. Plant Cell and Environment, 25: 239-250.

Oka K, Kobayashi M, Mitsuhara I, et al. 2013. Jasmonic acid negatively regulates resistance to tobacco mosaic virus in tobacco. Plant Cell Physiol, 54(12): 1999-2010.

Pitann B, Schubert S, Muhling K H. 2009. Decline in leaf growth under salt stress is due to an inhibition of H^+-pumping activity and increase in apoplastic pH of maize leaves. Journal Plant Nutrition Soil Science, 172: 535-543.

Wang H Q, Liu P, Zhang J W, et al. 2020. Endogenous hormones inhibit differentiation of young ears in maize (*Zea mays* L.) under heat stress. Frontiers in Plant Science, 11: 533046.

Wang Y Y, Liu X L, Hou X F, et al. 2021. Maximum lethal temperature for flowering and seed set in maize with contrasting male and female flower sensitivities. Journal of Agronomy and Crop Science, 207: 4.

第九章 玉米群体优化调控关键技术[*]

玉米为 C_4 植物，是一种高光效、高产作物，其干物质的 90% 以上是由光合作用生产的。叶面积指数和同化产物累积量对产量的作用最大。高产栽培技术的实施均应以建立合理的群体叶面积动态，促进同化产物的积累，特别是提高吐丝后同化产物的积累为主要目的。玉米合理的群体结构，既要保证一定数量的个体生长，又要保证群体的光能利用。通过品种优化、栽培措施调控以及植物生长调节剂应用，确定合理的群体结构，对于玉米高产和超高产的研究及实践均有重要意义。

第一节 品种优化

一、品种概念与作用

（一）品种概念

不同于野生玉米，玉米品种是人类为满足自身需要，在一定的生态条件和经济条件下，经过自然选择和人工选择逐步培育出的植物群体。该群体具有相对稳定的优良特征特性，该特性能够通过种子生产持续保持。品种的产量、品质和适应性受到自身遗传因素、自然因素和人为因素的交互影响，并协同土壤改良、合理密植、适宜播期、施肥、排灌、除草、化控、病虫害防治等田间管理措施，推动玉米生产折线形、阶梯式、跨越性发展。

（二）品种作用

首先通过基因型奠定品种的产量潜力、抗逆性能和品质基础，然后内在基因响应外部环境，从大分子水平调控单株或群体的生理性能，最后体现为单株和群体的生物学特性、抗逆性和适应性等。优良玉米品种依靠单株或群体的优势，在玉米生产中发挥着多重作用。

1. 提高产量

品种的基因型决定了玉米自身的产量基础。品种的更新换代往往伴随着群体生物学特性或抗逆性的重大改变，从而大幅提升了玉米对生态环境、技术措施和生产需求的适应能力，间接提高了玉米产量。

2. 改良品质

通过品种改良可以改变籽粒的淀粉、蛋白质、赖氨酸、脂肪及微量元素等含量，提升

籽粒的千粒重或容重，改善全株的中性洗涤纤维（neutral detergent fiber，NDF）、酸性洗涤纤维（acid detergent fiber，ADF）、纤维素、半纤维素和酸性洗涤木质素（acid detergent lignin，ADL）等饲用指标，从而更好地满足市场多元化需求。

3. 增强抗逆性

新培育品种经过多年测试和审定程序，一般对区域内的关键逆境因子有较好的抗性，如黄淮海平原夏播玉米区玉米品种抗倒伏倒折和茎腐病，北方春播玉米区玉米品种抗大斑病、丝黑穗病和玉米螟。为了预防或减轻旱、涝、风、病虫、盐碱甚至高温、高湿、寡照或贫瘠等逆境因子的不利影响，选择有较好抗性或耐受性的品种是重要的途径之一。

4. 拓展种植区域

当玉米主要生态区之外或其内部出现了特殊制约因素时，极早熟、耐寒、耐盐碱、抗粗缩病等抗逆品种的培育与推广，对玉米生产起到了重要的稳定或拓展种植区域的作用。

5. 提升生态和经济效益

种植抗病虫害、耐旱、耐瘠薄、广适、资源高效利用等优良玉米品种，可以减少化肥、农药、水力、电力等资源和能源的消耗，优化生态环境，实现可持续发展。优质食用、加工、全株饲用等专用或特用玉米品种，可以提高商品玉米的附加值，带动畜牧业、加工业及其衍生或辐射产业的发展。

6. 推进现代农业建设

"农以种为先"，要建设现代农业，缩小中国与世界发达国家在玉米产业中的差距，需要创新应用全球种质资源、现代生物育种技术和信息化管理平台首先实现新品种和新技术的跨越式进步。

二、品种类型、起源与演变

（一）品种类型

玉米品种的类型丰富多样。首先，依据遗传方式，可分为农家种和杂交种两大类。再依据亲本类别，杂交种被划分为品种间杂交种、顶交种和自交系间杂交种。进一步依据亲本自交系的数目和杂交方式，自交系间杂交种又被分为单交种、三交种、双交种和综合杂交种。其中，单交种是利用两个不同的玉米自交系作为父母本杂交育成的，其也是当前应用最广泛的玉米品种类型。相对农家种和品种间杂交种，单交种群体整齐一致、生长健壮，增产优势明显。在内在遗传和表观特性上，不同单交种的个体之间存在差异，而同一单交种内的个体之间则相对一致。为便于研究和应用，可依据生育期、播种时间、株高、叶片姿态、果穗大小、籽粒性状（颜色、结构和品质）、适应性等对单交种更加详细的划分。

（二）品种起源与传播

玉米是栽培历史悠久的农作物。野生玉米始现于 7000 年以前的美洲大陆，并通过长期的物竞天择来繁衍生息。5000 年以前，印第安人开始驯化栽培野生玉米，野生玉米通过混合或穗行繁殖的方式，形成农家种并不断演变。16 世纪中期，玉米农家种首先被带出美洲传到了西班牙，其后通过多种路线逐渐遍布除南极洲之外的世界各地。20 世纪 30 年代初，美国最先推广玉米杂交种。随后，杂交种的发展从品种间杂交种到双交种和三交种，再到单交种，单交种替代农家种占据了主导地位。

（三）品种在中国的演变

玉米大约在 16 世纪初期传入中国。中国玉米杂种优势利用起始于 20 世纪 20 年代，先后经历了农家种、品种间杂交种、综合品种、双交种和单交种等发展阶段。1949 年以来，中国玉米品种完成了多次更新换代。1950 年，通过大规模群众性农作物良种评选活动，评鉴出金皇后、英粒子、金顶子、白鹤、旅大红骨、辽东白、四平头等优良农家种，逐步实现了替换掉低劣品种的第一次更新换代。1950～1958 年，选育推广优良品种间杂交种（如坊杂 2 号、春杂 2 号、夏杂 1 号、公交 82 号、晋杂 1 号等），完成了取代农家种的第二次更新换代，比原主推的马齿型品种增产 10% 以上。1958～1970 年，推广利用双交种（如农大 7 号、双跃 2 号、双跃 150、新双 1 号、双跃 4 号等），完成了第三次更新换代，比品种间杂交种增产 20% 以上。20 世纪 70 年代，开始了单交种、三交种、双交种等综合利用阶段（如新单 1 号、白单 4 号、群单 105、吉单 101、双跃 3 号、吉双 83、鲁三 9 号等）。20 世纪 70 年代后期至 80 年代，进入了玉米单交种推广利用阶段（如中单 2 号、烟单 14、四单 8 号、户单 1 号、郑单二号、丹玉 6 号、鲁原单 4 号等）。20 世纪 80 年代至 90 年代中期，选育推广了鲁玉 2 号、掖单 4 号、陕单 9 号、吉单 131 等抗病、抗倒、综合性状优良的紧凑或半紧凑型杂交种，以及丹玉 13 号、沈单 7 号等平展大穗型杂交种。20 世纪 90 年代初期，育成推广了以掖单 13 号为代表的株型较紧凑、果穗较大的玉米杂交种。20 世纪 90 年代中后期，育成推广了农大 108、鲁单 50、豫单 8703、农大 3138 等遗传基础广、综合抗性强的玉米杂交种。2004 年以来，以郑单 958 为代表的耐密、稳产、制种产量高的玉米杂交种成为主导品种，其次为农大 108、鲁单 981、浚单 20、先玉 335、登海 605、京科 968 等杂交种。当前，玉米生产中仍缺乏高产、耐密、综合抗性强、适宜机械化的新替代品种。品种在更新换代中，相比以往品种，新代表性品种的内在遗传基础和杂种优势利用模式首先发生了明显转变，其植株农艺性状、抗病性、品质等相应变化，同时伴随着生态条件、耕作栽培方式或管理模式的更新。当各种变更因素趋于相对平稳时，玉米品种及其他措施对生产的调控效应也趋于峰值。随着生产条件、经济条件、市场需求等出现新的变化，理论、技术、平台或资源等取得新的突破，新的更新换代品种也会产生。

（四）中国品种演变中的农艺性状变化

品种演变中，群体产量的提高是其植株形态改良和生理耐密性协同提高的结果，品质改良效果不显著。谢振江等（2007）对华北地区 20 世纪 70 年来以来有代表性的 25 个玉米杂交种农艺性状的演变进行了研究分析，结果表明，密度增大、公顷粒数和千粒重提高、抗病性增强是玉米杂交种增产的主要演变规律。王晓东等（2011）对北方地区 20 世纪 50 年代以来有代表性的 4 个玉米农家品种和 31 个杂交种穗部性状进行了研究分析，结果表明，穗粗、穗长、籽粒深度、穗粒数、千粒重均呈上升趋势，秃尖度、出籽率自 20 世纪 80 年代以来没有得到正向改良而是呈现下降趋势。李从锋等（2013）对中国 20 世纪 60 年代、20 世纪 80 年代和 21 世纪初 3 个年代大面积推广应用的玉米单交种进行了研究分析，结果表明，不同时期玉米单交种籽粒产量均显著提高，杂种优势指数差异不明显，株高、穗位高变化不明显，而植株茎粗增大，叶向值显著升高，株型趋于紧凑，耐密和抗倒性能明显增强，高产玉米群体的生理耐密性得到明显改善。马达灵等（2017b）对 1950～2010 年具有代表性的 11 个玉米品种进行研究分析，结果表明，株高、穗位高、穗长、穗粗、穗行数、行粒数的整齐度明显提高，株高整齐度的提升最为突出。王晓东等（2015）对我国北方 1950～2000 年的 6 个年代在生产中大面积推广应用的玉米品种进行研究分析，结果表明，1970～2000 年各品种淀粉含量在低、中、高密度下分别为 0.88%、0.81% 和 0.77% 的增长比例持续递增，1970 年品种淀粉含量与其他年代间差异达极显著水平；脂肪、蛋白质、赖氨酸含量与淀粉含量均呈负相关关系，脂肪、蛋白质和赖氨酸含量呈降低趋势；容重的变化整体较为平缓，年代间差异不大。

三、品种选择

（一）品种选择的必要性

品种优化是实现玉米群体优化调控的关键技术措施之一。农业生产讲究良种良法配套，其中的良种包含两个方面：一是品种要优良，即新品种相对已推广品种在某些方面有所优化改进；二是种子要优良，即要求种子纯净度高、籽粒饱满整齐、发芽势和发芽率高等。农民很容易混淆种子和品种的问题。在品种非假冒、种子非伪劣的情况下，由极端气象、病虫害大发生等不利因素造成的生产损失，农民很难追责审定品种的生产商和经销商。因此，如何谨慎、准确、高效地选择适宜对路的玉米品种，对保障生产至关重要。

（二）品种市场存在的问题

虽然国家各级种子管理部门加大了对种子的管理和执法力度，但玉米种子市场品种多、乱、杂的现象仍然存在。一是品种数量繁多：进入 21 世纪，玉米种植面积持续扩增，种子利润大幅提高，使玉米种业呈现蓬勃发展的态势，玉米育种机构、参与育种人员和审定品种数量均迅速增加。近年来，除了国家和省级政府主导的审定渠道以外，还增加了绿色通道、联合体试验和引种备案等审定渠道，2017 年和 2018 年审定品种数量呈现井喷之势，2018 年玉米国审品种达到 516 个，接近 2017 年国审品种的 3 倍，接近 2016 年以前所有国审品种的总和，此外，还有 1300 多个省级审定品种和 3000 多个引种备案品种，这些品种同样具备入市资格。种植面积达到 10 万亩以上的品种有上千个，百万亩以上的有数十个。二是品种宣传乱：在种子包装物、展示观摩会和媒介宣传中，过分夸大品种的"新、奇、优、特"，容易误导农民对品种具体特性的认知；老旧审定品种"旧貌变新颜"，非法跨省和越区推广，弱化品种审定年限、审定编号和适应区域的标示；品种混乱常导致正常生产技术应用低效、失效甚至负效，降低了农民对配套技术的兴趣与信心。三是品种种性杂：未"稳"先推，品种的遗传性状尚未稳定，单株分离严重；带"病"上市，种子生产商和经销商不明晰或故意回避品种在抗逆性或适用性等方面存在的缺陷。

（三）品种选择的要点

要充分考虑到商品玉米用途、生产管理条件和关键制约因素。

1. 选择审定品种

品种育成后，需要经过国家或省级多年区域试验与生产试验的严格筛选，高产、优质、抗逆性较强的品种才能通过审定。新品种一般比老品种有增产或稳产优势。因此，尽量选择当地大面积种植品种或近 5 年内新审定品种。每年度国家和各省（自治区、直辖市）都会发布全国或地方性主导品种，相关推荐品种一般已具有一定实际推广面积、综合性状较好。选择新品种时，最好先小面积试种 1 ~ 2 年，再依据表现确定是否扩大种植面积。

2. 商品玉米用途和市场行情

依据商品玉米的用途，可将玉米品种分为食用、饲用、加工用等类型，其中食用玉米可分为普通玉米、鲜食玉米等，饲用玉米可分为饲料加工玉米、青贮玉米、粮饲兼用玉米等，加工用玉米可分为高油玉米、高淀粉玉米、高赖氨酸玉米等。有加工或流通条件的地区，可以选择种植鲜食玉米和优质青贮玉米品种。要根据商品玉米的用途和市场行情，选择适宜的品种类型。

3. 生育期和播期

热量资源对玉米的生长至关重要。不同生育期的玉米品种需要的有效积温有较大差异。在积温较低、热量不足的区域，需要选择偏早熟的品种或适当早播，避免玉米灌浆后期受低温影响。在积温较高、热量充足的区域，尽量选择生育期较长的品种或适当晚收，有利于充分发挥品种的增产潜力。春播、夏播或其他季节播种的玉米，面临的生态条件有较大差异，因此需要根据播期选择相应的春玉米、夏玉米或秋玉米等品种类型。

4. 当地生产水平

平均产量较高的地域，其气象、土质、肥水、管理等条件一般较优越，可优先选择耐密、丰产潜力大、适宜机械作业的玉米品种。平均产量较低的地域，生产条件一般较差，宜选择稀植、大穗、耐贫瘠、资源利用高效的品种。

5. 关键逆境因素

高产和稳产很难齐头并进，品种也无法克服所有的不利因素。生产中的不利因素有相对常态化的，也有突发性的，需要明确其中的关键制约因素，高度重视推广抗逆性强的低风险品种。例如，黄淮海春玉米区需要优先考虑抗粗缩病品种，而夏播区则需要优先考虑抗倒、抗茎腐病、耐高温品种。种子生产和经营单位要对新审定品种进行风险评估，不能盲目上量，单一品种的繁种量要适度控制。

6. 品种配套措施的发展需求

当耕作、栽培、机械作业等新技术逐步推广时，往往对品种的个体或群体产生较大影响，因此要考虑到已有品种的适宜性，或选择适宜的新品种。当前，机械穗收已成为黄淮海、东北和西北等玉米主产区的主流，有条件的区域已在大规模尝试推广机收籽粒品种。

7. 品种合理搭配

依据当地生产条件，当难以确定适宜品种时，切忌存在侥幸心理，建议试种多种类型的品种，规避大规模种植单一品种带来的潜在高风险。

8. 购买种子注意事项

在购买种子现场，向品种和种子经销商明确表达种植区域、生产水平和关键需求，询问拟购品种的特点、类型、适宜种植区域、潜在风险和配套技术措施，认真查看包装袋和种子标签中的内容，保留好包装袋、标签、相关票据及相关录音与录像资料。

第二节　玉米耐密性与群体调控

籽粒产量是作物的群体属性之一。种植密度不仅是一项栽培措施，更是一个重要的群体指标。显然，剖析作物产量形成与变化规律，离不开对产量-密度关系的深刻认识。不同于稻麦等作物利用分蘖成穗能够进行较大幅度的群体调节，玉米群体调节能力有限，高低密度群体之间差异非常明显。因此，玉米产量-密度关系显得特别重要。本节针对产量-密度关系的本质问题即耐密性展开讨论，探索玉米的耐密性及其调控。

一、玉米的耐密性

玉米耐密性的本质是产量-密度关系问题，它有相互独立的三重含义（杨锦忠等，2015）：一是丰产性，二是密度适应性，三是密度敏感性。丰产性是指在一定环境与投入条件下的最高产量，代表着基因型的遗传产量，产量数值越大则丰产性越好。密度适应性是指获得最高产量的密度即最适密度，最适密度的数值越大说明密度适应性越好。密度敏感性表示在最适密度附近，密度改变引起产量降低的程度，降幅越小则敏感性越低。

显然，密度敏感性是一个重要的稳产特性，密度敏感性越小则越稳产，反之亦然。狭义耐密性就是指密度适应性，最适密度越高，耐密性越强。广义耐密性是丰产性、密度适应性和密度敏感性的统一，耐密性好是指在高的密度适应性和低的密度敏感性基础上的丰产，密度敏感度大小可以较好地反映密度敏感性的优劣。

我国和世界发达国家玉米生产的实践经验表明，高密度种植是进一步提升玉米产量的必然途径，这是一个需要玉米栽培界和育种界共同努力的宏伟目标，其技术路线就是开展耐密育种和耐密栽培。耐密育种就是选育耐密性好的新品种，耐密栽培就是辨识和构建耐密性好的作物生产系统及其栽培体系。

假定产量-密度关系为单峰曲线，密度敏感度 S 定义为在产量-密度曲线上，在偏离最适密度 ±1 株/m^2 处，切线 P（斜率 >0）到切线 Q（斜率 <0）的到角 θ（图 9-1），即

$$S = \begin{cases} -\theta, & \theta \leqslant 0 \\ 180 - \theta, & \text{其他} \end{cases} \tag{9-1}$$

S 值越小，表示产量对密度越不敏感。其极限值为 0，表示完全不敏感。这一定义的优点在于：它的值域有界，在 $[0，180°)$。结合文献 meta 分析结果，进一步划分此区间，便得出密度敏感性的分级标准（表 9-1）。这样，密度敏感性可以用密度敏感度准确表示。

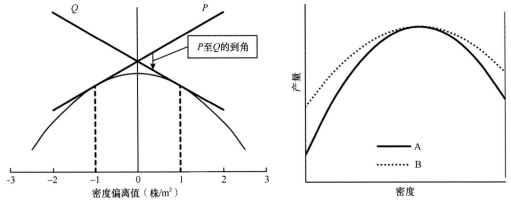

图 9-1　产量对密度敏感度示意图（左）和高低密度敏感度示意图（右）

在偏离最适密度 ±1 株/m^2 处，切线 P（斜率 >0）到直线 Q（斜率 <0）的到角就是密度敏感度。
右图的基因型 B 比 A 有更低的密度敏感度

表 9-1　密度敏感性的等级划分标准

密度敏感性等级	密度敏感度（°）
极不敏感	$[0，32)$
不敏感	$[32，64)$
敏感	$[64，96)$
高度敏感	$[96，128)$
极敏感	$[128，180)$

若产量-密度关系为抛物线，且 A 为二次项系数，则切线 P 至 Q 的到角 θ 的计算公式为

$$\theta = \begin{cases} 90, & A = -0.5 \\ \tan^{-1}\left(\dfrac{4A}{1-4A^2}\right), & \text{其他} \end{cases} \tag{9-2}$$

若产量-密度关系为其他单峰曲线，则先分别求 P 与 Q 的直线方程，后求 P 至 Q 的到角 θ，即两条直线的夹角。

二、玉米耐密性的基因型差异

丰产性的基因型差异　在给定的环境条件和资源投入量条件下，玉米的产量水平在不同品种之间具有极大差异，即不同基因型的丰产性有明显差别，这已经成为最基本的常识，此处不再赘述。

密度适应性的基因型差异　我国玉米栽培界总结的合理密植原则之一就是关于品种的，即早熟、矮秆、紧凑品种宜密，晚熟、高秆、松散品种宜稀，这是关于最适密度的。这一原则背后的生态生理基础是：在给定的大气环境、土壤环境和栽培条件下，早熟品种植株小，资源需求量也小，单位空间内可以容纳更多的早熟品种植株。类似地，矮秆品种的植株小于高秆品种，适宜密度相应大于高秆品种。对于株型而言，紧凑品种的叶片比松散品种更为直立，消光系数更小。根据光强在冠层内部衰减规律可知，只有当光经过更多的更直立叶片时，低层叶片才能够获得相同的最小光照。也就是说，在单位土地面积上可以容纳更多的紧凑品种植株，当然对这两类品种进行比较的前提是它们具有相同的植株叶片数目和总叶面积。

密度敏感性的基因型差异　虽然受到试验年份、地点和水肥管理水平等种种干扰，但是，玉米密度敏感性在品种间有明显差异（$P=0.0028$，对数转换）（表 9-2）。其中，苏品一号密度敏感度最小，中位数仅为 6.5°，该品种对密度极不敏感，京科 25 密度敏感度最大，中位数为 107.4°，该品种对密度高度敏感。

表 9-2　玉米密度敏感性的基因型差异（杨锦忠等，2015）

品种	密度敏感度中位数（°）	密度敏感性	品种	密度敏感度中位数（°）	密度敏感性	品种	密度敏感度中位数（°）	密度敏感性
京科 25	107.4	高度敏感	掖单 4 号	58.2	不敏感	陕单 902	45.8	不敏感
新单四号	74.1	敏感	掖单 12 号	58.2	不敏感	掖单 51 号	45.4	不敏感
金凯 3 号	73.1	敏感	博单一号	53.2	不敏感	新单七号	40.1	不敏感
豫玉 3 号	72.7	敏感	掖单 13 号	49.5	不敏感	郑单二号	40.0	不敏感
川单 418	71.5	敏感	豫玉 1 号	48.6	不敏感	辽东白	27.9	极不敏感
丹玉 13 号	62.9	不敏感	陕单 9 号	47.1	不敏感	吉单 101	25.6	极不敏感
郑单 958	60.2	不敏感	郑单 11 号	46.1	不敏感	苏品一号	6.5	极不敏感
先玉 335	58.9	不敏感	淮杂一号	46.0	不敏感	平均	53.0	

一项在黑龙江哈尔滨双城区实施的连续 2 年密度×施氮量田间试验表明，20 世纪

70 年代、80 年代、90 年代和 21 世纪第一个十年，玉米品种最高产量分别为 5.98t/hm²、6.72t/hm²、8.16t/hm² 和 9.15t/hm²，随年代递进不断提高；获得最高产量的最适密度分别为 5.7 株/m²、5.6 株/m²、7.0 株/m² 和 6.4 株/m²，这些密度值明显大于各年代实际生产中的种植密度 3.75～5.25 株/m²（图 9-2；钱春荣等，2012）。对原文数据按杨锦忠等（2015）的方法进行计算，获得 4 个年代的密度敏感度分别为 28.5°、20.9°、21.0° 和 30.7°，均属于极不敏感等级。值得指出，关于丰产性、密度适应性和密度敏感性的全部计算都使用了跨 2 年 4 个施氮量的平均产量，可能掩盖了年际差异和供氮水平间差异以及两者之间的互作。

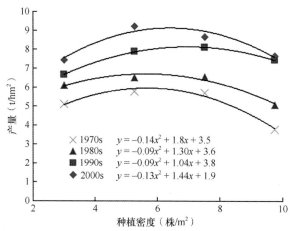

图 9-2　玉米品种的产量对种植密度的响应（钱春荣等，2012）

三、玉米耐密性的年代演变

杨锦忠等（2013b，2015）汇集了中国从 20 世纪 50 年代到 21 世纪第一个十年玉米产量-密度的文献结果，利用约 1500 个产量-密度数据对，荟萃分析了玉米的耐密性问题，从丰产性、密度适应性和密度敏感性三方面深入探索了玉米的产量-密度关系。

（一）丰产性

玉米最高产量的年代差异显著（$P < 0.0001$），21 世纪第一个十年最高产量最大，达 10.5t/hm²，是最高产量最小的 20 世纪 60 年代的 2.3 倍（图 9-3）。20 世纪 70 年代和 80 年代玉米最高产量明显高于 50 年代和 60 年代，80 年代以来最高产量持续增加，同时，最高产量变异幅度也持续增加。

（二）密度适应性

玉米最适密度的年代差异显著（$P < 0.0012$），20 世纪 90 年代最适密度最大，达 6.8 株/m²，是最适密度最小的 50 年代的 1.5 倍。最适密度的大体趋势为 50 年代和 60 年代低于 70 年代，80 年代低于 90 年代，但是，21 世纪第一个十年却小于 20 世纪 90 年代。同时，近 2 个年代的变幅也明显大于其他年代（图 9-4）。

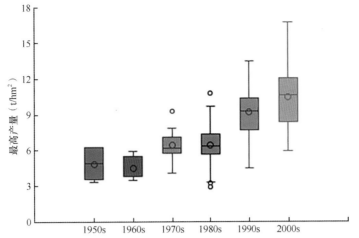

图 9-3　20 世纪 50 年代以来玉米最高产量的年代演变（杨锦忠等，2013b）

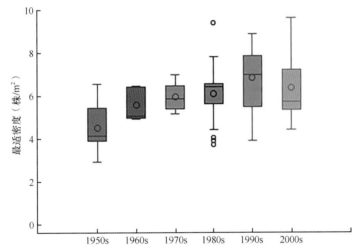

图 9-4　20 世纪 50 年代以来玉米最适密度的年代演变（杨锦忠等，2013b）

（三）密度敏感性

密度偏离最适值引起减产的幅度因年代而异（图 9-5；杨锦忠等，2013b）。同样偏离 1 株/m²，20 世纪 50 年代和 60 年代减产不超过 0.15t/hm²，70 年代和 80 年代不超过 0.21t/hm²，到 90 年代上升至 0.26t/hm²，21 世纪第一个十年则猛升至 0.41t/hm²。值得指出，最高产量、最适密度、密度敏感性等耐密性因子的年代差异，综合反映了品种换代、投入增加、种植技术进步、气候变化的联合作用，以及地点差异和作物生产系统差异的影响。

Kruskal-Wallis 秩和检验表明，年代间密度敏感度差异显著（$P < 0.0001$）。远 30 年间，密度敏感度出现起伏，在 14.7°～46.2° 变化。近 30 年来，密度敏感度的中位数由 40.4° 持续上升到 79.3°，标准差由 21.2° 持续上升到 39.0°，这 3 个年代的密度敏感度变化范围按时间顺序分别为 6.4°～98.7°、10.9°～150.1°、21.6°～158.8°（图 9-6；杨锦忠等，2015）。

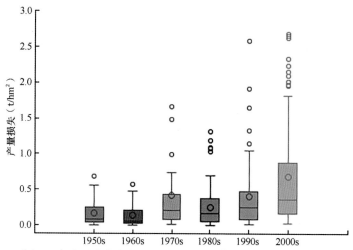

图 9-5　20 世纪 50 年代以来各年代密度偏离 1 株/m² 的产量损失（杨锦忠等，2013b）

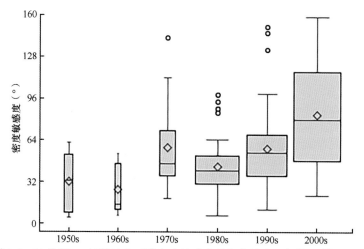

图 9-6　20 世纪 50 年代以来玉米密度敏感度的年代演变（杨锦忠等，2015）

　　Tokatlidis 和 Koutroubas（2004）也发现，现代玉米杂交种过分依赖密度，只能在很窄的高密度区间内获得最高产量，越界后无论丰产性还是稳产性都变差，并且他们认为这是密度适应性差和单株产量潜力低的结果。20 世纪 80 年代的两个品种与 60 年代的两个品种相比，不仅更丰产，而且最适密度高出 1 ～ 1.5 株/m²，另外，根据图 9-6 可以直观判断出，新年代品种的密度敏感度更高。张世煌（2009）曾指出，中国的玉米生产在 20 世纪 90 年代就已经开始进入对环境敏感的产量波动阶段，这在一定程度上佐证了密度敏感度的作用。

四、玉米耐密性的环境与栽培措施调控

（一）丰产性

　　产量上边界反映了给定某一产量构成因子条件下可能获得的最大产量值，它表示在

现有条件下该因子对产量的限制。从图9-7可以看出，产量上边界与密度的关系符合对数模型：$y=2.378+7.328\ln x$。该曲线表示在给定密度条件下可以获得的最大产量，反映了玉米受密度限制能够达到的最大产量。给定某一产量水平，由此模型可以计算所需的最低密度起点，结合散点图，可以看出随产量水平提高，密度的实际可变范围缩小（杨锦忠等，2013a）。

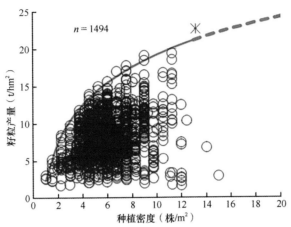

图9-7 中国20世纪50年代到21世纪第一个十年玉米密度试验结果、产量上边界线和全国玉米高产纪录（星号点，2013年新疆）。本图基于杨锦忠等（2013a）原图补充和完善

上边界曲线揭示出玉米产量水平受到密度的很大限制，欲进一步提升产量，必须相应提高种植密度。我国玉米高产纪录也例证了上边界曲线的有用性，在密度为13.2株/m^2时获得了纪录产量22.7t/hm^2（2013年新疆），略大于上边界曲线的理论预测值21.3t/hm^2。

（二）密度适应性

我国玉米栽培界总结出合理密植的原则如下：①在肥力较高的田块上适宜的密度范围较宽，在中低肥力土地上适宜的密度范围较窄；②施肥较多可密些，施肥较少可稀些；③灌溉条件好的地区可适当密些，干旱或者水浇条件差的地区可适当稀些；④夏播可密些，春播可稀些。不同生态气候地区因纬度、地势、温度、日照等自然因素不同，适宜的密度范围也不同。然而，遗憾的是，这些原则仅考虑了最适密度，却无密度敏感性的任何信息。

上述原则之所以被实践反复证明其正确性，是因为它们具有坚实的生态生理基础。单株成穗或者形成单株产量必须满足一个植株对养分、水分、光照、空气、热量的最低要求。种植密度越大，则一个植株拥有的土地面积越小，地下/地上的生长空间亦越小。该空间是否能够提供充足的资源量，决定了单株能否成穗，进而形成适当的单株产量。上述第1～3个原则就充分体现了这一点，单位面积或者空间内资源越丰富，则越能够承载更多的植株，并且形成适宜的单株产量。至于第4个原则，夏播温度高生长发育快，生育期缩短特别是营养生长期变短，导致植株变小，其资源需求量也随之变小，因此夏播可以更密一些。

（三）密度敏感性

杨锦忠等（2015）研究发现，20 世纪 50 年代以来 6 个年代玉米的密度敏感度在 4.4°～ 158.8° 变化，算术平均数为 59.7°，中位数为 49.1°，标准差为 35.8°，偏度系数为 0.945。在全部 155 个密度试验中，对密度不敏感的最多，占 48.4%，极不敏感次之，占 20.0%（表 9-3）。这些密度试验的年份、地点、土壤、水肥管理水平差异非常大，这充分说明环境和栽培措施对密度敏感性具有很大的影响。图 9-8 展示了某个玉米品种在不同环境条件下的密度敏感度的具体差异。

表 9-3　玉米密度敏感性与产量波动的关系

密度敏感性	产量波动（t/hm^2）	数据集比例（%）
极不敏感	0.00 ～ 0.14	20.0
不敏感	0.14 ～ 0.31	48.4
敏感	0.31 ～ 0.56	13.5
高度敏感	0.56 ～ 1.03	11.6
极敏感	1.03 ～ ∞	6.5

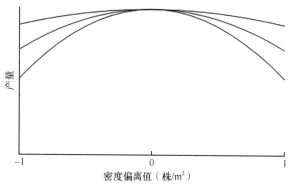

图 9-8　密度敏感度的品种内差异（已经校正了最高产量和最适密度的差异）

[依杨锦忠等（2015）重绘]

3 条抛物线分别表示 3 种不同的密度敏感性

五、玉米密度的其他调控途径

（一）密度与播期互作

密度与播期互作实质上就是播期对夏玉米耐密性的影响，反映出产量-密度关系的变化。此类研究旨在解决获得最高产量的适宜播期、不同播期的最适密度和密度敏感性问题。对王廷利（2014）在山东烟台的研究数据重新分析，结果表明，播期越晚，则适宜密度越小；播期越晚，则最高产量越小；各播期的密度敏感性等级均为极不敏感型，并且密度敏感度具有极其微弱的降低趋势（表 9-4，图 9-9）。

表 9-4　播期对夏玉米耐密性的影响

播期（月-日）	最高产量（t/hm²）	适宜密度（株/m²）	密度敏感度（°）	密度敏感性等级
6-15	9.5	8.2	31.8	极不敏感
6-20	9.4	8.2	30.9	极不敏感
6-25	8.8	8.0	30.4	极不敏感
6-30	8.2	8.0	28.9	极不敏感
7-06	7.3	7.7	27.6	极不敏感

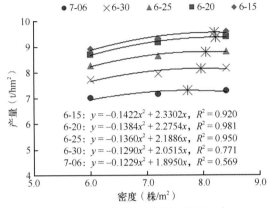

图 9-9　播期对夏玉米耐密性的影响

星号为最高产量及相应的最适密度。根据王廷利（2014）数据绘制并计算

（二）密度与地点互作

密度与地点互作实质上就是地点对夏玉米耐密性的影响，反映出产量-密度关系的变化。对谢振江等（2009）在新疆农业科学院和北京顺义实施的 3 年 3 密度试验数据重新分析，发现无论哪个年代育成的品种，新疆获得高产的适宜密度总是大于北京的，新疆的最高产量总是高于北京的，除 21 世纪第一个十年品种外，新疆的密度敏感度低于北京的。从 20 世纪 80 年代开始，北京与新疆之间适宜密度和最高产量的差异趋向缩小（表 9-5，图 9-10）。

表 9-5　地点对夏玉米耐密性的影响

地点	品种年代	最高产量（t/hm²）	适宜密度（株/m²）	密度敏感度（°）	密度敏感性等级
北京	2000s	9.6	5.45	65.7	敏感
新疆	2000s	12.8	5.51	80.3	敏感
北京	1990s	7.9	4.93	66.1	敏感
新疆	1990s	11.4	6.04	64.2	敏感
北京	1980s	7.3	4.95	61.5	不敏感
新疆	1980s	12.3	7.06	52.3	不敏感
北京	1970s	5.9	4.01	72.7	敏感
新疆	1970s	9.7	6.94	44.0	不敏感

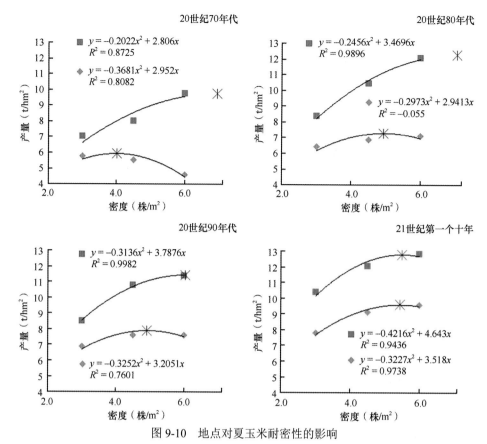

图 9-10　地点对夏玉米耐密性的影响

星号为最高产量及相应的最适密度。方块表示新疆，菱形表示北京，根据谢振江等（2009）数据绘制并计算

（三）密度与施氮量互作

密度与施氮量互作实质上就是施氮量对玉米耐密性的影响，反映出产量-密度关系的变化。对房琴等（2015）在河北藁城实施的 5 密度试验数据重新分析，发现随施氮量增加，适宜密度缓慢升高；中等施氮量的最高产量最大，过量施氮反而减产；密度敏感性变化不明显（表 9-6，图 9-11）。

表 9-6　施氮量对夏玉米耐密性的影响

施氮量（kg/hm²）	最高产量（t/hm²）	适宜密度（株/m²）	密度敏感度（°）	密度敏感性等级
300	11.7	6.86	89.4	敏感
375	12.7	7.06	91.0	敏感
450	12.2	7.15	77.1	敏感

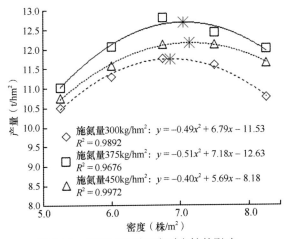

图 9-11　施氮量对夏玉米耐密性的影响

星号为最高产量及相应的最适密度。根据房琴等（2015）数据绘制并计算

（四）密度与覆膜互作

密度与覆膜互作实质上就是覆膜对玉米耐密性的影响，反映出产量-密度关系的变化。对任新茂等（2016）在山西寿阳实施的密度试验数据重新分析，发现覆膜玉米的适宜密度更大，最高产量也更大，但是，密度敏感性变化不大，同属极不敏感（表9-7，图9-12）。

表 9-7　覆膜对夏玉米耐密性的影响

种植方式	最高产量（t/hm²）	适宜密度（株/m²）	密度敏感度（°）	密度敏感性等级
露地	8.3	6.16	14.2	极不敏感
覆膜	12.6	7.97	21.3	极不敏感

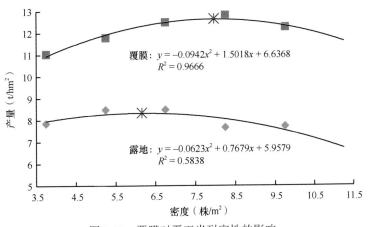

图 9-12　覆膜对夏玉米耐密性的影响

星号为最高产量及相应的最适密度，方块表示覆膜，菱形表示露地。根据任新茂等（2016）数据绘制并计算

第三节　栽培措施

作物生产是一个群体的过程，而非个体表现，要获得高产稳产，就必须使个体、群体和环境协调达到最优化。作物高产的途径：一是增加群体数量，二是改善群体质量。玉米籽粒产量的形成以群体生物产量为基础，只有大幅度提高群体生物产量，并维持相对稳定的经济系数，才有可能实现籽粒产量的进一步突破。研究玉米的生产应以群体的生长发育特征作为出发点，以作物群体质量为衡量指标。适宜的玉米群体结构，能够充分利用水、肥、气、热，使玉米生长发育协调发展，产量因子效应得到充分发挥，从而获得高产。

高产玉米群体生理指标主要包括：叶面积指数（leaf area index，LAI）、叶系组成、光合势（photosynthetic potential）、净同化率（net assimilation rate，NAR，又称净光合生产率）、作物生长率（crop growth rate，CGR）、粒叶比、茎秆结构质量、群体总结实粒数、群体根系性状等。玉米生产的实质是利用合理的自然条件、栽培方法，通过玉米本身的遗传基因，在与环境发生相互作用的情况下，进行干物质积累和物质生产的过程。而农业工作者所要做的就是创造有利于受光的株型结构，深入研究玉米生物学特征和生理学特性，从而形成一个非常合理的群体结构，依靠调整种植方式、合理密植等，使群体的各项质量指标不断接近优化目标，以促进群体物质生产过程的高效运转，生成充足的干物质，实现物质生产因素与产量构成因素间的高效协调，随后在其他因素的作用下转化为更多的籽粒。栽培措施及其互作对玉米密植群体的冠-根协调性有显著的优化作用，协调优化玉米密植高产群体的干物质积累与分配，以及干物质输导组织性能（朴琳，2016）。

玉米品种对产量的贡献率为 20% ~ 30%，约 70% 的贡献率必须依靠栽培技术和其他环境因素。玉米要想实现高产，一是要选择优良的品种，二是要有适合的栽培技术相配套。以肥料、种植密度为主的栽培农艺管理措施对玉米产量提高的贡献率为40% ~ 50%。实现高产的主要栽培技术措施有选用良种、精选种子；协调群体、增加密度；足墒早播、一播全苗；科学施肥等。栽培调控可归纳为"足、壮、优"的技术途径，即以足苗匀株保足穗，获得最适叶面积，提高整齐度，增加总粒数；以壮苗壮株改善茎叶组成，充分发挥个体的生长潜力来增加抗倒能力；主攻大穗增加粒叶比，优化群体，提高花后光合产物的积累而实现高产。

一、选用优良品种

玉米的株高、穗位高、叶形、穗形、冠层特性是玉米群体结构的关键指标，与玉米群体有着密切的关系，而品种不同，其生理特性差异明显。因此，玉米品种是影响玉米群体结构的重要因素，对玉米品种而言，耐密性、叶面积指数、光合特性和株型是描述与判定玉米品种优劣的主要指标。（超）高产玉米品种在不同生长阶段的植株形态、光合生理特性、光合产物、叶面积指数、冠层结构及产量构成因素等群体结构和光合特性与普通玉米品种之间差异明显（马晓东，2014），这些也是高产玉米品种筛选的主要指标。

（一）耐密性

玉米品种对产量的贡献率为 20%～30%，不同品种有不同的适宜密度，密度对产量的影响与品种特性有关。当前的玉米品种类型以半紧凑和紧凑型为主，不同品种类型获得最高产量的密度不同，获得最高产量的最大叶面积指数也不同。群体内光分布合理与否是衡量品种耐密性的重要指标，叶面积指数（LAI）、净同化率（NAR）和作物生长率（CGR）的动态发展规律是反映耐密性的本质特征，群体源库关系协调与否是鉴定品种耐密性的一个综合指标。耐密性好的品种净同化率随叶面积指数增大而下降幅度较小，可通过选择耐密性好的品种，采用适宜栽培措施来增强源的供应能力；群体库容量的大小主要受种植密度和穗粒数等的影响，而这些又取决于品种本身特性（耐密性、总花数等），可适当增加种植密度扩大群体库容量。光能截获率达到 90% 的紧凑型玉米群体叶面积指数远大于平展型玉米，从而实现了种植密度和亩穗数的增加。耐密性好的品种，其千粒重、穗粒数、单株产量、空秆率及群体相关指标（成熟期干物质累积量、成熟期绿叶面积、收获指数）等随密度变化的变异较小（路海东等，2014）。

紧凑型玉米品种群体自动调节能力强，在高密度条件下，能够合理地利用其株型结构把所接受的光能有效地分配到群体内不同叶层，从而使群体内的透光率随着种植密度加大而降低的幅度变小，使群体内的透光率继续维持较高水平，满足叶片对光能的需要。在一天中，早晚上层叶光合速率较高，中午中层叶光合速率较高，表现出较好的时间协作性。紧凑型玉米高产潜力大、稳产性能好、综合抗性强、适宜密度范围广，便于在生产上大面积推广应用。尤其是紧凑大穗型品种，上部直立叶层与下部水平叶层混合排列，适宜叶面积指数范围广，绿叶面积持续时间长，光能截获率高，能够最大限度地利用光能，而且呼吸消耗少，干物质累积量大，经济系数高。

（二）叶面积指数

合理的叶面积指数（LAI）是获得群体高光合性能的关键。玉米的最大 LAI 与品种特性有关，我国 1980 年以前种植品种多为平展型，最大 LAI 一般为 3.5；1980 年以后开始种植紧凑型品种，最大 LAI 超过 4，达到 5～6。玉米高产栽培中，在选用优良耐密品种的前提下，合理增加种植密度，改套种为平播，改粗放用肥为测土配方施肥，加强田间管理，可获得最优的群体结构。

提高叶面积指数，改进群体受光态势是玉米高产的关键，其主要措施是选择株型结构优良的紧凑型杂交种。随着密度的增加，叶面积指数增大，其有利作用在于能提高作物生长率和群体光能利用率，但是群体内光分布也会受到影响，密度过大，群体下部透光率降低，下部叶片光合作用减弱，呼吸作用增大，不利于物质生产。保持群体内各层叶片都合理地接受光能是玉米高产栽培和育种工作者努力的目标。足够的叶面积指数和良好的受光态势是玉米高产的根本。紧凑型玉米由于株型结构优良，群体光分布合理，下部叶片接受光能较多，随着密度的增加，群体下部叶片光合作用受抑制程度较小，从而使叶面积指数的增产效应未受到大的影响，因而产量潜力高。

（三）光合特性

改善玉米群体光合速率是玉米品种更替、产量提高的重要生理因素。冠层中下部的光合速率高、群体呼吸速率与群体光合速率的比值小、光合衰减率小、耐密性强是当代品种高产的主要原因。老品种的群体光合速率主要集中在中上部叶片，下部叶片过早停止光合作用造成植株早衰而影响产量。当代品种群体光合速率、群体呼吸速率均高于老品种，但群体呼吸速率与群体光合速率的比值明显低于老品种，表现出高效低耗的特点。密度是影响群体光合速率的主要因素，新老品种的群体光合速率均随密度的增加而增加，但新品种耐密性增强，群体光合适应性广，有较高的群体光合速率，源足库大产量高。

玉米不同品种间的群体光合性能是有差异的。不同穗型品种叶片的光合性能强弱也有差异，一般表现为紧凑大穗型＞紧凑小穗型＞平展大穗型。紧凑型品种的耐密性大于平展型，小穗型品种的耐密性强于大穗型。高密度条件下，群体源是产量限制因素，所以延迟叶片衰老，延长叶片功能期，提高叶片光合效率是高密度下获得高产的有效途径。这些充分说明了增库是高产的基础，而促源是高产的关键。高产栽培管理的重点就是选择耐密植紧凑型玉米（特别是大穗型）优良杂交种，适当增加种植密度，增大群体库、源和库源比值，然后采取适宜技术措施（合理施肥、及时灌水等），增强源的供应能力，使库源系统协调发展。

（四）株型

从群体的角度出发，能充分利用光能、水分、CO_2 和土壤营养的玉米品种是获得高产的基础。国内外育种家自 20 世纪 60 年代以来所开展的"理想株型育种"，就是结合了"群体概念"，选择植株健壮、直立叶、叶片开展角度小、抗倒伏等优良性状的品种。玉米株型按其茎叶夹角的大小，一般分为紧凑型、半紧凑型和平展型。紧凑型玉米比平展型玉米有更大的生产潜力，已有的高产纪录都是用紧凑型品种创造的。紧凑型玉米个体所组成的合理群体结构是玉米的优化群体结构。整体紧凑、穗位低、穗下层叶间距小、穗位层及穗上层茎叶夹角小、叶间距大、群体结构持续时间长为理想的玉米株型。株型紧凑（茎叶夹角小，叶片上冲直立）、耐密、雌穗花数多、千粒重高是高产育种的主要参考指标。

合理的群体结构有利于构建高产群体，而株型在调控群体结构中发挥着重要作用。某品种的产量潜力大小实质上取决于潜在最大产量和最大密度两个方面，而最大密度实际是株型或耐密性问题。紧凑型玉米的增产作用取决于 LAI 的大小，低密度条件下紧凑型玉米的增产作用难以发挥。低密度条件下，不同株型之间的群体光合速率差别不大，而高密度条件下，株型越紧凑群体光合速率越高。

二、合理密植

种植密度是影响玉米产量的主要因素，玉米产量在一定程度上取决于种植密度，玉米的产量与种植密度在一定范围内是呈正相关关系的，产量随着种植密度的加大呈先增加后降低的趋势。在一定的种植密度范围内，产量随种植密度的加大而加大，一元二次回归方程就能很好地表达两者之间的相关关系（施建宁和吴晓刚，2017）。合理密植是玉米构建良好群体结构、优化群体光合生理功能的基础，是实现玉米高产的关键栽培措施。合理的种植密度可使群体和个体发展协调，缓解由种植密度引起的穗粒数和粒重之间的矛盾。种植密度过高，群体开花后下部叶片衰老，加速根系衰老，从而降低氮吸收量，影响整株绿叶面积和光合持续期，最终导致花后干物质累积量和籽粒产量降低（李荣发等，2018）。

玉米产量依赖于单位面积穗籽、穗粒数和粒重三个因素的乘积，单位面积穗籽的提高，即增加玉米种植密度，是玉米持续增产的主要途径。合理密植的原则就是根据品种特性、栽培技术、环境条件来确定适宜密度，以充分利用当地自然资源，使单位面积穗籽、穗粒数和千粒重的乘积达到最大值，从而达到高产的目的。在低密度下，株间竞争较小，个体壮实，但群体的光能利用率低；种植密度过高，群体内的通风透光等条件就变差，不利于产量的增加。合理调控群体的结构，充分利用温、光、水、肥等条件是玉米高产、稳产的主攻栽培技术。

（一）株型与种植密度

按株型划分，玉米品种一般分为平展型、半紧凑型和紧凑型三类。不同株型品种建议适宜种植密度不同。平展型品种适宜种植密度一般为 45 000 ～ 57 000 株/hm^2，半紧凑型品种适宜种植密度一般为 52 500 ～ 67 500 株/hm^2，紧凑型品种适宜种植密度一般为 60 000 ～ 75 000 株/hm^2，产量和产量性能相对稳定。颜鹏（2015）研究结果表明，在优化根层氮肥管理下，种植密度控制在 75 000 株/hm^2，一方面能够获得高产夏玉米所需的叶面积指数，另一方面能够保证单位叶片的光合生产能力，从而获得群体最大干物质生产能力，获得高产。不同株型玉米品种产量潜力的表现受种植密度的影响，合理的种植密度能够充分有效地利用光、水、气、热和养分。群体光截获对玉米生长发育及产量形成均有重要的影响，合理的群体结构直接决定着玉米产量的增加与稳定（曹亦兵等，2017）。种植密度是影响不同株型玉米品种冠层光合特性、农艺性状及产量的重要因素，群体适宜的叶面积动态变化表现为"前期快、中期稳、后期衰亡慢"，最终获得更多的干物质，从而提高群体产量。

大量研究表明，在高产基础上再高产，改善株型和群体结构是品种选育和栽培技术研究的关键，通过品种选择、合理密植和肥水管理调节群体结构、协调各项生理指标可获得高产稳产。紧凑密植型品种具有群体容量大、密度适应范围广、单位面积产量高、稳产性好、增密和增产潜力大等优点。当紧凑型品种单株生产力实现 64.3% 单株极限生产力时，群体产量最高；而半紧凑型品种单株生产力实现 66.5% 单株极限生产力时，群体产量最高。紧凑型、半紧凑型品种的适宜种植密度分别为 97 400 株/hm^2 和 94 700 万株/hm^2（邬小春，2016）。种植密度是形成玉米群体结构的主要因素，确定合理种植密度是创建高产群体的前提，种植密度对于塑造玉米个体和群体结构具有很重要的作用。紧凑型品种与平展型品种的耐密性不同，在不同种植密度条件下，不同株型品种所形成的群体冠层内微环境存在差异，必然影响到玉米植株光合生产能力。建立合理的群体结构有助于提高作物光能利用率，发挥品种的产量潜力，获得高产。

耐密型品种在高密度条件下上层叶片的透光率大，中下层叶片光能截获率达 96%；平展型品种在低密度下才能保证中下层叶片光照条件。产量的增加要通过光合效率和光合面积两个方面的增加来实现，耐密型品种在高密度条件下不仅增加了光合面积及叶面积指数，而且可以保持较高的群体光合速率。选择合理的种植密度，保证中层叶片发挥最佳生理功能是不同株型玉米品种达到高产的基础。在不同密度和水肥条件下，玉米群体冠层和个体株型特征会产生适应性变化，以协调个体与群体关系，构建高光效群体。玉米的株型和冠层结构主要是通过影响群体内光分布来起增产作用的。在玉米超高产栽培中，选用具有合理株型的品种至关重要。

（二）群体质量与种植密度

评价群体质量的指标主要有群体干物质累积量、吐丝期 LAI、总结实粒数、粒叶比、叶系组成、茎秆性状、根系性状等。玉米生产中，合理种植密度的选择，是高产群体质量指标建立的关键环节。不同的种植密度会影响群体质量性状、源（库）端代谢水平、籽粒灌浆和品种抗性。种植密度过小时，植株没有足够的绿叶面积进行光合作用合成有机产物，造成光热资源利用较少；而种植密度过高时，植株间、叶片间互相遮挡，玉米群体内通风透光等条件变差，光能利用率下降，造成粒叶比不合理，甚至影响茎秆性状及根系性状（马晓君等，2018），密度过高不利于玉米抗倒伏性能的发挥，玉米容易发生倒伏减产。合理群体效应能解决玉米群体产量与个体生产力的矛盾，协调玉米群体发育与个体生长关系，促使植株充分利用光能、水分和营养等。合理的种植密度是玉米利用具体生态环境中的光热资源、构建良好群体结构、优化群体生理指标的基础。生育期长的品种宜稀、生育期短的品种宜密；大穗型品种宜稀、小穗型品种宜密；瘦地宜稀、肥地宜密；旱地宜稀、水浇地宜密；热量不足地区宜稀、热量充足地区宜密。

产量的提高来源于光合产物的积累，获得高产首先要保证群体有足够的叶面积，另外，还要提高叶面积指数，延长灌浆期绿叶面积持续期，减缓叶片早衰和死亡，延长叶片光合时间，保证充足的源供应能力。夏玉米高产的实现主要是由于开花后维持了更大的叶面积指数和叶片叶绿素含量，得以实现更大的干物质积累和氮吸收（颜鹏，2015）。超高产栽培条件下玉米植株更加紧凑，不同层次叶片叶向值表现为棒三叶上部叶＜棒三叶＜棒三叶下部叶。这样的冠层结构使群体光分布更加合理，改善了高密度条件下棒三叶及其下部叶的受光条件，延长了中下部叶片的光合持续期，并且提高了单叶的光合速率和水分利用效率，比普通高产群体更多地截获光合有效辐射，减少漏光损失，提高光能利用率，同时增加群体内散射光比例，减小强光直射对叶片的损害。高密度种植条件下，"增穗数、稳粒数、增加粒重"，促进开花后干物质生产与高效分配、培育高质量抗倒群体是玉米突破高产的技术途径。

（三）高产群体创建

玉米产量是由单位面积穗数、穗粒数和千粒重三要素决定的。种植密度对产量构成因素影响的大小依次为单位面积穗数、穗粒数和千粒重，并表现出时间上的顺序性。由于千粒重的损失得不到其他产量构成因素的补偿，因此在重视单位面积穗数、穗粒数的同时，加强后期田间管理，防止根、叶早衰，努力提高千粒重是进一步获取高产的重要途径。在低密度条件下亩穗数是限定产量的主要因素；在适宜种植密度范围内，穗粒数和千粒重对产量影响较大；在高密度条件下，千粒重则是决定产量的主要因素。在构成玉米产量的三个因素中，亩穗数是最活跃而又易于控制的因素，只要合理密植、增加株数、增加群体穗数，建立一个高光效的群体，就可获得高产。选用高产耐密的玉米品种，在一定种植密度范围内，适当增加种植密度，保证每亩种植株数，实现苗全、苗齐、苗匀、苗壮是高产田的象征。根据品种和栽培条件（肥水条件，日照、温度等生态条件）的改变确定适宜种植密度，使最适叶面积指数群体的光截获率达到95%左右，光能在冠层中分布合理。同时，保证群体与个体的协调发展，协调穗多、穗大、穗重之间的矛盾，使单位面积穗数、穗粒数和千粒重三者的乘积达最大值。

生产中常通过栽培管理和调整株型与叶片的方位等来调整群体结构，从而改善植株对光的有效截获，提高群体生产力。在适宜的种植密度下，高产栽培群体的性状指标主要表现在叶面积指数、作物生长率、吐丝期全株的光能截获量以及穗位以下叶的光能截获量几个方面。增加种植密度是增加光合面积的有效措施，增加源生产能力是高密度群体获得高产的基础。随着种植密度的增加，群体库源也增大，但两者增大幅度不同，群体库的增大幅度超过群体源的增大幅度。高密度下群体源不足是产量提高的主要限制因素，保证一定总粒数，增加吐丝后干物质累积量，提高成粒率，强源促库是玉米高产的关键。当群体超过适宜密度范围后，个体间竞争更加激烈，后期叶面积指数下降较快，叶片衰老严重，影响吐丝后光合势增加和干物质积累，单株生产性能对群体产量的决定作用更加显著。因此，在保证亩穗数和稳定穗粒数的前提下，如何提高千粒重就成为高产条件下产量突破的关键。经济产量的高低与后期光合速率密切相关，维持后期光合作用的稳定性是高产的重要措施。有效减缓高产群体吐丝后的叶片衰亡是实现夏玉米高产的重要保障。

种植密度通过影响玉米单株和群体光合面积而影响产量，种植密度对冠层结构和功能的影响要大于其他栽培措施。合理的种植密度应当使群体在生育前期尽早形成较大的同化面积，在抽雄至乳熟期保持叶面积的相对稳定，灌浆后期叶片衰亡慢，成熟时仍能维持一定的绿叶面积。种植密度过低，群体生物产量较低而难高产。随种植密度增加，群体叶面积指数显著升高，群体内光合有效辐射（photosynthetically active radiation, PAR）总截获率增加，从而使群体光合速率升高，光合产物累积量增加，最终使玉米群体产量显著增加。只有保持单株和群体之间的平衡，即在一定的种植密度下保持较高的单株生产力，方能获得高产。地面透光率存在适宜值，低于这一值时，群体内透光率越大产量才能越高，但超过这一值时产量就开始下降。因此，维持群体内透光率在适宜值是高产的根本途径，只有群体内各层叶片分配的光能达到最佳状态时，玉米产量才能提高，但超过这一值产量就开始下降。

三、提高播种质量

玉米播种环节，包括品种的选择，播期、播量、土壤墒情（播种技术）的确定等关键内容，播种质量的好坏，直接影响玉米的出苗质量以及后期的群体发育和产量形成。我国玉米产区自然条件差别很大，要根据本地的霜期长短、土壤质地、土壤地力、种植目的选择适宜的品种。依土壤墒情，播种深度一般在 2.50 ～ 10.0cm，5 ～ 6cm 最适宜。播量 45 ～ 60kg/hm²，60 000 ～ 90 000 株/hm²。

（一）种子质量

群体整齐度是衡量群体质量的重要指标，群体整齐度越好，秃尖就越短，果穗结实性就越好。决定玉米群体整齐度的主要因素有：种子和播种质量、土壤肥力均匀程度、田间管理技术等。无效株也是影响群体整齐度的重要因素，主要包括：自交株、空秆、小穗株及病虫害株等。不同产量水平的玉米群体中无效株率不同，无效株率越低，产量越高。在高密度条件下高的单株产量是高产的重要前提。提高种子和播种质量，留大苗、壮苗是减少群体无效株、提高群体及果穗整齐度的重要措施，是进一步挖掘群体增产潜力的重要保证。

曾有通过增加播量和多次间苗来提高群体整齐度等方面的相关研究。研究表明，适当增加播量和多次间苗，提高群体整齐度与产量效果显著；同时，随着群体整齐度的提高，空秆率下降，穗大、粒多、穗重、穗匀。玉米中后期的群体整齐度是由前期决定的，确保种子质量，狠抓前期的平衡生长是玉米创高产的关键。对高质量种子的要求是：种子纯度 95% 以上，发芽率 95% 以上，发芽势强，籽粒饱满均匀，无破损粒和病粒。

（二）播期

在一定的生态环境中，种植密度与播期是影响作物生产的最主要的两个栽培因素，合理的种植密度与适宜的播期是实现作物高产的必要条件。如何充分利用具体生态条件，趋利避害，将玉米的生育期置于有利的气候条件中，播期的选择是关键。7.6cm 土层内温度在 15℃ 为春玉米最佳播期；华北地区夏玉米应在小麦或豌豆收获后及时播种。播期决定了玉米生育期的长短及生育期内的相对生长天数、相对有效积温、相对日照时数和相对降雨量。超高产玉米群体的生态因子资源量吐丝前与吐丝后的比值维持在 1.4 以上，其中生长天数的比值为 1.43、相对有效积温的比值为 1.41、相对降雨量的比值为 1.44、相对日照时数的比值为 1.40。适期早播，在延长总生长天数的前提下，适当增加吐丝前的生长天数、降雨量以及日照时数均能提高产量，当生长天数、有效积温、降雨量以及日照时数吐丝前与吐丝后的比值均约为 1.4 时，可获得高产、超高产。

播期对玉米群体光合特性、群体籽粒最大灌浆速率和平均灌浆速率影响最大，适宜的播期是玉米充分利用具体生态环境中有利光热资源的条件保障。播期对玉米群体籽粒整个灌浆过程的灌浆速率产生影响，各阶段籽粒灌浆速率均随播期推迟而下降；不同生长阶段的长短除受播期影响外，还受地点的影响。早播，通过缩短渐增期灌浆持续时间，玉米快速进入线性灌浆期，有利于增大群体籽粒潜在库容量；通过增加线性灌浆期和缓增期的灌浆速率以及延长缓增期持续时间，有利于最大程度地充实潜在库容量。随播期推迟，玉米灌浆进程变慢，灌浆速率下降。

玉米的播期受温度、湿度的影响。玉米种子最适发芽温度是 28 ～ 35℃，温度过高或过低都会使种子发芽速度减慢；根系生长的最适土壤温度是 20 ～ 24℃，当土壤温度低于 4.5℃时，根系停止生长；茎生长的最适温度是 24 ～ 28℃，当温度低于 12℃时基本停止生长；当温度保持在 31 ～ 32℃时叶片的生长速度最快，温度再高，出叶速度就会降低。因此温度是控制玉米生长速度和生育期长短的关键因素。与玉米产量形成最直接相关的两个时期是抽雄开花期和灌浆结实期，保证玉米生育进程与最佳季节同步，关键是在玉米抽雄开花期将温度控制在 25 ～ 27℃，灌浆结实期控制在 20 ～ 24℃，并根据当地的气候条件，为玉米整个生育过程提供最佳的光、温、水条件，这样不但能提高籽粒生产期群体的光合生产力，而且是玉米高产稳产的前提。

（三）播种技术

抢墒夏直播，可保证密度和整齐度，同时使玉米充分利用生育期积温。早播可提高大喇叭口期以后的群体叶面积和光合势，对吐丝后同化产物积累具有明显的促进作用。此外，在雄穗散粉后及早去除雄穗，可减少植株呼吸消耗，增加上部叶片透光性，有利于同化产物的制造积累。寒凉春玉米区，在正常熟期内适时晚播，可减少弱苗，提高出苗整齐度，减少病虫害特别是地下害虫和丝黑穗病等土传病害的侵害。而且，在高水平管理情况下，适当晚播，由于"快出（苗）、早发（苗）、速长"，晚播的玉米并不一定晚成熟。

一般播种深度 4 ～ 5cm，土壤黏重，墒情好时为 3 ～ 4cm；土壤疏松，砂质土壤为 5 ～ 6cm。选用高度耐密、抗倒性和抗病性强的优良品种。选用高质量的种子。高质量整地播种：深耕深松 30cm 以上可改善土壤的理化性状。玉米产量水平越高，对土壤的要求就越高。良好的土壤条件是构建玉米超高产群体的重要基础。

机械播种可提高出苗率和成苗率、降低空秆率、提高根群质量等。种子包衣处理，可大大提高出苗率。要加强管理，调控群体，及时查苗、补苗、间苗、定苗，切实做到苗全、苗齐、苗匀、苗壮的四苗标准。同时在小喇叭口期、大喇叭口期和抽穗期分 3 次拔除弱株，确保整个生育期群体整齐。

种子定向入土方式在一定程度上决定了叶片空间分布及走势，通过特定方向的种子入土方式控制，可以达到预期的叶片空间分布，为光能在玉米冠层合理分布提供了可能。种子入土定向处理通过影响个体发育和田间小气候资源分布，进而影响玉米产量。合理配置株行距在玉米生长发育中后期可以构建出合理的冠层结构，而合理的冠层结构有利于构建高产群体。

四、合理灌溉

玉米是需水比较多的作物，玉米生长期间最适降水量为 410 ～ 640mm，干旱影响玉米的产量和品质。一般认为夏季低于 150mm 降水量的地区不适于种植玉米，而降水过多，影响光照，增加病害、倒伏和杂草危害，也影响玉米产量和品质的提高。玉米有强大的根系，能充分利用土壤中的水分。虽然玉米需水较多，但相对需水量不太高，蒸腾系数为 240～370，耗水量较少。玉米生长需要适宜的空气相对湿度，最适宜的空气相对湿度是 50%～70%，当空气相对湿度小于 30% 时，花粉粒因失水而失去活力，花柱易枯萎，难以授粉、受精，不利于玉米生长；当空气相对湿度大于 80% 时，空气处于潮湿状态，玉米生长减缓，并且容易发生病虫害。

（一）玉米生长需水规律

玉米喜半干旱气候，但对水分十分敏感，俗话说"能不能收在于水，收多收少在于肥"。玉米总耗水量：早熟品种为 300～400mm，中熟品种为 500～800mm，晚熟品种为 800mm 以上，但全生育期内不得少于 350mm。不同生育阶段对水分的要求不同，由于各个生育阶段，植株大小和田间覆盖情况不同，叶面蒸腾量和棵间蒸发量的比例变化很大。玉米营养生长期土壤水分保持在田间持水量的 60%～70% 为宜，花期以 70%～80% 为宜。

一般在正常条件下，玉米不同生育阶段对水分的需要量是不同的。

1）播种到出苗：需水量较少，占全生育期总需水量的 3.1%～6.1%，这时耕层土壤水分必须保持在田间持水量的 60%～70%，才能保证玉米出苗良好。

2）出苗到拔节的幼苗期间：需水量仅占全生育期总需水量的 15.6%～17.7%，这时的生长中心是根系，为使根系向纵深伸展，除非十分缺水，否则不浇水，土壤水分应控制在田间持水量的 60% 左右。

3）拔节到抽穗期：此期是玉米营养生长和生殖器官分化与发育的旺盛时期，植株迅速增大，同时温度升高，对水分的需求迫切，因此需水量较大，占全生育期总需水量的 29.6%～23.4%，尤其在抽雄前 15d 左右，正是雄穗花粉粒形成和雌穗小穗、小花分化阶段，此时水分供应不足，会使雄穗花粉发育不良，增加不育花粉量，雌穗的小穗、小花发育受到严重阻碍，造成穗小粒少的不良后果而影响产量。此期要求土壤水分以保持在田间持水量的 70%～80% 为宜。

4）抽雄前后至开花、吐丝：抽雄前 10d 至抽雄后 10d 是对水分最敏感的时期，称为需水临界期，这个时期要进行灌溉保证充足的水分供应，保证土壤水分占田间持水量的 70%～80%。虽然此期经历的天数很少，但所需水分却占全生育期总需水量的 13.8%～27.8%。此阶段水分不足，影响产量，严重时可减产 40% 左右。

5）大喇叭口期至灌浆高峰期：持续约 1 个月，是玉米产量形成的主要阶段，是需水量最多的时期。此时需水量占全生育期总需水量的 19.2%～31.6%，如果缺水干旱，则灌浆困难，籽粒瘪瘦，粒重减轻而产量降低，这期间维持土壤水分在田间持水量的 70%，以保证有大量养分源源不断地向籽粒输送，使灌浆顺利进行，达到高产的目的。严重干旱将造成"卡脖旱"，难以抽雄，授粉结实不良，导致空秆，造成严重减产，甚至绝产，这个时期若遇干旱一定要及时灌溉。

6）成熟期：进入成熟期以后籽粒基本定型，对水分的需求逐渐减少。土壤水分对产量的影响越来越小，但干旱影响粒重，此阶段仍需一定的水分，占全生育期总需水量的4% ~ 7%，以维持籽粒完熟。

（二）水分调控

玉米高产的一个核心就是合理地调控水肥条件，充分利用太阳光能，建立合理的群体结构。玉米在苗期、拔节期和孕穗期遇土壤干旱，叶片伸展和同化产物的积累明显受到抑制。抽雄后水分不足造成叶片早衰，灌浆期干旱影响籽粒的同化产物积累。玉米群体冠层的结构和功能受到诸如品种、气候、栽培措施等多种因素的调控，其中，水分与氮肥施用量是影响冠层结构特征的主要因素。水分、肥料对群体光合速率的影响，主要是通过对生育状况的影响而实现的。水肥供应充足、栽培管理精细的地块，玉米生长健壮，发育良好，光合面积大，叶片功能期长，群体光合速率高。

玉米群体水分利用受到很多因素的影响。太阳总辐射、净辐射、CO_2 浓度差、空气饱和差等环境因素会以不同机制及过程影响群体水分利用效率。有研究表明，中等强度的光照条件对作物水分利用最有利；保持较高的 CO_2 浓度是唯一的抑制蒸腾作用而不抑制光合作用的自然抑制蒸腾作用的机制。通过增施有机肥和秸秆覆盖可增加 CO_2 的释放，提高株间 CO_2 浓度，抑制气孔开度，提高水分利用效率。群体水分利用效率与 0 ~ 60cm 土层土壤相对含水量呈负相关关系，土壤相对含水量在 30.3% ~ 80% 时，水分利用效率随土壤相对含水量的增加而降低。利用人工栽培措施，促进根系吸收深层土壤水分，可在不增加用水的同时提高群体水分利用效率。

五、合理施肥

肥料是作物的"粮食"，是作物增产最基本的物质保证。玉米是一种需肥较多的高产作物，植株高大，根系发达，吸肥力强，需要养分多，整个生育期对肥料尤其是氮、磷、钾肥的依赖性较高。为了获得高产，根据玉米的生长特性，结合土壤特性，应增施有机肥，控制氮肥总量，调整基肥、追肥比例，减少后期氮肥用量，适当补施钾肥。有研究表明，在不施肥或者缺素施肥情况下，玉米群体的微环境（冠层温度和相对湿度、群体内 CO_2 含量及地面温度等）与正常施肥情况下的微环境有显著差异，适当施肥可以明显改善田间玉米群体微环境、提高玉米的抗逆能力（聂胜委等，2017）。

（一）玉米生长与施肥

1. 土壤与施肥

玉米施肥要根据耕地土壤养分的供应状况来定，一般来讲，施肥是调节耕地土壤养分供应状况的重要手段，但是土壤自身调节能力更为重要。肥沃的土壤养分供应缓冲能力较强，有利于创高产，但还需要采取配施有机肥和化肥、人为耕作栽培、灌水等措施来协调养分供求关系。

要获得高产优质的玉米，应播种前施入 30 ~ 45t/hm² 优质厩肥作为基肥，播种时施 60 ~ 75kg/hm² 硫酸铵、225 ~ 300kg/hm² 过磷酸钙、30 ~ 45kg/hm² 氯化钾作种肥，在拔节期、孕穗期、抽雄期、开花灌浆期追施氮肥。全生育期施氮 150 ~ 300kg/hm²。N∶P∶K 为 1∶（0.5 ~ 0.8）∶0.8。

2. 玉米产量与肥料需求

玉米吸收养分的数量和比例不同，主要是由于品种特性、土壤条件、产量水平以及栽培方式不同，在确定具体施肥量时，要综合分析考虑。每生产 100kg 籽粒，吸收 N 2.6 ~ 2.7kg，P_2O_5 1.0 ~ 1.1kg，K_2O 2.4 ~ 2.5kg。有研究结果显示，适宜施氮量为 396.6kg/hm²，最高产量对应的施磷量（P_2O_5）为 177kg/hm²，施钾量（K_2O）对产量影响较小（施建宁和吴晓刚，2017）。高产栽培要求的土壤肥力为：有机质 1.2%，全氮 0.1%，水解氮 60mg/kg，P_2O_5 10mg/kg，K_2O 120mg/kg，速效锌 0.5mg/kg。高产施肥标准：纯氮 270 ~ 300kg/hm²，P_2O_5 90 ~ 105kg/hm²，K_2SO_4 180 ~ 210kg/hm²，$ZnSO_4$ 15kg/hm²。产量水平 9750 ~ 10 725kg/hm²，要求纯氮施用量为 247.5 ~ 306kg/hm²，施钾量为 261.3 ~ 315.9kg/hm²，折合尿素 540kg/hm²，K_2SO_4 450kg/hm²，$ZnSO_4$ 15kg/hm²。有机肥可基施或与氮肥总量的 1/3 及全部的磷钾肥在拔节前追施。氮肥的施用量在不同生育阶段的比例为苗肥占 20% ~ 30%，大喇叭口期前攻穗肥占 40% ~ 50%，抽雄初期攻粒肥占 20%，施肥时开沟条施玉米行侧（颜鹏，2015）。在优化的氮肥管理下，氮肥分次施用是实现高产和籽粒高氮浓度的关键。

3. 干物质积累与施肥

在玉米生长过程中，干物质积累的关键生育时期要注意肥料的施用，以促进玉米植株干物质生产与积累。玉米在一生中，对养分的要求常有两个极其重要的时期，分别是玉米营养临界期和营养最大效率期。玉米在出苗后 7d 进入需磷临界期，这时也是玉米对锌最敏感的时期，此期玉米迫切需要从土壤中吸收磷和锌，如果土壤中速效磷供应不足又缺锌，则幼苗生长受到抑制，就会导致严重减产。玉米的需氮临界期是拔节孕穗期，吸收氮、磷、钾营养最大效率期是大喇叭口期到抽雄期，这时满足玉米养分的需求对提高产量的作用非常显著，可发挥玉米增产的潜力。了解玉米生长发育需要营养的阶段性，对确定施肥和肥料种类有重要的指导作用。

4. 玉米根系生长与施肥

玉米地上部的生长发育主要受根系生长的影响，发育良好的根系是玉米优质高产的基础。养分供应对根系生长的影响很大，氮肥供应充足可显著促进玉米地上部生长，而氮肥供应不足影响根的生长，使根冠比变小。氮肥施得过多，常使茎叶生长过旺而降低产量。增施磷钾肥，可以促进根系生长，克服氮肥的不良影响，尤其是钾肥能使更多的碳水化合物向根部输送，促进根系的生长，使根冠比增大、根系生长良好、苗壮苗齐、茎秆粗壮，为高产奠定了基础。

玉米群体对根量有一定的自动调节能力。在氮、磷、钾三要素中，以磷对单株根重的贡献最大，其次是钾，再次为氮。在增大种植密度时，特别要注意加强与改善植株对磷的吸收。

（二）肥料种类与施肥

1. 氮、磷、钾肥

高产栽培中应重视氮、磷、钾的配合施用，并适量追施微量元素，及时灌溉，以充分满足玉米生长发育的需要。玉米生长过程中的施肥管理，应掌握前轻后重的原则，协调光合势和净同化率之间的关系。玉米生育期，氮、磷、钾亏缺不利于叶肉细胞和叶绿体的发育，叶片叶绿素含量下降，光合作用降低；而肥料的施用，特别是氮肥的施用对于扩展玉米叶片、提高单株叶面积、延长叶片功能期、促进同化产物的积累及提高籽粒产量具有重要作用。

施用氮肥是提高作物产量的关键措施，氮是植物体内蛋白质、核酸、叶绿素和一些激素的重要组成部分，在作物生长中具有驱动作用，处于代谢活动的中心地位，直接或间接影响着作物的光合作用。合理的氮肥运筹是玉米进行光合生产的营养物质保障，是实现玉米高产高效的关键之一。氮肥对玉米生长发育影响较大的指标为：总干物质累积量、平均作物生长率、籽粒产量、叶片平均净同化率，影响较小的指标为：总光合势、吐丝期叶面积指数。高产栽培下（高密度、较高的磷钾肥施用水平和充足的灌溉条件），优化施氮能改善玉米的光合特性。通过适当增加种植密度、分次合理施氮和适期收获等综合农艺措施优化，可以提高玉米单株和群体根系干重，提高深层根系分布比例，增加根系吸收面积和根长密度，提高根冠比，增强根系吸收肥水的能力，为地上部的生长发育和籽粒产量的形成提供充足的养分和水分。

施氮肥不足或过量施氮肥均能导致玉米光合能力降低。偏施氮肥的害处主要有以下有几个方面：①使玉米旺长；②诱发病虫害，同时使玉米抗病虫能力降低；③影响玉米对微量元素的吸收并降低受精能力，增加败育粒；④破坏土壤结构，使土壤渐渐板结，酸碱度发生变化。玉米生产过程中要注意氮、磷、钾配合施用，苗期适量增加氮肥，中期增加钾肥，后期氮、磷肥配合，可防止玉米发生缺素症。

2. 施肥

对于一定的玉米品种，高密度群体需要高水平的地力支撑，才能获得该品种的潜力产量。高肥条件下，产量的首要决定因素是单位面积穗数，其次是千粒重，再次是穗粒数。低肥条件下，单位面积穗数仍是第一位的影响因素。

选用优良品种、合理密植、合理施肥可以构建良好的玉米群体，这也是优化群体结构，协调群体和个体间发育，解决穗数、粒数和粒重三者之间矛盾的关键措施，对群体生产力的发挥至关重要。选择优良的品种并以合理的密度种植以后，肥料的施用是获得优良玉米群体的关键管理措施之一。玉米生育期肥料的合理施用主要包括以下几方面。

1）苗期及时追肥。一般在定苗后至拔节期进行，可在距玉米植株 15～20cm 处开沟，将有机肥、化肥等一次施入，覆土盖严。化肥施用深度应大于 5cm，有机肥施用深度在 10cm 左右。苗期追肥原则上磷、钾全部施入，氮肥一般不高于总追氮量的 20%～30%。

2）大喇叭口期（10～12 叶展开）追施。一般每公顷追施尿素 450kg 左右，占全生育期总施氮量的 50%～60%，以深施 10cm 左右为宜，一般距玉米行 15～20cm，条施或穴施。当 0 ～ 40cm 土壤含水量低于田间持水量的 70% 时，应及时灌溉。穗期要灌好 2 次水：第 1 次在大喇叭口期前后，为追攻穗肥时期，应结合追肥进行；第 2 次在抽雄前后。地面灌水通常采用沟灌或隔沟灌溉，既不影响土壤结构，又节约用水。

3）抽雄吐丝期追施。主要是满足籽粒灌浆期对养分的需求，在高产条件下，要特别重视攻粒肥的施用，以速效氮肥为主，追氮量占总追氮量的 10% ～ 20%，一般施 150kg/hm² 尿素。

叶绿素是玉米进行光合作用的物质基础，光合作用是玉米干物质积累的途径，叶绿素含量的高低和净光合速率的大小在一定程度上可以反映植株干物质生产能力的强弱。同一施氮量下施肥时期不同，玉米冠层内不同层次叶片叶绿素相对含量（SPAD）和净光合速率有很大不同。有研究表明，在施氮量为 180kg/hm² 时，氮肥一次性基施有利于构建合理的冠层结构，在施氮量为 75kg/hm² 时，8 叶展期氮肥一次性施用有利于构建合理的冠层结构。

六、适宜的耕作制度

玉米耕作制度是指一个地区或一个生产单位的玉米种植制度以及与之相适应的养地制度的综合技术体系，其核心是玉米种植制度，而养地制度是为种植制度服务的。种植制度是指一个地区或一个生产单位的玉米种植配置、熟制与种植方式的总和，包括作物布局、复种、间混套作、平作、轮作、连作等。玉米田间优化配置是提高玉米单产的有效途径之一。良好的种植模式是协调玉米群体通风受光条件、营养状况的有效措施，可以使玉米冠层特性具有明显优势，增加群体受光面积，改善田间通风条件，使玉米充分利用不同层次的光资源。因此，生产中常通过改变种植方式来改善光的有效截获，提高群体生产力。在密度加大时，配合适当的种植方式，更能发挥密植的增产效果。所以，在确定合理密度的同时，应考虑采用适宜的种植方式。通过改变种植方式、调节个体分布状况可以有效提高种植密度而获得高产。宽窄行、大垄双行及不同株行距配置等种植方式构建的不均一群体结构人为创造了边行效应，增大了群体内部各层光截获量，能够有效改善群体冠层内行间的通风透光条件，在一定程度上缓解密植条件下群体和个体的矛盾。采用适宜宽窄行种植的玉米群体冠层较等行距种植的冠层具有明显优势，可扩大光合面积，增大叶面积指数，增加中部冠层的透光率，使玉米充分利用不同层次的光资源。

（一）间套作

间套作是指在同一土地上按照一定的行株距和占地的宽窄比例种植不同种类的农作物。间套作是运用群落的空间结构原理，以充分利用空间和资源为目的而发展起来的一种农业生产模式，也可称为立体农业。间套作能够合理配置作物群体，使作物高矮成层，相间成行，有利于改善作物的通风透光条件，提高光能利用率，充分发挥边行优势的增产作用。一般把几种作物同时期播种的称为间作，不同时期播种的称为套作。

品种间作可有效改善群体冠层结构，增加群体叶面积指数，提高群体物质生产力，更好地为增产奠定基础。合理的空间配置是保证作物良性生长，获得高产优质的基础。

作物间作可通过协调作物间的竞争与互补关系，实现间作品种优势互补，差异互补。优良的间作模式，可以协调间作品种间竞争向有利于提高产量的方向发展，充分利用自然资源，减轻病虫危害，减少化肥、农药的使用量，降低生产成本，减少对环境的污染，提高群体产量和整体经济效益。合理间作的复合群体后期抗逆能力明显提高，其抗病虫、抗倒伏能力和对干旱的适应能力增强，可维持较高叶面积持续期（leaf area duration，LAD）、叶绿素（Chl）含量和净光合速率（Pn），土地当量比（LER）有所提高，因此有利于实现玉米的高产和稳产。

间作群体具有较高的叶面积指数，可创建足够的群体光合势，进而提高叶片的光合生产能力，有利于生产出较多的光合产物。间作体系内玉米具有较强的正边际效应，由于边际优势，间作玉米的单株各器官和地上部总重以及收获指数均显著高于单作玉米，间作种植，玉米单株，各器官的干物质累积量显著高于单作玉米，间作促进了光合产物向籽粒中分配，成熟期籽粒的分配比例明显增加，进而提高了收获指数，说明在干物质转移与分配方面，间作玉米具有转移量大、分配率高的特点。

在农业生产中，品种单一化所表现出来的遗传基础狭窄导致遗传防御机制脆弱，以及长期种植感病品种造成对病原菌毒性小种的定向选择，促使其形成优势小种，使得作物病虫害、倒伏发生日趋严重，在玉米上尤为突出。不同基因型玉米间作可有效防止由于品种单一化而导致的遗传防御机制脆弱，提高群体后期的抗逆能力，使玉米在逆境胁迫条件下也可表现出更为明显的增产稳产优势。这充分利用了生物多样性的原理，发挥了高抗品种在间作群体中的物理屏障作用，提高了群体的抗逆性。

套作可创造合理高产的群体结构：一是合理增加了叶面积指数且套作作物群体的生物学要求、自然资源条件相吻合；二是改善了群体的通风透光状况，套作表现出良好的边际效应；三是群体冠层分布合理，光合势高，群体光合速率高，光合净积累多。进一步提高产量，可通过调整作物行比、提早玉米播期、适当推迟小麦播期、延长玉米生长期特别是灌浆时间来实现。玉米套作其他作物的生产模式，套作作物配套品种的合理搭配、带宽优化、播期协调、复合群体配置等是实现间套作作物双高产的关键。

（二）行距设置

一般生产条件下用等行距种植，随着种植密度的增加，个体间的竞争加剧，个体的通风透光条件及营养状况均变差，特别是植株生育后期易造成郁蔽，使群体内个体的光合效率降低，严重影响玉米产量潜力的发挥。前人研究结果表明，通过调整玉米种植的株行距，可以有效地调控群体生态质量，更好地发挥群体内个体的产量潜力。因此，行距配置成为农艺上重要的产量调控手段之一。高密度（高产）条件下用大小行种植具有一定的增产作用，有助于扩大光合面积、增加穗位叶层的光合有效辐射、提高群体光合效率、减少群体呼吸消耗。梁熠等（2014）研究结果表明，行距配置可以显著改变群体冠层中光、CO_2、温度和湿度等微环境，合理配置行距（82.5～27.5cm）的植株上部叶片较为直立，下部叶片平展，群体内光分布较为合理，CO_2分布更为均匀，开花后叶绿素相对含量和LAI均较高且高值持续时间较长，光能和水分利用率高，最终使玉米产量提高。

行距配置对于建造良好的群体冠层结构具有重要意义，采用宽窄行种植方式，可以通过适量提高种植密度来增加群体产量，宽窄行种植。在同等的密度条件下，宽窄行种植的玉米干物质累积量大于等行距种植（高英波等，2015）。密植条件下，小宽窄行（60cm+45cm）种植的玉米群体冠层内光分布比较合理，群体穗位层截获光合有效辐射较多，光合能力和干物质生产能力增强，更有利于夏玉米产量提高；适宜的行距配置，群体冠层内温度、冠层内部小气候（光照、温度、湿度和CO_2等微环境）、群体水分利用效率、群体光温分布、群体干物质积累、群体的生长率达到最佳。尤其在高密度条件下，不同行距种植方式在玉米群体冠层特性方面具有明显优势，可扩大光合面积，增大叶面积指数，增加中部冠层的透光率，提高中下层叶片的光合性能，更好地协调玉米群体和个体的关系，使光能在玉米群体冠层内的分布更加合理，提高玉米群体的光能利用率。宽窄行种植方式能降低玉米的呼吸消耗，从而更有利于植株地上部的干物质积累，改善群体通风状况，改变玉米群体冠层小气候和水分利用效率。

不同株高类型杂交种在相同的密度下，随行距扩大，株型变得松散，穗部叶片叶向值减小，并偏离种植行，向种植行垂直方向发展，冠层温湿度降低，群体抗逆性增强，但冠层光能截获率降低（芡建峰等，2016）。随着种植行距的增大，玉米的叶面积指数、田间CO_2浓度及空气流动速度均有不同程度的增大，其中以中下部冠层通风透光条件改善最为显著。不同种植行距对田间温度影响不大（步蕴法等，2017）。等行距更适宜机械化田间作业。

（三）覆膜

合理的冠层结构不但取决于品种本身，还受栽培措施影响。适宜的栽培措施能改善冠层结构，使群体LAI时空分布合理，冠层内光照辐射合理分配至群体内各层，使群体有较为合理的绿叶面积吸收太阳光热资源，建立高光效生产体系，生产较多的光合产物，使群体粒数和粒重增加，库源协调发展。覆膜是栽培措施中的一种重要方式，覆膜能有效改变群体冠层内各项生理指标，增加产量。

行间覆膜能有效延长叶片功能期，增大各层叶片叶面积指数和光合势，使植株株型更加紧凑，群体中光分布更加合理，光能被群体各层充分吸收；有效增加后期群体LAI，增大光合有效辐射截获量；有效提高冠层各层叶片光合速率，改善群体光合性能；提高玉米穗粒数及千粒重，具有明显的增源扩库作用，提高产量，实现超高产。

（四）单双（多）株配置模式

玉米1穴2（3）株，打破1穴1株的传统单株种植模式，可使玉米产生边行优势、群体优势、竞争优势、抗逆优势。加大田间种植行距、一穴多株种植的宽行密植具有良好的通风条件，使玉米对于光、温、热、风的利用达到了最佳，为能量向玉米籽粒转移提供了丰厚的保障条件（王云奇等，2016）。在高密度种植条件下，采用一穴多株种植可以改善夏玉米群体质量、提高产量，且推荐高密度下1穴2株的种植方式（王小明等，2018）。研究表明，在7.5万株/hm²密度下采用1穴2株的种植方式，玉米干物质累积量、千粒重和产量都明显高于一穴单株的种植方式。选择耐密品种，严格控制种子质量，利用玉米生长竞争优势，创造苗匀、苗齐、苗壮的物质基础，使1穴3株玉米苗实现同步生长，做到苗势均匀，可有效避免大小苗现象的出现，激发了玉米的生长潜能。

在相同的种植密度下，随着株距的增加，穴留株数由单株变为双株，其产量增加，增产的幅度是随密度加大而提高的。这种稀密的合理配置很好地协调了个体与群体的关系，使个体与群体实现了矛盾统一，也最大限度地发挥了个体和群体的增产潜力。相比于常规单株对位种植方式，双株错位、双株对位和单株错位种植方式下玉米群体的冠层垂直分布呈现叶和茎的干重权重比例下移、群体叶片垂直分布趋于纺锤形；植株个体穗下层茎叶夹角显著增加 $2.4° \sim 3.4°$，尤其是双株错位和双株对位种植方式有效扩展了个体生态位，显示出耐密调控能力。双株种植可缓解冠层、根系竞争，在一定程度上改善了群体结构质量和功能，使根、冠协调，最终表现为增产。密植条件下改变传统的单株对位种植，能够改善密植群体冠层结构，优化个体形态，提高生育后期冠层中下部叶片功能活性，从而实现耐密、增产、稳产。

（五）条带旋耕（或深松）及宽窄行交替性耕作

条带旋耕（或深松）耕作打破犁底层，显著提高了密植玉米群体下层根系的容纳量，提高了土壤的入渗能力，增加了深松层土壤的蓄水能力。条带旋耕（或深松）结合增施肥料，有利于提高玉米叶片叶绿素含量和净光合速率，提高群体干物质累积量，增加产量。高密度条件下条带深松耕作增加了群体根干重、深层根系量、植株间根系量及根表面积，促进了养分吸收和干物质积累，进而提高了地上部群体叶面积指数及地上部干重，最终促进产量显著提高。说明条带深松耕作改善了密植群体的根系空间分布，改善了上层根系的拥挤状况，通过增加深层土壤根系量及植株之间根系量来增加群体根系容纳量，发挥了密植群体根系功能，实现了密植群体的高产。

研究表明，播前条带旋耕处理的玉米有效穗数、千粒重与穗粒数显著提高，花后干物质累积量及其向籽粒分配比例、籽粒灌浆速率均提高，进而穗粒数与粒重提高，播前旋耕种植的玉米，抗倒伏能力增强，抽雄到抽雄后 40d 的叶片抗衰老能力显著提高，叶片衰老延缓；播前旋耕处理的土壤容重和土壤紧实度显著降低，促进了根系生长发育，提高了根系数量和质量，改善了根系功能，促进玉米根系下扎，有利于根系充分吸收利用水分与养分，进而促进玉米的高产稳产。

宽窄行交替性耕作模式减少了机具进地次数，使根茬自然还田，能有效改善土壤理化性状、防风固土和培肥地力。宽窄行交替性耕作优于均匀垄常规耕作，深松深度为45cm，打破犁底层，改变了玉米生长的土壤结构，土壤紧实度、土壤容重较均匀垄常规耕作降低，土壤有机质含量、土壤氮含量及含水量增加，自然降水利用率提高。玉米宽窄行交替性耕作具有增产增收、蓄水保墒、抗旱、抗倒伏和保护农田生态环境的优点。宽窄行交替性耕作模式，改善了农田环境，发挥了边行优势，玉米生长期群体透光率提高，玉米产量明显高于均匀垄常规耕作模式。

（六）麦茬直播

改麦垄套种为麦茬直播是保证一播全苗、减少小苗和弱苗、夺取高产的有效途径。土壤耕作层是作物赖以生长的主要场所，灭茬深松能够加厚活土层。玉米植株高大，根系发达，要求深厚肥沃、疏松通气、蓄水保肥力强的土壤。深耕深松改善了土壤的物理性状，使土壤孔隙度加大、通气良好。深耕深松时结合施入基肥，可促使土壤中微生物的活动加强，有效养分增多，特别是破坏了犁底层，为玉米根系生长创造了更适宜的条件，使其根量增多，根的分布转向纵深方向发展，促进了密植后玉米地上部与地下部的发展得到协调平衡。

七、机械化作业

玉米全程机械化作业包括耕整地、播种、施肥、施药和收获等几个关键环节。随着市场经济的发展、劳动力成本的增加和经营规模的扩大，玉米生产成本高、市场竞争力差、农民种植效益低的问题日渐突出，单纯以高产为目标的生产方式必然会被以增产增效并重、高产与高效协同为目标的生产方式所取代。密植、机械化生产将成为现代玉米生产技术体系的核心要素。

（一）机械播种

提高玉米播种质量和出苗率一直是农艺学家研究的主要内容，随着机械化的快速普及，播种质量的提高越来越依赖于先进机械的应用。单粒点播种子发芽率应高于96%，通过足墒、适期播种等，保证苗齐、苗匀、苗全、苗壮，提高群体整齐度。精量保墒播种技术是使用机械将确定数量的作物种子，按栽培农艺要求的位置（行距、株距、深度）播入土壤，并适时镇压的一种新的机械化种植技术。在作物群体确定的前提下，能充分发挥个体优势，增强综合抗性，达到优质、增产、增效的目的。

小麦收割时，麦茬高度不超过15cm，可选用带有灭茬功能的玉米免耕播种机械播种或在玉米播种前完成灭茬。机械化综合整地机一次进地可完成多项作业，减少了拖拉机对田地的碾压，给玉米生长创造了适宜的土壤条件，避免了缺苗、断苗、苗不齐、穴距不均匀、易伤苗、间苗工时长等。玉米推茬清垄精播一体化机一次作业可以同时完成深旋松土、推茬清垄、深层施肥、精量播种等，提高了作业效率，减少了能量消耗，同时，提高了秸秆覆盖条件下的播种质量，有效控制了秸秆焚烧，使土壤耕层容重显著降低，土壤蓄水保水能力提高，土壤肥力提高；玉米的播种质量明显提高，出苗率明显提高，群体整齐度增加，群体透光性明显改善，生育后期的群体光能截获量明显增加，根系生长量显著增加，具有显著的增产作用。该机具具有明显的增产增收和生态安全等多种功效，为玉米高产高效、绿色安全生产提供了新的技术途径。

机械化综合整地、精量保墒播种是玉米耕种的主要作业环节，缺一不可，相关机具一次进田地可完成多项作业，提高了机械化作业效率，降低了作业成本，还改变了土壤结构，为精量播种和萌芽出苗提供了良好土壤条件，从而增产增收。

（二）机械收获

种植模式的多元化和区域特点为玉米生产提供了多种多样的株距、行距配置方式。由于玉米收割机采用对行收获的原理，不同地区的不同行距配置导致玉米机械化收获时农机与农艺结合的难度非常大，特别是跨区域的作业很难实现，造成总体上玉米机械化收获水平相对较低。有研究结果表明，在 60 ～ 70cm 行距内，无论采用等行距播种还是宽窄行播种，对作物的株高、穗位高、叶面积指数等生长指标均无显著性影响，各个行距配置下玉米产量基本接近。因此，在机械化生产条件下，可以根据农机具设计和生产需要，在一定程度上统一收获机械的规格，从而降低生产成本、并促进跨区域作业。

第四节　化学调控

作物在生长发育过程中，除了需要适宜的温度、光照等环境条件，水分、矿质元素和各类营养物质，还需要一些对生长发育起特殊作用的极少量生理活性物质——植物生长物质（plant growth substance）。植物生长物质可分为植物激素和植物生长调节剂两类，植物激素由植物自身合成，可以调控生长发育及各种生理活动。人工合成和人工提取的生理活性物质，低浓度即可调节植物生长发育的化学物质称为植物生长调节剂（plant growth regulator）。化学调控技术是提高作物生产力的一项重要技术措施，是指应用植物生长调节剂调控作物的基因表达、器官建构、功能体现，从而实现对作物外部形态特征和内部生理代谢的双重调控，使其朝着人们预期的方向和程度发生变化的技术。这种调控主要表现在三个方面：一是增强作物优质、高产性状的表达，发挥良种的潜力；二是塑造合理的个体株型和群体结构，协调器官间生长关系；三是增强作物抗逆能力。化学调控技术具有技术简单、用量少、见效快、效益高、便于推广应用等优点，已成为农作物安全高产、优质高效的重要应用技术。

一、植物生长调节剂概念和种类

植物生长调节剂是指人工合成的具有类似植物激素生理活性的化合物，能够改变和影响作物生长发育，内源激素的合成、运输、代谢、与受体的结合以及此后的信号转导过程，在低浓度下对植物的生长发育表现出明显的促进和抑制作用。其主要功能有：调节植物内部的化学组成或果实的颜色；启动或终止种子芽的休眠；促进发根或根的生长；控制植物或器官的大小；提前或阻止开花及诱导或控制叶片或果实的脱落；改变作物发育的起始时间；增加植物的抗病虫能力和抗逆能力。植物生长调节剂主要包括单一植物生长调节剂和复合型植物生长调节剂，已广泛应用于作物生产。

（一）单一植物生长调节剂

单一植物生长调节剂按照其对植物的作用可分为植物生长促进剂、植物生长延缓剂、植物生长抑制剂。

1. 植物生长促进剂

植物生长促进剂是指能够促进顶端分生组织生长，顶端细胞分裂、分化和伸长的具有天然激素生理功能的人工合成的有机化合物。根据其化学结构及活性的不同可大致分为生长素类、赤霉素类、细胞分裂素类、乙烯类和油菜素甾醇类。这些常见类型的植物生长促进剂主要包括吲哚乙酸、吲哚丁酸、萘乙酸、萘乙酸甲酯、萘乙酰胺、萘氧乙酸、2,4-二氯苯氧乙酸（2,4-D）、吲熟酯、赤霉素（gibberellin，GA）、6-苄基腺嘌呤、玉米素、苯并咪唑、调吡脲、多氯苯甲酸等。

2. 植物生长延缓剂

植物生长延缓剂可抑制亚顶端分生组织生长，干扰亚顶端细胞分裂，引起茎伸长的停顿，抑制内源赤霉素的生物合成，因此抑制茎尖伸长区的细胞伸长，使节间缩短，达到矮化效果，但节间和细胞数目不变，不影响顶端分生组织的生长，因此不影响叶片的发育和叶片的数目，一般也不影响花的发育。外施赤霉素通常可以逆转植物生长延缓剂的抑制效应。常见的植物生长延缓剂有矮壮素、甲哌𬭩、多效唑、烯效唑、比久、吡啶醇、丁酰肼、氯化胆碱、环丙嘧啶醇、三唑酮、氯化𬭸、阿莫1618、噻节因、十一碳烯酸、调环烯、抑霉唑、脱叶磷等。

3. 植物生长抑制剂

植物生长抑制剂主要作用于植物顶端，可抑制茎顶端分生组织细胞的核酸和蛋白质的生物合成，干扰顶端细胞分裂，引起茎伸长的停顿和顶端优势的破坏。外施赤霉素不能逆转这种抑制效应，但外施生长素类可以逆转这种抑制效应。天然的植物生长抑制剂包括脱落酸（abscisic acid，ABA）、茉莉酸（jasmonic acid，JA）、水杨酸、绿原酸、香豆素、咖啡酸等。人工合成的植物生长抑制剂包括三碘苯甲酸（2,3,5-triiodobenzoic acid，TIBA）、马来酰肼（maleic hydrazide，MH）、整形素、抑芽丹、氟节胺、疏果安、增甘膦等。

（二）复合型植物生长调节剂

植物在生长发育过程中要受到多种激素的调节控制，单一的激素并不能有效地调节作物生长，其最终作用又需要与矿质元素、表面活性剂等配合使用。因此，生产上大量推广使用的植物生长调节剂除了单一的试剂外，还有很多合剂，如生根剂、脱叶剂、抗逆剂等，大部分是几种植物生长调节剂的混合或植物生长调节剂与肥料、微量元素等配合而成的复合型植物生长调节剂。复合型植物生长调节剂以植物生长延缓剂+植物生长延缓剂、植物生长延缓剂+植物生长促进剂、植物生长促进剂+植物生长促进剂以及植物生长延缓剂+多糖或与氨基酸相配伍或合成的复合调节剂。两种或两种以上的植物生长调节剂混合使用，通过相加或相乘的复合效应，产生比单独使用更佳的效果，也是目前植物生长调节剂应用的发展方向之一。常见的复合剂主要有硝·萘合剂、激·生·酶合剂、赤霉素·苄基腺嘌呤合剂、芸·乙合剂等，推广应用的复合剂产品有玉米抗逆剂吨田宝、玉米矮壮素、金得乐等。

二、玉米化学调控技术

生长发育与环境协调、个体生长与群体结构协调、营养生长与生殖生长协调是玉米生产管理的总体目标。常规栽培措施重在改善水分、养分、光照等生长环境条件，为作物生产潜力的发挥创造条件；而玉米化学调控技术的原理在于主动调节玉米自身的生长发育过程，改善自身对外界环境的适应性，提高抗性，充分利用自然资源，协调个体与群体、营养生长与生殖生长来挖掘作物生产潜力，两者从不同的角度实现着相同的目标，即可持续性高产优质，两者相结合，更容易实现高产、优质、高效的目标。目前，化学调控在玉米生产上已显示出重要作用，为玉米的优质、高产、高效提供了简便易行的技术保障。

（一）玉米化学调控技术应用效果

1. 塑造理想株型、提高产量和改善品质

化学调控技术在玉米综合高产栽培技术中已经被广泛应用，传统栽培技术与化学调控技术的有效结合实现了玉米生长外部条件和内部激素水平的双重调控。我国玉米单产不断突破，主要通过不断提高种植密度和熟期的极限，在密植和高水肥条件下实现的。高密度、高水肥条件下玉米易发生倒伏问题，尤其是在华北平原地区大陆性季风气候条件下，玉米拔节期雨热同季，生长发育过快，茎秆脆弱，极易发生倒伏；密植高产群体抽雄吐丝期阴雨寡照，导致穗粒数少，秃尖长，且昼夜温差小，成熟度差，粒重低，病虫害严重。高产栽培要协调好群体与个体的矛盾，应用化学调控技术，可塑造理想个体株型，调节营养生长和生殖生长，协调个体与群体、密植与倒伏的矛盾，促进根系发育和器官分化，延缓叶片衰老，促进光合作用和改善干物质分配比例，增大穗部，提高粒重，提高籽粒中蛋白质、亚油酸等含量，达到提高产量和改善籽粒品质的目的。

（1）化学调控剂对玉米生长发育的调控效应

玉米从种子萌发、幼苗生长，由营养生长阶段进入生殖生长阶段，以至于开花、结实、籽粒建成，整个生长发育进程均会受到植物内源激素的调节。化学调控技术可通过促进或抑制玉米的生长，使其生长发育按照人们的要求发展，塑造理想株型，构建合理群体。应用化学调控技术可降低玉米的株高、穗位高，增加茎粗，这是防止玉米倒伏的有效措施（Shekoofa and Emam，2008）。研究表明，喷施吨田宝和康丰利能够明显降低辽单 1211 和辽单 120 株高和穗位高。与喷施清水相比，喷施康丰利能使辽单 1211 茎粗增大，喷施吨田宝能缩短辽单 1211 和辽单 120 的节间长度（表 9-8）。

表 9-8　喷施不同化学调控剂对玉米形态指标的影响（史磊等，2014）

品种	处理	株高（cm）	穗位高（cm）	茎粗（cm）	节间长度（cm）
辽单 1211	吨田宝	286.3b	108.3ab	2.38b	24.4b
	康丰利	289.3ab	106.3b	2.44a	26.5a
	清水	295.0a	111.7a	2.37b	26.6a
辽单 120	吨田宝	307.3b	145.7b	2.45a	25.2b
	康丰利	309.0b	144.3b	2.30b	26.7a
	清水	316.0a	150.0a	2.45a	26.0ab

注：同一列中不同小写字母表示在 $P < 0.05$ 水平上差异显著

　　喷施化学调控剂玉黄金可显著降低金海 5 号和郑单 958 两个品种的株高和节间长度，节间直径显著提高（表 9-9）。茎粗系数和穗高系数是较为合理地评价玉米抗倒伏性能的指标。茎粗系数大、穗高系数小的品种，抗倒伏性能强，反之则弱（王晓明等，1999）。喷施化学调控剂玉黄金后降低了玉米株高，增加了穗位以下节间的直径，两个玉米品种茎粗系数均显著高于喷施清水处理，穗高系数显著降低（图 9-13），为后期植株抗倒伏奠定了基础。

表 9-9　化控处理对玉米植株农艺性状的影响（李宁等，2010）

品种	处理	株高（cm）	节间长度（cm）				节间直径（cm）			
			1	4	7	平均	1	4	7	平均
金海 5 号	清水	267.80a	11.85	15.91	17.26	15.01a	2.43	2.3	1.94	2.22b
	玉黄金	243.6b	10.49	13.75	16.55	13.60b	2.5	2.36	2.02	2.29a
郑单 958	清水	268.89a	11.23	15.6	17.94	14.92a	2.41	2.26	1.84	2.17b
	玉黄金	249.9b	9.94	13.65	15.21	12.93b	2.48	2.34	1.97	2.26a

注：同一列不同小写字母表示在 $P < 0.05$ 水平上差异显著

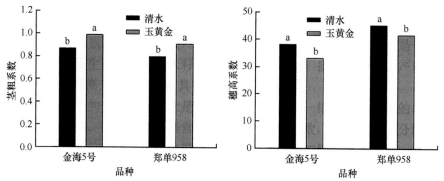

图 9-13　化控处理对玉米植株农艺性状的影响（李宁等，2010）

不同小写字母表示在 $P < 0.05$ 水平上差异显著

　　根系是玉米吸收水分和养分的重要器官，也是多种信号物质合成、转化、运输和传导的重要部位，在协调植株各器官生长发育及功能表达方面具有重要作用。化学调控剂不仅能够调控植株地上部性状，对根系数量、根系干重也有一定影响。袁园等（2011）研究表明，喷施化学调控剂康丰利能够显著增加 0～10cm 和 10～20cm 两个土层的根长，10～20cm 土层中喷施化学调控剂处理与对照（清水）差异最大（图 9-14A）。30cm 以下的土层，根长基本一致。在 10～30cm 土层中，喷施化学调控剂康丰利的玉米根系干重显著高于对照；30cm 以下的土层，喷施化学调控剂康丰利的玉米根系干重显著低于对照处理，喷施化学调控剂主要提高了根系在 0～30cm 土层中的分布数量（图 9-14B）。说明喷施化学调控剂可明显提高 10～30cm 土层根系干重和根长，有利于根系对土体水分、养分的吸收和利用，增强玉米植株的抗倒伏能力。

　　李宁等（2010a）对化学调控剂对玉米根条数影响的研究结果表明，与对照（CK）相比，化学调控剂处理下郑单 958 和金海 5 号 2 个玉米品种的气生根条数分别增加了51.06% 和 11.92%。1～4 层根和 5～6 层根的数量虽有变化，但差异均不显著，均表现

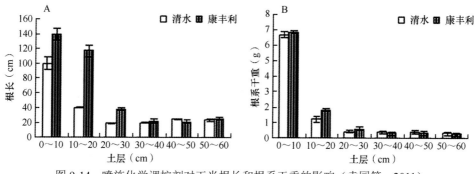

图 9-14　喷施化学调控剂对玉米根长和根系干重的影响（袁园等，2011）

为化控处理高于对照，化控处理下郑单 958 和金海 5 号 2 个品种的总根条数分别比对照增加 13.11% 和 6.55%，差异显著（$P < 0.05$）（表 9-10）。

表 9-10　化控处理对玉米根条数的影响（李宁等，2010）

品种	处理	气生根（条）	1～4 层根（条）	5～6 层根（条）	总计（条）	比 CK 增加（%）
金海 5 号	清水（CK）	15.10	17.60	17.70	50.40	
	玉黄金	16.90*	18.50	18.30	53.70*	6.55
郑单 958	清水（CK）	9.40	19.20	16.40	45.00	
	玉黄金	14.20**	19.40	17.30	50.90*	13.11

注：* 表示在 $P < 0.05$ 水平上差异显著；** 表示在 $P < 0.01$ 水平上差异显著

（2）化学调控剂对玉米穗部性状及产量的调控效应

化学调控剂可以通过促进玉米产量器官分化、提高叶片光合作用强度和改变同化物分配方向来增强产量器官的物质积累，实现增产。应用化学调控剂已成为农业生产中调节玉米高产、稳产的重要农艺措施。喷施玉黄金处理玉米穗长、秃尖长均小于对照（清水）（表 9-11），这主要是由于喷施化学调控剂后玉米植株变矮，叶片缩短，"源" 器官发生改变而导致 "库" 器官的改变。喷施玉黄金后，郑单 958 和金海 5 号 2 个品种穗行数、百粒重和产量均有所增加，郑单 958 行粒数、百粒重和产量增加极显著。

表 9-11　化控处理对玉米穗部特征、产量性状及产量的影响（李宁等，2010a）

品种	处理	穗长（cm）	秃尖长（cm）	穗行数	行粒数	百粒重（g）	产量（Mg/hm²）
金海 5 号	清水	24.46*	5.52*	14.4	33.11	33.57	12.00
	玉黄金	22.52	5.15	14.8	31.82	35.32	12.48
郑单 958	清水	17.06*	2.44*	14.8	27.69	28.09	9.51
	玉黄金	15.43	1.33	15.2	35.08**	33.86**	14.90**

注：* 表示在 $P < 0.05$ 水平上差异显著；** 表示在 $P < 0.01$ 水平上差异显著

任红等（2017）研究表明，喷施不同化学调控剂均能提高玉米产量、千粒重和穗粒数，喷施增产胺、吨田宝和胺鲜酯（DA-6）分别较对照增产 6.85%、6.55% 和 2.73%，和对照差异显著（$P < 0.05$）。增产胺和 DA-6 明显提高了玉米籽粒的千粒重，较对照

分别显著提高 3.7% 和 4.7%；吨田宝对千粒重则无显著影响。喷施增产胺和吨田宝，玉米穗粒数较对照有显著提高，分别提高了 3.9% 和 6.2%；DA-6 处理和对照无显著差异（表 9-12）。

表 9-12　不同化控剂处理对玉米产量及产量构成因素的影响（任红等，2017）

处理	穗粒数	千粒重（g）	产量（kg/hm²）	产量较对照增幅（%）
增产胺	613.58b	372.14a	856.61a	6.85
吨田宝	627.43a	362.95b	854.21a	6.55
DA-6	588.15c	375.43a	823.58b	2.73
对照	590.8c	358.69b	801.69c	0

注：同一列中不同小写字母表示在 $P < 0.05$ 水平上差异显著

2. 提高作物的抗逆能力，是实现抗逆减灾的重要技术手段

受全球气候变化影响，气象灾害发生频率增加，导致玉米生产的不稳定性和产量损失增加。玉米生长发育期间经常遭遇干旱、高温和低温等逆境胁迫的危害，抗逆减灾将是玉米生产的重要方向之一。常规栽培技术体系抗逆减灾主要着眼于改善玉米生长环境，弥补和加快灾后恢复，但增产和减灾效果甚微。化学调控技术既可以提高作物自身素质和适应性，也可应急使用，具有灾前提高作物抗逆性和灾后定向减灾的双重抗逆效果。目前，通过化学调控技术提高作物抗逆性已在生产中广泛应用，如抗旱、抗低温、抗倒伏、抗热等。

赵明等（2015）构建了以"改冠层、提耕层"为核心的"抗倒、抗冷、防衰"的化控技术。为确保密植条件下玉米抗倒防衰、促进根系生长、提高抗逆性及根系对耕层肥水的利用效率，实现冠层耕层协调增产效应，在关键技术研发中采取了改冠层、提耕层的技术方案，创新了以下 3 项化控技术：一是玉米增密抗倒化控技术；二是玉米抗冷强株化控技术；三是玉米扩穗防衰化控技术（表 9-13）。

表 9-13　不同化控剂类型的调节效应（赵明等，2015）

化控剂类型	主要成分	主要效果
增密抗倒型	2-氯乙基膦酸+有机酸	抗倒推力提高 5.7% ～ 34.7%，株高降低 6.5% ～ 9.3%，根系总数增加 7.0% ～ 25.0%，增产 12.4% ～ 17.0%（董志强等，2007）
抗冷强株型	天冬氨酸+生长素	灌浆速率提高 8.2% ～ 17.9%，籽粒含水量降低 7.9% ～ 14.2%，保绿度提高 3.2% ～ 8.3%，冷害损失率降低 7.9% ～ 14.2%（Chen et al.，2012；张保明等，2009）
扩穗防衰型	2-氯乙基膦酸+赤霉素	穗粒数增加 4.2% ～ 7.9%，千粒重增加 3.4% ～ 8.9%，根系干重增加 5.2% ～ 12.2%，67 500 株/hm² 密度下倒伏率降低，减少产量损失可达 23%（董志强等，2009）

（1）抗倒伏

化学调控技术能够改良玉米的性状，增强玉米抗倒伏能力，是目前解决玉米倒伏问题的主要途径之一。玉米在生长期间遇到风雨极容易发生倒伏，应用植物生长调节剂，通过缩短节间、降低株高、强化茎秆韧性、促进根系发育等，可以有效地增强作物的抗

倒伏能力，防止倒伏。

　　喷施复配剂乙烯剂（27%）+胺鲜酯（3%）（EDAH）能显著降低玉米株高、穗位高和植株重心高度（图9-15）。喷施复配剂EDAH后，浚单20玉米品种的株高、穗位高和植株重心高度两年平均分别降低了5.0%、12.9%和10.0%；郑单958玉米品种株高、穗位高和植株重心高度两年平均分别降低了4.1%、14.8%和13.3%。结果表明，喷施复配剂对两玉米品种株高、穗位高和植株重心高度均有降低作用，其中对易倒伏品种浚单20株高的调控作用更显著，对抗倒伏品种郑单958的穗位高和植株重心高度的调控作用更显著（Xu et al.，2017）。

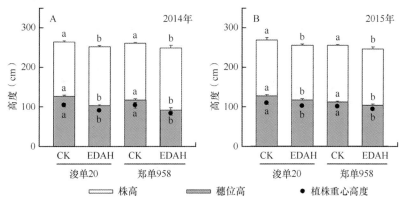

图9-15　喷施复配剂EDAH对玉米株高、穗位高和植株重心高度的影响（Xu et al.，2017）

短线代表处理平均值的标准差。处理间柱形图上的不同小写字母表示在 $P < 0.05$ 水平上差异显著

　　喷施复配剂EDAH后，除对郑单958小维管束数目无显著影响外，玉米茎秆的皮层厚度、大小维管束数目、横截面积均显著提高（表9-14，图9-16）：浚单20玉米品种喷施复配剂EDAH后，玉米茎秆的皮层厚度、小维管束数目、大维管束数目和横截面积分别提高了42.2%、11.5%、14.8%和23.4%；而郑单958玉米品种喷施复配剂EDAH后，玉米茎秆的皮层厚度、小维管束数目、大维管束数目和横截面积分别提高了11.8%、2.9%、6.4%和14.5%。此外，喷施复配剂EDAH还提高了维管束的横截面积（图9-16）。结果表明，复配剂EDAH在调节茎秆微观质量方面有显著作用，可提高玉米茎秆抗倒性；与抗倒伏品种相比较，易倒伏品种在抗倒调控方面有更大的可调节空间。

表 9-14　喷施复配剂 EDAH 对玉米茎秆微观结构的影响（Xu et al.，2017）

品种	处理	皮层厚度（μm）	小维管束数目	大维管束数目	横截面积（mm²）
浚单 20	CK	536.9c	195.5c	389.0d	252.8b
	EDAH	763.4b	218.0b	446.5c	311.9a
郑单 958	CK	825.5b	244.8a	473.5b	271.7b
	EDAH	922.5a	252.0a	504.0a	311.0a
方差分析					
品种		***	***	***	NS
处理		***	**	***	***

注：同一列中不同小写字母表示在 $P < 0.05$ 水平上差异显著。** 表示在 $P < 0.01$ 水平上差异显著；*** 表示在 $P < 0.001$ 水平上差异显著；NS 表示无显著差异

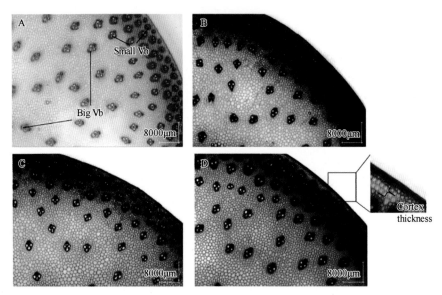

图 9-16　玉米吐丝期基部倒数第三节间微观结构（Xu et al.，2017）

A 为对照浚单 20，B 为 EDAH 处理浚单 20，C 为对照郑单 958，D 为 EDAH 处理郑单 958；Small Vb. 小维管束，即不发达维管束，位于茎秆横截面边缘处；Big Vb. 大维管束，即发达维管束，位于茎秆横截面中央；Cortex thickness. 皮层，即表皮与维管束的距离

　　玉米的倒伏率与株高呈显著正相关关系，易倒伏品种浚单 20 的株高和倒伏率显著高于抗倒伏品种郑单 958 的株高和倒伏率。喷施复配剂 EDAH 后，2 个玉米品种株高和倒伏率显著下降，浚单 20 的倒伏率 2014 年和 2015 年分别较对照降低了 56.3% 和 60.7%；郑单 958 的倒伏率分别较对照降低了 57.1% 和 66.2%（图 9-17）。总体表明，与易倒伏品种浚单 20 相比，喷施复配剂 EDAH 对抗倒伏品种郑单 958 的株高和倒伏率的调控作用更显著。

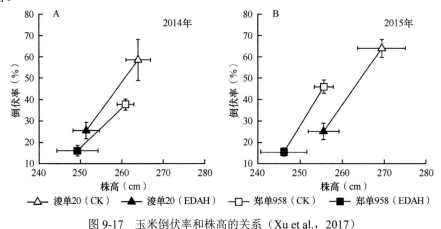

图 9-17　玉米倒伏率和株高的关系（Xu et al.，2017）

（2）抗低温

　　苗期和灌浆期低温冷害是玉米高产稳产的主要限制因素。玉米播种后遭遇低温，严重时影响出苗，导致缺苗断垄，使玉米群体整齐度降低，灌浆期遭遇低温，会导致灌浆

速率降低，粒重下降。植物生长调节剂可以提高玉米的抗寒性，保持作物在低温胁迫下正常出苗及生长发育。例如，播种前应用甜菜碱和氯化胆碱浸种可以提高玉米抵抗低温的能力，后期喷施吨田宝可以促早熟和提高灌浆速率，外施 ABA 也可以增强玉米抗寒性。

出苗率是评价玉米耐低温的重要指标之一，较高的出苗率和群体整齐度是玉米获得高产稳产的基础。研究表明，低温能够显著降低玉米种子的发芽率，合理采用外源浸种剂浸种能够显著提高低温条件下玉米种子的出苗率（图 9-18）。发芽温度为 25℃时，外源浸种剂浸种处理对出苗率无显著影响；发芽温度为 10℃时，采用外源浸种剂 KGD［KCl 50mg/L+GA3 50mg/L+增产胺（DCPTA）1mg/L］浸种处理，7d 后发芽率能够达到 96% 以上，发芽试验结束时，DCPTA、KCl 和清水处理下发芽率仅为 60% 左右（Wang et al.，2018）。

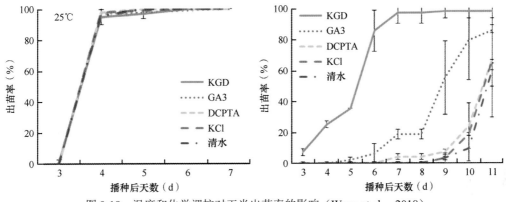

图 9-18　温度和化学调控对玉米出苗率的影响（Wang et al.，2018）

无论常温还是低温条件下，除 KCl 处理外，外源浸种剂浸种处理均能提高玉米苗期株高整齐度（图 9-19）。25℃条件下，株高整齐度以复配剂 KGD 表现最优，较对照显著增加 50.8%；10℃条件下，GA3 和 KCl 浸种处理下玉米苗期株高整齐度最优。表明适宜的药剂浸种有利于促进低温胁迫下玉米的株高整齐度。

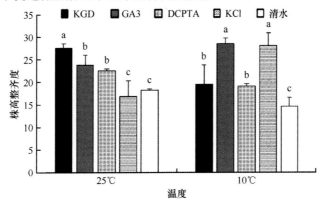

图 9-19　外源浸种剂对玉米苗期株高整齐度的影响（Wang et al.，2018）

不同小写字母表示在 $P < 0.05$ 水平上差异显著

植物干重的 90% 来自光合作用，而光合作用对低温较为敏感。由表 9-15 可以看出，低温胁迫时间延长，玉米幼苗叶片的净光合速率和气孔导度均呈下降趋势，胞间 CO_2 浓度呈增加趋势。低温胁迫后 3d、7d，ZDCK 和 FDCK 净光合速率与低温处理前相比降幅分别为 48.26%、76.55% 和 52.60%、83.95%。与对照相比，聚糠萘合剂处理下郑单 958 和丰单 3 号净光合速率增幅分别为 10.55% ～ 89.95% 和 9.06% ～ 66.88%，气孔导度增幅分别为 10.33% ～ 593.33% 和 14.09% ～ 1741.67%，胞间 CO_2 浓度降低幅度分别为 7.77% ～ 23.15% 和 5.94% ～ 29.83%。

表 9-15　低温胁迫下聚糠萘合剂对玉米幼苗叶片光合性能指标的影响（徐田军等，2012）

参数	处理	低温处理时间				
		0d	1d	3d	5d	7d
净光合速率 [CO_2 μmol/(m²·s)]	ZDCK	8.06b	6.89b	4.17b	2.81b	1.89b
	ZDTR	8.91a	7.92a	5.75a	4.38a	3.59a
	FDCK	6.73c	5.80c	3.19c	1.54d	1.08d
	FDTR	7.34c	6.37c	4.05b	2.57c	1.74c
气孔导度 [mmol/(m²·s)]	ZDCK	36.78b	30.56b	13.67c	4.32b	0.45c
	ZDTR	40.58a	34.45a	18.67a	11.56a	3.12a
	FDCK	33.21c	24.11c	9.32d	0.98d	0.12c
	FDTR	37.89b	30.76b	18.75b	8.78b	2.21b
胞间 CO_2 浓度 (μmol/mol)	ZDCK	310.21b	225.56b	521.21b	992.34b	1124.32b
	ZDTR	286.12d	186.45d	400.56d	789.12d	899.34d
	FDCK	320.34a	241.23a	568.98a	1129.43a	1334.56a
	FDTR	301.32c	198.98c	430.56c	821.43c	936.45c

注：ZDTR. 郑单 958 聚糠萘合剂处理；ZDCK. 郑单 958 对照；FDTR. 丰单 3 号聚糠萘合剂处理；FDCK. 丰单 3 号对照。不同小写字母表示在 $P < 0.05$ 水平上差异显著

（3）抗旱

植物生长调节剂具有显著的促根效应，可增加叶片的气孔阻力，减少蒸腾，维持叶片较高的相对含水量和水势，降低叶片细胞膜的膜质过氧化水平和质膜透性，减小水分胁迫的伤害，在干旱环境中，提高了作物的抗旱能力。吨田宝、玉米健壮素、乙烯利、氯化胆碱、亚精胺（spermidine，Spd）等均可提高玉米的抗旱能力。

根系是植物吸收水分和矿质元素的主要器官，根系活力的大小可反映根系新陈代谢活动的强弱。李丽杰等（2018）研究表明，干旱胁迫下，玉米幼苗根系活力显著降低，丙二醛（malondialdehyde，MDA）含量显著增加，在培养液中添加亚精胺能够显著提高幼苗根系活力，降低 MDA 含量。干旱胁迫（PEG）下先玉 335 和丰禾 1 的根系活力分别比对照（CK）下降了 25.4% 和 40.2%，MDA 含量分别较对照增加了 155.2% 和 195.7%；培养液中添加亚精胺（PEG+Spd）后，与干旱处理（PEG）相比，先玉 335 和丰禾 1 的根系活力分别提高了 21.2% 和 34.3%，MDA 含量分别降低了 33.8% 和 37.9%。表明外源加入亚精胺可显著提高玉米幼苗根系活力，降低根系 MDA 含量，能够缓解干旱胁迫对根系的伤害，提高玉米幼苗的抗旱性（图 9-20）。

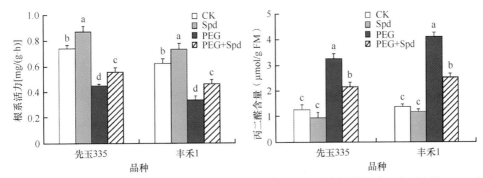

图 9-20 外源亚精胺对干旱胁迫下玉米苗期根系活力和丙二醛含量的影响（李丽杰等，2018）

不同小写字母表示在 $P < 0.05$ 水平上差异显著

光合作用是植物最基本的生命活动，对干旱胁迫非常敏感，而干旱胁迫下光合作用降低主要受气孔因素和非气孔因素影响，其中气孔关闭是植物对干旱胁迫的首要响应（蔡福等，2017）。研究表明（李丽杰等，2018），干旱胁迫导致玉米幼苗叶片净光合速率显著下降，先玉 335（耐旱型品种）和丰禾 1（干旱敏感型品种）分别下降了 46.3% 和 62.5%。与干旱处理（PEG）相比，施加外源亚精胺（Spd）处理显著提高了净光合速率和气孔导度，先玉 335 和丰禾 1 的净光合速率分别增加了 34.7% 和 47.7%，气孔导度分别增加了 22.0% 和 32.4%；施加外源亚精胺（Spd）对先玉 335 幼苗叶片胞间 CO_2 浓度无显著影响，显著降低了丰禾 1 幼苗叶片胞间 CO_2 浓度。干旱胁迫下，气孔限制的变化与胞间 CO_2 浓度刚好相反，PEG+Spd 处理显著增加了丰禾 1 叶片的气孔限制，而对先玉 335 叶片的气孔限制无显著影响。表明干旱条件下施加外源 Spd 能够不同程度地提高玉米幼苗净光合速率、气孔导度和气孔限制，降低胞间 CO_2 浓度，且对干旱敏感型品种的作用效果大于耐旱型品种（图 9-21）。

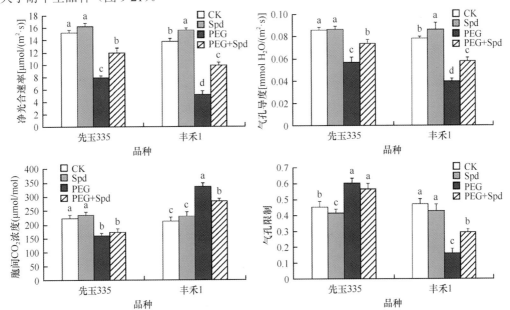

图 9-21 干旱胁迫下外源亚精胺对玉米幼苗光合作用的影响（李丽杰等，2018）

不同小写字母表示在 $P < 0.05$ 水平上差异显著

张立新和李生秀（2005）研究表明，在干旱胁迫下（W2），喷施甜菜碱（W2T）可显著提高夏玉米抽雄期和成熟期干重、籽粒产量及水分利用效率（WUE）（表9-16），不抗旱品种（陕单911）的提高幅度高于耐旱型品种（陕单9号）。正常供水下（W1），喷施甜菜碱（W1T）对夏玉米各生育期干重、籽粒产量及水分利用效率无显著影响。由此可见，干旱胁迫条件下，甜菜碱有增强作物抗旱性的作用，在供水充分的条件下作用不显著，对抗旱品种作用小，对不抗旱品种作用大。

表 9-16　干旱胁迫下甜菜碱对夏玉米干物质和籽粒产量及水分利用效率的影响（张立新和李生秀，2005）

| 品种 | 处理 | 干物质（g/盆） | | 籽粒产量 | WUE干物质 | WUE籽粒 |
		抽雄期	成熟期	（g/盆）	（g/dm³）	（g/dm³）
陕单9号 耐旱型	W1	100.66±3.03	108.54±1.44	51.60±1.43	3.92±0.14	1.86±0.04
	W1T	95.62±1.70	104.78±2.74	50.83±1.90	3.81±0.07	1.85±0.08
	W2	76.65±2.85	88.56±1.29	47.74±1.33	4.37±0.06	2.35±0.06
	W2T	82.02±2.76	96.18±2.83	50.02±1.65	4.70±0.14	2.45±0.08
陕单911 不耐旱型	W1	107.06±2.77	114.84±1.38	58.92±1.45	4.17±0.08	2.14±0.05
	W1T	107.04±2.69	114.58±2.60	58.23±2.06	4.22±0.12	2.15±0.11
	W2	72.64±2.93	83.13±1.67	44.76±1.69	4.07±0.08	2.19±0.02
	W2T	79.32±2.75	95.18±0.85	48.92±1.90	4.70±0.06	2.41±0.06

（4）抗热

高温是我国夏玉米区的主要气象灾害之一，也是影响植物生长发育重要的非生物胁迫因子。叶面喷施外源植物生长调节剂水杨酸、吨田宝、甜菜碱、氯化钙等，不仅可以防止玉米倒伏，而且可以促进玉米根系发达、茎秆粗壮，使得叶片持绿性高，抵御高温能力增强。

高温热害会导致植物发生一系列的形态、生理、生化变化，严重限制作物的生长及产量，施用外源性化学物质或植物生长调节剂是提高作物抗逆性的途径之一。杜朝昆等（2005）研究表明，用300mmol/L水杨酸预处理种子，玉米苗期耐热性能够显著提高（图9-22）。在46℃高温胁迫处理前，对照和水杨酸预处理的过氧化氢酶（catalase，CAT）、抗坏血酸过氧化物酶（ascorbic acid peroxidase，APX）活性无明显差异，超氧化物歧化酶（superoxide dismutase，SOD）和谷胱甘肽还原酶（glutathione reductase，GR）活性略有提高。在46℃高温胁迫过程中，用水杨酸预处理种子，玉米幼苗的CAT、APX、SOD和GR活性显著高于对照。

薛瑞丽等（2015）研究表明，外源喷施黄体酮能提高高温胁迫下玉米幼苗抗氧化酶活性及同工酶表达水平，降低膜质过氧化程度，减轻高温对玉米幼苗造成的伤害。10^{-9}mol/L黄体酮（HP1）处理玉米幼苗CAT活性为高温处理（H）的2.4倍；10^{-7}mol/L黄体酮（HP2）处理玉米幼苗SOD、POD活性分别为高温处理（H）的1.2倍和1.11倍；10^{-9}mol/L和10^{-7}mol/L黄体酮处理的幼苗比高温处理下MDA含量分别减少74%和69%（图9-23）。

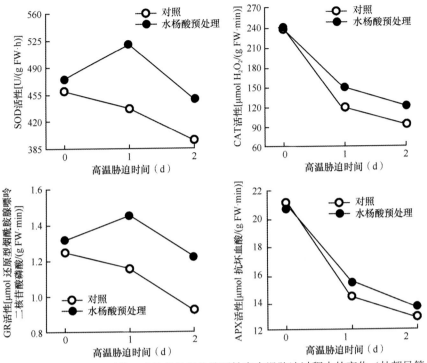

图 9-22 种子经水杨酸预处理后的玉米幼苗抗氧化酶活性在高温胁迫过程中的变化（杜朝昆等，2005）

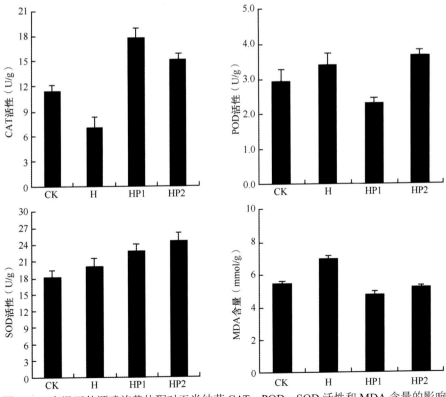

图 9-23 高温下外源喷施黄体酮对玉米幼苗 CAT、POD、SOD 活性和 MDA 含量的影响

（薛瑞丽等，2015）

以 Ca^{2+}-CaM 为核心的钙信使系统，在植物对逆境胁迫的信号感受与逆境适应过程中起中心作用（Sanders et al.，2002），参与植物耐热性的调控。李忠光等（2005）研究表明，高温胁迫 14h 后，钙调蛋白（CaM）活性显著下降。经 H_2O_2 预处理的玉米幼苗 CaM 活性显著高于未经 H_2O_2 处理的。经高温胁迫并恢复 24h 后，CaM 活性开始回升，而 H_2O_2 预处理的玉米幼苗的 CaM 活性仍极显著高于未经 H_2O_2 处理的（图 9-24）。

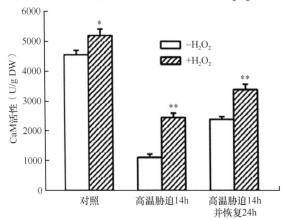

图 9-24　外源 H_2O_2 预处理后玉米幼苗在高温胁迫及恢复过程中 CaM 活性的变化

* 表示在 $P < 0.05$ 水平上差异显著；** 表示在 $P < 0.01$ 水平上差异显著

（二）玉米化学调控技术要点

1. 选地和管理

玉米化学调控适用于水肥条件较好的地块，还应注意提高播种质量和加强田间管理。化学调控剂不能代替肥料，且应用的田块种植密度较高，在土壤瘠薄、气候干旱又不能保证灌溉的玉米田种不宜采用。在风灾、玉米易倒伏、播种后低温不利于出苗、生育后期低温不利于灌浆及大面积机械化收获的地区使用化学调控技术更为有利。

2. 选择合适的化学调控剂

应用化学调控剂调控玉米生长发育过程，解决玉米生产上存在的问题，必须对问题实质进行综合分析，依据调控目的和调控重点，正确选择药剂。在同一类化学调控剂中，尽量选用效果显著、药害低、使用方便、价格便宜、残留期短以及对人畜安全的药剂。一种化学调控剂效应独特，发挥作用相对单一，有局限性，在无副作用的前提下可以与其他调节剂混合使用，充分发挥其调节作用。

3. 选择适宜喷施时期

外源喷施的化学调控剂需要被玉米吸收利用，并诱导一系列的生化反应，最终实现调控效应，这需要经过一定时间，喷药时间需提早几天。玉米的不同生育时期，生长中心不同，构建的器官不同，根、茎、叶、穗的分化具有时序性，化学调控剂使用时期决定着其作用的器官与部位。因此，选择合理喷施时期至关重要，只有在适宜时期喷施才能达到理想的效果，喷施时期不当，会导致效果不佳，甚至还有副作用。应根据不同化学调控剂的要求和应用目的，在其最适喷药的时期喷施。

4. 选择适宜浓度和次数

化学调控剂的应用效果与喷施浓度和次数密切相关，喷施浓度与次数是决定作物化学调控成败的关键。适宜的浓度是相对的，玉米生育时期不同，对化学调控剂的敏感性不同，化学调控剂浓度低不能产生应有的效果，浓度过高会产生副作用，破坏植物正常生理活动，严重时会导致植株死亡。喷施浓度和次数也与玉米长势、生育期长短、外界环境有关。长势旺盛，喷施化学调控剂浓度可以高些，如徒长抑制不住，可多喷施 1 ~ 2次，长势较弱，可以不施用。外界环境条件对化学调控剂应用效果有一定影响，夏季温度高，调节剂产生物理变化或化学反应快，化学调控剂浓度应低些，冬季温度低，浓度要高些；空气湿度大、光照条件好，也可促进玉米叶片对药剂的吸收利用，增强效果；光照过强，药剂易蒸发，存留时间短，不利于玉米吸收，要注意避免在烈日下喷洒。

（三）常用玉米化学调控剂

目前生产上推广应用的玉米生长调节剂主要有以下几种。

1. 玉米壮丰灵

玉米壮丰灵是近年来吉林省研制成功的玉米生长调节剂，具有适度抑制玉米植株过旺生长、塑造理想丰产株型、抗倒伏、防止空秆、促进成熟、抗灾害、创高产等功能。合理喷施时期为玉米大喇叭口后期，抽雄前 7 ~ 10d，12 ~ 13 叶龄。喷施前先将药液摇匀，每亩用 25ml 兑水 850ml（超低容喷雾器），或兑水 20 ~ 30kg（背负式喷雾器），均匀施于玉米顶部叶片，不可全株喷施。

2. 玉黄金

玉黄金的主要功效是降低株高和穗位高，使根系发达抗倒伏，减少秃尖、空秆和小穗，可促进早熟 5 ~ 7d，提高品质。在玉米田间生长 6 ~ 10 片叶时进行喷洒，使用效果最佳。玉黄金在玉米的一生中使用一次就可以，而且用量很少，每亩只用 20ml。使用时，一支 10ml 的玉黄金兑水 15kg 稀释均匀后，均匀喷洒在玉米叶片上。

3. 金得乐

金得乐为新型玉米专用调控剂，喷施后玉米根系增大，根系活力增强，秸秆基部节间缩短，植株矮化，穗位高降低 15 ~ 20cm，重心下移，木质化程度高，抗倒伏，秃尖减少，品质改善，产量提高。玉米苗期可见叶在 7 ~ 11 片叶时，每亩用本品 30ml 兑水15 ~ 20kg（一桶水），叶面均匀喷施一次即可，不必重喷。

4. 玉米健壮素

玉米健壮素是一种复配的植物生长调节剂，喷施后能够改变玉米株型，抑制节间生长，一般可降低株高 20～30cm，使根系增加，增强植株的抗倒耐旱能力，有助于提高种植密度、增加产量。在 1%～3% 的早发植株已抽雄，50% 的雄穗将要露出时（用手摸其顶部有膨大感）用药最为适宜。每亩用 30ml 兑水 20L，均匀喷在玉米的上部顶心，不可全株喷施。注意一定要掌握喷施时期，提前或推迟 4～5d 会减产 5%。

5. 吨田宝

吨田宝为新型玉米抗逆增产剂，具有强根、壮秆、抗逆、增产功效。喷施后玉米根系增大，次生根数量多，茎秆纤维明显增加，木质化程度高，抗倒伏能力增强，抗逆性提高，增库，秃尖减少，品质改善。玉米可见叶 7～8 片叶和 11～12 片叶时各喷施一次，或玉米可见叶 9～10 片叶时喷施一次。每亩每次用量 30ml，兑水 15～20kg，喷施 2h 之内降雨减半量喷施，喷施 4h 之后降雨对效果无影响。

6. 玉米伴侣

施用玉米伴侣能缩短节间长度，增粗秸秆，矮化株高，降低穗位高 15～20cm，使玉米抗倒伏能力增强。一般在玉米 7～11 片叶时每亩用玉米伴侣 30ml 兑水 15～20kg 喷雾。

7. 达尔丰

达尔丰为多元成分的复合型植物生长调节剂，主要功能是抑制节间伸长，降低株高，调节群体结构，协调高产与倒伏的矛盾，使茎秆粗壮，根系发达，抗倒伏能力增强。每亩用量 60g（1 袋），先用少量温水将药溶解，然后兑水 15～20kg，在玉米 11～12 片叶时均匀喷于植物上部叶片，只喷施 1 次即可。

8. 多效唑

一般在玉米 5～6 叶期或大喇叭口期用多效唑 50g 兑水 50kg 喷雾。

三、化学调控注意事项

化学调控技术目前在生产上已广泛使用，对调控玉米的生长发育、增产提质效果十分显著，化学调控技术已成为提高玉米产量、增强其抗逆性，实现节本、增效、优质、高产的一项重要技术。但是，目前市场上化控产品过多、过滥，成分千差万别，质量良莠不齐，再加上部分农民不了解药品特性，应用技术不规范，导致药害及减产事故时有发生。生产过程中玉米施用化学调控剂应注意以下问题。

1. 药剂选择

化学调控剂种类繁多，性质、功能各不相同，应根据生产问题的实际选择恰当的化学调控剂。化学调控剂尽量不要使用单剂，因单剂有副作用；必须选用证件齐全的产品；各种剂型之间不能互相替代使用。

2. 调控时期

喷施时期要严格掌握，不可提前或拖后，过早会抑制植株正常的生长发育，过晚则达不到应有的效果。

3. 化学调控剂用量

喷施化学调控剂时应掌握适宜的浓度，浓度过大会对作物生长造成伤害，浓度过低达不到应有效果，每亩用量要严格按照说明兑水，且不可重复喷施，更不可全株喷施。药液要随配随用，不能与农药、化肥混用，以防失效，喷时保证均匀一致。喷施用量也应根据气象条件灵活掌握，干旱年份要减少药剂用量，雨量较多的年份要增加用量，遵循"喷高不喷低，喷旺不喷弱，喷黑不喷黄"的化学调控原则。

4. 调控与水肥结合

化学调控剂适用于种植耐密植品种的地块，一般种植密度应增加 5% ~ 10%，留苗以 82 500 株/hm² 左右为宜，肥水供应也相应增加。肥力不足的中低产田或缺苗补种三类苗地块，以及因特殊影响而生物量明显不足的地块，不能喷用。

5. 品种适应性

化学调控剂的用量还与品种本身特性、生育时期有关，生育期长的品种对化控药剂反应迟钝，用量可相对放大，早熟品种敏感，用量可相对减少。

6. 注意天气变化

施药过程中如遇大风、有雨天气应避免喷药。喷药后 6h 内遇雨，雨后要重喷 1 次，重喷药量要酌情减少。

主要参考文献

白志英, 李存东, 郑金凤, 等. 2010. 种植密度对玉米先玉 335 和郑单 958 生理特性、产量的影响. 华北农学报, 25(增刊 1): 166-169.

鲍巨松, 薛吉全, 杨成书, 等. 1993. 不同株型玉米叶面积系数和群体受光态势与产量的关系. 玉米科学, 1(3): 50-54.

步蕴法, 李凤海, 王晶晶, 等. 2017. 种植行距对玉米产量和群体小气候的影响. 江苏农业科学, 45(2): 76-78.

蔡福, 米娜, 纪瑞鹏, 等. 2017. 关键发育期干旱及复水过程对春玉米主要生理参数的影响. 应用生态学报, 28(11): 3643-3652.

曹娜, 于海秋, 王绍斌, 等. 2006. 高产玉米群体的冠层结构及光合特性分析. 玉米科学, 14(5): 94-97.

曹亦兵, 黄收兵, 王媛媛, 等. 2017. 玉米群体生长与光截获的动态模拟研究. 中国农业科学, 50(11): 1973-1981.

苌建峰, 张海红, 李鸿萍, 等. 2016. 不同行距配置方式对夏玉米冠层结构和群体抗性的影响. 作物学报, 42(1): 104-112.

陈传永, 侯玉虹, 孙锐, 等. 2010. 密植对不同玉米品种产量性能的影响及其耐密性分析. 作物学报, 36(7): 1153-1160.

陈德山. 2015. 探究不同密度和种植方式对夏玉米群体发育特征的影响. 北京农业, (4): 22.

陈国平, 王荣焕, 赵久然. 2009. 玉米高产田的产量结构模式及关键因素分析. 玉米科学, 17(4): 89-93.

陈国清, 肖尧, 景立权, 等. 2014. 不同缓释肥水平对超高产夏玉米产量及群体质量的影响. 中国农学通报, 30(30): 182-187.

陈立军, 唐启源. 2008. 玉米高产群体质量指标及其影响因素. 作物研究, 22(5): 428-434.

楚杰, 路海东, 薛吉全, 等. 2014. 玉米宽窄行深旋免耕精量播种机田间试验及效果. 农业工程学报, 30(14): 34-41.

代东明, 刘恩泽, 高均平. 2011. 玉米优质高产施肥栽培技术研究. 内蒙古农业科技, (2): 56-60.

董树亭, 高荣岐, 胡昌浩, 等. 1997. 玉米花粒期群体光合性能与高产潜力研究. 作物学报, 23(3): 318-325.

董树亭, 胡昌浩. 1993. 玉米不同株型品种的高产潜力及群体光合特性研究. 作物杂志, (2): 34-36.

董树亭, 胡昌浩, 岳寿松, 等. 1992. 夏玉米群体光合速率特性及其与群体结构、生态条件的关系. 植物生态学与地理植物学学报, 16(4): 372-378.

董树亭, 王空军, 胡昌浩. 2000. 玉米品种更替过程中群体光合特性的演变. 作物学报, 26(2): 200-204.

董志强, 赵明, 张保明. 2007. 玉米抗倒伏增产调节剂及其制备方法和应用: 中国, CN200610075673.9.

董志强, 赵明, 张保明. 2009. 玉米扩穗增粒抗倒伏增产调节剂、其制备方法及其应用: 中国, CN2008102 24420.2.

杜朝昆, 李忠光, 龚明. 2005. 水杨酸诱导的玉米幼苗适应高温和低温胁迫的能力与抗氧化酶系统的关系. 植物生理学报, 41(1): 19-22.

段巍巍, 李慧玲, 肖凯, 等. 2007. 密度对玉米光合生理特性和产量的影响. 玉米科学, 15(2): 98-101.

樊叶, 仇真, 薛兵东, 等. 2016. 玉米高产高效群体调控技术研究概述. 辽宁农业科学, (4): 38-41.

房琴, 高影, 王红光, 等. 2015. 密度和施氮量对超高产夏玉米干物质积累和产量形成的影响. 华北农学报, S1: 133-138.

付雪丽, 张惠, 贾继增, 等. 2009. 冬小麦-夏玉米"双晚"种植模式的产量形成及资源效率研究. 作物学报, 35(9): 1708-1714.

高亚男, 曹庆军, 韩海飞, 等. 2010. 不同行距对春玉米产量和光合速率的影响. 玉米科学, 18(2): 73-76.

高英波, 陶洪斌, 黄收兵, 等. 2015. 密植和行距配置对夏玉米群体光分布及光合特性的影响. 中国农业大学学报, 20(6): 915.

郭江, 郭新宇, 郭程瑾, 等. 2008. 密度对不同株型玉米群体结构的调控效应. 华北农学报, 23(1): 149-153.

郭玉秋, 董树亭, 王空军, 等. 2003. 玉米不同穗型品种粒、叶内源生理特性的群体调节研究. 作物学报, 29(4): 626-632.

韩宾. 2007. 保护性耕作措施对农田土壤健康状况的影响及作物响应研究. 泰安: 山东农业大学博士学位论文.

郝兰春, 谭秀山. 2009. 玉米产量与种植密度的相关性研究. 河北农业科学, 13(5): 9-10, 23.

侯玉虹, 陈传永, 郭志强, 等. 2009. 春玉米不同产量群体叶面积指数动态特征与生态因子资源量的分配特点. 应用生态学报, 20(1): 135-142.

黄海, 常莹, 胡文河, 等. 2014. 群体密度对玉米茎秆农艺性状及抗倒伏性的影响. 玉米科学, 22(4): 94-101.

黄收兵, 徐丽娜, 陶洪斌, 等. 2012. 华北地区夏玉米理想株型研究. 玉米科学, 20(5): 147-152.

江东岭, 杜雄, 张宁, 等. 2009. 种植密度对夏玉米群体库源关系的影响. 华北农学报, 24(3): 201-207.

靳立斌, 张吉旺, 李波, 等. 2013. 高产高效夏玉米的冠层结构及其光合特性. 中国农业科学, 46(12): 2430-2439.

靳小利, 杜雄, 刘佳丽, 等. 2012. 黄淮海平原北部高产夏玉米群体生理指标研究. 玉米科学, 20(1): 79-83.

李潮海, 刘奎, 周苏玫, 等. 2002. 不同施肥条件下夏玉米光合对生理生态因子的响应. 作物学报, 28(2): 265-269.

李潮海, 苏新宏, 孙敦立. 2002. 不同基因型玉米间作复合群体生态生理效应. 生态学报, 22(12): 2096-2103.

李潮海, 苏新宏, 谢瑞芝, 等. 2001. 超高产栽培条件下夏玉米产量与气候生态条件关系研究. 中国农业科学, 34(3): 311-316.

李从锋, 赵明, 刘鹏, 等. 2013. 中国不同年代玉米单交种及其亲本主要性状演变对密度的响应. 中国农业科学, 46(12): 2421-2429.

李海燕, 史振声, 李凤海, 等. 2013. 玉米群体结构对年际间气象因子变化的反应. 干旱地区农业研究, 31(6): 50-56.

李丽杰, 顾万荣, 孟瑶, 等. 2018. 干旱胁迫下亚精胺对玉米幼苗抗旱性影响的生理生化机制. 应用生态学报, 29(2): 554-564.

李猛, 陈现平. 2009. 不同密度与行距配置对紧凑型玉米产量效应的研究. 中国农学通报, 25(8): 132-136.

李明, 李文雄. 2004. 肥料和密度对寒地高产玉米源库性状及产量的调节作用. 中国农业科学, 37(8): 1130-1137.

李宁, 李建民, 翟志席, 等. 2010. 化控技术对玉米植株抗倒伏性状、农艺性状及产量的影响. 玉米科学, 18(6): 38-42.

李荣发, 刘鹏, 杨清龙, 等. 2018. 玉米密植群体下部叶片衰老对植株碳氮分配与产量形成的影响. 作物学报, 44(7): 1032-1042.

李少昆, 王克如, 谢瑞芝, 等. 2016. 实施密植高产机械化生产实现玉米高产高效协同. 作物杂志, (4): 1-6.

李霞. 2014. 小麦-玉米周年生产体系中播前耕作对夏玉米产量及生理特性的影响. 泰安: 山东农业大学硕士学位论文: 53-60.

李艺博. 2018. 不同种植密度对玉米群体结构的影响. 杨凌: 西北农林科技大学硕士学位论文: 6.

李玉玲, 苏祯禄, 孙书库, 等. 1993. 紧凑型玉米杂交种的形态及群体生理特性的研究. 河南农业大学学报, 27(1): 29-33.

李忠光, 杜朝昆, 龚明. 2005. Ca^{2+}和钙调素对H_2O_2诱导的玉米幼苗耐热性的调控. 植物生理与分子生物学学报, 31(5): 515-519.

李宗新, 陈源泉, 王庆成, 等. 2012. 密植条件下种植方式对夏玉米群体根冠特性及产量的影响. 生态学报, 32(23): 7391-7401.

梁书荣, 赵会杰, 李洪岐, 等. 2010. 密度、种植方式和品种对夏玉米群体发育特征的影响. 生态学报, 30(7): 1927-1931.

梁素明, 王爱萍, 任海娥, 等. 2013. 不同株型玉米品种密度制约对源库形成与产量的影响. 山西农业科学, 41(7): 686-692, 715.

梁熠, 齐华, 王敬亚. 2014. 行距配置对春玉米冠层环境与光合特性的影响. 西北农业学报, 23(8): 66-72.

梁志英, 杨志平, 王永亮, 等. 2015. 不同模式下春玉米物质生产与群体光合性能研究. 中国农学通报, 31(12): 67-71.

刘朝巍, 张恩和, 谢瑞芝, 等. 2012. 玉米宽窄行交替休闲保护性耕作的根系和光分布特征研究. 中国生态农业学报, 20(2): 203-209.

刘合军, 洪玮, 张军朝. 2016. 黄淮海地区夏玉米群体整齐度的影响因素及解决措施. 农业科技通讯, (1): 183-185.

刘家强. 2012. 种植密度和田间配置对玉米群体结构和产量的影响. 雅安: 四川农业大学硕士学位论文: 6.

刘健, 陈晓玲, 唐明星, 等. 2012. 淮北沿海地区夏玉米高产群体优化栽培技术. 安徽农学通报, 18(12): 76-78.

刘晶, 刘欣芳, 常程. 2013. 玉米群体自动调节的研究进展. 辽宁农业科学, (1): 56-58.

刘开昌, 王庆成, 张秀清, 等. 2001. 玉米光合性能与耐密性关系的研究. 山东农业科学, (6): 25-29.

刘开昌, 张秀清, 王庆成, 等. 2000. 密度对玉米群体冠层内小气候的影响. 植物生态学报, 24(4): 489-493.

刘明. 2012. 深松和施氮与土壤特性及玉米生长发育关系的研究. 沈阳: 沈阳农业大学博士学位论文.

刘培利, 刘绍棣, 东先旺, 等. 1993. 高产夏玉米与播期关系的研究. 玉米科学, 1(1): 23-26.

刘伟, 吕鹏, 苏凯, 等. 2010. 种植密度对夏玉米产量和源库特性的影响. 应用生态学报, 21(7): 1737-1743.

刘远和. 2013. 玉米机械宽窄行交替休闲保护性耕作田间试验. 农业工程, 3(2): 11-13, 4.

刘远和, 刘远兴, 梁振刚, 等. 2012. 浅析综合整地、精量保墒播种技术对玉米产量的作用. 农业装备技术, 38(3): 39-40.

刘战东, 肖俊夫, 南纪琴, 等. 2010. 种植密度对夏玉米形态指标、耗水量及产量的影响. 节水灌溉, (9): 8-10.

陆卫平, 陈国平, 郭景伦, 等. 1997. 不同生态条件下玉米产量源库关系的研究. 作物学报, 23(6): 727-733.

路海东, 薛吉全, 郝引川, 等. 2014. 基于群体产量及相关性状的玉米耐密性评价. 西北农业学报, 23(7): 46-50.

吕丽华, 陶洪斌, 夏来坤, 等. 2008a. 不同种植密度下的夏玉米冠层结构及光合特性. 作物学报, 34(3): 447-455.

吕丽华, 王璞, 易镇邪, 等. 2007. 密度对夏玉米品种光合特性和产量性状的影响. 玉米科学, 15(2): 79-81.

吕丽华, 赵明, 赵久然, 等. 2008b. 不同施氮量下夏玉米冠层结构及光合特性的变化. 中国农业科学, 41(9): 2624-2632.

马达灵, 谢瑞芝, 翟立超, 等. 2017a. 产量提升过程中玉米品种群体整齐度的变化. 玉米科学, (4): 1-10.

马达灵, 谢瑞芝, 翟立超, 等. 2017b. 玉米品种更替过程中品种群体整齐度的变化. 玉米科学, 25(4): 1-6.

马国胜, 薛吉全, 路海东, 等. 2007. 播种时期与密度对关中灌区夏玉米群体生理指标的影响. 应用生态学报, 18(6): 1247-1253.

马国胜, 薛吉全, 路海东, 等. 2008. 密度与氮肥对关中灌区夏玉米 (Zea mays L.) 群体光合生理指标的影响. 生态学报, 28(2): 661-668.

马晓东. 2014. 高产玉米的光合特性和群体结构研究. 杨凌: 西北农林科技大学硕士学位论文: 6.

马晓君, 路明远, 邢春景, 等. 2018. 群体密度对夏玉米穗下茎秆性状及抗倒伏力学特性的影响. 玉米科学, 26(4): 118-125.

马兴林, 边少锋, 任军, 等. 2009. 春玉米超高产群体结构与调控技术. 农业科技通讯, (1): 94-98.

马兴林, 王庆祥, 钱成明, 等. 2008. 不同施氮量玉米超高产群体特征研究. 玉米科学, 16(4): 158-162.

聂胜委, 张巧萍, 张玉亭, 等. 2017. 不同施肥措施对夏玉米田间群体微环境的影响. 山西农业科学, 45(1): 54-59.

宁硕瀛, 胡富亮, 刘宝康, 等. 2012. 玉米不同栽培模式的产量及群体适宜密度. 西北农业学报, 1(3): 63-66.

朴琳. 2016. 综合栽培措施对春玉米密植群体茎-根调节机制研究. 武汉: 华中农业大学博士学位论文: 12.

齐华, 梁熠, 赵明, 等. 2010. 栽培方式对玉米群体结构的调控效应. 华北农学报, 25(3): 134-139.

齐延芳, 许方佐, 周柱华, 等. 2004. 种植密度对玉米鲁原单 22 光合作用的影响. 核农学报, 18(1): 14-17.

钱春荣, 于洋, 宫秀杰, 等. 2012. 黑龙江省不同年代玉米杂交种产量对种植密度和施氮水平的响应. 作物学报, 10: 1864-1874.

乔宏伟, 武月莲, 王志红, 等. 2008. 不同玉米群体灌浆期叶片生理特性的研究. 内蒙古民族大学学报 (自然科学版), 23(6): 637-639.

任红, 周培禄, 赵明, 等. 2017. 不同类型化控剂对春玉米产量及生长发育的调控效应. 玉米科学, 25(2): 81-85.

任新茂, 孙东宝, 王庆锁. 2016. 覆膜和密度对旱作春玉米产量和农田蒸散的影响. 农业机械学报, 5: 1-11.

沈秀瑛, 戴俊英, 胡安畅, 等. 1993. 玉米群体冠层特征与光截获及产量关系的研究. 作物学报, 19(3): 246-252.

施建宁, 吴晓刚. 2017. 氮磷钾肥和密度对玉米群体结构的影响. 现代农业科技, (4): 8-10, 11.

史磊, 尤丹, 肖万欣, 等. 2014. 化控剂对玉米光合作用、农艺性状和产量的影响. 玉米科学, (5): 59-63.

孙锐, 彭畅, 丛艳霞, 等. 2008. 不同密度春玉米叶面积系数动态特征及其对产量的影响. 玉米科学, 16(4): 61-65.

谭昌伟, 王纪华, 黄文江, 等. 2005. 不同氮素水平下夏玉米群体光辐射特征的研究. 南京农业大学学报, 28(2): 12-16.

佟屏亚, 程延年. 1995. 玉米密度与产量因素关系的研究. 北京农业科学, 13(1): 23-25.

汪黎明, 王庆成, 孟昭东, 等. 2010. 中国玉米品种及其系谱. 上海: 上海科学技术出版社.

王波, 余海兵, 支银娟. 2012. 玉米不同种植模式对田间小气候和产量的影响. 核农学报, 26(3): 623-627.

王敬亚, 齐华, 梁熠, 等. 2009. 种植方式对春玉米光合特性、干物质积累及产量的影响. 玉米科学, 17(5): 113-115, 120.

王俊秀, 高聚林, 王志刚, 等. 2009. 不同覆膜方式对春玉米超高产群体冠层结构的影响. 玉米科学, 17(6): 63-67, 73.

王昆, 蒋敏明, 李云霞, 等. 2013. 玉米高产群体建立的途径及关键技术. 作物研究, 27(2): 185-190.

王廷利. 2014. 播期、密度对鲁东地区玉米主要性状及产量的影响. 农业科技通讯, 3: 72-75.

王喜梅, 王克如, 王楷, 等. 2013. 播期对高产玉米 (15000kg·hm^{-2}) 群体籽粒灌浆特征的影响. 石河子大学学报 (自然科学版), 31(5): 556-560.

王小春, 张文钰, 张超, 等. 2009. 川中丘区套作条件下不同株型玉米高产优质群体构建. 四川农业大学学报, 27(2): 153-156.

王小明, 马守臣, 常春晓, 等. 2018. 一穴多株对玉米群体和产量的影响. 农村经济与科技, 29(12): 24-25.

王晓东, 傅迎军, 孙殿会, 等. 2015. 北方玉米品种更替过程中品质的演变. 玉米科学, 23(4): 10-14.

王晓东, 史振声, 李明顺, 等. 2011. 北方玉米品种更替过程中穗部性状的演变及与产量的关系. 干旱地区农业研究, 29(5): 13-18.

王晓明, 刘建华, 李余良. 1999. 广东杂交玉米新组合抗倒伏性能评价. 广东农业科学, (1): 10-11.

王新兵, 侯海鹏, 周宝元, 等. 2014. 条带深松对不同密度玉米群体根系空间分布的调节效应. 作物学报, 40(12): 2136-2148.

王玉贞, 刘志全, 王国琴, 等. 2000. 玉米高产与群体整齐度间关系的调查分析. 玉米科学, 8(2): 43-45.

王云奇, 李金鹏, 王志敏, 等. 2016. 一穴多株种植对夏玉米群体质量和产量的影响. 中国生态农业学报, 24(2): 173-182.

王志刚, 高聚林, 任有志, 等. 2007. 春玉米超高产群体冠层架构的研究. 玉米科学, 15(6): 51-56.

王志刚, 高聚林, 张宝林, 等. 2012. 内蒙古平原灌区高产春玉米 (15t·hm^{-2} 以上) 产量性能及增产途径. 作物学报, 38(7): 318-327.

温日红, 刘江, 姜鹏, 等. 2010. 高产玉米群体光合 CO_2 分布特征研究. 现代农业科技, (8): 46-47, 50.

邬小春. 2016. 密度对不同株型夏玉米单株生产力与群体产量的影响. 杨凌: 西北农林科技大学硕士学位论文: 5.

吴门新, 朱启疆, 王锦地, 等. 2002. 夏玉米结构参数计算及大田玉米群体的可视化研究. 作物学报, 28(6): 721-726.

吴霞, 陈源泉, 隋鹏, 等. 2015. 种植方式对华北春玉米密植群体冠层结构的调控效应. 生态学杂志, 34(1): 18-24.

吴雪梅. 2012. 不同种植方式对夏玉米群体光、水利用及生长发育的影响. 北京: 中国农业大学硕士学位论文.

谢振江, 李明顺, 李新海, 等. 2007. 华北地区玉米杂交种农艺性状演变规律的研究. 西北农业学报, 16(2): 28-32.

谢振江, 李明顺, 徐家舜, 等. 2009. 遗传改良对中国华北不同年代玉米单交种产量的贡献. 中国农业科学, 3: 781-789.

徐庆章, 王庆成, 牛玉贞, 等. 1995. 玉米株型与群体光合作用的关系研究. 作物学报, 21(4): 492-496.

徐田军, 董志强, 兰宏亮, 等. 2012. 低温胁迫下聚糠萘合剂对玉米幼苗光合作用和抗氧化酶活性的影响. 作物学报, 38(2): 352-359.

许海涛, 王友华, 许波, 等. 2017. 群体调控对夏玉米抗倒伏性状指标的影响. 湖北农业科学, 56(21): 4013-4016.

薛国屏, 曹宁, 谢铁娜. 2009. 超高产玉米品种合理群体结构的调控措施. 宁夏农林科技, (3): 78, 20.

薛吉全, 鲍巨松, 杨成书, 等. 1995a. 玉米不同株型群体冠层特性与光能截获量及产量的关系. 西北农业学报, 4(1): 29-34.

薛吉全, 梁宗锁, 马国胜, 等. 2002. 玉米不同株型耐密性的群体生理指标研究. 应用生态学报, 13(1): 55-59.

薛吉全, 马国胜, 路海东, 等. 2001. 密度对不同类型玉米源库关系及产量的调控. 西北植物学报, 21(6): 1162-1168.

薛吉全, 詹道润, 鲍巨松, 等. 1995b. 不同株型玉米物质生产和群体库源特征的研究. 西北植物学报, 15(3): 234-239.

薛瑞丽, 赵鹏飞, 杨彦芳, 等. 2015. 黄体酮对高温下玉米幼苗脂质过氧化及抗氧化酶系统的影响. 河南农业科学, 44(1): 25-29.

薛珠政, 卢和顶, 林建新, 等. 1999. 种植密度对玉米单株和群体效应的影响. 玉米科学, 7(2): 52-54.

颜鹏. 2015. 支撑夏玉米高产高效群体的根层氮素调控机制与途径. 北京: 中国农业大学博士学位论文: 5.

杨春收, 赵霞, 李潮海, 等. 2009. 麦茬处理方式对机播夏玉米播种质量及其前期生长的影响. 河南农业科学, (1): 25-27, 30.

杨粉团, 曹庆军, 姜晓莉, 等. 2015a. 玉米种子定向入土方式与叶片空间分布关系. 浙江农业学报, 27(3): 406-411.

杨粉团, 梁尧, 曹庆军, 等. 2015b. 基于冠层光资源利用的定向播种技术增产效应研究. 吉林农业科学, 40(6): 5-8, 12.

杨国虎, 李新, 王承莲, 等. 2006. 种植密度影响玉米产量及部分产量相关性状的研究. 西北农业学报, 15(5): 57-60, 64.

杨吉顺, 高辉远, 刘鹏, 等. 2010. 种植密度和行距配置对超高产夏玉米群体光合特性的影响. 作物学报, 36(7): 1226-1233.

杨锦忠, 陈明利, 张洪. 2013a. 中国 1950s 到 2000s 玉米产量-密度关系的 Meta 分析. 中国农业科学, 17: 3562-3570.

杨锦忠, 张洪生, 杜金哲. 2013b. 玉米产量-密度关系年代演化趋势的 Meta 分析. 作物学报, 39(3): 515-519.

杨锦忠, 赵延明, 宋希云. 2015. 玉米产量对密度的敏感性研究. 生物数学学报, 2: 243-252.

杨利华, 张丽华, 杨世丽, 等. 2007. 不同株高玉米品种部分质量指标对种植密度的反应. 华北农学报, 22(6): 139-146.

余海兵, 王金顺, 任向东, 等. 2013. 施肥和行距配置对糯玉米群体冠层微环境及群体干物质积累量的影响. 中国生态农业学报, 21(5): 544-551.

余利, 刘正, 王波, 等. 2013. 行距和行向对不同密度玉米群体田间小气候和产量的影响. 中国生态农业学报, 21(8): 938-942 .

袁园, 张怡明, 赵江, 等. 2011. 喷施生长调节剂对夏玉米生长发育的影响. 玉米科学, 19(3): 110-112.

张保明, 王学军, 董志强, 等. 2009. 一种玉米抗低温增产调节剂及其制备方法: 中国, CN101361483A.

张洪生, 赵明. 2009. 种植密度对玉米基秆和穗部性状的影响. 玉米科学, 17(5): 130-133.

张娟, 王立功. 2009. 种植密度对不同玉米品种产量及灌浆进程的影响. 作物杂志, (3): 40-43.

张立新, 李生秀. 2005. 氮、钾、甜菜碱对减缓夏玉米水分胁迫的效果. 中国农业科学, 38(7): 1401-1407.

张丽娟, 杨升辉, 杨恒山, 等. 2012. 高产栽培下氮肥运筹对春玉米光合特性的影响. 安徽农业科学, 40(5): 2598-2601.

张丽丽, 王璞, 杨海龙, 等. 2013. 氮肥对夏玉米群体构建及光合特性的影响. 华北农学报, 28(增刊): 332-336.

张世煌. 2009. 论玉米高密度育种和生产上的密植. 北京农业, (29): 1-2.

张卫建, 齐华, 宋振伟, 等. 2013. 密植型玉米 "中单 909" 高产群体结构特征. 江苏农业科学, 41(5): 56-59.

张西群, 齐新, 董文旭, 等. 2010. 玉米深松免耕播种对土壤性状及玉米生长发育的影响. 河北农业科学, 14(3): 26-28.

张新, 王振华, 宋中立, 等. 2004. 不同产量水平下郑单 18 号不同种植密度与产量及其构成因素关系的研究. 中国农学通报, 20(2): 86-87.

张新, 王振华, 宋中立, 等. 2005. 郑单 21 不同密度与产量及构成因素关系的研究. 玉米科学, 3(1): 106-107.

赵斌, 董树亭, 张吉旺. 2010. 控释肥对夏玉米产量和氮素积累与分配的影响. 作物学报, 36(10): 1760-1768.

赵明, 李从锋, 董志强. 2015. 玉米冠层耕层协调优化及其高产高效技术. 作物杂志, (3): 70-75.

赵明, 李建国, 张宾, 等. 2006. 论作物高产挖潜的补偿机制. 作物学报, 32(10): 1566-1573.

赵明, 马玮, 周宝元, 等. 2016. 实施玉米推茬清垄精播技术 实现高产高效与环境友好生产. 作物杂志, (3): 1-5.

赵如浪, 杨滨齐, 王永宏, 等. 2014. 宁夏高产玉米群体产量构成及生长特性研究. 玉米科学, 22(3): 60-66.

赵松岭, 李凤民, 张大勇, 等. 1997. 作物生产是一个种群过程. 生态学报, 17(1): 100-104.

赵霞, 薛华政, 唐保军, 等. 2015. 种子质量对免耕精播夏玉米生长及产量的影响. 中国农学通报, 31(21): 37-42.

周旭梅, 高旭东, 何晶. 2012. 种植密度对玉米产量及植株性状的影响. 玉米科学, 20(3): 107-110.

周允华, 项月琴, 林忠辉. 1997. 紧凑型夏玉米群体的辐射截获. 应用生态学报, 8(1): 21-25.

朱元刚, 高凤菊. 2016. 不同间作模式对鲁西北地区玉米-大豆群体光和物质生产特征的影响. 核农学报, 30(8): 1646-1655.

Chen C Q, Qian C R, Deng A X, et al. 2012. Progressive and active adaptations of cropping system to climate change in Northeast China. European Journal of Agronomy, 38(1): 94-103.

Sanders D, Pelloux J, Brownlee C, et al. 2002. Calcium at the crossroads of signaling. Plant Cell, 14(14 Suppl): S401.

Shekoofa A, Emam Y. 2008. Plant growth regulator (ethephon) alters maize (*Zea mays* L.) growth, water use and grain yield under water stress. Journal of Agronomy, 7(1): 160-174.

Tokatlidis I S, Koutroubas S D. 2004. A review of maize hybrids' dependence on high plant populations and its implications for crop yield stability. Field Crops Research, 88(2-3): 103-114.

Wang L J, Zhang P, Wang R N, et al. 2018. Effects of variety and chemical regulators on cold tolerance during maize germination. Journal of Integrative Agriculture, 17(12): 2662-2669.

Xu C, Gao Y, Tian B, et al. 2017. Effects of EDAH, a novel plant growth regulator, on mechanical strength, stalk vascular bundles and grain yield of summer maize at high densities. Field Crops Research, 200: 71-79.

第十章　玉米信息化栽培[*]

信息化农业是指以农业信息科学为理论指导，农业信息技术为工具，用信息流调控农业活动的全过程，以信息和知识投入为主体的可持续发展的新型农业。农业信息技术正是在信息科学和农业科学不断发展的推动下建立起来的新兴学科领域。

作物智能栽培学则是农业信息技术研究和应用的成功典范。现代作物栽培学不仅注重作物高产理论与技术，更加注重作物生产的高效管理及持续发展。一方面，应用作物生理和生态的方法与技术，围绕作物生产上急需解决的关键问题开展应用基础性研究；另一方面，应用系统分析的原理和计算机信息技术，对作物生产系统进行综合的动态模拟、科学决策和优化管理。近40年来，作物生理生态学的深入发展及栽培调控理论和技术的不断丰富，以及信息技术的融合发展，极大地推动了作物栽培科学及现代农业的发展。然而，作物生产系统是一个复杂而独特的多因子动态系统，受气象、土壤、品种特性及技术措施等不同因素的影响，作物生产系统的行为具有显著的时空变异性、区域性、分散性、经验性，且定量化和规范化程度差、稳定性和可控程度低。因此，特定时空条件下的作物生长状况是品种遗传潜力和环境及技术因子调节的互作表现，这使得栽培管理专家在综合考虑多因子的互作、预测作物生长趋势、量化栽培技术时较难把握。随着信息技术的发展及农业新科技革命的兴起，计算机和信息技术为作物栽培管理提供了新的方法和手段。运用农业信息技术，可以对复杂的作物生产成分进行系统的分析和综合，建立动态的计算机模拟模型和管理决策系统，实现作物生产管理的定量决策，从而促进作物栽培的规范化、信息化、科学化。

第一节　玉米生长模拟模型

作物模型是数字农作技术的核心，在作物生长、水肥管理、气候变化对粮食产量影响预测，区域粮食安全评估和水资源管理等方面发挥着日益重要的作用。随着计算机信息科学的迅速发展和作物科研成果的深化与积累，作物生长模拟模型得到成功的开发和应用，成为信息农业的主要动力和载体。理想的作物生长模拟模型能够定量描述作物生长发育过程及其与环境因子的动态关系，具有综合知识、定量关系、测验假说、动态预测和支持决策的功能，从而促进了对作物生长发育规律由定性描述向定量分析的转化，成为作物生理生态、栽培、育种等学科的一种有效的研究手段，并为生产管理决策提供科学的工具。

---

* 本章由张晓艳、刘淑云等撰写。

一、国内外玉米生长模拟模型研究现状

（一）国外作物生长模拟模型

1. 美国 DSSAT 系列模型

美国夏威夷大学主持的 IBSNAT 计划有近 30 个国家和地区的科学家参加，他们共同协作，开发了一套综合的计算机系统，使之能评价世界各地农业技术的适应状况，这一系统称为农业技术转移决策支持系统（decision support system for agrotechnology transfer，DSSAT），它是一个包含多种作物的特大决策支持系统软件包，应用该系统用户可以借助作物生长模拟模型，设计和进行品种、播期、密度、施肥量、灌水量等多因素、多水平、长时期的模拟试验，借助系统模块在短时间内完成作物栽培方案的优化选择，为田间栽培试验提供初步方案，或直接指导大田作物生产的管理决策。DSSAT 系列模型模拟了作物营养生长和生殖生长发育过程，包括从发芽到开花、叶片出现次序、开花时期、籽粒生理成熟和收获。该模型也模拟作物光合作用、呼吸作用、干物质分配和植株生长以及衰老等基本生理生态过程。依据不同的作物类型，经济产量如籽粒、果实、块茎或茎秆等产量都能被预测。该模型还包括一个一维土壤水分平衡模型以模拟潜在蒸散、实际土壤蒸发、植物蒸腾、根系吸水、径流、土壤渗漏及不同土层的土壤水流等。土壤水分平衡模型对除甘蔗外的所有作物都是通用的。多数作物模型还包括一个一维的土壤氮素平衡模块，用于模拟植物残茬和有机质的矿化作用、固定、硝化和反硝化、氮运移等过程，以及硝态氮的淋溶、氮根系吸收和豆类作物固氮等过程。DSSAT 能计算的不仅仅是产量，还包括产量构成因素形成过程、投入、资源利用、环境负荷和潜在污染等，它还可以链接经济分析模块来进行投入产出的边际效益分析，以形成替代管理措施和决策咨询策略。为了空间应用，研究人员还开发了地理信息系统（geographic information system，GIS）辅助的 GIS-DSSAT。

2. 澳大利亚 APSIM 模型

APSIM（agricultural production systems sIMulator）是澳大利亚系列作物模型的总称，其把各种不同的作物模型集成到一个公用的平台。通过"即插即用"的方法，在系统设计中取得了很好的效果。APSIM 可以让用户通过选择一系列的作物、土壤以及其他子模块来配置一个自己的作物模型。模块之间的逻辑联系可以非常简单地通过模块"拔插"来规定。与其他作物模型不同的是，APSIM 模拟系统突出的是土壤而非植被。天气和管理措施引起的土壤特征变量的连续变化被作为模拟的中心，而作物、牧草或树木在土壤中的生长、来去只不过是使土壤属性改变，加上模型的"拔插"功能，使得 APSIM 能够很好地模拟耕地的连作、轮作、间作以及农林混作效应。APSIM 目前能模拟的作物包括小麦、玉米、棉花、油菜、紫花苜蓿、豆类作物以及杂草等。施肥、灌溉、土壤侵蚀、土壤氮素和磷素平衡、土壤温度、土壤水分平衡、溶质运移、残茬分解等过程都有相应的模块。目前应用的领域包括种植制度、作物管理、土地利用、作物育种、气候变化和区域水平衡等。

（二）国内玉米相关模型

与国外相比，我国作物生长模拟模型（图 10-1）研究工作从总体上看，起步晚，规模小，研究力量薄弱。其中作物计算机模拟优化决策系统（crop computer simulation, optimization, decision making system, CCSODS）系列模型得到了广泛应用（曹卫星和朱艳，2005），其基本结构大致可分为 4 个部分，即数据库（包括气象数据库、土壤数据库和品种参数数据库）、模拟模型、优化模型、决策系统，主要用于水稻、小麦、玉米和棉花 4 种作物。与单纯的模拟模型不同的是，其同时具有机理性、应用性、通用性与预测性，并且模型在全国任何地区都可以应用。该模型主要功能是可以在我国不同地区、气候、土壤与其他环境条件下，迅速地制定出该作物任何品种的最佳栽培技术体系，并且可以立即打印出"某某地区、某某品种良种良法计算机模式图"，可以直接发布到农民手中。该模型可以在任何年份针对当时的气象条件和苗情变化进行作物生长发育与产量预测，从而可以及时地制定出栽培对策。

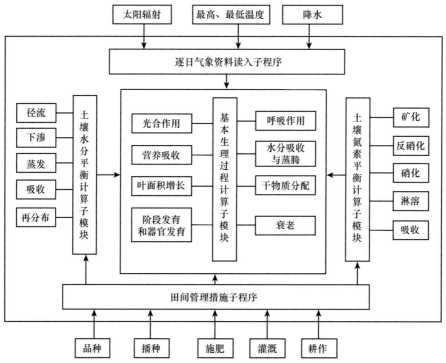

图 10-1　作物生长模拟模型的结构与运算框图（李军，1997）

我国研究人员利用现代信息技术对玉米生长模拟模型进了多方面研究。王纪华（2008）以夏玉米为研究对象，进行了不同管理条件下的夏玉米全生育期光谱响应研究，分析了不同密度、不同氮素胁迫下夏玉米反射光谱特征变化情况。张旭东（2006）进行了黄土区夏玉米动态生长模拟模型研究，构建了体现作物生长的生物化学和生物物理机制的夏玉米生长模拟模型，以 MATLAB 为编程工具，基于模型原理编写了玉米生长模拟软件。刘冰峰（2016）构建了夏玉米不同生育时期生理生态参数的高光谱遥感监测模型，分析了不同生育时期及不同氮、磷水平对夏玉米冠层光谱反射率的影响，以及光谱反射率与生理生态参数的相关性，筛选出了适用于不同夏玉米品种及不同生育时期的高光谱诊断与监测生理生态参数模型，为夏玉米营养诊断及长势监测提供了理论基础及现实依据。李振（2012）运用高光谱探测及玉米生理生化测试技术，分析了玉米冠层光谱反射特征及其与玉米长势指标、氮素营养的关系，系统地阐述了玉米冠层光谱反射特征，并确立了玉米长势指标（叶面积指数、干物质累积量）、色素含量及氮素营养的敏感光谱特征参数及预测方程，进行了基于函数拟合的玉米叶片反射光谱时间变化规律分析。诸叶平等（2002）基于 CERES 模型开发了小麦-玉米连作智能决策系统。在专家知识的基础上，郭银巧等（2005，2006，2007，2008）进行了基于知识模型的玉米栽培管理决策支持系统的设计与实现研究，主要包括适宜品种选择和播期确定动态知识模型、水肥运筹管理动态知识模型及适宜动态生育指标预测知识模型等。

二、玉米生长模拟模型研究

在参考作物通用模型的基础上，玉米生长模拟模型主要构建以下几部分模块：玉米生长发育过程的模拟；碳同化和干物质积累的模拟，包括光合有效辐射（photosynthetically active radiation，PAR）、单叶光合作用、环境条件对单叶光合作用的影响、冠层光合作用、呼吸作用的模拟；同化物分配与产品形成的模拟，包括同化物分配与产量形成、同化物在地上各器官的分配、穗的分配系数、籽粒干重及产量的确定的模拟；玉米主要器官发育的模拟，包括株高、叶面积指数（LAI）消长动态及干物质积累。

（一）玉米生长发育过程的模拟

玉米生长发育过程的模拟有很多方法，包括生长度日（growing degree day，GDD）法、相对发育期法、生理发育时间（physiological development time，PDT）法、相对发育进程（relative development stage，RDS）法、生长周期（growth cycle，GC）法、发育指数（developmental index，DVI）法、温光模型等。这些方法都以积温为基础，故本研究采用温度/日长修正的积温法。

玉米从播种到新种子成熟的整个生长发育过程中，由于本身的量变和质变以及环境因素的影响，植株外部形态和内部功能等会发生阶段性的变化，这些阶段性的变化称为生育时期或生育阶段。对玉米来说，从播种到成熟的生育时期大体可分为三个阶段，即播种到出苗、出苗到吐丝、吐丝到成熟。玉米出苗前的发育进程主要受土壤温度和水分制约，出苗以后叶片的出生速率主要受温度和光周期的影响，对多数田间栽培条件下的玉米品种而言，温度对叶片的生长及衰老的影响远大于其他环境因子（张银锁等，2001）。因此，温度是影响玉米生长发育的最重要的外界环境因素之一，玉米的生长发育速度常常与一定的温度累计值密切相关。一般来说，某个玉米品种虽然种植地点、年代不同，但其完成整个生育期和各个生育阶段所要求的积温数值却相对稳定。因此，积温值就可以用来表征玉米的生育期长度。

1. 积温

积温是农业气象学中的概念，主要分为活动积温和有效积温两种。活动积温是作物的某一生育时期或全生育期中所有活动温度的总和；有效积温是作物的某一生育时期或全生育期中全部有效温度的总和。活动温度指大于生长下限温度的日平均温度，有效温度指日平均温度与下限温度之差。对于这两种积温的计算，若某天日平均温度低于下限温度，则该天的活动温度和有效温度均看作零。除此之外，还有当量积温、极端温度积温、考虑无效高温的平均温度积温和考虑无效高温的极端温度积温。由于资料来源的不同以及不同学者对积温生理意义理解上的差异，国内外对积温的计算方法长期存在多种不同的计算方法。张银锁等（2001）研究认为，考虑无效高温的平均温度积温是一种有较强生物学意义和普适性的积温计算方法。以下所提到的积温都指经此种方法计算的积温，其计算公式为

$$T_{\text{sum}} = \sum_{i=N_1}^{N_2} \Delta T_i \qquad (10\text{-}1)$$

式中，T_{sum} 为生育阶段积温，单位为℃·d；N_1、N_2 为某生育阶段开始与结束的日期，ΔT_i 为每日温度对作物生长发育的贡献值。

$$\Delta T_i = \begin{cases} T_{\text{mean},\,i} - T_1, & T_{\text{mean},i} \geqslant T_1 \text{且} T_{\text{mean},i} \leqslant T_h \\ 0, & T_{\text{mean},i} < T_1 \\ T_h - T_1, & T_{\text{mean},i} > T_h \end{cases} \qquad (10\text{-}2)$$

式中，$T_{\text{mean},\,i}$ 为日平均温度，T_1 为作物生育阶段的温度下限（取值 10℃）；T_h 为作物生育阶段的温度上限（取值 30℃）。

2. 相对生育阶段

对玉米生长期的积温进行归一化处理用来表示作物的生育期长度，即相对生育阶段。

$$\text{DS}_i = \begin{cases} 0, & \text{TJ}_i \leqslant T_{a1} \\ \dfrac{\text{TJ}_i - T_{a1}}{T_{a2}}, & T_{a1} < \text{TJ}_i \leqslant T_{a2} \\ 1 + \dfrac{\text{TJ}_i - T_{a1} - T_{a2}}{T_{a3}}, & T_{a2} < \text{TJ}_i \leqslant T_{a3} \end{cases} \qquad (10\text{-}3)$$

式中，TJ_i 为从播种后算起到第 i 天的积温，T_{a1} 表示从播种到出苗前一天的积温；T_{a2} 表示从出苗到吐丝前一天的积温；T_{a3} 表示从吐丝到成熟的积温。DS_i 为第 i 天相对生育阶段，其取值有如下特征：若 $\text{DS}_i=0$，则表示玉米正处于从播种到出苗的生育阶段；若 $0 < \text{DS}_i \leqslant 1$，则表示玉米处于从出苗到吐丝的生育阶段；若 $1 < \text{DS}_i \leqslant 2$，则表示玉米处于从吐丝到成熟的生育阶段。

（二）碳同化和干物质积累的模拟

光合作用是玉米干物质积累和籽粒产量形成的生理基础。在作物总干物质中，通过光合作用所形成的有机物占 95% 左右，矿质元素仅占 5% 左右。因此，光合作用形成的有机物多少，直接决定着玉米生物产量的高低，而籽粒产量则取决于干物质转化为籽粒产量的能力。

玉米的同化系统由植株的光合器官所构成，包括叶片、叶鞘、茎、雄穗和雌穗，其中叶片是这一系统中的主体。玉米光合作用与产量关系的研究最早开始于单叶，单叶光合能力强弱是影响群体光合能力的最大因素。玉米光合作用最突出的特点是净光合速率高，一般为 30 ～ 60mg CO_2/(dm^2·h)，适宜条件下可达 80mg CO_2/(dm^2·h)。玉米光合作用的另一个重要特征是光呼吸低，正常情况下难以测出。叶片是组成玉米群体光合源系统的主体，群体光合速率高低受单叶光合能力、群体叶面积大小、冠层结构状况及环境因子的综合影响。玉米开花后的群体光合速率与产量呈显著正相关关系，促进和提高开花后的群体光合源性能，更有助于玉米产量的进一步提高。玉米群体光合速率在一生中的变化呈单峰曲线，从出苗到成熟随着植株的生长发育，群体光合速率逐渐增加，至开花前后达到最大值，而后下降。

碳同化与干物质积累主要涉及光合作用和呼吸作用等生理生态过程。其中，光合作用是作物生长的根本驱动力，是干物质积累与产量形成的基础。因此，准确地模拟光合作用对生长模拟模型的建立具有十分重要的意义。作物冠层光合作用主要包括单叶的光合作用及冠层的光合作用。叶片光合速率可以简便地用单位叶面积表示，冠层光合作用是指所有叶片、茎及生殖器官绿色面积光合作用的总和。呼吸作用的主要成分包括光呼吸、维持呼吸和生长呼吸。干物质积累离不开气象因子的变化，由于作物对环境因素的响应是明显非线性的，而且许多变化过程之间有交互作用，所以反映作物主要生理过程的模拟程序必须考虑到气象参数的日变化。但是，并不需要把精密仪器可能记录下来的天气变化的全部细节都作为气象数据输入模型。因此，要根据地区的纬度和日期以及气象参数的总值、日最高值和日最低值来模拟主要气象参数的日变化过程。

1. 日长的计算

日长（DL），即理论日照时数（最大日照时数），是一年中某天和所处地理纬度的函数，采用如下公式计算：

$$DL = \frac{24}{\pi} \omega_s \tag{10-4}$$

式中，ω_s 为日落时角，用下式计算：

$$\omega_s = \arccos\left[-\tan(\varphi)\tan(\delta)\right] \tag{10-5}$$

或者

$$\omega_s = \frac{\pi}{2} - \arctan\left[\frac{-\tan(\varphi)\tan(\delta)}{x^{0.5}}\right] \tag{10-6}$$

$$x = 1 - \left[\tan(\varphi)\right]^2 \left[\tan(\delta)\right]^2 \tag{10-7}$$

且当 $x \leqslant 0$ 时，取 $x=0.000\ 001$。式（10-5）～式（10-7）中，δ 为太阳磁偏角（rad），φ 为地理纬度（rad），x 为中间变量。

2. 气温日变化过程的模拟

气温日变化过程的模拟有多种方法，首先根据日长推算夜长、日出时刻和日落时刻（丛振涛，2003）：

夜长（NL）：
$$NL = 24 - DL \tag{10-8}$$

日出时刻：
$$\text{Time}R = 12 - \frac{DL}{2} \tag{10-9}$$

日落时刻：
$$\text{Time}S = 12 + \frac{DL}{2} \tag{10-10}$$

根据每日的最高、最低气温，可以推算气温的日变化过程，先计算出日落时气温：

$$T_{\text{set}} = T_{\min} + \left(T_{\max} - T_{\min}\right)\sin\left(\frac{\pi DL}{DL + 2P}\right) \tag{10-11}$$

然后可以计算出各个时刻的温度，凌晨：$T_h < \text{Time}R$ 时，

$$T\left(T_h\right) = \frac{T_{\min} - T_{\text{set}}\exp\left(-NL/TC\right)\left(T_{\text{set}} - T_{\min}\right)\exp\left[-\left(T_h + \text{Time}R/TC\right)\right]}{1 - \exp\left(-NL/TC\right)\left(T_{\text{set}} - T_{\min}\right)} \tag{10-12}$$

白天：当 $\text{Time}R \leqslant T_h < \text{Time}S$ 时，

$$T\left(T_h\right) = T_{\min} + \left(T_{\max} - T_{\min}\right)\sin\left[\frac{\pi\left(T_h - \text{Time}R\right)}{DL + 2P}\right] \tag{10-13}$$

夜间：$T_h \geqslant \text{Time}S$ 时，

$$T\left(T_h\right) = \frac{T_{\min} - T_{\text{set}}\exp\left(-NL/TC\right)\left(T_{\text{set}} - T_{\min}\right)\exp\left[-\left(T_h - \text{Time}S\right)/TC\right]}{1 - \exp\left(-NL/TC\right)\left(T_{\text{set}} - T_{\min}\right)} \tag{10-14}$$

式（10-11）～式（10-14）中，T_h 为一天中某时刻的温度；$T_{\max}$ 为日最高气温；$T_{\min}$ 为日最低气温；P 为日最高气温出现时刻与正午时刻的时间差，单位为小时，取值 2；TC 为夜晚变化时间常数，单位为小时，取值 4。

3. 理论太阳辐射日变化过程的模拟

理论太阳总辐射（R_a）的计算公式很多，研究采用 Guidelines for computing corop water requirements（《作物蒸发蒸腾量计算》）指南中提供的公式，按小时进行计算：

$$R_a = \frac{120}{\pi}Gsc \times d_r \times \left\{\left(\varphi_2 - \varphi_1\right) \times \sin(\varphi)\sin(\delta) + \cos(\varphi)\cos(\delta)\left[\sin(\omega_2) - \sin(\omega_1)\right]\right\} \tag{10-15}$$

式中，R_a 为理论太阳总辐射［MJ/(m^2·h)］；Gsc 为太阳常数，取值 0.082；d_r 为日地相对

距离；δ 为太阳磁偏角；φ 为地理纬度（rad）；ω_1 为时段开始的太阳时角（rad）；ω_2 为时段末的太阳时角（rad）。

d_r 和 δ 用下式计算：

$$d_r = 1 + 0.33\cos\left(\frac{2\pi}{365}J\right) \tag{10-16}$$

$$\delta = 0.409\sin\left(\frac{2\pi}{365}J - 1.39\right) \tag{10-17}$$

式中，J 为日序号，从 1 月 1 日开始（J=1）到 12 月 31 日（J=365 或 366）结束。ω_1 和 ω_2 用下式计算：

$$\omega_1 = \omega - \frac{\pi \times t_1}{24} \tag{10-18}$$

$$\omega_2 = \omega + \frac{\pi \times t_1}{24} \tag{10-19}$$

式中，ω 为时段中点的太阳时角，t_1 为计算时段长度，以小时为时段，t_1=1，以 30min 为时段，t_1=0.5。时段中点的太阳时角用下式计算：

$$\omega = \frac{\pi}{12}\left[\left(t + 0.066\,67\left(L_z - L_m\right) + S_c\right) - 12\right] \tag{10-20}$$

式中，t 为时段中点的标准时间（h），如 14:00 到 15:00 之间时，t=14.5；L_z 为地方时区中心的纬度；L_m 为测试点的纬度；S_c 为太阳时的季节修正（h），计算公式如下：

$$S_c = 0.1645\sin\left(2b\right) - 0.1255\cos b - 0.025\sin b \tag{10-21}$$

$$b = \frac{2\pi\left(J - 81\right)}{364} \tag{10-22}$$

式中，b 为中间参数，J 为日序。

对于作物来说，只有一部分太阳辐射对光合作用有效，作物叶片对光的吸收光谱为 400～700nm，这一光谱范围的光合有效辐射（photosynthetically active radiation，PAR）约占太阳总辐射的 50%。

到达冠层的辐射除了被叶片吸收外，有一部分被反射或透射。对于生长健壮的作物，叶片的反射率、透射率和光合有效辐射的吸收率都非常接近。而且，反射率和透射率在数值上通常几乎相等，各为 0.1。当叶片明显变黄或者变薄时，叶绿素含量不足，可能导致光能吸收减少，而反射率和透射率会成倍地提高。通常情况下，可以假定叶片吸收的光合有效辐射部分为光合有效辐射总量的 0.8 左右。

4. 冠层光合有效辐射的吸收

引用荷兰 ORYZAI 模型的算法计算冠层的光合有效辐射，首先由输入的偶数日数、地理纬度及日照时数计算出日长和每日的光合有效辐射；然后采用高斯积分法，选取从中午到日落期间的三个时间点，分别计算出这三个时间点到达冠层顶部的瞬时光合有效辐射。计算公式如下：

$$PAR[i]=0.5 \times Q \times \sin\beta[i] \times (1.0+0.4 \times \sin[i])/DSINBE \quad (10\text{-}23)$$

$$\sin\beta[i]=\max\{0,SSIN+CCOS \times \cos[2\pi \times (Th[i]+12)/24]\} \quad (10\text{-}24)$$

$$Th[i]=12+0.5 \times DL \times DIS[i] \quad (i=1,2,3) \quad (10\text{-}25)$$

式（10-23）～式（10-25）中，$PAR[i]$ 为第 i 时刻到达冠层顶部的瞬时光合有效辐射 $[J/(m^2 \cdot s)]$；Q 为每日的太阳总辐射 $[J/(m^2 \cdot s)]$；$\sin\beta[i]$ 为第 i 时刻太阳高度角的正弦值；DSINBE 为当太阳高度角较小时对太阳高度角的有效校正；SSIN 和 CCOS 为中间变量；$Th[i]$ 为太阳时间（h）；DL 为日长（h）；$DIS[i]$ 为高斯三点积分法的距离，其值分别为 0.1127、0.5000、0.8873。

然后根据高斯积分法将冠层分为五层，分别求算每层吸收的瞬时光合有效辐射，计算公式如下：

$$PAR[i][j] = k \times \left(1-\rho[i] \times PAR[i] \times e^{(-k \cdot LGUSS[j])}\right) \quad (10\text{-}26)$$

$$\rho[i] = \left[\left(1-\sqrt{1-\sigma}\right)/\left(1+\sqrt{1-\sigma}\right)\right] \times \left[2/\left(1+1.6 \times \sin\beta[i]\right)\right] \quad (10\text{-}27)$$

$$LGUSS[j] = DIS[j] \times LAI \quad (j=1,2,3,4,5) \quad (10\text{-}28)$$

式（10-26）～式（10-28）中，$PAR[i][j]$ 为第 i 时刻、冠层第 j 层吸收的光合有效辐射 $[J/(m^2 \cdot s)]$；$\rho[i]$ 为冠层第 i 时刻的反射率；σ 为单叶的可见光散射系数，取值 0.2；$LGUSS[j]$ 为冠层第 j 层的叶面积指数；$DIS[j]$ 为高斯五点积分法的距离，其值分别为 0.0469、0.2308、0.5000、0.7691、0.9531；k 为冠层的消光系数，上、中、下层分别取值 0.27～0.53、0.53～0.80、0.80～1.00；LAI 为叶面积指数。

5. 单叶光合作用

可以用不同的模型来估计单叶光合作用强度，代表性的方法是用总光合速率与所吸收辐射强度的指数曲线来描述叶片光合作用对吸收光的反应。一般而言，光合速率与光照强度成比例，假设所有的叶片特性相近，则简单地利用叶片所吸收光能量和光能利用率的乘积计算冠层光合速率。但是，叶片在高光合的条件下出现饱和现象，因此本研究利用总光合速率和所吸收辐射强度的指数曲线来描述叶片光合作用对光强的反应，通常用负指数曲线模型（丛振涛，2003；曹卫星和罗卫红，2003；王仰仁，2004）表示。其表达式如下：

$$DYP[i][j] = PLMAX \times \left(1-e^{\frac{-a \times PAR[i][j]}{PLMAX}}\right) \quad (10\text{-}29)$$

式中，$DYP[i][j]$ 为第 i 时刻、冠层第 j 层的单叶光合速率 $[kg\ CO_2/(hm^2 \cdot h)]$；PLMAX 为饱和光强时的光合速率 $[kg\ CO_2/(m^2 \cdot h)]$；$PAR[i][j]$ 为第 i 时刻、冠层第 j 层吸收的光合有效辐射 $[J/(m^2 \cdot s)]$；α 为光能初始利用效率 $[kg\ CO_2/(hm^2 \cdot h)]$，玉米为 0.04；其中，PLMAX 和 α 为单叶光合作用-光响应曲线的两个重要参数。α 主要受温度条件的影响，其他环境因子如叶片氮含量、生理年龄、CO_2 浓度等对 α 的影响很小，可不予考虑。C_4

植物的光能初始利用效率在 45℃以下保持相对稳定，但当温度升高时，迅速下降。

影响光合作用的环境因子主要有温度、CO_2 浓度、水分、氮素营养等。其中，温度和 CO_2 浓度对光合作用的光能初始利用效率和叶片最大光合速率都有一定的影响，但对叶片最大光合速率的影响更大。叶片最大光合速率是光饱和时的总同化速率，它与温度和 CO_2 浓度紧密相关，通过不同环境因子对光合作用影响的效应因子进一步对光合作用进行修订，用温度和 CO_2 的效应因子直接修订叶片最大光合速率。一般表达式为

$$PLMAX = PLMX \times F_T \times F_{CO_2} \qquad (10\text{-}30)$$

式中，PLMAX 为叶片实际最大光合速率 $[kg\ CO_2/(hm^2 \cdot h)]$；PLMX 为理想条件下的叶片最大光合速率，即大气 CO_2 浓度为 340ppm 时，叶片处于最适的生理年龄、温度、营养等条件下的最大光合速率，为品种的遗传参数，取值约为 $70kg\ CO_2/(hm^2 \cdot h)$；$F_T$、$F_{CO_2}$ 分别为温度和 CO_2 对叶片最大光合速率的影响因子。

（1）CO_2 浓度影响函数

CO_2 是光合作用的原料之一，环境中 CO_2 浓度的高低明显影响玉米光合速率。空气中 CO_2 的浓度约为 0.032%，玉米叶片的特殊结构和生理功能，使得它在 CO_2 浓度很低的情况下也能固定 CO_2，因而玉米 CO_2 补偿点很低，一般为 $0 \sim 10\mu l/L$，CO_2 饱和点则高达 $800 \sim 1800\mu l/L$。当空气中 CO_2 浓度在 $0 \sim 300\mu l/L$ 时，玉米光合速率与 CO_2 浓度几乎呈直线关系。在较强的光照和适宜温度下，玉米光合速率往往受到大气中 CO_2 浓度的限制，适当增加田间 CO_2 浓度，可以提高玉米光合源的供应能力，增加产量。玉米群体光合作用需要较高的 CO_2 浓度，提高 CO_2 浓度可以显著地提高玉米群体光合速率。

在玉米群体光合系统所同化的 CO_2 总量中，大约 90% 来自大气，10% 来自土壤。大气中的 CO_2 从玉米群体上方的大气层扩散到叶片附近，其扩散速度与风速有关，风速增大，CO_2 扩散速度增快，群体内的 CO_2 浓度增加，有利于群体光合作用的进行。大田条件下 CO_2 的浓度和通量对玉米光合作用有显著的影响。高浓度或低浓度 CO_2 对作物的影响可根据变化的 CO_2 浓度与 340ppm 之比来校正最大光合速率（PLMAX），其影响因子（F_{CO_2}）计算如下：

$$F_{CO_2} = 1 + \alpha \times \ln\left(C_X / C_0\right) \qquad (10\text{-}31)$$

式中，C_X 为变化的 CO_2 浓度（ppm）；C_0 为参照 CO_2 浓度，即 340ppm；α 为经验系数，玉米取值为 0.4。

（2）温度影响函数

温度是影响玉米光合能力的重要因素，高温和低温都能降低光合酶活性，破坏叶绿体结构，引起气孔关闭，增加 CO_2 扩散阻力。据村田研究，温度低于 4℃时玉米光合速率极其微弱，在 $4 \sim 10$℃时光合速率仍很低，超过 10℃时，光合速率随温度升高而显著增大，至 33℃时达到最大值，超过 40℃则又急剧减弱。玉米光合速率的温度效应，还与光照强度、CO_2 浓度、品种类型等因素有关。光照越强，CO_2 浓度越高，光合作用对温度也就越敏感。

大田条件下，玉米群体光合作用的饱和值随温度升降而变化。温度过高，CO_2 交换

率降低，光合作用受到抑制；温度过低，尤其是土温降低，根系吸水速度减小，或叶片受强光照射，出现暂时性水分亏缺，气孔关闭，会使光合作用减弱。玉米是喜温作物，光合作用的最适温度与生长适温一致，都在 30℃。正常情况下，一天内的温度变化不像光照强度变化那样剧烈，温度对玉米群体光合速率的影响也就不像光照强度的影响那样大。

温度与影响因子 F_T 的关系表现为光合作用三基点温度决定的钟形曲线：

$$F_T = \begin{cases} \exp\left[-(T_{mean}-T_0)^2 / (T_{mean}-T_b)(T_m-T_{mean})\right] & (T_b < T_{mean} < T_m) \\ 0 & (T_m < T_{mean} > T_b) \end{cases} \quad (10\text{-}32)$$

式中，T_{mean} 为日平均温度；T_b、T_0、T_m 分别为光合作用的最低温度、最适温度和最高温度，分别取值为 10℃、33℃、40℃。F_T 取值在 0 ～ 1。

（3）冠层光合作用

在计算出冠层每一分层的瞬时光合速率的基础上，利用高斯积分法对冠层 5 个分层的瞬时光合速率进行加权求和，得到整个冠层的瞬时光合速率 TP[i]［kg CO_2/(hm²·h)］，再对每日三个时间点的冠层瞬时光合速率进行加权求和，即可得到整个冠层每日的总光合作用量 DTGA［kg CO_2/(hm²·d)］。

$$TP[i] = \left[\sum_{i=1}^{5}\left(DYP[i][j] \times WGUSS[j]\right)\right] \times LAI \quad (10\text{-}33)$$

$$DTGA = \left[\sum_{i=1}^{3}\left(TP[i] \times WGUSS[i]\right)\right] \times DL \times 0.682 \quad (10\text{-}34)$$

式中，WGUSS[j] 为高斯五点积分法的权重值，其值分别为 0.1185、0.2393、0.2844、0.2393、0.1185；WGUSS[i] 为高斯三点积分法的权重值，分别为 0.2778、0.4444、0.2778；0.682 为 CO_2 转化为 CH_2O 的转化效率；LAI 为叶面积指数；DL 为日长。

（4）呼吸作用

植物的呼吸作用是消耗同化产物产生能量的生命活动，有减少源供应量的作用。呼吸作用虽然为植物生命活动所必需，但过量的呼吸对干物质积累不利。一般认为，玉米的呼吸消耗占光合总同化量的 1/3 左右。

呼吸作用包括光呼吸和暗呼吸，其中暗呼吸又包括生长呼吸和维持呼吸。C_4 作物中的光呼吸几乎被完全抑制，因此，玉米可以不计光呼吸。维持呼吸的作用仅仅是保持植物体细胞的活性，从理论上讲稳定的生长呼吸则主要用于结构大分子的合成、离子吸收等，随植物生长速率的变化而不同，实际上二者很难准确分开。

呼吸作用的模拟有两种方法。一种方法是以植株整体为基础估计呼吸作用，获得植株的净同化量后再分配到植株的不同器官；另一种方法是先将同化物分配到不同的器官后，再分别计算不同器官的呼吸作用，呼吸作用的强度因器官而异，本研究采用后一种方法。维持呼吸消耗量 R_m 的具体计算式如下：

$$R_{\mathrm{m}} = \sum_{j=1}^{4} \left(\mathrm{CG}_j \times R_{o,j} \times \mathrm{CT}_j \right) \tag{10-35}$$

式中，CG_j 为第 j 天根、茎、叶、果实的总重量；$R_{o,j}$ 为根、茎、叶、果实在参考温度（25℃）下的维持呼吸系数；CT_j 为温度对维持呼吸的影响因子。

$$\mathrm{CG}_j = \sum_{i=1}^{k-1} G_{ji} \tag{10-36}$$

式中，G_{ji} 为第 i 天根、茎、叶、果实的潜在日增长率；k 为计算日的生育期天数。

$$\mathrm{CT}_j = 2^{\frac{(T_{\mathrm{mean}} - 25)}{10}} \tag{10-37}$$

式中，T_{mean} 为日平均温度（℃）。

生长呼吸的消耗用碳水化合物成为干物质的转换效率 C_{vf} 来表达，因为增长的干物质要按照一定比例分配到各器官，即把初级同化产物转换成结构器官，外在表现为作物生长。这是一个需要消耗能量的过程，也就是生长呼吸。转换效率 C_{vf} 用下式计算：

$$\begin{aligned}
C_{vf} = &\left[C_{e,\mathrm{leaf}} \mathrm{CP}[\mathrm{YP}] + C_{e,\mathrm{stem}} \mathrm{CP}[\mathrm{JG}] + C_{e,\mathrm{wear}} \left(1 - \mathrm{CP}[\mathrm{YP}] - \mathrm{CP}[\mathrm{JG}] \right) \right] \mathrm{CP}[\mathrm{shoot}] \\
&+ C_{e,\mathrm{root}} \left(1 - \mathrm{CP}[\mathrm{shoot}] \right)
\end{aligned} \tag{10-38}$$

式中，$\mathrm{CP}[\mathrm{YP}]$、$\mathrm{CP}[\mathrm{JG}]$ 和 $\mathrm{CP}[\mathrm{shoot}]$ 分别为叶、茎和地上部分的分配系数，$C_{e,\mathrm{root}}$、$C_{e,\mathrm{stem}}$、$C_{e,\mathrm{leaf}}$、$C_{e,\mathrm{wear}}$ 分别为根、茎、叶、果实的转换效率（kg 干物质/kg CO_2），取值分别为 0.72、0.69、0.72、0.72。

（5）冠层实际光合日总量

PG 为在实际温度和 CO_2 浓度条件下的冠层光合日总量，可用下式计算实际水肥条件下的作物光合作业量：

$$\mathrm{PG} = P_d / (\mathrm{FW} \cdot \mathrm{FN}) \tag{10-39}$$

式中，P_d 为每日实际光合同化量；FW、FN 分别为水分和养分对每日冠层光合日总量（PG）的修正因子，未考虑水肥的影响，因此 FW、FN 的取值均为 1。

（6）干物质的日增长量

植物通过光合作用同化 CO_2 形成的有机物，相当一部分却形不成干物质。因为呼吸作用要消耗植株大量的同化产物（30% 以上），特别是当作物群体叶面积指数较大时，呼吸作用消耗的同化量可能达到总同化量的一半左右。因此，干物质的日增长量（CGR）可用下式计算：

$$\mathrm{CGR} = \left(P_d - R_{\mathrm{m}} \right) C_{vf} \tag{10-40}$$

式中，CGR 为干物质日增长量 [kg 干物质/($m^2 \cdot d$)]；R_{m} 为营养器官的维持呼吸消耗量 [kg CH_2O/($hm^2 \cdot d$)]，乘以 44/30 单位变为 [kg CO_2/($hm^2 \cdot d$)]；C_{vf} 为基本光合产物成为植物结构材料的转换效率（kg 干物质/kg CO_2）。

（7）同化物分配与产品形成的模拟

同化物分配是指作物生长过程中的同化产物分配到叶、茎、根和籽粒等器官的过程。在作物的生长发育过程中，植株积累的同化物或生物量一部分及时分配到不同的器官中去，供器官的生长用；另一部分作为暂时的贮存物，可用于生长后期同化物不能满足需求时的再分配。植株器官间分配的主要同化物类型包括碳水化合物和含氮化合物，其中碳水化合物的分配与再分配决定产品器官的品质形成。

同化物在不同器官间的分配与再分配模式随作物种类和生育进程而变。在作物生长过程中同化物分配到不同器官的部分与同化物利用效率或生长效率的乘积即为作物器官及植株的生长速率。然而，生物量在植株器官间的分配与作物的生长发育是不同的过程。作物器官的分配模式是生理年龄的函数，一般不考虑叶、茎、根和储藏器官的形状和数量。

玉米生物产量的形成一方面与光合系统制造的光合产物有关，另一方面与光合产物的消耗有关；而经济产量的形成，除与以上两点密切相关外，还与光合产物的分配方向和比例有关。因此，在提高光合生产力的基础上，降低呼吸消耗，增加干物质积累，促进光合产物向籽粒的流动，方能获得理想的经济产量。

玉米同化物的积累可以用干物质产量来表示。植株的生长过程实际上是干物质不断积累的过程。干物质生产是形成玉米籽粒产量的物质基础，提高干物质生产能力，增加干物质累积量，对提高玉米籽粒产量具有决定性的意义。

描述同化物分配的一个重要概念是分配系数，它是某一植株部分干重的增加量占整株干重增加量的比例。不同的植株器官具有不同的分配系数，特定器官的分配系数随生理年龄而有较大的变化。因此要准确模拟同化物的分配量与器官的生长量，必须量化不同器官分配系数随时间变化的动态特征。

同化物在地上各器官的分配系数为植株地上部分干重的增加量占整个植株干重增加量的比例，公式如下：

$$CP[\text{shoot}]_n = \left(DW[\text{shoot}]_{n+1} - DW[\text{shoot}]_n\right)\big/\left(TWT_{n+1} - TWT_n\right) \tag{10-41}$$

$$CP[\text{root}]_n = \left(DW[\text{root}]_{n+1} - DW[\text{root}]_n\right)\big/\left(TWT_{n+1} - TWT_n\right) \tag{10-42}$$

$$CP[\text{shoot}]_n + CP[\text{root}]_n = 1 \tag{10-43}$$

式中，$CP[\text{shoot}]_n$、$CP[\text{root}]_n$ 分别为出苗后第 n 天地上部分和地下部分的分配系数，$DW[\text{shoot}]_{n+1}$、$DW[\text{shoot}]_n$ 分别为第 $n+1$、n 天地上部分的干重，$DW[\text{root}]_{n+1}$、$DW[\text{root}]_n$ 分别为第 $n+1$、n 天地下部分的干重，TWT_{n+1}、TWT_n 分别为第 $n+1$、n 天的植株总干重。对夏玉米来说，地上部分各器官间同化物进一步分配到叶、茎、雌穗等器官，这些器官的分配系数可用下式表达：

$$CP[\text{JG}]_n = \left(DW[\text{JG}]_{n+1} - DW[\text{JG}]_n\right)\big/\left(DW[\text{shoot}]_{n+1} - DW[\text{shoot}]_n\right) \tag{10-44}$$

$$\mathrm{CP[GS]}_n = \left(\mathrm{DW[GS]}_{n+1} - \mathrm{DW[GS]}_n\right)\Big/\left(\mathrm{DW[shoot]}_{n+1} - \mathrm{DW[shoot]}_n\right) \qquad (10\text{-}45)$$

$$\mathrm{CP[YP]}_n = \left(\mathrm{DW[YP]}_{n+1} - \mathrm{DW[YP]}_n\right)\Big/\left(\mathrm{DW[shoot]}_{n+1} - \mathrm{DW[shoot]}_n\right) \qquad (10\text{-}46)$$

式中，$\mathrm{CP[JG]}_n$ 为地上部分日同化量对玉米茎的分配系数；$\mathrm{CP[GS]}_n$ 为地上部分日同化量对玉米果穗的分配系数；$\mathrm{CP[YP]}_n$ 为地上部分日同化量对玉米叶片的分配系数；$\mathrm{DW[JG]}_{n+1}$、$\mathrm{DW[JG]}_n$ 分别为第 $n+1$、n 天的茎干重；$\mathrm{DW[GS]}_{n+1}$、$\mathrm{DW[GS]}_n$ 分别为第 $n+1$、n 天的果穗干重；$\mathrm{DW[YP]}_{n+1}$、$\mathrm{DW[YP]}_n$ 分别为第 $n+1$、n 天的叶片干重，$\mathrm{DW[shoot]}_{n+1}$、$\mathrm{DW[shoot]}_n$ 分别为第 $n+1$、n 天地上部分的干重。

玉米茎干重与出苗后天数的关系（图 10-2）满足如下方程：

$$\mathrm{DW[JG]}_n = -201.701 + 134.7773 \times \left[1 - \exp\left(\frac{-n}{15.952\,42}\right)\right] \atop + 134.7805 \times \left[1 - \exp\left(\frac{-n}{15.975\,51}\right)\right] \quad (R^2 = 0.8117) \qquad (10\text{-}47)$$

式中，n 为出苗后天数（d）。

玉米果穗干重与出苗后天数的关系满足如下方程：

$$\mathrm{DW[GS]}_n = 378.6036 \times \exp\left\{-\exp\left[-0.05331 \times \left(n - 71.735\,49\right)\right]\right\} \quad (R^2 = 0.7403) \qquad (10\text{-}48)$$

玉米叶片干重与出苗后天数的关系满足如下方程：

$$\mathrm{DW[YP]}_n = 42.71 + \left(\frac{(85.42)}{1 + \left(\dfrac{n}{3.32}\right)^{2.5}}\right) \quad (R^2 = 0.9709) \qquad (10\text{-}49)$$

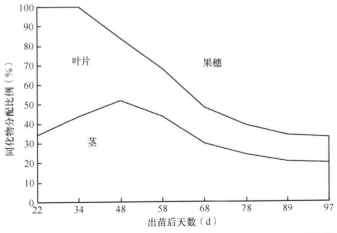

图 10-2　玉米同化物分配给地上部各器官的比例与出苗后天数的关系

（三）玉米主要器官发育的模拟

1. 叶长、叶形、叶片伸展的模拟

（1）叶长的模拟

试验结果显示，玉米植株不同叶位叶片定形后的长度随叶位的不同而发生变化，其变化规律在不同玉米品种中是一致的。从第一片叶到穗位叶，不同叶位叶片定形后的长度随叶位的升高而增加，穗位叶的叶长最长，此后随叶位的升高而降低。总体上从第一片叶到最后一片叶，叶长呈先升高后降低的变化趋势，如图10-3所示。

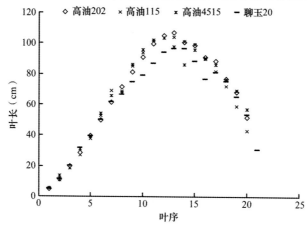

图10-3　不同品种不同叶位叶长的变化

据陈国庆等（2010）数据整理

本研究用高斯拟合模型拟合此曲线，如式（10-50）所示。

$$LLenth_{LN} = pa + A \times e^{-\frac{(LN-pb)^2}{2 \times pc^2}} \tag{10-50}$$

式中，$LLenth_{LN}$ 为某叶序的叶长（cm）；LN 为叶序；pb 为穗位叶叶序即最大叶长所对应的叶序；pc 为常数，取值为7。pa 为参数，与玉米第一片叶的叶长呈显著正相关关系，计算方法如式（10-51）所示，式中，FLLen 为玉米第一片叶的叶长，研究表明，玉米第一片叶的叶长主要受品种特性的影响，本研究将其定为遗传参数。公式（10-50）中，参数 A 由公式（10-52）求得。

$$pa = 1.51 \times FLLenth - 25.1 \tag{10-51}$$

$$A = LLenth_{MAX} - pa \tag{10-52}$$

式中，$LLenth_{MAX}$ 为最大的叶长

（2）叶形的模拟

从叶尖开始，用沿叶基部方向叶宽的变化表示该叶片的叶形。研究表明，从第一片叶到最后一片叶，叶形均呈二次曲线的变化动态。模型描述如下：

$$\text{LWidth} = pa \times \text{LLenth}_{\text{LN}}^2 + pb \times \text{LLenth}_{\text{LN}} \tag{10-53}$$

式中，LWidth 为叶宽；$\text{LLenth}_{\text{LN}}$ 为第 LN 叶片叶长，取值为 $0 \sim \text{LLenth}_{\text{LN}}$；$pb$ 为参数，计算方法如式（10-54）、（10-55）所示，参数 $\text{LWidth}_{\text{max-LN}}$ 为第 LN 叶片的最大叶宽。研究表明，叶片的最大叶宽与叶长呈正相关关系，模型如公式（10-56）所示。

$$pa = -\frac{9 \times \text{LWidth}_{\text{max-LN}}}{4 \times \text{LLenth}_{\text{LN}}^2} \tag{10-54}$$

$$pb = \frac{-4.2 \times pa \times \text{LLenth}_{\text{LN}}}{3} \tag{10-55}$$

$$\text{LWidth}_{\text{max-LN}} = \left| \frac{\text{LLenth}_{\text{LN}}}{8} - 1 \right| \tag{10-56}$$

（3）叶片伸展的模拟

叶片的伸展状况是叶片形态描述中一个非常重要的方面。不同品种甚至同一品种不同叶位叶片的伸展状况存在较大的差异。本研究用二次方程模拟叶片的伸展状况，模型描述如下。

$$y = r \times a \times \text{LRange}_n^2 + b \times \text{LRange}_n \tag{10-57}$$

式中，y 为叶片伸展状态；LRange_n 为叶片的幅宽，计算方法见公式（10-58），取值为 $0 \sim \text{LRange}_{\text{max-}n}$，$\text{LRange}_{\text{max-}n}$ 为第 n 片叶幅宽的最大值，公式（10-58）中，LSAngle 为茎叶夹角，本研究将其定为品种参数（表 10-1）。b 为方程的参数，计算方法见公式（10-59）。r 为叶片的弯曲系数，为品种参数，取值在 $0 \sim 1$（表 10-2），统计表明，伸展形玉米品种叶片的弯曲点约位于叶片的 1/2 叶长处。参数 a 的计算方法如公式（10-60）所示。

$$\text{LRange}_n = \text{LLenth}_{\text{LN}} \times \sin(\text{LSAngle}) \tag{10-58}$$

$$b = \tan\left(\frac{\pi}{2} - \text{LSAngle}\right) \tag{10-59}$$

$$a = -\frac{\cos(\text{LSAngle})}{\text{LLenth}_{\text{LN}} \times \sin^2(\text{LSAngle})} \tag{10-60}$$

表 10-1 不同玉米品种参数列表（陈国庆等，2010）

品种参数	高油 202	高油 115	高油 4515	农大 108	聊玉 20
LSAngle	26	35	23.5	35	31.5
r	0.56	0.7	0.65	0.6	0.75

表 10-2 农大 108 不同叶位不同叶长处叶宽的预测误差（陈国庆等，2010）

从叶尖到叶片基部不同叶长（3 叶、5 叶）(cm)	绝对预测误差（cm）					从叶尖到叶片基部不同叶长（13 叶、16 叶、18 叶）(cm)
	3 叶	5 叶	13 叶	16 叶	18 叶	
2	−0.22	−0.294	−0.422 5	−0.975	−0.64	5
4	−0.32	−0.316	−1.215	−0.2	−1.04	10

从叶尖到叶片基部不同叶长（3叶、5叶）(cm)	绝对预测误差（cm）					从叶尖到叶片基部不同叶长（13叶、16叶、18叶）(cm)
	3叶	5叶	13叶	16叶	18叶	
6	−0.3	−0.166	−0.1	−2.285	−0.6	15
8	−0.26	−0.244	−0.9	−2.52	−0.82	20
10	−0.3	−0.25	−0.5	−1.875	−0.5	25
12	−0.02	−0.384	−1.385	−1.55	−0.04	30
14	0.08	−0.346	−1.627 5	−0.745	−0.04	35
16	0.2	−0.136	−1.44	−0.16	0	40
18	0.14	−0.354	−1.022 5	0.005	0.28	45
20	—	−0.1	−0.575	0.05	0.8	50
22	—	−0.074	−0.397 5	0.075	0.66	55
24	—	−0.074	0.11	0.38	—	60
26	—	−0.076	0.847 5	0.665	—	65
28	—	−0.006	1.215	1.23	—	70
30	—	0.236	2.112 5	—	—	75
32	—	0.15	1.8	—	—	80
RMSE	0.227 3	0.288 1	1.075 53	1.455 3	0.563 2	

（4）模型的检验

利用 2004 ~ 2005 年度田间试验中农大 108 的观测资料对所构建叶长、叶形以及叶片伸展曲线模型进行了检验，以均方根误差（root mean square error，RMSE）表示模拟值与实测值之间的统计分析差异，并作出了模拟值与实测值的 1∶1 关系图。以农大 108 不同叶长的实测值与模拟值作 1∶1 关系图（图 10-4），可以看出实测值与模拟值之间较好的一致性和符合度。其 RMSE 分别是 1.4、2.2、3.2、4.7、1.6、2.1、3.3、3.2、5.1 和 4.6，平均值为 3.14（表 10-2）。对农大 108 叶片伸展曲线的实测值与模拟值进行误差分析，

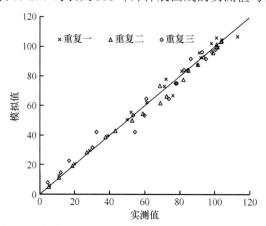

图 10-4　农大 108 不同叶位叶长的模拟值与实测值比较

其平均 RMSE 为 3.61。对农大 108 不同叶位不同叶长处叶宽实测值与模拟值进行误差分析（表 10-2），其平均 RMSE 为 0.72，同时作 1∶1 关系图，如图 10-5 所示，可以看出模型对叶形以及叶片伸展曲线有较好的预测性。

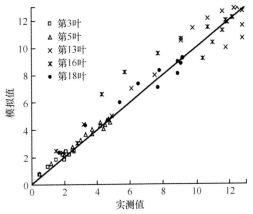

图 10-5　农大 108 不同叶片叶形的模拟值与实测值比较

　　本模型对不同玉米品种的叶片生长动态特征进行了定量化模拟。不同叶位上叶片的长度差异较大，精确地模拟不同叶位上叶长的差异较困难。在已往的研究中，均采用二次曲线对叶长进行模拟，这种方法对低位叶叶长的模拟误差偏大，本研究用高斯拟合模型描述了叶长随叶位的变化过程，符合叶片生长的生物学规律，较好地拟合了叶长随叶位的变化动态，具有一定的生物学意义。对于不同的玉米品种，从第一片叶到最后一片叶的叶长变化规律是相同的，可用一个标准方程来量化表达，从而较为简化且准确地模拟玉米叶片叶长随叶位的变化模式。而对于不同的玉米品种引入了品种遗传参数来加以区分。叶形是描述叶片形态的一个非常重要的指标，本研究表明用沿叶基部方向叶宽的变化来表示叶形，能更准确地反映叶片的形态特征，这与已往的研究结果是相同的。研究用二次方程来模拟叶形，从检验结果来看，其平均 RMSE 为 0.72，表明模型具有较好的预测性。

2. 叶面积指数消长动态

　　一般来说，作物的发育进程随温度的升高而加快，虽然超过一定的温度范围，发育速率会有所下降，但是在作物生长季节的大多数时间内，温度一般都低于发育的最高温度，因此，在高于基点温度、低于最适温度的范围内，发育速率与累积的时间或生长度日呈正相关关系，这种累积生长度日成为预测作物生育阶段的主要尺度之一。每天的生长度日通常又称为有效积温，定义为一定时期内高于基点温度日平均温度与发育基点温度差值的累积值，表示为

$$GDD = SUM(T_{mean} - T_b) \tag{10-61}$$

$$T_{mean} = (T_{max} + T_{min})/2 \tag{10-62}$$

式中，T_{mean} 为日平均温度，T_{max} 为日最高温度，T_{min} 为日最低温度，T_b 为发育基点温度，

每天生长度日的累积形成累积生长度日（GDD）。

叶面积指数（LAI）与累积生长度日（GDD）的关系表示如下：

$$\text{LAI} = -1480.58 + 1485.627 \times \exp\left\{\begin{array}{l} -\exp\left[(1194.703 - \text{GDD})/10\,128.56\right] \\ -(\text{GDD} - 1194.703)/10\,128.56 + 1 \end{array}\right\} \quad (R^2 = 0.9677) \quad (10\text{-}63)$$

3. 玉米株高生长动态

茎是植株的中轴，既贯通连接各器官，又使叶片在一定空间内较均匀地分布。因此，其生长状况对其他器官的建成和功能都有重要影响。玉米茎由节和节间组成。一般种胚已分化出五六个节间。每个节间的上方着生 1 片叶，故玉米节间数与叶数相同。一般玉米有 15 ～ 24 个节间，最少的只有 8 个，最多的达 48 个。其中 1 ～ 4 节间极短，且密集于地下，从第 5 节间开始伸长。植株高矮，因品种、土壤、气候和栽培条件不同而有很大差异，为 0.5 ～ 9m。通常把株高小于 2m 的称为矮秆型，2 ～ 2.7m 的称为中秆型，大于 2.7m 的称为高秆型。茎节间的粗度从基部向顶端逐渐变小，长度自基部到顶端有规律地变化。玉米到拔节时，全部的节和节间都已分化形成，节间的伸长生长和加粗是在穗期由各节间基部居间分生组织完成的。每个节间是一个生长单位，由其基部的居间分生组织活动使之增粗、伸长。居间分生组织进行一段生长活动后即老熟，节间生长也随之停止。玉米茎的节间生长依次由下而上顺序进行。每个节间的生长都经过慢—快—慢的过程。玉米同一节位的节间生长晚于叶片。节间长度和节位的关系如下：

$$\begin{aligned} \text{JJ} = &-16.6586 + 18.308\,29 \times \text{JW} - 6.863\,38 \times \text{JW}^2 + 1.125\,28 \times \text{JW}^3 \\ &- 0.0772 \times \text{JW}^4 + 0.001\,86 \times \text{JW}^5 \end{aligned} \quad (R^2 = 0.971\,34) \quad (10\text{-}64)$$

式中，JW 为节位，自下而上数；JJ 为节间长度，单位为 cm。

4. 籽粒干重及产量的确定

植株不同器官的重量是特定器官分配系数与生物量的乘积。产量是由分配给籽粒的同化物逐渐积累而成的。公式如下：

$$\begin{aligned} \text{DW}[\text{ZL}]_{n+1} = &\,\text{DW}[\text{ZL}]_n + \text{CP}[\text{ZL}]_n \times \text{CP}[\text{shoot}]_n \times \text{PND}_n + \text{TPS}[\text{YP}]_n \times \text{DW}[\text{YP}]_n \\ &+ \text{TRS}[\text{JG}]_n \times \text{DW}[\text{JG}]_n + \text{TRS}[\text{SZ}]_n \times \text{DW}[\text{SZ}]_n \end{aligned} \quad (10\text{-}65)$$

式中，DW[ZL]$_{n+1}$、DW[ZL]$_n$ 分别为第 $n+1$、n 天的籽粒干物质量（kg DW/hm^2），CP[shoot]$_n$ 为第 n 天干物质给地上部分的分配系数，CP[ZL] 为第 n 天地上部分给果穗的分配系数，TPS[YP]$_n$、TRS[JG]$_n$、TRS[SZ]$_n$ 分别为第 n 天叶片、茎和穗轴的储藏物质向籽粒的转移系数，PND$_n$ 为第 n 天净光合同化量（kg DW/hm^2），DW[YP]$_n$、DW[JG]$_n$、DW[SZ]$_n$ 分别为第 n 天叶片、茎和穗轴的干物质量（kg DW/hm^2）。

以实测值与模拟值之间的均方根误差（RMSE）表示模型的预测精度，RMSE 值越小，模型的预测精度越高，并绘制实测值与模拟值之间的 1：1 关系图，以直观地展示模型的拟合度和可靠性。模拟时直接利用各生育时期的地上部和地下部干重的实测值与模型计算出的模拟值比较，由图 10-6 ～图 10-8 可以看出，模拟值与实测值吻合较好，表明模型可以有效地模拟玉米单作情况下单株、叶片和雌穗干重动态，具有较强的适应性与预测性，但模型中未考虑氮含量、水分供应及生理年龄等因素对干物质积累的影响，因此对模型的适用性等方面还需要进一步核实和改进。本模型为玉米干物质分配和产量形成的动态预测提供了定量化工具，为进一步建立完整的玉米生长模拟与调控系统奠定了基础。

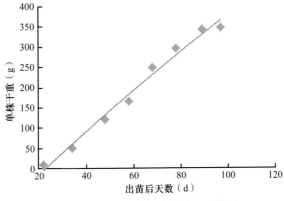

图 10-6　玉米地上部分单株干重模拟

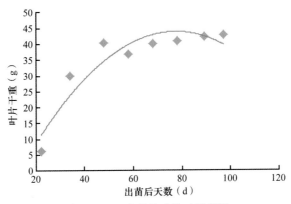

图 10-7　玉米单株叶片干重模拟

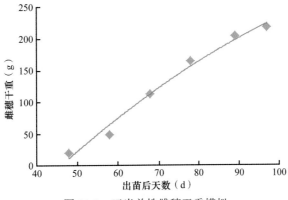

图 10-8　玉米单株雌穗干重模拟

第二节　玉米栽培管理知识模型

作物生产系统是一个复杂而独特的多因子动态系统，受气象、土壤、品种、病虫草害和栽培技术等多种因素的影响，表现出显著的区域性和时空变异性等特点。传统的作物生产管理主要依靠人的感官对作物生产系统的观察得出结论，以归纳或定性为主，缺乏客观性和定量化，表现为以经验为主的分散型或粗放型的生产方式。近年来，随着作物生理生态理论、试验手段和信息技术的发展，作物生产逐渐向与高科技结合的智能化、数字化生产方式转变。计算机和信息技术在农业领域的广泛应用为农业产业的技术改造和提升注入了巨大活力，也为作物生产管理提供了新的方法和手段。在我国，基于专家知识的作物生产管理专家系统得到了广泛的应用，并产生了极大的社会经济效益。然而，因作物生产管理专家系统的知识规则缺少定量化的数学模型，且包含了许多具有较强的地域性和时效性的专家经验和参数，在实际应用中，决策方案的定量化程度低、时空适应性和应变能力差，一般不具有预测能力。针对作物生产管理专家系统的弱点，本研究将系统分析方法和数学建模技术应用于玉米栽培管理知识表达体系，通过对玉米生育和管理调控技术原理的地域性与季节性变异规律进行数字化表达及定量分析，构建出具有时空规律的玉米栽培管理知识模型（图10-9），从而解决了传统玉米生产管理专家系统普适性差、动态预测不足等问题，进一步拓展了数字农业原理在玉米栽培上的应用。

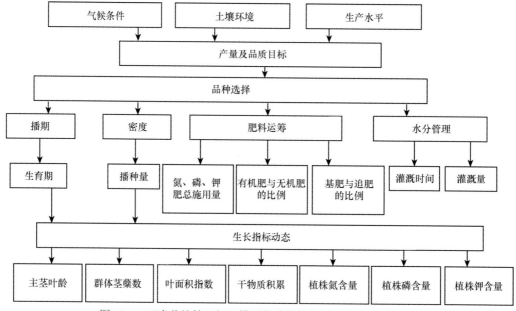

图 10-9　玉米栽培管理知识模型的总体结构图（郭银巧，2005）

一、玉米适宜品种选择和播期确定动态知识模型

为准确量化作物品种特征值、生态环境因子和生产需求等生产要素，需定量分析它们之间的动态关系，推进作物栽培管理技术从指标化和模式化向定量化和数字化方向发

展。目前生产上现有的玉米品种选择主要按区域试验和生产示范实际表现而定，即便是利用农业专家系统来决策，也主要依靠知识库中专家的经验性知识规则，缺乏动态性和广适性。玉米适播期确定的研究最早始于旱地地膜玉米，以"增温说"和"调水说"两种理论为指导和应用，首次把玉米播期与高产所需的温度和水分生态条件结合考虑。其后随着质量栽培的提出和信息栽培学的发展，人们的研究大多局限在播期与作物产量、品质的定性关系上，本研究基于品种特征值（积温、产量、抗逆性等）的品种数据库，通过量化玉米品种特征值与生态条件和农户期望值之间的动态关系计算品种置信度，进而推荐适宜的品种，较好地解决了传统作物品种选择方式单一和农业专家系统的不足，从而使现有区域性玉米栽培管理模式中对品种选择的定性、半定量描述上升到定量化、模型化和系统化水平。在确保玉米成熟的基础上，依据玉米生长发育进程与最佳季节同步原理，运用知识工程和数学建模方法，使抽雄吐丝关键期处于最佳光、温、水生态条件下的概率最大，结合茬口安排和品种熟性等综合考虑，建立能够反映时空规律特征的玉米适播期确定知识模型，以期为发展智能化和广适性的作物栽培管理决策支持系统奠定基础。

不同密度群体内风速的垂直分布随着密度的增加，基部、中部风速减小幅度逐渐增大，尤其以中部减小幅度最明显，上部风速差异不大。玉米群体内平均风速随着密度的增大而减小，这可导致乱流交换减弱，影响光热、水汽、二氧化碳等的合理分布。选用紧凑型品种，建立合理的群体结构和选择适宜的种植方式均有改善田间通风透光状况的作用。随着行距扩大和株距的缩小，行间风速和透光率均明显增加。

（一）模型的建立

根据系统要实现的功能，在广泛搜集整理相关玉米栽培管理知识、数据和专家经验的基础上，借助系统分析的原理和方法，经解析、归纳和综合，将各功能模块所需的相关知识概念化，确定概念之间的关联和结构化关系，建立概念化模型。然后，借助数理统计分析方法，以目标因子和结构因子之间的关系为基础，通过确定驱动变量、主控变量及相关变量，对玉米生育及管理指标与环境因子之间的动态关系进行定量分析，将概念化模型转化成参数化的定量数学模型。在此基础上，以 Visual C++6.0 为主要编程语言，开发实现符合 COM 标准的构件化可执行知识模型原型系统。通过运行实例去检测系统的正确性，并通过理解和分析系统的反馈信息，对知识模型中的某些参数进行调整或对知识模型进行必要的修改和完善。

（二）模型的检验

利用河北滦平、山东济南、辽宁沈阳 3 个不同地区的气象资料和玉米品种农大 108 的资料对播期模型的可靠性和适用性进行了较全面的检验。其中，各生态点气象资料为 1994～2000 年每日气象资料（由《中国地面气象记录月报》提供）的平均值；所选代表性品种为铁单 16、农大 108、京科 15、登海 3 号、沈单 13、沈单 16、郑单 958、陕单 972，其形态生理特性来自实验结果、文献资料及网络查询。

（三）模型算法的描述

1. 品种选择

选择适宜的品种是农户增产增收的必要保证，是播前方案设计中首要考虑的问题。模型首先根据农户提供的茬口安排时间判断决策点是否能种玉米以及所种玉米的熟性和类型。

在确保能种的基础上，根据表10-3中栽培方式判断适栽品种的熟性，进而结合农户的种植目的确定适栽品种类型，因为栽培目的是否明确往往关系到生产效益的高低。

表 10-3　玉米熟性积温参照表（≥10℃积温）（郭银巧等，2006）　　　　（单位：℃）

栽培方式	玉米熟性			
	早熟	中熟	晚熟	特晚熟
春播	2000～2200	2300～2500	2500～2800	2800
夏播	1800～2100	2100～2200	2300～2500	2500

然后，模型通过量化决策点所能提供的茬口最长积温（累积生长度日），以及农户对品种的产量、品质、抗病性、抗倒性、抗旱性、耐涝性、抗冷性和抗热性期望值，计算出品种各特征值的置信度，并以置信度为依据，为用户推荐适栽品种。

$$MCG = \begin{cases} Y & SUMT\_rotation > 1800℃ （Tm > 18℃）\& 降雨量 \geq 350mm \\ N & 其他 \end{cases} \tag{10-66}$$

式中，SUMT_rotation 为茬口安排起止日之间的积温（均温）；N 表示该地不能种，Y 表示能种；Tm 表示最低温。积温（CL_1）置信度的计算方程如下：

$$CL_1 = 1 - \left| \frac{SUMT\_rotation - UDV}{SUMT\_rotation} \right| \tag{10-67}$$

产量水平 CL_2、抗旱性 CL_6、耐涝性 CL_7、抗冷性 CL_8、抗热性 CL_9 置信度计算见公式（10-68）。

$$CL_{2,6,7,8,9} = \begin{cases} VC/UDV, & VC < UDV \\ 1 & , VC \geq UDV \end{cases} \tag{10-68}$$

品质指标 CL_3 置信度计算如下：

$$CL_3 = 1 - \left| \frac{VC - UDV}{VC_{max} - VC_{min}} \right| \tag{10-69}$$

抗病性 CL_4 置信度计算如下：

$$CL_4 = \begin{cases} \dfrac{1}{j} \sum \dfrac{VC_j}{UDV_j} & , VC < UDV \\ 1 & , VC \geq UDV \end{cases} \tag{10-70}$$

抗倒性 CL_5 置信度计算如下：

$$CL_5 = \begin{cases} 0 & , \ VC < UDV \\ 1 & , \ VC \geq UDV \end{cases} \quad (10\text{-}71)$$

式（10-66）～式（10-71）中，VC 为品种定量化特征值；UDV 为用户对所选品种的特定需求；VC_{max} 为品种特性的上限值；VC_{min} 为品种特性的下限值；j 为抗病种类。

按抗性或耐肥性将品种的抗病性（抗大斑病、抗小斑病、抗黑粉病、抗穗粒腐病、抗丝黑穗病、抗纹枯病等）、抗旱性、耐涝性、抗冷性和抗热性，分为超高、高、中、低和差 5 个水平，分别依次取值 1.0、0.8、0.6、0.4、0.2；感病为-1.0。而抗倒性分为抗和不抗两种类型，分别赋值 1.0、0.5。

模型设定，当积温、产量水平、抗倒性、抗病性等各子置信度不小于 0.80 时品种入选，同时系统计算总置信度，位于前 5 位的品种被选出推荐给用户。

总置信度（VCL）计算：

$$VCL = \frac{1}{9} \sum_{i=1}^{9} CL_i \quad (10\text{-}72)$$

2. 播期确定

适宜的播期是保证玉米生长发育进程与最佳季节同步，确保植株在主要生育时期达到相应生育指标的基础。玉米生育进程与最佳季节的同步性，关键是使玉米的开花结实期处于最佳的温光水生态条件下，这是提高籽粒生产期群体光合生产力的必要外部条件。模型结合决策点气象资料、所选品种特性、适宜茬口等确定适播期。具体实现步骤如下。

1）充足的土壤水分是玉米发芽和出苗的保证，一般播种时田间持水量为 60%～80%。

2）利用茬口安排、栽培方式和品种生育特性（积温需求和环境条件需求）确定播种日期。

首先判断决策点用户茬口安排日期是否满足玉米的生长发育需要（比较品种积温与茬口积温），如果满足则结合品种生育特性确定推理的起始日期。具体过程由 VC++ 程序语言来描述：

```
If SUMT_YPP ≥ SUMT_ rotation
YPP_sowdate=begin_date
If SUMT_YPP < SUMT_ rotation
SUMT_YPP=∑(Tmean(begin_date+M), Tmean(end_date))
M=begin_date-YPP_sowdate
For i=1:M
YPP_sowdate=begin_date+i
（抽雄日期推断参见表 10-4 计算可得）
tassel_YPP=sum(Tmean(begin_date+i), Tmean(YPP_tasseldate))
```

其中，SUMT_YPP 为品种积温，SUMT_rotation 的含义同品种选择部分，YPP_sowdate 为播种日期，begin_date 为茬口播期，end_date 为茬口收获期，YPP_tasseldate 为抽雄日期，tassel_YPP 为播种至抽雄日期的积温，Tmean 为日平均温度，M 为播期与茬口天数差，i 为播种日期与茬口日期差。

表 10-4　玉米生育阶段与所需积温对照表（郭银巧等，2006）

生育阶段	品种积温	所需积温
播种—出苗	SUMT_YPP_1（≥8℃）	=40+10.2SDEP+27.2
出苗—抽雄	SUMT_YPP_2（≥10℃）	春播：SUMT_YPP_2=30.2LN+31.8 夏播：SUMT_YPP_2=42LN
抽雄—成熟	SUMT_YPP_3（≥10℃）	=SUMT_YPP−SUMT_YPP_1−SUMT_YPP_2

注：SDEP 为播深（cm），LN 为叶长（cm）。

3）时间（i）的确定从播种日期（YPP_sowdate）之日起，播期位于（begin_date，begin_date+M）天内逐日向后推理，若至第 i 天品种抽雄期至吐丝期、灌浆期处于最佳光温水条件下的时间最长，即（CON$_1$+CON$_2$）值最大，则该起始日期（begin_date+i）为最佳播种日期。具体数学表达式如下：

$$TED=7\times VM \tag{10-73}$$

$$GFD=35\times VM+10 \tag{10-74}$$

$$VM=SUMT\_YPP/2800 \tag{10-75}$$

$$CON_1=\frac{D_1}{TED}\times70\%+\frac{D_2}{TED}\times30\% \tag{10-76}$$

$$CON_2=\frac{D_3}{GFD}\times70\%+\frac{D_4}{GFD}\times35\%+\frac{D_5}{200}\times30\% \tag{10-77}$$

式（10-73）～式（10-77）中，TED 为品种抽雄期至吐丝期间天数，GFD 为灌浆期天数，VM 为品种早熟性，CON$_1$ 为最佳光温水条件下抽雄期至吐丝期所需时间，CON$_2$ 为最佳光温水条件下灌浆期所需时间，D_1 为抽雄期至吐丝期内温度为 25～28℃的天数，D_2 为抽雄期至吐丝期内日照时数为 6～10h 的天数，D_3 为灌浆期内温度为 22～24℃的天数，D_4 为灌浆期内日照时数为 6～10h 的天数，D_5 为灌浆期内降雨量（mm），200 是灌浆期内最适降雨量。

4）地膜覆盖具有明显的土壤增温效应，并已被大量试验、实践所证明。一般覆膜比不覆膜地温平均可增高 1.5～5.5℃，但 5cm 平均地温至少增加 2℃，由此把气温稳定通过 8～10℃的日期作为玉米地膜覆盖的最早播种日期。据经验判断，覆膜可提前播种 7～10d。

If 地膜覆盖＝"有"

YPP_sowdate=normY_sowdate−i−7×VM

Else YPP_sowdate=begin_date−i

End

3. 模型实例分析

（1）品种选择知识模型实例分析

通过 4 个生态点实例分析（表 10-5），结果表明，所选品种与当前各区采用的栽培品种类型之间具有较好的一致性。用类似的方法可以对其他因子进行检验。

表 10-5　不同生态点常年品种选择设计结果（郭银巧等，2006）

品种	所选品种的置信度			
	北京	济南	榆林	沈阳
京科 15	—	—	—	—
郑单 958	0.956	0.931	—	—
农大 108	0.944	0.922	0.937	—
登海 3 号	0.975	0.965	0.971	—
陕单 972	—	—	0.983	—
沈单 16	—	—	—	0.864
沈单 13	—	—	—	0.843
铁单 16	—	—	—	0.819

（2）播期确定知识模型实例分析

从表 10-6、表 10-7 可以看出，同一品种在不同生态点的适播期随生态点＞10℃出现日期的推迟而推迟。北京玉米种植区优势是玉米抽雄—吐丝关键期的日平均温度为 25～28℃的天数和光照时数为 6～10h 的时间比较多，有利于玉米小花的分化；而济南玉米种植区的优势在于玉米灌浆期的 7 月、8 月日平均温度为 22～24℃的天数比较多，有利于玉米的灌浆和干物质积累；沈阳地区玉米抽雄和灌浆关键时期处于最适光温条件下的天数都比较多，从而弥补了生育末期积温不足对玉米产量的影响。播期模型的设计值与当前 3 个地区的玉米高产栽培模式也体现了较好的一致性，表明播期设计模型具有较好的适用性和决策性。

表 10-6　北京、济南、沈阳 3 个不同生态点常年 ≥ 10℃始终日期和茬口积温（郭银巧等，2006）

生态点	年份	≥10℃始终日期[1]（月/日）	茬口安排[1]（月/日）	茬口积温[2]（℃）
济南	常年	3/26～11/13	4/5～10/1	4372.21
			6/1～1/1	3228.76
北京	常年	4/3～10/31	4/5～10/1	3996.16
			6/1～10/1	3068.19
沈阳	常年	4/12～10/15	4/15～10/15	3714.67
			6/1～9/18	2575.72

注：1）取用 5 年的中值；2）取用 5 年的均值

表 10-7 不同生态点同一品种（农大 108）常年适播期设计结果（郭银巧等，2006）

地区	茬口安排（月/日）	播期（月/日）	D_1	D_2	D_3	D_4	D_5	CON_1+CON_2	适播期（月/日）
济南	5/20 ~ 10/1	6/14	4	3	13	28	129.8	1.254	5/20 ~ 6/14
		6/15	3	4	13	27	125.47	1.159	
		5/21	3	2	0	21	277.3	1.119	
		6/13	3	2	13	28	147.4	1.080	
		5/20	3	1	0	22	278.5	1.069	
北京	5/1 ~ 10/1	5/1	5	4	0	27	267.4	1.551	5/12
		5/10	4	4	0	29	231.3	1.373	
		5/13	4	4	0	28	233.1	1.367	
		5/12	4	4	0	28	229.9	1.362	
		5/20	2	4	3	27	206.4	1.063	
沈阳	4/20 ~ 10/15	4/25	5	3	9	18	260.9	1.482	4/20 ~ 4/26
		4/26	5	3	9	18	260.9	1.482	
		4/21	4	5	7	17	261.8	1.439	
		4/22	4	5	7	17	261.8	1.439	
		4/20	4	5	6	17	261.1	1.431	

注：D_1 为抽雄期—吐丝期温度为 25 ~ 28℃的天数；D_2 为抽雄期—吐丝期日照时数为 6 ~ 10h 的天数；D_3 为灌浆期温度为 22 ~ 24℃的天数；D_4 为灌浆期日照时数为 6 ~ 10h 的天数；D_5 为灌浆期降雨量（mm）；CON_1 为最佳光温水条件下抽雄至吐丝期所需最长时间，CON_2 为最佳光温水条件下灌浆期所需最长时间

通过准确量化不同玉米品种特征值、生态环境因子和生产需求等生产要素，定量分析它们之间的动态关系，建立了具有时空动态适应性的玉米适宜品种选择与适播期动态知识模型。以 Visual C++6.0 为主要编程语言，开发了符合 COM 标准的构件化知识模型系统，并进行了实例验证和分析。结果表明，模型具有较好的决策性和适用性。与传统的区域性玉米栽培模式及栽培专家系统相比，该品种选择知识模型基于囊括品种特征值的品种数据库，结合决策点的气候条件和具体的茬口安排，以农户期望值为导向，通过比较品种特征值和期望值来计算品种置信度，进而推荐适宜的品种，从而使现有区域性玉米栽培管理模式中对品种选择的定性、半定量描述上升到定量化、模型化和系统化水平。适播期知识模型依据玉米生长发育进程与最佳季节同步原理，使抽雄吐丝期处于最佳光温水生态条件下的概率最大，结合茬口安排和品种熟性等综合考虑，使模型具有较好的解释性和广适性。对模型测试分析的结果也反映了上述定量算法的可靠性。模型中有关玉米籽粒品质对品种选择影响的定量化描述，由于受玉米优质栽培技术研究结果的限制，有待于进一步修改和完善。

二、玉米肥料运筹动态知识模型

关于作物施肥模型的研制，国内外学者从多方面进行了研究，并提出了作物平衡施肥及测土配方施肥等技术和方法，以及基于二者的肥料管理专家系统、决策系统和结合

GIS 技术的精确变量施肥系统，这些模型和系统均包含了较多经验性和地域性的参数和规则，限制了它们的推广应用；同时，一些高端技术也由于与当前生产实践相脱节，积累的大量数据难以指导生产实践。曹卫星和朱艳（2005）利用知识工程和系统建模技术研制的知识模型系统，实现了专家系统的模型化和定量化，为发展动态性和广适性作物施肥管理决策奠定了基础。为此，本研究运用知识模型的构建原理和养分平衡原理，在综合量化玉米的需肥特性、土壤理化特性、品种遗传特征、水分管理水平和产量目标对肥料运筹影响的基础上，建立了系统化和广适性的玉米肥料运筹动态知识模型，该模型可用于精确定量不同环境和不同产量目标下的氮、磷、钾肥总施用量，有机氮无机氮施用比例及不同生育时期的氮肥追施量等，以期为实现玉米生长所需养分的精确诊断及推荐适宜量提供科学依据。

（一）模型的建立

在广泛搜集整理玉米肥料管理理论与技术的最新研究资料、数据和专家经验的基础上，借助知识模型的构建原理和养分平衡原理，对不同产量目标下的玉米需肥规律与环境因子之间的动态关系进行了定量分析，运用实例检测模型的正确性，根据反馈信息，对模型中的某些参数进行调整、修改和完善。

（二）模型方案设计

利用北京昌平和陕西榆林 2 个不同生态点常年气候条件下的不同品种、不同土壤肥力和产量目标数据资料，对玉米肥料运筹动态知识模型的可靠性和适应性进行实例分析；其中，玉米试验品种为农大 108 和掖单 13 号，其形态和生理指标、模型所需的品种遗传参数取自试验结果、文献资料及网络查询。昌平和榆林生态点常年气象资料为 1994 ～ 2000 年每日气象资料（《中国地面气象记录月报》提供）的平均值，包括日最高气温（℃）、日最低气温（℃）、降雨量（mm）和日辐射总量（kJ/m^2），以每日气象资料的平均值作为模型的输入值。

（三）模型算法描述

1. 氮、磷、钾肥总施用量的确定

关于作物总施肥量的确定，前人进行过大量的研究，其中养分平衡法是目前比较常用，也是机理性较强的方法之一。研究借鉴养分平衡原理，以目标产量（TGY，kg/hm^2）为目标，根据玉米生育期的养分需求量（NUR，kg/hm^2）与当季土壤养分供应量（NUS，kg/hm^2）之差来计算特定产量目标下的氮、磷、钾肥总施用量（TNR，kg/hm^2），见如下公式：

$$TNR=(NUR–NUS)\times100/FNUE \tag{10-78}$$

式中，NUR 通过籽粒产量及秸秆干物质量与其相应养分含量的乘积计算得到；FNUE 为肥料利用率（%），一般氮肥为 30% ～ 35%，磷肥为 10% ～ 25%，钾肥为 50% ～ 60%；100 为单位转换系数，以下同。

$$NUR=TGY×GNC+(1/HI-1)×TGY×STRNC \tag{10-79}$$

式中，HI 为收获指数；GNC（kg/kg）和 STRNC（kg/kg）分别为玉米籽粒和秸秆中养分含量，在适宜栽培条件下为品种遗传参数。

当季土壤养分供应量（NUS）为不施肥情况下作物的养分当季吸收量，约等于土壤肥力供给，其主要来源于土壤。NUS 受土壤养分供应量（SNS）、土壤水分状况及玉米品种的养分吸收效率等因素的影响和制约。

$$NUS=SNS×WML×VSNUE \tag{10-80}$$

式中，WML 为水分管理水平因子（0.8～1），VSNUE 为玉米品种的吸肥特征参数（0～1）。

土壤氮素以无机氮和有机氮两种类型存在，其中无机氮包括硝态氮和氨态氮，数量很少，容易被作物直接吸收利用；而有机氮必须经过微生物的分解才能转化为植物可吸收利用的矿化氮。

$$SNSN=SMN+SION \tag{10-81}$$

$$SMN = \frac{SMNC}{1\,000\,000} × SPD × SBD × 10 × 10\,000 \tag{10-82}$$

式中，SNSN 为耕层土壤氮素含量（kg/hm^2），SMN 为耕层土壤中有机质净矿化量（kg/hm^2），SION 为耕层土壤中有机态氮量（kg/hm^2），SMNC 为耕层土壤中无机氮含量（mg/kg）；SPD 为耕层土壤厚度（cm）；SBD 为耕层土壤容重（g/cm^3）；系数 1 000 000、10 000 和 10 均为单位转换系数。

有机氮矿化受土壤温度、水分状况、pH 及土壤有机质碳氮比等因素的影响。借鉴朱艳（2003）研究的小麦模型，通过逐步订正法建立生态模型来计算土壤中的有机质净矿化量，见公式（10-83）。

$$SMN = \sum_{i=1}^{G} \frac{0.04}{365} × \frac{STN}{1000} × 10\,000 × SPD × SBD × 10 × FT × FW × FpH × FCNR \tag{10-83}$$

式中，STN 为土壤有机质中氮含量（kg/hm^2）；系数 0.04 为土壤矿化氮占全氮的比例；FT 为温度订正函数；FW 为水分订正函数；FpH 为土壤 pH 订正函数；FCNR 为土壤有机质碳氮比订正函数；G 为生育天数。

各影响因子分别通过公式（10-84）～（10-88）进行定量描述。

$$FT = Q_{10}^{\frac{\bar{T}-30}{10}} \tag{10-84}$$

$$FpH = \frac{1}{1+e^{-2.5×(pH-5.0)}} \tag{10-85}$$

$$FW = \begin{cases} SOILW/FIELDW, & SOILW < FIELDW \\ FIELDW/SOILW, & SOILW \geq FIELDW \end{cases} \tag{10-86}$$

$$FCNR = e^{\frac{0.693×(SCNR-25)}{25}} \tag{10-87}$$

$$SCNR = 0.4 × SOM/STN \tag{10-88}$$

式中，Q_{10} 为土壤氮矿化的温度系数，表示土温每增 10℃，土壤氮矿化速度增加的倍数（一般取 2.0）；$\bar{T}$ 为耕层土壤在玉米生长发育期间的平均温度（℃），30℃ 为最佳矿化温度；SOILW 为实际土壤含水量（%），FIELDW 为田间持水量（%）；SCNR 为耕层土壤有机质碳氮比；SOM 为耕层土壤有机质含量（g/kg）；STN 为耕层土壤全氮含量（g/kg），25 为微生物分解活动适宜的碳氮比。

磷对作物的有效性在很大程度上由离子态磷决定，而离子态磷的多少又取决于土壤的 pH。当 pH 在 6.5～7.0 时，土壤有效磷的溶解度最大。太高或太低的土壤 pH 均不利于保持土壤磷的有效性。土壤有机磷的矿化分解是一个微生物过程，在一定范围内随温度的升高而矿化分解速度加快。因此，土壤可供磷量（SNS_p，kg/hm²）可以通过公式（10-89）～（10-91）计算得到。

$$SNS_p = \frac{SFAp}{1\,000\,000} \times SPD \times SBD \times 1000 \times SPUE \times 10\,000 \times Q_{10}^{\frac{\bar{T}-30}{10}} \tag{10-89}$$

$$SPUE = SPUE_{OPH} - 0.2 \times SpHPI \tag{10-90}$$

$$SpHPI = \begin{cases} \dfrac{pH-3}{3.5} & 3 < pH < 6.5 \\ 1.0 & 6.5 \leqslant pH \leqslant 7 \\ -2.333 + 0.333 \times pH & 7 < pH \leqslant 10 \\ 0 & pH > 10 \text{ 或 } pH \leqslant 3 \end{cases} \tag{10-91}$$

式中，SPUE 为土壤磷当季利用率（一般取 20%）；SFAp 为耕层土壤速效磷含量（mg/kg）；$SPUE_{OPH}$ 为适宜 pH 的土壤磷当季利用率（取 1.2）；SpHPI 为土壤 pH 对土壤供磷的影响因子。

土壤中的钾可按作物吸收的难易程度分为矿物态钾、缓效钾和速效钾，其中只有速效钾容易被作物吸收利用。因此，土壤供钾量（SNS_k，kg/hm²）可以通过土壤速效钾含量（SFAk，mg/kg）及土壤速效钾当季利用率（SKUE，60%）计算得到。

$$SNS_k = \frac{SFAk}{1\,000\,000} \times SPD \times SBD \times 1000 \times SKUE \times 10\,000 \tag{10-92}$$

$$SKUE = \left[298 - 101.3 \lg(SFAk) \right] / 100 \tag{10-93}$$

2. 有机氮和无机氮的施用比例

有机肥是天然复合肥，养分齐全，肥效长，除含有植物必需的氮、磷、钾外，还含有多种中、微量营养元素，其增产效果十分明显，但是有机肥所占比例过大则难以实现高产。有机肥和无机肥适当比例配合施用，不仅能提高地力，协调作物对养分的需求，提高肥料利用率，还有利于恢复土壤结构和维持生态环境的持续发展。一般玉米有机氮和无机氮的纯氮比例为（3：7）～（5：5）。具体比例计算见公式（10-94）。

$$OINR = \begin{cases} \left(3 - \dfrac{TGY - GY_3}{GY_3}\right) : \left(7 + \dfrac{TGY - GY_3}{GY_3}\right) & SOM \geqslant 2 \\[3mm] \left(4 - \dfrac{TGY - GY_3}{GY_3}\right) : \left(6 + \dfrac{TGY - GY_3}{GY_3}\right) & 0.5 \leqslant SOM < 2 \\[3mm] \left(5 - \dfrac{-TGY - GY_3}{GY_3}\right) : \left(5 + \dfrac{TGY - GY_3}{GY_3}\right) & SOM < 0.5 \end{cases} \quad (10\text{-}94)$$

式中，SOM 为土壤有机质含量（%），GY_3 为决策年份前 3 年平均产量（kg/hm²），TGY 为目标产量（kg/hm²）；OINR 为耕层土壤有机氮与无机氮和比例（%）。

3. 肥料基追施用量和追肥时间的确定

在施足基肥的基础上，还需要根据玉米各生育时期的需求规律进行追肥，才能保证玉米的正常生长发育。在肥料中，氮肥对塑造高产群体的形态质量起决定性的作用，因此在适宜的施氮总量确定后，还必须根据高产群体前、中、后期的吸肥规律，各时期施氮对不同器官生长的作用规律，正确运筹氮肥，才能达到提高土壤肥力、增加产量的目的。据以往对磷、钾肥营养特性的研究，磷、钾肥在土壤中移动性差，不易流失，肥效长，一般作为基肥一次施入增产效果最好；而氮肥肥效快，养分易流失，则按基追比例分次施入效果较好。本研究只考虑氮肥基追比例，即根据玉米的需氮规律、用户期望的产量目标和追肥次数来确定氮肥的基追比及适宜的施肥时间。氮肥基追比可通过公式（10-95）来定量描述。

$$BTR_N = \begin{cases} \left(3 - \dfrac{(TGY - GY_3)}{GY_3}\right) : 5 : \left(2 + \dfrac{TGY - GY_3}{GY_3}\right) & TGY \geqslant GY_3 \\[3mm] \left(4 - \dfrac{(TGY - GY_3)}{GY_3}\right) : \left(6 + \dfrac{TGY - GY_3}{GY_3}\right) : 0 & 0.8GY_3 < TGY < GY_3 \\[3mm] \left(6 - \dfrac{(TGY - GY_3)}{GY_3}\right) : \left(4 + \dfrac{TGY - GY_3}{GY_3}\right) : 0 & TGY \leqslant 0.8GY_3 \end{cases} \quad (10\text{-}95)$$

式中，BTR_N 为基肥、穗肥、花粒肥的比例，GY_3 为决策年份前 3 年平均产量（kg/hm²），TGY 为目标产量（kg/hm²）。

不同产量目标下氮肥追肥次数、追肥时间和追肥比例见表 10-8。

表 10-8 不同产量目标下氮肥追肥次数、追肥时间和追肥比例对照表（郭银巧等，2006）

产量水平	追肥次数	追肥时间	追肥比例
TGY ≤ 0.8GY₃	1	$n/2$	100%
	2	$n/2$ 和开花期	BTR_N
0.8GY₃ < TGY < GY₃	1	$n/2$	100%
	2	$n/2$ 和开花期	BTR_N
TGY ≥ GY₃	1	$n/2$	100%
	2	$n/2$ 和开花期	6：4
	3	苗期、$n/2$ 和开花期	BTR_N

注：n 表示叶龄

4. 模型验证

利用北京和榆林 2 个不同生态点适播期条件下的不同品种、土壤肥力、产量目标及水分管理水平和常年气象资料，对系统的肥料运筹动态知识模型进行了实例分析。模型所需的品种遗传参数见表 10-9，土壤耕层理化特性见表 10-10，氮、磷、钾肥总施用量设计见表 10-11，有机氮与无机氮比例及氮肥基追比见表 10-12。

表 10-9　北京和榆林 2 个不同生态点典型品种遗传参数（郭银巧等，2008）

生态点	品种名称	收获指数	籽粒养分含量（%）			秸秆养分含量（%）			养分吸收效率
			N	P	K	N	P	K	
北京	农大 108	0.50	1.5	0.57	0.33	1.00	0.20	0.90	0.5
榆林	掖单 13 号	0.48	1.43	0.59	0.40	1.10	0.23	1.02	0.5

表 10-10　北京和榆林 2 个不同生态点不同肥力土壤耕层理化特性（郭银巧等，2008）

土壤特性	北京（1991 年）土壤肥力 高	低	榆林（1992 年）土壤肥力 高	低	土壤特性	北京（1991 年）土壤肥力 高	低	榆林（1992 年）土壤肥力 高	低
耕层厚度（cm）	20	15	20	15	速效磷含量（mg/kg）	23.4	5.1	29.6	8.9
容重（g/cm³）	1.3	1.41	1.24	1.32	速效钾含量（mg/kg）	238	178	315	265
物理性黏粒含量（%）	26.2	30.0	12.3	28.1	pH	8.0	8.6	7.8	8.4
全氮含量（g/kg）	1.2	0.45	1.25	0.73	田间持水量（%）	23	25	24	23
有机质含量（%）	1.25	0.75	2.34	1.04	实际含水量（%）	15.3	12.6	13.6	11.0
无机氮含量（mg/kg）	71.6	34.6	75	28.7					

表 10-11　北京、榆林 2 个不同生态点不同土壤肥力、不同产量目标下不同品种氮、磷、钾肥总施用量设计结果（郭银巧等，2008）

生态点	品种名称	肥料种类	肥料总施用量（kg/hm²）土壤肥力[a] 高	低	目标产量[b] 高	低
北京	农大 108	氮	224.10	407.40	358.95	262.50
		磷	187.50	243.30	202.50	123.00
		钾	127.50	184.50	250.50	133.50
榆林	掖单 13 号	氮	283.65	410.55	424.35	247.95
		磷	113.85	231.90	217.50	130.35
		钾	129.60	195.75	296.40	165.45

注：a，不同土壤肥力的肥料设计结果基于高产目标（11 250kg/hm²）和常规中等管理水平；b，不同产量目标的肥料设计结果基于中等肥力和常规中等管理水平

表 10-12　农大 108 在北京地区不同产量目标、不同土壤肥力条件下的有机氮与无机氮比例及氮肥基追比（郭银巧等，2008）

前 3 年平均产量 （kg/hm²）	目标产量 （kg/hm²）	有机氮与无机氮比例		氮肥基追比
		高肥力	低肥力	基肥：穗肥：花粒肥
9 000	12 000	2.75：7.25	4.75：5.25	3.34：5：1.66
	9 000	3：7	5：5	4：6：0
	6 000	3.5：6.5	5.5：4.5	5.67：4.33：0

由表 10-11 可以看出，相同土壤肥力和产量目标条件下的氮、磷、钾肥总施用量因品种而异，由品种的收获指数、籽粒和秸秆养分含量、养分吸收效率综合决定。同一生态点同一品种不同肥力、不同产量目标下的肥料总施用量随土壤肥力升高而减少，随产量目标的提高而增多，体现了较好的动态性。

由表 10-12 可以看出，有机氮与无机氮比例因土壤肥力、目标产量的不同而变化。相同产量目标下，不同土壤肥力间的有机氮与无机氮比例随土壤肥力的升高而减小；相同土壤肥力状况下，不同产量目标的有机氮与无机氮比例随产量的升高而降低。氮肥基追比因产量不同而不同，基肥比例随产量目标增大而减小。结果表明，模型输出具有较好的适用性和动态性，模型为不同条件下所设计的推荐施肥方案与 2 个地区生产上应用的肥料运筹方案之间具有较好的一致性。

在分析和提炼已有玉米施肥管理文献资料的基础上，依据养分平衡的原理，在综合量化土壤理化特性、品种遗传特性、水分管理水平和产量目标等多种因子与玉米肥料运筹方案之间的动态关系基础上，建立了系统化和广适性的玉米肥料运筹动态知识模型。同时，该模型在充分兼顾产量目标的基础上，引入玉米籽粒和秸秆中氮、磷、钾含量，以及玉米品种对土壤氮、磷、钾吸收效率等品种参数来定量描述不同品种类型在氮、磷、钾需求量及吸收量方面的遗传差异，并根据土壤理化特性及基础养分含量等计算土壤氮、磷、钾的当季供应量，从而使模型具有较好的解释性和预测性。与已有的玉米施肥管理专家系统、统计施肥模型、平衡施肥模型和其他肥料运筹作物知识模型相比，该模型综合考虑了不同环境条件和产量目标条件下氮、磷、钾肥总施用量，有机氮、无机氮的配合使用，氮肥适宜基追比，用户期望的追肥次数和追肥时期等肥料管理技术中的关键环节，在理论和实践上较好地体现了模型的完整性、系统性和动态性，从而克服了传统作物管理模式及专家系统中经验性知识规则多、统计施肥模型的时空适应性差及其他作物知识模型系统应用性不足等缺点，原则上能用于不同生育阶段、不同地点、不同土壤、不同品种及不同产量目标条件下的玉米肥料运筹方案设计。但是受玉米优质栽培技术研究结果的限制，不同品质类型玉米氮肥施用量及其基追比模型尚未涉及；此外玉米生育期间降雨和灌溉所携带的氮供给量模型没有考虑，有待于进一步修改和完善。

三、玉米水分管理动态知识模型

农田水分管理与模型构建一直是农业生产的一个热点和难点问题。随着节水农业研究的不断深入，国内外学者从不同角度入手研究水分与作物产量之间的关系，并建立了很多作物-水分生产函数和模型。归纳起来，这些模型可分为两类：一类是以作物耗水量为变量，寻找不同生育阶段、不同程度的水分亏缺与产量关系的最终产量模型，一般是经验型或半经验型，主要通过对试验数据的回归分析而得到；另一类是建立在作物生长过程中不同农田水分状况与干物质积累之间关系的动态产量模型，该类模型实时操作性强，可以跟踪作物生长过程，同时将作物与干物质产量与土壤水分状况直接联系起来。目前许多研究依据作物水分生产函数，结合系统优化原理，提出灌溉时机和灌溉量。例如，国外研制的农田水分管理系统 CROPWAT（Smith，1992）和 ISAREG（Teiceira and Pereiya，1992），由于函数中的参数标定不完整、缺乏相对应的决策功能等问题，影响了依据其进行水分优化管理决策的科学性和可靠性。国内研制的农田水分管理专家系统和决策支持系统，大大提高了决策信息化程度，提高了管理人员的决策效率，但仍存在地域性强、知识库庞大和数据适时采集难等问题。

在研究运用知识模型的构建原理，将系统分析方法和数学建模技术应用于玉米水分管理专家知识表达体系中，根据土壤水分平衡原理，建立了具有系统性和适用性的玉米水分管理动态知识模型，为智能化和数字化玉米栽培管理决策支持系统奠定了基础。

（一）模型的建立

借助系统分析原理和数学建模技术，对玉米需水规律与环境因子之间的动态关系进行定量分析，利用实例去检测模型的正确性，并通过反馈信息，对模型中的某些参数进行调整、修改和完善。

（二）模型的检验

利用北京昌平、山东泰安、辽宁沈阳 3 个不同生态点多年平均气象资料和北京昌平同一年份不同降水年型资料对所建知识模型的可靠性和适用性进行了验证和分析。其中，玉米试验品种农大 108，其形态生理特性取自试验结果、文献资料及网络查询。北京昌平、山东泰安、辽宁沈阳各生态点常年气象资料为 1994 ～ 2000 年 7 年每日气象资料（由《中国地面气象记录月报》提供）的平均值；北京昌平丰水年气象资料为其 1994 年和 1996 年两年气象资料的平均值，平水年为 1995 年、1998 年的平均值，偏旱年为 1999 年、2000 年的平均值。这些资料均包括日最高气温（℃）、日最低气温（℃）、降雨量（mm）和日辐射总量（MJ/m^2），以每日气象资料的平均值作为模型的输入值。模型参数的确定由前人试验结果、文献资料及网络查询等确定。

（三）模型算法的描述

根据田间水分平衡方程，通过公式（10-96）来计算特定玉米生育期内所需的灌溉量（OI，m^3/hm^2），在节水农田管理下，忽略地表径流及土壤水分下渗和地下水的补给。

$$OI = \left[(ET_0 - ERAIN) + (Wb - Wa) \times ID \times 0.1\right] \times 10 \tag{10-96}$$

式中，ET_0 为生育期内玉米田间蒸散量（mm），利用曹卫星和罗卫红（2000）的 Priestly-

Taylor 方法来计算，其计算见公式（10-97）；ERAIN 为生育期内的有效降雨量（mm）；Wb 为某生育末期玉米根层土壤含水率（%）；Wa 为某生育初期玉米根层土壤含水率（%），由用户根据实际情况提供；ID 为灌溉管理深度（cm），一般取 20cm。

$$ET_0 = \begin{cases} EEQ \times 1.1 & 5℃ \leqslant T_{max} \leqslant 24℃ \\ EEQ \times \left[(T_{max} - 24) \times 0.05 + 1.1 \right] & T_{max} > 24℃ \\ EEQ \times 0.01 \times e^{\left[0.18 \times (T_{max} + 20) \right]} & T_{max} < 5℃ \end{cases} \qquad (10\text{-}97)$$

$$EEQ = Q \times \left(2.44 \times 10^{-3} - 1.83 \times 10^{-3} \times CALB \right) \times \left(T_{day} + 29 \right) \qquad (10\text{-}98)$$

$$T_{day} = 0.6 \times T_{max} + 0.4 \times T_{min} \qquad (10\text{-}99)$$

$$CALB = \begin{cases} 0.23 - (0.23 - SALB) \times e^{\left(-0.75 LAI \right)} & LAI \leqslant 4 \\ 0.23 + \dfrac{(LAI - 4)^2}{160} & LAI > 4 \end{cases} \qquad (10\text{-}100)$$

式中，EEQ 为日平衡蒸发量（mm）；T_{max} 为日最高气温（℃）；T_{min} 为日最低温度（℃）；Q 为到达地面单位面积上的逐日太阳总辐射量（MJ/m^2），可以直接从气象数据库中获得；T_{day} 为日平均温度（℃）；CALB 为每天作物冠层对太阳辐射的反射率；LAI 为叶面积指数；SALB 为裸地对太阳辐射的反射率，其值随土壤砂性增强而上升，一般在 0.08～0.24。LAI 随生育阶段的变化趋势见表 10-13，其中 LAIM 为吐丝期最适叶面积指数，由品种株型、当地日照强度及基部叶片正常的受光度决定，根据 Monsi 公式，由方程（10-101）来定量描述：

$$LAIM = -\ln \left(I_s / I_0 \right) \times 1/K_i \qquad (10\text{-}101)$$

式中，I_0 为群体上方的水平自然光强；I_s 为群体基部叶片正常受光时的补偿光强（一般为 1000lx 左右）；K 为品种的消光系数，其值因品种株型而异，一般平展型为 0.7，紧凑型为 0.5，中间型为 0.6。

表 10-13　LAI 随生育阶段的变化趋势表（郭银巧等，2007）

生育阶段		春播	夏播
出苗—抽雄	三叶期	0.07LAIM	0.07LAIM
	拔节期	0.17LAIM	0.2LAIM
	喇叭口期	0.58LAIM	0.60LAIM
抽雄—成熟	抽雄期	LAIM	LAIM
	灌浆期	0.86LAIM	0.7LAIM
	完熟期	0.5LAIM	0.35LAIM

有效降雨量是指降雨能渗入作物根层中供作物有效利用的那部分降雨量，它的大小不仅与降雨特性（降雨强度、降雨历程和降雨总量）有关，还与土壤特性（土壤质地、土壤的初始含水率、土壤的渗吸速度、地下水埋深等），以及玉米冠层、根层深度有关，

呈现出十分复杂的动态变化过程。由于土壤特性和降雨特性资料不易获得，本研究采用经验所得有效降雨系数（α）来求得玉米各生育时期的有效降雨量（ERAIN，mm），见公式（10-102）：

$$ERAIN = \sum GSVP \qquad (10\text{-}102)$$

$$GSVP = \sum Pd \times \alpha \qquad (10\text{-}103)$$

$$\alpha = \begin{cases} 0 & Pd < 3.5 \\ 1.0 & 3.5 \leqslant Pd < 15 \\ 0.8\sim1.0 & 15 \leqslant Pd < 50 \\ 0.7\sim0.8 & 50 \leqslant Pd \leqslant 100 \\ 0.7 & Pd > 100 \end{cases} \qquad (10\text{-}104)$$

式中，Pd 为日降雨量（mm）；GSVP 为基生育期内的有效降雨量（mm）。

玉米生长期间对水分的消耗和需求以及对水分亏缺程度的反应随各生育时期外界环境条件的变化和植株生育状况的差异而改变，其需水动态基本上遵循"前期少，中期多，后期偏多"的变化规律（表 10-14）。

表 10-14　玉米各主要生育阶段的水分-产量反应系数、灌溉管理深度

和土壤水分指标参照表（郭银巧等，2007）

生育阶段	i	λ	ID（cm）	Lim（%）	Low（%）	Opt（%）	Hig（%）
播种—拔节	1	0.56	0~60	55	60	67.5	80
拔节—大喇叭口	2	1.17	0~60	60	65	72.5	85
大喇叭口—抽雄	3	1.38	0~80	65	70	77.5	85
抽雄—灌浆	4	1.38	0~80	65	70	77.5	85
灌浆—成熟	5	0.78	0~100	60	65	72.5	85

注：土壤水分指标均指土壤含水量占田间持水量的百分比。i 为生育阶段；λ 为水分-产量反应系数，用于灌溉效益分析；ID 为灌溉管理深度；Lim、Low、Opt、Hig 分别为土壤含水量受旱极限指标、下限指标、适宜指标和上限指标

第 i 生育阶段灌溉量（OI_i）的计算见公式（10-105），EIRR 为灌溉效率，视不同灌溉方式而定（渠灌取 0.7，喷灌取 0.9，滴灌取 1.0），本研究计算取 EIRR=0.7。

$$OI_i = \left[(ET_{0i} - GSVP_i) \times 10 + (Wb_i - Wa_i) \times ID \right] / EIRR \qquad (10\text{-}105)$$

当 $Wa_i < Lim_i$ 时，说明田间需要灌溉，灌溉量为 OI_i；当 $Wa_i > Hig_i$ 时，说明田间需要排水，排水量为 $-OI_i$；当 $Lim_i \leqslant Wa_i \leqslant Hig_i$ 时，则要进行经济效益分析之后确定是否灌水以及灌水时间和灌水量。本研究采用直观的"投入产出差"进行分析，引入目标函数，$R = \Delta Y_i P_y - OI_i P_w - C$，$\Delta Y_i = WUE \times K_i \times ET_{0i}$，式中，$\Delta Y_i$ 为第 i 生育阶段实施灌水所引起的产量变化；P_y 为玉米商品价格（元/斤）；P_w 为水费；C 为常数，即一次灌水所消耗的人力、物力（元/次）；WUE 为最大水分利用效率（玉米取 1.4），其他参数同上。整个生育时期的灌水定额 W（m³/hm²）计算见公式（10-106）；节水效率 SWE 计算见公式（10-107），其中 600 为每次灌水单位面积经验灌水定额（m³/hm²）。

$$W = \sum OI_i \qquad (OI_i \geqslant 0, \ i = 1,2,3,4,5) \qquad (10\text{-}106)$$

$$SWE = \frac{[600 \times \max(i) - W]}{600 \times \max(i)} \times 100\% \qquad (10\text{-}107)$$

（四）模型验证

利用北京昌平、山东泰安、辽宁沈阳 3 个不同地区的常年气象资料和玉米品种农大108 的品种特征资料对不同生态点常年气候条件下玉米水分管理动态知识模型进行了检验。结果表明，在常年适播期条件下，不同生态点阶段蒸散量与降雨量的变化体现了较好的时空动态性，济南雨量充沛，玉米生育期内常年降雨分布与玉米需水规律保持较高的一致性，只需苗期灌水就可以满足玉米生长需要；北京需要苗期和拔节期二次灌水；而沈阳地处中国北部，由于玉米生育期长，蒸散量大，水分亏缺比较严重，则需要整个生育期持续供水，该地区要想获得玉米高产高效就必须发展节水灌溉农业。表 10-15 中的结果与当前经验灌水定额较一致。此外，沈阳比北京、北京比济南灌溉定额均高出一倍左右，其原因除与沈阳和北京两地的降雨量少有关外，还可能与玉米苗期所受水分胁迫程度不同有关，沈阳、北京苗期干旱有利于玉米根系下扎，为其利用深层土壤水提供了可能。而本模型没有考虑地下水位对作物需水量的影响。

表 10-15　北京、济南、沈阳不同生态点同一品种（农大 108）适播期条件下常年水分管理设计结果（郭银巧等，2007）

生态点	生育阶段（月-日）	ET$_{0i}$（mm）	ERAIN（mm）	OI$_i$（m³/hm²）	W（m³/hm²）
济南	播种—拔节（06-01～06-21）	68.72	25.92	578.0	578.0
	拔节—喇叭口（06-22～07-06）	55.52	65.82	0	
	喇叭口—抽雄（07-07～07-23）	47.40	84.00	0	
	抽雄—灌浆（07-24～08-08）	43.78	140.32	−865.4	
	灌浆—成熟（08-09～09-18）	109.15	113.59	0	
北京	播种—拔节（05-10～06-08）	82.13	30.05	670.8	
	拔节—喇叭口（06-09～06-25）	52.58	23.20	574.7	
	喇叭口—抽雄（06-26～07-13）	56.81	48.72		1245.5
	抽雄—灌浆（07-14～07-31）	44.17	111.68	−575.1	
	灌浆—成熟（08-01～09-10）	86.06	178.08	−1020.2	
沈阳	播种—拔节（04-20～06-07）	103.56	32.37	861.9	
	拔节—喇叭口（06-08～06-29）	60.21	42.22		
	喇叭口—抽雄（06-30～07-19）	50.10	41.01	470.8	2745.1
	抽雄—灌浆（07-20～08-05）	207.62	154.08	635.4	
	灌浆—成熟（08-05～10-05）	196.06	108.30	777.0	

利用北京昌平区不同降水年型气象资料和玉米品种农大 108 的品种特征资料对同

一生态点不同年型常年播期条件下的玉米水分管理动态知识模型进行了检验，结果显示，同一生态点玉米苗期是否灌水随水分年型变化不明显，拔节期和灌浆期随水分年型变化显著（表10-16）。丰水年玉米只需要苗期供水一次，灌浆后期做好防涝工作就可获得高产，节水效率为8.6%；平水年需要在苗期和拔节期供水两次，节水效率最高，高达31.9%；少雨年份则要进行苗期、拔节期和灌浆期三水，方能保证玉米高产，节水效果不明显。说明大田玉米种植丰水年和平水年存在较大水资源浪费现象，应予以重视。

表 10-16　北京地区不同年型同一品种（农大 108）常年播期条件下
水分管理设计结果（郭银巧等，2007）

年型	生育阶段	ET_{0i}（mm）	ERAIN（mm）	OI_i（m³/hm²）	W（m³/hm²）
丰水年	播种—拔节	83.47	21.84	548.3	
	拔节—喇叭口	46.41	120.40	0	
	喇叭口—抽雄	37.78	5.60	0	548.3
	抽雄—灌浆	38.92	139.44	−905.2	
	灌浆—成熟	65.42	148.56	−931.4	
平水年	播种—拔节	80.65	41.20	544.5	
	拔节—喇叭口	44.51	27.32	271.9	
	喇叭口—抽雄	57.73	100.84	0	816.4
	抽雄—灌浆	43.39	122.72	−693.3	
	灌浆—成熟	97.66	131.08	−434.2	
偏旱年	播种—拔节	83.29	38.88	594.1	
	拔节—喇叭口	58.50	4.48	640.2	
	喇叭口—抽雄	53.56	29.12	575.0	1809.3
	抽雄—灌浆	56.50	43.44		

运用系统学原理和数学建模技术，在综合考虑气象环境因子、玉米生育需水规律、土壤理化特性和灌水经济效益的基础上，建立了具有系统性和适用性的玉米水分管理动态知识模型，并利用典型品种和 3 个不同生态点常年气象资料以及同一生态点不同降水年型气象资料对该模型进行了验证，结果表明：该模型在不同生态点常年气候条件下节水效果不明显，在同一生态点不同降水年型条件下丰水年和平水年节水效果明显，节水效率分别为 8.6% 和 31.9%。

四、基于知识模型的玉米栽培管理决策支持系统

作物管理专家系统和模拟模型的发展为作物生产管理的现代化和信息化提供了新的方法和手段。基于二者结合与集成其他关键技术而建立的作物生产管理决策支持系统已经在国内外获得广泛的应用，并产生了极大的社会、经济和生态效益。由于传统农业专家系统包含了许多具有较强地域性和时间性的专家经验和参数，定量化程度低，时空适应性差，且不具有预测能力，限制了不同环境条件下系统决策的广适性和准确性。作物

模拟模型虽然具有较强的系统综合和动态预测功能，但由于模型所需的参数精度高，可操作性差，也难以直接进行生产系统的管理决策。因此将系统分析方法和数学建模技术应用于作物栽培管理知识表达体系，能够兼得作物模拟模型和专家系统的优点，实现动态预测和管理决策的有机耦合与综合协调，从而为实现作物栽培管理的精确化和数字化奠定基础。目前，中国南京农业大学曹卫星等已经成功研制出了基于知识模型的小麦、棉花和油菜栽培管理决策支持系统。

（一）基本思路与方法

借助系统分析原理和数学建模技术，通过解析和提炼玉米生育及管理指标与品种类型、环境因子及生产水平之间的基础性关系和定量化算法，郭银巧等（2005）构建了玉米栽培管理知识模型，并进一步利用软构件技术，在 Visual C++平台上研制了数字化和组件化的基于知识模型的玉米栽培管理决策支持系统（KMBSSMM）。

（二）系统结构与内容

KMBSSMM 由数据库、知识模型库、专家知识库、人机交互界面等部分组成（图 10-10）。

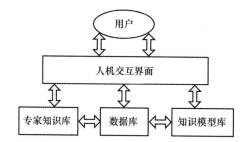

图 10-10　KMBSSMM 结构组成示意图（郭银巧等，2005）

1. 数据库

系统数据库包括以下几方面。

1）行政区划数据库，玉米主要产区的省、市、县行政区划名称及相应的经纬度等地理信息。

2）环境数据库，包括常年气象数据库和土壤数据库两部分，气象数据库内各生态点气象资料为 1994～2000 年每日气象资料（由《中国地面气象记录月报》提供）的平均值；土壤数据库存储反映土壤剖面性质的数据，由北京市农林科学院信息技术研究中心提供。

3）品种数据库，品种数据库的条目主要参考《全国玉米审定品种名录（2000～2006）》中颁布的品种资料数据，其形态生理特性有些取自实验结果、文献资料及网络查询。

4）栽培管理数据库，存储常规玉米栽培管理措施数据，包括决策点玉米最早播期、最晚收获期、水分管理水平、肥料运筹水平、病虫草害防治水平、栽培技术水平等。

5）诊断数据库，为系统实时水肥调控提供数据支持，主要存储不同生育阶段玉米茎、叶片的正常养分含量指标（氮、磷、钾含量）和不同生育阶段的适宜土壤水分含量指标。

6）社会经济数据库，主要存储农机、水利、劳力、肥料、农药和种子等的投入量及其相应的价格等。

2. 知识模型库

知识模型库主要表述了玉米生产条件、生产目标、生育和管理指标与环境措施因子之间的定量化关系。玉米知识模型的开发经历了识别、概念化、形式化、实现和测试5个阶段（图10-11），主要包括目标产量的确定、播前方案设计、产中适宜调控指标确定和产后生产效益分析4个子模型。其中播前方案设计子模型包括适宜品种、播期、密度及播种量、肥料运筹（包括氮、磷、钾肥总量，有机氮与无机氮的比例，氮、磷、钾基肥与追肥的比例）和水分管理5个子模型；产中适宜调控指标确定子模型包括玉米叶龄指数动态、群体叶面积指数、群体地上部干物质积累和源库比等。

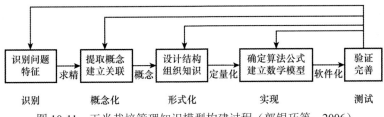

图 10-11　玉米栽培管理知识模型构建过程（郭银巧等，2006）

3. 专家知识库

作物生产系统的复杂性使得人们难以全面认识和掌握作物系统内部各因子之间的定量关系。为此专家知识库主要存放玉米栽培管理知识系统中某些定性的、目前无法用模型定量表达的技术性知识，进而辅助用户通过人机交互界面进行专家咨询和辅助决策。涉及内容主要有：播前种子处理、基肥的施用方法、播种技术、田间管理、玉米需水肥特性及实施技术、病虫草害的防治、覆膜技术、专用玉米品质特性及栽培技术等。其中病虫草害的防治部分包括10多种不同时期、不同部位、不同危害症状病虫草害的图片及其防治方法。

4. 人机交互界面

系统采用"模型-文档-视"（MDV）的体系结构（米湘成等，2003），综合了问答式对话、菜单技术、自然语言和图形方式等组织方式，界面设计既简洁直观又灵活友好，利于用户进行交互操作。

（三）系统功能及设计原理

系统主要实现产量目标确定、播前方案设计、产中动态指标预测、实时管理调控、生产效益分析、专家知识浏览和系统维护等主要功能（图10-12）。其中播前方案设计和产中动态指标预测模型算法的实现原理见郭银巧等（2005）的研究。

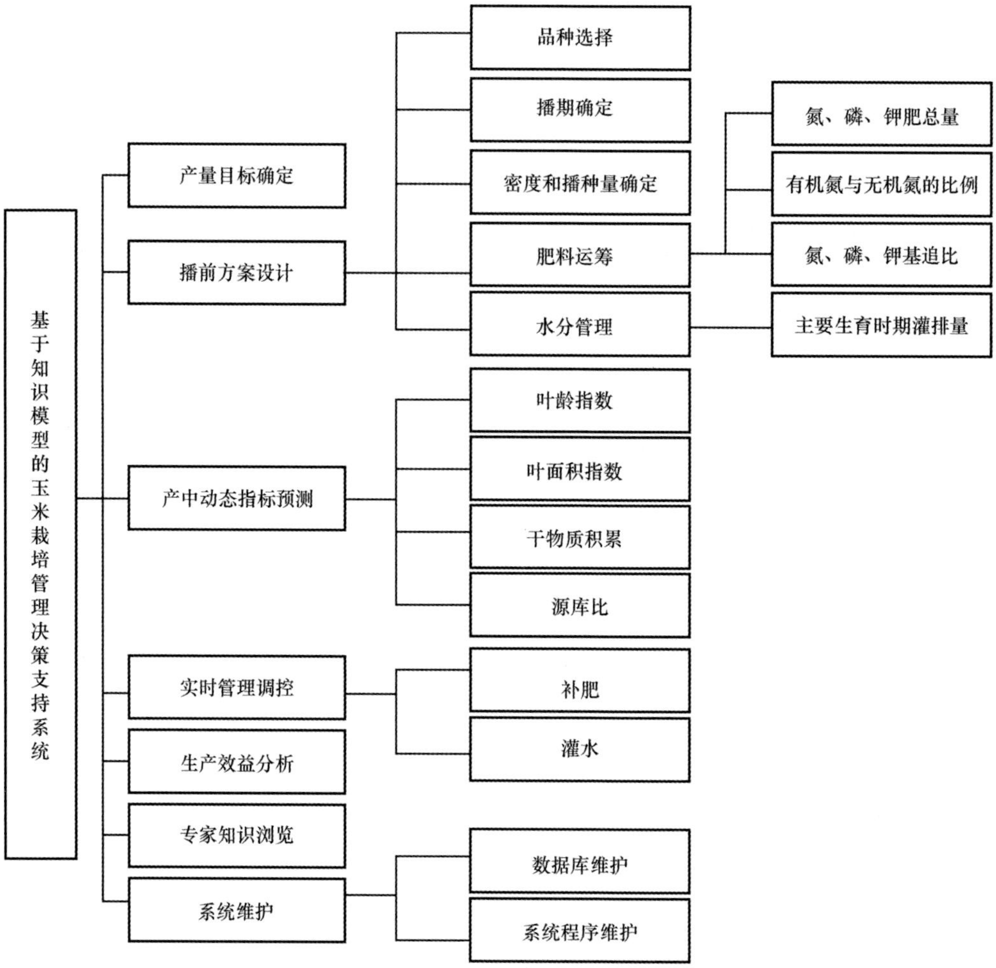

```
                              ┌──────────────┐
                         ┌────┤   品种选择    │
                         │    └──────────────┘
                         │    ┌──────────────┐
                         ├────┤   播期确定    │         ┌────────────────┐
                         │    └──────────────┘    ┌────┤  氮、磷、钾肥总量  │
          ┌──────────┐   │    ┌──────────────┐    │    └────────────────┘
       ┌──┤产量目标确定│   ├────┤密度和播种量确定│    │    ┌────────────────┐
       │  └──────────┘   │    └──────────────┘    ├────┤ 有机氮与无机氮的比例│
       │  ┌──────────┐   │    ┌──────────────┐    │    └────────────────┘
       ├──┤播前方案设计├───┼────┤   肥料运筹    ├────┤    ┌────────────────┐
       │  └──────────┘   │    └──────────────┘    ├────┤  氮、磷、钾基追比  │
       │                 │    ┌──────────────┐    │    └────────────────┘
       │                 └────┤   水分管理    ├────┤    ┌────────────────┐
       │                      └──────────────┘    └────┤ 主要生育时期灌排量 │
基                                                      └────────────────┘
于                      ┌──────────────┐
知                 ┌────┤   叶龄指数    │
识                 │    └──────────────┘
模                 │    ┌──────────────┐
型   ┌──────────┐  ├────┤  叶面积指数   │
的 ──┤产中动态指标预测├──┼────┤──────────────┤
玉   └──────────┘  ├────┤   干物质积累   │
米                 │    └──────────────┘
栽                 │    ┌──────────────┐
培                 └────┤    源库比     │
管                      └──────────────┘
理   ┌──────────┐       ┌──────────────┐
决 ──┤ 实时管理调控├───────┤    补肥      │
策   └──────────┘       └──────────────┘
支   ┌──────────┐       ┌──────────────┐
持 ──┤生产效益分析├───────┤    灌水      │
系   └──────────┘       └──────────────┘
统   ┌──────────┐
   ──┤专家知识浏览│       ┌──────────────┐
     └──────────┘   ┌───┤   数据库维护   │
     ┌──────────┐   │    └──────────────┘
   ──┤ 系统维护  ├───┤    ┌──────────────┐
     └──────────┘   └───┤  系统程序维护  │
                        └──────────────┘
```

图 10-12　系统功能简图（郭银巧等，2006）

1. 产量目标确定

产量目标采用彭乃志等（1997）的农业生态区（AEZ）方法来确定，首先根据决策点光热资源计算标准作物生物量，考虑气象因子（白天温度、云层覆盖度）和作物函数（叶面积指数、收获指数和生育期长短）的定量影响来确定光温生产潜力，结合当地的降雨情况进行水分订正得到气候生产力，该生产力与前 3 年玉米平均产量进行比较，用当地常规水分灌排水平、施肥管理水平、病虫草害防治水平和栽培技术水平等影响因子进行逐级修订，得到动态增产系数，用来反映增产的幅度大小。

2. 播前方案设计

首先根据决策点的常年气候、土壤、品种等资料，使系统通过运行知识模型来判断用户的目标产量是否合理，如果合理，则由知识模型生成一套播前设计方案（包括品种选择、播期确定、密度和播种量确定、肥料运筹和水分管理等）。

3. 产中动态指标预测

根据用户的产量目标、决策点的高产纪录、品种特性及气候条件等，为用户确定玉米生育过程的调控指标（叶龄指数、叶面积指数、干物质积累和源库比等）。

4. 实时管理调控

在动态管理调控过程中，定量化的适宜调控措施的确定是系统中的关键技术之一，该功能的实现主要借鉴南京农业大学朱艳等（2004）的方法，本系统的改进之处是以田间实时苗情代替生长模型预测的生长发育状况，从而使得系统具有更强的实用性和适用性。

5. 生产效益分析

根据玉米生产过程中所消耗的人力、物力、财力及收获的玉米产量和价格等，对其生产全过程进行经济效益分析，输出分析结果。

6. 专家知识浏览

专家知识库实现了专家知识咨询的功能，系统将各生育时期的田间管理措施和病虫草害防治措施等以文字、图片的形式，直观地显示给用户，用户可以根据玉米不同生育期参考专家知识库进行田间技术科学管理。

7. 系统维护

系统对于不同级别的用户授予不同的权限，用户可以在自己的权限范围内对数据库中的数据和专家知识库中的知识进行浏览、查询、编辑、添加和删除。

（四）系统应用实例分析

利用北京顺义常年气象资料、土壤特性、品种参数及常年栽培管理数据资料，对所建系统进行了实例分析和验证。结果表明：系统设计的栽培方案与特定地区采用的管理模式总体上保持一致。以系统产量目标确定子模型为例，研究设计了一套不同生态点、不同历史产量水平、不同水肥管理条件下的常年增产系数和产量目标设计方案（表10-17）。

表10-17　不同生态点、不同历史产量水平、不同水肥管理条件下的常年增产系数和产量目标设计结果（2001～2003年）（郭银巧等，2006）

| 水分管理 | 生态点 | 决策内容 | 高肥力 | | | 中肥力 | | |
			高产高肥管	中产高肥管	低产高肥管	高肥管	中肥管	低肥管
高水平	北京	YI（%）	23.6	41.2	78.3	39.4	32.2	25.7
		TGY（kg/hm²）	12 060	10 590	9 360	10 455	9 915	9 420
	济南	YI（%）	26.1	44.2	82.3	39.6	31.6	23.4
		TGY（kg/hm²）	13 230	10 815	9 570	11 520	10 860	9 255
	榆林	YI（%）	20.5	38.7	73.6	37.9	31.5	24.4
		TGY（kg/hm²）	10 845	9 360	7 815	9 315	8 880	8 400

续表

水分管理	生态点	决策内容	高肥力			中肥力		
			高产高肥管	中产高肥管	低产高肥管	高肥管	中肥管	低肥管
中水平	北京	YI（%）	19.3	34.6	60.5	33	26.6	18.9
		TGY（kg/hm²）	11 625	10 095	8 430	9 975	9 495	8 925
	济南	YI（%）	22.3	35.3	65.4	34.3	27.7	18.8
		TGY（kg/hm²）	12 840	11 160	9 930	11 070	10 530	9 795
	榆林	YI（%）	14.6	27.4	58.7	31.4	24.8	18.8
		TGY（kg/hm²）	10 320	8 595	7 140	8 865	8 430	8 010
低水平	北京	YI（%）	15.7	25.9	44.8	25.4	20.4	14.1
		TGY（kg/hm²）	11 280	9 435	7 605	9 405	9 030	8 565
	济南	YI（%）	17.6	33.6	59.2	28.9	23.6	12.9
		TGY（kg/hm²）	12 345	11 025	9 555	10 635	10 200	9 315
	榆林	YI（%）	9.6	18.3	39.4	25.3	17.4	12.3
		TGY（kg/hm²）	9 870	7 980	6 270	8 460	7 920	7 575

注：YI 为增产系统，TGY 为目标产量

通过对玉米生育和管理调控技术原理的地域性和季节性变异规律进行数字化表达和定量分析，构建了具有时空规律的玉米栽培管理知识模型，并进一步利用软构件技术构建和实现了数字化和构件化的基于知识模型的玉米栽培管理决策支持系统。与已有的作物管理决策系统相比，该系统综合了模拟模型的预测功能和知识模型的决策功能，具有较强的综合性；软构件技术的应用使得各大模块均成为 COM 标准的自动化构件，独立性好；利用 AEZ 法确定产量目标综合考虑了影响玉米生产的各项因子和条件，如水分、能量、营养物质等对作物的供应情况，为将来结合 GIS 技术，输出不同生态点作物生产潜力评价结果和气候变化对土地生产潜力的影响提供了条件。

第三节　玉米长势遥感监测及估产

作物长势信息反映作物生长的状况和趋势，是农情信息的重要组成部分。作物收获之前进行及时、准确、大范围的作物生长状况评价，可为田间管理提供实时的信息，同时也为早期估计产量和灾害预警提供依据。作为农业大国，作物长势监测，对于农业生产管理和政府粮食政策制定意义极其重大。卫星遥感技术以其快速、准确、信息量大以及省工省时等优势，为解决上述问题提供了十分有效的手段，也逐渐得到了各级政府部门的认可和重视。由于涝渍、干旱、病虫害、热冷冻害等是影响作物产量丰歉的主要原因，并具有连续性、突发性以及扩展性强等特点，给实时、大面积的作物长势监测增加了难度，遥感监测技术自然也就成为了客观获取这类农情信息的必然选择。

作物长势遥感监测是在遥感技术的支持下，通过获取遥感数据，提取作物农学参数、生长环境等遥感信息，及时了解作物的生长状况、苗情、土壤墒情、营养状况以及病虫

害动态变化情况，对区域作物生长状况进行分析评价。通过作物长势遥感监测，可以及时掌握病虫害、气象灾害等对作物生长、产量的影响及灾害后采取各项管理措施的效果。提前分析预测粮食产量波动，可为适时农业政策制定、农村经济发展提供有力决策依据，进而为政府相关部门制定粮食储备、运输及贸易决策提供更加准确的信息，降低国际粮食贸易的风险，保障国家粮食安全。

一、玉米长势监测遥感信息源

（一）多光谱遥感数据

遥感长势监测方法以客观、快速、经济的特点取代地面监测方法成为当今作物长势信息的主要来源。用于玉米长势遥感监测的遥感数据有时间分辨率和空间分辨率要求。一般大区域的玉米长势监测使用中低空间分辨率、较高时间分辨率的遥感影像，如NOAA-AVHRR 数据、EOS-MODIS 数据或者 SPOT-VDT 数据等，主要用于大面积种植估算，是当前玉米长势遥感监测最主要的数据源；区域的玉米长势的精准监测一般使用空间分辨率较高的遥感影像，其中以空间分辨率为 30m 的 TM、ETM+影像为代表，主要用于确定玉米类型和长势状况。法国 SPOT/HRV 卫星遥感数据，可以用于确定作物类型和长势，近期及未来将不断有这类数据的卫星平台及传感器升空，其中星载扫描辐射计、中分辨率光谱成像仪将可能成为未来中国大区域作物长势监测估产的主要数据来源。2008 年 9 月发射成功的环境减灾卫星一号 A/B 星的 CCD 多光谱相机，保证遥感数据具有 30m 空间分辨率、4 天重访周期，大大提高了中高分辨率遥感影像的时间分辨率。IKONOS 是美国第一颗高分辨率遥感卫星的遥感数据，可以用于确定单个作物的品种类型和营养状况；随着新的高分辨率传感器升空，特定区域、特定时期作物长势精准监测成为可能，基于高分辨率遥感影像的作物长势精准监测方法已建立。

（二）高光谱遥感数据

与多光谱遥感相比，高光谱仪器获得的连续波段宽度在 10nm 以内，波段数多达十几至几百，可将视域中观测的各种地物以完整的光谱曲线记录下来。理论上高光谱数据具有区分地表物质诊断性光谱特征的特性，很多研究表明，高光谱能准确提取植被物理参数（如叶面积指数、生物量、植被覆盖度、光合有效辐射等）和植被化学参数（如植被水分状态，以及叶绿素、纤维素、木质素、氮、蛋白质、淀粉含量等）。通过分析这些重要物理、化学参数可以进行玉米的长势监测。由于目前在轨运行的高光谱传感器很少，数据很难保证，很少使用高光谱数据进行长势监测。此外，高光谱传感器在提高光谱分辨率的同时，也会产生数据冗余的问题。在信息提取过程中，并不是所有的数据都发挥了作用。因此高光谱遥感在玉米长势监测中的应用还有待相关理论、技术的发展。

（三）微波遥感数据

微波遥感的突出优点是具全天候工作能力，不受云、雨、雾的影响，可在夜间工作，并能透过植被、冰雪和干沙土获得近地面以下的信息，广泛应用于海洋研究、陆地资源调查和地图制图。微波遥感除了可见光和红外遥感所具有的可进行大范围动态、同步和快速观测的优点之外，还具有下列固有的特点：能穿透云层和雨、雪、雾，具有全天时全天候的工作能力。可见光遥感一般是通过记录目标对太阳光的反射特性来实现的，因而受大气透明度、太阳高度角和季节的影响很大，特别是在黑夜或目标被烟、云、雨、雾遮盖时就丧失了获取信息的能力。红外遥感是靠接收目标的红外辐射来实现的，它克服了夜间障碍，而且受大气衰减的影响很大，穿透云层、雨、雪的能力也很差。然而，微波遥感则基本上不受气候条件的影响，大气衰减较小，能日夜工作。

已有研究尝试通过航空和卫星微波影像获取作物的冠层水分、叶面积指数以及生物量等进行监测及作物产量预报，并对不同窄幅微波遥感数据效用进行研究，如 Radarsat/SAR 是加拿大的雷达遥感卫星影像数据，可用于作物估产与生长监测。Chen 和 Mcnairn（2006）使用 RADAR-SAT1 卫星数据，通过人工神经网络法监测菲律宾的水稻长势，并进行产量预测，精度达 94%。Dente 等（2004）利用 C 波段 HV/VV 反向散射同化物作物生长模型 CERES-Wheat，实现雷达数据与作物模型的同化，使得微波数据在长势遥感监测中应用更深入。合成孔径雷达卫星窄幅扫描数据可以很好地反映地面作物的长势状况，并较为准确地估测地面作物的产量，但因时间分辨率低和数据费用较高等，阻碍了其在作物长势和产量预测方面的实际应用；合成孔径雷达卫星的宽幅扫描数据有较高的时间分辨率，并可覆盖大面积的地面，费用较低，最有可能用于一般的作物长势监测。Blaes 等（2007）研究基于模拟的 ENVISAT-ASAR 宽幅模式影像数据监测区域作物和区分不同作物类型，与窄幅模式数据相比，ENVISAT-ASAR 宽幅模式影像数据时间序列与区域作物生长相关，具有应用于作物长势监测的能力。

作物长势遥感监测涉及不同地区的多种作物，单一数据难以满足不同作物不同时期不同精度的长势监测。随着遥感的发展，多源遥感数据的作物长势监测将成为趋势。

二、玉米长势监测指标

作物长势受到光、温、土壤、水、气（CO_2）、肥、病虫害、灾害性天气、管理措施等诸多因素影响，是多因素综合作用的结果。在作物生长早期，长势主要反映了苗情好坏；在生长发育中后期，则主要反映了植株发育形势及其在产量丰歉方面的指定性特征。尽管作物的生长状况受多种因素的影响，其生长过程又是一个极其复杂的生理生态过程，但其生长状况可以用一些能够反映其生长特征并且与该生长特征密切相关的因子（如叶面积指数、生物量等）进行表征。在作物长势监测过程中，监测模型是专家决策过程和人们习惯认知的抽象表达，而监测指标则是监测模型生成长势指标信息最终结论的主要甚至是唯一依据。因此，发展准确、方便的监测指标是作物长势遥感监测的重要研究内容。

（一）叶面积指数

在冠层尺度上，长势参数包括叶面积指数（LAI）和叶绿素含量。实验发现，叶面积指数是与长势的个体特征和群体特征有关的综合指数，叶面积指数是决定光合作用速率的重要因子，叶面积指数越大，单位面积的穗数越多或截获的光合有效辐射越多，光合作用越强，这是用叶面积指数监测作物长势的基础。

玉米长势监测的主要原理是在可见光部分有强的吸收峰，近红外部分有强的反射峰，利用这些敏感波段的数学组合形成植被指数，然后用植被指数估算叶面积指数的情况，结合地面监测的结果、农学模型和 LAI 的估算结果综合得出玉米的长势信息。

（二）植被指数

植被指数（vegetation index，VI）的变化直接反映着植物的长势、覆盖度、季相动态变化等，所以在作物长势监测中，植被指数成为一个公认的能够反映作物生长状况的指标。植被指数与作物的叶面积指数、太阳光合有效辐射、生物量具有良好的相关性。

冠层尺度遥感指标有：比值植被指数（ratio vegetation index，RVI）、归一化植被指数（normalized difference vegetation index，NDVI）、垂直植被指数（perpendicular vegetation index，PVI）、土壤调节植被指数（soil-adjusted vegetation index，SAVI）、修正型土壤调节植被指数（modified soil-adjusted vegetation index，MSAVI）、增强型植被指数（enhanced vegetation index，EVI）、叶绿素吸收率指数（chlorophyll absorption ratio index，CARI）、叶片叶绿素指数（leaf chlorophyll index，LCI）、三角植被指数（triangular vegetation index，TVI）及红边位置（red edge position，REP）。

像元尺度遥感指标有：比值植被指数（RVI）、归一化植被指数（NDVI）、垂直植被指数（PVI）、土壤调节植被指数（SAVI）、修正型土壤调节植被指数（MSAVI）、增强型植被指数（EVI）。

在冠层尺度和像元尺度的区别在于使用的遥感数据及波段波长范围不一样。其中，归一化植被指数（NDVI）是最为常用的植被指数，在作物生长的一定阶段与 LAI 呈明显的正相关关系，NDVI 值可以作为判定作物长势的一种度量指标。不同长势的作物，其 NDVI 值大小不同。一般植株越高、群体越大、叶面积指数越大的作物，其 NDVI 值越大。因此苗期长势越好的农田，其 NDVI 值也越大。

（三）植被状态指数

以 NDVI 为基础进行数学组合得到的指标在长势监测中也有应用。Kogan（1990）提出的植被状态指数（vegetation condition index，VCI）即为其中的一例，其计算公式如下：

$$VCI = \frac{NDVI - NDVI_{min}}{NDVI_{max} + NDVI_{min}} \tag{10-108}$$

式中，$NDVI_{max}$ 和 $NDVI_{min}$ 分别为所用的图像中出现的 NDVI 最大值和最小值。虽然 VCI 的最初设计目的是评估天气度对植被的影响和描述植被的时空变化，但其在干旱监测（Liu and Kogan，1996）、产量预估（Seiler et al.，2000）、植被状态定量分析（Gitelson et al.，1998）等方面也有较好的应用效果。同 VCL 类似，将式（10-108）中的 NDVI 替换为地表温度 T，即可得到温度条件指数（temperature condition index，TCI）。在实际应用中，VCI 和 TCI 通常一起使用，主要用于干旱和水分胁迫情况监测。

（四）增强型植被指数

NDVI 的广泛应用并不能掩盖其固有的缺陷，如大气噪声、土壤背景及饱和问题。增强型植被指数（EVI）是以消除 NDVI 的缺陷为目的而构建的最为成功的植被指数之一。由于增加了蓝色波段的作用，EVI 在消除大气和土壤背景影响方面表现好于 NDVI，因此，EVI 与 LAI 的线性关系好于 NDVI。在应用方面，Sakamoto 等（2005）比较了基于不同母小波基的拟合方法对 EVI 数据进行拟合后反演水稻生育期的差异；Wardlow 等（2007）分析了 NDVI 和 EVI 在作物生育期反演方面的不同表现；张明伟等（2007）探讨了 MODIS EVI 数据在冬小麦长势监测中的应用。同样以消除 NDVI 的大气影响为目的的变换差值植被指数（transforme difference vegetation index，TDVI）（Bannari et al.，2002），与 EVI 增加蓝色波段的方法不同，TDVI 只是改变了红外光谱和近红外光谱直接的组合关系，也达到了改善 NDVI 与 LAI 之间线性关系的目的。

$$TDVI = 1.5 \times \frac{\rho_{NIR} - \rho_R}{\sqrt{\rho_{NIR}^2 + \rho_R + 0.5}} \qquad (10\text{-}109)$$

式中，ρ_{NIR} 和 ρ_R 分别为近红外波段和红外波段的反射率。

此外，一些高光谱遥感植被指数、红边参数等指标与作物的长势相关性明显，也可用来进行作物长势的遥感监测。用于长势监测的各类遥感反演参数包括植被光合有效辐射吸收比率（fraction of absorbed photosynthetically active radiation，FPAR）、净初级生产力（net primary productivity，NPP）、叶面积指数等。

作物长势遥感监测在时间上包括从作物发芽成苗到作物产量形成前的一段时期。在作物生长不同时期，遥感指标影响因素及影响程度不同，使得单一指标难以很好地反映不同时期的长势，遥感指标反映长势存在尺度效益。

三、玉米长势遥感监测方法

玉米长势监测一般从两个方面来进行：一是玉米生长的实时监测，主要是通过年际遥感影像所反映的玉米生长状况信息的对比，同时综合物候、云标识和农业气象等辅助数据来提取玉米长势监测分级图，达到获取玉米长势状况空间分布变化的目的；二是玉米长势趋势分析，主要以时序遥感影像生成玉米生长过程曲线，通过比较当年与典型年曲线间的相似和差异，做出对当年玉米长势的评价。

比较法是目前国内外广泛应用的作物长势监测方法之一，是对某一时期反映作物长势的遥感数值与多年平均值或上一年的数值进行比较。具体为对某一生长期反映作物长势的植被指数、生长曲线与多年统计值进行长势评价，包括实时比较和过程比较。

基于实时比较的玉米长势监测，以当地的苗情为基准，当年与前一年同期长势或多年平均同期长势相比，反映实时的玉米生长差异，可以对差异值进行分级，统计和显示区域的玉米生长状况。具体为在玉米生长期采用 NDVI 对比的方法监测长势，进行两期图像的对比分析，即计算差值图像。比较每旬的最大合成 NDVI 图像与去年同期 NDVI 图像，对差值影响赋值，并分为五个等级：差、稍差、持平、稍好、好，再进行不同等级面积统计，实现玉米长势的实时监测。此外，还应考虑地区差异和物候期变化等因素，因此玉米长势监测图还需叠加表征物候的矢量层进行综合分析。将玉米生长期内的实时遥感监测指标与去年、多年平均以及指定某一年的同期遥感指标进行对比，反映实时玉米生长差异的空间变化状态，同时通过年际遥感图像的差值来反映两者间的差异，对差值进行分级，以反映不同长势等级所占的比例。可以通过多年遥感资料累积，计算出常年同一时段的平均植被指数，然后将当年该时段的植被指数与常年值的差异程度作为衡量指标，判断当年玉米长势优劣，评价当年玉米长势状况的空间分布。

　　基于过程比较的玉米生长趋势分析，从时间序列上对玉米生长状况进行趋势分析和历史累积的对比，在玉米生长期内，通过卫星绿度值随时间的变化，将玉米的 NDVI 值以时间为横坐标排列起来，建立玉米从播种、出苗、抽穗到成熟收获的 NDVI 动态轨迹线，再与历史正常的玉米 NDVI 生长曲线进行比较，可动态地监测玉米长势。通过时序 NDVI 图像来构建玉米生长过程，通过生长过程年际的对比来反映玉米生长的状况，也称随时间变化监测。随着卫星资料的积累，时间变化曲线可与历年的进行比较，如与历史上的高产年、平年和低产年以及农业部门习惯的上一年等，通过比较寻找出当年与典型年曲线间的相似和差异，从而做出对当年玉米长势的评价，也可以统计生长过程曲线的特征参数包括上升速率、下降速率、累计值等，借以反映玉米生长趋势上的差异，从而也可得到玉米单产的变化信息。

　　虽然遥感信息能够反映作物的种类和状态，但是由于受多种因素的影响，完全依靠遥感信息还是不能准确地获得监测结果，需要利用地面监测予以补充，将地面信息与遥感监测信息进行对照，从而获得玉米长势的准确信息。此外，气象条件与农业生长关系密切，加强农业气象分析也有利于辅助解释遥感监测结果。

四、玉米长势遥感监测模型

　　根据玉米长势遥感监测模型的功能可以分为评估模型与诊断模型。

（一）评估模型

评估模型可分为逐年比较模型和等级模型。

1. 逐年比较模型

　　以当地的苗情为基准，今年与去年同期长势相比。在逐年比较模型中，引入 ΔNDVI 作为年际玉米长势比较的特征参数，定义为

$$\Delta \text{NDVI} = \left(\text{NDVI}_2 - \text{NDVI}_1 \right) \big/ \overline{\text{NDVI}} \tag{10-110}$$

式中，NDVI_2 为今年旬值；NDVI_1 为去年同期值；$\overline{\text{NDVI}}$ 为多年平均值。根据 ΔNDVI 与零的关系来初步判断玉米当年的长势与前一年相比是好还是差或者与前一年长势相当。逐年比较模型的优点是便于各地的田间监测，但是比较难以分等定级。

2. 等级模型

逐年比较模型难以分等定级。等级模型的目的是要分等定级，根据计算方法的不同分为距平模型与极值模型。

1）距平模型。比较客观的方法是与当地多年的平均值进行比较，引入 $\Delta\overline{\text{NDVI}}$ 作为年际玉米长势的特征参数，距平模型定义为

$$\Delta\overline{\text{NDVI}} = \frac{\left(\text{NDVI} - \overline{\text{NDVI}}\right)}{\overline{\text{NDVI}}} \tag{10-111}$$

式中，$\overline{\text{NDVI}}$ 为多年平均值，NDVI 为当年值。

2）极值模型。当多年 NDVI 变化不大时，距平模型可能难以分等定级。这种情况下可用当地 NDVI 极值建立等级模型便于分等定级。极值模型的特征参数用植被状态指数（VCI）表示。

$$\text{VCI} = \frac{\text{NDVI} - \text{NDVI}_{\min}}{\text{NDVI}_{\max} - \text{NDVI}_{\min}} \tag{10-112}$$

式中，$\text{NDVI}_{\max}$、$\text{NDVI}_{\min}$ 分别为同一像元多年的 NDVI 的极大值与极小值；NDVI 为当年同一时间同一像元的 NDVI。

不管是逐年比较模型还是等级模型，在实际应用中都存在一定的困难，因为获取 NDVI 的均值和极值需要多年的数据积累，但由于卫星资料的存档历史，收集多年的数据很难或者研究单位缺乏对数据的处理能力，因此很多学者选择比较相邻年份植被指数比值（α）（武建军和杨勤业，2002；赵锐等，2002）的方法，即

$$\alpha = \frac{\text{TNDVI}}{T_P\text{NDVI}} \tag{10-113}$$

式中，$T_P\text{NDVI}$ 为前一年同期的植被指数值；TNDVI 为当年的植被指数。若 $\alpha > 1$，则可以初步判断当年该地区玉米生长好于前一年；若 $\alpha < 1$，则说明当年的长势不如前一年；如果 $\alpha=1$（或近似等于 1），则说明当年玉米与前一年长势相当。在此基础上，还可以根据数值的大小来区别当年与前一年长势水平的等级，根据数值的大小，将玉米长势分为比前一年好、比前一年稍好、与前一年相当、比前一年稍差和比前一年差 5 个等级。

（二）诊断模型

诊断模型是指从作物生长的条件和环境等影响作物长势的因素出发，对作物的长势进行评价，通过可见光红外、微波、热红外等多源遥感信息，综合分析作物生长的物候、肥料亏缺、水分胁迫、病虫害蔓延、杂草发展等各方面信息，来评价作物长势。杨邦杰和裴志远（1999）研究认为利用热红外反演的植被表面温度 T_s 与可见光红外提取的 NDVI 建立矢量空间可以诊断水分胁迫并描述小麦的长势，T_s 的变化与土壤的蒸发和植被蒸腾相关，蒸腾量小时则表面温度高，即 T_s 高时作物受到水分的胁迫而缺水，而 NDVI 值的大小与生物量有关，可以表示长势好坏。刘云等（2008）综合利用 NOAA17

气象卫星的可见光红外及热红外遥感数据计算了归一化植被指数（NDVI）与地表温度，研究基于特征空间诊断作物水分亏缺以及监测作物长势的具体方法，取得了良好效果。说明综合利用可见光红外遥感数据、热红外遥感数据，将能够更全面、及时地对作物的生长环境和长势情况做出诊断。

（三）遥感信息和作物生长模拟模型结合的长势监测方法

遥感数据在作物长势监测中的最大优点是能够及时地提供作物在区域尺度的生长状况信息，但基于遥感数据的作物长势监测及产量估算存在机制不足的问题。作物生长模拟模型可以模拟作物从播种到收获的生长与生理生态指标的变化，但不同区域的地表、环境参数难以获取，限制了模型由单点推广到区域作物长势、产量的模拟。遥感信息和作物生长模拟模型结合的长势监测方法能发挥两者各自的优势，使得作物长势遥感监测能以作物生长机制反映作物长势状况，得到作物生育期、叶面积指数、生物量、土壤湿度等诸多与作物长势相关的参数，提高区域作物长势监测的精度。

应用遥感信息和作物生长模拟模型相结合的方法包括驱动法和同化法。驱动法就是直接利用遥感数据反演作物生长模拟模型初始参数的值，或者利用遥感反演结果直接更新作物生长模拟模型的某个输出参数值，并将其作为模型下一轮模拟的输入。同化法是通过循环调整作物遗传参数和模型模拟初始条件，将某一个或某些模型模拟值与相应遥感数据或产品差异最小化。具体有两种方法，一种是将作物生长模拟模型模拟值与遥感数据、产品差异最小化；另一种是将作物生长模拟模型与辐射传输模型相结合，将作物冠层模拟辐射值与遥感数据或产品差异最小化。

国外已有研究采用不同作物生长模拟模型和不同遥感数据相结合的方法，对不同区域的高粱、冬小麦、甜菜、玉米、水稻等作物产量和长势进行模拟。国内研究也较多，赵艳霞（2005）以 LAI 为结合点，利用鲍威尔（Powell）优化算法实现了 CERES-Wheat 小麦模型与 MODIS 反演 LAI 数据同化，可模拟小麦的产量。马玉平等（2005）利用 MOD 数据得到的土壤调整植被指数（SAVI）与 WOFOST 模型同化，通过调整 WOFOST 模型冬小麦初期和返青期生物量的值，减小 WOFOST-SALL-PRPSPECT 模型模拟作物冠层 SAVI 与遥感观测 SAVI 的差异。结果显示，通过对区域尺度的出苗期重新初始化后，WOFOST 模型模拟的开花期、成熟期空间分布的准确性比同化前 WOFOST 模型模拟结果有所改进。闫岩等（2006）讨论了利用复型混合演化算法实现 CERES-Wheat 模型与遥感数据同化的可行性。王东伟等（2009）采用集合卡尔曼滤波算法将作物生长模拟模型 CERES-Wheat 对北京顺义地区的冬小麦 LAI 进行同化，采用"中国典型地物标准波谱数据库"中冬小麦生长参数数据的统计结果，将 LAI 地面观测先验信息引入变分数据同化算法中，解决了 LAI 同化结果的缺陷问题，因而同化法适用于长势分布不均的作物动态监测，对于提高作物长势监测精度有巨大潜力。

五、玉米长势遥感监测存在的问题

目前，作物长势遥感监测方法不断发展，其监测精度和运行能力得到了很大的提高，但仍然存在一些问题，玉米长势遥感监测也存在同样问题。

（一）长势遥感监测指标比较单一

用于描述作物长势的指标包括苗情、作物密度、叶面积指数、生物量、干重及光合色素含量等。而农业部门用来描述作物长势的苗情主要根据作物群体密度、叶色、株高、穗粒数、病虫害和天气灾害受害程度、可否丰产等指标，难以定量描述；株高、穗粒数、病虫害和天气灾害受害程度难以用遥感影像提取。因而长势遥感监测的主要指标为叶面积指数、生物量、干重及光合色素含量等能被遥感反演的参数。

（二）监测指标与长势参数的定量关系还不强

用于作物长势监测的指标为不同类型的遥感植被指数和各类遥感反演的地表参数。由于多数遥感指标没有很好地消除土壤背景、大气参数、地表双向性等诸多影响，遥感指标与地面作物长势参数的统计关系不稳定，这影响了长势监测遥感指标的选择。虽然可用于作物长势监测的遥感指标很多，但目前业务化运行的遥感监测系统多使用 NDVI，不能深入说明作物长势的问题日趋明显。面向中国农情遥感监测系统长势监测中存在的问题，蒙继华（2006）以苗情监测和单产预测为目的，将苗期等级作为指标反映作物长势，以相关性、合理性、稳定性、一致性和简约性在全国尺度上的不同区域选择合适的指标，面向实时监测和过程监测的长势指标集，发展多种遥感指数的长势遥感监测，从多遥感指数中选取对植被状态、水分、温度适合有效的指数进行长势监测，将比单一利用 NDVI 好。

（三）物候问题

在实时监测过程中通常使用实时的遥感影像与历史同期进行对比的方法，这种年际作物物候的变化，会造成实时监测过程中把不同作物物候期的遥感参数进行对比的情况，这时对比的结果所反映的往往是不同物候期作物之间的差异，而不是作物长势间的差异，必然会降低作物长势监测的效果，特别是实时监测的有效性。

（四）种植结构变化问题

受政策和我国耕作制度的影响，我国部分地区的作物种植结构也会出现较大的年际变化，然而目前的作物长势监测方法和监测系统都没有考虑这种区域性的作物种植结构的变化，这会导致在实时监测过程中把不同作物的遥感参数进行对比，由于不同的作物具有不同的光谱特征，对比的结果所反映的往往是不同作物之间的光谱差异，而不是作物长势的变化情况。

（五）以大量历史遥感数据为基础

已有作物长势遥感监测系统多是将实时遥感图像与历史遥感图像相比较，系统运行需要以大量历史遥感图像为基础，制约了其在作物长势监测中的应用与推广。

六、农作物遥感估产

（一）农作物遥感估产概况

目前主要开展了对小麦、水稻、玉米、大豆、棉花、甜菜等遥感估产研究。农作物估产在方法上可分为传统的作物估产和遥感估产两类。传统的作物估产基本上是农学模式和气象模式，如农学-气象产量的预测模型、作物生长模拟模型、经验统计模型等，即把作物生长与主要制约和影响产量的农学因子或气候因子之间用统计分析的方式建立起关系，这类模式计算繁杂、方法速度慢、工作量大、成本高、某些因子种类往往难以定量化，不易推广应用。遥感估产则是建立作物光谱与产量之间联系的一种技术，是把遥感信息作为输入变量，建立遥感估产模型，探讨植物光合作用与作物光谱特征间的内在联系，以及作物的生物学特性与产量形成的复杂关系。

遥感估产是根据生物学原理，在收集、分析各种作物不同光谱特征的基础上，通过卫星传感器记录地表信息、辨别作物类型、监测作物长势，并在作物收获前预测作物的产量。包括两项重要内容：作物识别与播种面积提取、长势监测与产量预报。遥感估产的理论依据是作物光谱特征与其长势及产量间的定量关系，作物在生长期间，受环境因素影响（如干旱、病虫害等），其光谱特征会发生变化，通过监测作物光谱的变化（如红边移动），可以实现作物长势监测，并估算作物产量。

1. 农作物遥感估产国外研究进展

1974～1977年，美国农业部（USDA）、国家海洋和大气管理局（NOAA）、国家航空航天局（NASA）和商业部合作主持了"大面积农作物估产实验（LACIE）"计划，对美国、加拿大和世界其他地区小麦面积、总产量进行估算，估产精度均达到90%以上。1980～1986年，执行LACIE计划的几个部门又合作开展了农业和资源的空间遥感调查计划（AGRISTABS），其中包括对世界多种农作物长势评估和产量预报。美国农业部海外农业局（FAS）负责美国以外国家的农作物估产，并建立运行系统，该项工作为美国在世界农产品贸易中获得了巨大的经济利益。欧盟、俄罗斯、法国、日本和印度等也都应用卫星遥感技术进行了农作物长势监测和产量估测，均取得了一定的成果。例如，欧盟用10年的时间建立了用于农业的遥感应用系统，1995年在欧盟15个国家用180景SPOT影像，结合NOAA影像在60个试验点进行了作物估产，可精确到地块和作物类型。2002年美国国家航空航天局与农业部合作，在贝茨维尔、马里兰用MODIS数据代替NOAA-AVHRR进行遥感估产，MODIS搭载的TERRA卫星是1999年由美国（国家航空航天局）、日本（国际贸易与工业厅）和加拿大（空间局、多伦多大学）共同合作发射的，MODIS数据涉及波段范围广（36个波段），分辨率（250m、500m、1000m）比NOAA-AVHRR（5个波段，分辨率为1100m）有较大进步，这些数据均对农业资源遥感监测有较高的实用价值。用卫星遥感方法进行作物长势监测、产量估算已进行多年，方法已趋于成熟，目前正不断试验和探索新的技术。2002年，日本科技公司完成了PEPPERS（project for establishment of plant production estimation using remote sensing）项目，该项目可提高平原农业估产的精度，并着眼于对全球进行估产。而美国已经将遥感技术应用于精准农业，对农作物进行区域水平分布评估、病虫害预测等，直接指导农业生产。

2. 农作物遥感估产国内研究进展

从"六五"开始，我国试用卫星遥感进行农作物产量预报的研究，并在局部地区开展产量估算试验。"七五"期间，中国气象局于 1987 年开展了北方 11 省市小麦气象卫星综合测产，探索运用周期短、价格低的卫星进行农作物估产的新方法。该项目主要以长期的气象资料为基础，以遥感信息为检验手段，建立了不同地区的遥感参数-作物产量的一阶回归模型。1985 ～ 1989 年，该项目为中央和地方提供了 165 次不同时空尺度的产量预报，为国家减少粮食损失 33 万 t 以上，累计经济效益达 20 亿元。"八五"期间，国家将遥感估产列为攻关课题，由中国科学院主持，联合农业部（现为农业农村部）等 40 个单位，开展了对小麦、玉米和水稻大范围的遥感估产试验研究，建成了主要农作物卫星遥感估产运行系统，并完成了全国范围的遥感估产的部分基础工作，特别是解决了一些关键技术问题，如作物自动识别与插入记号的自动提取，作物长势实时监测与苗期预报，遥感信息与农学模型的耦合，遥感估产的试验运行系统的集成，并将遥感技术与地理信息系统（GIS）相结合，使整个遥感估产的各个作业环节均纳入一个统一的集成系统，实现了估产作业的自动化，为进一步开展全国性的卫星遥感估产提供了重要保证。1995 年以后遥感估产方法已日趋成熟，中国科学院设立了"九五"重大和特别支持项目"中国资源环境遥感信息系统及农情速报"，建立了全国资源环境数据库。中国科学院、中国气象局及多家高等院校、研究所致力于遥感估产技术的研究，并在浙江、江西、江苏等省和华北、东北、江汉平原等地区对冬小麦、玉米、水稻、糜子等作物进行遥感估产，在遥感信息选取、作物识别、面积提取、模型构建、系统集成等各个技术环节有了大幅的进步。李哲和张军涛（2001）提出了基于遗传算法与人工神经网络相结合的玉米估产方法；侯英雨和王石立（2002）提出了基于作物植被指数与温度的产量估算模型；江东等（1999）提出了基于人工神经网络的农作物遥感估产模型；申广荣和王人潮（2003）提出了高光谱遥感估算模型和水稻双向反射模型等，这些模型汲取了以前模型的优点，模型因子的选择更合理，可操作性更强，精度更高。

（二）农作物遥感估产理论基础

绿色植物的叶片是进行光合作用的基本器官。光合作用-干物质积累-叶面积增长-生物量增加，这 4 个有联系的因子信息，大多不能为遥感传感器所直接获取，但是它们的生理机制却能通过植物反射光谱中不同波段反射率的组合而间接地从遥感数据的分析中得到，这就是作物遥感估产的理论基础。

（三）农作物产量形成因素

农作物遥感估产是根据生物学原理，在收集分析各种农作物不同生育期不同光谱特征的基础上，辨识作物类型，监测作物长势，建立产量预测模型，从而在收获前就能预测作物产量的一系列技术方法，遥感估产过程受多种因素影响，主要包括作物本身的生物学因素，以及土壤、地形、气候、农业管理等综合因素，这些因素有的是受人类控制的因子，有的是受自然条件影响的因子。

1. 生物学因素

生物学因素是指作物本身的光谱特征、水分含量、叶绿素含量、品种、类别等。作物产量的实质是作物与它周围生态环境不断进行物质循环和能量交换的光合作用过程。

$$6CO_2 + 6H_2O \xrightarrow[\text{叶绿素}]{\text{光}} C_6H_{12}O_6 + 6O_2 \uparrow \qquad (10\text{-}114)$$

其中，叶绿素是植物产生干物质的基础，因此单位面积内叶绿素含量（叶绿素浓度）与产量直接相关，而植物光谱也与叶绿素含量相关。

2. 水、土等环境因素

水、土等环境因素包括土壤、地形、地下水、排灌条件、土壤肥力等，它提供作物基本的生长条件（如一定的酸碱度、营养物质、根系通气状况、水分供应等），是决定一个地区作物产量的主要和基础因素，其中部分因素是可以人为控制的，水、土等环境信息可以通过遥感信息加以认识和提取。

3. 气候因素

气候因素主要指日照条件（日照强度和时间）、温度、降水量等因子，多为不可控因素。作物必须在一定的物质供应（光合辐射、二氧化碳、水分等）和外界环境（热量等）条件下才能进行正常的生理活动。气候因素可以通过气象台站观测数据或由气象卫星数据经遥感模式来推导。

4. 农业管理因素

农业管理因素在当地条件下具有相对稳定性，可通过逐年统计资料而获取，如间作、轮作、一年两作以及施肥、水利条件等。

可见，遥感估产是综合以上因素的"环境遥感估产"。

（四）主要农学参数与遥感的关系

实践证明，尽管作物产量受环境因素的影响，但是产量高低最终集中反映在单位面积的穗数（S）、粒数（L）、千粒重（T）上。

$$产量 = S \times L \times T$$

（五）农作物遥感估产的特点

1. 遥感估产需要作物生长全过程的光谱参数

由于构成产量的 3 个要素分别与作物不同生长期的垂直植被指数（PVI）有关，因此必须掌握作物生长全过程的光谱参数才能正确估产，而 Landsat TM 的时间分辨率有限，遥感估产除用 TM 影像外，还离不开短周期的气象卫星 AVHRR 数据。

2. 遥感估产主要运用植物光合作用的代表性波段——红外、近红外

根据植被指数与产量构成三要素间的内在关系，建立估产模型。该模型不仅能抓住事物的本质（光合作用），而且能给出定量分析数据（各种植被指数）。同时，作物遥感估产能更详细地提供作物空间分布的细节，避免了许多复杂的中间过程影响（如病虫害、灌溉、施肥等），而直接抓最终结果——产量。

遥感估产主要利用植被指数（PVI、NDVI、RVI、EVI、GVI）与产量构成三要素、作物参数（LAI、叶面积指数、生物量、干重、光合色素等）之间的相关性，以及植被指数、作物参数与产量间的数学模型，以实现作物长势动态监测和估产。

3. 遥感估产离不开地面实况的配合（定标与检验）

遥感数据需要地面样点的定标，以建立模式，还需要地面样点对遥感估产的结果进行检验。

4. 遥感估产还需要积温值等非遥感参数的支持

遥感估产还需要积温值、日照时数、播种量、土壤含水量等非遥感的农学参数、气象参数的支持，所以在 GIS 支持下进行遥感与非遥感数据的综合分析是提高遥感估产精度的必要途径。

5. 遥感估产主要利用这三类数据

根据植被指数、产量构成三要素及作物参数之间相关性建立植被指数、作物参数与产量间的数学模型，以实现作物长势动态监测和估产。

6. 垂直植被指数（PVI）被应用于遥感估产

因 PVI 比较好地消除了大气、土壤的干扰，被广泛用于作物遥感估产中。

7. 遥感估产对田块有要求

遥感估产要求田块较大且具有形态较为规整的空间分布特征，以及作物单一、内部较为均匀的光谱分布特征，这些是进行遥感宏观研究的前提。

（六）农作物遥感估产模型

估产模型的构建是农作物估产的核心问题，建立一个优秀的模型是进行高效、高精度遥感估产的必要条件。目前的估产模型主要有农学模型、统计预报模型、数值模拟模型、遥感模型和遥感-数值模拟模型。

1. 农学模型

农学模型主要是在作物生长状况与作物产量构成要素之间建立关系，进而预测农作物产量，其中作物产量构成要素因作物类型的不同而不同。

2. 统计预报模型

统计预报模型以概率论和统计学理论为基础，不考虑作物产量形成的复杂过程，直接把众多影响作物产量的因子，如温度、水分、日照等，与产量进行相关分析，建立多因子统计回归关系。该方法的优点是将产量与气象因子直接挂钩，便于定量分析气候变化对农作物产量的影响；缺点是模型过于简单，难以反映作物的生长发育过程，而且相关因子越多，寻求稳定的统计规律就越难，甚至有些因子是无法用数字确切表达的。

3. 数值模拟模型

作物数值模拟估产以相似性原理为基础，以分析作物生长发育的物理过程、物理机制和环境条件为手段，设法将作物生长发育、产量形成的规律表达为有关的物理学定律，并用数学语言将这些有关的物理学定律写成数学模型，在一定假设条件下，确定边界条件，简化模型，寻求合适的数学解法，通过模拟试验调整参数，最后建立作物估产的数值模拟模型。影响作物生长发育及产量形成的内外因素很多，导致描述这些过程的模型往往很复杂，这些因子在大面积观测取样时又存在一定问题，使模型应用的可操作性较差，业务应用有一定的困难。因此，简化数值模拟模型以遥感数据作为模型输入变量，建立宏观数值模拟模型是进行区域性估产的基本前提。

4. 遥感模型

遥感模型是根据生物学原理，在分析、收集农作物光谱特征的基础上，通过光谱来获取作物的生长信息，并在作物光谱与产量之间建立关联。目前经常采用的思路有 3 个：一是植被指数统计估产模式，利用作物生长全过程或部分时期的植被指数累加值或某一时期的植被指数与产量建立统计关系；二是植被指数-气象因子综合估产模式，把遥感信息与气象条件相结合建立统一的估产模型；三是以热红外信息为基础的估产模式，用卫星的热红外信息估算作物的冠层温度，并用冠层温度估计作物产量。

遥感估产的方法包括建立光谱参数与产量间的统计关系。考虑作物生长的全过程，将光谱的遥感机制与作物生理过程统一起来，建立基于成因分析的遥感估产模型，结合地面已知样地的实测数据，可建立各种不同条件下单位面积产量与植被指数间的数量关系，即估产模型，包括统计模型、半经验模型和物理模型。

（1）统计模型

统计模型直接建立植被指数（vegetation index，VI）与作物单产的统计关系，VI 与主要农学参数 LAI 的关系。通过农学参数建立估产模型，一般以 LAI 作为中间媒介，建立垂直植被指数（PVI）与 LAI 及穗数-穗粒数-千粒重等农学参数之间的关系等。

建立 VI 季节边界与农学参数的关系。选用多时相的 NOAA/AVHRR 数据，建立月、旬、年的 NDVI 与对应生育期的土壤温度、降水、潜在蒸发等参数之间的关系，建立遥感图像数据和农田实测数据与作物产量统计数据之间的相关关系，建立多波段遥感数据生成的遥感参数——VI 与作物单产的统计关系。

建立遥感参数 VI 与 LAI 的关系，通过 LAI 建立估产模型。

建立 VI 季节变化与相关农学参数、作物产量统计数据之间的相关关系。

（2）半经验模型

由于累积植被指数与作物冠层吸收的光合有效辐射（photosynthetically active radiation，PAR）有关，而它们又与干物质生产有关，因而可用于作物遥感估产。例如，Wiegand 等（1991）建立了植被植数累积量（$\sum \mathrm{VI}$）、冠层吸收的光合有效辐射累积量（$\sum \mathrm{PAR}$）与作物产量之间的关系：

$$y\left(\sum \mathrm{VI}\right) = y\left[\left(\Delta \mathrm{DM}\right) \times \Delta \mathrm{DM}\left(\sum \mathrm{PAR}\right) \times \sum \mathrm{PAR}\left(\sum \mathrm{VI}\right)\right] \tag{10-115}$$

式中，y 为作物产量；$\Delta \mathrm{DM}$ 为作物生产的干物质量。

半经验模型侧重于研究作物产量与作物生理过程之间的关系，即描述作物光合作用、蒸腾作用与干物质积累的关系。研究表明，在一定条件下，植物群体光合产物与遥感植被指数之间可用线性或准线性关系表示。

（3）物理模型

物理模型利用作物生长过程的冠层资料和环境气象条件，来模拟作物生长发育的基本生理过程——光合作用、呼吸作用、蒸腾作用、干物质转移与分配等，最终模拟作物产量的形成和累积。作物生长模拟研究自 20 世纪 60 年代由荷兰的 De Wit 和美国的（Duncan）开展以来，发展十分迅速，经历了从定性的概念模型到定量的模拟模型、从单一的生理生态过程模拟模型到完整地描述和预测作物生长及产量形成全过程的综合性生长模拟模型的发展过程，其中最具代表性的有荷兰的 ELCROS 作物动态生长模拟模型，用于模拟作物状态变量（LAI、各种器官的干物质量、生育阶段等）及作物-土壤-大气界面的物质与能量流的时间变化行为。

5. 遥感-数值模拟模型

用于与作物估产的遥感-数值模拟模型充分综合了模拟与遥感的基本原理，在建立估测平均单产的模型时，首先以相似性原理为依据，根据田间试验及农业气象观测资料，建立作物生长发育及产量形成的数值模拟模型；再利用遥感方法建立作物叶面积指数等农学参数与光谱之间的关系模型，然后将两种模型耦合，利用遥感手段为数值模拟模型获取所需的输入变量或参数，进行宏观数值模拟试验，建立作物估产的遥感-数值模拟模型。该方法充分利用了遥感与数值模拟方法的优点，操作性和准确性都大幅提高，但是由于受两者技术发展的限制，如何尽可能地将数值模型中的各种参数和输入变量用遥感方法来确定，最根本的问题就是如何利用遥感对地面观测取样，这方面还有许多问题有待研究，如土壤水分监测、土壤肥力监测等。

七、大面积农作物遥感估产步骤及应用实例

（一）农作物遥感估产步骤

一般的农作物遥感估产有如下步骤。

1. 明确遥感估产范围及区域

遥感技术用于农作物生长的动态监测和估产是大面积的应用，而各地区自然条件和社会环境不一样，农作物的生长状况也大不相同。因此需要将条件基本相同的地区归类，以便于作物生长状况的监测与估产模型的构建。

2. 布设地面采样点

遥感估产中的信息主要来自遥感信息，但是为了得到高精度的作物种植面积和产量，光靠遥感信息是不够的，必须在地面布设足够的采样点来监测作物实际生长状况和产量，对遥感信息进行验证。

3. 建立背景数据库

在遥感估产中，建立背景数据库是一项重要的基础性工作，背景数据库收集和存储了估产区自然环境等方面的信息，如地形地貌、土地利用现状、种植制度、土地类型和肥力、农业气候资料、农业灾情、历年的作物单产和总产量、作物种植面积以及人口和社会经济情况的数据信息等。背景数据库在遥感估产中主要起两方面的作用：一是为遥感图像信息分类提供背景，使分类精度提高；二是在遥感信息难以获取时，支持模型分析，即对历史资料和实际样点采集的数据综合分析，取得作物当年的实际种植面积和产量。

4. 提取农作物种植面积

农作物种植面积的提取是农作物估产的关键所在，常利用 TM 影像资料进行计算机自动分类，常见的方法还有利用 NOAA 资料进行混合像元的分解及在 GIS 支持下获取作物种植面积。

5. 动态监测不同生长期作物长势

任何一种农作物从播种到收获都要经过若干个生长期，因此需要跟踪监测不同生长期的苗情并估测其趋势产量。监测的主要方法是采用气象卫星对不同生长期的植被指数进行监测。根据植被指数的变化以及历年资料的对比，就可以及时获得各种作物在不同生长期的长势，根据长势情况就可预测作物的趋势产量。

6. 建立遥感估产模型

遥感估产是建立作物光谱与产量之间联系的一种技术。目前常采用 NOAA/AVHRR 卫星资料计算农作物的植被指数，根据光谱-植被指数-产量之间的关系建立遥感估产模型。

7. 分析和确认遥感估产的精度

在任何估产方法中，精度是人们最为关心的问题，它直接标志着整个估产结果的可信度。遥感估产方法牵涉的中间环节多，可能产生误差的原因也多。为了保证最终的精度要求，应在每个环节上尽量减少误差。目前，对小麦和玉米遥感估产的精度可达到95%以上。

8.建立遥感估产运行系统

利用遥感技术进行农作物种植面积提取、生长状况监测及单产与总产量的测报等，都是在计算机运行系统的支持下实现的，这个系统叫作农作物遥感估产集成系统，该系统通常包含遥感信息获取、建立背景数据库、估产模型自动生成工具库系统、空间分布图形系统等，供用户在实际生产中使用。

从以上农作物遥感估产的过程分析，估产主要包括两个关键技术：一是作物识别和面积估算；二是作物长势分析、单产模型构建。一旦获得作物种植面积和单产，就可得到总产量：总产量=种植面积×单产。

（二）大面积农作物遥感估产应用实例

大面积农作物是指一个较大区域内某种单一作物，如小麦、玉米、水稻等，田块较大且形态较为规整的空间分布特征，以及作物单一、内部较为均匀的光谱分布特征是进行遥感宏观研究的前提。

大面积农作物遥感估产主要涉及三个方面内容：作物识别、作物种植面积提取、作物长势分析，在这三方面内容综合的基础上，建立不同条件的多种估产模式，进行作物的遥感估产。

1.遥感数据的采集与预处理

根据区域分布、作物类别、农事历等，选择空间、波谱、时间分辨率相对应的遥感数据。空间、波谱分辨率的选择利用 AVHRR/MODIS+TM 影像，然后通过对遥感影像监督分类/非监督分类进行识别。

1）按玉米的生长规律识别方法

在播期，夏玉米的种植区域是裸地，该时间段主要在 5 ～ 6 月；在灌浆期，夏玉米种植区域的 EVI 达到峰值，该时间段主要在 8 月中旬。在收获阶段，夏玉米种植区域 EVI 大幅下降，或直接表现为裸地，该时间段主要在 9 月底至 10 月初。

2）与易混淆同期作物——棉花的区分

山东地区易与玉米识别相混淆的同期作物主要为棉花。可以采用决策树分类法提取玉米种植空间分布信息。步骤如下。

第一，利用野外 GPS 调查信息建立感兴趣区，对训练样本统计分析得知，在 TM 影像的第 4 波段、第 5 波段，玉米的光谱特征值与棉花差异显著。

第二，选择 TM 影像的第 4 波段、第 5 波段和 NDVI 作为特征向量，建立决策树分类模型。

预处理：辐射纠正、大气纠正、几何纠正、空间配准、加行政界限等。

2.作物专题信息提取

在遥感图像上，主要是利用绿色植物独特的波谱反射特征将农作物与其他背景区分开。目前对植被反射特征的研究多采用近红外、红光、绿光波段，如目前广泛采用的表征地表植被特征的归一化植被指数，就是利用植物近红外和红外波段的特征。

不同作物类型的识别主要是依据作物在近红外波段反射率的差别。例如，玉米和大豆在近红外波段反射率有明显差异，这是因为农作物在近红外波段的反射性质主要受其叶片内部构造的控制，不同类型的作物叶片内部构造有一定的差别。区分不同作物类型的另一个有效途径是利用多时相遥感，根据不同作物的播种、生长、收割的时间不同，再利用遥感信息的季节、年度变化规律，结合区域背景资料，可以有效地识别作物。

可以利用植被指数法提取植物专题信息（作物长势和面积等）。例如，NDVI 与作物覆盖度关系密切，可以有效地提取面积信息；RVI 反映作物长势，可以提取生物量信息；PVI 可有效地滤去土壤背景及大气的干扰等。此外，还可以运用多种图像增强处理技术进行作物专题信息的提取，如主成分分析、穗帽变换、图像分类、混合像元分解等。

3. 玉米面积的自动提取

（1）遥感数据的自动分类

利用多波段、多时相、高空间分辨率的 TM 数据，结合地面样方，进行最大似然法的监督分类，并对碎小图斑进行归并处理，最终获得分类图，自动提取作物信息及面积数。

遥感和 GIS 结合的多元复合分析技术是提取作物面积的又一个有效方法，即在 GIS 的支持下，利用 GIS 的辅助数据［数字高程模型（DEM）、水系、居民点、生态区、土壤图等］进行遥感的自动分类，以提高自动分类的精度和效率。例如，采用"分区分层法"提取面积，对不同自然景观区（平原、丘陵、盐碱地、风沙地等）进行分类处理，以减少"异物同谱"现象，提高作物面积提取的准确性。

（2）利用 TM 与 NOAA 数据结合提取作物面积

用 TM 数据作为主要信息源，获取准确的本底面积，在保证精度的前提下，用 NOAA 数据作为辅助信息源来更新面积，以保证作物估产系统的低成本、高效率运行。

考虑到两种信息源空间尺度的差异，作物面积提取的基本做法包括以下 5 个过程。

1）对 TM 的抽样单元从单个像元（30m）扩展到像元群体（480m），并提取 TM 采样群体中的作物面积。

2）以绿度指数为基础对 NOAA 数据的作物面积进行推算，生产 NOAA 数据的绿度图，并对绿度图进行分割，得到 NOAA 绿度等级图。

3）建立绿度等级与 TM 群体的作物对应关系，得到作物绿度值。

4）剔除非农耕地。考虑到绿度相同处并不都是耕地或植土比相同，因此将绿度等级图与土地利用结构图复合（在 GIS 支持下），划分出不同土地利用结构区，以不同的土地利用结构区为框架，剔除林地、草地等非农耕地。

5）根据 TM 采样群体中的玉米种植面积与总体比例（分类或地面抽样），估算各个绿度等级在不同土地利用结构区的玉米种植面积，从而推算全区玉米种植面积。

此外，还可以将 TM 作为 NOAA 的采样模块来取得面积与 NOAA 绿度等级对应关系，求出 NOAA 各级绿度对应的玉米种植面积与土地面积比，从而推算全区玉米种植面积。

4. 精度评价

大面积农作物遥感估产精度依赖于 AVHRR 数据和 TM 数据分辨率。一个 AVHRR 像元对应地面 1.1km×1.1km，大约相当于 1800 亩；一个 TM 像元对应地面 30m×30m，约 1.35 亩。就我国国情而言，即使选用 TM 数据进行作物识别和面积提取，大部分像元也仍属混合像元。为了提高估产精度必须解决混合像元分解问题。

（1）因子分析法

以垂直植被指数（PVI）为例，求出玉米种植面积在混合像元中所占的比例。

1）利用多时相 AVHRR 数据，建立图像多像元（M）、多次观测（N）的 PVI 数据矩阵 D。

$$D = \begin{bmatrix} \mathrm{PVI}_{1,1} & \mathrm{PVI}_{1,2} & \cdots & \mathrm{PVI}_{1,N} \\ \vdots & \vdots & & \vdots \\ \mathrm{PVI}_{M,1} & \mathrm{PVI}_{M,2} & \cdots & \mathrm{PVI}_{M,N} \end{bmatrix} \qquad (10\text{-}116)$$

2）建立单个混合像元所包含的 n 个因子（如玉米地、林地、草地、裸地等），多次观测（N）的 PVI 数据矩阵 P。每个因子 PVI 随时间的变化规律，可通过地面实测确定。

$$A = \begin{bmatrix} a_{1,1} & a_{1,2} & \cdots & a_{1,N} \\ \vdots & \vdots & & \vdots \\ a_{M,1} & a_{M,2} & \cdots & a_{M,N} \end{bmatrix} \qquad (10\text{-}117)$$

3）建立图像各混合像元内各因子所占相对面积比的面积矩阵 A。

$$A = \begin{bmatrix} a_{1,1} & a_{1,2} & \cdots & a_{1,N} \\ \vdots & \vdots & & \vdots \\ a_{M,1} & a_{M,2} & \cdots & a_{M,N} \end{bmatrix} \qquad (10\text{-}118)$$

通过矩阵的因子分解及一系列计算，可以从已知的 D、P 中求得 A。

4）根据玉米在混合像元中所占的面积比，推算全区或全省的玉米种植面积及分布状况，并在 GIS 支持下进行多年的动态变化分析。

（2）单通道法

仅用气象卫星 AVHRR 的近红外波段反射率来计算夏玉米的种植面积。AVHRR 的混合像元中也有土壤、棉花等背景。

设 α 为像元内玉米种植面积占土地总面积的比值，则

$$R_{混} = R_{1\alpha} + (1-\alpha)R_2 \qquad (10\text{-}119)$$

$$\alpha = (R_{混} - R_2)/(R_1 - R_2) \qquad (10\text{-}120)$$

式中，$R_{混}$、R_1、R_2 分别为混合像元、纯玉米田、土壤在近红外波段的反射率。$R_{混}$ 为已知的 AVHRR 数据；R_1、R_2 可通过地面样点测得。

由式（10-120）可求得 α，即 AVHRR 影像上各像元的玉米种植面积与土地总面积比；土地总面积是已知的，则可求出夏玉米的种植面积。

5.作物长势分析

作物长势分析是一个动态过程，通常利用高时间分辨率的 NOAA/AVHRR 信息，结合作物的生物节律，建立作物长势监测模型。常以植被指数作为评价作物生长状态的定量标准。结合地面已知样地的实测数据，可建立起各种不同条件下单位面积产量与植被指数间的统计关系，即估产模式。遥感估产的方法包括建立光谱参数与产量间的统计关系，考虑作物生长的全过程，将光谱的遥感机制与作物生理过程统一起来，建立基于成因分析的遥感估产模型。

6.区域订正

在作物遥感估产中，由于区域环境因素复杂多变，往往需要对所建立的估产模型进行区域订正。

（1）农学参数的修正

考虑到各种农学参数均与特定时间的温度和水肥条件有关，因此，可以根据各农学参数的主要影响因素加以修正。

（2）农业管理方面的区域误差订正

由生产措施、种植方式等不同造成的区域误差需要订正。

八、农作物估产（长势）遥感监测系统

气象卫星可以提供在时间和空间上连续的地表信息，这使得遥感成为大尺度作物长势监测的最有效手段。美国农业部、欧盟农业署以及联合国粮食及农业组织（FAO）等机构也分别建设了自己的农作物长势遥感监测系统，可提供及时的农业遥感信息。我国在经过多年的科技攻关后也逐步形成了一系列利用遥感技术监测农作物长势的系统。

白淑英等（2013）在参考前人的研究成果，如裴志远等（2009）设计的国家级作物长势遥感监测业务系统及孟继华等（2006）设计的全球农作物长势遥感监测系统的基础上，总结了农作物估产（长势）遥感监测系统的设计、实现及运行方法。

（一）作物长势监测系统功能

1. 数据接收

作物长势监测系统接收的数据主要包括遥感数据与地面监测数据两部分。

2. 数据库管理

作物估产（长势）遥感监测数据来源多、数据类型复杂，包括遥感图像数据、地理信息数据、统计数据、地面实测数据等。从数据处理流程看，包括原始数据、过程数据、结果数据等。数据库具有存储备份、查询检索等一般功能，数据库管理的核心是数据重

组，包括数据编码、参数提取与合成等，通过数据重组，形成具有统一时空基础和标准的时间序列数据集，如通过最大值迭代法，形成以旬为单位的 NDVI 时间序列数据集。

3. 模型与分析

目前，在作物长势遥感监测业务中，主要采用生育期比较模型，包括逐年比较、距平比较和极值比较三种算法，分别用于当年与上年同期、与多年评价及极端年份对比的作物长势特征参数提取。在此基础上，通过对地面实测数据的复合分析，确定长势等级划分的阈值，结合以行政单元为单位的空间统计分析，进行作物长势综合分析与评价。

4. 结果输出

作物长势遥感监测系统的输出主要是长势监测结果的显示与输出，包括作物长势等级分布图、作物长势统计报表、作物长势监测报告等。

（二）作物遥感监测系统结构功能设计

针对作物长势遥感监测系统在运行过程中具有数据量大、数据种类多、数据处理任务繁多的特点，在大多数研究中，系统多采用基于局域网环境下的客户机/服务器（Client/Server，C/S）模式进行设计，如蒙继华、吴炳芳、李强子、张磊等设计的全球农作物长势遥感监测系统。在此系统中，设计者从农作物长势的遥感监测方法入手设计系统，系统运行所需要使用的数据通过数据库管理系统在服务器端进行存储和管理，数据处理工作在客户端进行，运行时系统从服务器端进行数据的读取，在客户端进行数据的运算和处理，再将结果写入服务器端。

客户机/服务器架构数据传输速度快、信息安全程度高，可以满足大数据量存储、传输、分析处理和维护等方面的需求，非常适用于遥感监测业务处理及监测结果的综合分析。但是地面监测部分是由分布于全国的地面监测网络构成，对数据传输系统的简洁与可靠性要求高。基于互联网的浏览器/服务器（B/S）架构具有强大的信息发布能力，对浏览器端的用户数目没有限制，客户端只需要普通的浏览器即可，不需要其他任何特殊软件，可以满足分散的地面监测数据传输与处理需要。因此，部分系统采用了基于局域网和互联网的 C/S 和 B/S 混合结构，以满足系统集成性、稳定性、安全性和维护的需要，如裴志远、郭琳、汪庆发等设计的国家级作物长势遥感监测业务系统。在此系统中，一个无缝集成的系统后台数据库位于系统最下层，对应 C/S 客户端的服务器和 B/S 系统的数据层，作为各子系统的数据源。在 C/S 模式下，客户端主要是一些功能模块与应用，包括数据接收与预处理、数据库管理、空间统计分析、长势监测模型、监测结果综合分析与输出等，通过多客户端的并行，提高系统运行效率。在 B/S 模式下，从逻辑上将系统分为数据层、处理层和应用层。其中，处理层提供数据汇总和统计功能，并响应客户端的请求；应用层是面向各地面监测网点的数据传输及信息发布系统。

（三）作物遥感监测系统实施与运行

1. 系统实施

在系统中，一般采用 Oracle DBMS 数据库，以 Arc SDM 作为空间数据引擎。遥感监测处理与分析的客户端，通过 ERDAS、PCI、ArcGIS、SPSS 等专业软件的功能集成，分别实现数据重组、参数提取、模型运算、统计分析、结果输出等对应的功能，形成完整的数据处理与分析流程。

根据需要，系统可以采用 .net、IDL 等开发语言，力求达到开发简单、功能强大、类型安全、完全面向对象等特点，实现应用程序的快速开发，并缩短开发周期。

2. 系统运行

系统设计开发完毕，通过实验检验后，即可投入运行。整个系统以实时下载的遥感数据产品为数据，进行实时监测和作物生长过程监测，并对两种监测方法所得到的监测结果进行显示和输出，系统的业务进程由业务管理模块进行管理（图 10-13）。

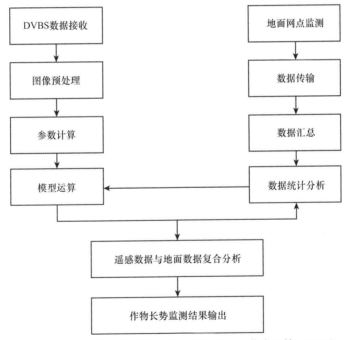

图 10-13　作物长势遥感监测业务系统流程（裴志远等，2009）

九、夏玉米高光谱遥感应用实例

（一）夏玉米生长发育进程的反射光谱特征

夏玉米从拔节期到乳熟期的生长发育过程，最显著的变化是随植株的增高和叶片的伸展增多，叶面积指数逐渐增大，至抽雄期达到最大，之后又趋于减小。图 10-14 所示光谱曲线为 2003 年 7 月 8 日至 9 月 8 日的 8 次光谱测量结果，在 350～750nm 的可见光和 1450～2350nm 的近红外范围内，夏玉米冠层反射光谱响应无明显变化，但在近红外反射平台（750～1350nm），随生育进程（叶面积指数递增），反射率逐渐增大，即反射平台逐渐增高，至抽雄期达到最大，之后随叶面积指数的降低而趋于减小；在 970nm 处的吸收特征表现为吸收谷深度随生育进程而逐渐变深；在 1175nm 处的吸收特征表现为相对于吸收谷左侧（短波长一侧）肩部点，吸收谷深度随生育进程而逐渐变深的幅度更大。叶面积指数的主要光谱特征为高光谱遥感在产区内自动识别相同作物的生育期提供了可能。

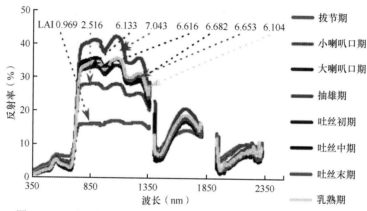

图 10-14　夏玉米生长发育进程的反射光谱特征（王纪华等，2008）

（二）不同叶面积指数下的夏玉米反射光谱特征

图 10-15 所示光谱曲线为 2003 年 8 月 11 日对 7 个自然胁迫差异区的光谱测量结果。各观测区所对应的叶面积指数依次为 6.75、6.42、5.14、5.10、4.49、4.11 和 0.00。结果表明，随着叶面积指数的增加，近红外光谱反射率逐步增加，而可见光和短波红外波段的光谱反射率减小。

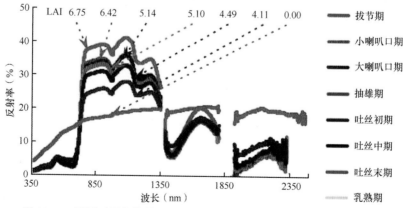

图 10-15　不同叶面积指数下的夏玉米反射光谱特征（王纪华等，2008）

（三）不同时期夏玉米穗位叶反射光谱特征

图 10-16 所示光谱曲线为 2015 年 8 月 11 日至 9 月 7 日的 4 次光谱结果。在 350～700nm 的可见光范围内，夏玉米吐丝—灌浆期的穗位叶光谱反射率显著高于其他时期，其他时期光谱反射率无明显变化；在近红外反射平台（750～1000nm），随生育进程推进，光谱反射率逐渐增大，即反射平台增高，至吐丝—灌浆期达到最大，之后随叶面积指数的降低而减小。

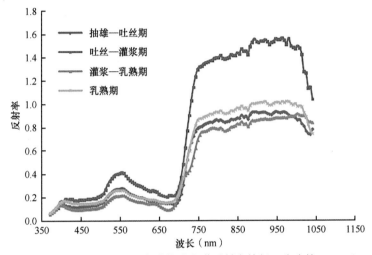

图 10-16　不同时期夏玉米穗位叶光谱反射率特征（张晓艳，2015）

（四）不同肥料水平下夏玉米反射光谱特征

图 10-17 所示光谱曲线为 2015 年 8 月 20 日在临淄对鲁单 981 玉米品种的试验结果，不同复合肥处理 [成分 N-P_2O_5-K_2O=28-6-6，总养分≥40%，50kg/亩（40kg/亩）+ 追肥 15kg 尿素，分别用 "F_{50}+N" 和 "F_{40}+N" 表示]，对照的光谱反射率最大，在可见光范围内，不同肥料处理之间无明显变化；不同控释肥处理 [硫酸钾型，N-P_2O_5-K_2O= 28-5-9，总养分≥42%，40kg/亩（或 30kg/亩），分别用 "K_{40}" 和 "K_{30}" 表示]，在可见光和近红外平台范围内，均是对照处理光谱反射率最大，其次是高控释肥处理，低控释肥处理光谱反射率最低，在近红外平台区域差异较明显，表明此波段对不同控释肥处理玉米长势较为敏感。

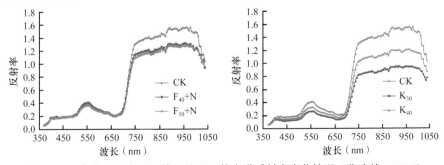

图 10-17　鲁单 981 在不同施肥处理下的光谱反射率变化情况（张晓艳，2015）

由图 10-18 可以看出鲁单 981 穗位叶吐丝—灌浆期的光谱特征，在近红外平台范围内，对照处理显著高于复合肥处理，高于控释肥处理。

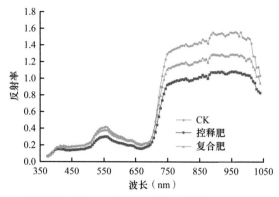

图 10-18　鲁单 981 在不同肥料处理下穗位叶吐丝—灌浆期的光谱特征（张晓艳，2015）

第四节　玉米精确栽培技术的构建与实现

信息技术和生物技术等高新技术在农学领域的渗透与拓展，正使现代作物栽培学发生着深刻的变革。其中，数字农业与精确农业的兴起催生了作物精确栽培理论与技术，为作物生产提供了全新的技术支持和全方位的信息服务，使作物生产管理走上了数字化、精确化和科学化的轨道。因此，充分认识和科学把握作物精确栽培的基本内涵、关键技术和发展前景，有助于拓展学科发展的理论基础与技术体系，增强作物栽培学的核心竞争力和可持续发展能力，提升农业生产的管理水平和综合效益。

近 30 多年来，农业信息技术的快速发展使作物栽培学进入定量化和精确化研究与应用阶段。尤其是美国、加拿大、荷兰、英国、法国、德国等发达国家，针对精确农业的发展前景，研究建立了基于农作系统模型和空间信息技术的数字化农业生产管理系统（Mckinion and Bake，1989；Engel，1997），通过推广应用获得了突出的社会、经济和生态效益。中国在作物管理专家系统、作物长势遥感监测、作物产量预测模型等方面也开展了大量的研究工作，并取得了可喜的进展，但总体来看，目前国内外的研究一般基于特定生产区域或作物管理过程中的单项技术和子系统，而缺少针对作物-土壤系统信息获取与处理的综合性研究，有待构建机理性和适用性兼备的综合性作物精确栽培技术体系。

作物栽培本身受自然环境的影响较大，表现为严格的地域性、明显的季节性、技术的多变性等特点。因此，亟须研究形成基于生物学规律、广泛适用的作物栽培方案精确设计、作物生长指标精确诊断、作物产量品质精确预测的技术等，从而精细指导中国不同区域复杂多变生产条件下的作物栽培管理。自 20 世纪 90 年代以来，围绕作物精确栽培的关键技术及应用系统，我国科学家组织开展了较为深入系统的研究工作，重点在作物栽培方案的定量设计、作物生长指标的光谱诊断、作物生产力形成的模拟预测等领域取得了显著研究进展和应用成效。

一、作物精确栽培的基本内涵

随着现代作物栽培学与新兴学科领域的交叉与融合，作物栽培管理正从传统的模式化和规范化，向着定量化和智能化的方向迈进。将系统科学和信息技术应用于作物栽培学，有助于对作物栽培学所涉及的对象和过程进行数字化设计、监测、预测和管理。作物精确栽培主要是研究作物栽培学中栽培方案设计、生长指标诊断、产量品质预测等定量化关键技术及应用平台研发，从而对作物栽培管理系统中的信息流实现智能化监测、数字化表达、精确化管理，其基础广泛，并涉及农学、土壤学、生态学、信息学、系统学、管理学等多个学科领域，支持技术主要包括遥感监测、系统模拟、决策支持、空间信息管理等现代信息感知、传输、处理和利用技术。作物精确栽培技术的研发，旨在实现栽培方案的定量化设计、生长指标的智能化诊断、产量品质的动态化预测，可简要归纳为精确设计、精确诊断、精确预测三大技术环节，有助于改善常规作物栽培模式由于受气候、土壤、生产条件等多种因素的综合影响而表现出的时空适应性弱和定量化程度低等特征，可促进作物生产管理过程的精确化与科学化，提升作物栽培学发展的技术水平和适用能力。

作物精确栽培涉及不同的学科领域，因而其特征也表现出不同学科内涵的综合，是一个多元化、多层次技术系统，它主要是通过关键技术与应用产品的研究开发，使作物栽培管理从定性理解到定量分析、从概念模型到数字模型、从专家经验到优化决策，实现定时、定量、定位的精细化栽培管理与动态化决策支持。作物精确栽培可表现为不同的技术形态与应用载体，具有信息化、模型化、智能化、产品化等基本特征。信息化主要是指利用信息传感技术，将环境因子、生长指标等作物生产基础数据和实时信息进行快速无损获取和数字化处理，实现基本农情状况及生产过程的信息化感知与动态化管理。模型化主要是指运用系统建模技术，对作物生长与管理系统的主要成分和过程及其相互关系进行定量分析，建立作物生产系统模型，用于不同条件下作物生长状况的模拟预测及管理方案的优化设计。智能化即运用决策支持技术，基于作物栽培系统的信息感知、过程模拟、动态分析，实现作物生长状态的智能化诊断及管理措施的精确化决策，达到优质、高产、高效的生产目的。产品化是指运用工程化技术，通过耦合与集成作物信息的感知、处理、利用关键技术，研制开发支持作物精确栽培的软件系统和硬件产品，促进作物精确栽培技术的规模化示范应用。

二、玉米栽培方案的定量设计

随着农业信息技术的快速发展及作物栽培知识的丰富积累，作物生产管理专家系统获得了广泛重视和开发应用。理论和实践表明，作物生产管理专家系统具有知识综合和推理决策方面的优势，但亟待实现从经验性知识规则到数字化知识模型的提升，将系统建模技术应用于作物栽培学研究，通过定量表达作物栽培管理知识体系，有助于创建基于模型的作物栽培方案设计技术，实现作物栽培决策的模型化和精确化（图10-19）。

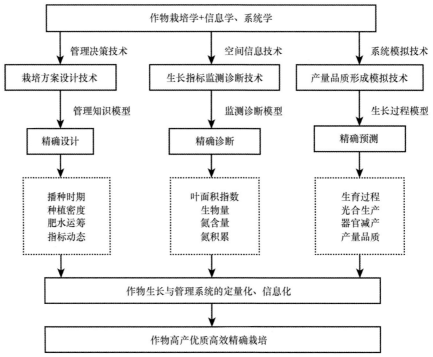

图 10-19　作物精确栽培技术的框架结构图（曹卫星等，2011）

（一）玉米栽培方案设计的技术原理

运用系统分析原理来综合解析玉米生长发育指标与栽培技术指标的地域性和季节性变化规律，找出作物生长、生产力指标及管理技术规范与生态环境因子及生产条件之间的定量化函数关系，构建广适性和数字化的作物栽培管理知识模型，从而定量设计不同环境和生产条件下的播前栽培管理方案和产中生长调控指标。模型主要算法原理基于平均产量和增产系数来设计产量目标，基于基因型与环境的适合度选择适宜品种，基于安全出苗/壮苗、安全拔节/抽穗确定播种时间，基于产量结构和单株成穗率估算种植密度，基于供需平衡原理设计肥水运筹方案，基于播种方案预测生育进程与生长指标，进而把经验性栽培知识上升到数字化管理模型，有助于克服传统栽培和专家系统较强的地域性和经验性等弱点。例如，作物产量（籽粒产量和生物产量）与吸氮量和施氮量之间具有显著的相关关系，可借鉴养分平衡原理，以产量和品质为目标，根据玉米一生的氮素吸收需求、土壤基础供氮量及氮素当季利用率等，构建实现预期栽培目标所需要的总施氮量模型，从而对不同品种和环境下的作物氮肥总量进行精确设计。

（二）玉米栽培方案设计技术的开发应用

按照组件化程序设计思想，将建立的作物管理知识模型算法映射到主流的计算机软硬件环境中，研制开发出基于知识模型的玉米管理决策支持系统，并进一步与 GIS 技术相结合，开发基于模型和 GIS 的精确玉米管理决策支持系统，包括单机版、网络版和

PDA 版。然后，利用气候、土壤等基础农情信息，由精确管理决策支持系统，设计出适宜的从田块水平到区域尺度（即由点到面）的玉米生产栽培管理方案，该技术的应用有助于把常规的基于生态分区、生产分类的模式化技术规范转变成动态的基于农情条件、按需投入的精细化管理处方，并在不同生态点、年型、播期、土壤肥力、品种类型、产量与品质目标、养分和水分管理水平下进行应用。结果表明，该技术能动态设计或自动生成适合不同情景条件的栽培管理方案，具有较强的动态决策能力和精确管理效果。曹卫星等（2011）研究发现，栽培知识模型较农技推广专家更能动态量化气候条件、土壤特性、品种特征、生产条件等多因子互作对管理技术方案及生长调控指标的影响，所生成的栽培管理方案更贴近不同田块小麦生长的实际需要，尤其是适当降低了基本苗数并优化了氮、磷、钾肥的运筹，真正做到了按需变量投入。示范区较对照区有明显的增产效应，同时还表现了良好的节本增收和生态环保效应（一般可增产 5%～15%，节氮 10%～20%），在作物生产实践中具有广泛的适用性和指导性。

三、玉米生长指标的光谱诊断

近年来，基于地物光谱特性的多光谱及高光谱遥感技术获得了迅猛发展，正成为支持农作物生长监测与诊断的关键技术。特别是基于高时空分辨率和高光谱分辨率的遥感信息源以玉米实时、快速、无损、大范围等特性使作物生长信息的实时监测与诊断变为现实，可广泛应用于作物生产的肥水调控、精确管理、生产力估测等。因此，研究建立基于光谱的玉米长势监测诊断技术对于提高玉米产中因苗管理的技术水平、推进精确栽培技术的开发应用，具有重要的理论与实践意义。

利用光谱分析方法，基于地面和空间遥感平台，研究确立玉米生长信息的无损获取技术、诊断调控模型及实用装置系统，可实现玉米生长的实时诊断与精确调控。首先，通过大量试验研究，提取了玉米主要生长指标（叶面积指数、生物量、叶片氮含量、叶片氮累积量）的敏感光谱波段和光谱参数，构建了基于反射光谱特征的玉米生长指标定量反演模型；进一步结合作物主要生长参数的适宜指标动态及诊断调控模型，研制开发了便携式作物生长监测诊断仪，以及基于遥感的作物生长监测诊断系统，形成了基于反射光谱的作物生长监测诊断软硬件技术体系。该技术体系可快速准确监测作物生长指标，实时诊断作物生长状况，精确指导作物中后期肥水调控。

四、玉米精确栽培的前景展望

作物栽培学正由叶龄模式、群体指标等模式化、规范化栽培，步入精确化、科学化栽培时代。以栽培科学与信息科学的交叉为主要特征的作物精确栽培技术，对于作物栽培的定量化和工程化等具有重要的推动作用。当前，随着遥感监测技术、系统模拟技术、决策支持技术等在作物栽培学中的拓展应用，作物栽培管理不断向着信息化和数字化的方向迈进。今后，需进一步改进和完善不同生产条件下作物栽培方案的精确设计、作物生长状况的精确诊断、作物生产力的精确预测等核心关键技术，不断提高管理方案设计、生长指标监测、产量品质预测的适用性和准确性，从而实现对作物生长与生产系统的全程化智慧管理。

在技术创新方面，玉米精确栽培研究应着力在以下 4 个方面取得新的突破。首先，要加强玉米主要营养元素及病虫草害信息的实时性监测及数字化处理，深化和拓展玉米生长生理指标的实时感知和定量诊断等关键技术。其次，要研究极端气候环境如高温和低温对玉米生长与生产力形成的动态影响及定量模拟，构建功能与结构一体化的可视化、数字化玉米生长虚拟平台。再次，要研究完善玉米栽培管理知识模型的参数化技术，明确玉米品种性状、土壤特性、技术指标等关键参数的变化特征和量化方法，促进处方设计与管理调控的精量化和科学化。最后，要加强精确栽培技术与空间信息技术的融合，建立合理有效的空间分区方法及基于分区、按需投入的精确处方，实现玉米栽培管理由点到面、由田块到区域的尺度化跨越，提升精确栽培技术的空间适用性。

在应用开发方面，应强化玉米精确栽培技术软件系统和硬件设备的研制开发，注重技术体系的简便化和产品化，有效推动技术的转化推广。要基于玉米精确栽培关键技术，研制开发便携式和机载式玉米生长传感设备、基于遥感的玉米生长监测与诊断系统、基于模型的数字化农作物模拟与设计系统、基于模型和 3S 的综合性玉米智慧管理系统等，为未来作物精确栽培提供工程化产品和实用化平台。要打破传统作物栽培"软"技术的标签，促进农艺处方与农机作业的有效结合，实现软件系统与硬件装备的配套应用。同时，需加快技术产品在不同区域不同条件下的示范应用，并探索建立不同层次用户的技术应用模式，从而使玉米精确栽培技术更快更好地服务于规模化、现代化农业生产。

主要参考文献

白淑英, 徐永明. 2013. 农业遥感. 北京: 科学出版社.

白照广. 2009. 中国的环境与灾害监测预报小卫星星座 A/B 星. 中国航天, (5): 10-15.

蔡自兴, 徐光佑. 2004. 人工智能及其应用. 北京: 清华大学出版社: 240-241.

曹卫彬, 杨邦杰, 裴志远, 等. 2004. 我国农情信息需求调查与分析. 农业工程学报, 20(1): 147-151.

曹卫星, 罗卫红. 2000. 作物系统模拟及智能管理. 北京: 华文出版社: 1-15.

曹卫星, 罗卫红. 2003. 作物系统模拟与智能管理. 北京: 高等教育出版社.

曹卫星, 朱艳. 2005. 作物管理知识模型. 北京: 中国农业出版社.

曹卫星, 朱艳, 田永超, 等. 2006. 数字农作技术研究的若干进展与发展方向. 中国农业科学, 39(2): 281-288.

曹卫星, 朱艳, 田永超, 等. 2011. 作物精确栽培技术的构建与实现. 中国农业科学, 44(19): 3955-3969.

曹永华. 1991. 美国 CERES 作物模拟模型及其应用. 世界农业, (9): 52-55.

曹永华. 1997. 农业决策支持系统研究综述. 中国农业气象, (4): 46-50.

曹永华, 何维勋, 欧阳达. 1993. PLMTCD 专家系统的结构和应用. 中国农业气象, 14(1): 48-52.

陈国庆, 刘伟, 张吉旺. 等. 2010. 基于悬臂梁的超级玉米叶片伸展特征模拟. 农业工程学报, 26(6): 193-198.

陈果, 柳钦火, 刘强, 等. 2007. MODIS 和降尺度 TM 数据反演叶面积指数相互验证中几何处理方法的研究. 北京师范大学学报 (自然科学版), (3): 356-361.

陈宏金. 2006. 作物生长模拟模型研究进展综述. 农业装备技术, 32(6): 26-28.

陈杰, 杨京平, 王兆骞. 2001. 浙北地区不同种植方式下春玉米生长发育的动态模拟. 应用生态学报, 12(6): 859-862.

陈四龙, 李玉荣, 徐桂真, 等. 2008. 不同高油花生品种 (系) 油分积累特性的模拟研究. 作物学报, 34(1): 142-149.

程永政. 2009. 作物长势多层次联合遥感监测研究. 河南农业科学, (5): 137-140.

丛振涛. 2003. 冬小麦生长与土壤—植物—大气连续体水热运移的耦合研究. 北京: 清华大学博士学位论文.

范闻捷, 徐希孺. 2003. 行播冬小麦热辐射方向的影响因子. 地理与地理信息科学, (4): 84-88.

冯利平, 高亮之, 金之庆, 等. 1997. 小麦发育期动态模拟模型的研究. 作物学报, 23(4): 418-424.

冯利平, 韩学信. 1999. 棉花栽培计算机模拟决策系统 (COTSYS). 棉花学报, 11(5): 251-254.

高亮之, 金之庆, 黄耀, 等. 1989. 水稻计算机模拟模型及其应用之一: 水稻钟模型-水稻发育的计算机模型. 中国农业气象, 10(2): 3-10.

高亮之, 金之庆, 黄耀, 等. 1992. 水稻栽培计算机模拟优化决策系统. 北京: 中国农业科学技术出版社.

高亮之, 金之庆. 1993. RCSODS-水稻栽培计算机模拟优化决策系统. 计算机农业应用, (3): 14-20.

高灵旺, 沈佐锐, 李志红. 2000. 计算机软件技术在植保软件开发中的应用. 农业工程学报, 16(2): 32-35.

高新学, 高学增. 1987. 玉米光强——光合速率的数学模型分析. 山东农业科学, 3: 1-3.

葛道阔, 金之庆. 1997. 气候变化对我国花生生产的影响. 江苏农业学报, 13(1): 55-59.

葛中一. 2008. 农业专家系统的应用及发展. 山东师范大学学报 (自然科学版), 23(4): 150-153.

郭银巧. 2005. 玉米栽培管理知识模型系统的设计与实现. 保定: 河北农业大学硕士学位论文.

郭银巧, 郭新宇, 赵春江, 等. 2005. 玉米栽培管理知识模型系统的设计与实现. 玉米科学, (2): 112-115.

郭银巧, 郭新宇, 赵春江, 等. 2006. 玉米适宜品种选择和播期确定动态知识模型的设计与实现. 中国农业科学, 39(2): 274-280.

郭银巧, 李存东, 郭新宇, 等. 2007. 玉米水分管理动态知识模型的设计与实现. 农业工程学报, 23(6): 165-169.

郭银巧, 赵传德, 孙红春, 等. 2008. 玉米肥料运筹动态知识模型. 河北农业大学学报, 31(1): 118-122, 126.

郭众, 李保国. 2001. 虚拟植物的研究进展. 科学通报, 46(11): 888-894.

韩鹏, 龚健雅. 2008. 遥感尺度选择问题研究进展. 遥感信息, (1): 96-99.

衡水市农业区划办公室. 2007. 衡水市农业资源区划. 北京: 中国农业科学技术出版社: 3-75.

侯英雨, 王石立. 2002. 基于作物植被指数和温度的产量估算模型研究. 地理学与国土研究, 18(3): 105-107.

胡昌浩, 董树亭, 岳寿松, 等. 1993. 高产夏玉米群体光合速率与产量关系的研究. 作物学报, 19(1): 63-69.

花登峰, 刘小军, 汤亮, 等. 2008. 基于构件化生长模型的作物管理决策支持系统. 南京农业大学学报, 31(1): 17-22.

黄芬, 朱艳, 姜东, 等. 2009. 基于模型与 GIS 的小麦籽粒品质空间差异分析. 中国农业科学, 42(9): 3087-3095.

黄进良, 徐新刚, 吴炳方. 2004. 农情遥感信息与其他农情信息的对比分析. 遥感学报, (6): 655-663.

黄彦, 朱艳, 王航, 等. 2011. 基于遥感与模型耦合的冬小麦生长预测. 生态学报, 31(4): 1073-1084.

黄耀, 高亮之. 1994. 水稻群体茎蘗动态的计算机模型. 生态学杂志, 13(4): 27-32.

贾善刚. 1999. 农业信息化与农业革命. 计算机与农业, (2): 3-7.

江东, 王乃斌, 杨小唤. 1999. 我国粮食作物卫星遥感估产的研究. 自然杂志, 21(6): 351-355.

金宝石, 高天琦. 2009. 作物生长模型及智能农业专家系统研究. 现代化农业, 1: 37-40.

金慧然, 陶欣, 范闻捷, 等. 2007. 应用北京一号卫星数据监测高分辨率叶面积指数的空间分布. 自然科学进展, (9): 1229-1234.

金之庆, 方娟, 葛道阔, 等. 1994. 全球气候变化影响我国冬小麦生产之前瞻. 作物学报, 20(2): 186-197.

金之庆, 葛道阔, 陈华, 等. 1996. 评价全球气候变化对我国玉米生产的可能影响. 作物学报, 22(5): 1-12.

邝朴生, 蒋文科, 刘刚. 1999. 精确农业基础. 北京: 中国农业大学出版社: 110-119.

雷水玲. 2000. 应用 DSSAT3 模型研究宁夏红寺堡灌区小麦生长过程及产量. 干旱地区农业研究, 9: 98-103.

李保国, 郭众. 1997. 作物生长的模拟研究. 科技导报, 7: 11-12.

李存军, 王纪华, 王娴, 等. 2008. 遥感数据和作物模型集成方法与应用前景. 农业工程学报, 24(11): 295-301.

李会昌. 1997. 夏玉米动态水分生产函数的分析与研究. 河北水利科技, 18(2): 21-25.

李建龙. 2005. 信息农业生态学. 北京: 化学工业出版社: 246-325.

李杰, 郑爱军, 宋振伟, 等. 2002. 农业专家系统与模拟优化农业模型结合初探. 天津科技, 29(4): 15-16.

李军. 1997. 作物生长模拟模型的开发应用进展. 西北农业大学学报, 4: 102-107.

李军. 2006. 农业信息技术. 北京: 科学出版社: 245-280.

李军, 邵明安, 张兴昌, 等. 2004. EPIC 模型中作物生长与产量形成的数学模拟. 西北农林科技大学学报 (自然科学版), 32: 25-30.

李军, 王力祥, 邵明安, 等. 2002. 黄土高原地区玉米生产潜力模型研究. 作物学报, 28(4): 555-560.

李卫国, 李正金, 王纪华, 等. 2009. 基于 ISODATA 的冬小麦籽粒蛋白质含量遥感分级监测. 江苏农业学报, 25(6): 1247-1251.

李卫国, 王纪华, 赵春江, 等. 2007a. 冬小麦抽穗期长势遥感监测的初步研究. 江苏农业学报, 23(5): 499-500.

李卫国, 王纪华, 赵春江, 等. 2008. 利用遥感技术监测水稻群体长势. 江苏农业科学, (5): 288-289.

李卫国, 赵春江, 王纪华, 等. 2007b. 基于卫星遥感的冬小麦拔节期长势监测. 麦类作物学报, 27(3): 523-527.

李卫国, 朱艳, 荆奇, 等. 2006. 水稻籽粒蛋白质积累的模拟模型研究. 中国农业科学, 39(3): 544-551.

李小文. 2005. 定量遥感的发展与创新. 河南大学学报 (自然科学版), (4): 49-56.

李小文. 2006. 地球表面时空多变要素的定量遥感项目综述. 地球科学进展, (8): 771-780.

李小文, 刘素红. 2008. 遥感原理与应用. 北京: 科学出版社: 147-159.

李哲, 张军涛. 2001. 人工神经网络与遗传算法相结合在作物估产中的应用: 以吉林省玉米估产为例. 生态学报, 21(5): 716-720.

李振. 2012. 基于高光谱氮素营养与生长指标的监测. 泰安: 山东农业大学硕士学位论文.

李正金, 李卫国, 申双和. 2009. 基于 ISODATA 法的冬小麦产量分级监测预报. 遥感信息, (4): 30-32.

李自珍, 王万雄. 2003. 多种环境外力作用下作物生长系统的动力学模型及过程数值模拟. 应用数学和力学, 24(6): 644-652.

李宗南, 陈仲新, 王利民, 等. 2010. 2 种植物冠层分析仪测量夏玉米 LAI 结果比较分析. 中国农学通报, 26(7): 84-88.

李宗南. 2010. 冬小麦长势遥感监测指标研究. 北京: 中国农业科学院硕士学位论文.

梁顺林. 2009. 定量遥感. 北京: 科学出版社: 314-379.

廖桂平. 2000. 作物智能化栽培管理系统的现状和发展. 中国农学通报, 16(5): 34-37.

廖桂平, 肖芬. 2000. 智能化农业信息系统与农业推广. 湖南农业大学学报 (社会科学版), (4): 4-7.

林忠辉. 2003. 河北平原夏玉米生长与水分利用效率的动态模拟. 北京: 中国科学院地理科学与资源研究所硕士学位论文: 11.

林忠辉, 莫兴国, 项月琴. 2003. 作物生长模型研究综述. 作物学报, 29(5): 750-758.

刘冰峰. 2016. 夏玉米不同生育时期生理生态参数的高光谱遥感监测模型. 杨凌: 西北农林科技大学博士学位论文

刘布春, 王石立, 马玉平, 等. 2002. 国外作物模型区域应用研究进展. 气象科技, 30(4): 193-203.

刘昌明, 王会肖, 等. 1999. 土壤-作物-大气界面水分过程与节水调控. 北京: 科学出版社: 10.

刘峰, 李存军, 黎锐, 等. 2008. 陆面数据同化系统构建方法及其农业应用. 农业工程学报, (S2): 347-352.

刘海俊, 孙传范, 曹卫星, 等. 2010. 便携式作物氮素监测仪性能水稻田间测试. 农业机械学报, 41(9): 80-84.

刘可群, 张晓阳, 黄进良. 1997. 江汉平原水稻长势遥感监测及估产模型. 华中师范大学学报 (自然科学版), 31(4): 110-115.

刘克礼, 张美莉, 高聚林. 1994. 春玉米籽粒干物质积累的数量分析. 华北农学报, 9(4): 17-22.

刘良云, 黄木易, 黄文江, 等. 2004a. 利用多时相的高光谱航空图像监测冬小麦条锈病. 遥感学报, (3): 275-281.

刘良云, 宋晓宇, 李存军, 等. 2009. 冬小麦病害与产量损失的多时相遥感监测. 农业工程学报, 25(1): 137-143.

刘良云, 王纪华, 黄文江, 等. 2004b. 利用新型光谱指数改善冬小麦估产精度. 农业工程学报, 20(1): 172-175.

刘良云, 赵春江, 王纪华, 等. 2005. 冬小麦播期的卫星遥感及应用. 遥感信息, (1): 28-31.

刘铁梅, 曹卫星, 罗卫红, 等. 2001. 小麦器官间干物质分配动态的定量模拟. 麦类作物学报, 21: 25-31.

刘小平, 邓孺孺, 彭晓鹃. 2005. 基于 TM 影象的快速大气校正方法. 地理科学, (1): 87-93.

刘晓臣, 范闻捷, 田庆久, 等. 2008. 不同叶面积指数反演方法比较研究. 北京大学学报 (自然科学版), (5): 827-834.

刘晓燕. 1997. 回顾与展望: 专家系统在我国农业上应用情况概述. 计算机与农业, (1): 1-3.

刘晓英, 罗远培, 石元春. 2002. 考虑水分胁迫滞后影响的作物生长模型. 水利学报, 6: 32-37.

刘云, 孙丹峰, 宇振荣, 等. 2008. 基于 NDVI-Ts 特征空间的冬小麦水分诊断与长势监测. 农业工程学报, 24(5): 147-151.

柳锦宝, 杨华, 张永福. 2007. 基于尺度转折点的空间分析方法研究. 地理与地理信息科学, 23(1): 15-19.

柳钦火, 辛晓洲, 吴炳方. 2009. 定量遥感模型、应用及不确定性研究. 北京: 科学出版社: 1-80.

陆卫平. 1997. 玉米高产群体质量指标及其调控途径. 南京: 南京农业大学博士学位论文: 3-54.

罗毅, 郭伟. 2008. 作物模型研究与应用中存在的问题. 农业工程学报, 24(5): 307-312.

骆世明, 郑华, 陈春焕, 等. 1990. 水稻高产栽培中应用计算机模拟的研究. 广东农业科学, 3: 14-17.

吕军. 1998. 浙江红壤区水分条件对冬小麦生长的动态耦合模拟. 水利学报, 7: 68-72.

马丽, 顾显跃, 陶新峰. 2000. 小麦生长模拟模型软构件在 VC++ 中的实现. 南京气象学院学报, 12: 601-607.

马玉平, 王石立. 2004. 利用遥感技术实现作物模拟模型区域应用的研究进展. 应用生态学报, 15(9): 165-171.

马玉平, 王石立, 张黎, 等. 2005. 基于遥感信息的作物模型重新初始化/参数化方法研究初探. 植物生态学报, (6): 52-60.

蒙继华. 2006. 农作物长势遥感监测指标研究. 北京: 中国科学院博士学位论文.

蒙继华, 吴炳方, 李强子, 等. 2006. 全球农作物长势遥感监测系统的设计和实现. 世界科技研究与发展, 28(3): 41-44.

孟亚利, 曹卫星, 柳新伟, 等. 2004. 水稻地上部干物质分配动态模拟的初步研究. 作物学报, 30(4): 376-381.

米湘成, 奥可军, 邹应斌, 等. 2003. 可视化技术及 "模型-文档-视" 结构在水稻生长模型中的应用. 农业工程学报, 19(4): 164-170.

莫兴国, 林忠辉, 李宏轩, 等. 2004. 基于过程模型的河北平原冬小麦产量和蒸散量模拟. 地理研究, 23(5): 623-631.

倪纪恒, 罗卫红, 李永秀, 等. 2005. 温室番茄叶面积与干物质生产的模拟. 中国农业科学, 38: 1629-1635.

潘学标, 韩湘玲. 1996. 一个可用于栽培管理的棉花生长发育模拟模型: COTGROW. 中国农业科学, 29(1): 94-96.

潘学标, 韩湘玲, 石元春. 1996. COTGROW: 棉花生长发育模拟模型. 棉花学报, 4: 180-188.

裴志远, 郭琳, 汪庆发. 2009. 国家级作物长势遥感监测业务系统设计与实现. 农业工程学报, 25(8): 152-157.

彭乃志, 傅抱璞, 包浩生. 1997. 春小麦生产潜力与持续发展. 自然资源学报, (3): 257-262.

戚昌翰, 殷新佑. 1994. 作物生长模拟的研究进展. 作物杂志, (4): 1-2.

戚昌瀚, 殷新佑, 刘桃菊, 等. 1994. 水稻生长日历模拟模型 (RICAM) 的调控决策系统 (RICOS) 研究 I. 水稻调控决策系统 (RICOS) 的系统结构设计. 江西农业大学学报, 4: 323-327.

乔玉辉, 宇振荣, Driessen P M. 2002. 冬小麦叶面积动态变化规律及其定量化研究. 中国生态农业学报, 10(2): 87-89.

尚宗波, 杨继武, 殷红, 等. 1999a. 玉米生育综合动力模拟模式研究 I. 土壤水分影响子模式. 中国农业气象, 20(1): 1-5.

尚宗波, 杨继武, 殷红, 等. 1999b. 玉米生育综合动力模拟模式研究 II. 玉米发育子模式. 中国农业气象, 20(1): 6-10.

尚宗波, 杨继武, 殷红, 等. 2000. 玉米生长生理生态学模拟模型. 植物学报, 42(2): 184-194.

申广荣, 王人潮. 2003. 水稻多组分双向反射模型的研究. 应用生态学报, 14(3): 394-398.

石纯一, 李明树, 钱月良. 2000. 农业专家系统入门. 北京: 清华大学出版社.

史定珊, 毛留喜. 1992. NOAA/AVHRR 冬小麦苗情长势遥感动态监测方法研究. 气象学报, (4): 520-523.

宋金玲, 王锦地, 帅艳民, 等. 2009. 像元尺度林地冠层二向反射特性的模拟研究. 光谱学与光谱分析, (8): 2141-2147.

宋闻. 2009. 我国正式对外提供风云三号卫星数据及产品. 中国航天, (6): 10.

宋有洪. 2003. 玉米生长的生理生态功能与形态结构并行模拟模型. 北京: 中国农业大学博士学位论文: 6.

宋有洪, 郭众, 李保国, 等. 2003a. 基于器官生物量的植株形态构建的玉米虚拟模型. 生态学报, 23(12): 2579-2586.

宋有洪, 郭众, 李保国, 等. 2003b. 基于植株拓扑结构的生物量分配的玉米虚拟模型. 生态学报, 23(11): 2333-2341.

孙睿, 洪佳华, 曹永华. 1997. 夏玉米光合生产模拟模型初探. 中国农业气象, 18(2): 20-23.

孙彦新, 顾瑞珍. 2008. 我国环境减灾 A、B 双星发射成功. 中国航天, (9): 12.

孙忠富, 陈人杰. 2003. 温室番茄生长发育动态模型与计算机模拟系统初探. 中国生态农业学报, 11(2): 84-88.

汤亮, 朱艳, 孙小芳, 等. 2007. 油菜光合作用与干物质积累的动态模拟模型. 作物学报, 33(2): 189-195.

唐世浩, 朱启疆, 孙睿. 2006. 基于方向反射率的大尺度叶面积指数反演算法及其验证. 自然科学进展, (3): 331-337.

田庆久, 金震宇. 2006. 森林叶面积指数遥感反演与空间尺度转换研究. 遥感信息, (4): 5-11.

佟屏亚, 程延年. 1992. 夏播玉米产量形成动态模式的研究. 玉米科学, 创刊号: 23-26.

童庆禧, 张兵, 郑兰芬. 2006. 高光谱遥感的多学科应用. 北京: 电子工业出版社: 25-68.

万余庆, 谭克龙, 周日平. 2006. 高光谱遥感应用研究. 北京: 科学出版社: 132-169.

汪宝卿, 曹宏鑫, 张春雷. 2008. 长江中下游冬油菜群体干物质和叶面积模拟的研究. 山东农业科学, 6: 27-30.

王东伟, 孟宪智, 王锦地, 等. 2009. 叶面积指数遥感反演方法进展. 五邑大学学报 (自然科学版), 16(4): 47-52.

王东伟, 王锦地, 梁顺林. 2010. 作物生长模型同化 MODIS 反射率方法提取作物叶面积指数. 中国科学: 地球科学, (1): 73-83.

王东伟, 王锦地, 肖志强, 等. 2008. 基于波谱数据库先验信息的地表参数同化反演方法. 自然科学进展, (8): 908-917.

王恩利, 韩湘玲. 1990. 黄淮海地区冬小麦、夏玉米生产力评价及应用. 农业气象, (2): 41-46.

王纪华, 赵春江, 黄文江. 2008. 农业定量遥感基础与应用. 北京: 科学出版社: 18-203.

王康. 2003. 不同水分、氮素条件下夏玉米生长的动态模拟. 灌溉排水学报, 22(2): 9-12.

王世耆, 程延平. 1991. 作物产量与天气气候. 北京: 科学出版社: 16-30.

王向东, 张建平, 马海莲. 2003. 作物模拟模型的研究概况及展望. 河北农业大学学报, 26(增): 20-23.

王亚莉, 贺立源. 2005. 作物生长模拟模型研究和应用综述. 华中农业大学学报, 24(5): 529-535.

王仰仁. 2004. 水分和养分胁迫条件下的 SPAC 水热动态与作物生长模拟研究. 杨凌: 西北农林科技大学博士学位论文.

王在序, 盖树人. 1999. 山东花生. 上海: 上海科学技术出版社: 12.

王宗明, 梁银丽. 2002. 应用 EPIC 模型计算黄土源区作物生产潜力的初步尝试. 自然资源学报, 17(4): 481-487.

吴炳方. 2004a. 中国农情遥感监测研究. 中国科学院院刊, 19(3): 202-205.

吴炳方. 2004b. 中国农情遥感速报系统. 遥感学报, (6): 481-497.

吴炳方, 曾源, 黄进良. 2004b. 遥感提取植物生理参数 LAI/FPAR 的研究进展与应用. 地球科学进展, 19(4): 585-590.

吴炳方, 刘成林, 张磊, 等. 2004a. 中国陆地 1km AVHRR 数据集. 遥感学报, (6): 529-550.

吴炳方, 张峰, 刘成林, 等. 2004c. 农作物长势综合遥感监测方法. 遥感学报, (6): 498-514.

武建军, 杨勤业. 2002. 干旱区农作物长势综合监测. 地理研究, 21(5): 593-598.

肖乾广, 周嗣松, 陈维英, 等. 1986. 用气象卫星数据对冬小麦进行估产的试验. 环境遥感, (4): 260-269.

谢云, Kiniry J R. 2002. 国外作物生长模型发展综述. 作物学报, 28(2): 190-195.

徐希儒. 2005. 遥感物理. 北京: 北京大学出版社: 25-159.

徐希孺, 范闻捷, 陶欣. 2009. 遥感反演连续植被叶面积指数的空间尺度效应. 中国科学 D 辑: 地球科学, (1): 79-87.

徐志刚, 朱艳, 焦学磊, 等. 2008. 作物氮素营养无损检测仪的光学系统设计. 农业机械学报, 39(3): 120-122.

闫岩, 柳钦火, 刘强, 等. 2006. 基于遥感数据与作物生长模型同化的冬小麦长势监测与估产方法研究. 遥感学报, (5): 804-811.

严定春. 2004. 水稻管理知识模型及决策支持系统的研究. 南京: 南京农业大学博士学位论文.

严力蛟, 沈秀芬, 周熙朝, 等. 1998. 作物模拟模型研究概况与展望. 农业系统科学与综合研究, 14(2): 126-132, 137.

杨邦杰, 裴志远. 1999. 农作物长势的定义与遥感监测. 农业工程学报, 15(3): 214-218.

杨邦杰, 裴志远, 周清波, 等. 2002. 我国农情遥感监测关键技术研究进展. 农业工程学报, 18(3): 191-194.

杨京平, 陈杰. 1998. 土壤水分过多对春玉米生长发育影响的模拟模型研究. 浙江农业大学学报, 24(3): 227-232.

杨鹏, 吴文斌, 周清波, 等. 2007. 基于作物模型与叶面积指数遥感影像同化的区域单产估测研究. 农业工程学报, 23(9): 130-136.

杨沈斌, 申双和, 李秉柏, 等. 2009. ASAR 数据与水稻作物模型同化制作水稻产量分布图. 遥感学报, (2): 282-290.

姚霞, 刘小军, 王薇, 等. 2011. 小麦氮素营养无损监测仪的敏感波段的最佳波段宽度研究. 农业机械学报, 42(2): 162-167.

殷新佑. 1991. 作物生长模拟研究综述. 江西农业大学学报, (增刊 2): 55-58.

殷新佑, 刘桃菊, 唐建军, 等. 2001. 双季稻田生态系统信息管理的调控决策支持系统 (DOREIDS) 研究. 江西农业大学学报, 23(4): 454-458.

殷新佑, 戚昌瀚. 1994. 水稻生长日历模拟模型及应用研究. 作物学报, 20(3): 339-346.

于强, 王天铎, 刘建栋, 等. 1998a. 玉米株型与冠层光合作用的数学模拟研究Ⅰ. 模型与验证. 作物学报, 24(1): 7-15.

于强, 王天铎, 孙技芬, 等. 1998b. 玉米株型与冠层光合作用的数学模拟研究Ⅱ. 数值分析. 作物学报, 24(3): 272-279.

于向鸿. 2005. 基于互联网的玉米模拟器应用研究. 北京: 中国农业科学院硕士学位论文: 6.

袁昌梅, 罗卫红, 邰翔, 等. 2006. 温室网纹甜瓜干物质分配、产量形成与采收期模拟研究. 中国农业科学, 39(2): 353-360.

展志刚. 2001. 植物生长的结构—功能模型及其校准研究. 北京: 中国农业大学博士学位论文: 8.

张高英. 1986. 花生生长的计算机仿真研究. 山东农业大学学报 (自然科学版), 5(1): 43-57.

张怀志. 2003. 基于知识模型的棉花管理决策支持系统的研究. 南京: 南京农业大学博士学位论文.

张甲珅, 董超华. 2009. 中国风云三号新一代极轨气象卫星及其应用. 中国航天, (6): 3-6.

张立桢, 曹卫星, 张思平. 2004. 棉花干物质分配和产量形成的动态模拟. 中国农业科学, 37: 1621-1627.

张明伟, 周清波, 陈仲新, 等. 2007. 基于 MODIS EVI 时间序列的冬小麦长势监测. 中国农业资源与区划, 28(2): 29-33.

张仁华. 2009. 定量热红外遥感模型及地面实验基础. 北京: 科学出版社: 157-160.

张晓艳, 封文杰, 刘淑云, 等. 2009. 花生光合生产与干物质积累的动态模拟. 山东农业科学, 1: 11-14.

张晓艳, 刘锋, 王凤云, 等. 2008a. 温室蝴蝶兰干物质分配和产品上市期模拟研究. 中国生态农业学报, 7: 119-124.

张晓艳, 刘淑云, 刘锋, 等. 2008b. 紫苏光合生产与干物质积累的动态模拟. 生物数学学报, 23(2): 345-350.

张旭东. 2006. 黄土区夏玉米动态生长模拟模型研究. 杨凌: 西北农林科技大学硕士学位论文.

张银锁, 宁振荣, Driessen P M. 2001. 夏玉米植株及叶片生长发育热量需求的试验与模拟研究. 应用生态学报, 12(4): 561-565.

张宇, 陶炳炎. 1991. 冬小麦生长发育的模拟研究. 南京气象学院学报, 14(1): 113-121.

张宇, 赵四强. 1991. CERES 小麦模式在我国的初步应用. 中国农业气象, (3): 11-14.

赵春江, 吴华瑞, 王纪华, 等. 2004. 田间小麦叶面积空间分布数学模型的建立与应用. 中国农业科学, (2): 196-200.

赵春江, 杨刚. 1992. 农业专家系统现状与未来. 计算机农业应用, (2): 1-81.

赵春江, 诸德辉, 李鸿祥, 等. 1997. 小麦栽培管理计算机专家系统的研究与应用. 中国农业科学, 30(5): 42-49.

赵明, 郑王尧, 王瑞舫. 1992. 夏玉米个体生长发育中叶片光合速率的动态特征. 作物学报, 18(5): 337-343.

赵锐, 汤君友, 何隆华. 2002. 江苏省水稻长势遥感监测与估产. 国土资源遥感, 14(3): 9-11.

赵艳霞. 2005. 遥感信息与作物生长模型结合方法研究及初步应用. 北京: 北京大学博士学位论文.

赵艳霞, 周秀骥, 梁顺林. 2005. 遥感信息与作物生长模式的结合方法和应用研究进展. 自然灾害学报, 14(1): 103-109.

郑国清, 张瑞玲, 高亮之. 2003. 我国玉米计算机模拟模型研究进展. 玉米科学, 11(2): 66-70.

郑丽敏, 任丽梅, 任发政. 2002. 农业专家系统的发展与精确农业. 中国农业科技导报, (4): 62-65.

郑有飞, 万长建, 宗雪梅, 等. 1998. 小麦生育期计算机模拟系统初步研究. 南京气象学院学报, 9: 377-382.

周清波. 2004. 国内外农情遥感现状与发展趋势. 中国农业资源与区划, 25(5): 12-17.

周清波, 刘佳, 王利民, 等. 2005. EOS-MODIS 卫星数据的农业应用现状及前景分析. 农业图书情报学刊, 17(2): 202-205.

周嗣松, 汪勤模. 1986. AVHRR 定量资料的提取及其应用. 气象科技, (3): 86-91.

周嗣松, 肖乾广, 陈维英, 等. 1985. AVHRR 资料在农作物生长状况监测中的应用. 农业现代化研究, (6): 51-53.

朱洪芬, 田永超, 姚霞, 等. 2008. 基于遥感的作物生长监测与调控系统研究. 麦类作物学报, 28(4): 674-679.

朱艳. 2003. 基于知识模型的小麦栽培管理决策支持系统研究. 南京: 南京农业大学博士学位论文.

朱艳, 曹卫星, 戴廷波, 等. 2003. 小麦栽培氮素运筹动态知识模型. 中国农业科学, 36(9): 1006-1013.

朱艳, 曹卫星, 王其猛, 等. 2004. 基于知识模型和生长模型的小麦管理决策支持系统. 中国农业科学, 37(6): 814-820.

朱元励, 朱艳, 黄彦, 等. 2010. 应用粒子群算法的遥感信息与水稻生长模型同化技术. 遥感学报, 14(6): 1233-1239.

诸叶平. 2001. 小麦-玉米连作环境模拟与智能决策系统. 计算机与农业专刊, (11): 41-44.

诸叶平, 孙开梦, 雪燕, 等. 2002. 小麦-玉米连作智能决策系统研究. 农业科技通讯, 1: 40.

庄恒扬, 任正龙. 2002. 基于模拟的作物氮素管理决策研究. 农业系统科学与综合研究, 18(4): 269-272.

邹薇, 刘铁梅, 潘永龙, 等. 2009. 基于生理生态过程的大麦顶端发育和物候期模拟模型. 生态学报, 29(2): 815-823.

邹应斌, 唐秋澄, 刘国思, 等. 1993. 水稻苗情动态计算机模拟 I. 水稻群体物质生产过程的模拟及日辐射量的计算. 作物研究, 7(1): 8-11.

C T 德威, 等. 1987. 农作物同化、呼吸和蒸腾的模拟. 裴鑫德, 李赋镐译. 北京: 科学出版社.

Connor D J, 穆兴民. 1996. 模拟软件 stella 在小麦生长发育模拟中的应用. 河北农业大学学报, 19(1): 108-112.

F W T 彭宁德 弗里斯, 等. 1988. 植物生长与作物生产的模拟. 王馥棠等译. 北京: 科学出版社: 3.

О·Д·Сиporehko. 1985. 农业生态系统的水-热状况和产量的数学模拟. 裘碧梧译. 北京: 气象出版社.

О. Д. Сиротенко. 1992. 气候-苏联粮食产量模拟系统. 袁风杰译. 气象科技, (4): 55-58.

Arkin G F, Vanderlip R L, Ritchie J T. 1976. The dynamic grain sorghum growth model. ASAE Trans, (19): 622-630.

Auen R G, Luis P, Dirk R, et al. 1998. Guidelines for Computing Crop Water Requirements. FAO Irrigation and Drainage Paper No. 56. Rome: FAO: 1-327.

Baker D N, Hesketh J D, Duncan W G. 1972. Simulation of growth and yield in cotton. I . Gross photosynthesis, respiration, and growth. Crop Science, 12(4): 431-435.

Bannari A, Asalhi H, Teillet P M. 2002. Transformed difference vegetation index (TDVI) for vegetation cover mapping. IEEE International Geoscience and Remote Sensing Symposium, 5: 3053-3055.

Blaes X, Holecz F, van Leeuwen H J C, et al. 2007. Regional crop monitoring and discrimination based on simulated ENVISAT ASAR wide swath mode images. International Journal of Remote Sensing, 28: 371-393.

Brouwer R, de Wit C T. 1968. A simulation model of plant growth with special attention to root growth and its consequences. In: Proc 15th Easter School Agric Sc. Nottingham: University of Nottingham: 224-244.

Chen C, Mcnairn H. 2006. A neural network integrated approach for rice crop monitoring. International Journal of Remote Sensing, 27(7): 1367-1393.

Chen L H, Huang B K, Splinter W E. 1969. Developing a physical-chemical model for a plant growth system. ASAE Trans, (12): 698-702.

Childs S W, Gilley J R, Splinter W E. 1977. A simplified model of corn growth under moisture stress. ASAE Trans, (20): 858 -865.

de Wit C T. 1965. Photosynthesis of leaf canopies. Wageningen: Center for Agricultural Publications and Documentation, No. 663.

de Wit C T. 1978. Simulation of assimilation, respiration and transpiration of crops. Wageningen: Publishing and Documentation: 141.

Dente L, Rinaldi M, Mattia F, et al. 2004. On the assimilation of C-band radar data into CERES-Wheat model. IGARSS 2004. IEEE International Geoscience and Remote Sensing Symposium: 1284-1287.

Duncan W G, Hesketh J D. 1968. Net photosynthetic rates, relative leaf growth rates, and leaf numbers of 22 races of maize grown at eight temperatures. Crop Sci, 8(6): 670-674.

Duncan W G, Loomis R S, Williams W A, et al. 1967. A model for simulation photosynthesis in plant communities. Hilgardia, 38 (4): 181-205.

Engel T. 1997. AEGIS/WIN: A computer program for the application of crop simulation models across geographic areas. Agronomy Journal, 89(6): 919-928.

Fick G W, Williams W A, Loosis R S. 1973. Computer simulation of dry matter distribution during sugar beet growth. Crop Science, 13(4): 413-417.

Gitelson A, Kogan F, Zakarin E, et al. 1998. Using AVHRR data for quantitive estimation of vegetation conditions: calibration and validation. Advances in Space Research, 22(5): 673-676.

Goudriaan J. 1986. A simple and fast numerical method for the computation of daily totals of crop photosynthesis. Agric For Meteorol, 38: 249-254.

Hijmans R J, Guiking-Lens I M, van Diepen C A. 1994. WOFOST 6.0, user's guide for the WOFOST 6.0 crop growth simulation model. Wageningen: DLO Winand Staring Centre.

Jones C A, Kiniry J R. 1986. CERES - Maize: a simulation model of maize growth and development. Texas, Texas A &M Univ. Press.

Kiniry J R, Sanderson M A, Williams J R. 1996. Simulating Alamo switchgrass with the ALMANAL model. Agronomy Journal, 88(4): 602-606.

Kogan F. 1990. Remote sensing of weather impacts on non-homogeneous areas. International Journal of Remote Sensing, 11(8): 1405-1419.

Kropff M J, van Laar H H, Matthews R B, et al. 1994. ORYZA 1: an ecophysiological model for irrigated rice production. Wageningen: DLO-Research Institute for Agrobiology and Soil Fertility: 35-40.

Liu W, Kogan F. 1996. Monitoring regional drought using the vegetation condition index. International Journal of Remote Sensing, 17(14): 2761-2782.

McCree K J. 1974. Equations for the rate of dark respiration of white clover and grain sorghum, as functions of dry weight, photosynthetic rate, and temperature. Crop Science, 14(4): 509-514.

Mckinion J M, Bake D N. 1989. Application of the GOSSYM/COMAX system to cotton crop management. Agricultural Systems, 31(1): 55-65.

Monsi M, SaeKi T. 1953. Über den Lichtfaktor in den Pflanzengesellschaften und seine Bedeutung für die Stoffproduktion. J Jap Bot, (14): 22-52.

Penning de Vries F W T, Jansen D M, ten Berge H F M, et al. 1989. Simulation of ecophysiological processes of growth in several annual crops. Wageningen: Publishing and Documentation: 72-80.

Penning de Vries F W T, van Laar H H. 1982. Simulation of plant growth and crop production. Wageningen: Center for Agricultural Publishing and Documentation: 114-136.

Ritchie J T, Alocilja E C, Singh U S, et al. 1986. IBSNAT and the CERES-Rice model. Manila: Proceedings of the International Workshop on the Impact of Weather Parameters on Growth and Yield of Rice: 271-282.

Ritchie J T, Otter S. 1985. Description and performance of CERES-Wheat: a user-oriented wheat yield model. ARS Wheat Yield Project, 38: 159-175.

Sakamoto T, Yokozawa M, Toritani H, et al. 2005. A crop phenology detection method using time-series MODIS data. Remote Sensing of Environment, 96(3/4): 366-374.

Seiler R, Kogan F, Wei G. 2000. Monitoring weather impact and crop yield from NOAA AVHRR data in Argentina. Advances in Space Research, 26(7): 1177-1185.

Shawcroft R W, Lemon E R, Allen Jr L H. 1974. The soil-plant-atmosphere model and some of its predictions. Agricultural Meteorology, 14: 287-307.

Smith M. 1992. CROPWAT: a computer program for irrigation planning and management. Rome: FAO Land and Water Development Division.

Teiceira J L, Pereiya L S. 1992. ISAREG: an irrigation scheduling simulation model. ICID Bulletin, 41(2): 29-48.

Teixeira J L, Pereira L S. 1992. ISAREG: an irrigation scheduling simulation model. ICID Bulletin, 41(2): 29-48.

Van Keulen H. 1982. Crop production under semi-arid conditions, as determined by nitrogen and moisture availability. *In:* Penning de Vries F W T, van Laar H H. Simulation of Plant Growth and Crop Production. Wageningen: Publishing and Documentation: 234-249.

van Keulen H, Seligman N G, Benjamin R W. 1981. Simulation of water use and herbage growth in arid regions—A re-evaluation and further development of the model "arid crop". Agricultural Systems, 6(3): 159-193.

Wardlow B D, Wgbert S L, Kastens J H. 2007. Analysis of time-series MODIS 250m vegetation index data for crop classification in the U. S. central great plains. Remote Sensing of Environment, 108(3): 290-310.

Wiegand C L, Richardson A J, Escobar D E, et al. 1991. Vegetation indices in crop assessments. Remote Sensing of Environment, 35(2/3): 105-119.